太阳能光热利用技术丛书

太阳能供暖技术

技师、高级技师

杨金良　孙玉芳　万小春 / 主编
农业农村部农业生态与资源保护总站 / 组编

中国农业出版社
北　京

《太阳能供暖技术（技师、高级技师）》组编人员名单

主　　　编：杨金良　孙玉芳　万小春

副　主　编：王　海　李垚奎

主　　　审：司鹏飞

编 写 人 员（按姓氏笔画排序）：

丁海兵　万小春　王　海　尹建锋　石利军

申玉杰　刘代丽　许道金　孙玉芳　杜新宇

李垚奎　李　筛　杨金良　张井山　费相人

徐同杰　郭玉兴　葛仁君　谢敬超　漆　馨

前　言

2015年7月颁布的新版《国家职业分类大典》，对太阳能利用工国家职业提出了新的职业要求与工作技能要求，为满足太阳能光热利用行业从业人员的实际需要，农业农村部农业生态与资源保护总站组织相关人员，依据太阳能利用工国家职业标准的要求及近年来太阳能热利用行业发展出现的新趋势与新技术，编写了太阳能光热利用技术丛书，包括《太阳能光热利用技术（基础知识）》、《太阳能光热利用技术（初、中、高级）》、《太阳能供暖技术（技师、高级技师）》。本书是太阳能光热利用技术丛书的技师、高级技师分册。

《太阳能供暖技术》是多学科的综合应用技术，编写组期望做到本书在手，技能人员就能较全面学到有关知识与技能，同时本书也满足从事该行业技术设计、技术管理、相关专业大中专学生的学习需求。

本书注重实际应用，力求内容全面且有一定深度，并将近年来最成熟最前沿的太阳能供暖技术和产品融入本书。本书共18章，涵盖常规供暖与清洁供暖知识、主动式太阳能供暖系统知识、被动式太阳能建筑知识等，内容包括：系统组成、系统类别，产品结构、工作原理、产品特点、系统设计计算、施工安装、调试运行、维护维修等知识。为方便技能人员考试复习，每章后面都留有思考题。

本书适合从事太阳能供暖和清洁供暖系统安装与运维的技能人员、工程系统设计人员、大专院校大学生、从事太阳能供暖的管理人员阅读参考。

由于编写组水平有限，本书一定存在不完善、不准确、不全面之处，敬请读者批评指正。

编写组

2020年8月于北京

目 录

第二篇　主动式太阳能供暖技术

第三篇 被动式太阳能建筑技术

第一篇　供暖基础知识

第1章　供暖与清洁供暖概论

1.1　供暖概念与基本构成

供暖是用人工方法向建筑物内供给热量，使得室内保持一定的温度，以创造适宜生活或工作条件的技术。供暖设备是寒冷地区为保证建筑物内维持一定温度，为人们提供适宜的生活工作环境、提高生活质量和工作效率等必备的基本建筑设备。

供暖系统由热源、供热管网（热网）、散热设备（热用户）三个基本部分组成，热源负责生产热能，供热管网负责输送热能，散热设备负责应用热能。

1.2　供暖系统类别与特点

供暖系统可按照以下方式进行分类，本书后面章节的内容也会提到或者深入讲述以下类别的供暖系统。

1.2.1　按照热源、供热管网、散热设备三部分的相互位置关系分类

根据供暖的热源、供热管网、散热设备三个主要组成部分的相互位置关系，供暖系统可分为：分散供暖系统和集中供暖系统。

分散供暖系统是指热源、供热管网、散热设备相对集中在一个地方的供暖系统。如火炕供暖、家用燃气壁挂炉供暖、家用电热设备供暖、家用空气源热泵供暖等。

集中供暖系统是指热源和散热设备分别设置在较远的不同地方，通过供热管网将热源与各个建筑、各个房间的散热设备连通起来，将热量从热源场输送到各个散热设备，实现不同建筑供暖的系统。集中供暖系统可以是一栋楼的集中供暖系统，也可以是多栋建筑的集中供暖系统，还可以是一个小区或多个小区多栋建筑甚至一个城镇（市）建筑的集中供暖系统。

1.2.2　按照供热系统的规模大小或热源类别分类

根据供暖系统的规模，也可把供暖系统分为：城镇集中热网供暖、小区集中供暖、分户供暖等。

根据供暖热源种类的不同，可分为：燃煤供暖、燃油供暖、燃气供暖（天然气、液化气、沼气等）、电供暖（含各种电锅炉、水源/地源/空气源热泵等）、生物质供暖、太阳能供暖、地热供暖、工业余热供暖、核能供暖等。目前常见的清洁供暖类别主要有：电能供暖、燃气供暖、生物质供暖、太阳能供暖、地热供暖、工业余热供暖、热电联产供热供电等，另外洁净煤供暖和核能供暖也是符合我国国情的清洁供暖技术。本书主要讲述太阳能

供暖技术。

1.2.3　按照热媒的类别分类

根据供热管网输送的热媒的不同，可分为：热水供暖（液体）、蒸汽供暖、热空气供暖等。热水和蒸汽是集中供暖常用的热媒。

热水供暖的优点是：供水温度低，散热设备表面温度低，室内温度波动小，人体感觉舒适度高，室内卫生条件好；系统漏水量小，散热损失小、经济性好；可随室外温度的变化很容易地调节系统供热量；系统易损和需要维护的部件少，运行管理方便，维修费用低；管道和设备腐蚀较轻，使用寿命长。热水供暖的缺点是散热设备传热温差小、传热系数小，在相同设计热负荷条件下所需的供暖设备面积多，管径大，初投资高；输送热水时，循环泵消耗电能；热水管道和设备在供暖系统发生故障时存在结冰冻坏危险，高层供暖需分区，以避免底层散热设备超过其承压能力等。

蒸汽供暖系统的优点是：蒸汽可以依靠自身的压力输送到散热或换热设备，运行费用低；蒸汽供暖散热设备传热温差大、传热系数大，在相同设计热负荷条件下所需的供暖设备面积少，管径小，初投资低；停止供暖时系统一般不存在结冰冻坏问题；蒸汽密度远小于水，向高层供暖时，散热设备一般不存在超压问题。蒸汽供暖的缺点是：蒸汽系统存在跑漏滴问题较多，凝结水回收率不高；散热损失大，能耗高；只能采用间歇供暖调节，室内温度波动大，舒适度差；散热设备表面温度高，灰尘在高温时分解加剧，采暖房间空气质量差；蒸汽和凝结水在供热管网内伴随相变，状态多变，部件需要经常维护，管理复杂，管道和设备腐蚀严重，运维费用高。

1.2.4　按照室内散热设备或装置的类别分类

室内散热设备或装置通过对流或辐射的传热方式向室内散热。这些室内散热设备或装置的类别主要有：散热器、风机盘管、热风机、地板辐射装置、顶棚金属板或塑料管辐射装置、四周墙体毛细管辐射装置等。

1.3　我国供暖发展历程

供暖在我国具有悠久的历史，在新石器时代仰韶时期就有了火炕供暖，夏商周时代就有火炉供暖，汉代就有了用烟气做介质的供暖设备，至今在我国北方农村还普遍采用古老的火炉、火墙、火炕供暖。现代意义上的供热采暖起源于西方，1673 年英国发明了热水在管内流动用以房间供暖，1777 年法国把热水供暖用于房间，1784 年英国的工厂和公共建筑应用蒸汽供暖。

我国的集中供暖经历了以下三个发展阶段：

第一阶段　1880—1930 年。供暖系统主要使用蒸汽作为热媒，没有换热器，散热末端采用散热器，主要热用户是城市中的公寓以及服务行业的建筑。

第二阶段　1930—1980 年。供热系统一次管网热媒为 100 ℃以上的承压热水，使用管壳式换热器换热，散热末端采用直供或间接热水供暖，热用户主要是公共建筑和居住建筑，绝大多数建筑不节能且能耗高。供暖能耗在 200～300 kWh/(m^2·a)。

新中国成立前，只有在大城市的高档建筑才有供暖或空调系统应用，供暖设备都是舶来品。新中国成立后，供暖技术得到了快速发展，20 世纪 50 年代有了城市集中供暖系统，建立了供暖、通风设备制造厂，生产暖风机、空气加热器、除尘器、过滤器、通风机、水泵、散热器、锅炉等设备。20 世纪 60—70 年代，热水供暖技术得到快速发展，逐步替代了蒸汽供暖系统，1975 年我国颁布了《工业企业供暖通风和空气调节设计规范》TJ 19—75，为供暖通风和空调工程设计奠定了基础。

第三阶段　1980 年至今。供热系统热媒仍是承压热水，一次管网设计水温通常在 100 ℃以上，换热器类型以板式换热器为主，散热末端采用 60 ℃左右的散热器或者 40 ℃左右的地板采暖，直供或间接热水供暖，热用户仍然是公共建筑和居住建筑，供暖能耗在 100～200 kWh/(m^2·a)。

20 世纪 80—90 年代，供暖技术迅猛发展，同时供热节能工作日益受到重视。1987 年国家计委组织对《工业企业供暖通风和空气调节设计规范》TJ 19—75 进行了修订，修订后的《供暖通风和空气调节设计规范》GBJ 19—87 被批准为国家标准，自 1988 年 8 月 1 日起执行。1989 年建设部颁布了《城市供热管网工程施工与验收规范》CJJ 28—89，1990 年建设部又颁布了《城市热力管网设计规范》CJJ 34—90。

进入 21 世纪以来，供暖通风行业持续发展，2001 年国家计委组织修订并形成了《供暖通风和空气调节设计规范》GBJ 19—87（2001 年版），2002 年建设部组织修订批准了《城市热力管网设计规范》CJJ 34—2002，2003 年建设部又修订颁布了《供暖通风和空气调节设计规范》GB 50019—2003，2009 年 3 月住建部颁布了《供热计量技术规程》，2010 年住建部修订颁布了《城镇供热管网设计规范》CJJ 34—2010，2012 年住建部颁布了《民用建筑供暖通风与空气调节设计规范》GB 50736—2012，2013 年住建部颁布了《供热系统节能改造技术规范》GB/T 50893—2013，2014 年住建部颁布了《城镇供热系统运行维护技术规程》CJJ 88—2014，2015 年住建部颁布了《工业企业供暖通风与空气调节设计规范》GB 50019—2015。上述标准规范的颁布，为我国供暖行业的发展提供了有力的技术支持。

近几年，为改善大气质量，实现节能减排，清洁供暖得到快速推广，清洁供暖技术也日益成熟，以煤改电（含热泵）、煤改气、洁净煤供暖以及太阳能供暖、生物质供暖等可再生能源清洁供热采暖技术得到应用，技术不断完善提高，已成为今后供热采暖技术的发展方向。

1.4　我国集中供暖常见的收费办法

我国集中供暖主要有按照供暖面积收费和按照热计量收费两种收费方法。

按照供暖面积收费是过去普遍使用的供暖收费办法，这种收费办法收费多少只与供暖面积有关，而与不同热用户相同供暖面积供暖用热量多少无关。此种收费办法管理方便，但也存在一些弊端。

为了解决集中供暖按照供暖面积收费存在的弊端，近年来管理部门出台了提倡按照分户供暖热计量收费的相关规定。

我国集中供热收费的方向是将过去按面积收费的方法改为按热计量收费，但在实行按用热量收费后，又会带来新的问题：在实行按热量计费后，各个用户都安装热量计量装置，每组散热器上安装温控阀，用户根据自己的需要通过调节温控阀来控制室内温度，但当众多用户调节利用量后，整个热网的流量和热网供热量也将随之变化，热源和热网需要进行动态调节，以实现供暖系统的平衡。另外，采用热量法计量热用户用热时，需考虑建筑物的外墙、屋面、地面等因素对热量计费的影响，户间传热、热量分摊以及热计量修正问题等。在保证用户供热质量的前提下，供热公司如何对供热系统调控才能降低运行费用，提高经济效益。上述问题都需要研究和解决。

1.5 常见清洁供暖技术及其特点

清洁供暖是指利用清洁化的能源供暖，实现低排放、低能耗的取暖方式。目前从大型建筑群到中小型建筑的供暖技术主要有：热电联产（燃煤、燃气、生物质、垃圾燃烧）、锅炉供暖（燃气锅炉、生物质锅炉、电锅炉）、压缩式热泵供暖（水源、地源、空气源）、吸收式热泵供暖、太阳能供暖、浅层地热供暖、中深层地热（干热岩）供暖、燃气壁挂炉供暖、发热电缆供暖等。下面根据供暖能源类别分类介绍。

1.5.1 电供暖

现阶段常见的电供暖方式主要有：电油汀、电热带（膜）、电锅炉、蓄热电等。上述电供暖方式虽然对于供暖的地方是清洁环保的，且供暖设备投资少，安装使用方便，但由于电能属于二次能源，目前我国60%以上的电力来自燃煤火力发电，发电来源存在污染环境问题；另外上述供暖方式，消耗一度电只能产生不到1 kWh的供暖热能。

电供暖宜尽可能采用“小型化、局部化、户用化”的供暖模式，以降低或避免供热管网投资和管网热损失，并实现“人来热开、人走热关”的行为节能供暖。

(1) 电热汀

电热汀取暖器主要由密封式电热元件、金属加热管、导热油、散热肋片、控温元件、电源开关、指示灯等组成（图1-5-1）。当接通电源打开开关后，电热管将导热油加热，导热油沿散热管或散热片对流循环，通过腔体壁表面和肋片将热量散到周围空间，从而加热周围空气，当导热油油温低于设定温度时，电加热器一直加热；当介质油温加热到设定温度时，温控器会自行断开电源；如此不断重复，从而实现加热周围空间的目的。

电热汀取暖器的特点是造价低，不易损坏，可以移动，从商店买来即可使用，简单方便，取暖时不产生任何有害气体，无电器运行噪声，具有方便、安全、卫生、无尘、无味等优点；电热汀取暖的缺点是采暖舒适性差，容易烫伤。电热汀取暖器使用寿命在5年以上，近几十年已被广泛应用。

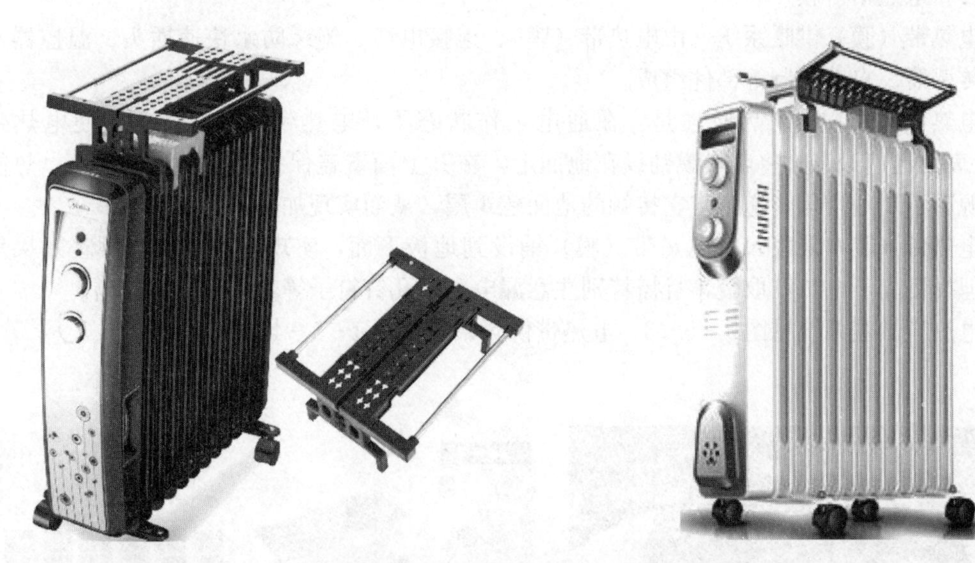

图 1-5-1　常见的电热汀取暖器

(2) 碳晶板

碳晶板电采暖是以碳晶发热板作为发热材料制成的电供暖产品。它结构简单，造价不高，安装方便，装饰性强，且相对安全。

一般每块碳晶板的功率 500 W，可做成各种图案，装饰性好。用户可以根据房间大小和采暖热负荷大小选择，可以单块安装，也可以多块并联安装。

单块或多块碳晶板电采暖器安装到墙面上后，最后将导线与具有温度控制功能的控制器连接，然后通过控制器再接到电源插座上。

碳晶板电采暖产品见图 1-5-2。

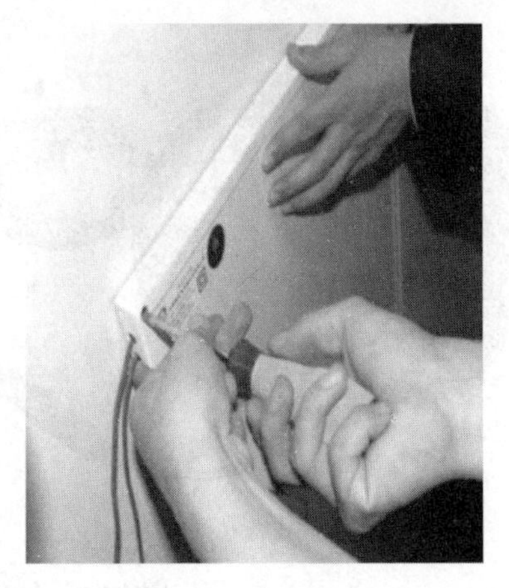

图 1-5-2　碳晶板电供暖产品与安装图

碳晶板电采暖与电热汀取暖器相似，但碳晶板一般固定在房间的墙上，一旦固定一般不再变动位置。而电热汀取暖器则可以放在任意需要的位置，并可以任意移动。

(3) 电热带（膜）

电热带（膜）供暖系统，由电热带（膜）、连接电缆、绝缘防水快速插头、温控器及温度传感器、自动控制等部件组成。

电热带（膜）的制热原理是：在通电工作状态下，电热带（膜）发热，使电热带（膜）表面迅速升温。将电热膜铺设在地面上，在其上面覆盖保护层和水泥垫层等，热能就会源源不断地均匀传递到与它接触的地面建筑层，从而实现加热房间的目的。

电热带（膜）采暖，将电热带（膜）铺设到地板下面，实现低温供暖，供暖效果舒适，但投资高于电热汀取暖，且需特别注意漏电和钻孔钉钉子等带来的破坏问题。

电热膜供暖系统见图 1-5-3，电热带供暖系统见图 1-5-4。

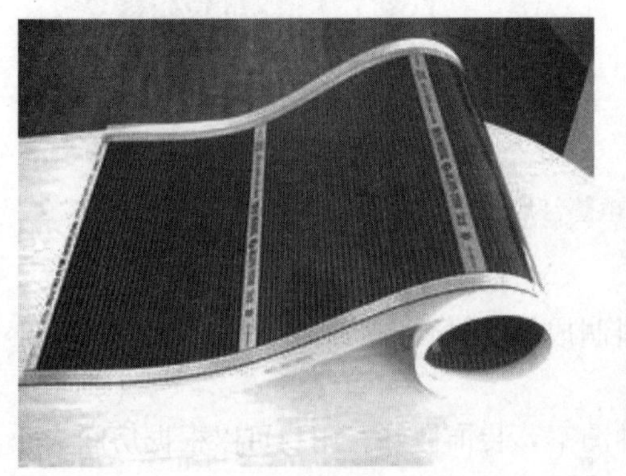

电热膜

电热膜供暖系统结构

图 1-5-3　电热膜与电热膜供暖结构图

电热带

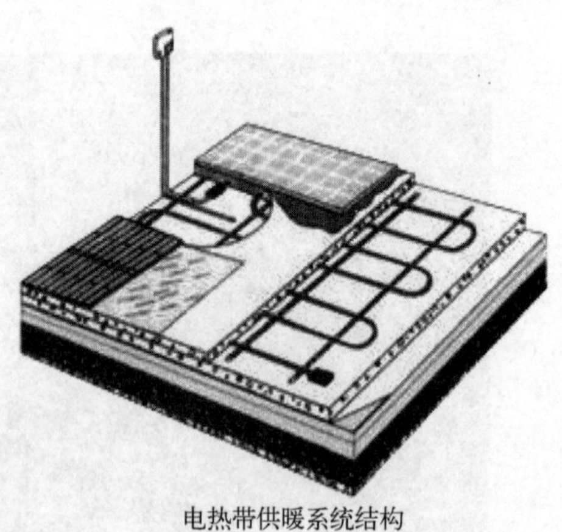

电热带供暖系统结构

图 1-5-4　电热带与电热带供暖结构图

(4) 电锅炉

户用小型电锅炉产品和内部组成图见图 1-5-5。

图 1-5-5　户用电加热器产品与内部结构图

图 1-5-6 是电加热器组成的小型供暖系统，这种系统是以电锅炉为加热设备，并与供热管网和采暖末端组成的供暖系统。户用小型电锅炉供暖系统可以像壁挂炉一样安装，可以基本不破坏既有建筑，安装相对简单方便，造价适中，分户独立运行。

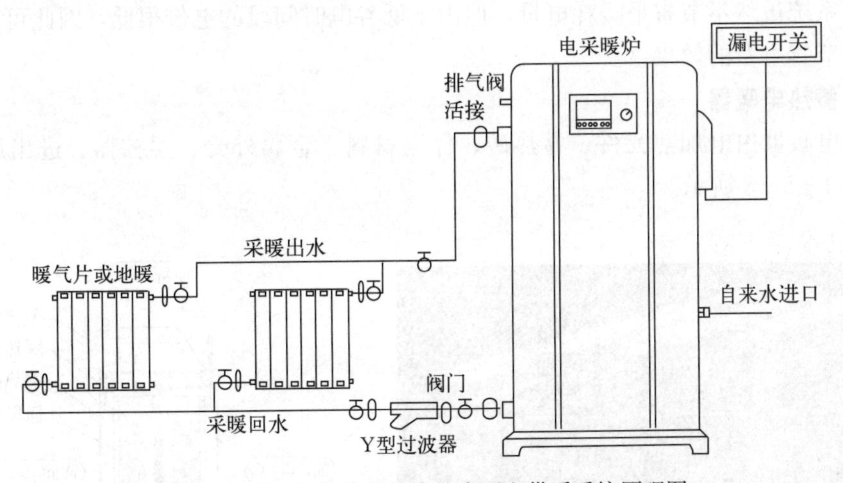

图 1-5-6　电加热器组成的小型电供暖系统原理图

大中型电锅炉以及组成的电供暖系统与其他锅炉组成的供暖系统除了锅炉类别不同外，其他差别不大，这里不再多述电锅炉供暖系统。

(5) 蓄热电锅炉

蓄热电锅炉供暖系统是以蓄热电锅炉为加热和蓄热设备，并与供热管网和供暖末端组成的供暖系统。蓄热电锅炉可以利用峰谷电的电价差，在低谷电时间段，开启电锅炉蓄热，在高峰用电时间段，用蓄存的热能供暖。

蓄热电锅炉蓄热的方式有多种，有水蓄热、相变蓄热、耐高温材料高温蓄热等方式。用户可根据场地、投资、经济性、管理方便性等因素比较选择。蓄热电锅炉供暖，可满足宾馆、饭店、机关、学校、厂房、住宅等多种类别单位的供暖需求。

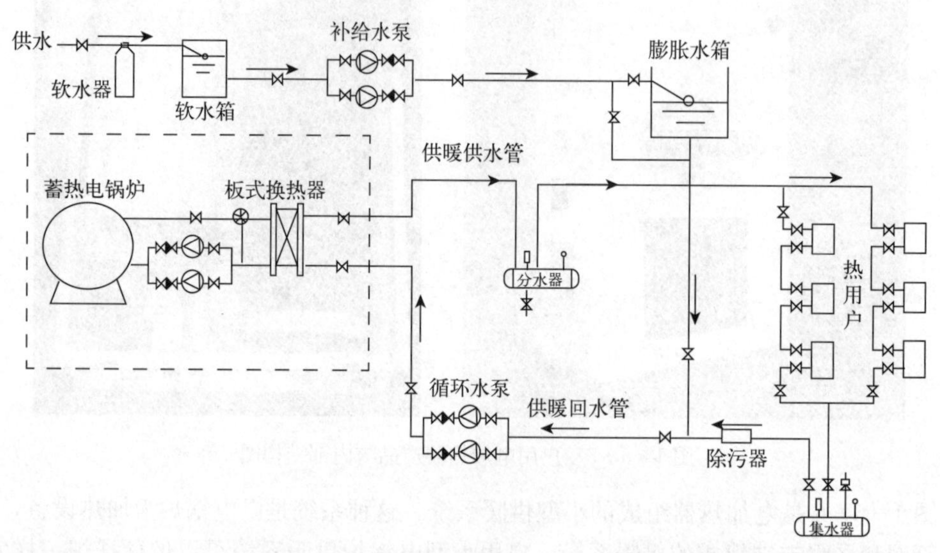

图 1-5-7　蓄热电锅炉供暖系统原理图

图 1-5-7 是蓄热电锅炉供暖系统原理示意图。与上述其他电供暖方式相比，蓄热电锅炉供暖系统虽然不节省采暖耗电量，但由于低谷电时间段的电价很低，因此可以实现不节电量但节省电费的效果。

（6）蓄热电暖器

蓄热电暖器由电加热元件、蓄热砖、保温材料、金属外壳、温控器、进出风口等组成，如图 1-5-8 所示。

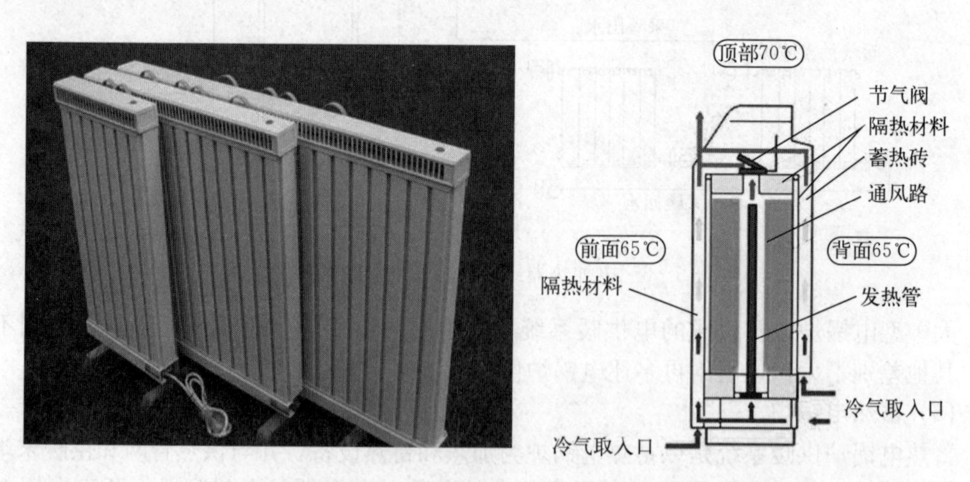

图 1-5-8　蓄热电暖器产品实物图

在夜间低谷电时，蓄热式电暖器的电加热元件将电能转化为热能，随着温度的升高，蓄热砖开始储存热量；白天峰电时间段电加热元件停止加热后，在保温层的作用下，蓄热导体按一定的放热曲线放出热量，从而现实了“低谷时间段蓄热、全天供暖”。

与蓄热电锅炉相比，蓄热电暖器同样可以实现不节电但节省电费的效果，但由于设备简单，因此蓄热量有限，只适合供暖面积小的家庭或房间使用。

蓄热电暖器使用注意事项：

① 因设备沉重，不宜移动或重新安装；不允许松动或拧下电暖器上固定螺钉。

② 从电暖器到空开的电源线长度一般不超过 2.5 m，且必须连接接地线，由于该设备属于大功率电器，因此不能和其他电器使用同一根电源线。

③ 工作时表面温度较高，容易烫伤人或损坏衣服，宜放置在活动距离 2 m 以上位置。

④ 每天加热 10 h 之内比较合理，超长时间加热必定会缩短电加热器使用寿命。

⑤ 安装位置应远离水源，不宜安装在厨房、洗漱间、浴室等位置。

⑥ 严禁覆盖电暖器，电暖器内部储热温度最高能够达到 700 ℃左右，经过保温层的隔热后，机体上方的表面温度也较高，出风口温度最高时可达 120 ℃左右，一旦覆盖上物品，热量不能及时、正常散发，容易引燃覆盖物品。

⑦ 长时间使用电暖器，房间空气将变得干燥，容易让人感觉口干舌燥甚至上火，应采取措施给空气加湿。

1.5.2　热泵供暖

热泵是一种能量利用装置，它通过消耗部分能量作为补偿条件，从而使热量从低温物体转移到高温物体，从而达到提升能量品位，实现低品位能量转变成可以被利用的高品位能量的目的。

按照热泵的工作原理分类，主要有机械压缩式热泵、吸收式热泵、热电式热泵、化学热泵等。目前煤改电清洁供暖用的热泵主要是机械压缩式热泵，利用的低温低品位热源主要来自空气、土壤、水等，因此也分别被称作空气源热泵、地源热泵、水源热泵。

1.5.2.1　空气源热泵

（1）结构组成

图 1－5－9 是空气源热泵实物组成图，它由风机、蒸发器、四通阀、气液分离器、压缩机、换热器（冷凝器）、储液罐、过滤器、膨胀阀、气液分离器、检测仪器仪表、控制器、设备框架等部件组成，核心部件主要是蒸发器、冷凝器、压缩机、膨胀阀等四大件，上述部件组成的循环系统内装有热泵制冷剂。

（2）工作原理

空气源热泵既可以制热，也可以制冷，空气源热泵制热制冷是通过四通阀转换实现的。

空气源热泵制热的工作原理见图 1－5－10（a）。风机将环境空气吹过热泵的蒸发器，蒸发器内低于环境温度的低压制冷剂吸收空气的热能，得到热量 Q_C；压缩机消耗能量 P 后，把蒸发器吸收空气热量后的低压气体制冷剂压缩，通过压缩变成高压高温气体制冷

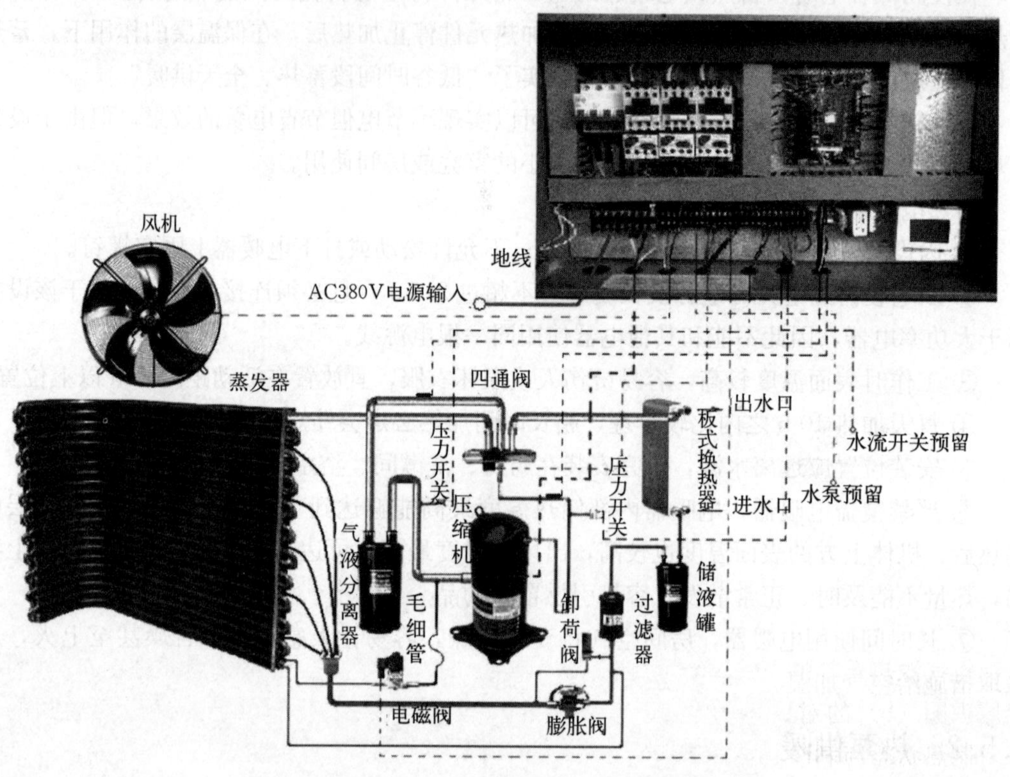

图 1-5-9　空气源热泵内部组成实物图

剂；高温高压气体制冷剂经过热泵冷凝器，将高温热能 Q_k 传递出去后，经过膨胀阀的作用，高压制冷剂又变成低压低温制冷剂，从而完成了一个循环。如此反复，不断吸收环境空气的低品位热能，通过循环，不断释放用于制热的高品位热能。

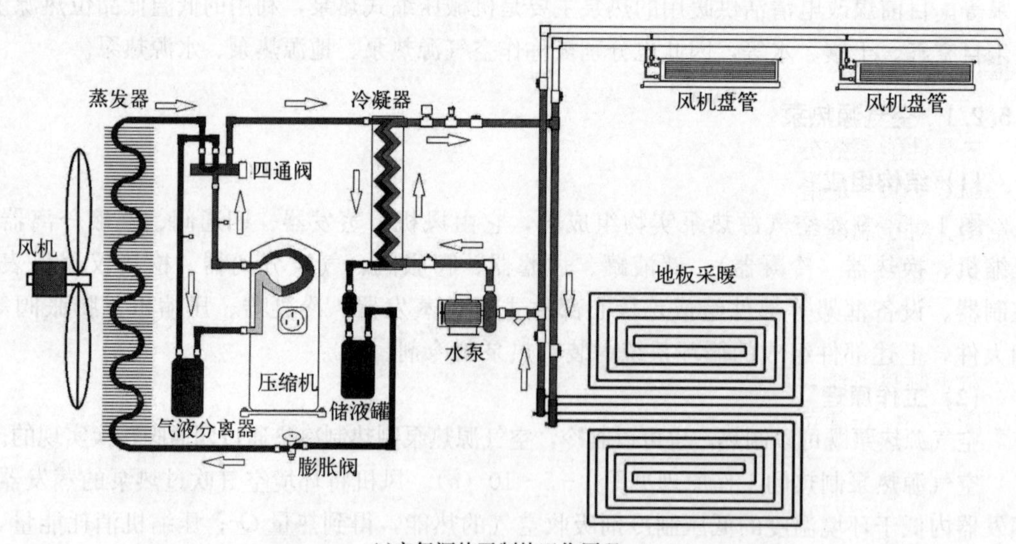

(a)空气源热泵制热工作原理

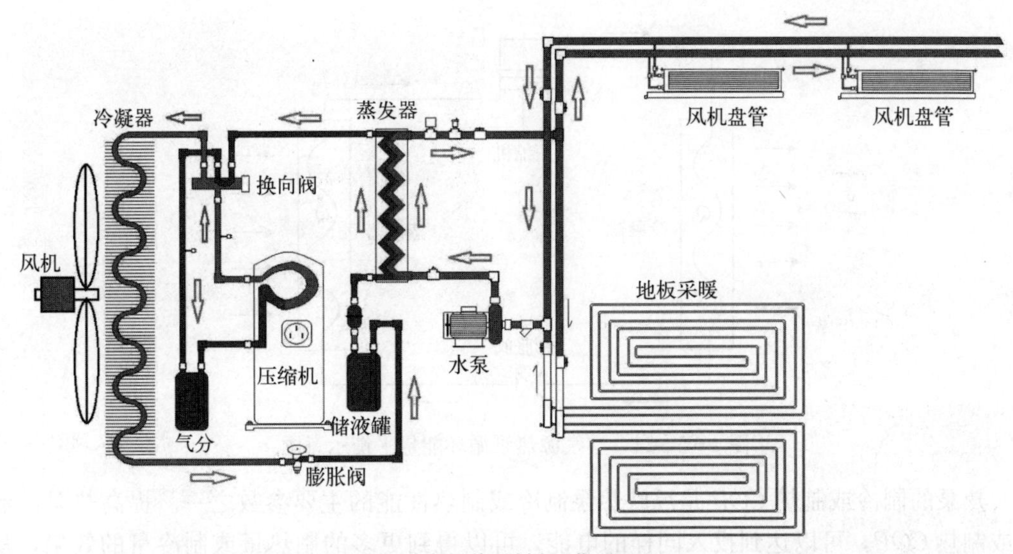

(b)空气源热泵制冷工作原理

图 1-5-10　空气源热泵工作原理示意图

空气源热泵冷的工作原理见图 1-5-10（b）。通过空气源热泵制热原理图（a）与制冷原理图（b）的对比，可以发现空气源热泵制热与制冷的不同在于：通过四通阀的转换，制热状态与制冷状态四通阀通道的位置不同，导致介质的流动顺序发生改变，并使得制热状态下的蒸发器变成了制冷状态的冷凝器，制热状态下的冷凝器变成了制冷状态下的蒸发器。在制冷状态下，蒸发器内低温低压制冷剂吸收热侧介质的热能，降低热侧介质温度，使得热侧介质温度满足制冷需要；蒸发器内冷侧热泵制冷剂吸收热侧介质能量得到热量 Qc；压缩机消耗能量 P 后，把蒸发器内热泵制冷剂压缩，通过压缩变成高压高温气体介质；高温高压气体制冷剂经过热泵冷凝器，将高温热能 Q_k 散出去后，经过膨胀阀的作用，高压又变成低压低温制冷剂，从而完成了一个循环。如此反复，不断吸收蒸发器热侧能量，满足蒸发器热侧制冷的需要。

(3) 热泵性能系数 COP（coefficient of performance）

热泵性能系数分为制冷 COP_c 和制热 COP_h。

制冷 COP_c 是指热泵的制冷量与消耗能量的比值。图 1-5-11 是热泵循环能量平衡示意图。对于制冷系统，投入能量 P，得到了制冷量 Qc，因此热泵的制冷 COP_c 计算公式为：

$$COP_c=\frac{Q_c}{P} \tag{1-5-1}$$

对于制热系统，制热 COP_h 是指热泵的制热量与消耗热能的比值。对于图 1-5-11，根据能量守恒定律可知：

$$Q_k=Q_c+P \tag{1-5-2}$$

因此，热泵的制热 COP_h 计算公式为：

$$COP_h=\frac{Q_k}{Q_c}=\frac{Q_c+P}{Q_c}=1+\frac{P}{Q_c}=1+COP_c \tag{1-5-3}$$

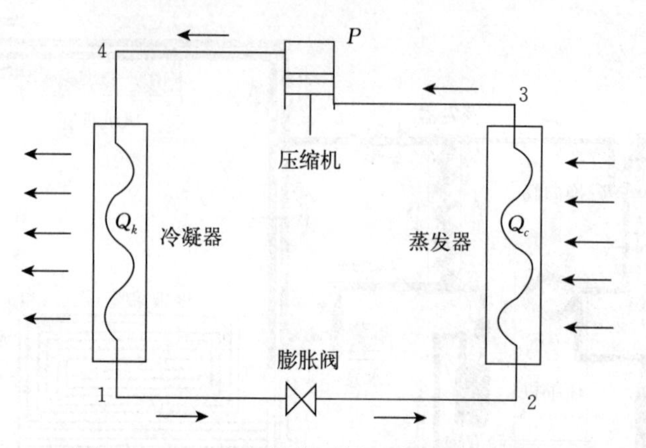

图 1-5-11　空气源热泵循环能量平衡示意图

热泵的制冷或制热 *COP* 是反映热泵制冷或制热性能的主要参数之一。提高热泵的制冷或制热 *COP*，可以达到投入同样的电能，可以得到更多的制热量或制冷量的效果，从而实现热泵的节能效果。提高热泵 *COP*，有以下途径：

① 加大蒸发器的换热面积，提高热泵制热蒸发器或者制冷冷凝器的通风量。

② 降低热泵制热冷凝器的供热温度或者提高热泵制冷蒸发器的制冷温度。

(4) 空气源热泵补气增焓技术

为解决空气源热泵在低环境温度运行时，压缩机排气温度过高问题，近几年，补气增焓技术在空气源热泵上得到了比较多的应用。

图 1-5-12 是补气增焓空气源热泵与常规空气源热泵的对比示意图。从对比图中可以看出：采用补气增焓压缩机的空气源热泵，在膨胀阀（节流阀）的进口储液罐之间增设了一个通向压缩机进口的连通管，并通过电磁阀控制，实现根据需要越过蒸发器直接向压缩机进口补气增焓，以解决低环境温度下压缩机排气温度过高的问题。

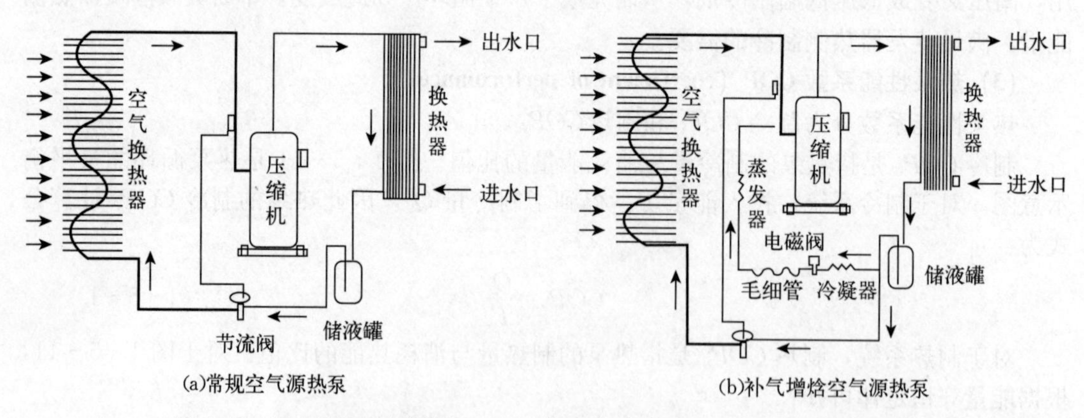

图 1-5-12　常规空气源热泵（左）与补气增焓热泵（右）的对比示意图

表 1-5-1 是常规空气源热泵与补气增焓压缩机系统在不同蒸发温度下的参数对比，从表 1-5-1 中可以看出，在−5 ℃至−30 ℃的低温蒸发温度下，补气增焓压缩机的空气

源热泵的能效比都高于常规空气源热泵，且蒸发温度越低，补气增焓热泵的排气温度越显著低于常规热泵。

表 1-5-1　常规空气源热泵与补气增焓压缩机系统在不同蒸发温度下的参数对比

工况	蒸发温度（℃）		0	−5	−10	−15	−20	−25	−30
	冷凝温度（℃）		56	56	56	56	56	56	56
常规系统	制热量（kJ/m^2）		3904	3439	2992	2595	2242	1934	1665
	能效比		3.88	3.43	3.13	2.86	2.63	2.42	2.23
	排气温度（℃）		103.54	108.56	114.40	121.12	129.02	138.54	150.33
	吸气比容（I/kg）		49.82	58.41	68.88	81.75	97.69	117.61	142.75
增焓压缩机	制热量（kJ/m^2）		4909	4330	3800	3317	2880	2487	2134
	能效比		3.17	3.55	3.34	3.15	2.97	2.81	2.66
	排气温度（℃）		103.7	106.15	108.74	111.58	114.82	118.55	122.85
	吸气比容（I/kg）	吸气口	49.82	58.41	68.88	81.75	97.69	117.61	142.75
		吸气口	25.99	28.30	30.93	33.91	37.34	41.30	45.89

表 1-5-1 说明，补气增焓热泵在低环境温度下的能效比更高，更适合低环境温度下使用。这也是为什么在低环境温度下采暖多选用补气增焓型空气源热泵的原因。

(5) 双级压缩/复叠式空气源热泵

为提高空气源热泵在低环境温度下的供暖性能，一些热泵厂家设计生产出了双级压缩或者复叠式空气源热泵。

双级压缩是同一制冷剂经两次压缩，从而可将蒸发温度降低到−40 ℃以下。双级压缩需要采用低温制冷剂，但低温制冷剂在常温下常常无法冷凝成液体。

复叠式热泵是由两个或两个以上的单级（也可以是多级）系统组成，分别为低温系统和高温系统，而且两个系统采用不同的制冷剂，既能满足在较低蒸发温度时有合适的蒸发压力，又能满足在环境温度下凝结时具有适中的冷凝压力。前一系统采用低温制冷剂，后一系统的蒸发器吸收前一个单级系统冷凝器释放的热量，经后一系统的冷凝器将热量释放出去。复叠式空气源热泵可以在−35 ℃超低温环境温度下工作。

图 1-5-13（a）、（b）分别为双级压缩和复叠式空气源热泵原理图。从原理图中可以看出二者的差别。

(6) 变频空气源热泵

为提高空气源热泵的性能，热泵厂家推出了变频空气源热泵。这类热泵具有降低热泵的噪音，提升效率的优点。

(7) 空气源热泵采暖系统常见的类别

小型户用空气源热泵采暖系统主要有热泵冷凝器通过中转缓冲间接供暖系统（简称水机供暖）和热泵冷凝器直接供暖系统（简称氟机供暖）两大类别。

① 水机供暖。水机供暖系统是指空气源热泵冷凝器将供热热能传递给中间传热介质

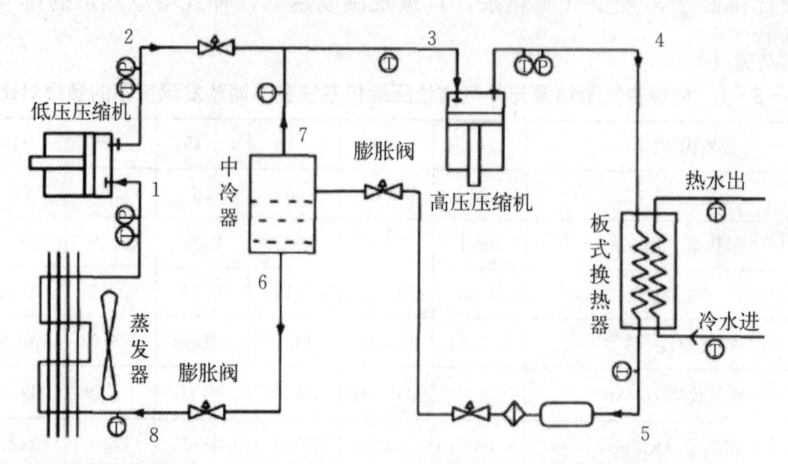

1.低压机进气口；2.低压机排气口；3.高压机进气口；4.高压机排气口；
5.冷凝器出口；6.膨胀阀进口；7.中间冷凝器出口；8.蒸发器进口

(a)双级空气源热泵系统示意图

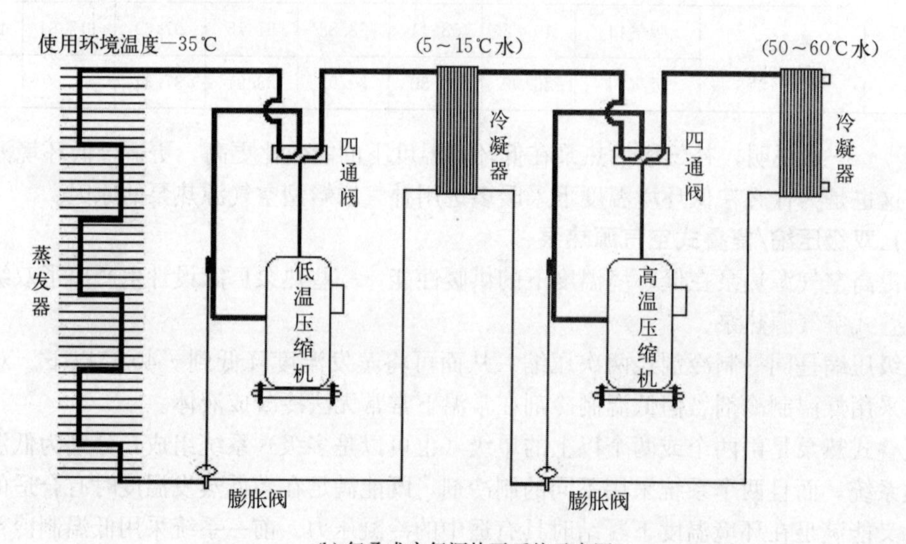

(b)复叠式空气源热泵系统示意图

图1－5－13　双级/复叠式空气源热泵示意图

水/防冻液等，然后通过循环将中间传热介质水/防冻液携带的热能传输到散热末端（散热器、风机盘管、地板辐射采暖末端），由这些散热末端向采暖房间供暖。

图1－5－14是几种常见的空气源热泵水机供暖系统示意图。

图1－5－14（a）是双循环空气源热泵水机供暖系统。该系统空气源热泵与缓冲水箱循环加热，缓冲水箱再与供暖房间的室内散热器循环。

图1－5－14（b）是单循环空气源热泵水机供暖系统。该系统空气源热泵直接与供暖房间的室内散热器循环，加热供暖房间。

图1－5－14（c）是多台空气源热泵并联，与一个储热水箱形成循环加热系统，储热水箱再与供暖房间的室内散热器循环。

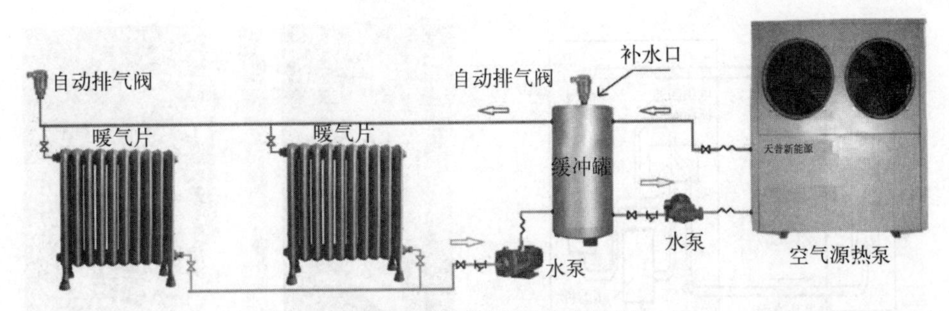

(a)双循环式空气源热泵水机供暖系统

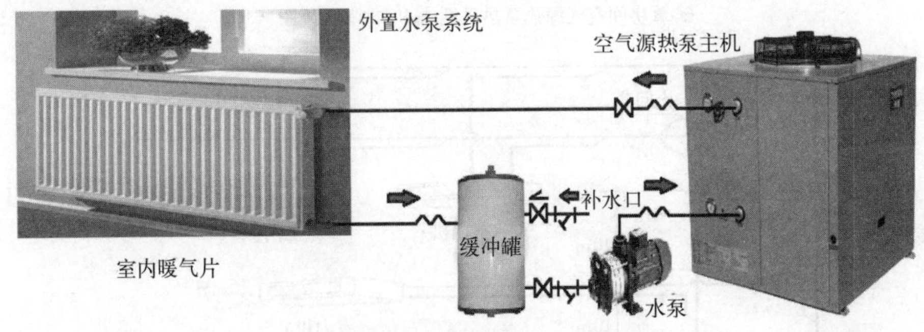

(b)单循环式空气源热泵水机供暖系统

(c)多台空气源热泵水机并联的供暖系统

图1-5-14　空气源热泵水机供暖系统示意图

② 氟机供暖系统。氟机是指空气源热泵的冷凝器就是供暖房间的散热设备，热泵冷凝器将供热热能直接加热供暖房间，省去了中间换热和循环加热，因此氟机供暖系统简单，运行更可靠。

图1-5-15是几种常见的空气源热泵氟机供暖系统示意图。

图1-5-15 (a) 是只有单个房间采暖的小型空气源热泵热风机（氟机）供暖系统，也常被称为空气源热泵热风机。该系统热泵蒸发器放置在采暖房间的室外，热泵冷凝器安装在供暖房间内，通过风扇将室内空气吹过室内的热泵冷凝器并被冷凝器加热，从而实现房间供暖。热泵热风机与家用热泵型分体空调很相似，工作原理也基本相同，都具有供暖和制冷功能，常用的家用热泵型冷暖空调主要以制冷功能为主，附带供暖功能，一般不配

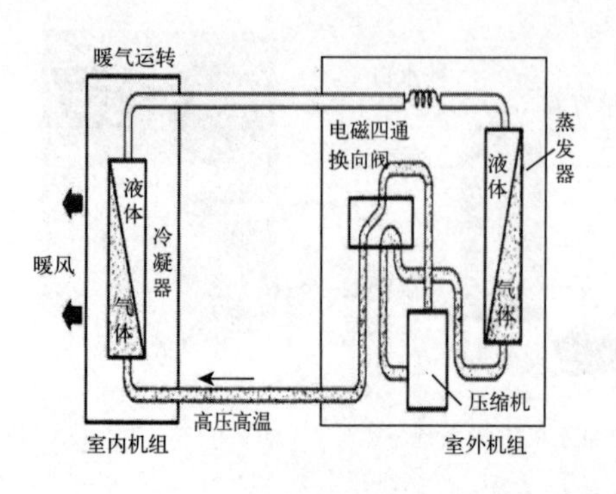

(a)单房间空气源热泵热风机(氟机)供暖系统图

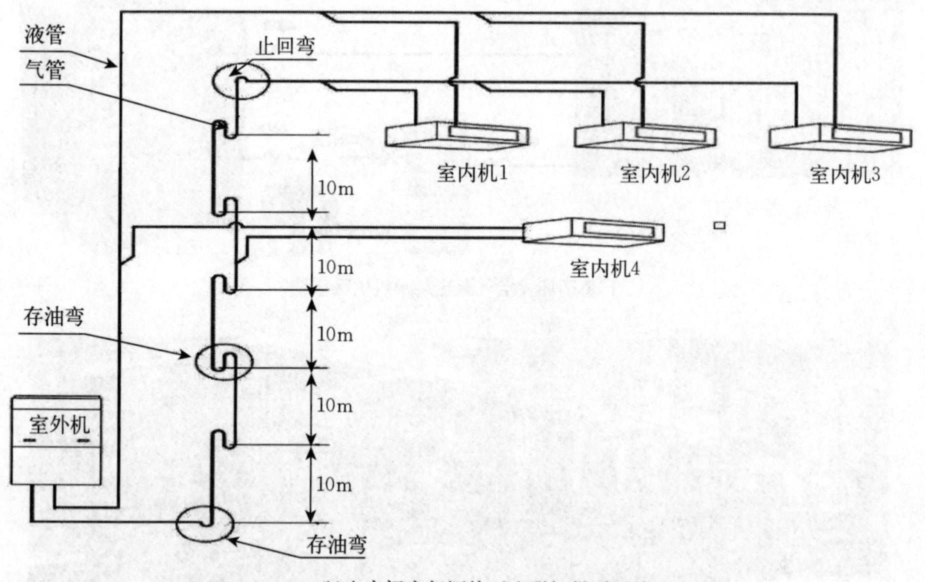

(b)多房间空气源热泵多联机供暖系统图

图 1-5-15　单机氟机与多联机氟机供暖系统示意图

置补气增焓部件，因此，供暖时适合用在环境温度－10 ℃以上的地方使用；而空气源热泵热风机主要用于解决供暖问题，附带制冷功能，配置有补气增焓部件，供暖时可用在环境温度－30 ℃以上的地方，且室内机一般放置在房间离地面 200 mm 以上位置的低处，从房间低处向房间吹送热风，比常规空调室内机从房间高处向室内吹送热风，人体感觉更舒适。因此对于冬季环境温度在－10 ℃以下的地方，选用空气源热泵热风机供暖比选用带有制热功能的家用空调供暖更合适。

图 1-5-15（b）是多个房间集中供暖的空气源热泵氟机供暖系统，也常被称为空气源热泵多联机。该系统单个供暖系统多有一台或几台室外机并联（含蒸发器、压缩机、膨胀阀等除了冷凝器之外的其他部件）和多台分散到各个采暖房间的冷凝器组成，分散的各个冷凝器通过铜管与室外机连通到一起，并在抽真空后注入制冷剂。室外机将高温高压介质输送到各个采暖房间的冷凝器，各个房间的冷凝器通过各自室内机配置的风扇，将室内空气吹过室内的热泵冷凝器并被冷凝器加热，从而实现房间采暖。

(8) 空气源热泵供暖系统使用注意事项

① 常规空气源热泵供暖适宜在−10 ℃以上的环境下使用，如在−10 ℃以下的环境使用可能会出现以下问题：a）机组无法化霜：在湿度较大的天气和较低环境温度下，热泵蒸发器表面容易结霜，若除霜能力不足，蒸发器上的霜会减少甚至阻塞空气流过蒸发器，热泵将会因为蒸发器与空气换热能力下降，导致热泵冷媒的循环量减少，整体制热能力下降。b）压缩机容易出现故障：排气温度快速升高，工质过热度过高，在工质过热的情况下，冷凝器内工质的导热系数急剧降低，同时润滑油温度升高，黏度下降，影响压缩机正常润滑。

② 北方寒冷地区适宜选择超低温空气源热泵，该产品甚至可以在−35 ℃下工作。

③ 空气源热泵工作时，风扇与压缩机等元器件会产生噪音，尤其是夜晚工作时卧室外面热泵工作产生的噪音可能会影响休息睡眠。因此要选择噪音小的产品，如直流变频热泵，另外安装选址，要把放置位置尽可能选择在不影响室内休息睡眠的位置。

(9) 空气源热泵供暖的节能效果

根据北京地区煤改空气源热泵供暖的实际运行数据，供暖期平均 COP_h 可以达到 2.0 以上，与单纯的电采暖相比，可以节电 50%以上。

1.5.2.2　地源热泵

地源热泵是以土壤作为热泵制热时吸热、制冷时散热的媒介的热泵类型。由于离地面 10 m 以下的土壤温度接近当地年平均环境温度，且受环境温度影响很小，温度比较稳定，因此地源热泵的 COP 值也高于空气源热泵，地源热泵主机供热 COP_h 平均在 3.0 以上。

地源热泵供暖系统主要由地源热泵机组、土壤换热器、膨胀水箱、循环水泵、室内散热器、管路、控制系统等组成。

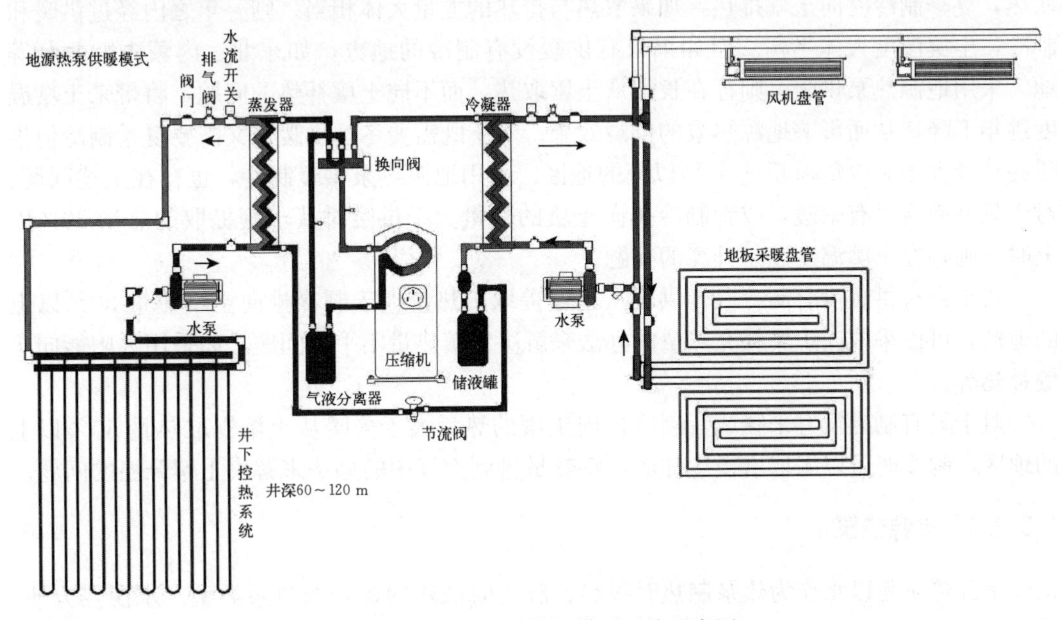

图 1-5-16　地源热泵供暖系统示意图

图 1－5－16 是地源热泵供暖系统示意图。与空气源热泵供暖系统相比，其不同在于：地源热泵的蒸发器是通过埋在土壤里的地埋管换取热量的。制热状态下，通过这些地埋管内换热介质（一般是水或者防冻液）循环，吸收土壤的热量，并通过土壤源热泵机组内蒸发器换热器传递给蒸发器内的制冷剂，然后再被压缩机压缩，变成高温高压状态，再经过冷凝器将热量传递到供暖系统，随后又通过膨胀阀变成低温低压后，回到蒸发器内。如此不断往复，不断提供供暖所需热能。制冷状态下，热泵冷凝器（制热状态下的蒸发器）通过与地埋管内换热介质循环，将热量传递给土壤，实现冷凝器内制冷剂降温的目的。

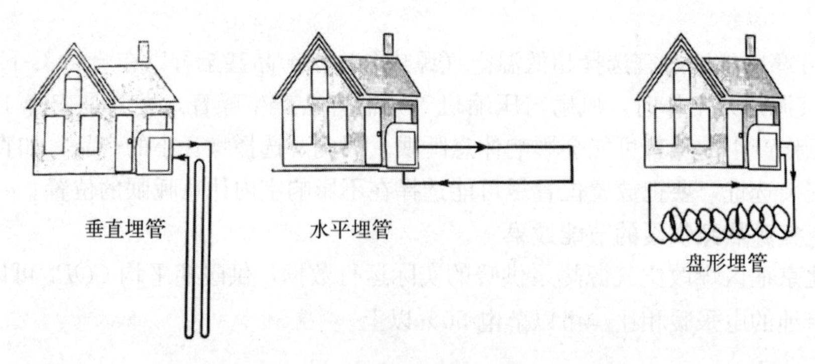

图 1－5－17　地源热泵土壤埋管方式示意图

埋在土壤里的地埋管，有竖向埋管与水平埋管两种方式，见图 1－5－17。竖向埋管可以通过钻孔埋管实现，每个孔的钻孔深度可以达到 150 m 甚至更深，相邻钻孔的间隔距离一般不小于 5 m。实践证明，只要处理好埋管与土壤的接触问题，防止出现空隙，竖向埋管与土壤就有较好的换热效果。

对于既需要冬季供暖，又需要夏季制冷的地方，采用地源热泵，冬季供暖时从土壤内取热，夏季制冷时向土壤排热，如果取热与排热的能量大体相当，则一年之内经过供暖和制冷，土壤温度大体平衡。但如果只有供暖没有制冷的地方，如东北、内蒙古、西藏等地，采用地源热泵供暖，则存在长期从土壤取热，而不向土壤补热的问题，将带来土壤温度逐年下降，从而影响地源热泵的供暖效果；对于既需要冬季供暖、又需要夏季制冷但供暖耗热量大于制冷负荷超过 30％以上的地区，采用地源热泵供暖制冷，也存在上述问题。对于只有制冷没有采暖，或者制冷排向土壤的热量大于供暖时从土壤提取的热量 30％以上时，则存在土壤温度逐年升高的问题。

对于只有供暖没有制冷或者供暖从土壤提取的热量大于制冷排向土壤热量 30％以上的地区，可以采取向土壤补充热量的办法来解决土壤热量不平衡问题，如采用太阳能向土壤补热等。

对于只有制冷没有采暖或者制冷排向土壤的热量大于采暖从土壤提取热量 30％以上的地区，制冷时可以采取增设冷却塔，将热量排到空气中的办法来解决土壤升温的问题。

1.5.2.3　水源热泵

水源热泵是以水作为热泵制热时吸热、制冷时散热的媒介的热泵类型。水换热方便，换热效果好，因此水源热泵能效比高，水源热泵供热 COP_h 平均在 4.0 以上。

可以作为热泵水源的一般由浅表水、污水、地下水等。图1-5-18是水源热泵可以利用的水源类别和进出方式示意图。

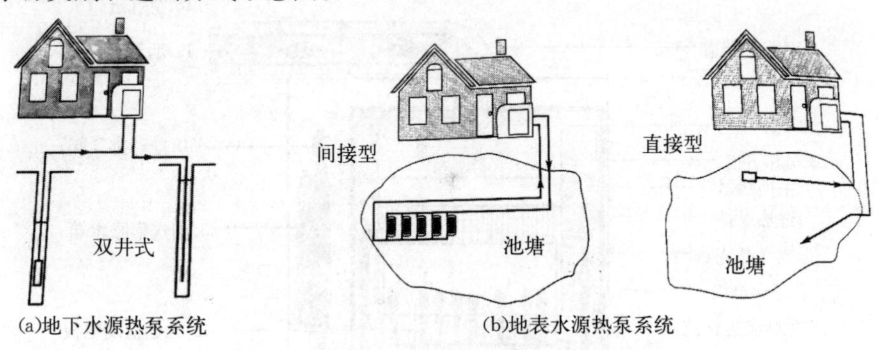

图1-5-18 水源热泵水源方式示意图

图1-5-18（a）是地下水水源热泵系统。地下水水温相对恒定，不受地面气温的影响，因此很适宜作为水源热泵的水源，但为了防止地下水在使用中流失，凡利用地下水的水源热泵系统，必须设置回灌井，将从地下抽出来经过换热器换热后的水再回灌到地下。为了防止地下水被污染，近年来利用地下水的水源热泵系统受到了各地政府的严格监控，必须经过政府相关部门的评审，经批准后才能利用。

图1-5-18（b）是地表水水源热泵系统。地下水水温会受环境气温的影响，水温不稳定，且不同地方不同水源的水量水温都不确定，因此设计选取时要做仔细勘察。

1.5.3 燃气供暖

燃气种类很多，主要有天然气、人工燃气、液化石油气和沼气、煤制气。燃气供暖设备主要有燃气壁挂炉和燃气锅炉。

1.5.3.1 燃气壁挂炉

燃气壁挂炉与燃气热水器燃烧原理相同，但在结构上还有一定的差别。燃气壁挂炉一般具有防冻保护、放干烧保护、意外熄火保护、温度过高保护、水泵防卡死保护等多种安全保护措施，还可以外接室内温度控制器，以实现个性化温度调节和达到节能的目的。燃气壁挂炉除满足供暖外，还可以提供洗浴热水。

燃气壁挂炉有“即热式”和“容积式”两种，容积式比即热式增加有蓄热缓冲水箱。从用途上分，有“单采暖”和“采暖洗浴两用机”两类。

从热效率和环保排放角度考虑，目前建议选用冷凝式燃气壁挂炉。与普通燃气壁挂炉相比，冷凝式燃气炉有如下优点：①冷凝式壁挂炉在正常工作运行状态下，燃气与新风按比例混合燃烧，燃烧完全，考虑到利用了烟气中水蒸气的热能，因此基于燃气低位热值的热效率甚至超过了100%，有害烟气排放少；而常规壁挂炉燃气与新风不能够达到完全混合，燃烧不完全，热量损失很大，有害烟气排放多。②冷凝式壁挂炉热效率在燃烧过程中可把排烟温度降低到70℃甚至更低，提高了燃烧热效率，节能效果明显；传统壁挂炉排烟温度高，燃气燃烧时产生的水在烟气中处于过热水蒸气状态，排烟中水蒸气的热能随烟气排到室外，导致热能损失增大，热效率仅在85%～91%。

图 1-5-19 是燃气壁挂炉结构及其供暖供热水系统示意图。

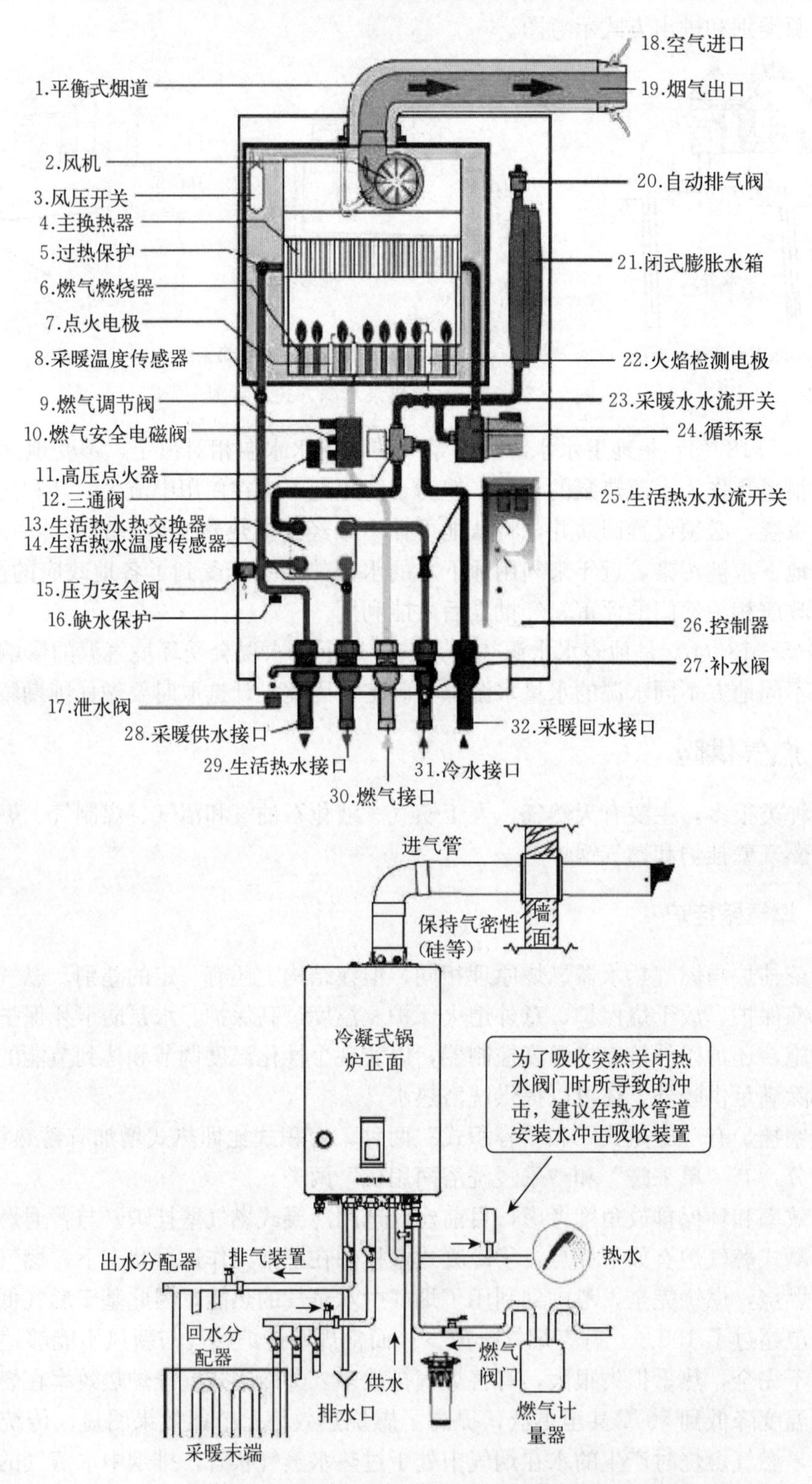

图 1-5-19　燃气壁挂炉结构及其供暖供热水系统示意图

单台燃气壁挂炉的供热负荷有限，因此供暖面积不大，多用于小面积的户用供暖。当供暖面积较大时，可采用多台燃气壁挂炉并联使用。

燃气壁挂炉存在氮氧化物排放带来的大气污染问题。

1.5.3.2　燃气锅炉

燃气锅炉有燃气开水锅炉、燃气热水锅炉、燃气蒸汽锅炉等多种类型。

按适用的燃气种类分为液化气锅炉、天然气锅炉、城市煤气锅炉、沼气锅炉和焦炉煤气锅炉等。

按给排气安装方式：分为自然给排气采暖锅炉、强制给气采暖锅炉、强制排气采暖锅炉。

按结构形式：分为常压燃气锅炉、承压燃气锅炉、真空锅炉等。

大中型燃气锅炉以及组成的燃气供暖系统与其他锅炉组成的供暖系统除了锅炉类别不同外，其他差别不大，这里不再多述。

1.5.4　生物质供暖

生物质供暖是以生物质压缩状物（如生物质块、生物质颗粒等）为燃料的供暖系统。

(1) 生物质块（颗粒）

生物质块是将木屑、锯末、秸秆、稻壳等生物质原料通过压缩成型机挤压（冷压成型和热压成型）制得（图 1-5-20）。由于生物质均来自空气中的 CO_2，燃烧后再生成 CO_2，所以不会增加空气中的 CO_2 的含量，因此生物质与矿物质能源相比属于清洁能源燃料。

图 1-5-20　生物质颗粒生产与包装

以森林树木废弃物制成的生物质颗粒，热值较高，一般在 4 000～4 200 kcal/kg，而以秸秆、稻壳制成的生物质颗粒，热值在 3 000 kcal/kg 以内。

(2) 生物质锅炉/炉具

生物质锅炉有小型家用生物质炉具，也有商业与工业用的大中型锅炉，有常压热锅炉，也有承压热水锅炉或蒸汽锅炉，用户可以根据用途选择（图 1-5-21）。生物质锅炉的热效率在 80%以上。

图 1-5-21　生物质锅炉与炉具

(3) 生物质供暖的特点

生物质供暖具有如下优点：①可再生；②低污染，硫、氮含量低，燃烧后产生的硫氧化物、氮氧化物较少；③来源分布广泛；④燃烧热效率高。

生物质燃料的缺点如下：①部分地区生物质原料收集困难；②与其他燃料相比，等量热值的造价高；③发热量较低。

1.5.5　太阳能供暖

太阳能供暖分为光伏供暖和光热供暖。光伏供暖是利用光伏产生电能，再利用电供暖设备供暖。目前实际投入使用的光伏发电系统的光电转换效率在18%左右，把光伏系统产生的电再变成热后，效率会更低；而光热系统的光热转换效率可以达到50%，远高于光伏供暖的效率。另外从投资成本上考虑，光伏发电再产热后的热价还显著高于光热供暖的热价，截至目前光伏发电供暖系统实际应用的还很少，因此本书不做介绍。

太阳能光热供暖分为主动式供暖和被动式供暖，主、被动太阳能供暖系统各有其特点，也可以联合应用，被动技术优先，主动技术优化是太阳能供暖技术和应用的发展方向。近几年太阳能供暖技术在我国得到了越来越多的应用，产品与技术水平也得到了显著提高。

太阳能主、被动供暖技术是本书重点讲述的内容，在后面章节将予以详细阐述，这里不再多述。

1.5.6　地热供暖

地热能来自地球内部的熔岩，并以热力形式存在，是引致火山爆发及地震的能量，是来自地球深处的可再生热能，它起源于地球的熔融岩浆和放射性物质的衰变。

目前地热资源勘察的深度可达到地表以下 5 000 m，全球储存的地热资源相当于 5 000 亿 t 标准煤的当量。地热能的利用可分为地热发电和直接热利用（含供暖、热水与疗养、养殖等）。

地热蒸汽和地热水中含有大量的矿物质，地热利用应解决好地热蒸汽和地热热水的结垢问题。根据相关规定，地热蒸汽或热水利用其热能后，必须将利用后的地热水回灌到地下。

2018年西藏拉萨市当雄县县城建成投运了3万m^2供暖面积的地热集中供暖试点，该项目较好解决了地热水的结垢问题和回灌问题，投运一年来取得了很好的效果。现正将供暖面积扩大到16万m^2，并已于2020年开工建设。

图1-5-22是西藏拉萨当雄县城地热供暖地热水与供暖机房实景图。

图1-5-22　西藏当雄县城地热集中供暖机房实景图

1.5.7　干热岩供暖

干热岩供热是一种新型的供暖热源，它通过往地下岩层钻孔，在钻孔中安装一种密闭的金属换热器，直接从地下2 000 m处采集热量，然后通过导热介质将从地下干热岩换取的热量带到地面，并换热给各供暖系统的水，从而向地面建筑供热。一个直径大约20 cm的干热岩钻孔，可供热1万～1.3万m^2。

图1-5-23是干热岩供暖示意图。采用干热岩供热，整个过程不产生废气、废液、废渣；不抽取地下水，没有氮氧化物和二氧化碳排放，是一项绿色环保成熟的供暖技术。据介绍，供暖面积初期建设投资约200元/m^2，地下换热器等相关设备寿命可达50年，运行成本仅为传统供热的一半。

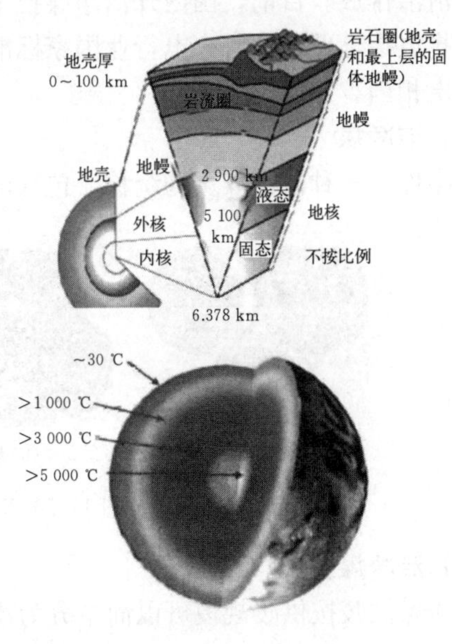

图1-5-23　干热岩供热示意图

干热岩作为新型清洁能源，用于供热采暖，适合采取就地就近利用。

1.5.8 洁净煤供暖

洁净煤技术是指煤炭从开采到利用的全过程中，主要是在减少污染物排放和提高利用效率的加工、转化、燃烧及污染控制等方面的新技术，包括洁净生产技术、洁净加工技术、高效洁净转化技术、高效洁净燃烧与发电技术和燃煤污染排放治理技术等。

我国能源资源具有“缺油、少气、富煤”的特点，因此发展洁净煤生产与利用已成为维护国家能源安全的必然选择。近几年，洁净煤供暖也成为清洁供暖的一种方式，对于不能通过清洁取暖替代散烧煤的偏远山区等，可利用“洁净煤＋节能环保炉具”等方式替代散烧煤。图 1-5-24 是洁净煤与燃煤节能炉具实物图。

图 1-5-24 洁净煤与燃煤节能炉具

从技术角度看，经过改性加工后，“洁净煤”的挥发分、含硫量等主要质量指标均有改善。只要与适当的炉具匹配使用，燃烧时无烟、无味、无尘，洁净煤取暖即可实现高效燃烧、清洁排放。目前，国内外洁净煤技术已经成熟，大型洁净煤燃烧过程完全可实现大气污染排放指标低于现行火电行业国家标准，国内最新洁净煤技术已可实现排放水平与天然气发电相当。

（1）洁净煤

洁净煤是多种清洁煤炭的统称，包括洁净型煤、无烟煤、兰炭等（图 1-5-25）。

(a)洁净煤　(b)无烟煤　(c)兰炭

图 1-5-25 洁净煤的类别

（2）洁净煤供暖

洁净煤供暖按供暖规模可以简单分为小型分布式供暖和大中型集中采暖。

小型分布式洁净煤供暖一般采用新式高效环保小型炉具＋清洁煤的方式，图 1-5-26

是洁净煤家庭供暖系统示意图。

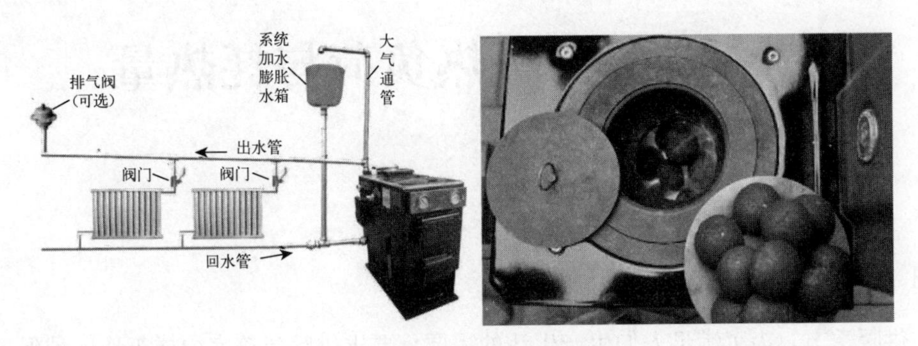

图 1-5-26　洁净煤家庭供暖系统

大型洁净煤供暖一般多采用热电联产，以集中供热的方式，敷设一定距离范围的热力管网，利用区域换热站，给建筑内进行供热采暖。大型燃煤锅炉比小型家用锅炉的燃烧效率更高，污染排放更少。

思考题

1. 供暖系统由哪三部分组成？各部分的作用是什么？
2. 供暖系统都有哪些类别？各类别的特点是什么？
3. 我国供暖经历了哪些发展阶段？
4. 我国集中供暖用热收费都有哪些办法？
5. 电供暖都有哪些形式？各种形式的特点有哪些？
6. 热泵供暖都有哪些种类？各自有什么特点？
7. 燃气供暖有哪些类别产品？各有什么特点？
8. 生物质供暖有什么特点？
9. 太阳能供暖的优缺点有哪些？
10. 地热供暖有什么优缺点？
11. 干热岩供热的特点是什么？
12. 洁净煤有什么特点？洁净煤供暖有哪些类别？

第2章 供暖热负荷与耗热量

2.1 供暖设计热负荷

2.1.1 供暖热负荷

在供暖季节，为了满足人们生产生活的需要，要求供暖建筑室内或工作区域保持一定的温度，为此必须由散热设备向供暖房间补给一定热量，此热量就是该房间的供暖耗热量。该房间单位时间内的供暖耗热量就是该房间的供暖热负荷。同理，某供暖系统各供暖建筑各个供暖房间的供暖热负荷之和就是该供暖系统供暖建筑的供暖热负荷。

供暖热负荷的大小与室外环境温度高低、供暖建筑围护结构的好坏、需要维持的房间温度高低等因素有直接关系，同时由于室外环境温度并不是一个固定值，而是在不断变化的，因此实际供暖热负荷也是变化的。

对于供暖系统设计，必须明确一个供暖设计热负荷，并由此确定各供暖设备的规格参数。若供暖设计热负荷取值偏大，则造成供暖设备容量、供暖管网、室内散热器增大，导致投资增大；若供暖设计热负荷取值偏小，则虽然供暖设备容量、供暖管网、室内散热器减小，节约了投资，但不能满足供暖要求，因此应正确合理地确定供暖系统的设计热负荷。

要维持供暖建筑的室内温度，就必须使得供暖建筑在保持该温度下，建筑总散失的热量与供给的热量保持相等。下面分别分析供暖建筑失去与得到能量的途径。

2.1.2 供暖建筑能量散失类别

供暖期间，供暖建筑散失的热量主要如下：

（1）地面、屋顶、墙、门、窗等围护结构的传导散热量 Q_1；

（2）门、窗等缝隙渗入室内的冷空气被加热到房间要求温度的耗热量 Q_2；

（3）门、孔洞及相邻房间侵入的冷空气被加热到房间要求温度的耗热量 Q_3；

（4）房间水分蒸发消耗的热量 Q_4；

（5）加热外部运入的冷物料和运输工具消耗的热量 Q_5；

（6）通风系统将热空气从室内排到室外带走的热量 Q_6；

（7）其他途径散失的热量 Q_7。

因此，供暖建筑失去的总热量 Q_{sh} 可用公式（2-1-1）表示：

$$Q_{sh}=Q_1+Q_2+Q_3+Q_4+Q_5+Q_6+Q_7 \tag{2-1-1}$$

2.1.3 供暖建筑得到的热量类别

供暖期间，供暖建筑得到的热量主要如下：

（1）供暖建筑从太阳辐射得到的热量 Q_{d1}；

（2）房间内人体、照明设备、发热设备散到房间的热量 Q_{d2}；

（3）进入供暖房间热物体散到房间的热量 Q_{d3}；

（4）供暖建筑其他途径得到的热量 Q_{d4}；

（5）供暖设备供给室内的热量 Q_n。

因此，供暖建筑得到的总热量 Q_d 可用公式（2-1-2）表示：

$$Q_d=Q_{d1}+Q_{d2}+Q_{d3}+Q_{d4}+Q_n \quad (2-1-2)$$

2.1.4　供暖建筑能量平衡

根据上述对供暖建筑散失的能量与得到的能量途径的分析，要使供暖建筑的房间温度保持不变，必须使室内失去的总热量与得到的总热量保持相等，即 $Q_{sh}=Q_d$，也就是：

$$Q_1+Q_2+Q_3+Q_4+Q_5+Q_6+Q_7=Q_{d1}+Q_{d2}+Q_{d3}+Q_{d4}+Q_n \quad (2-1-3)$$

对于民用住宅建筑和办公建筑，一般不存在生产工艺所带来的房间能量得失。设计计算时，采暖建筑失去的热量 Q_{sh} 一般只考虑地面、屋顶、墙、门、窗等围护结构的传导散热量 Q_1，门、窗等缝隙渗入室内的冷空气被加热到房间要求温度的耗热量 Q_2，门、孔洞及相邻房间侵入的冷空气被加热到房间要求温度的耗热量 Q_3 三项热损失。得到的热量 Q_d 只考虑供暖建筑从太阳辐射得到的热量 Q_{d1}，供暖设备供给室内的热量 Q_n，对于房间内人体、照明设备、发热设备散到房间的热量 Q_{d2}（称为自由热），一般数量很小且不稳定，通常不予考虑。对于民用住宅建筑和办公建筑，一般不存在生产工艺所带来的房间能量得失进入供暖房间热物体散到房间的热量 Q_{d3}，一般也不存在供暖建筑其他途径得到的热量 Q_{d4}，因此民用与办公建筑供暖能量平衡公式可以简化为：

$$Q_1+Q_2+Q_3=Q_{d1}+Q_n$$

或者：

$$Q_n=Q_1+Q_2+Q_3-Q_{d1} \quad (2-1-4)$$

2.1.5　供暖设计热负荷

2.1.5.1　供暖设计热负荷计算

供暖系统的设计热负荷是指在规定的供暖计算室外温度 t'_w 下，为了使供暖建筑达到要求的室内温度 t_n，需要供暖系统在单位时间内供给的热量 Q'_n，上述字母带“′”上标符号，均表示是在设计工况下的各项数值。设计热负荷是供暖系统设计计算最基本的依据。

根据上述供暖系统设计热负荷的概念，公式（2-1-4）可以改写为：

$$Q'_n=Q'_1+Q'_2+Q'_3-Q'_{d1} \quad (2-1-5)$$

在工程设计中，计算供暖设计热负荷时，常把围护结构的散热量 Q'_1 分为基本耗热量 Q'_{1j} 和附加（修正）耗热量 Q'_{1x}。基本耗热量是指在设计条件下，通过房间各部分围护结构（门、窗、墙、地面、屋顶等）从室内传到室外的稳定传热量的总和。附加（修正）耗热量是指围护结构的传热状况发生变化而对基本耗热量进行修正的耗热量，同时将太阳辐射进入室内得到的热量纳入附加（修正）耗热量中。为此，公式（2-1-5）可以表示为：

$$Q'_n = Q'_{1j} + Q'_{1x} + Q'_2 + Q'_3 \tag{2-1-6}$$

2.1.5.2 设计热负荷室外计算温度 t'_w 确定方法

目前国内外设计热负荷室外计算温度的确定，主要有三种方法。第一种是根据围护结构的热惰性原理来确定；第二种是采用不保证率的方法来确定；第三种是根据不保证天数的原则来确定。

（1）热惰性原理确定方法

围护结构热惰性原理确定方法是苏联建筑法规定的供暖设计热负荷室外温度确定方法。它规定要按照50年中最冷的八个冬季里最冷的连续5天的日平均温度的平均值作为设计热负荷的室外计算温度。根据围护结构热惰性原理分析，在采用 $2\frac{1}{2}$ 砖实心墙条件下，即使昼夜室外温度波幅为±18 ℃，外墙内表面的温度波幅也不会超过±1 ℃，对人的舒适感影响很小。根据该方法确定的室外计算温度一般较低。

（2）采用不保证率的确定方法

美国、加拿大、日本等国家一般采用不保证率的方法确定供暖室外计算温度。计算参数并不唯一，选择空间较大。美国、加拿大以全年8 760 h为基础、日本以11至2月为基础，按99.6%和99%两种累积保证率计算，得出2个设计干球温度，让设计者选择。一般根据所选的级别不同，每年冬天最多允许有35 h或88 h不满足供暖要求。

（3）采用不保证天数的确定方法

不保证天数的确定原则是：允许有几天室内供暖温度可以低于设计温度。不保证天数各国规定不同，有规定1 d、3 d、5 d等。我国规定：供暖室外计算温度应采用历年平均不保证5 d的日平均温度。对大多数城市来说，是指将1971年1月1日至2000年12月31日共30年的历年日平均温度进行升序排列，按照历年不保证5 d的方法确定供暖计算室外温度 t'_w。由此确定的供暖系统，大体上与采用97.5%不保证率的方法计算出的 t'_w 数值相当。与采用热惰性原理方法相比，我国采用不保证5 d计算方法确定 t'_w 数值，t'_w 值可普遍提高1～4 ℃，从而降低了供暖设计热负荷，并节省供暖系统的设计预算投资。根据我国多年供暖的实践，按照这种方法设计安装的供暖系统，供暖效果可以满足人们的供暖需求。

我国各地的供暖室外计算温度见GB 50736—2012《民用建筑供暖通风与空气调节设计规范》。该规范数据是根据1971—2000年期间各地的气象数据计算得出的。该计算结果得出的供暖设计计算温度均高于1951—1970年得出的数值。各地供暖室内计算温度的变化见表2-1-1。

表2-1-1 各地供暖室内计算温度的变化

地点	根据1951—1970年气象数据得出的供暖室外计算温度	根据1971—2000年气象数据得出的供暖室外计算温度	后者与前者相比 减少（—）/增加（+）
北京	−9 ℃	−7.6 ℃	+1.4 ℃
天津	−9 ℃	−7.0 ℃	+2.0 ℃

（续）

地点	根据 1951—1970 年气象数据得出的供暖室外计算温度	根据 1971—2000 年气象数据得出的供暖室外计算温度	后者与前者相比减少（—）/增加（+）
石家庄	−8 ℃	−6.2 ℃	+1.8 ℃
沈阳	−20 ℃	−16.9 ℃	+3.1 ℃
大连	−12 ℃	−9.8 ℃	+2.2 ℃
哈尔滨	−26 ℃	−24.2 ℃	+1.8 ℃
长春	−23 ℃	−21.1 ℃	+1.9 ℃
呼和浩特	−20 ℃	−17.0 ℃	+3.0 ℃
海拉尔	−35 ℃	−31.6 ℃	+3.4 ℃
锡林浩特	−28 ℃	−25.2 ℃	+2.8 ℃
太原	−12 ℃	−10.1 ℃	+1.9 ℃
银川	−15 ℃	−13.1 ℃	+1.9 ℃
兰州	−11 ℃	−9.0 ℃	+2.0 ℃
酒泉	−17 ℃	−14.5 ℃	+2.5 ℃
乌鲁木齐	−23 ℃	−19.7 ℃	+3.3 ℃
哈密	−19 ℃	−15.6 ℃	+3.4 ℃
西宁	−13 ℃	−11.4 ℃	+1.6 ℃
格尔木	−17 ℃	−12.9 ℃	+4.1 ℃
西安	−5 ℃	−3.4 ℃	+1.6 ℃
郑州	−5 ℃	−3.8 ℃	+1.2 ℃
济南	−7 ℃	−5.3 ℃	+1.7 ℃
青岛	−7 ℃	−5.0 ℃	+2.0 ℃
拉萨	−6 ℃	−5.2 ℃	+0.8 ℃
日喀则	−8 ℃	−7.3 ℃	+0.7 ℃
阿里	—	−19.8 ℃	—
那曲	—	−17.8 ℃	—

2.1.5.3　设计热负荷室内计算温度 t_n 的确定

室内计算温度是指室内距离地面 2 m 高以下人们活动空间的平均空气温度。室内计算空气温度的确定应满足人们生活或生产工艺的要求。

生活房间的温度主要取决于人体生理热平衡，它与房间用途、室内潮湿程度、围护结构散热强度、人的衣着状况、劳动强度以及生活习惯、生活水平等因素有关。生产车间要求的室内温度一般由生产工艺要求确定。

许多国家规定冬季室内温度在16～22 ℃范围内。根据国内卫生部门的研究结果：当人体衣着适宜，保暖量充分且处于安静状态时，室内温度20 ℃比较舒适，18 ℃无冷感，15 ℃是产生明显冷感的温度界限。

GB 50736—2012《民用建筑供暖通风与空气调节设计规范》规定：供暖室内设计温度应符合下列规定：

（1）严寒和寒冷地区主要房间应采用18～24 ℃；

（2）夏热冬冷地区主要房间宜采用16～22 ℃；

（3）设置值班供暖房间不应低于5 ℃。

2.2 围护结构基本耗热量

2.2.1 基本耗热量

围护结构是指将室内与室外分割开的所有建筑结构的总称，包括墙、门、窗、地面和屋顶。

在工程设计中，围护结构的基本耗热量是按照一维平壁稳定传热过程进行计算的，也就是假设在计算时间内，室内外空气温度和其他传热过程参数都不随时间变化。实际室内散热是一个不稳定传热过程，但采用简化计算能够基本满足设计要求。对于要求室温波动很小的建筑物或房间，应采用不稳定传热原理进行围护结构耗热量计算，这里不做叙述。

按照一维平壁稳定传热过程计算，围护结构的基本耗热量，可以按照下式计算：

$$q'=KF\ (t_n-t'_w)\ \alpha \qquad (2-2-1)$$

式中：q'——围护结构基本耗热量，W；

K——围护结构的传热系数，W/(m^2·℃)；

F——围护结构传热面积，m^2；

t_n——采暖室内计算温度,℃；

t'_w——采暖室外计算温度,℃；

α——围护结构温差修正系数。

整个建筑或房间的基本耗热量Q'_{1j}等于各围护结构基本耗热量q'的总和。

$$Q'_{1j}=\sum q'=\sum KF(t_n-t'_w)\alpha \qquad (2-2-2)$$

2.2.2 围护结构传热系数

（1）匀质多层材料组成的围护结构（平壁）传热系数

建筑物的外墙和屋顶都属于匀质多层材料的平壁结构，其传热过程如图2-2-1所示。其传热系数K值可用下列公式计算。

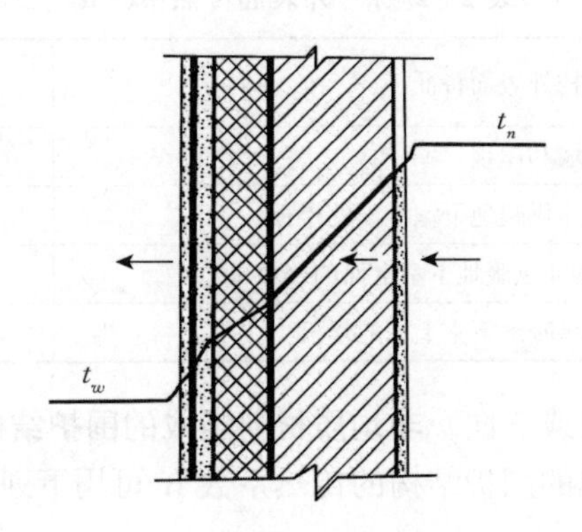

图 2-2-1　通过围护结构的传热过程

$$K=\frac{1}{R_0}=\frac{1}{\frac{1}{\alpha_n}+\sum\frac{\delta_i}{\alpha_\lambda\lambda_i}+R_K+\frac{1}{\alpha_w}}=\frac{1}{R_n+\sum R_i+R_K+R_W} \quad (2-2-3)$$

式中：K——由匀质多种材料（平壁）组成的围护结构的传热系数，W/(m^2・℃)；

R_0——由匀质多种材料（平壁）组成的围护结构的传热热阻，(m^2・℃)/W；

α_n、α_w——分别为围护结构内表面、外表面的换热系数，W/(m^2・℃)；

R_n、R_W——分别为围护结构内表面、外表面的热阻，(m^2・℃)/W；

λ_i——围护结构各层导热系数，W/(m^2・℃)；

α_λ——材料导热系数修正系数；

δ_i——围护结构各层厚度，m；

R_i——由单层或多层材料的围护结构各材料层热阻，(m^2・℃)/W；

R_K——封闭空气层的热阻，(m^2・℃)/W。

围护结构表面换热过程是对流和辐射的综合换热过程。围护结构内表面的换热是壁面与邻近空气的自然对流换热和与其他壁面的辐射换热。工程计算中采用的换热系数分别列于表 2-2-1 和表 2-2-2。

表 2-2-1　内表面传热系数 α_n

围护结构内表面特征	α_n [W/(m^2・K)]
墙、地面、表面平整或有肋状突出物的顶棚，当$\frac{h}{s}\leqslant 0.3$时	8.7
有肋、井状突出物的顶棚，当$0.2<\frac{h}{s}\leqslant 0.3$时	8.1
有肋状突出物的顶棚，当$\frac{h}{s}>0.3$时	7.6
有井状突出物的顶棚，当$\frac{h}{s}>0.3$时	7.0

注：h 为肋高（m）；s 为肋间净距（m）。

表 2-2-2　外表面传热系数 α_w

围护结构外表面特征	α_w [W/(m²·K)]
外墙和屋顶	23
与室外空气相通的非供暖地下室上面的楼板	17
闷顶和外墙上有窗的非供暖地下室上面的楼板	12
外墙上无窗的非供暖地下室上面的楼板	6

(2) 有两种以上二向（或三向）非均质材料组成的围护结构（平壁）传热系数

由多层非均质材料组成的围护结构的传热系数 K 可用下列公式计算：

$$K=\frac{1}{R_0}=\frac{1}{R_n+\overline{R}+R_K+R_W} \tag{2-2-4}$$

式中：K——多层非匀质材料组成的围护结构的传热系数，$\mathrm{W/(m^2 \cdot ℃)}$；

$\overline{R}$——多层非匀质材料组成的材料层的平均热阻，$\mathrm{m^2 \cdot ℃/W}$；

其他符号含义与本节前面公式（2-2-3）相同。

$\overline{R}$按照 GB 50176—2016《民用建筑热工设计规范》中附录 C 的规定计算。

在严寒地区和一些高级民用建筑中，围护结构内常增加空气间层，以减少传热量。如双层玻璃、空气屋面板、复合墙体的空气间层等。间层中的空气导热系数比组成围护结构的其他材料的导热系数小，增加了围护结构的传热热阻。空气层传热同样是辐射与对流换热的综合过程。在间层壁面涂覆辐射系数小的反射材料，如铝箔等，可以有效地增大空气间层的换热热阻。对流换热强度与间层厚度、间层设置的方向和形状以及密封性等因素有关，当厚度相同时，热流朝下的空气间层热阻最大，竖壁次之；而热流朝上的空气间层热阻最小；同时在达到一定厚度后，反而易于对流换热，热阻的大小几乎不随厚度增加而变化。工程设计中，封闭空气间层热阻 R_k 可通过查阅 GB 50176—2016《民用建筑热工设计规范》获得。

(3) 考虑结构性热桥的围护结构平均传热系数

我国的墙体结构以前多以红砖为主，此时在建筑外围护结构中，墙角、窗间墙、凸窗、阳台、屋面、楼板、地板等处形成的结构性热桥对墙体传热系数影响不大，因此以前进行围护结构基本耗热量计算时，非透明类围护结构传热系数计算中忽略了结构性热桥的影响。门窗类的透明围护结构，将结构性热桥影响直接加在了门窗本体传热系数中[如双层木窗 $K=2.68\ \mathrm{W/(m^2 \cdot ℃)}$，即包含了窗周边热桥的影响]。近年来我国围护结构变化较大，结构性热桥影响已经不能忽略。

围护结构传热系数应由围护结构平壁的传热系数 K 与结构性热桥产生的附加传热系数 ΔK 组成。为方便工程上应用，将附加传热系数折算到平壁传热系数上，则平均传热系数可以表示为：

$$K_p = K + \Delta K = K + \frac{\sum \psi_j l_j}{F} = \varphi K \tag{2-2-5}$$

式中：K_p、K——分别为围护结构平均传热系数、平壁传热系数，$\mathrm{W/(m^2 \cdot ℃)}$；

ΔK——结构性热桥产生的附加传热系数，W/(m²·℃)；

l_j——围护结构第 j 个结构性热桥的计算长度，m；

ψ_j——围护结构第 j 个结构性热桥的线传热系数，W/(m·℃)

φ——围护结构平壁传热系数的修正系数；

其他符号含义与本节前面公式（2-2-1）相同。

ψ_j 数值可通过查阅 GB 50176—2016《民用建筑热工设计规范》获得，φ 可按表（2-2-3）选取。

表 2-2-3　围护结构平壁传热系数的修正系数 φ

外墙传热系数限值 $[K_m]$ [W/(m·℃)]	外保温	
	普通窗	凸窗
0.70	1.1	1.2
0.65	1.1	1.2
0.60	1.1	1.3
0.55	1.2	1.3
0.50	1.2	1.3
0.45	1.2	1.3
0.40	1.2	1.3
0.35	1.3	1.4
0.30	1.3	1.4
0.25	1.4	1.5

注：① $[K_m]$ 根据不同气候区确定，由 $[K_m]$ 查 φ 数值；

② ≤3 层的建筑，Ⅰ(A)，$[K_m]$ =0.2 W/(m²·K)；Ⅰ(B)，$[K_m]$ =0.3 W/(m²·K)；Ⅰ(C)，$[K_m]$ =0.35 W/(m²·K)；Ⅱ(A) 及Ⅱ(B)，$[K_m]$ =0.45 W/(m²·K)。

③ 4～8 层建筑，Ⅰ(A)，$[K_m]$ =0.4 W/(m²·K)；Ⅰ(B)，$[K_m]$ =0.45 W/(m²·K)；Ⅰ(C)，$[K_m]$ =0.50 W/(m²·K)；Ⅱ(A) 及Ⅱ(B)，$[K_m]$ =0.60 W/(m²·K)。

(4) 地面传热系数

在冬季，室内热量通过靠近外墙的地面传到室外的路程较短，热阻较小；而通过远离外墙地面传到室外的路程较长，热阻较大。因此室内地面的传热系数随着离外墙的远近而有变化。在离外墙约 8 m 以上的地面，传热量基本不变。

基于上述情况，在工程设计中，一般采用近似方法计算，把地面沿外墙平行方向分成四个计算地带，如图 2-2-2 所示。

对于贴土非保温地面组成地面各层材料导热系数 λ 值都大于 1.16 W/(m²·K)，非保温地面的传热系数和热阻见表 2-2-4。第一地带靠近墙角的地面面积（图 2-2-2 中涂黑部分）需要计算两次。

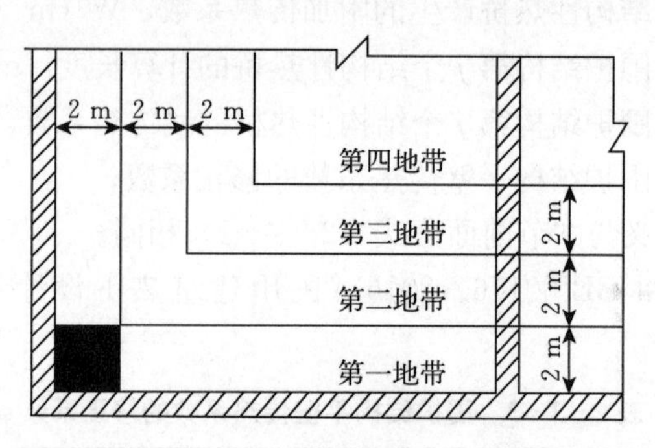

图 2-2-2　地面传热地带划分

表 2-2-4　非保温地面的传热系数和热阻

地带	R_0 [(m²·℃)/W]	K_0 [W/(m²·℃)]
第一地带	2.15	0.47
第二地带	4.30	0.23
第三地带	8.60	0.12
第四地带	14.2	0.07

对于贴土保温地面（组成地面各层材料中，有导热系数 λ 值小于 1.16 W/(m²·K) 的保温层），各地带的热阻数值可按照下式计算：

$$R'_0 = R_0 + \sum_{i=1}^{n} \frac{\delta_i}{\lambda_i} \quad (\text{m}^2 \cdot ℃)/\text{W} \qquad (2-2-6)$$

式中：R'_0——贴土保温地面的热阻，(m²·℃)/W；

R_0——非保温地面的热阻，(m²·℃)/W，数值见表 2-2-4；

δ_i——保温层的厚度；m；

λ_i——保温材料的导热系数，W/(m²·K)。

对于铺设在地垄墙上的保温地面的换热热阻 R''_0 数值，可按照下面公式计算：

$$R''_0 = 1.18R'_0 \quad (\text{m}^2 \cdot ℃)/\text{W} \qquad (2-2-7)$$

(5) 屋面与顶棚的综合传热系数

平面屋顶的传热系数按照平壁传热系数公式计算。对于坡屋面屋顶，当用顶棚面积计算其传热量时，采用屋面和顶棚的综合传热系数 K。计算公式如下：

$$K = \frac{K_1 K_2}{K_1 \cos\alpha + K_2} \qquad (2-2-8)$$

式中：α——屋面和顶棚的夹角，见图 2-2-3；

K_1、K_2——分别为顶棚和屋面的传热系数，W/(m²·K)。

2.2.3　围护结构传热面积的丈量

不同围护结构传热面积的丈量方法可按照图 2-2-3 的方法丈量计算。

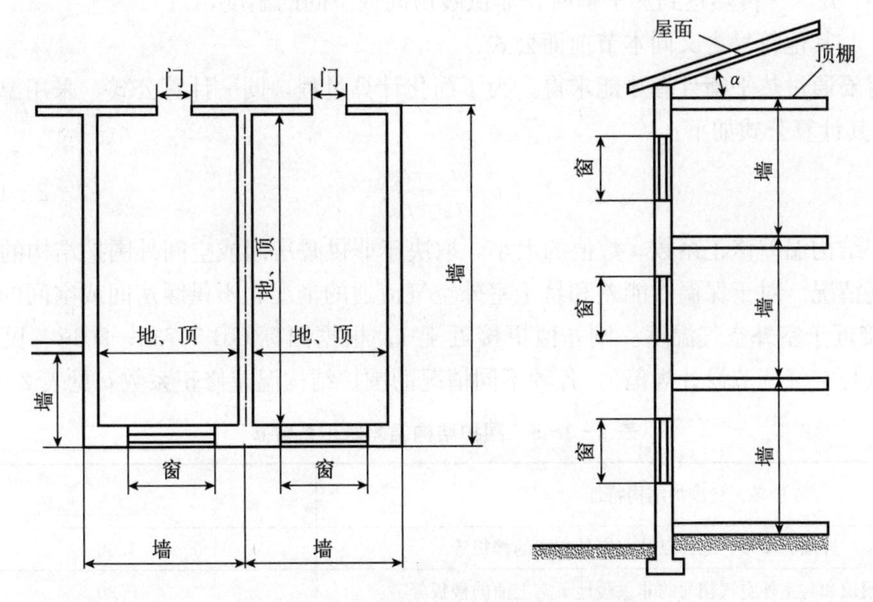

图2-2-3　围护结构传热面积丈量方法

外墙面积的丈量，高度从本层地面算到上层地面；对于平屋顶建筑，最顶层的丈量是最顶层的地面到平屋顶的外表面的高度；对于有闷顶的斜屋面，算到闷顶内的保温层表面。外墙的平面尺寸，应按建筑物外廓尺寸计算。相邻房间以内墙中心线为分界线。

门、窗的面积按照外墙外面上的净尺寸计算。

闷顶和地面的面积应按照建筑物外墙以内的内廓尺寸计算。对于平屋顶，顶棚面积按照建筑物外廓尺寸（不含挑檐部分）计算。

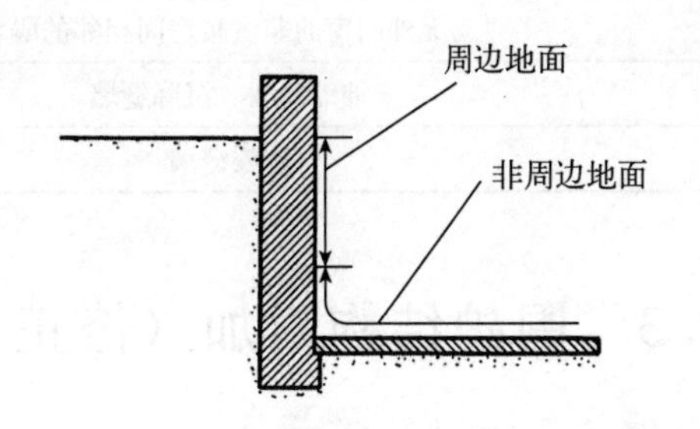

图2-2-4　地下室地面面积传热地带的划分

地下室面积的丈量，位于室外地面以下的外墙，其耗热量计算方法与上述地面耗热量的计算相同，但传热地带的划分，应从与室外地面相平的墙面算起，也就是把地下室外墙在室外地面以下的部分，看作是地下室地面的延伸，如图2-2-4所示。

2.2.4　温差修正系数

对供暖房间围护结构外侧不是与室外空气直接接触，而中间隔着不供暖房间（或空间）的场合，见图2-2-5。

通过该围护结构的传热量应为：

$$q'=KF\left(t_n-t_h\right)=KF\left(t_n-t'_w\right)\alpha \tag{2-2-9}$$

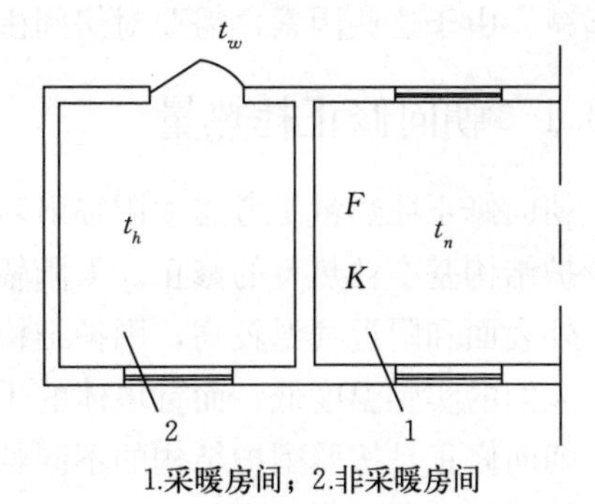

图2-2-5　温差修正系数计算示意图

式中：t_h——传热达到热平衡时，非供暖房间或空间的温度,℃；

其他符号含义同本节前面公式。

t_h 需要通过热平衡计算才能求得。为了简化计算过程，同一计算公式，采用温差修正系数 α。其计算公式如下：

$$\alpha=\frac{t_n-t_h}{t_n-t_w'} \tag{2-2-10}$$

围护结构温差修正系数 α 数值的大小，取决于非供暖房间或空间外围护结构的保温性能和透气情况。对于保温性能差和易于室外空气流通的情况，不供暖房间或空间的空气温度 t_h 更接近于室外空气温度。则 α 值更接近于 1。根据国标 GB 50736—2012《民用建筑供暖通风与空气调节设计规范》，各种不同情况的围护结构温差修正系数 α 见表 2-2-5。

表 2-2-5　围护结构温差修正系数 α

围护结构特征	α
外墙、屋顶、地面以及与室外相通的楼板等	1.00
闷顶和与室外空气相通的非供暖地下室上面的楼板等	0.90
与有外门窗的不供暖楼梯间相邻的隔墙（1～6 层建筑）	0.6
与有外门窗的不供暖楼梯间相邻的隔墙（7～30 层建筑）	0.5
非供暖地下室上面的楼板，外墙上有窗时	0.75
非供暖地下室上面的楼板，外墙上无窗且位于室外地坪以上时	0.60
非供暖地下室上面的楼板，外墙上无窗且位于室外地坪以下时	0.40
与有外门窗的非供暖房间相邻的隔墙	0.7
与无外门窗的非供暖房间相邻的隔墙	0.40
伸缩缝墙、沉降缝墙	0.30
防震缝墙	0.70

2.3　围护结构附加（修正）耗热量

围护结构的实际耗热量会受到气象条件以及建筑物结构、体形和方位等因素影响而有所增减。由于这些因素，需要对房间围护结构的基本耗热量进行修正。

2.3.1　朝向修正耗热量

朝向修正耗热量是考虑太阳辐射对建筑物的有利作用和南北向房间的温度平衡要求而对围护结构基本耗热量的修正。太阳辐射对南北向房间影响不同，朝阳面的围护结构较干燥，外表面和附近气温较高，围护结构向外散失的热量少；北向房间由于接受不到太阳直射，人们的实感温度低，而且墙体的干燥程度北向也比南向差，围护结构向外散失的热量多。朝向修正是按照围护结构的不同朝向，采用不同的修正率。需要修正的耗热量等于垂直的外围护结构（门、窗、外墙及屋顶的垂直部分）的基本耗热量乘以相应的朝向修正率。

GB 50736—2012《民用建筑供暖通风与空气调节设计规范》对朝向修正规定如下：

（1）北、东北、西北按 0～10%；

（2）东、西按－5%；

（3）东南、西南按－10%～－15%；

（4）南按－15%～－30%。

上述修正率应根据当地冬季日照率、辐射强度、建筑物使用和被遮挡等情况选用修正率；对于冬季日照率小于 35%的地区，东南、西南和南向的修正率，宜采用－10%～0%，东西两方向可不修正。

2.3.2　风力附加耗热量

风力附加耗热量是考虑室外风速变化而对围护结构基本耗热量的修正。我国大部分地区冬季平均风速一般为 2～3 m/s，仅个别地方大于 5 m/s。大部分地区对耗热量影响不大，为简化计算，一般建筑物不必考虑风力附加，仅对在不避风的高地、河边、海岸、旷野上的建筑物，以及城镇内明显高出的建筑物的风力附加作出规定。

GB 50736—2012《民用建筑供暖通风与空气调节设计规范》对风力附加修正规定如下：设在不避风的高地、河边、海岸、旷野上的建筑物，以及城镇内明显高出的建筑物，其垂直外围护结构宜附加 5%～10%。

2.3.3　两面外墙附加耗热量

当供暖房间有两面以上外墙时，拐角处换热条件变化使得局部耗热量有所增加，对其墙的基本耗热量附加 5%。

2.3.4　窗墙面积比超大附加耗热量

当建筑房间的窗、墙（不含窗）面积比超过 1∶1 时，窗的基本耗热量附加 10%。

2.3.5　间歇供暖附加耗热量

对于夜间不使用的办公楼和教学楼等，在夜间时允许室内温度自然降低，可按照间歇供暖系统设计。间歇附加率应附加于房间各围护结构基本耗热量和其他附加（修正）耗热量的总和上，间歇附加率可取 20%；对不经常使用的展览馆、体育馆等建筑，间歇附加率可取 30%。如允许预热时间长，如 2 h，则其间歇附加率可以适当减小。

2.3.6　高度附加耗热量

高度附加耗热量是考虑房屋高度对围护结构耗热量的影响而附加的。常用两种不同的方法计算。

第一种方法是计算房间各部分围护结构耗热量时，采用同一个室内计算温度，当房间高度高于 4 m 时，每高出 1 m，应附加 2%，但总的附加不应超过 15%。当采用地板辐射、吊顶辐射板、燃气红外线辐射供暖，当房间高度高于 4 m 时，每高出 1 m，宜附加

1%，但总的附加不宜大于8%。

第二种方法是当房间高度高于4 m时，采用不同的室内计算温度来计算房间各部分围护结构的耗热量。这里不再详述。

2.3.7 户间传热修正耗热量

当相邻房间温差小于5 ℃时，为简化计算，通常不计入通过隔墙和楼板等的传热量。但当居住建筑的入住率不高，相邻住户供暖关闭或低温运行时，相邻房间温差≥5 ℃或通过隔板和楼板等的传热量大于房间热负荷的10%时，应计算户间传热，但该附加耗热量不影响热源和外网，因此不统计在供暖系统的总设计热负荷内。

2.3.8 围护结构传导耗热量的计算公式

围护结构的传导耗热量Q'_1包括围护结构的基本耗热量和附加（修正）耗热量。根据上面关于附加（修正）耗热量工程计算方法的阐述，围护结构的传导耗热量Q'_1可以按照以下公式计算：

$$Q'_1=Q'_{1j}+Q'_{1x}=\left[\sum \alpha KF(t_n-t'_w)(1+x_{ch}+x_f+x_L+x_m)\right](1+x_g)(1+x_j) \quad (2-3-1)$$

式中：x_{ch}——朝向修正率，%；

x_f——风力附加率，%；

x_L——两面外墙修正率，%；

x_m——窗墙面积比超大修正率，%；

x_j——间歇供暖修正率，%；

x_g——高度附加率，%；

其他符号含义同公式（2-2-1）。

2.4 冷风渗透耗热量

风力和热压会造成室内外压差，从而导致室外的冷空气通过门、窗等缝隙渗入房间内，被加热后逸出。把渗入房间冷风加热到室内温度所消耗的热量，称为冷风渗透耗热量。

民用建筑与工业建筑冷风渗透耗热量的计算方法是不同的。

2.4.1 民用建筑冷风渗透耗热量计算方法

对于多层和高层民用建筑，冷风渗透耗热量Q'_2可按照公式（2-4-1）计算：

$$Q'_2=0.278\,V\rho'_w c_p\,(t_n-t'_w) \quad (2-4-1)$$

式中：Q'_2——加热由门、窗缝隙渗入室内的冷空气的耗热量，W；

V——经门、窗缝隙渗入室内的总空气量，m^3/h；

ρ'_w——供暖室外计算温度下的空气密度，kg/m^3；

c_p——冷空气的定压比热，1.005 6 kJ/m³；

0.278——单位换算系数，1 kJ/h=0.278 W；

其他符号与公式（2-2-1）含义相同。

在不考虑室内人工通风的前提下，建筑物的渗风量计算方法有缝隙法和换气次数法。

2.4.1.1　换气次数法计算冷风渗透量

该计算方法适用于民用建筑的概算方法。多层建筑的渗风量可按照房间的换气次数来估算：

$$V=n_k V_n \tag{2-4-2}$$

式中：V_n——房间的内部体积，m³；

n_k——房间的换气次数，次/h，可按表 2-4-1 选取。

表 2-4-1　居住建筑的房间换气次数

房间暴露情况	一面有外窗或门	两面有外窗或门	三面有外窗或门	门厅
换气次数（次/h）	0.25～0.67	0.5～1	1～1.5	2

2.4.1.2　缝隙法计算冷风渗透量

经门、窗缝隙渗透入室内的空气量与热压和风压大小有关。

(1) 只考虑风压作用时的冷风渗透量

对于多层民用建筑，当楼梯间不供暖且与楼梯间相通的房间有门，但该门经常关闭时，楼梯间内空气温度介于房间温度与室外温度之间时，经门、窗缝隙渗入室内的总空气量按照以下公式计算：

$$V=\sum(lLn) \tag{2-4-3}$$

式中：l——房间某朝向可开启门、窗缝隙的长度，m；

L——每米门、窗缝隙的渗风量，m³/(m·h)，见表 2-4-2；

n——缝隙渗风量的朝向修正系数，见表 2-4-3。

表 2-4-2　每米门窗缝隙的渗风量 L ［m³/(m·h)］

门窗类型	冬季室外平均风速					
	1	2	3	4	5	6
单层木窗	1.0	2.0	3.1	4.3	5.5	6.7
双层木窗	0.7	1.4	2.2	3.0	3.9	4.7
单层钢窗	0.6	1.5	2.6	3.9	5.2	6.7
双层钢窗	0.4	1.1	1.8	2.7	3.6	4.7
推拉铝窗	0.2	0.5	1.0	1.6	2.3	2.9
平开铝窗	0.0	0.1	0.3	0.4	0.6	0.8

注：① 每米外门缝隙的渗风量，为表中同类型外窗的 2 倍；

② 当有密封条时，上表数据可乘以 0.5～0.6 的系数。

门窗缝隙的计算长度，建议按照下述方法计算：当房间仅有一面或相邻两面外墙时，全部计入其门、窗可开启部分的缝隙长度；当房间有相对两面外墙时，仅计入风量较大一面的缝隙长度；当房间有三面外墙时，仅计入风量较大的两面缝隙长度。

表 2-4-3　缝隙渗风量朝向修正系数 n

城市	朝向							
	N	NE	E	SE	S	SW	W	NW
北京	1.00	0.50	0.15	0.10	0.15	0.15	0.40	1.00
天津	1.00	0.40	0.20	0.10	0.15	0.20	0.10	1.00
张家口	1.00	0.40	0.10	0.10	0.10	0.10	0.35	1.00
太原	0.90	0.40	0.15	0.20	0.30	0.20	0.70	1.00
呼和浩特	0.70	0.25	0.10	0.15	0.20	0.15	0.70	1.00
沈阳	1.00	0.70	0.30	0.30	0.40	0.35	0.30	0.70
长春	0.35	0.35	0.15	0.25	0.70	1.00	0.90	0.40
哈尔滨	0.30	0.15	0.20	0.70	1.00	0.85	0.70	0.60
济南	0.45	1.00	1.00	0.40	0.55	0.55	0.25	0.15
郑州	0.65	1.00	1.00	0.40	0.55	0.55	0.25	0.15
成都	1.00	1.00	0.45	0.10	0.10	0.10	0.10	0.40
贵阳	0.70	1.00	0.70	0.15	0.25	0.15	0.10	0.25
西安	0.70	1.00	0.70	0.25	0.40	0.50	0.35	0.25
兰州	1.00	1.00	1.00	0.70	0.50	0.20	0.15	0.50
西宁	0.10	0.10	0.70	1.00	0.70	0.10	0.10	0.10
银川	1.00	1.00	0.40	0.30	0.25	0.20	0.65	0.95
乌鲁木齐	0.35	0.35	0.55	0.75	1.00	0.70	0.25	0.35

注：其他城市数据见 GB 50736—2012《民用建筑供暖通风与空气调节设计规范》附录 G。

（2）建筑物热压作用

在供暖季节，建筑物内部与室外的温度差别较大，室外空气与室内空气存在较大的密度差，室外冷空气压力大于室内温度较高的空气压力，因此室外冷空气从楼层下部的门窗缝隙进入楼内，通过建筑物内部楼梯间等竖直贯通通道和上层门窗的缝隙与室外形成联通，从而使得室外冷空气进入建筑物，而将建筑内部的温度相对高的热空气压出室外，如此不断，这就是热压现象。另外也存在室内压力大于室外压力的情况。

假设沿建筑物各层完全相通，建筑物的理论热压可按照公式（2-4-4）计算：

$$P_r=(h_z-h)\ (\rho'_w-\rho'_n)\ g \qquad (2-4-4)$$

式中：P_r——理论热压，Pa；

ρ'_w、ρ'_n——分别为供暖室外、室内计算温度下的对应的空气密度，kg/m³；

h、h_z——分别为计算高度和中和面（室内外空气压差为0的界面）标高，在纯热压作用下，可近似取建筑物高度的一半，m。

对于公式（2-4-4），当热压差 P_r 为正值时，室外压力高于室内压力，冷风由室外渗入室内。图2-4-1是建筑物各层热压压差示意图。

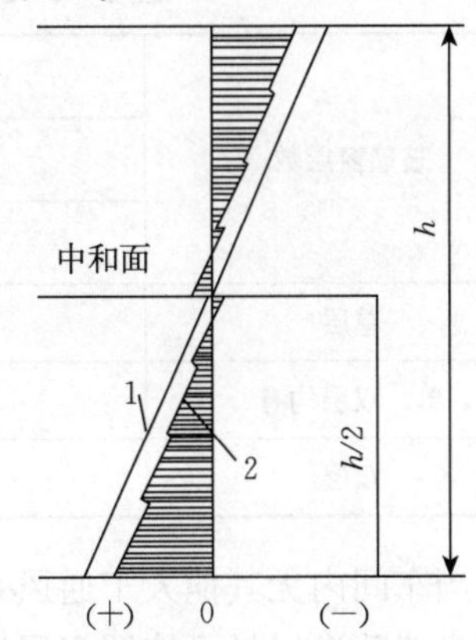

图2-4-1　建筑物热压作用示意图

1. 楼梯间及竖井热压分布曲线；

2. 建筑各层外窗热压分布曲线

实际上，建筑物外门、窗等缝隙两侧的实际热压差仅仅是理论热压 P_r 的一部分，实际压差的大小还与建筑物内部贯通通道的布置、门窗缝隙的密封程度、建筑物内部隔断以及上下通风等状况有关，也就是与冷空气从建筑物底层渗入并从顶层渗出的流通过程的阻力状况有关。

为了确定外门、窗两侧的有效作用热压差，引入热压差有效作用系数 C_r（简称热压差系数），它表示有效热压差 ΔP_r 与相应高度上的理论热压差 P_r 的比值。有效热压差 C_r 可按照公式（2-4-5）计算：

$$\Delta P_r = C_r P_r = c_r\ (h_z - h)\ (\rho'_w - \rho_n)\ g \qquad (2-4-5)$$

式中字母符号含义同公式（2-4-4）。

热压差系数 C_r 数值见表2-4-4。

表2-4-4　热压差系数 C_r

内部隔断情况	开敞空间	有内门或房门		有前室门、楼梯间门或走廊两端有门	
		密封性差	密封性好	密封性差	密封性好
C_r	1.0	1.0～0.8	0.8～0.6	0.6～0.4	0.4～0.2

(3) 考虑热压与风压联合作用且室外风速随建筑高度递增时的冷风渗透量

GB 50736—2012《民用建筑供暖通风与空气调节设计规范》规定的计算方法如下：

$$V = \sum (lL_0 m^b) \qquad (2-4-6)$$

式中：m——风压与热压共同作用下，考虑建筑体形、内部隔断和空气流通等因素后，不同朝向、不同高度的门窗冷风渗透压差中和修正系数；

b——外窗、门缝隙的渗风指数，b=0.56～0.78，无实测数据时，可取0.67；

L_0——在单纯风压作用下，不考虑朝向修正和建筑物内部隔断情况下，通过每米门窗缝隙进入室内的理论渗风量，m³/(m·h)；

其他符号同该公式（2-4-3）。

上述参数的计算选取见GB 50736—2012《民用建筑供暖通风与空气调节设计规范》附录F。

2.4.2　工业建筑冷风渗透耗热量计算方法

工业建筑厂房较高，室内外温差产生的热压较大，因此单层工业厂房的门、窗缝隙冷

风渗透耗热量 Q_2 可根据建筑物的高度以及玻璃窗的层数，按照表 2－4－5 列出的百分数进行估算。

表 2－4－5　渗透耗热量占围护结构总耗热量的百分比

玻璃窗层数	建筑物高度（m） 百分比（%）		
	<4.5	4.5～10.0	>10.0
单层	25	35	40
单、双层均有	20	30	35
双层	15	25	30

当车间内无其他人工通风系统、无天窗、无大量余热产生时，多层工业车间外门窗缝隙每米缝隙渗风量可按照多层民用建筑渗风量计算，可用缝隙法公式计算后，再计算其耗热量。

2.5　冷风侵入耗热量

在供暖季节，当开启外门时，冷空气将进入室内，把这部分冷空气加热到室内温度所消耗的热量称为冷风侵入耗热量。

冷风侵入耗热量可按照公式（2－5－1）计算：

$$Q'_3 = 0.278 V_w c_p \rho'_w (t'_n - t'_w) \qquad (2-5-1)$$

式中：Q'_3——冷风侵入耗热量，W；

V_w——冷风侵入量，m^3；

其他符号与公式（2－4－1）相同。

由于冷风侵入量不容易确定，冷风侵入的耗热量可采用外门基本耗热量乘以表 2－5－1 的百分数这种简便方法进行计算。

$$Q'_3 = NQ'_{1jm} \qquad (2-5-2)$$

式中：Q'_{1jm}——外门的基本耗热量，W；

N——考虑冷风侵入的外门附加率，按表 2－5－1 选取。

表 2－5－1　外门附加率 N 值

外门布置状况	附加率
一道门	65n%
两道门（有门斗）	80n%
三道门（有两个门斗）	60n%
公共建筑和生产车间的主要入口	500%

注：n—建筑物的楼层数。

表2-5-1中的外门附加率只适用于短时间开启的无热风幕的外门。对于开启时间长（大于15 min）的单层生产厂房的大门，冷风侵入量 V_m 可根据工业通风等计算方法计算，并按照公式（2-5-1）计算冷风侵入耗热量。此外建筑物的阳台门不必考虑冷风侵入量。一道门比两道门的附加值小，是因为一道门的基本热负荷大。

2.6 供暖热负荷计算方法与案例

本章前面几节对供暖热负荷的计算方法做了较详细的介绍，在项目设计时，为了提高工作效率，设计师通常会采用比较成熟的计算软件进行供暖热负荷计算。

目前供暖负荷计算软件主要有鸿业暖通和天正暖通两种，下面以天正暖通软件为工具，来介绍用计算软件进行供暖热负荷计算的过程。

2.6.1 天正暖通软件介绍

天正暖通软件采用自定义实体技术，模糊操作实现管线与设备、阀门精确连接，管线交叉时自动遮挡处理。专业的计算模块涵盖负荷计算、散热器采暖、空调、风管水力、焓湿图计算等，计算结果以计算书的形式保存。

(1) 供暖系统设计

提供散热器供暖和地热盘管两种供暖平面图绘制方式。对散热器供暖形式，软件提供了多种自动连接方式，双击所绘管线、散热器可进行在位编辑。系统图既可通过平面进行转换，亦可利用各工具模块快速生成。

(2) 通风、空气调节系统绘制

真正的二、三维协同设计，既有二维的方便又有三维的实效。完善的初始设置，可根据习惯进行多方面的设置工作；支持风管系统的扩充，自定义风管图层，设置默认风管连接件形式，默认标注内容及样式。提供位移、尺寸联动，点击风管上的联动夹点即可引出生成三通、四通等连接件；移动风管时，风管上的连接件、设备等可以同时移动。

(3) 多联机系统

内置大金、海尔、美的、海信、日立等厂家的常用系列及产品类型，根据需要在图中布置好多联机平面图后，按厂家的计算规则直接计算出冷媒管管径，分歧管型号及充注量，并输出材料表。

(4) 负荷计算

软件可直接提取天正建筑5.0以上版本绘制的建筑底图信息进行负荷计算，计算模式可在冷、热负荷间切换，其中冷负荷的计算方法提供了负荷系数法和谐波法两种，围护结构的传热系数可根据实际构造进行组合得出传热系数，也可读取天正节能软件生成的构造库数据。计算结果即时显示在图纸中，同时可输出计算书。

(5) 供暖水力计算

软件支持传统采暖（垂直单、双管系统）、分户计量（单管串联、跨越、双管并联系统）和地板辐射供暖系统，计算方法包括等温降法和不等温降法，其中多种供暖形式可通过提取平面图或系统图的形式获得，省去了手动搭接系统的工作；计算图形一体化，结果直接赋回到图纸中。

（6）全专业三维协同一体化

天正暖通与天正给排水、天正电气软件可以组成设备协同解决方案，能够解决工程中“管线综合、碰撞检查”的难题，通过三维实体的管线综合可以精确地找寻出每一个碰撞点，高亮显示。

2.6.2 利用天正软件进行供暖热负荷计算介绍

西藏拉萨市某人才交流中心办公建筑，建筑朝南，共 3 层，层高 3.4 m，单层建筑面积为 481.8 m²，总建筑面积为 1 445.4 m²，围护结构热工参数按照《西藏自治区民用建筑节能设计标准》DBJ 54001—2016 执行，建筑窗墙面积比、体型系数等信息详见表 2-6-1。

表 2-6-1 典型办公建筑概况表

长×宽×高	窗墙比（南向/其他）	体形系数
55.7 m×8.65 m×10.2 m	0.36/0.23	0.37

利用天正暖通（T20 v6.0）对稳态供暖负荷计算流程介绍如下。

（1）新建工程

点击“计算”→“负荷计算”或命令行输入“LCAL”，执行本命令后，系统会弹出如下对话框。

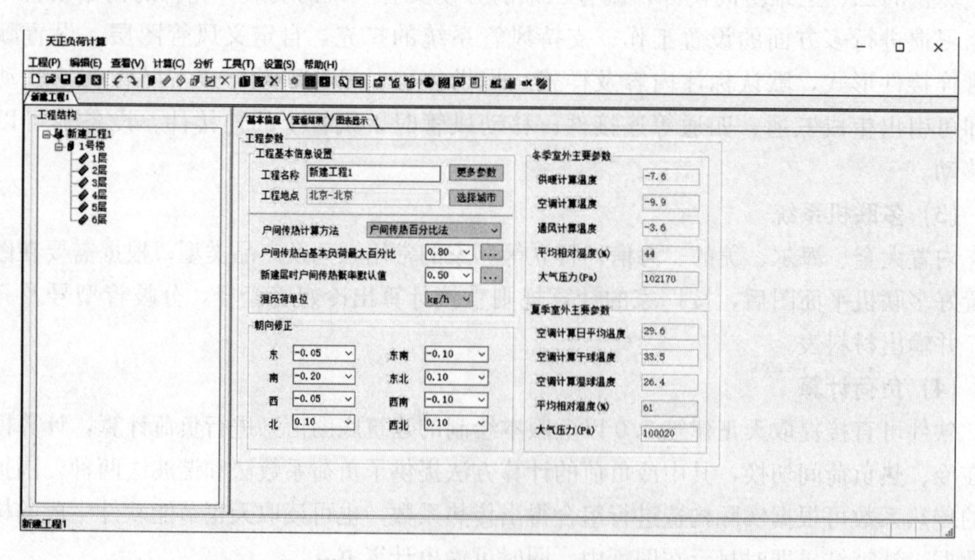

图 2-6-1 负荷计算初始对话框

图 2-6-1 是“新建工程”的基本信息界面，在此界面可设置如下参数：

① 点击图 2-6-1 中“工程名称”可对计算工程重命名，点击其后的“更多参数”选项，弹出“工程参数设置”对话框，进行相关工程基础信息设置（图 2-6-2）。

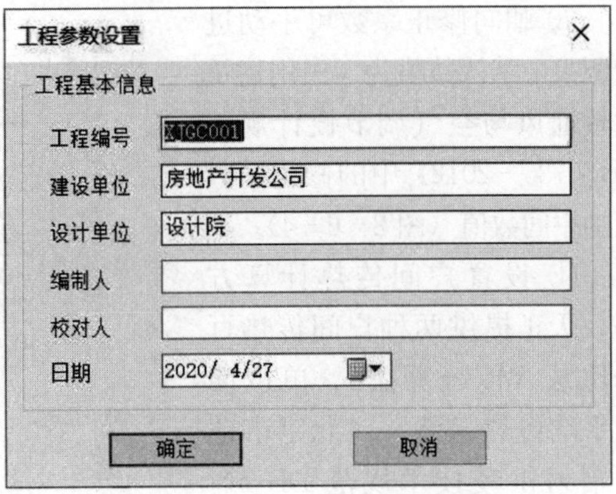

工程参数设置

工程基本信息

工程编号	XTGC001
建设单位	房地产开发公司
设计单位	设计院
编制人	
校对人	
日期	2020/ 4/27

确定　取消

图 2-6-2　工程参数设置

② 点击“工程地点”后的“选择城市”，选择计算工程所在的城市，确定室内外设计参数。提供《采暖通风与空气调节设计规范 GB 19—87 2001 年版》、《民用建筑供暖通风与空气调节设计规范 GB 50736—2012》、《实用供热空调设计手册（陆耀庆主编）第二版》三组气象参数库供用户自行选择。若需要自定义城市，可在图 2-6-3 中修改选定城市省份、名称，点击“添加”按钮，然后选中新添加的城市点击“修改”按钮即可进行新建城市的气象参数自定义操作。本计算案例，工程建设地点为拉萨市，气象参数以《民用建筑供暖通风与空气调节设计规范 GB 50736—2012》为依据，具体选择如图 2-6-3 所示。

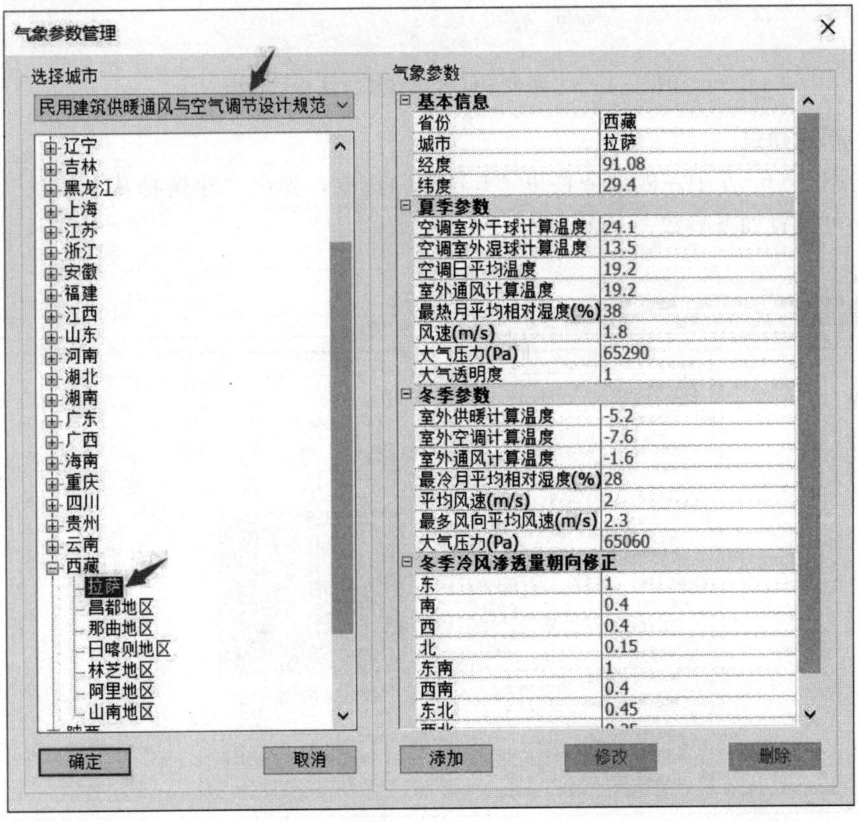

气象参数管理

选择城市

民用建筑供暖通风与空气调节设计规范

辽宁
吉林
黑龙江
上海
江苏
浙江
安徽
福建
江西
山东
河南
湖北
湖南
广东
广西
海南
重庆
四川
贵州
云南
西藏
拉萨
昌都地区
那曲地区
日喀则地区
林芝地区
阿里地区
山南地区

确定　取消

气象参数

基本信息	
省份	西藏
城市	拉萨
经度	91.08
纬度	29.4
夏季参数	
空调室外干球计算温度	24.1
空调室外湿球计算温度	13.5
空调日平均温度	19.2
室外通风计算温度	19.2
最热月平均相对湿度(%)	38
风速(m/s)	1.8
大气压力(Pa)	65290
大气透明度	1
冬季参数	
室外供暖计算温度	-5.2
室外空调计算温度	-7.6
室外通风计算温度	-1.6
最冷月平均相对湿度(%)	28
平均风速(m/s)	2
最多风向平均风速(m/s)	2.3
大气压力(Pa)	65060
冬季冷风渗透量朝向修正	
东	1
南	0.4
西	0.4
北	0.15
东南	1
西南	0.4
东北	0.45

添加　修改　删除

图 2-6-3　气象参数库

③ 朝向修正系数可手动进行调整，默认数值为《民用建筑供暖通风与空气调节设计规范 GB 50736—2012》中的修正系数范围中间数值（图 2-6-4）。

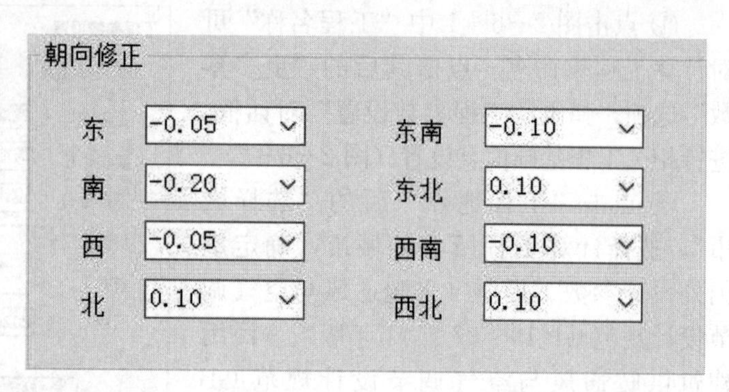

图 2-6-4 朝向修正系数

④ 设置户间传热计算方法，天正提供两种户间传热百分比法（传统算法）、单位面积平均传热量法（《北京市地面辐射供暖技术规范 DB 11/806—2011》）。本计算案例采用集中供暖的方式，建筑内各使用空间设置统一的室内温度，户间传热不计入供暖负荷，故此处无须更改默认设置（图 2-6-5）。

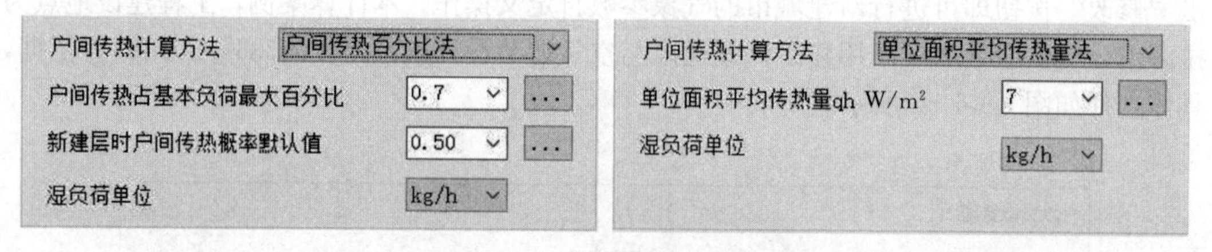

图 2-6-5 两种户间传热计算方法参数设置对比

（2）新建建筑

点击图 2-6-6 中左侧任务栏里“1 号楼”选项，弹出“建筑物基本信息”对话框，在此界面可设置如下参数：

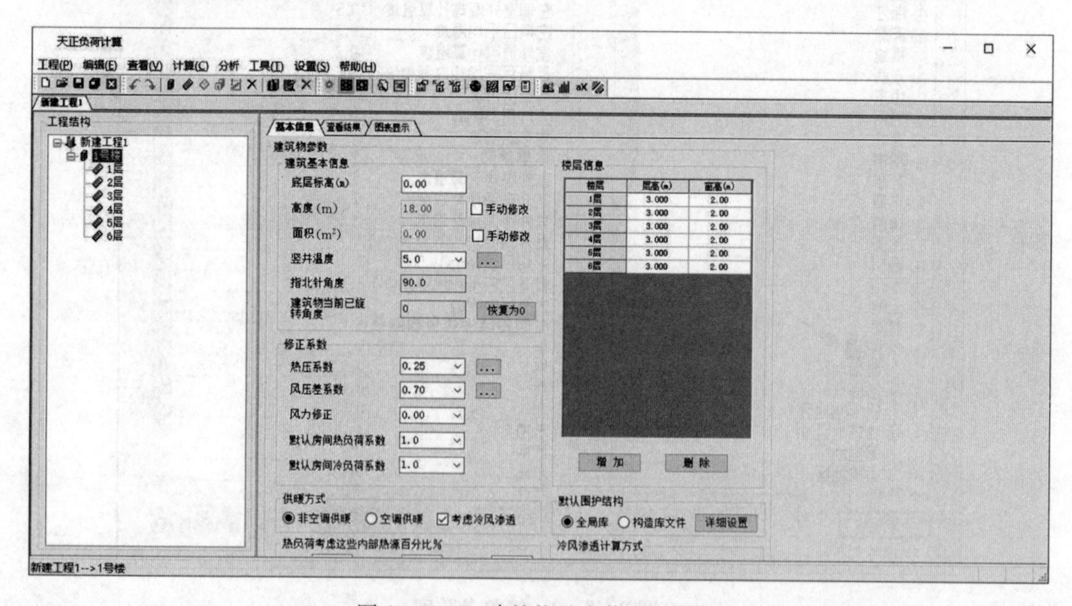

图 2-6-6 建筑物基本信息对话框

① 设置建筑物的基本信息，比如首层标高、建筑物高度等，也可定义指北针方向。

注意：建筑物高度默认为灰色不可修改装填，其会根据“楼层信息”中各层层高累加得到；如果只想添加其中一层或基层的话，可以选中“手动修改”后，人为修改建筑物高度。

② 计算的修正系数，这些系数可以手动输入数值，也可从下拉列表中选取，其中热压系数、风压系数可从提供的参考表中选取，本计算案例根据参考表选择默认值。

③ 楼层设置，在此设置楼层数目及高度；利用“增加”和“删除”按钮控制楼层的增减；如果计算工程中窗户高度不统一，可暂时不进行设置，接下来提取房间或者手动添加房间后会根据建筑图纸自动设置。

④ 围护结构默认值：

在此进行初始设置后，接下来提取房间或者手动添加房间，会默认读取这个传热系数值（图 2-6-7）。

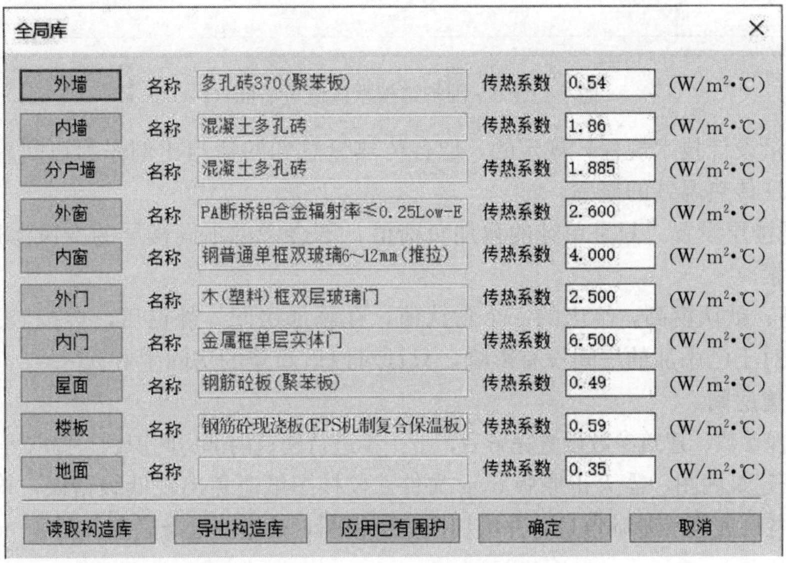

全局库

外墙	名称	多孔砖370(聚苯板)	传热系数	0.54	(W/m²·℃)
内墙	名称	混凝土多孔砖	传热系数	1.86	(W/m²·℃)
分户墙	名称	混凝土多孔砖	传热系数	1.885	(W/m²·℃)
外窗	名称	PA断桥铝合金辐射率≤0.25Low-E	传热系数	2.600	(W/m²·℃)
内窗	名称	钢普通单框双玻璃6~12mm(推拉)	传热系数	4.000	(W/m²·℃)
外门	名称	木(塑料)框双层玻璃门	传热系数	2.500	(W/m²·℃)
内门	名称	金属框单层实体门	传热系数	6.500	(W/m²·℃)
屋面	名称	钢筋砼板(聚苯板)	传热系数	0.49	(W/m²·℃)
楼板	名称	钢筋砼现浇板(EPS机制复合保温板)	传热系数	0.59	(W/m²·℃)
地面	名称		传热系数	0.35	(W/m²·℃)

读取构造库　导出构造库　应用已有围护　确定　取消

图 2-6-7　围护结构默认值对话框（1）

考虑到建筑专业墙体材料更改了，对于负荷计算中的传热系数也会发生变化这个问题，天正暖通新版中增加了一个新功能：对于已经完成或完成了一部分的工程，如果需要更改传热系数值，可以在此界面修改 K 值，点上述对话框底部“应用已有围护”按钮后，会将原添加的围护结构的 K 值更新为新改的数值，并重新计算，同样也会对接下来新添加的围护结构生效。

(3) 新建楼层

点击图 2-6-8 中左侧任务栏里“1 层”选项，弹出“楼层信息”对话框，在此界面可设置如下参数：

① 户间传热概率，计算户间传热选定计算方法为户间传热百分比法时，设置的户间传热的有效系数可对附件传热数值产生影响，默认值是根据北京市标准《新建集中供暖住

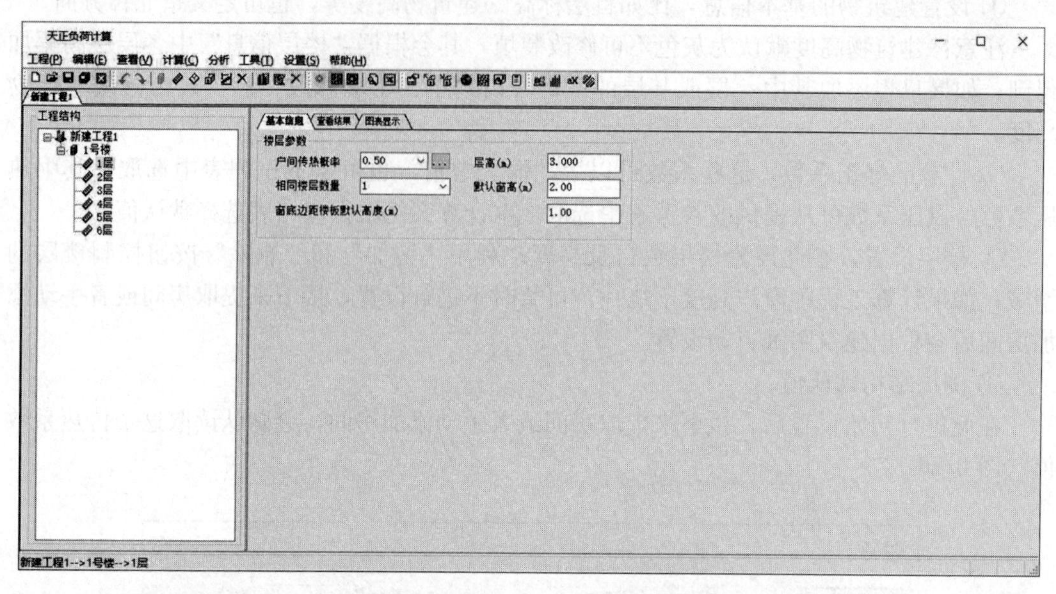

图 2-6-8　围护结构默认值对话框（2）

宅分户热计量设计技术规程》规定的，取各传热量总和的适当比例作为户间总传热负荷，考虑户间出现传热温差的概率。

② 相同楼层设置，只是单纯的累加负荷值，不会考虑不同楼层的冷风渗透量有所差别等这些因素。

③ 层高、默认窗高，给出的一个默认值，在添加房间、外窗后，会按照此值进行加载参数；但对于已添加的房间没有影响，只针对以后新建的房间生效。

（4）新建房间

计算工程参数、建筑参数设置完毕后，下一步进行建筑内部房间识别、提取等相关操作。

① 打开建筑底图，需天正原版 dwg 文件，校核图纸避免出现低级错误，检查楼层数、楼层标高、各层底高等基础信息，并可切换三维视图，检查图纸准确性（图 2-6-9）。

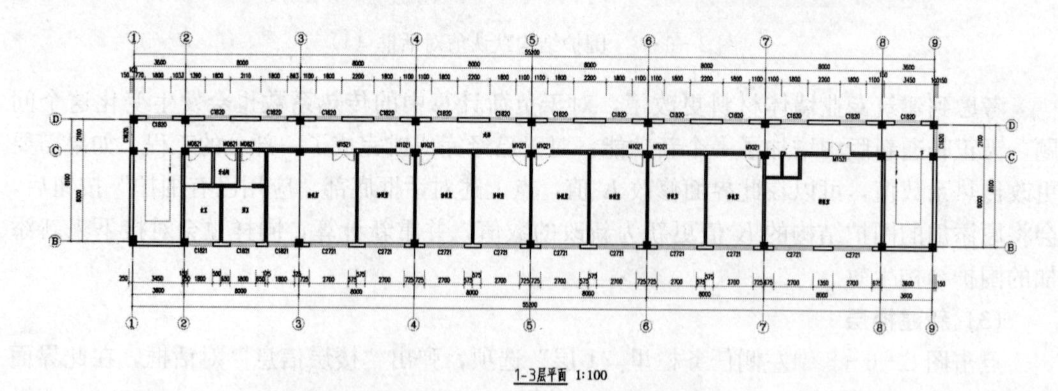

图 2-6-9　典型办公建筑平面图

② 依次点击天正暖通界面最左侧“计算”→“房间”→“识别内外”，框选所有楼层

建筑实体（仅平面图，屋顶除外）；对于无法识别的，可采用“指定外墙”、“指定内墙”等工具识别。这一步的目的是明确建筑物的内、外围护结构，为后续在图纸中提取识别房间做基础准备。

③ 依次点击“计算”→“房间”→“搜索房间”如图 2-6-10，在弹出的对话框中设置房间编号、命名规则，选择要标注的子项内容。框选整个房间，可以多个房间一起框选，建议逐层框选。个别无法识别的房间，需逐个点击房间围护结构，包括墙体、窗户、门等。依次点击“计算”→“房间”→“编号排序”如图 2-6-11，对编号进行排序设置。起始编号选择“1001”，表示 1F，“2001”表示 2F，依次类推。每层分别排序，逐个框选整栋建筑各楼层完成。

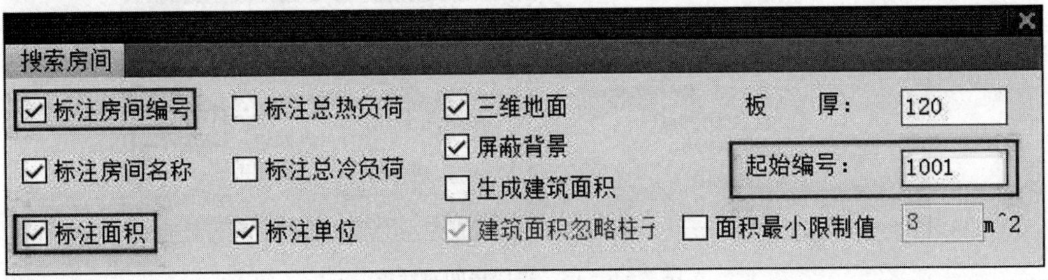

搜索房间
标注房间编号　标注总热负荷　三维地面　板　厚：120
标注房间名称　标注总冷负荷　屏蔽背景　起始编号：1001
生成建筑面积
标注面积　标注单位　建筑面积忽略柱子　面积最小限制值　3　m^2

图 2-6-10　搜索房间选项卡

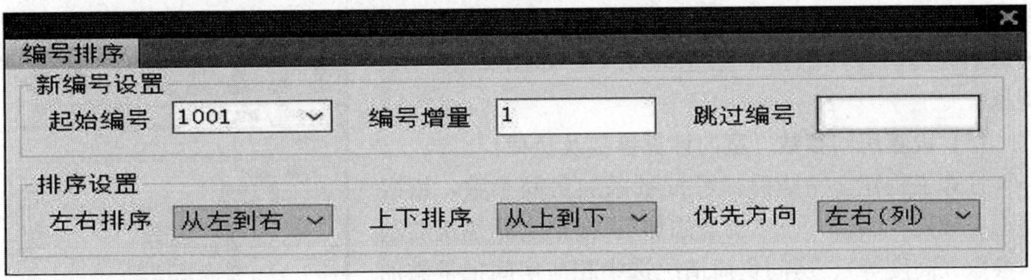

编号排序
新编号设置
起始编号　1001　编号增量　1　跳过编号
排序设置
左右排序　从左到右　上下排序　从上到下　优先方向　左右(列)

图 2-6-11　编号排序选项卡

④ 识别完成后，在图纸中会生成对应房间标识，如图 2-6-12 所示，双击“房间名称”，可进行相应更改，这里的房间名称可导入负荷计算表中。

⑤ 提取房间，回到刚才建立的工程中（图 2-6-13 处），在“1 层”点右键→“提取房间”，一层一层设置选取。在弹出“提取房间设置”对话框中勾选图 2-6-13 红框内相关选项，注意在一层和顶层，分别加上地面和屋顶。本计算案例为集中供暖，以“1 层”为例，可勾选“外墙、外门、外窗、地面”等外围护结构选项。点击“选指北针”

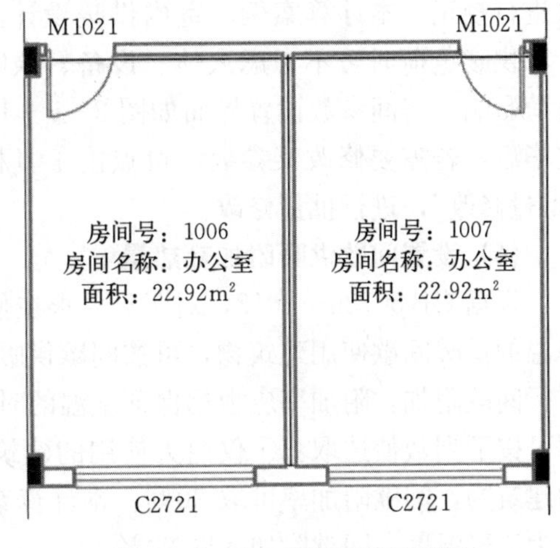

图 2-6-12　房间标识示意图

选项，在图纸中选中相应指北针。

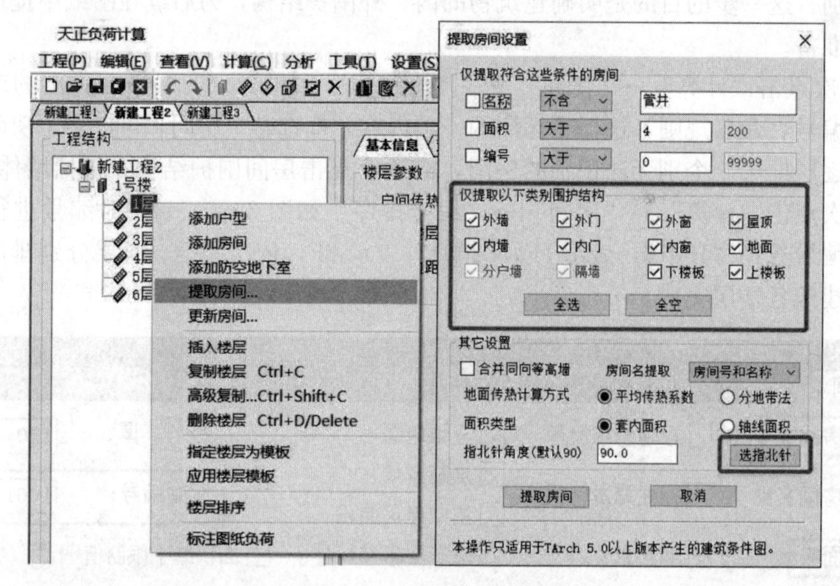

图 2-6-13　提取房间对话框

上述操作完成后，计算工程的相关建筑参数、楼层参数、房间参数（编号、名称）等基本信息会被软件统一识别梳理，计算工程框架建立完毕，如图 2-6-14 所示。

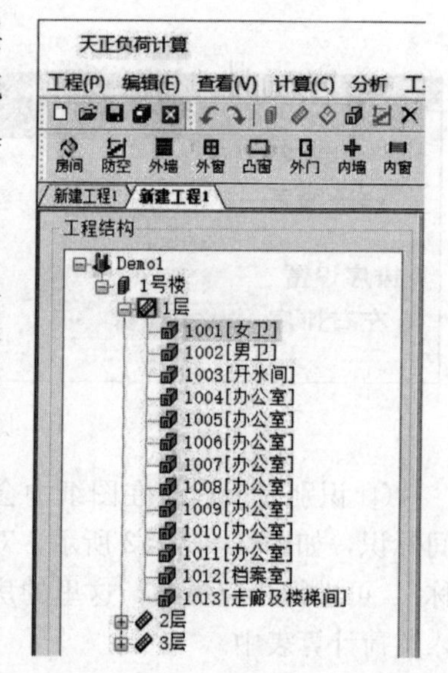

图 2-6-14　计算工程框架示意图

（5）设置房间参数（室内计算参数及负荷）

计算工程建立完毕后，可批量添加房间参数，依次点击工具栏“编辑”→“批量添加”。根据实际建筑的基本参数（高度等）、房间负荷情况选中相应房间批量添加相关选项，并可对图 2-6-7 中设置的围护结构热工参数进行校正。本计算案例，室内供暖设计温度取 18 ℃，计算供暖负荷时暂不考虑人体、设备、照明等内热源对负荷影响，房间参数设置界面如图 2-6-15 所示。添加完毕后，若需要修改某参数，可点击工具栏“编辑”→“批量修改”，进行批量修改。

（6）设置间歇供暖附加耗热量

根据 GB 50736—2012，对于只要求在使用时间保持室内温度，而其他时间可以自然降温的供暖间歇使用建筑物，可按间歇供暖系统设计。其供暖热负荷应对围护结构耗热量进行间歇附加，附加率应根据保证室温的时间和预热时间等因素通过计算确定。间歇附加率可按下列数值选取：①仅白天使用的建筑物，间歇附加率可取 20%；②对不经常使用的建筑物，间歇附加率可取 30%。本计算案例为公共建筑，白天工作时间供暖，晚上设置为值班温度，间歇附加率取 20%。

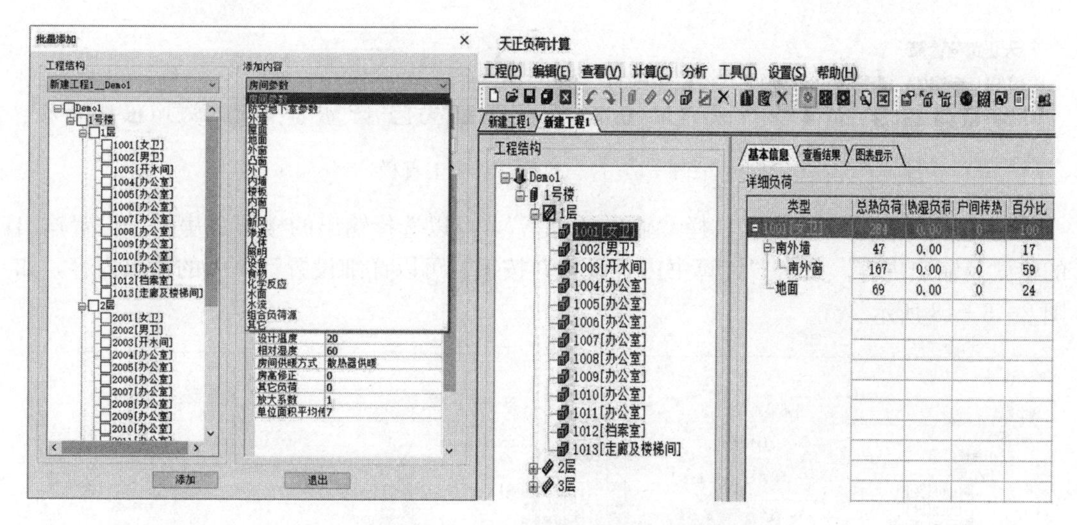

图 2－6－15　设置房间参数对话框

设置方法为，点击工具栏“编辑”→“批量修改”，依次选择外窗、外墙、外门等外围护结构进行修改，如图 2－6－16 所示。

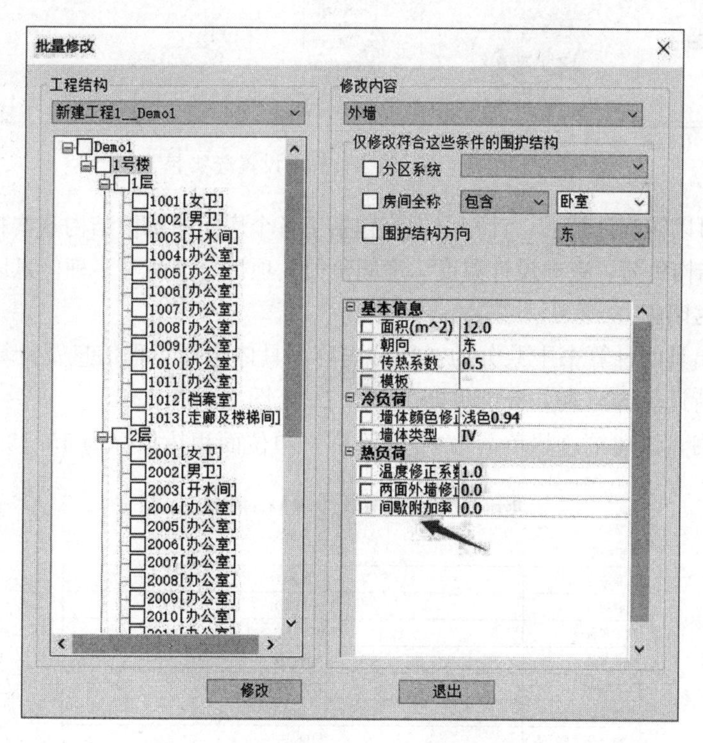

图 2－6－16　设置间歇供暖附加耗热量

(7) 热负荷计算

① 设置完成后，点击工具栏“计算”，设置计算模式（只计算热负荷或冷负荷，冷、热负荷同时计算），此时工具栏中“热负荷计算”按钮处于选中状态，如图 2－6－17。

图 2－6－17　热负荷计算工具栏

② 输出计算书，点击工具栏“输出计算书”，可以选择输出的楼层、房间，设置输出的格式及输出内容。点击“计算书内容设置”按钮，可以详细设置计算书的输出内容，如图 2－6－18 所示。

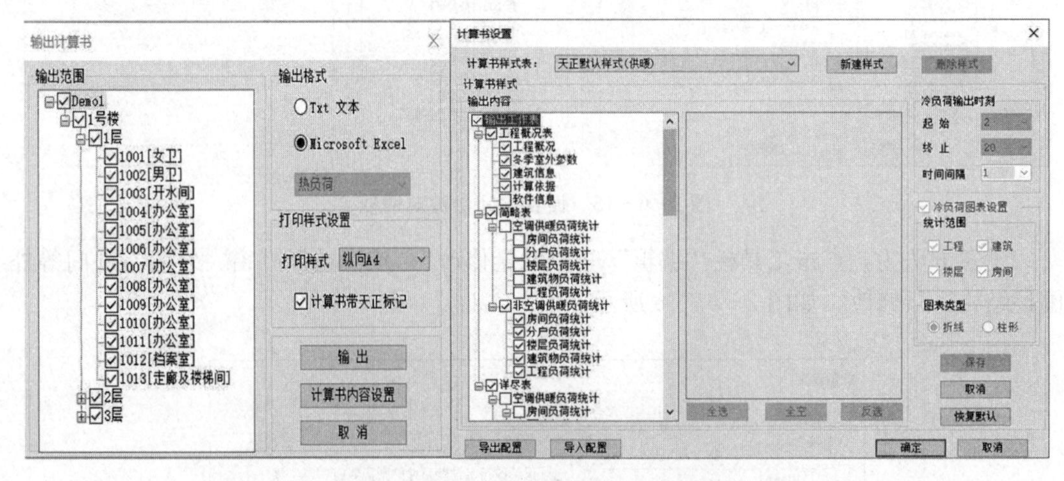

图 2－6－18　输出计算书设置选项卡

负荷计算可以输出计算书，计算书内容包括了各个房间的围护结构基本耗热量、朝向修正率、各围护结构负荷、室内设计温度、房间负荷、项目总负荷等多种信息以供设计使用。

（8）计算书明细

天正暖通出具的计算书中共分为三部分内容，具体包括工程信息及计算依据、负荷计算简略表、负荷计算详尽表。分别见图 2－6－19 至图 2－6－22。

根据计算书，该建筑总热负荷为 56.37 kW，单位面积热指标为 45.13 W/m^2。

Demo1　热负荷计算书_工程信息及计算依据

工程概况	
工程名称	Demo1
工程编号	XJGC001
建设单位	房地产开发公司
设计单位	设计院
工程地点	西藏-拉萨
工程总面积(m^2)	1249.08
工程总热负荷(kW)	56.37
工程热指标(W/m^2)	45.13
编制人	
校对人	
日期	2020年4月24日

图 2－6－19　工程信息概况

1. 通过围护结构的基本耗热量计算公式	
	$Q_j=aFK(t_n-t_{wn})$
Q_j	—基本耗热量，W
K	—传热系数，W/(m²·℃)
F	—计算传热面积，m²
t_n	—冬季室内设计温度，℃
t_{wn}	—采暖室外计算温度，℃
a	—温差修正系数
2. 附加耗热量计算公式	
	$Q=Q_j(1+\beta_{ch}+\beta_f+\beta_{lang})\cdot(1+\beta_{fg})\cdot(1+\beta_{jan})$
Q	—考虑各项附加后，某围护的耗热量，W
Q_j	—某围护的基本耗热量，W
β_{ch}	—朝向修正
β_f	—风力修正
β_{lang}	—两面外墙修正
β_{fg}	—房高附加
β_{jan}	—间歇附加率
3. 冷风渗透计算	
	$Q=0.28\cdot C_p\cdot P_{wn}\cdot V\cdot(t_n-t_{wn})$
Q	—通过门窗冷风渗透耗热量，W
C_P	—干空气的定压质量比热容=1.0056kJ/(kg·℃)
P_{wn}	—采暖室外计算温度下的空气密度，kg/m³
V	—渗透冷空气量，m³/h
t_n	—冬季室内设计温度，℃
t_{wn}	—采暖室外计算温度，℃
（1）通过门窗缝隙的冷风渗透耗热量计算	
	$V=\Sigma(L_0\cdot l_1\cdot mb)$
L_0	—在基准高度单纯风压作用下，不考虑朝向修正和内部隔断的情况时，每米门窗缝隙的理论渗透冷空气量，m³/(m·h)
	$L_0=a_1\cdot(P_{wn}\cdot v_0^2/2)b$
	a_1—外门窗缝隙渗风系数，m³/(m·h·Pa^b)当无实测数据时，可根据建筑外窗空气渗透性能分级标准采用
	v_0—基准高度冬季室外最多方向的平均风速，m/s
l_1	—外门窗缝隙长度，应分别按各朝向计算，m
b	—门窗缝隙渗风指数，b=0.56～0.78。当无实测数据时，可取b=0.67
m	—风压与热压共同作用下，考虑建筑体型、内部隔断和空气流通因素后，不同朝向、不同高度的门窗冷风渗透压差综合修正系数
	$m=C_r\cdot C_t\cdot(n^{1/b}+C)\cdot c_h$
	C_r—热压系数
	C_f—风压差系数，当无实测数据时，可取0.7
	n—渗透冷空气量的朝向修正系数
	c_h—高度修正系数
	$c_h=0.3\cdot h^{0.4}$
	h—计算门窗的中心线标高
	C—作用于门窗上的有效热压差与有效风压差之比，按下式计算：
	$C=70\cdot(h_z-h)/(c_f\cdot v_0^2\cdot h^{0.4})\cdot(t'_n-t_{wn})/(273+t'_n)$
	h_z—单纯热压作用下，建筑物中和界标高（m），可取建筑物总高度的二分之一
	t'_n—建筑物内形成热压作用的竖井计算温度（楼梯间温度），℃
（2）忽略热压及室外风速沿房高的递增，只计入风压作用时的渗风量	
	$V=\sum(l\cdot L\cdot n)$
l	—房间某朝向上的可开启门、窗缝隙的长度，m
L	—每米门窗缝隙的渗风量，m³/(m·h)
n	—渗风量的朝向修正系数
（3）换气次数法	
	$L=K\cdot V_f$
L	—房间冷风渗透量，m³/h
K	—换气次数，1/h
V_f	—房间净体积，m³
（4）百分比法计算冷风渗透耗热量	
	$Q=Q_o\cdot n$
Q	—通过外门窗冷风渗透耗热量，W
Q_o	—围护结构总耗热量，W
n	—渗透耗热量占围护结构总耗热量的百分率，%
4. 外门开启冲入冷风耗热量计算公式	
	$Q=Q_j\cdot\beta_m$
Q	—通过外门冷风侵入耗热量，W
Q_j	—某围护的基本耗热量，W
β_m	—外门开启冲入冷风耗热量附加率

图 2-6-20　计算依据

截取计算工程案例中一层供暖负荷计算简略表如图 2-6-21 所示。

Demo1 热负荷计算书_简略表

楼号	楼层	房间	面积m²	供暖总热负荷W	供暖室内热负荷(不含户间传热)W	供暖户间传热负荷W	供暖总热指标w/m²	供暖室内热指标(不含户间传热)热w/m²			
	1层	1001[女卫]	13.81	450.22	450.22	0.00	32.60	32.60			
		1002[男卫]	14.61	473.99	473.99	0.00	32.44	32.44			
		1003[开水间]	3.60	50.74	50.74	0.00	14.09	14.09			
		1004[办公室]	36.66	1244.02	1244.02	0.00	33.93	33.93			
		1005[办公室]	22.92	769.47	769.47	0.00	33.57	33.57			
		1006[办公室]	22.92	769.47	769.47	0.00	33.57	33.57			
		1007[办公室]	22.92	769.47	769.47	0.00	33.57	33.57			
		1008[办公室]	22.91	769.31	769.31	0.00	33.58	33.58			
		1009[办公室]	22.92	769.47	769.47	0.00	33.57	33.57			
		1010[办公室]	22.92	769.47	769.47	0.00	33.57	33.57			
		1011[办公室]	22.92	769.47	769.47	0.00	33.57	33.57			
		1012[档案室]	47.94	1576.22	1576.22	0.00	32.88	32.88			
		1013[走廊及楼梯间]	139.31	11382.98	11382.98	0.00	81.71	81.71			
	1层小计		416.36	20564.31	20564.31	0.00	49.39	49.39			

图 2-6-21　一层热负荷计算简略表

以案例项目中 1 006 办公室为例，对计算书的负荷计算详尽表进行解释。该房间热负荷计算相关参数如下所述：①面积 22.92 m²；②高度 3.4 m；③室内设计温度 18 ℃；④外墙传热系数 0.5 W/m²·K；⑤外窗传热系数 2.5 W/m²·K；⑥非保温地面平均传热系数 0.3 W/m²·K，周边保温地面保温材料传热系数为 0.91 W/m²·K；⑦间歇附加率为 0.2 W/m²·K。具体计算详如图 2-6-22。

2.7　辐射供暖热负荷的计算

辐射供暖主要有低温辐射供暖（≤60 ℃）、中温辐射供暖（80～200 ℃）、高温辐射供暖（≥200 ℃）。

低温辐射供暖热媒一般为低温热水，也有采用电热膜或发热电缆等，广泛用于住宅、办公建筑的采暖。中温辐射供暖热媒为高压蒸汽（≥200 kPa）或高温热水（≥100 ℃），以钢制辐射板作为辐射表面，多用于厂房与车间的供暖。高温辐射供暖采用电力或者燃油、燃气、红外线，应用于厂房与野外作业。

低温辐射供暖热负荷的计算分为全面辐射供暖与局部辐射供暖热负荷两类。

低温热水地板全面辐射供暖和热水吊顶辐射板供暖热负荷按照前面几节介绍的计算方法计算，并对计算出的热负荷乘以 0.9～0.95 的修正系数。或者按照前几节的计算方法，

Demo1 热负荷计算书_详尽表

楼号	楼层	房间	负荷源		围护结构基本耗热量	朝向修正率	风力附加率	两面外墙修正	修正后热负荷	高度附加率	围护结构耗热量	间歇附加率
1号楼	1号楼1层	1006[办公室]	房间参数		面积(m²)	高度(m)	室内设计温度(℃)	室内设计相对湿度(%)	放大系数			
					22.92	3.4	18.00	30.00	1.00			
			南外墙	参数	长(m)	宽(高)(m)	外墙面积(m²)	外墙净面积(m²)	传热系数	温差修正系数		
					4.00	3.4	13.60	7.93	0.50	1.0		
				负荷统计	91.99	-0.20	0.00	0.0	88.31	0.00	88.31	0.20
			南外窗_嵌	参数	长(m)	宽(高)(m)	面积(m²)	传热系数	缝隙长度(m)	渗透系数	安装高度(m)	温差修正系数
					2.83	2.000	5.67	2.500	11.7	0.3	0.60	1.0
				负荷统计	328.86	-0.20	0.00	0.0	263.09	0.00	315.71	0.20
			地面	参数	长(m)	宽度(m)	面积(m²)	传热系数	是否保温地面	保温层传热系数	温差修正系数	
					4.00	5.730	22.92	0.30	是	0.91	1.0	
				负荷统计	119.97	0.00	0.00	0.0	143.97	0.00	143.97	0.20
		1006[办公室]房间小			540.82	0.0	0.0	0.0	763.03	0.0	547.98	0.0
	1层小计				12737.59	0.0	0.0	0.0	18861.85	0.0	16680.95	0.0
1号楼小计					37109.30	0.0	0.0	0.0	54663.54	0.0	44940.84	0.0
工程合计					37109.30	0.0	0.0	0.0	54663.54	0.0	44940.84	0.0

图 2-6-22　办公室 1006 房间热负荷计算明细表

将室内计算温度取值降低 2 ℃。当建筑物地板敷设加热管时，供暖负荷中不计算地面散热热损失，并可不考虑高度附加。

燃气红外线辐射供暖热负荷按照前面几节介绍的计算方法计算，并对计算出的热负荷乘以 0.8～0.9 的修正系数。辐射器安装过高时，应对总耗热量进行必要的高度修正。

局部辐射供暖的热负荷，可按照整个房间全面辐射供暖的热负荷乘以附加系数。附加系数见表 2-7-1。

表 2-7-1　局部辐射供暖热负荷附加系数

供暖区域面积与房间总面积的比值	0.55	0.4	0.25
附加系数	1.30	1.35	1.50

2.8　建筑节能措施

从本章前面几节的介绍可知，供暖建筑的设计热负荷与其围护结构的墙体、门窗等有直接关系。老旧建筑围护结构的传热系数大，采暖能耗高，对老旧建筑进行节能改造，可显著降低供暖热负荷和耗热量，从而节省供暖系统的投资。

2.8.1　常规的建筑节能措施

常规建筑节能措施主要从墙体、门窗、屋顶、地面等方面入手。

(1) 墙体节能

对既有建筑墙体进行节能改造主要有外墙保温、内墙保温、夹心保温墙等。采用的保温材料主要有 EPS 保温板、XPS 保温板、岩棉保温板、玻璃棉保温板、聚氨酯保温板、酚醛保温板、真空保温板、无机墙体保温砂浆等。

墙体保温材料应比较其传热系数、防火等级、性价比、适用范围等。上述材料各有特点和应用范围，限于篇幅，这里不再多述。

(2) 门窗与阳台节能

门窗节能可以通过增加窗框和玻璃的层数，如使用双层或三层窗，降低窗户的传热系数。双层玻璃的窗户比单层玻璃窗户的传热系数降低一半，三层窗户比双层窗户又可降低1/3；在双层及以上的玻璃之间充入惰性气体，减少其间气体的对流换热；采用中空玻璃、热反射玻璃等；提高窗户的气密性，减少冷风渗入等。以上都是改善窗户保温性能的措施与手段。增设或改换保温性能好的窗帘等也是减少从窗户处散热的有效措施。

封闭阳台、加强阳台保温等，是减少从阳台处散热的有效措施。

增设保温帘，采用填充保温材料的外门，增设门斗、采用双道门等，是减少外门散热的有效措施。

(3) 屋顶节能

对于平屋顶，在屋顶上增设 50～200 厚的 XPS 保温板或其他保温材料等，并做好屋面防水。可显著降低平屋顶的散热。

对于坡屋顶，可顺坡屋顶内表面敷设保温板，也可在吊顶上敷设或喷涂保温材料等。

(4) 地面节能

可在与土壤接触的一层地面下面尤其是与建筑物四周相近的地面，敷设抗压强度高的保温材料。

2.8.2 被动式太阳能建筑

采用或在既有建筑上增设被动式太阳能建筑，也是充分利用太阳能，减少供暖耗热量的有效措施。被动式太阳能建筑增加 10%～30%的建房投资，可减少 30%～70%的供暖耗热量。

有关被动式太阳能建筑的知识，本书第 16～18 章将专门讲述。

2.9 建筑围护结构的最小传热热阻

建筑围护结构的传热热阻越小，采暖的散热量越大，并由此导致建筑内表面水蒸气凝结，地处建筑内的人体向建筑内墙体的辐射散热过大，从而引起处在建筑内人的不舒适感。

在进行围护结构设计时，为了减少通过围护结构的散热量，防止建筑内表面水蒸气凝结，以及防止建筑内表面与人体之间的辐射换热量过大而不满足人的基本热舒适需求，所规定的允许建筑围护结构传热热阻的下限值，成为围护结构的最小热阻。

在稳定传热条件下，围护结构的热阻、室内与室外空气温度、围护结构内表面温度之间的关系式见公式（2－9－1）和（2－9－2）。

$$\frac{t_n - t_{i,w}}{R_n} = \frac{t_n - t_w}{R_0} \qquad (2-9-1)$$

$$R_0 = R_n \frac{t_n - t_w}{t_n - t_{i,w}} \qquad (2-9-2)$$

式中：R_0、R_n——分别为围护结构的传热阻和围护结构内表面换热阻，$m^2 \cdot ℃/W$；

t_n、t_w——分别为室内、室外空气温度,℃；

$t_{i,w}$——非透明围护结构内表面温度,℃。

在民用建筑热工设计规范中，将围护结构不结露和基本热舒适作为围护结构保温设计目标，利用围护结构内表面温度与室内空气温度的温差 Δt_w 作为非透明围护结构保温设计的限值，设计时可根据建筑的具体情况选取。具体规定见表 2-9-1。

表 2-9-1　建筑内表面温度与室内空气温度的温差限值

房间设计要求	墙体		楼、屋面	
	防结露	基本热舒适	防结露	基本热舒适
允许温差 Δt_w（℃）	$\leqslant t_n - t_L$	$\leqslant 3$	$\leqslant t_n - t_L$	$\leqslant 4$

注：$\Delta t_w = t_n - t_{i,w}$，$t_L$ 为空气露点温度。

式（2-9-2）是在稳定传热条件下得出的计算公式。实际上随着室外温度的波动，围护结构内表面温度也随着波动。热惰性不同的围护结构，在相同的室外温度波动下，其内表面温度波动是不同的。用墙体内表面温度与室内空气温度的温差限值 Δt_w 代替 $t_n - t_{i,w}$，用冬季室外热工计算温度 t_e 代替 t_w，则可得到满足表 2-9-1 要求的墙体最小传热阻。

$$R_{\min,q} = \frac{t_n - t_e}{\Delta t_w} R_n - (R_n + R_w) \qquad (2-9-3)$$

式中：$R_{\min,q}$——满足 Δt_w 要求的墙体最小传热阻数值，$m^2 \cdot ℃/W$；

t_e——冬季室外热工计算温度,℃；

R_n、R_w——分别为围护结构内表面、外表面的换热阻，$m^2 \cdot ℃/W$；

其余符号同本节上面含义。

t_e 与围护结构的热惰性指标 D 有关。按照围护结构热惰性指标 D 值分成 4 个等级（表 2-9-2）。

表 2-9-2　冬季室外热工计算温度

围护结构热惰性指标	计算温度（℃）
$D > 6.0$	$t_e = t'_w$
$4.1 < D < 6.0$	$t_e = 0.6t'_w + 0.4t_{e,\min}$
$1.6 < D < 4.1$	$t_e = 0.3t'_w + 0.7t_{e,\min}$
$D < 1.6$	$t_e = t_{e,\min}$

注：表中 t'_w、$t_{e,\min}$ 分别为供暖室外计算温度、最低日平均温度,℃。

多层匀质材料组成的平壁围护结构的 D 值，可按照公式（2-9-4）计算：

$$D = \sum_{i=1}^{n} D_i = \sum_{i=1}^{n} R_i s_i \qquad (2-9-4)$$

式中：R_i——各层材料的传热阻，$m^2 \cdot ℃/W$；

s_i——各层材料的蓄热系数，$W/(m^2 \cdot ℃)$。

材料的蓄热系数 s 数值，可用公式 2-9-5 计算出：

$$s=\sqrt{\frac{2\pi c\rho\lambda}{Z}} \tag{2-9-5}$$

式中：c——材料的比热，$J/(kg \cdot ℃)$；

ρ——材料的密度，kg/m^3；

λ——材料的导热系数，$W/(m^2 \cdot ℃)$；

Z——温度波动周期，s（一般取 24 h=86 400 s 计算）。

材料的密度以及建筑部位对 $R_{min,q}$ 均有影响。采用修正系数来修正不同材料和不同建筑部位对其的影响。

$$[R_{min,q}]=\varepsilon_1\varepsilon_2 R_{min,q} \tag{2-9-6}$$

式中：$[R_{min,q}]$——修正后墙体热阻最小值，$m^2 \cdot ℃/W$；

ε_1——热阻最小值密度修正系数，见表 2-9-3；

ε_2——热阻最小值温差修正系数，见表 2-9-4。

表 2-9-3 热阻最小值密度修正系数

围护结构密度（kg/m^3）	$\rho \geqslant 1\,200$	$800 \leqslant \rho < 1\,200$	$500 \leqslant \rho < 800$	$\rho < 500$
修正系数 ε_1	1.0	1.2	1.3	1.4

在按照围护结构的密度确定修正系数 ε_1 时，对于内、外保温体系，应按扣除保温层后的构造计算围护结构的密度；对于自保温体系，应按围护结构的实际构造计算密度。当围护结构存在空气间层时，若空气间层位于墙体（屋面）材料层一侧时，应按照扣除空气间层后的构造计算围护结构密度，否则按照实际构造计算密度。

表 2-9-4 热阻最小值温差修正系数

部位	修正系数 ε_2
与室外空气直接接触的围护结构	1.0
与有外窗的不采暖房间相邻的围护结构	0.8
与无外窗的不采暖房间相邻的围护结构	0.5

2.10 集中供暖系统热负荷与耗热量

集中供暖是指热源和散热设备分别设置，用供热管道连接，由热源向多个热用户供给热量的供暖系统。

2.10.1 集中供暖系统热负荷的确定

集中供暖系统热负荷是确定集中供暖方案、集中供暖规划、集中供暖系统形式、计算供热管道直径等的基本依据。对于既有的建筑，在设计时可以较准确地计算出这些建筑的供暖设计热负荷；但对于预留的尚未建造的建筑，则不可能提供准确的建筑物热负荷资料，需要采用概算的方法，计算出供暖设计热负荷。常用的概算方法如下。

(1) 体积热指标法

体积热指标法是以建筑物内体积为1 m^3 的建筑空间的供暖热指标估算建筑物供暖设计热负荷的方法。建筑物的供暖设计热负荷可用公式（2-10-1）概算：

$$Q'_n = q_v V_w (t_n - t'_w) \quad (2-10-1)$$

式中：Q'_n——建筑物供暖设计热负荷，W；

V_w——建筑物的外围体积，m^3；

q_v——建筑物体积指标热指标，W/m^3；表示在室内外温差1℃时，建筑物内体积为1 m^3 的建筑空间发热供暖设计热负荷；

t_n、t'_w——供暖设计室内、室外计算温度，℃。

(2) 面积热指标法

面积热指标法是以建筑内1 m^2 建筑面积的供暖热指标估算建筑物供暖设计热负荷的方法。建筑物的供暖设计热负荷可用公式2-10-2概算：

$$Q'_n = q_f F \quad (2-10-2)$$

式中：Q'_n——建筑物供暖设计热负荷，W；

F——建筑物的建筑面积，m^2；

q_f——建筑物供暖面积热指标，W/m^2；表示每 m^2 建筑面积供暖设计热负荷。

由于采用面积热指标比采用体积热指标更方便概算，因此采用的较多。行业标准CJJ 34—2010《城镇供热管网设计规范》给出了供暖面积热指标推荐数值，见表2-10-1。

表2-10-1 采暖热指标推荐值

建筑物类型	供暖面积热指标（W/m^2）	
	未采取节能措施	采取节能措施
住宅	58～64	40～45
居住区综合	60～67	45～55
学校、办公	60～80	50～70
医院、托幼	65～80	55～70
旅馆	60～70	50～60
商店	65～80	55～70
食堂、餐厅	115～140	100～130
影剧院、展览馆	95～115	80～105
大礼堂、体育馆	115～165	100～150

注：① 表中数值适合我国东北、华北、西北地区；

② 热指标中已包含约5%的管网热损失。

我国从1986年起，逐步实施建筑节能30%、50%、65%、75%、80%的设计标准。表2-10-1给出的数据与住宅建筑实现30%节能的供暖需热量相近，对于按照更高的建筑节能设计标准设计施工的住宅建筑，表2-10-1数据可进一步降低。

（3）城市规划指标法

城市规划指标法是通过确定该区的居住人数，然后根据街区规划的人均建筑面积、街区住宅与公共建筑的建筑比例指标，来估算该街区的综合供暖热指标的方法。

对一个城市新区供热规划设计，各类型的建筑面积尚未具体实施时，可用该方法来估算整个新区的供暖设计热负荷。

2.10.2 集中供暖系统供暖期耗热量计算

集中供暖系统供暖期耗热量可按照公式（2-10-3）计算。

$$Q_{n\cdot a}=24Q'_nN\left(\frac{t_n-t_{pj}}{t_n-t'_w}\right) \qquad (2-10-3)$$

式中：$Q_{n\cdot a}$——供暖期耗热量，kWh；

Q'_n——供暖设计热负荷，kW；

N——供暖期供暖天数，d；

t_n、t'_w——供暖设计室内、室外计算温度，℃；

t_{pj}——供暖期室外平均温度，℃。

上述公式中，t_n 一般取18 ℃，各地供暖期的供暖天数 N、供暖期的室外平均温度 t_{pj}、供暖室外计算温度 t'_w 可以从国标GB 50736附表中查询到。

2.11 集中供暖系统热负荷图

热负荷图用来表示整个热源或热用户热负荷随室外温度或时间变化的情况。热负荷图可以直观反映热负荷的变化规律，对指导集中供暖系统设计、技术经济分析和供暖的运行管理具有重要作用。

在供暖工程中，常用的热负荷图有热负荷随室外温度变化图、热负荷时间图、热负荷延续时间图。

2.11.1 热负荷与室外温度变化图

供暖瞬时热负荷与室外环境温度的关系见公式（2-11-1）：

$$Q_n=Q'_n\frac{t_n-t_w}{t_n-t'_w} \qquad (2-11-1)$$

式中：Q_n——供暖瞬时热负荷，W；

Q'_n——供暖设计热负荷，W；

t_n、t'_w——供暖设计室内、室外计算温度，℃；

t_w——室外瞬时温度，℃。

式（2－11－1）表明：供暖热负荷与室内外温度差成正比。

热负荷随室外温度变化图能直观反映季节性热负荷的变化规律。城市通用的供热系统包括供暖、通风、热水、生产用热等用热负荷。图 2－11－1 是某供热区上述热负荷以及总供热热负荷随室外温度变化的曲线。

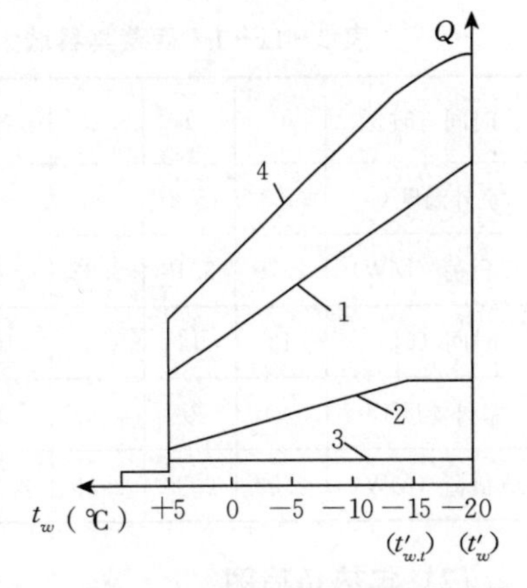

图 2－11－1　热负荷随温度变化曲线

1. 供暖热负荷随室外温度变化曲线；
2. 通风热负荷随室外温度变化曲线；
3. 热水供应热负荷随室外温度变化曲线；
4. 供热总热负荷随室外温度变化曲线

曲线 1 是供暖热负荷随室外温度 t_w 变化曲线，在室外温度 $t'_w \leqslant t_w < 5$ ℃的温度区间内，供暖热负荷与室外温度曲线为供暖热负荷随室外温度降低而升高的斜线。

曲线 2 是通风热负荷随室外温度 t_w 变化曲线，通风热负荷室外计算温度为 $t'_{w,t}$ 在室外温度 $t'_{w,t} \leqslant t_w < 5$ ℃的温度区间内，通风热负荷与室外温度曲线为通风热负荷随室外温度降低而升高的斜线。由于通风室外计算温度 $t'_{w,t}$ 高于供暖热负荷室外计算温度 t'_w，因此当室外温度低于 $t'_{w,t}$ 时，通风热负荷为最大值（通风设计热负荷），不再随温度降低而改变。

曲线 3 是热水供应热负荷随室外温度变化曲线，热水供应热负荷受室外温度影响较小，基本是个恒定数值，因此该曲线呈一条水平直线。

曲线 4 是供热总热负荷（供暖热负荷、通风热负荷、热水供应热负荷三种热负荷叠加）随室外温度变化的曲线。

2.11.2　热负荷时间图

热负荷时间图中，热负荷大小随时间排列，图中的时间区间可长可短，可以是一天、一个月、一年，相应称为全日热负荷图、月热负荷图、年热负荷图。

（1）全日热负荷图

全日热负荷图用来表示整个热源或热用户的热负荷在一昼夜每小时的变化情况。该图横坐标为时间，以小时为计时单位，从 0 时开始至第二天 0 时结束；纵坐标为该时间区间内每个小时的热负荷。

从理论上讲，全日逐时热负荷随全天室外逐时环境温度变化而变化。对于太阳能集中供暖系统，为了有效利用和避免浪费太阳能集热系统获得的热能，可以根据全日热负荷图，调整供暖系统逐时的供暖负荷。

表 2－11－1 是西藏某县城太阳能集中供暖项目所在地某日全天 24 小时逐时的室外环境温度，该项目供暖设计热负荷 4.3MW，供暖设计温度 18 ℃，设计计算室外温度－14.4 ℃，除了供暖，暂没有热水等其他热负荷需求。根据以上条件和数据，可以计算出每天逐时室外环境温度下的热负荷，见表 2－11－1。根据该表数据可以绘制出该项目该日的全日热负荷图。

表 2-11-1　西藏某县城太阳能集中供暖项目某日逐时室外温度与逐时热负荷

时间（时）	0	1	2	3	4	5	6	7	8	9	10	11	12
室外温度℃	−3	−6	−7	−8	−9	−10	−10	−10	−10	−8	−5	−2	−1
热负荷（MW）	2.79	3.18	3.32	3.45	3.58	3.72	3.72	3.72	3.72	3.45	3.05	2.65	2.52
时间（时）	13	14	15	16	17	18	19	20	21	22	23	24	
室外温度℃	−1	0	0	0	0	0	−1	−2	−3	−4	−5	−5	
热负荷（MW）	2.52	2.39	2.39	2.39	2.39	2.39	2.52	2.65	2.79	2.92	3.05	3.05	

（2）年热负荷图

年热负荷图是以一年中各月的月份为横坐标，以每月的热负荷为纵坐标绘制的热负荷时间图。每月的供暖热负荷可根据供暖项目所在地各月的环境平均温度、当地供暖设计计算室外温度、供暖设计温度、供暖项目设计热负荷等数据计算出来。

表 2-11-2 是西藏某县城太阳能集中供暖项目所在地全年各月的室外环境平均温度，该项目供暖设计热负荷 4.3MW，供暖设计温度 18 ℃，设计计算室外温度−14.4 ℃，供暖期为每年 10 月 1 日至 5 月 31 日，共 8 个月，除了供暖，没有热水等其他热负荷需求。根据以上条件和数据，可以计算出全年各月的平均热负荷。根据表 2-11-2 数据可以绘制出该项目年热负荷图。

表 2-11-2　西藏某县城太阳能集中供暖项目全年各月平均温度与逐月热负荷

月份（月）	1	2	3	4	5	6	7	8	9	10	11	12
室外平均温度（℃）	−4.7	−3.3	0.3	4	7.3	10.8	11.4	10.8	9.1	4.2	−0.9	−4
月平均热负荷（MW）	3.01	2.83	2.35	1.86	1.42	0	0	0	0	1.83	2.51	2.92

2.11.3　供暖热负荷延续时间图

供暖热负荷延续时间图是按照供暖热负荷大小而不是按照热负荷的先后来排列。供暖热负荷延续时间图可比较清楚地显示出不同大小供暖热负荷的累积耗热量。绘制供暖热负荷延续时间图需要有供暖热负荷随室外温度变化的曲线和室外环境温度变化规律的资料。

图 2-11-2 是供暖热负荷延续时间图。图中纵坐标左侧为热负荷随室外温度变化曲线，纵坐标右侧为热负荷延续时间图。坐标原点左侧纵坐标为供暖热负荷 Q，坐标原点左侧横坐标为室外温度 t_w。坐标原点右侧纵坐标同样为供暖热负荷 Q，坐标原点右侧横坐标为供暖期延续时间 N，延续时间单位为天或小时，N_0 为供暖期中 $t_w \leqslant t'_w$ 的时间长度（天数或小时数）；N_1 为供暖期中 $t_w \leqslant t_{w,1}$ 的时间长度；N_2 为供暖期中 $t_w \leqslant t_{w,2}$ 的时间长度；N_3 为供暖期中 $t_w \leqslant t_{w,3}$ 的时间长度；N_{zh} 为供暖期（5 ℃～t'_w）的总时间长度。

供暖热负荷延续时间图的绘制方法如下：首先绘制出图左侧供暖热负荷随室外温度变化曲线图 $Q'_n - Q'_k$，然后通过 t'_w 时的供暖热负荷 Q'_n 引出一水平线，与该热负荷相应出现

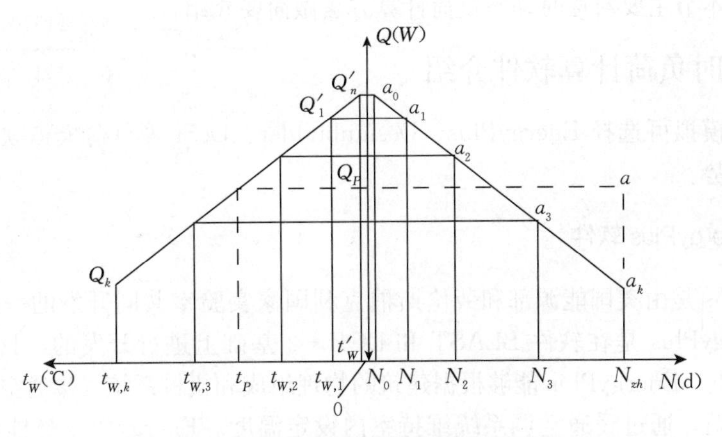

图2-11-2　供暖热负荷延续时间图

的总时间长度（天数或小时数）N_0 横坐标上引的垂直线相交于 a_0 点；同理，通过室外温度 $t_{w,1}$ 时的热负荷 Q'_1 引出一水平线，与该热负荷相应出现的总时间长度（天数或小时数）N_1 横坐标上引的垂直线相交于 a_1 点；以此类推，找到 a_2、a_3、…、a_k 各点，连接 Q'_n、a_0、a_1、a_2、a_3、…、a_k 各点形成曲线，即可在纵坐标右侧得到供暖热负荷延续时间图。

当一个供热系统具有供暖、通风、热水供应等多种用热负荷时，也可以参照上述方式绘制相应的热负荷延续图。

在实际工程应用中，常常缺乏要做供暖系统设计地区室外温度延续的时间长度等气象参数，但都有一个共同的特点，即：各地的供暖开始和结束的室外温度都确定为+5 ℃；都以平均不保证5 d来确定各地的供暖室外计算温度；各地供暖期时间长度与该地的室外气温的变化幅度，大致有一定的规律性。根据上述特点，根据各地30年历年的室外日平均气温的资料，通过数学分析与回归计算，得到了供暖期内室外气温时间长度分布规律的数学模型。根据上述数学模型，只要知道供暖所在地的室外计算温度、供暖期天数、供暖期室外平均温度，就可以利用数学模型绘制出供暖热负荷延续时间图，误差在5%之内，满足工程要求。

限于篇幅，这里不再详述。有需要的读者可以查阅相关资料获取。

2.12　集中供暖耗热量的逐时计算介绍

前述各节对集中供暖负荷的稳态计算方法进行了详细介绍，但对于大多供暖系统，尤其是太阳能集中供暖系统，供暖热负荷的正确计算对供暖设备选择、管道计算以及节能运行都起到关键作用。以被动式太阳能供暖为主的建筑，由于太阳辐射的作用，房间的实际瞬时热负荷远小于通过稳态方法计算所得的热负荷值。因此对于以被动太阳能供暖为主的建筑，应考虑太阳辐射的作用，并根据房间实际使用情况进行全年动态负荷模拟分析，以确定是否需要设置辅助供暖系统，以及辅助供暖系统所负担的热负荷。采用主动式太阳能供暖的建筑，系统热负荷宜进行全年动态负荷模拟计算确定，尤其是太阳能供暖的建筑，通过全年动态负荷计算结果，可以进行技术经济分析，确定集热器面积、蓄热容量及集热系统的设置。本节主要对逐时动态负荷计算方法做简要介绍。

2.12.1 逐时负荷计算软件介绍

动态负荷模拟可选择 EnergyPlus、Designbuilder、DeSt 等负荷模拟软件，这些软件各有特点和优势。

2.12.1.1 EnergyPlus 软件

EnergyPlus 是由美国能源部和劳伦斯伯克利国家实验室共同开发的一款建筑能耗模拟软件。EnergyPlus 是在软件 BLAST 和 DOE－2 基础上进行开发的，具有 BLAST 和 DOE－2 的优点。EnergyPlus 能够根据建筑的物理组成和机械系统（暖通空调系统）计算建筑的冷热负荷，通过暖通空调系统维持室内设定温度。EnergyPlus 还能够输出非常详细的各项数据，如通过窗户的太阳辐射得热等，来和真实的数据进行验证。

负荷模拟：EnergyPlus 是一个建筑能耗逐时模拟引擎，采用集成同步的负荷/系统/设备的模拟方法。在计算负荷时，时间步长可由用户选择，一般为 10～15 min。在系统的模拟中，软件会自动设定更短的- 30 -步长（小至数秒，大至 1 小时）以便于更快地收敛。EnergyPlus 采用 CTF 来计算墙体传热，采用热平衡法计算负荷。CTF 实质上还是一种反应系数，但它的计算更为精确，因为它是基于墙体的内表面温度，而不同于一般的基于室内空气温度的反应系数。热平衡法是室内空气、围护结构内外表面之间的热平衡方程组的精确解法，它突破了传递函数法（TFM）的种种局限，如对流换热系数和太阳辐射得热可以随时间变化等。在每个时间步长，程序自建筑内表面开始计算对流、辐射和传湿。由于程序计算墙体内表面的温度，可以模拟辐射式供热与供冷系统，并对热舒适进行评估。区域之间的气流交换可以通过定义流量和时间表来进行简单的模拟，也可以通过程序链接的 COMIS 模块对自然通风、机械通风及烟囱效应等引起的区域间的气流和污染物的交换进行详细的模拟。遮阳装置可以由用户设定，根据室外温度或太阳入射角进行控制。人工照明可以根据日光照明进行调节。在 EnergyPlus 中采用各向异性的天空模型对 DOE－2 的日光照明模型进行了改进，以更为精确地模拟倾斜表面上的天空散射强度。

系统模拟：EnergyPlus 采用模块化的系统模拟方法，时间步长可变。

系统模拟：EnergyPlus 模拟的冷热源设备包括吸收式制冷机、电制冷机、引擎驱动的制冷机、燃气机制冷机、锅炉、冷却塔、柴油发电机、燃气轮机、太阳能电池等。设备模型采用曲线拟合方法。EnergyPlus 的模拟策略和内部模块见图 2－12－1、图 2－12－2。

2.12.1.2 Designbuilder 软件

Designbuilder 是由英国 Designbuilder 公司开发，是一款针对建筑能耗动态模拟程序 EnergyPlus 开发的综合用户图形界面模拟软件，可对建筑采暖、制冷、照明、通风、采光、光伏、光热等进行全能耗模拟分析和经济分析。

Designbuilder 采用了易操作的 OpenGL 固体建模器。由此，在 3D 空间中配置「块」，通过拉伸、剪切可直观地进行建筑物模型的制作。可对建筑部件的厚度、房间的面积及体积进行可视化把握。此外，对模型的几何学的形状和表面形状没有限制。使用数据模板，

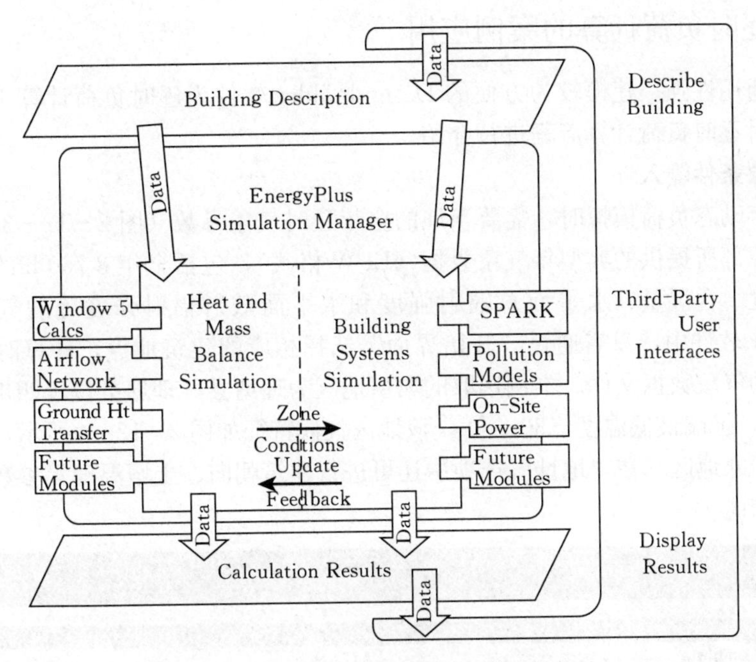

图 2-12-1　EnergyPlus 的模拟策略

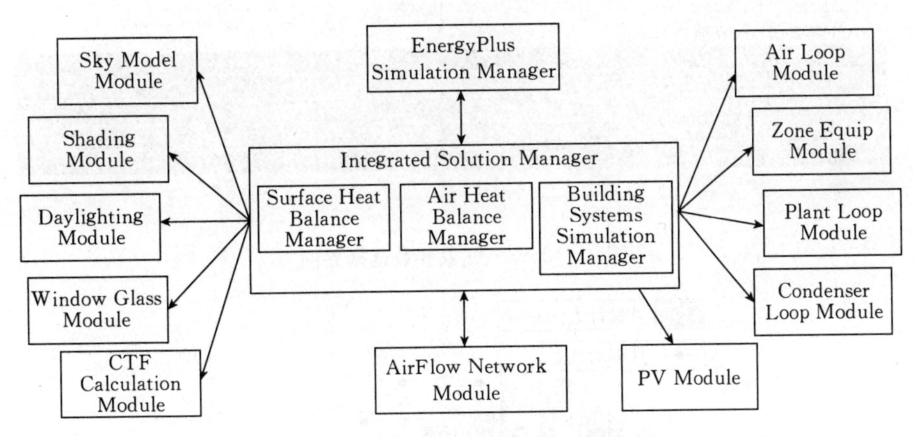

图 2-12-2　EnergyPlus 的内部模块

通过从下拉列表中选择，可以载入一般性建筑结构、建筑物内部的人物活动、HVAC（Heating、Ventilating and Air Conditioning）及设计照明装置。同样类型的建筑物可反复使用，还能追加到模板。此功能与数据库连动，可对建筑物及其周边的区划追加大型变更，在设计、评价流程的阶段，可进行对各个建筑模型的个别详细设定。

Designbuilder 共有 9 个模块：①Visualisation——可视化功能；②EnergyPlus——全年动态能耗模拟；③HVAC——详细的暖通空调系统；④EMS——脚本工具；⑤LEED——标准认证；⑥Daylighting——采光模拟；⑦Cost——成本计算；⑧CFD——室内外风环境模拟；⑨Optimisation——优化分析。

2.12.2 逐时负荷计算的案例应用

本节以通用性强、建模较为方便的 Designbuilder 软件为逐时负荷计算工具，以典型建筑为例，对逐时负荷计算流程进行介绍。

(1) 气象条件输入

采用全年动态负荷模拟时，需要当地的全年逐时气象参数（图 2-12-3），该数据可采用美国能源部所提供的典型年气象数据（EPW 格式），包括全年 8 760 h 的逐时干球温度、湿球温度、含湿量、水平面总辐射强度和水平面散射辐射强度等的气象参数。在 Designbuilder 软件中，只需通过“开始界面”选择相应的建筑地点，计算时软件就会自动下载相应的气象数据文件。本例选取的典型地区为理塘县，理塘县位于四川西部，海拔高度 3 950 m，极端最低温度－30.6 ℃，该地区气候特征如图 2-12-4 所示，属于太阳能资源丰富的严寒地区。在“地址”选项中还可进行建筑朝向、土壤温度等参数设置，本案例中建筑为南向。

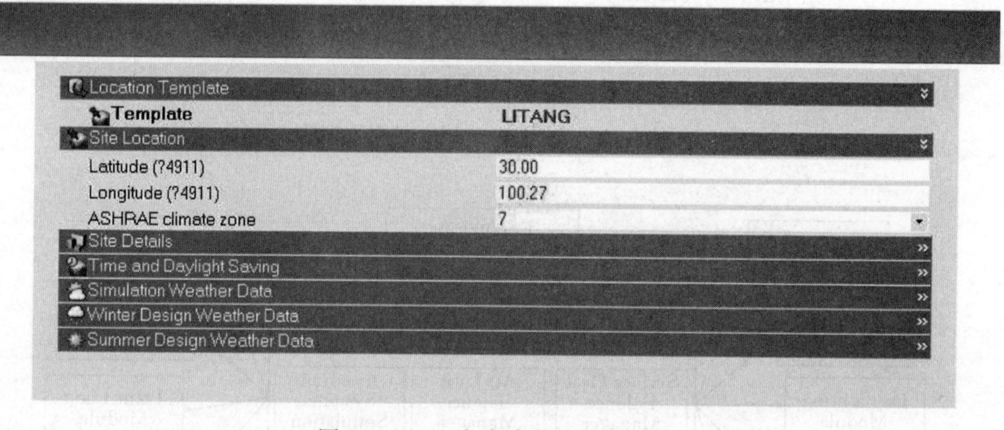

图 2-12-3　气象参数选择界面

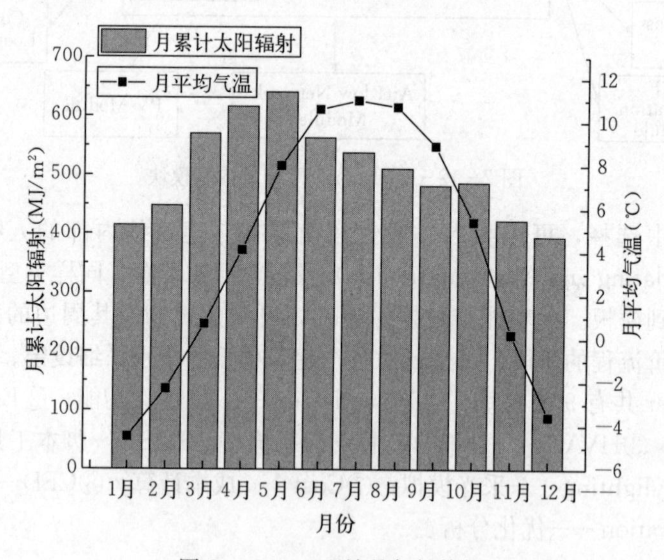

图 2-12-4　理塘县气候特征

（2）建筑模型建立

Designbuilder 软件具有丰富的建模工具，应用方便，在多边形建模中，使用者可以在线类型（line type）中选择直线（straight line）和圆弧（Arc）。此外，在画多边形过程中，如果想要取消上一个点的设置，可以点击“ESC”或者右键“Undo last point”。而在画圆弧选项下面，可以设置圆弧角度（sweep angle）和圆弧精度（segments），圆弧精度以分割段控制，分割段越多，所占用内存越大，精度也越高。建立三层楼的典型建筑模型如图 2-12-5 所示，典型建筑尺寸见表 2-12-1 所示。

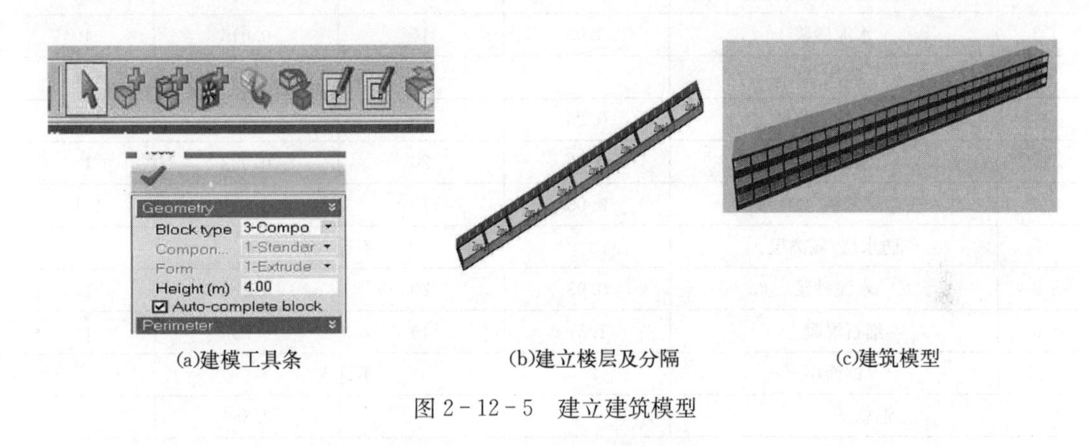

(a)建模工具条　　(b)建立楼层及分隔　　(c)建筑模型

图 2-12-5　建立建筑模型

表 2-12-1　典型建筑概况表

长×宽×高	窗墙比（南向/其他）	体形系数 S
160 m×10 m×10 m	0.45/0.10	0.31

（3）围护结构参数设置

在软件中需对围护结构的构造层次进行设置，需建立相应的外墙、屋面、外窗等构造参数，方便软件计算（图 2-12-6）。软件中有比较全面的材料库，设置时可以自由选择

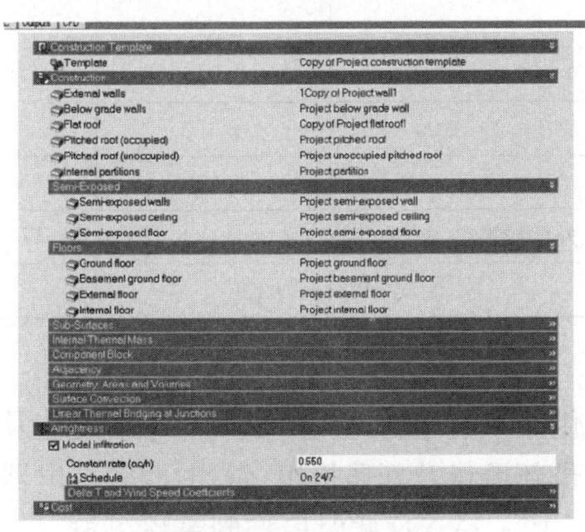

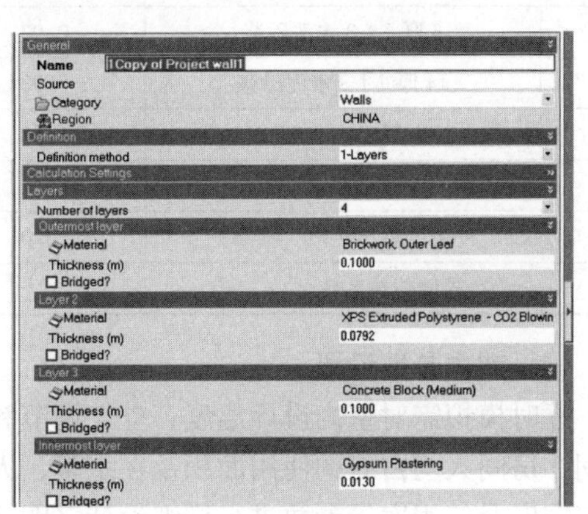

(a)不同围护结构部分参数设置　　(b)构造层次

图 2-12-6　围护结构参数设置

构造层数及不同层次的材料，最终传热系数、热惰性等热工参数将会自行参与计算。外墙与屋面的热工参数设置如表 2-12-2、表 2-12-3 所示，外窗采用断桥铝合金 6 高透光 Low-E+9Ar/12Ar+6 透明玻璃，传热系数 2.0 W/(m²·K)。

表 2-12-2　屋面构造措施表

序号	材料名称	导热系数（W/m·K）	材料厚度 d（mm）	材料层热阻 R (m²·K)/W	修正系数
1	钢筋混凝土结构层	1.74	100	0.057	1
2	水泥砂浆	0.93	15	0.016	1
3	隔汽层	不计入			
4	水泥炉渣找坡	0.26	40	0.103	1.5
5	水泥砂浆	0.93	20	0.022	1
6	挤塑聚苯板（B1 级）	0.03	70	2.121	1.1
7	防水层/隔离层	不计入			
8	水泥砂浆	0.93	20	0.022	1
9	细石混凝土	1.51	40	0.026	1
10	饰面层	不计入			
	汇总	—	—	2.367	—
	屋面的总传热阻	0.04+屋面构造的总传热阻+0.11=2.517 (m²·K)/W			
	屋面传热系数 K	0.397 W/(m²·K)			

表 2-12-3　外墙保温措施表

序号	材料名称	导热系数（W/m·K）	材料厚度 d（mm）	材料层热阻 R (m²·K)/W	修正系数
4	有饰面复合板（岩棉、锚固）	0.045	90	1.667	1.2
5	专用黏接剂	不计入			
6	6 厚 1∶3 水泥砂浆	0.93	6	0.006	1
7	14 厚 1∶3 水泥砂浆	0.93	14	0.015	1
8	混凝土空心砌块	0.81	300	0.370	1
	汇总	—	—	2.058	—
	外墙的总传热阻	0.04+外墙构造的总传热阻+0.11=2.208 (m²·K)/W			
	外墙传热系数	0.453 W/(m²·K)			

（4）室内参数设置

逐时模拟需对室内设计温度、空气调节和供暖系统运行时间、照明功率密度值及开关时间、房间人均占有的使用面积及在室率、人员新风量及新风机组运行时间表、电器设备功率密度及使用率等参数进行详细设计（图 2-12-7）。这些时段控制策略可按《公共建筑节能设计标准》（GB 50189—2015）中规定取值，部分时段控制及参数设置如表 2-12-4 至表 2-12-9 所示。该计算案例按办公建筑设置，时段控制策略等参数按照软件自带的办公建筑进行设置，室内温度取 18 ℃。

表 2-12-4　空气调节和供暖系统的日运行时间

类别		系统工作时间
办公建筑	工作日	7：00～18：00
	节假日	—
宾馆建筑	全年	1：00～24：00
商场建筑	全年	8：00～21：00
医疗建筑——门诊楼	全年	8：00～21：00
学校建筑——教学楼	工作日	7：00～18：00
	节假日	—

表 2-12-5　照明功率密度值（W/m^2）

建筑类别	照明功率密度
办公建筑	9.0
宾馆建筑	7.0
商场建筑	10.0
医院建筑——门诊楼	9.0
学校建筑——教学楼	9.0

表 2-12-6　照明开关时间（%）

		时间											
建筑类别		1	2	3	4	5	6	7	8	9	10	11	12
办公建筑、教学楼	工作日	0	0	0	0	0	0	10	50	95	95	95	80
	节假日	0	0	0	0	0	0	0	0	0	0	0	0
宾馆建筑、住院部	全年	10	10	10	10	10	10	30	30	30	30	30	30
商场建筑、门诊楼	全年	10	10	10	10	10	10	10	50	60	60	60	60
		时间											
建筑类别		13	14	15	16	17	18	19	20	21	22	23	24
办公建筑、教学楼	工作日	80	95	95	95	95	30	30	0	0	0	0	0
	节假日	0	0	0	0	0	0	0	0	0	0	0	0
宾馆建筑、住院部	全年	30	30	50	50	60	90	90	90	90	80	10	10
商场建筑、门诊楼	全年	60	60	60	60	80	90	100	100	100	10	10	10

表 2-12-7　不同类型房间人均占有的建筑面积（m^2/人）

建筑类别	人均占有的建筑面积
办公建筑	10
宾馆建筑	25
商场建筑	8
医院建筑——门诊楼	8
学校建筑——教学楼	6

表 2-12-8　不同类型房间电器设备功率密度（W/m^2）

建筑类别	电器设备功率
办公建筑	15
宾馆建筑	15
商场建筑	13
医院建筑——门诊楼	20
学校建筑——教学楼	5

表 2-12-9　不同类型房间的人均新风量［m^3/(h·人)］

建筑类别	新风量
办公建筑	30
宾馆建筑	30
商场建筑	30
医院建筑——门诊楼	30
学校建筑——教学楼	30

(5) 输出参数设置

在对典型建筑进行计算之前需进行输出设置，计算结果可以逐时、逐天或逐月的形式输出，还可以选择是否保存单个围护结构，如墙体、或窗的传热、得热等逐时数据，但应注意的是，保存单位围护结构数据需大量的存储空间，会造成模型计算和运行缓慢。输出

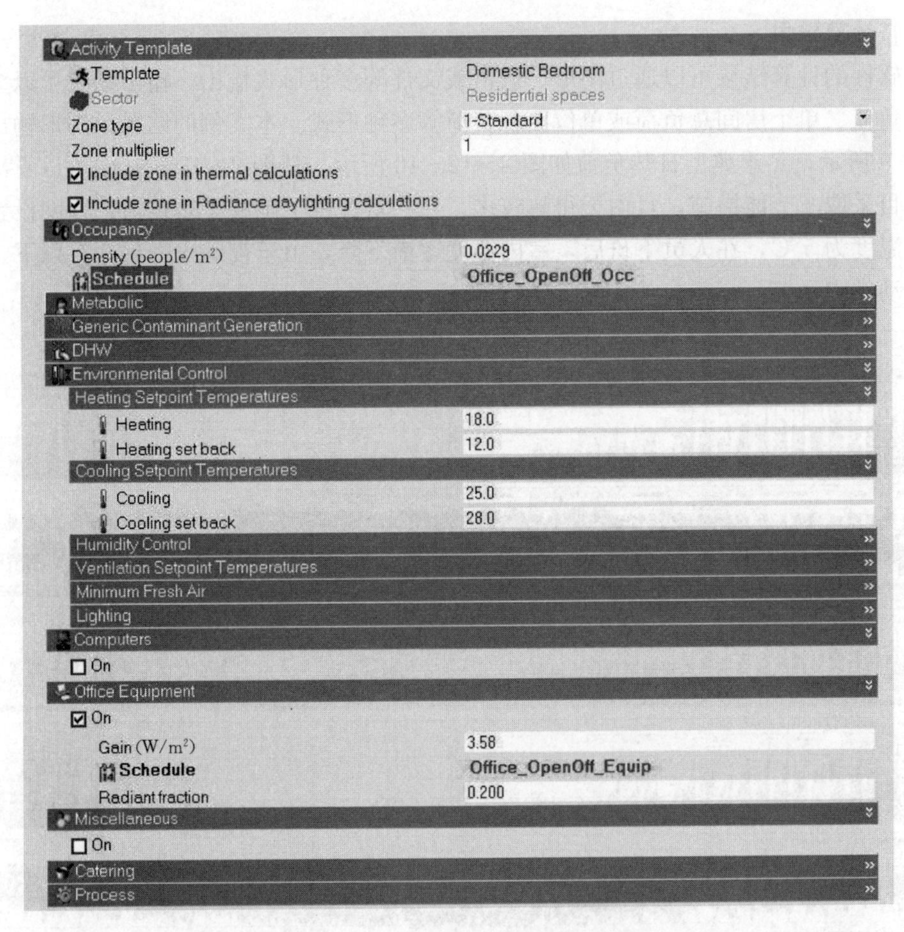

图 2-12-7　典型建筑室内参数设置

设置在“Output”选项中进行设置（图 2-12-8）。本案例选择输出负荷时段为全年 1～12 月，按逐时精度输出各房间负荷。

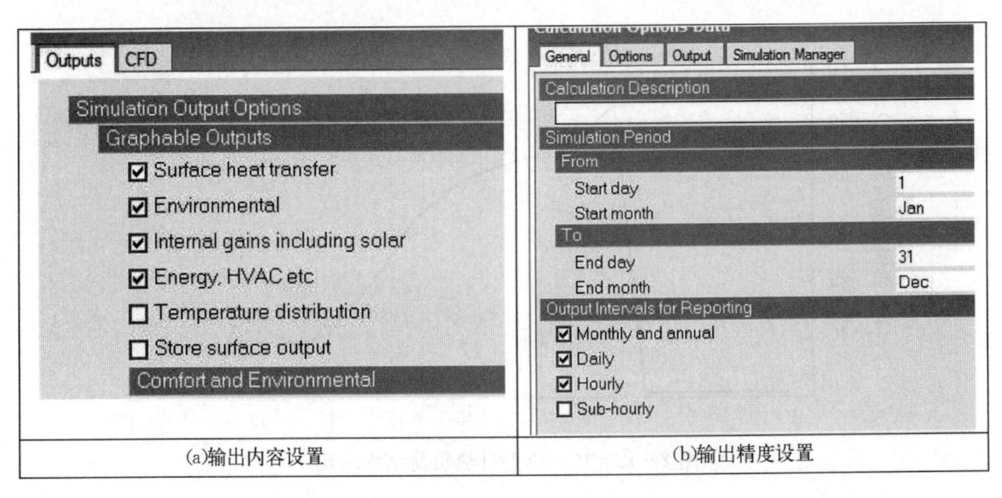

(a)输出内容设置　　(b)输出精度设置

图 2-12-8　计算结果输出设置

(6) 计算结果

该软件的计算结果可以通过图形、表格或文件等多种形式输出，输出结果可以为整个建筑总负荷、单个房间总负荷或单位面积负荷等多种形式。本案例的结果以图形输出如图2-12-9所示，冬季典型日热负荷如图2-12-10所示。从图2-12-10中可以看出，由于本项目采取了节能措施，且白天得热较多，在一定程度上削减了热负荷，夜间设置的值班供暖温度为5℃，在人员下班后，室内温度逐渐下降，由于夜间未降到5℃以下，故夜间未启动供暖系统。

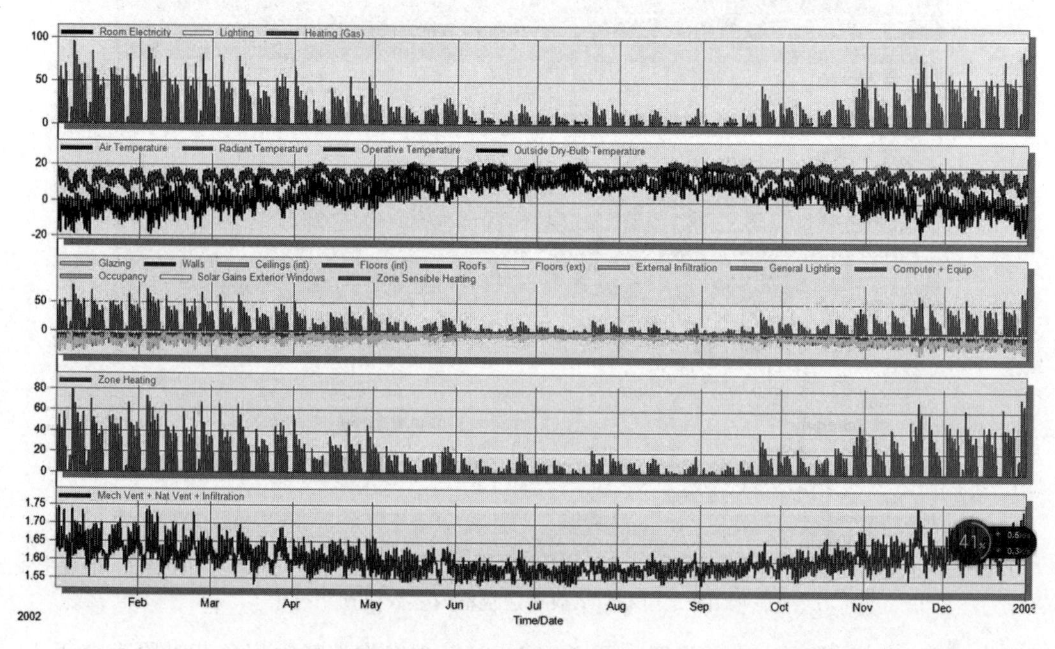

图2-12-9 典型案例计算结果输出

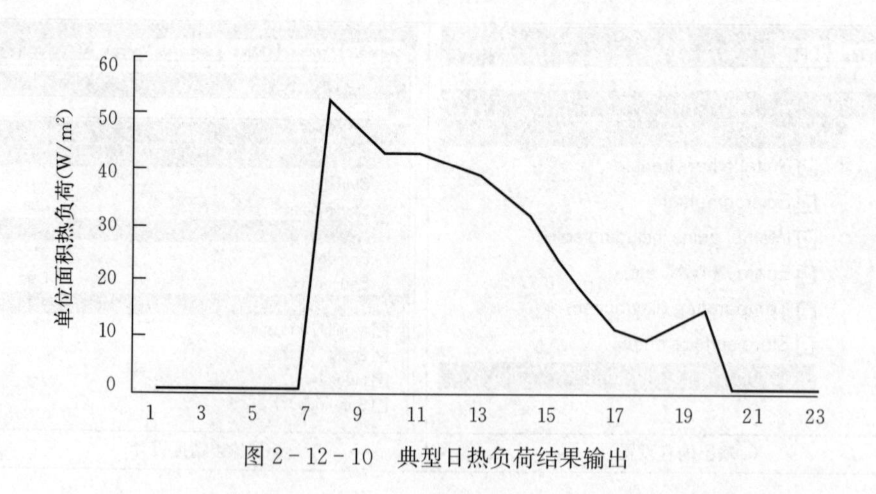

图2-12-10 典型日热负荷结果输出

思考题

1. 我国供暖设计热负荷的含义是什么?

2. 减小供暖设计热负荷都有哪些建筑节能措施?

3. 集中供暖系统热负荷确定有哪些方法?

4. 集中供暖系统供暖期耗热量如何计算?

5. 书中所讲的三种类别的热负荷图各代表什么含义? 有什么作用?

6. 你对供暖设计热负荷计算了解哪些?

7. 已知某地某供暖建筑的供暖设计热负荷，如何计算出某一环境温度下的供暖热负荷?

第3章　供暖用散热设备与装置

为实现房间供暖，需要在供暖房间安装散热设备或装置，通过散热设备或装置向供暖房间传送热能，维持房间温度达到设计供暖温度。

房间散热设备或装置主要有散热器、风机盘管、地板辐射供暖装置、毛细管供暖、热风机供暖、金属辐射板供暖等。本章将分别介绍这些设备或装置。

3.1　散热器

3.1.1　不同类别散热器的结构特点

根据材质的不同，散热器主要有：铸铁散热器、钢制散热器、铜铝复合散热器、钢铝复合散热器、压铸铝散热器、纯铜散热器等。

3.1.1.1　铸铁散热器

铸铁散热器用灰口铸铁铸造而成，这种散热器水容量大，耐腐蚀、适应性强，使用寿命长；但热惰性大，金属耗材量大，笨重。常规铸铁散热器承压能力有限，含稀土的灰铸铁散热器承压高，但价格比普通铸铁散热器高。铸铁散热器是我国早期供暖系统中使用最普遍的一种散热器，目前虽仍有使用，但已不能满足现代家庭对美观装饰的需求。

图3-1-1是几种类型铸铁散热器实物图。

根据国家标准GB 19913—2018《铸铁供暖散热器》，铸铁散热器分为柱型、翼型、柱翼型、板翼型。标准规定铸铁散热器的铸铁材料力学性能不应低于铸铁牌号HT150；柱型、翼型、柱翼型工作压力不应小于0.8 MPa；板翼型工作压力不应小于0.6 MPa；铸铁散热器的连接螺纹应为G1、G1 $\frac{1}{4}$、G1 $\frac{1}{2}$接口，丝扣从凸缘端面向里应有3.5扣完整；散热器单片标准散热量不应低于厂家明示散热量的95%。

散热器的金属热强度是指在散热器标准测试工况下，每单位过余温度下单位质量金属的散热量。散热器的过余温度是指测试散热器进出水平均温度与基准点空气温度的差值。基准点空气温度是指测试房间中心垂线上距地0.75 m处的空气温度。铸铁散热器的金属热强度不应小于表3-1-1的规定。

表3-1-1　铸铁散热器金属热强度最低值

同侧进出口中心距（mm）	300		500		600	
过余温度（K）	44.5	64.5	44.5	64.5	44.5	64.5
金属热强度［W/(kg·K)］	0.30	0.33	0.31	0.34	0.31	0.34

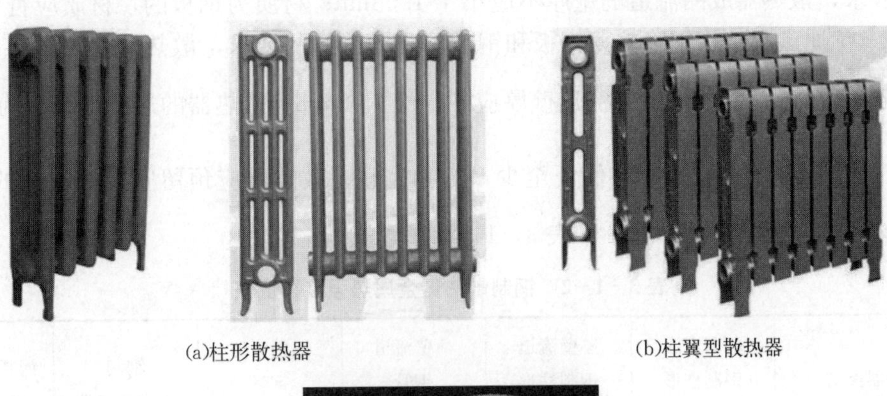

(a)柱形散热器　　(b)柱翼型散热器

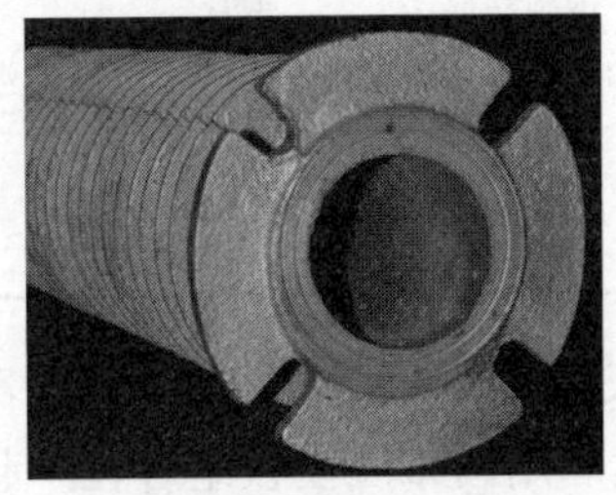

(c)圆翼型散热器

图 3-1-1　几种铸铁散热器实物图

3.1.1.2　钢制散热器

钢制散热器由不同形状的钢管、钢板焊接而成，造型美观，易于实现多样化、标准化、工厂化生产，水容量小，热惰性小，传热快，金属热强度高。但耐腐蚀性能差，怕磕碰表面受损变形。图 3-1-2 为几种类型钢制散热器实物图。

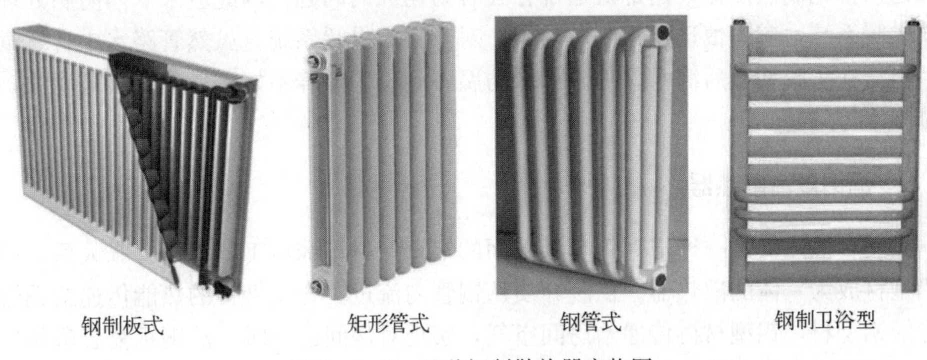

钢制板式　　矩形管式　　钢管式　　钢制卫浴型

图 3-1-2　几种钢制散热器实物图

根据国家标准 GB 29039—2012《钢制采暖散热器》，钢制散热器分为钢制板型散热器、钢制柱型散热器、钢管散热器、钢管对流散热器、钢制卫浴型散热器等。

国标规定钢制散热器的最小工作压力应大于等于 0.4 MPa；材质为钢管的，厚壁流道散热器的材质应符合 GB/T 699《优质碳素结构钢》和 GB/T 700《碳素结构钢》的要求，散热器成品流道的壁厚不应小于 1.8 mm；薄壁流道散热器的材质应符合 GB/T 699 中镇静钢的要求，散热器成品流道的壁厚不应小于1.0 mm；材质为钢板的，材质应符合GB/T 13237《优质碳素结构钢冷轧薄钢板和钢带》中镇静钢的要求，散热器流道材料壁厚应大于等于1.2 mm，散热器成品流道壁厚应不小于1.0 mm；散热器的连接螺纹应为G $\frac{1}{2}$、G $\frac{3}{4}$、G1、G1 $\frac{1}{4}$管螺纹，螺纹保证至少3.5扣完整；散热器应预留安装放气阀的条件。钢制散热器的金属热强度不应小于表3-1-2的规定。

表3-1-2　钢制散热器金属热强度最低值

散热器类别	薄壁流道钢制柱形和钢管散热器	厚壁流道钢制柱形和钢管散热器	薄壁流道钢管对流散热器	厚壁流道钢管对流散热器	钢制板型散热器	钢制卫浴型散热器
最小金属热强度［W/(kg·K)］	0.75	0.50	0.95	0.70	0.95	0.80

在钢制散热器中，钢制板式散热器是用厚度1.2～1.5 mm厚的冷轧钢板直接压出呈圆弧形或梯形的散热器水道，然后用两张压型板组合在一起，将前后两张压型板制成的各个水道四周滚焊，并焊接进出接头，为了提高散热能力，在板式散热器的内侧面板上焊接上瓦楞形对流片，再经过除锈和喷涂即可。这种散热器金属热强度最高，造价也低。但这种散热器耐压能力较低，抗腐蚀性较差。

钢制矩形管式柱形散热器和钢管散热器的材料壁厚在1.8 mm以上，耐压性好，容水量较大，有一定的热惰性。

钢排管散热器，由钢管焊接而成，耐压能力高，耐用，且表面光滑，易于清除积灰，但笨重，金属热强度低，占地面积大。

无论何种钢制散热器，内部流道都存在容易锈蚀的问题，因此应采取内防腐处理。对于开式供暖系统，应谨慎选用钢制散热器；对于集中供暖系统，虽然管路水中含氧量相对较少，但需在采暖期过后满水保养，如果防腐不到位，保养不好，散热器会被腐蚀，出现散热器漏水等问题。

3.1.1.3　铜铝复合散热器

铜铝复合散热器是一种把铜管与其外面的铝翼型材用涨压工艺将铜管胀大后，使得铜管与铝型材成为一体的散热器。供暖介质从铜管内流过，介质携带的热能传递给铜管，铜管传导给铝型材，铝型材再传递给房间空气，实现对房间的供暖。从铜铝复合散热器的结构可知：铜铝复合散热器的散热能力与铜管胀压变形后与其外部的铝型材接触的紧密度有关。图3-1-3是铜铝复合散热器结构与实物图。

铜铝复合散热器承压能力高，重量轻，导热性能好，耐腐蚀性强，适合各种供暖系统。铜铝复合散热器广泛应用于各种中、高档住宅和办公场所。

根据行业标准JG 220—2007《铜铝复合柱翼型散热器》的规定：铜管应采用TP2或TU2挤压轧制拉伸铜管，立管最小管径为15 mm，最小壁厚为0.6 mm；上下集管所用铜

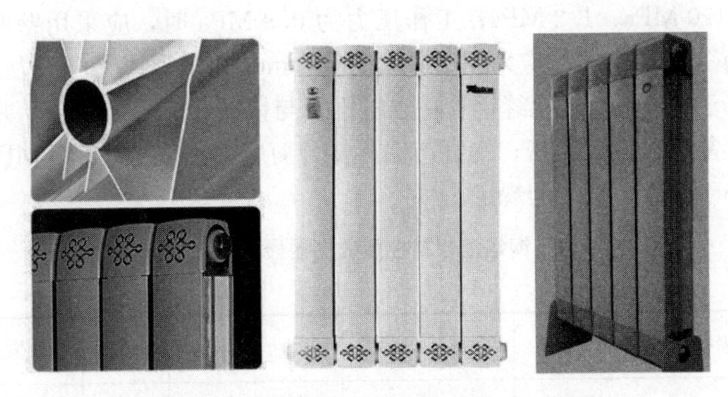

图3-1-3　铜铝复合散热器结构与实物图

管最小壁厚为0.8 mm；集管与立管的联接，应在集管钻孔并翻边后，再将立管插入焊接，翻边高度不应小于3 mm，并采用硬钎焊焊接；铜管与铝翼管胀接复合时，应留有适当的过盈量，以保证胀接复合后接触紧密；光面铜管与铝翼管标准试件的胀接复合剪应力不应小于0.7 MPa，铝翼管内径负偏差不大于0.4 mm；散热器接管采用螺纹连接，内螺纹分别为G $\frac{1}{2}$、G $\frac{3}{4}$、G1。

名义标准散热量是指按照规定长度1 000 mm±100 mm（当高度大于等于900 mm时，为500 mm±100 mm），折算成片长等于1 000 mm时的标准散热量。

行业标准JG 220—2007《铜铝复合柱翼型散热器》规定，按照国家标准GB/T 13754《采暖散热器散热量测试方法》规定的标准工况进行测试，其最小名义散热量应达到表3-1-3的要求。

表3-1-3　铜铝复合翼柱型散热器最小名义标准散热量

单位：W/m

同侧进出口中心距（mm）		300	400	500	600	700	900	1 200	1 500	1 800
宽度（mm）	40	720	880	1 040	1 200	1 360	1 680	2 100	2 400	2 700
	70	940	1 210	1 490	1 630	1 800	2 110	2 450	2 800	3 150
	100	1 170	1 390	1 730	1 840	2 010	2 460	2 900	3 350	3 800

1. 表中数据为单排立柱，外涂非金属涂料，上下有装饰罩，接管为上进下出时的散热器最小名义散热量；
2. 当同侧进出口中心距在300～700 mm时，标准检验样片的长度为1 000 mm±100 mm；当中心距在900～1 800 mm时，标准检验样片的长度为500 mm±100 mm；
3. 其余宽度散热器的散热量按照内插法决定。

3.1.1.4　钢铝复合散热器

钢铝复合散热器是一种把钢管与其外面的铝翼型材用涨压工艺将钢管胀大后，使得钢管与铝型材成为一体的散热器。钢铝复合散热器与铜铝复合散热器为同类型产品，只是将流道的材质由铜管换成钢管，降低了制造成本，经济耐用。

根据国家标准GB/T 31542—2015《钢铝复合散热器》的规定：散热器的工作压力应

为：0.8 MPa、1.0 MPa、1.2 MPa；工作压力为0.8 MPa时，应采用壁厚1.5 mm的钢管；工作压力为1.0 MPa时，应采用壁厚大于1.5 mm的钢管；工作压力为1.2 MPa时，应采用壁厚不小于1.5 mm的无缝钢管；立柱钢管与铝翼管应胀接复合，并应有适当过盈量，以保证胀接复合后配合紧密；钢管与铝翼复合剪应力不应小于0.5 MPa；散热器的名义散热量应不小于表3-1-4的规定。

表3-1-4　钢铝复合翼柱型散热器最小名义标准散热量

单位：W/m

同侧进出口中心距（mm）		300	400	500	600	700	900	1 200	1 500	1 800
宽度（mm）	40	720	880	1 040	1 200	1 360	1 800	2 300	2 550	2 800
	60	850	1 100	1 300	1 500	1 650	2 000	2 500	2 850	3 150
	80	1 000	1 250	1 450	1 650	1 850	2 200	2 700	3 100	3 500

1. 表中数据为外涂非金属涂料，上下有装饰罩，接管为同侧上进下出时的散热器名义散热量（温差64.5 ℃）；
2. 其余宽度散热器的散热量按照内插法决定。

3.1.1.5　压铸铝散热器

压铸铝散热器是将融化的液态合金铝高压注入金属模具内成型的散热器，一般呈板翼型。这种散热器每个柱头都有压铸成型的倒流片，就像多片柱形铸铁散热片连接成一组散热器一样，压铸铝散热器柱与柱散热片之间也是通过内接将多片压铸铝散热片连接成不同片数的散热器。由于铝导热快，加上有散热导流片，因此散热量大，压铸铝散热器的金属热强度是钢制散热器的3倍、铸铁散热器的5倍以上；压铸铝散热器还具有耐腐蚀的优点，与钢管、不锈钢管、铜管做成双金属压铸铝散热器，耐压能力也显著提高。图3-1-4是双金属压铸铝散热器结构与实物图。

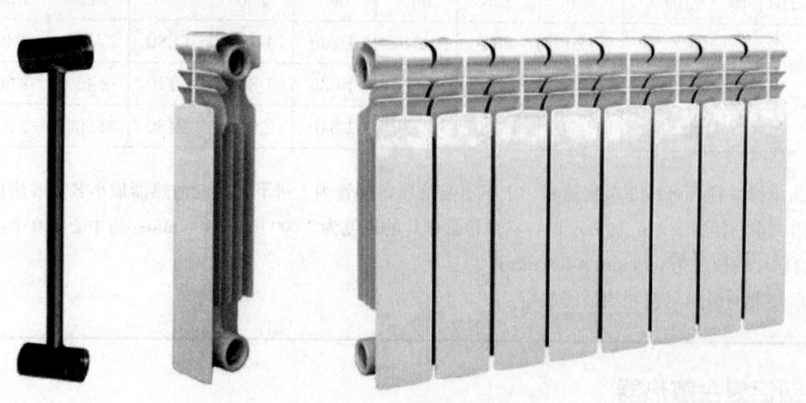

图3-1-4　双金属压铸铝散热器结构与实物图

压铸铝散热器分为：整体式、组合式、复合式三种类型。整体式是指整体采用压铸工艺加工的压铸铝合金单片散热器；组合式是指采用压铸铝部件与型材铝组合的单片散热器；复合式是指采用压铸铝加工，水流通道采用钢管或不锈钢管制作的单片散热器。中国建筑工业行业标准 JG 293—2010《压铸铝合金散热器》对压铸铝散热器的规定如下。

工作压力不应大于 1.0 MPa，试验压力为工作压力的 1.5 倍。厂家应明示散热器的工作压力。

对于整体式压铸铝散热器，材质应采用铝合金 YL113，材料性能符合 GB/T 15115《压铸铝合金》的要求；散热器壁厚不应小于 1.5 mm。

对于组合式压铸铝散热器，散热器上接件和下接件的材质为铝合金 YL113，材料性能符合 GB/T 15115 的要求；散热器主体和面板材质均为铝合金 6 063，散热器主体水道壁厚应不小于 1.4 mm；散热器上接件、下接件与主体采用 O 形圈密封，硅橡胶 O 形圈性能应符合 HG/T 3312《110 甲基乙烯基硅橡胶》的要求。

对于复合式压铸铝散热器，材质应采用铝合金 YL113，材料性能符合 GB/T 15115 的要求；水道采用直缝电焊钢管时，材质应符合碳钢 Q195 的性能，管材壁厚不应小于 1.8 mm；水道采用不锈钢管时，材质应符合 SUS304 不锈钢的性能，管材壁厚不应小于 1.5 mm。

关于散热量，行业标准 JG 293—2010 规定如下：散热器按照 10 片连接成一组测试，表面喷涂非金属涂料测出的单片标准散热量，整体式应符合表 3-1-5 的规定，组合式应符合表 3-1-6 的规定，复合式应符合表 3-1-7 的规定。

表 3-1-5　整体式压铸铝散热器单片标准散热量

项目	单位	参考值	
同侧进出口中心距	mm	500	600
单片长度	mm	80	80
宽度	mm	85	85
散热量（温差 64.5K）	W	160	185

表 3-1-6　组合式压铸铝散热器单片标准散热量

项目	单位	参考值	
同侧进出口中心距	mm	500	600
单片长度	mm	80	80
宽度	mm	96	96
散热量（温差 64.5K）	W	170	195

表 3-1-7　复合式压铸铝散热器单片标准散热量

项目	单位	参考值	
同侧进出口中心距	mm	500	600
单片长度	mm	80	80
宽度	mm	78	85
散热量（温差 64.5K）	W	135	175

对于整体式和组合式压铸铝散热器，供暖热水的 pH 应在 7.0～8.5，氯离子含量不应大于 30 mg/L，溶解氧不应大于 0.1 mg/L；对于复合式压铸铝散热器，供暖热水的 pH 应在 7.0～12.0，氯离子含量不应大于 300 mg/L，溶解氧不应大于 0.1 mg/L。

3.1.1.6 其他散热器

除了上面介绍的散热器外，市场上还有不锈钢散热器、铜管散热器、搪瓷散热器等。

不锈钢散热器耐腐蚀能力高，但散热性能不如其他散热器，且造价较高。

铜质散热器抗腐蚀能力强，寿命长，但造价高、性价比低，且不易运输，因此市场占有率不高。

3.1.2 散热器安装位置

3.1.2.1 不同安装位置的区别

图 3-1-5 是散热器在室内放置位置示意图。散热器在室内的安装位置主要有两种位置：①散热器安装在室内外墙内侧的窗户下；②散热器安装在室内内墙位置。

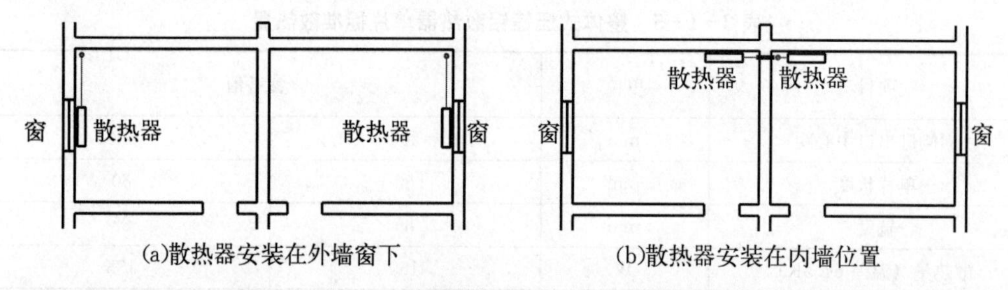

图 3-1-5 散热器在室内的安装位置

散热器放置在室内不同位置，其室内空气被散热器加热后，空气在室内的气流流动方式是不同的。图 3-1-6 是散热器放置在室内不同位置时，室内空气气流在房间垂直方向的流动方向。

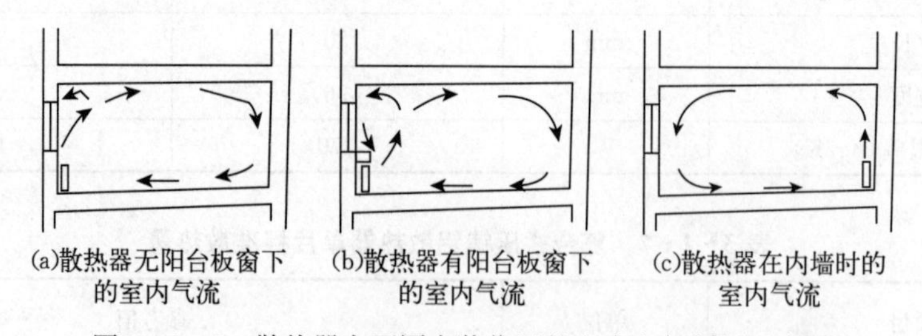

图 3-1-6 散热器在不同安装位置的室内空气循环示意图

图 3-1-6（a）（b）分别是散热器放置在无阳台板窗下和有阳台窗下的室内空气循环示意图。从外窗进入室内的冷空气直接被散热器加热，沿房间上部循环到房间内侧后，沿内墙下沉到地面，沿地面又循环回散热器，经过不断循环，使得房间空气温度被加热到设计温度，这样就阻止了室外冷空气形成下沉的冷气流，房间贴地面处的空气温度较高，从

而提高了房间的热舒适性。但散热器安装在外窗下，散热器背面的外墙温度较高，增加了散热损失。

图3-1-6（c）是散热器放置在内墙时的室内空气循环示意图。从外窗进入室内的冷空气形成下沉的冷气流，沿地面到达位于内墙的散热器，被散热器加热后，热空气上升到房间上部，沿房间上部循环到外窗墙面后下沉，并与室外进入室内的冷空气混合后，一并沿地面又循环回散热器。这种方式，地面温度低，热舒适性降低。同时散热器占据使用面积，影响室内家具布置。而且天长日久，裸置散热器的上升气流中所含微尘附着于散热器所处上方内墙表面，影响美观。

3.1.2.2　散热器对安装位置的要求

散热器的长、宽、高不仅要适应所在位置的建筑结构尺寸，而且在散热器的两侧要留出连接和拆装管件阀门的空间。

散热器安装在窗户下时，窗台板下的高度不仅要大于散热器的高度，而且要预留安装时下落就位和拆卸散热器时的空间。

散热器可以明装，也可以暗装。明装时，容易清除灰尘，安装方便，有利于散热。幼托机构和老年住所等防止烫伤和磕碰的场所，应加装散热器罩。大多数情况下，加罩暗装的散热器，散热量减少，因此加装散热器罩时，要留出足够的气流循环通道空间。

因热气流自然上升，楼梯间安装的散热器应尽量布置在底层及下部各层。楼梯间底层散热器应远离外门，防止结冰冻坏。

单组柱状散热器片数不宜超过25片，组装长度不宜超过1.5 m，以避免搬运时连接各个散热器片的对丝受力过大导致泄漏。如果单个房间需要较多片数散热器，可以分成多组安装。

3.1.3　散热器选型

3.1.3.1　对散热器的要求

对散热器的要求主要包括热工性能、机械性能、经济性、制造运输方便性、外形美观性等。

（1）热工性能好

散热器的传热系数要高，散热性能要好。不同类型的散热器，都通过形状优化和流道优化，增加散热面积，提高散热器周围的空气流动，减少接触热阻，外表面涂辐射系数高的涂层等，提高散热量。

（2）机械强度高

散热器应有一定的机械强度和耐压能力，安装和使用过程中不宜损坏，能承受供暖系统的最大工作压力，耐腐蚀性好等。

（3）便于制造、运输、安装、维护

制造工艺简单可靠，适合工业化生产，生产过程对环境和人员的健康影响小；组对简单，便于组合成各种所需要的散热面积；外形尺寸较小，便于与建筑尺寸配合，少占房间面积和空间；安装便捷、维修维护方便、易于清除积灰等。

（4）经济性好

金属热强度高，单位散热量成本低。在满足设计技术要求的前提下，在供暖设计条件下不同散热器的单位散热量造价是衡量经济性的最重要的经济指标。

（5）外形美观，装饰性好

散热器外形与色泽应与房间装饰相协调，尤其对于住宅、办公等场所。

3.1.3.2 散热器选型注意事项

散热器选型应充分考虑建筑物的类型和条件，供暖系统的形式、用户要求等；应尽可能发挥散热器的热工效能，节省金属消耗量；创造良好的室内环境；保证供暖系统正常运行。并注意以下几点：

（1）单个供暖项目，尽量只选择一种类型的散热器，不要多于两种。

（2）所选散热器应在同类散热器中传热系数高，承压能力满足要求。

（3）散热器尺寸能与安装散热器的建筑位置和尺寸相匹配。

（4）耐酸碱性能应符合要求。

（5）间歇供暖系统，同供暖系统不能混用容水量差别较大的不同类型的散热器。

（6）在橱窗、玻璃幕墙部位不能选择尺寸高的散热器。

（7）多层和中高层建筑，底层散热器承受的工作压力最大，散热器耐压应满足底层的最大工作压力。

（8）在灰尘大的地方，应选择容易清除表面灰尘的散热器。

（9）在相对湿度大或者有腐蚀性气体的地方，应选择耐腐蚀的散热器。

3.1.4 散热器传热系数与散热量

3.1.4.1 影响散热器传热系数的因素

影响散热器传热系数的因素很多，这些因素对传热系数的影响可通过散热器传热系数数值直接反映出来。归纳起来，对散热器传热系数的影响因素主要如下：

（1）散热器的结构和组装条件对传热系数的影响

散热器的材质、结构形式、散热器高度和宽度、水流通道数、组装片数、相邻片间距、表面涂层等，这些因素都直接影响其传热系数。

成组散热器的边片，其外侧没有相邻片间互相吸收辐射传热量，因而比中间片的单片散热量大，传热系数高。每组散热器的边片越多，边片传热面积在总传热面积中所占比例减小，边片传热系数增值减小。

成组散热器相邻片间距离增大，散热器的传热系数增大。

散热器的传热系数还与其宽度和高度，肋片管的间距、与外罩的高度和结合紧密程度有关。

光排管钢管上半周被下半周、位于上排的钢管被下排的加热空气包围，传热温差略小导致换热强度减小。钢管之间的距离增大，管间互相吸收辐射热量减小，光排管向外发散的热量略增。同一类散热器高度增加，传热系数减小，也是因为散热器上部被加热空气包围所致。

铸铁散热器表面刷上含锌白的颜料，散热量增加2.2%；由于铝粉的发射率低，辐射传热较小，因此表面涂上含铝粉的硝基漆（银粉），散热量降低8.5%。

（2）散热器使用条件对传热系数的影响

散热器使用条件包括：热媒种类、温度、流量、室内空气温度、室内空气流速、散热器安装方式等。

不同的热媒，散热器传热性能不一样。蒸汽热媒比热水热媒传热系数大。

热媒温度越高，或者室内空气温度低，传热温差就大，散热器的传热系数越大。

散热器内流量越大，散热器的传热系数越大，但对不同类型的散热器，影响大小不同。

散热器外表面空气流速越高，散热器的传热系数越大。

散热器进出管的接管方式不同，散热器内的水流方向和水流组织不同，导致散热器外表面的温度及其分布不同，散热器的传热量发生变化。图3-1-7是散热器的六种接管方式，其中3-1-7（f）的接管方式很少见。

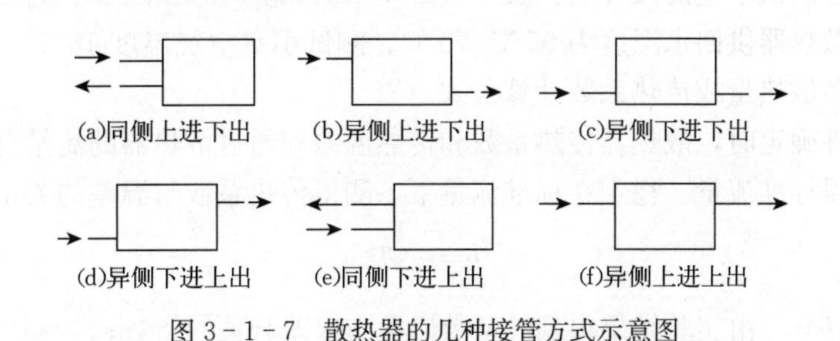

图3-1-7　散热器的几种接管方式示意图

图3-1-8是三种接管方式散热器内的水流分配路径示意图。

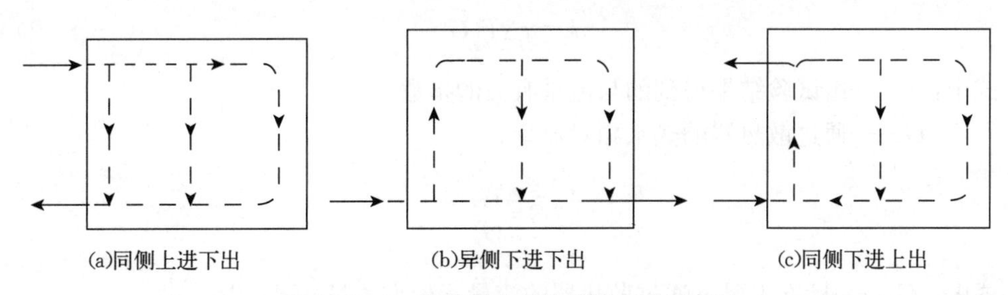

图3-1-8　散热器的几种接管方式示意图

图3-1-8（a）是散热器同侧上进下出接管时散热器内水流路径示意图。这种接管方式水流均匀地从上向下流动，水流总趋势与水在散热器中冷却后的重力作用相同，不仅散热器表面温度高，而且最均匀。

图3-1-8（b）是散热器异侧下进下出接管时，散热器内水流路径示意图。这种接管方式有一部分水短路，散热器表面温度较高，均匀性次之。

图3-1-8（c）是散热器同侧下进上出接管时，散热器内水流路径示意图。这种接管

方式，部分较低温度的水依靠重力在内部回流，散热器表面温度较低，均匀性较差。

不同接管方式下，散热器传热系数不同，排序为：上进下出＞下进下出＞下进上出。可见采用上进下出的接管方式，有利于充分利用散热器的热工性能，节省散热器用量。

（3）散热器加罩或暗装对传热系数的影响

散热器加罩或者暗装后，散热器辐射散热量减少，对流散热量可能增加。大多数散热器加罩暗装后，散热量减少；只有在对流散热量的增加值大于辐射散热量的降低值时，散热器的散热量才会增大。

3.1.4.2 散热器传热系数与散热量计算公式

从上面的分析可知，影响散热器传热的因素众多，难于用理论公式表征影响散热量各因素与传热系数的关系。但可以用测试的方法来确定传热系数的数值及其主要影响因素对传热系数的影响。

我国制定的热水散热器热工性能测试标准规定：测试时，将散热器安装在专用测试小室内，明确规定测试小室的尺寸为：长 4 m±0.2 m、宽 4 m±0.2 m、高 2.8 m±0.2 m，散热器明装，散热器供回水温度为 95 ℃/70 ℃，测试小室空气温度 18 ℃。根据实验结果整理得到散热器散热量或传热系数计算公式。

在其他条件确定时，散热器传热系数和传热温差和通过散热器的流量有关。首先在标准工况下，测得标准流量。稳定在标准流量下，测得传热系数与温差的关系，如下式：

$$k=a\Delta T^{b} \tag{3-1-1}$$

式中：a、b——由实验结果得到的系数以及与温差有关的指数；

ΔT——散热器的传热温差，℃。

然后改变流量，测得传热系数与温差和流量的关系，如下式：

$$k=a\Delta T^{b}\,\overline{G}^{c} \tag{3-1-2}$$

式中：c——由试验结果得到的与流量有关的指数；

$\overline{G}$——通过散热器的热水相对流量。

$$\overline{G}=\frac{G_b}{G_c}$$

式中：G_b——标准工况下通过散热器的流量（标准流量），kg/h；

G_c——任意工况下通过散热器的流量，kg/h。

在标准工况下，$\overline{G}=1$。

在稳定条件下，供暖房间内散热器的散热量等于房间的供暖热负荷，从而使供暖房间能保持一定的供暖室内温度。热水散热器的散热量用下式计算：

$$Q=\frac{1}{3\,600}cG\ (t_g-t_h)\ =kF\left(\frac{t_g+t_h}{2}-t_n\right)=kF\ (t_p-t_n)\ =kF\Delta T \tag{3-1-3}$$

式中：Q——散热器散热量，W；

G——通过散热器的流量，kg/h；

c——水的比热，4 187 J/(kg·℃)；

t_g、t_h——分别为散热器进、出口水温,℃；

t_p——散热器内水的平均温度,℃；

t_n——室内空气温度,℃；

k——散热器的传热系数，W/(m²·℃)；

F——散热器的传热面积，m²；

ΔT——散热器的传热温差,℃。

将式（3-1-2）代入式（3-1-3）有：

$$Q=kF\Delta T=(a\Delta T^b\overline{G}^c)f\Delta T=af\Delta T^{1+b}\overline{G}^c=A\Delta T^B\overline{G}^c=A_1\Delta T^B\overline{G}^c=nq \quad (3-1-4)$$

$$A_1=aF,\ B=1+b$$

式中：n——散热器的片数；

q——单片散热器的散热量，W/片。

单片散热器的散热量可用下式计算：

$$q=kF\Delta T=(a\Delta T^b\overline{G}^c)f\Delta T=af\Delta T^{1+b}\overline{G}^c=A\Delta T^B\overline{G}^c \quad (3-1-5)$$

$$A=af$$

式中：f——单片散热器的散热面积，m²/片；

其他符号同式（3-1-4）。

对于片式散热器，$F=nf$。

在标准工况下：

$$q=af\Delta T^{1+b}=A\Delta T^B \quad (3-1-6)$$

散热器的传热性能数据可查阅散热器产品样本或检测报告。

对于蒸汽热媒，热媒平均温度 t_p 为蒸汽的温度，如为饱和蒸汽，平均温度 t_p 为蒸汽压力对应的饱和温度，指数 $c=0$。

对于热水热媒，流量变化对不同散热器传热性能的影响不同。国外资料表明：相对流量$\overline{G}$变化，比温差 ΔT 变化对传热系数 k 的影响小。即指数 c 比 b 的数值小。流量变化对某些散热器传热系数无影响，即 $c=0$。目前国内没有系统地给出 c 的数值，工程中往往取 $c=0$。部分散热器可按照表（3-1-11）修正散热器流量变化对散热量的影响。

3.1.5　散热器用量计算

3.1.5.1　散热器用量的计算公式

散热器用量的计算主要是确定供暖房间所需要的散热器的散热面积或散热片数量。这里以如何确定散热器片数来讲述。散热器片数用下式计算：

$$n=\frac{Q'}{q}\beta_1\beta_2\beta_3\beta_4\beta_5 \tag{3-1-7}$$

式中：　n——散热器片数；

Q'——供暖设计热负荷，W；

q——单片散热器在测试标准工况下的散热量，W/片；

β_1、β_2、β_3、β_4、β_5——分别为散热器片数（或长度）、接管方式、安装形式、散热器流量、所处海拔高度修正系数。

3.1.5.2　散热器用量计算公式中各个修正系数的确定

当使用条件与散热器试验台的测试条件不同时，散热器的传热系数和散热量发生变化，可用修正系数进行计算修正，修正系数的数值经在试验台中测试得到。

（1）散热器片数或长度修正系数 β_1

首先对 8 片装的柱型散热器、1 m 长的钢制板式散热器样品进行测试，然后改变片数或长度进行测试。根据实验数据，分析单组散热器片数或长度变化对散热量的影响规律。用散热器片数或长度修正系数 β_1 来修正散热器片数或长度变化对传热系数的影响。其修正值见表 3-1-8。

表 3-1-8　每组散热器片数或长度修正系数

散热器类型	各种铸铁或钢制柱型散热器（片数）				钢制板型及扁管型（长度 mm）		
每组片数或长度	<6	6～10	11～20	>20	≤600	800	≥1 000
单组片数或长度修正系数 β_1	0.95	1.00	1.05	1.10	0.95	0.92	1.00

如果对钢制板式或扁管型散热器进行了不同试验，得到了各自不同片数或长度下的热工性能数值。这种情况下应根据使用条件选择适合的热工性能，这种情况下，不需要再进行散热器片数或长度修正，但应进行其他修正。

（2）散热器接管方式修正系数 β_2

测试散热器不同进出连接方式下的散热量，并与采用同侧上进下出连接方式的散热量进行比较，从而得出不同接管方式对传热系数的影响，见表 3-1-9。

表 3-1-9　散热器进出口连接方式修正系数 β_2

散热器进出口接管方式	同侧上进下出	异侧上进下出	异侧下进下出	同侧下进上出	异侧下进上出
散热器接管方式修正系数	1.0	1.009	1.251	1.39	1.39

（3）散热器安装形式修正系数 β_3

散热器安装形式是指散热器明装、加罩、暗装对散热器散热量的影响。上述安装形式散热量与明装形式散热量对比，得出上述安装形式的修正系数见表 3-1-10。

表 3-1-10　散热器安装形式修正系数 β_3

散热器安装形式	安装形式修正系数
散热器装在墙体的凹槽内（半暗装），上部距墙距离 100 mm	1.06
明装但散热器上部有窗台板覆盖，散热器距离台板高度为 150 mm	1.02
装在罩内，上部敞开，下部距地 150 mm	0.95
装在罩内，上部、下部开口，开口高度均为 150 mm	1.04

（4）散热器流量修正系数 β_4

散热器流量修正系数是指散热器在不同流量下的散热量与标准流量下的散热量对比，得出的散热器在不同流量下的修正系数，见表 3-1-11。

表 3-1-11　散热器流量修正系数 β_4

散热器类型	流量增加倍数						
	1	2	3	4	5	6	7
柱形、柱翼型、多翼型、长翼型、镶翼型	1.0	0.9	0.86	0.85	0.93	0.83	0.82
扁管型	1.0	0.94	0.93	0.92	0.91	0.90	0.90

注：表中流量增加倍数为 1 时的流量，即为散热器进出口温差为 25 ℃时的流量，也称为标准流量。

（5）散热器供暖所处海拔高度修正系数 β_5

高海拔地区，空气密度低，因此散热器对流散热量比内地（低海拔地区）减小，要达到与内地相同的散热量，应增加散热器数量，因此应引入散热器供暖所处海拔高度修正系数。

根据西藏自治区地方标准 DBJ 540002—2016《西藏自治区民用建筑供暖通风设计标准》条文解释第 5.3.9 条，散热器供暖所处海拔高度修正系数 β_5 可参照图 3-1-9 选取。经了解，该图所示数据为理论模拟计算数据，仅供参考。对于内地，可不考虑该项修正，取 $\beta_5=1.0$。

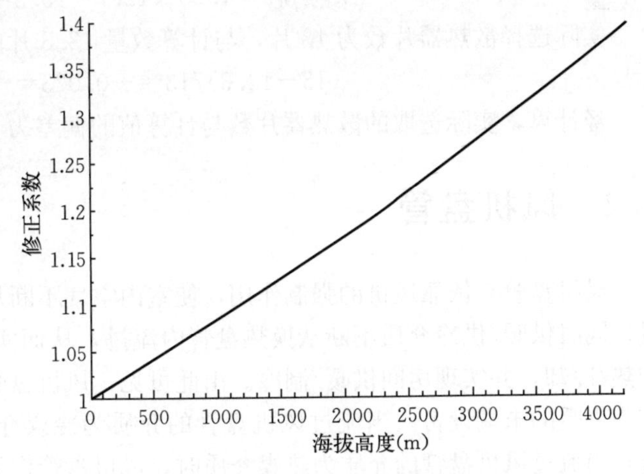

图 3-1-9　散热器所处海拔高度修正系数

设计时，根据公式（3-1-7）计算出的散热器片数取整后选取，但所选取的散热器面积应与计算值之差不超过 5%，或者散热器面积的减小值不大于 0.1 m²（仅对柱型散热器）。

3.1.5.3　散热器用量计算例题

【例题】 北京某供暖房间供暖设计热负荷为 1 500 W，选用中心距 600 的 8085 型双金属压铸铝散热器，6片一组的产品检测报告热工性能为$Q=8.984\times\Delta T^{1.156}$，散热器明装在窗台下，同侧上进下出连接，供暖室内设计温度为18 ℃，试计算供暖进出口水温为75/50 ℃的散热器片数。

【解】根据6片一组散热器的热工性能可知，单片散热器的热工性能为：

$$q=\frac{8.984}{6}\times\Delta T^{1.156}=1.4973\times\Delta T^{1.156}$$

散热器进出温度为75/50 ℃时的过余温度为：

$$\Delta T'=\frac{75+50}{2}-18=44.5\ ℃$$

在44.5 ℃过余温度下的单片散热量为：

$$q'=1.4973\times44.5^{1.156}=120.45\ (\text{W/片})$$

确定散热器数量计算的修正系数如下：

因暂时不清楚需要的散热器片数，因此先假定散热器片数修正系数$\beta_1=1.0$；

查表3-1-9，散热器同侧上进下出连接方式修正系数$\beta_2=1.0$；

查表3-1-10，散热器明装在窗台下安装形式修正系数$\beta_3=1.02$；

查表3-1-11，散热器流量修正系数$\beta_4=1.0$；

在北京低海拔地区安装，海拔高度修正系数$\beta_5=1.0$

按照式（3-1-7）计算散热器片数为：

$$n=\frac{Q'}{q}\beta_1\beta_2\beta_3\beta_4\beta_5=\frac{1500}{120.45}\times1.0\times1.0\times1.02\times1.0=12.7\text{片}$$

查表3-1-8，散热器片数修正系数$\beta_1=1.05$，则确定散热器片数为：

$$n'=\beta_1 n=1.05\times12.7=13.3\approx13\text{片。}$$

实际选择散热器片数为13片，与计算数量13.3片的偏差为：

$$(13-13.3)/13=-0.023=-2.3\%$$

经计算，实际选取的散热器片数与计算值的偏差为−2.3%，不超过5%，符合要求。

3.2 风机盘管

风机盘管是依靠风机的强制作用，使室内空气不断从换热盘管及散热翅片的外表面流过；同时供暖/供冷介质不断从换热盘管内流过，从而实现将流过换热盘管外表面的空气加热/冷却，并实现房间供暖/制冷。由此可见，风机盘管既可作为制冷的末端设备，也可作为供暖的末端设备，当流过风机盘管的介质为冷媒介质时，风机盘管作为末端供冷设备；当流过风机盘管的介质为热媒介质时，风机盘管作为末端供暖设备。

3.2.1 风机盘管的结构组成与类别

风机盘管机组的基本配置包括：风机、盘管、电机、凝结水盘等。根据使用要求的不同，可配置控制器、排水隔气装置、空气过滤和净化装置、进出风风管、进出风分布器等配件。图3-2-1是风机盘管机组的结构组成示意图。

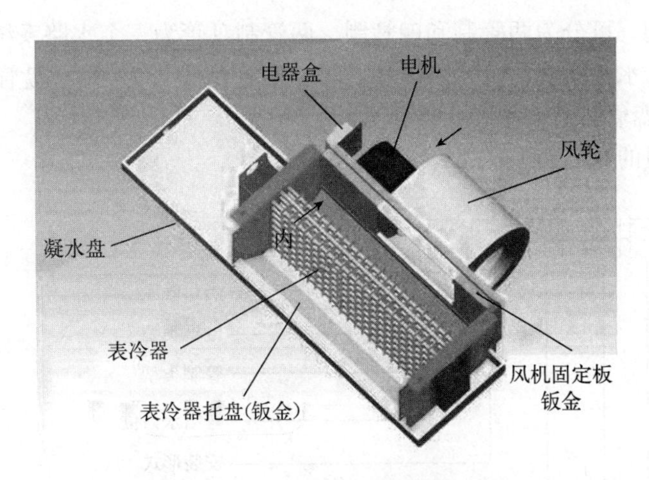

图3-2-1　风机盘管机组结构组成

图3-2-2是常见的不同类别的风机盘管机组产品。

图3-2-2　常见的风机盘管机组实物图

国家标准GB/T 19232—2019《风机盘管机组》对风机盘管机组的分类如下：

根据结构形式可分为：卧式、立式、卡式、壁挂式，代号方分别为“W”、“L”、“K”、“B”。

根据安装形式，可分为明装和暗装，代号分别为“M”、“A”。

根据出口静压，可分为低静压型和高静压型，低静压型代号省略，高静压型代号为“G+出口静压值”。低静压型是指带风口和过滤器等附件的低静压型机组，其出口风压默认为0 Pa，不带风口和过滤器等附件的低静压型机组，其出口风压默认为12 Pa；高静压机组是指在额定或名义风量时，出口静压不小于30 Pa的机组，实际静压按照不带风口和过滤器进行测试，其中额定风量是指在标准规定的试验工况下，机组测得的单位时间内送出的空气体积流量；名义风量是指产品铭牌和产品样本上标注的值。

根据面对机组出风口时，机组与管道进出接口的位置，分为左式和右式，代号分别为“Z”、“Y”。

按照用途，分为通用、干式、单供暖三类；干式和单供暖代号分别为“G”和“R”。

按照电机类型，可分为交流电机和永磁同步电机，交流电机代号省略，永磁电机代号为“YC”。

根据管制类型，可分为两管制和四管制。两管制盘管为一个水路系统，冷热兼用；四管制的盘管为两个水路系统，分别供冷和供暖。两管制代号为“2（盘管排数）”，四管制代号为“4（冷水盘管排数＋热水盘管排数）”。

风机盘管机组的命名如下：

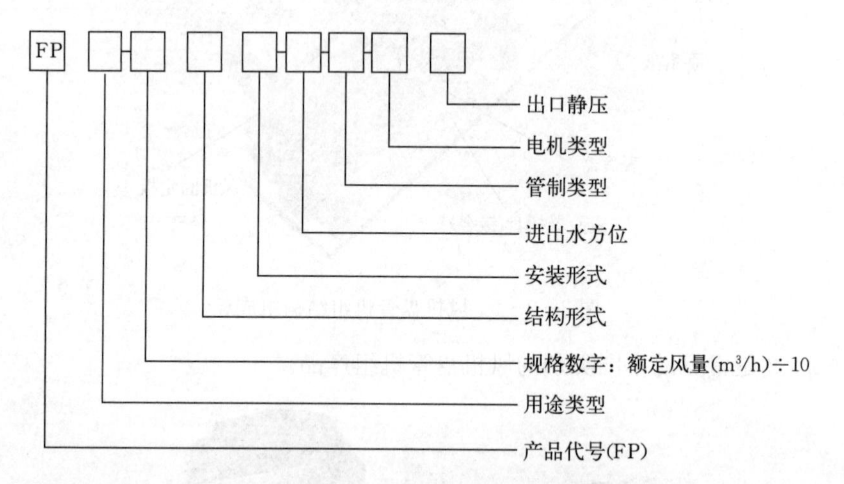

示例：额定风量为 680 m³/h 的卧式暗装、左进水，高静压 50 Pa、交流电机、两管制三排盘管通用机组，标记为 FP-68WA-Z-2（3）-G50。

3.2.2 对风机盘管的性能要求

GB/T 19232—2019 对风机盘管机组的性能要求如下：

（1）对机组的结构要求

风机盘管机组的结构应满足如下要求：

① 凝结水盘的长度和坡度应确保凝结水排出畅通、机组凝露滴入盘中；

② 机组应在能有效排出盘管内滞留空气处设置放气装置；

③ 干式机组应配置凝结水盘；

④ 单供暖机组可不保温，可不配置凝结水盘。

（2）对机组调节特性的要求

① 交流电机机组和永磁同步电机机组应能进行风量调节，设高、中、低三挡风量调节时，三挡风量宜按额定风量的 1∶0.75∶0.50 设置；

② 永磁同步电机机组出厂未设置默认挡位的，应按最高挡位的风量进行考核。

（3）对机组供电与材料要求

① 机组电源应为 220 V，频率为 50 Hz；

② 当机组采用冷轧钢板加工面板和零部件时，其内外表面应进行有效的防锈处理；

③ 当机组采用黑色金属加工的零部件时，应对表面进行热镀锌工艺处理和有效的防锈处理。

（4）高档转速下通用机组基本规格的风量、供冷量和供热量额定值

高档转速下通用机组基本规格的风量、供冷量和供热量额定值应符合表 3-2-1 的要求。

表3-2-1　高档转速下通用机组基本规格的风量、供冷量和供热量额定值

规格	额定风量 (m^3/h)	额定供冷量 (W)	额定供热量（W）			
			供水温度60℃		供水温度45℃	
			两管制	四管制	两管制	四管制
FP-34	340	1 800	2 700	1 210	1 800	810
FP-51	510	2 700	4 050	1 820	2 700	1 210
FP-68	680	3 600	5 400	2 340	3 600	1 620
FP-85	850	4 500	6 750	3 030	4 500	2 020
FP-102	1 020	5 400	8 100	3 650	5 400	2 430
FP-119	1 190	6 300	9 450	4 250	6 300	2 830
FP-136	1 360	7 200	10 800	4 860	7 200	3 240
FP-170	1 700	9 000	13 500	6 070	9 000	4 050
FP-204	2 040	10 800	16 200	7 290	10 800	4 860
FP-238	2 380	12 600	18 900	8 500	12 600	5 670
FP-272	2 720	14 400	21 600	9 720	14 400	6 480
FP-306	3 060	16 200	24 300	10 930	16 200	7 290
FP-340	3 400	18 000	27 000	12 150	18 000	8 100

注：① 机组的额定供热量按照铭牌规定的供水温度进行测试；

② 四管制机组的额定供热量为仅采用热水盘管进行供暖时对应的供热量。

（5）高档转速下干式机组基本规格的风量、供冷量和供热量额定值

高档转速下干式机组基本规格的风量、供冷量和供热量额定值应符合表3-2-2的要求。

表3-2-2　高档转速下干式机组基本规格的风量、供冷量和供热量额定值

规格	额定风量 (m^3/h)	额定供冷量 (W)	额定供热量（W）	
			供水温度60℃	供水温度45℃
FP-34	340	680	2 110	1 290
FP-51	510	1 020	3 160	1 930
FP-68	680	1 360	4 210	2 570
FP-85	850	1 700	5 270	3 210
FP-102	1 020	2 040	6 320	3 860
FP-119	1 190	2 380	7 370	4 500
FP-136	1 360	2 720	8 420	5 140
FP-170	1 700	3 400	10 530	6 420
FP-204	2 040	4 080	12 640	7 710
FP-238	2 380	4 760	14 740	8 990
FP-272	2 720	5 440	16 860	10 280
FP-306	3 060	6 120	18 970	11 570
FP-340	3 400	6 800	21 080	12 850

（6）高档转速下单供暖机组基本规格的额定值

高档转速下单供暖机组基本规格的风量、供热量、输入功率、噪声和水阻力的额定值应符合表 3－2－3 的要求。

表 3－2－3　高档转速下单供暖机组基本规格的风量、供热量、输入功率、噪声和水阻力额定值

规格	额定风量（m^3/h）	额定供热量（W）		输入功率（W）		噪声（dB）	水阻力（kPa）
		供水温度 60 ℃	供水温度 45 ℃	交流电机	永磁同步电机		
FP－34	340	2 700	1 800	36	22	37	30
FP－51	510	4 050	2 700	50	30	39	30
FP－68	680	5 400	3 600	60	36	41	30
FP－85	850	6 750	4 500	74	44	43	30
FP－102	1 020	8 100	5 400	93	56	45	40
FP－119	1 190	9 450	6 300	112	67	46	40
FP－136	1 360	10 800	7 200	130	78	46	40
FP－170	1 700	13 500	9 000	147	88	48	40
FP－204	2 040	16 200	10 800	183	114	50	40
FP－238	2 380	18 900	12 600	221	139	52	50
FP－272	2 720	21 600	14 400	257	199	53	60
FP－306	3 060	24 300	16 200	294	228	54	60
FP－340	3 400	27 000	18 000	333	257	55	60

3.2.3　风机盘管机组选型

风机盘管机组的主要参数有：风量、制热量、制冷量、高中低风速、出口静压、排管数、水流量等。

（1）按照风机盘管机组的制热量参数，根据整个屋子内的循环风量进行考虑。根据房间的面积、房间换气次数以及房间层高三个参数，求他们的乘积就是整个房间需要的循环风量。根据循环风量的大小，选择风量合适的风机盘管。

（2）按照风机盘管机组的制热量参数进行简单的估算。利用房间的热负荷总值对照风机盘管高速出风时的风量，即可确定风机盘管型号。这种估算法更简单、方便，对于大部分场合来说都适用。

（3）通常按制冷选用的风机盘管机组，供暖能力是足够的，散热量是按照水流量相同时来选定的，即用进水温度来满足室内所需加热负荷。

（4）风机盘管机组的进水热水水温一般不超过 60 ℃，可减少结垢，同时减轻冷热交替作用使胀管胀紧力减弱，影响传热。

（5）风机盘管应根据房间的具体情况和装饰要求选择明装或暗装，确定安装位置、形式。立式机组一般放在外墙窗台下；卧式机组吊挂于房间的上部；壁挂式机组挂在墙的上方；立柱式机组可靠墙放置于地面上或隔墙内；卡式机组镶嵌于天花板上。

（6）选用风机盘管时应注意房间对噪声控制的要求，但要处理好噪声与余压的关系。

（7）对于在高原地区使用的风机盘管机组，由于高原空气稀薄，应对其散热能力做修正后，再做选型。

3.3　地板辐射供暖

地板辐射供暖是通过在供暖房间的地板下增设加热装置，提升地板的温度，使地板成为热辐射面，热辐射面以辐射和对流的传热方式向室内供暖。地板辐射供暖可在室内形成脚底至头部逐渐递减的温度梯度，从而给人以舒适感。

地板辐射供暖地板下的加热装置可以是加热电缆，也可以是管内有流体加热介质的加热管。这里重点讲解加热管地板辐射供暖末端。

3.3.1　加热管地板辐射的结构组成与性能要求

3.3.1.1　加热管地板辐射的结构组成

加热管地板辐射供暖末端系统主要由室内各供暖房间的地板供暖末端、户内集分水器、户内集分水器连接各个房间地板供暖末端的供回管路等组成。图3-3-1是室内集分水器与房间地板供暖末端实物图。

(a)地板辐射供暖室内集分水器

(b)供暖房间地板辐射供暖加热管布管实物图

图3-3-1　加热管户内地板辐射供暖实物图

根据JGJ 142—2012《辐射供暖供冷技术规程》，辐射地面构造应由以下全部或部分组成：

（1）楼板或与土壤相邻的地面；

（2）防潮层（对于土壤相邻的地面）；

（3）绝热层；

（4）加热或供冷部件；

（5）填充层；

（6）隔离层（对潮湿房间）；

（7）面层。

图3-3-2是混凝土填充式热水供暖地面构造图。

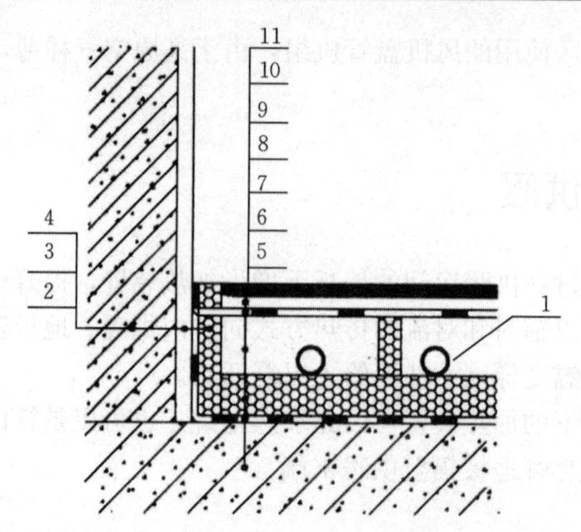

图 3-3-2　采用塑料绝热层（发泡水泥绝热层）的混凝土填充式热水供暖地面构造

1. 加热管；2. 侧面绝热层；3. 抹灰层；4. 外墙；5. 楼板或与土壤相邻地面；6. 防潮层（对于土壤相邻地面）；7. 泡沫塑料绝热层（发泡水泥绝热层）；8. 豆石混凝土填充层（水泥砂浆填充找平层）；9. 隔离层（对潮湿房间）；10. 找平层；11. 装饰面层

图 3-3-3（a）～（c）是预制沟槽保温板式供暖地面构造图。

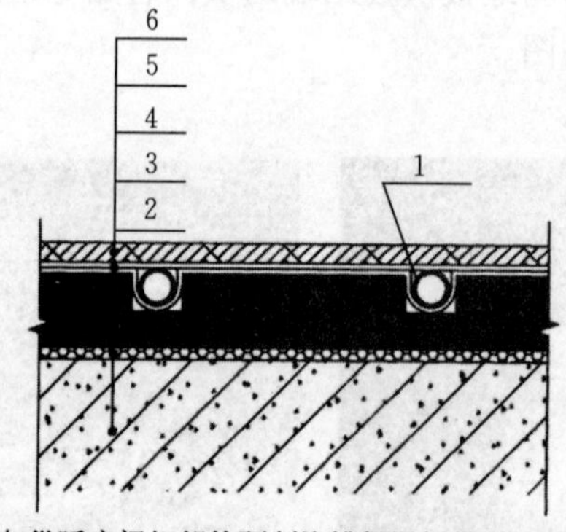

(a) 与供暖房间相邻的预制沟槽保温板供暖地面构造

1. 加热管；2. 楼板；3. 可发性聚乙烯(EPE)垫层；4. 预制沟槽保温板；5. 均热层；6. 木地板面层

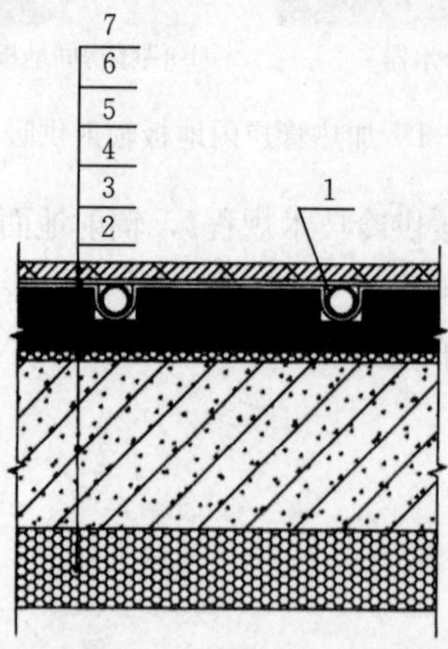

(b) 与室外空气或不供暖房间相邻的预制沟槽保温板供暖地面构造

1. 加热管；2. 泡沫塑料绝热层；3. 楼板；4. 可发性聚乙烯(EPE)垫层；5. 预制沟槽保温板；6. 均热层；7. 木地板面层

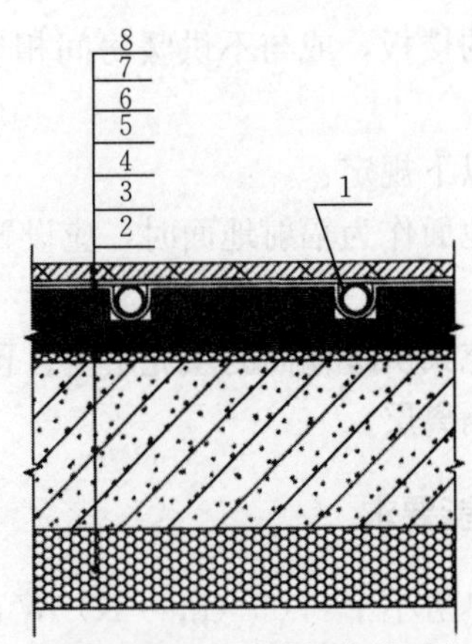

(c) 与土壤相邻的预制沟槽保温板供暖地面构造
1.加热管；2.与土壤相邻的地面；3.防潮层；4.发泡水泥绝热层；
5.可发性聚乙烯(EPE)垫层；6.预制沟槽保温板；7.均热层；8.木地板面层

图 3-3-3　预制沟槽保温板式供暖地面构造图

图 3-3-4（a）～（b）是与供暖房间相邻的预制轻薄供暖板地面构造图。其与室外空气或不供暖房间相邻、与土壤相邻的地面构造与前面的预制沟槽保温板供暖地面构造做法大致相同，这里不再重复。

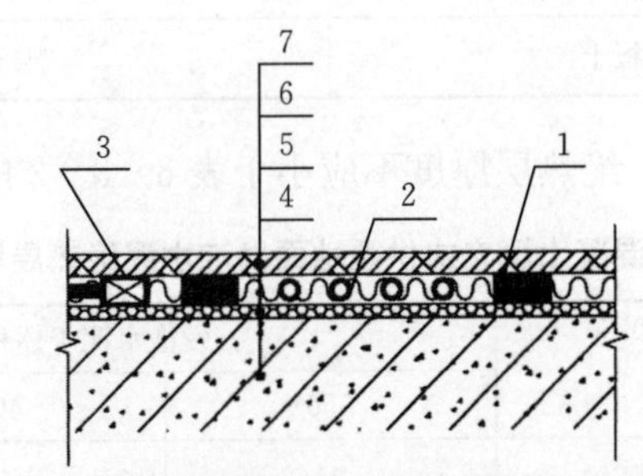

(a) 与供暖房间相邻的轻薄供暖板供暖地面构造(一)
1.木龙骨；2.加热管；3.二次分水器；4.楼板；
5.可发性聚乙烯(EPE)垫层；6.供暖板；7.木地板面层

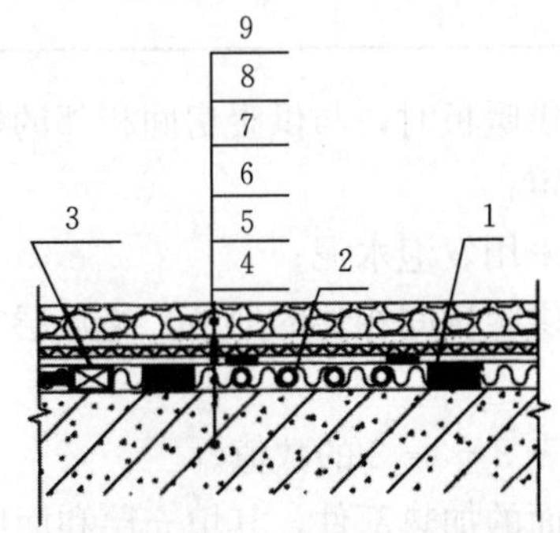

(b) 与供暖房间相邻的轻薄供暖板供暖地面构造(二)
1.木龙骨；2.加热管；3.二次分水器；4.楼板；5.供暖板；
6.隔离层(对潮湿房间)；7.金属层；8.找平层；9.地砖或石材面层

图 3-3-4　与供暖房间相邻的预制轻薄供暖板地面构造图

对于直接与室外空气接触的楼板，或与不供暖房间相邻的地板作为供暖辐射地面的，必须设置绝热层。

供暖辐射地面构造应符合以下规定：

（1）当与土壤接触的底层地面作为辐射地面时，应设置绝热层。设置绝热层时，绝热层与土壤之间应设置防潮层；

（2）潮湿房间的混凝土填充式供暖地面的填充层上、预制沟槽保温板或预制轻薄供暖板供暖地面的面层下，应设置隔离层。

3.3.1.2 加热管地板辐射的性能要求

地板辐射供暖面层宜采用热阻小于 0.05（$m^2 \cdot K$）/W 的材料。

混凝土填充式地板辐射供暖系统绝热层热阻应符合下列要求：

采用泡沫塑料绝热板时，绝热层热阻不应小于表 3－3－1 的数值。

表 3－3－1 混凝土填充式供暖地面泡沫塑料绝热层热阻

绝热层位置	绝热层热阻［（$m^2 \cdot K$）/W］
楼层之间地板上	0.488
与土壤或不供暖房间相邻的地板上	0.732
与室外空气相邻的地板上	0.976

当采用发泡水泥绝热时，绝热层厚度不应小于表 3－3－2 的数值。

表 3－3－2 混凝土填充式供暖地面发泡水泥绝热层厚度（mm）

绝热层位置	发泡水泥干体积密度（kg/m^3）		
	350	400	450
楼层之间地板上	35	40	45
与土壤或不供暖房间相邻的地板上	40	45	50
与室外空气相邻的地板上	50	55	60

当采用预制沟槽保温板或供暖板时，与供暖房间相邻的楼板，可不设绝热层。其他部位绝热层的设置应符合以下规定：

（1）土壤上部的绝热层宜采用发泡水泥；

（2）直接与室外空气或不供暖房间相邻的地板，绝热层宜设在楼板下，绝热材料宜采用泡沫塑料绝热板。

（3）绝热层厚度不应小于表 3－3－3 的数值。

混泥土填充式辐射供暖地面的加热部件，其填充层和面层构造应符合下列规定：

（1）填充层材料及其厚度宜按表 3－3－4 选择确定；

（2）加热电缆应敷设于填充层中间，不应与绝热层直接接触；

（3）豆石混凝土填充层上部应根据面层的需要铺设找平层；

（4）没有防水要求的房间，水泥砂浆填充层可同时作为面层找平层。

表3-3-3　预制沟槽保温板和供暖板供暖地面的绝热层厚度

<table>
<tr><td rowspan="2">绝热层位置</td><td colspan="2">绝热材料</td><td rowspan="2">厚度（mm）</td></tr>
<tr><td></td><td>干体积密度（kg/m³）</td></tr>
<tr><td rowspan="3">与土壤接触的底层地板上</td><td rowspan="3">发泡水泥</td><td>350</td><td>35</td></tr>
<tr><td>400</td><td>40</td></tr>
<tr><td>450</td><td>45</td></tr>
<tr><td>与室外空气相邻的地板下</td><td colspan="2">模塑聚苯乙烯薄膜塑料</td><td>40</td></tr>
<tr><td>与不供暖房间相邻的地板下</td><td colspan="2">模塑聚苯乙烯薄膜塑料</td><td>30</td></tr>
</table>

表3-3-4　混凝土填充式辐射供暖地面填充层材料厚度

<table>
<tr><td colspan="2">绝热层材料</td><td>填充层材料</td><td>填充层最小厚度（mm）</td></tr>
<tr><td rowspan="2">泡沫塑料板</td><td>加热管</td><td rowspan="2">豆石混凝土</td><td>50</td></tr>
<tr><td>加热电缆</td><td>40</td></tr>
<tr><td rowspan="2">发泡水泥</td><td>加热管</td><td rowspan="2">水泥砂浆</td><td>40</td></tr>
<tr><td>加热电缆</td><td>35</td></tr>
</table>

预制沟槽保温板辐射供暖地面均热层设置应符合下列规定：

（1）加热部件为加热电缆时，应采用铺设有均热层的保温板；加热电缆不应与绝热层直接接触；加热部件为加热管时，宜采用铺设有均热层的保温板；

（2）直接铺设木地板面层时，应采用铺设有均热层的保温板，且在保温板和加热管之上宜再铺设一层均热层。

采用供暖板时，房间内未铺设供暖板的部位和敷设输配管的部位应铺设填充板。采用预制沟槽保温板时，分集水器与加热区域之间的连接管，应敷设在预制沟槽保温板中。

当地面荷载大于供暖地面的承载能力时，应会同土建设计人员采取加固措施。

3.3.2　地板辐射常用管材及其特点

目前，用于地板供暖的管材主要有PE-RT管、PEX管、铝塑复合管、PB管、铜管等。

（1）PE-RT管

PE-RT管的原料是一种力学性能十分稳定的中密度聚乙烯，它所特有的乙烯主链和辛烯短支链结构，使之同时具有乙烯优越的韧性、耐应力开裂性能、耐低温冲击、良好的长期耐水压性能和辛烯的耐热蠕变性能。其特点如下：

① PE-RT较为柔软，施工时不需要特殊的工具，因此加工成本相对较低；

② PE-RT的导热性能较好，其导热系数为PP-R、PP-B管材的两倍，适合地板采暖使用；

③ PE-RT的耐低温冲击性能比较好，冬季施工时管材不易受到冲击而破裂，增加

了施工安排的灵活性；

④ PE - RT 管可以回收利用，不污染环境；

⑤ PE - RT 管加工方便，管材性能基本上由原料来决定，性能比较稳定；

⑥ PE - RT 管可以用热熔连接方法连接，遭到意外损坏也可以用管件热熔连接修复，是聚乙烯中现阶段唯一不需交联就可用于热水管的管材。

（2）PAP 管

PAP 管称作铝塑复合管。它中间层为铝管，内外层为聚乙烯或交联聚乙烯塑料管，铝管与其内外的塑料管之间，均用热熔胶黏合而成，形成多层复合管。

PAP 管具有聚乙烯塑料管耐腐蚀性和金属管耐高压的优点，内壁光滑、流动阻力小、可任意弯曲，作为冷热水管，有足够的强度，热水型 PAP 管耐温可达 90 ℃，且没有污染等。

（3）PB 管

PB 管耐蠕变性能和力学性能优越，是几种地暖管材中最柔软的管材，在相同的设计压力下设计计算壁厚最薄；在同样的使用条件下，相同的壁厚系列的管材，该品种的使用安全性最高。PB 管原料价格最高，是其他管材的一倍以上，因此在国内应用面积较少，未来市场应该会慢慢地普及这种管材。

（4）PE - X 管

PE - X 管是经过交联的聚乙烯管。聚乙烯经过交联形成三维网状分子结构后，其耐高温性、耐压性能、耐环境应力开裂性能、机械性能、尺寸稳定性、耐化学药品性等都有显著提升。PE - X 管使用温度范围－70～110 ℃，额定压力可达 1.25 MPa，使用寿命可达 50 年。PEX 管材热膨胀系数比较大，抗紫外能力较差，在室外使用时，应做外护保护。

（4）铜管

铜管作为地板辐射采暖的管材时，选用的无缝铜管状态和类型的选择应满足系统工作压力。管径小于 22 mm 时，宜选用软态铜管；管径为 22 mm 或者 28 mm 时，应选用半硬态铜管。

3.3.3 辐射面传热量计算

辐射面的传热量应满足房间采暖需求。辐射面的传热量应按照下列公式计算：

$$q=q_f+q_d \tag{3-3-1}$$

$$q_f=5\times10^{-8}[(t_{pj}+273)^4-(t_{fj}+273)^4] \tag{3-3-2}$$

地面供暖或顶棚供冷时，

$$q_d=2.13|t_{pj}-t_n|^{0.31}(t_{pj}-t_n) \tag{3-3-3}$$

全部顶棚供暖时，

$$q_d=0.134(t_{pj}-t_n)^{1.25} \tag{3-3-4}$$

墙面供暖或供冷时，

$$q_d=1.78|t_{pj}-t_n|^{0.32}(t_{pj}-t_n) \tag{3-3-5}$$

式中：q——辐射面单位面积传热量，W/m²；

q_f——辐射面单位面积辐射传热量，W/m^2；

q_d——辐射面单位面积对流传热量，W/m^2；

t_{pj}——辐射面表面平均温度,℃；

t_{fj}——室内非加热表面面积加权平均温度,℃；

t_n——室内空气温度,℃。

混凝土填充式热水辐射供暖地面向上的供热量和向下传热量应通过计算确定。不同管材以及不同材质地面的供热量是不同的，当辐射供暖地面与供暖房间相邻时，各种管材各种材质地面的单位面积向上供热量和向下传热量，可查 JGJ 142《辐射供暖供冷技术规程》附表确定。

预制沟槽保温板、供暖板及毛细管网辐射表面向上供热量或供冷量，以及向下传热量应按照产品检测数据确定。

3.3.4　供暖房间所需单位面积供热量计算

房间所需单位地面面积向上供热量或供冷量应按照下式计算：

$$q_1=\beta\frac{Q_1}{F_r} \tag{3-3-6}$$

$$Q_1=Q-Q_2 \tag{3-3-7}$$

式中：q_1——房间需要的单位面积向上供热量或供冷量，W/m^2；

Q_1——房间所需地面向上的供热量或供冷量，W；

F_r——房间内敷设供热或供冷部件的地面面积，m^2；

β——考虑家具等遮挡的安全系数；

Q——房间热负荷或冷负荷，W；

Q_2——自上层房间地面向下的传热量，W。

3.3.5　辐射供暖供回温度与辐射表面温度确定

热水地板辐射供暖系统的供、回温度应由计算确定，供水温度不应大于 60 ℃，供回温差不宜大于 10 ℃且不宜小于 5 ℃。

民用建筑供回水温度宜采用 45/35 ℃。

毛细管网辐射供暖时，供水温度宜符合表 3-3-5 的规定，供回水温差宜采用 3～6 ℃。

表 3-3-5　毛细管网供水温度

设置位置	宜采用的供回水温度（℃）
顶棚	25～35
墙面	25～35
地面	30～40

辐射供暖表面平均温度宜符合表 3-3-6 的规定。

表 3-3-6　辐射供暖表面平均温度

设置位置		辐射表面宜采用的平均温度（℃）	平均温度上限值（℃）
地面	人员经常停留	25～27	29
	人员短暂停留	28～30	32
	无人停留	35～40	42
顶棚	房间高度 2.5～3.0 m	28～30	—
	房间高度 3.1～4.0 m	33～36	—
墙面	距地面 1 m 以下	35	—
	距地面 1.0～3.5 m 之间	45	—

3.3.6　供暖房间地表面平均温度计算

确定供暖地面向上供热量时，应校核地表面平均温度，确保其不超过表 3-3-6 的规定值。地表面平均温度可按照下式计算：

$$t_{pj}=t_n+9.82\times\left(\frac{q}{100}\right)^{0.969} \quad (3-3-8)$$

式中：t_{pj}——地表面平均温度，℃；

t_n——室内空气温度，℃；

q——单位地面面积向上的供热量，W/m^2。

3.3.7　辐射供暖末端设计计算注意事项

采用集中热源的住宅建筑，楼内供暖系统设计应符合下列规定：

（1）应采用共用立管的分户独立系统形式；

（2）同一对立管宜连接负荷相近的户内系统；

（3）一对共用立管在每层连接的户数不宜超过 3 户；

（4）共用立管接向户内系统的供、回水管应分别设置关断阀，其中一个关断阀应具有调节功能；

（5）共用立管和分户管段调节阀，应设置在户外公共空间的管道井或小室内；

（6）每户的分集水器混水装置等，应远离卧室等主要功能房间。

分支环路的设置应符合下列规定：

（1）连接在同一分水器、集水器的相同管径的各环路长度宜接近，各环路的长度不宜超过 120 m；当各环路长度差别较大时，宜采用不同管径的加热管，或者在各分支环路上设置平衡装置；

（2）每个主要房间应独立设置环路，面积小的附属房间内的加热管、输配管可以串联；

（3）进深和面积较大的房间，应当分区域计算热负荷，各区域应独立设置环路；

（4）不同标高的房间地面，不宜共用一个环路。

加热管的敷设间距和供热板的铺设面积，应根据房间所需供热量、室内计算温度、平均水温、地面传热热阻等确定。

加热管与外墙距离不得小于100 mm，与内墙距离宜为200～300 mm。距卫生间墙体内表面距离宜为100～150 mm。

现场敷设的加热管应根据房间的热工特性和保证地面温度均匀的原则，并考虑管材允许的最小弯曲半径，采用回折型或平行型等布管方式。热负荷明显不均匀的房间，宜将高温管段优先布置在房间热负荷较大的外窗或外墙侧。

加热管的额定流速不宜小于0.25 m/s。

输配管宜采用与加热管相同的管材。

每个环路进、出水口，应分别与分水器、集水器相连接。分水器、集水器最大断面流速不宜大于0.8 m/s。每个分水器、集水器最大断面流速不宜大于0.8 m/s。每个分水器、集水器分支环路不宜多于8路。每个分支环路供回水管上均应设置可关断阀门。

分水器前应设置过滤器；分水器的总进水管与集水器的总出水管之间宜设置清洗供暖系统时使用的旁通管，旁通管上应设置阀门。设置混水泵的混水系统，当外网为定流量时，应设置平衡管并兼做旁通管使用，平衡管上不应设置阀门。旁通管和平衡管的管径不应小于连接分、集水器的进出口总管径。

分集水器上均应设置手动或自动排气阀。

加热管出地面与分、集水器连接时，其外露部分应加柔性塑料套管。

每个分支环路埋设不应设置连接件。

低温热水地面辐射供暖系统室内温度控制，可根据需要选取下列任一种方式：

（1）在加热管与分、集水器的接合处，分路设置调节性能好的阀门，通过手动调节来控制室内温度。

（2）各个房间的加热管局部沿墙槽抬高至1.4 m，在加热管上装置自力式恒温控制阀，控制室温保持恒定。

（3）在加热管与分集水器的接合处，分路设置远传型自力式或电动式恒温控制阀，通过各房间内的温控器控制相应回路上的调节阀，控制室内温度保持恒定，调节阀也可内置于集水器中。采用电动控制时，房间温控器与分水器、集水器之间应预埋控制线缆。

3.3.8　特殊情况处置方式

地板辐射供暖，在实际应用中会出现以下两种特殊情况：

（1）对于耗热量较大（建筑的边、角等靠近山墙与屋顶）的房间，加热管按最小间距100 mm选取，仍满足不了所需设计散热量。

解决方法：可仍按加热管最小间距100 mm设计，并采取增加循环环路与增加传热表面（比如墙壁面散热）的方式。

（2）对于耗热量小的房间，按加热管最大间距选取，实际散热量仍大于设计散热量。

解决方法：可采用只在局部地面敷设加热盘管的方法给予处理。

3.3.9　地板辐射供暖末端设计计算例题

【例题】某单层商业用房供暖，长12 m，宽8 m，常规设计供暖热负荷10 kW，设计供暖室温 18 ℃，拟采用 16/20 铝塑复合管做地面辐射供暖，供暖热媒供回温度按 45/35 ℃设计；地面铺地板砖。请给予地面辐射供暖设计。

【解题】

(1) 供暖总建筑面积计算

供暖总建筑面积＝12 m×8 m＝96 m²。铝塑复合管每盘 100 m 长，通常每 100 m 长铝塑复合管可以铺设 20～30 m² 供暖面积，总供暖面积需要分成的供暖区块数为：96 m²÷（20～30） m²/块＝3.2～4.8 块。这里按照 4 块区域布置管道。

(2) 计算地面单位面积需要的散热负荷与选型

供暖房间的热负荷，按照常规供暖热负荷的 90％取值，建筑面积考虑地面遮挡，有效散热面积按照总面积的 90％计算。地面散热负荷为：

$$q=(10\,000\ \text{W}\times 90\%)/(96\ \text{m}^2\times 90\%)=104.2\ \text{W/m}^2$$

当地面铺瓷砖时，查 JGJ 142—2012《辐射供暖供冷技术规程》附录可知：平均水温 40 ℃，室内空气 18 ℃，加热管间距 200 mm 时，向上散热量 107.7 W/m²，向下散热量 23.3 W/m²；加热管间距 300 mm 时，向上散热量 96.2 W/m²，向下散热量 22.4 W/m²。

单层建筑不存在天花板向下散热问题，只有地面向上散热。因此选择加热管间距 200 mm，向上散热量 107.7 W/m²，满足地面需要的散热负荷 104.2 W/m² 的需求。

(3) 计算地表面平均温度

根据式（3-3-8）计算地表面平均温度，间距为 200 mm 时，地表面平均温度为：

$$t_{pj}=t_n+9.82\times\left(\frac{q}{100}\right)^{0.969}=18+9.82\times\left(\frac{107.7}{100}\right)^{0.969}=28.6\ ℃$$

地表平均温度没有超过表 3-3-6 规定的上限值，可以采用。

3.4 毛细管供暖

毛细管空调（供暖供冷）系统是通过均匀紧密的毛细管进行供热供冷，毛细管辐射空调系统采用 3.35×0.5 mm 的 PPR 毛细管组成的间隔为 10～30 mm 的网栅，犹如人体中的毛细管，起到输送、分配房间热量或冷量的功能。网栅毛细管中的液体流动速度在 0.05～0.2 m/s 之间，与周围环境进行传热交换，达到自身温度调节的目的。

由于供暖只需要 32～30 ℃供回水温度，供冷只需要 17～19 ℃的供回水温度，大大低于其他供暖系统 45～40 ℃的供暖供回水温度，高于供冷系统 7～12 ℃的供回温度，因而毛细管供暖供冷系统更节能，更舒适。

3.4.1 毛细管空调系统组成

毛细管网空调系统由冷（热）源、分集水器、循环泵和辐射板组成。图 3-4-1 是毛细管空调系统图。

毛细管系统的辐射板末端有多种安装方式，包括工厂化集成的干式做法和直接铺装的湿式做法。

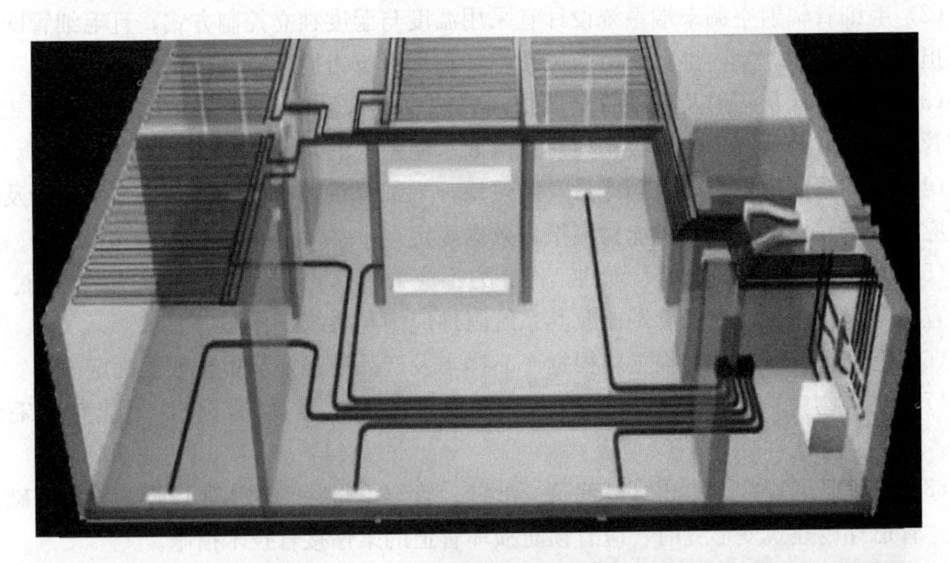

图 3-4-1 毛细管空调系统示意图

干式做法是将毛细管制作成金属板吊顶或石膏板吊顶，也可现场将毛细管吊挂在石膏吊顶上表面或粘在金属板吊顶上表面。干式做法在安装上更为便捷，维护上更为方便，但会受到吊顶形式的限制，灵活度低，成本也相对较高。

湿式做法是将毛细管网栅采用导热型砂浆直接固定在顶板、墙面或地板上，包括敷设在石膏板吊顶下。湿式做法成本较低，层高占用低，应对现场情况更为灵活，既适用于新建建筑的空调系统，也可用于既有建筑的改造。

3.4.2 毛细管网空调系统设计要点

(1) 毛细管辐射空调末端系统负荷计算，应按现行国家标准 GB 50736《民用建筑供暖通风及空气调节设计规范》的要求，对每一供暖空调房间或空调区域进行热负荷和逐项逐时冷负荷计算，作为选择末端设备、确定管道直径、选择冷热源设备容量的基本依据。

（2）毛细管辐射空调末端系统设计宜采用温度与湿度独立控制方式，且毛细管网栅不应承担室内湿负荷。室内湿负荷由新风系统和毛细管重力循环空调柜承担。

（3）毛细管抹灰辐射及毛细管金属板辐射热水供水温度：30～35 ℃，一般为 32 ℃；毛细管抹灰辐射及毛细管金属板辐射热水供回水温差：2～5 ℃，一般为 2 ℃。

（4）毛细管网栅单位面积制冷量及散热量，毛细管重力循环柜除湿量、制冷量及散热量，应根据产品样本及产品性能检测报告数据确定。

（5）毛细管辐射空调末端系统的工作压力不应大于 0.8 MPa；当建筑物高度超过 50 m 时，宜竖向分区设置。毛细管网栅及其系统附件应满足系统工作压力要求。

（6）毛细管网栅的压力损失应根据产品样本及产品性能检测报告数据确定。

（7）建筑物室内顶棚、墙面或地面固定设备和卫生器具的部位，不应布置毛细管网栅。

（8）毛细管网栅敷设不得穿越建筑变形缝；管道不得穿越烟道、风管、设备基础、配电室；管道穿越建筑变形缝时，应有预防损坏管道的柔性接管技术措施。

（9）毛细管辐射空调末端系统的连接管道采用塑料管材时，管道明敷和非直埋暗敷设计，应考虑环境和输水温度变化而引起的管道纵向变形的补偿措施。毛细管辐射空调末端系统的管道变形计算及补偿、管道水力计算，应按现行相关国家标准的有关规定进行计算。

（10）采用毛细管辐射空调末端系统的房间室温，应能自动调控，温度控制器宜设在被控温的房间或区域内，开放大空间宜按区域进行毛细管网栅的布置，并将温控器布置在所对应回路的附近。浴室、带沐浴设备的卫生间、游泳池等潮湿区域，温控器的防护等级和设置位置不能满足电气设计标准的相关要求时，室温控制器可采用自力式温控器，或采用回水温度控制方式。

（11）毛细管辐射空调末端系统自动调节阀的设置可采用下列方式：

① 分环路控制：在一次分水器或集水器处，分路设置自动调节阀，使房间或区域保持各自的设定温度值。自动调节阀也可内置于集水器中。

② 总体控制：在一次分水器或集水器总管上设置一个自动调节阀，控制整个用户或区域的室内温度。

3.4.3 对毛细管空调系统的材料要求

毛细管辐射空调末端系统材料包括毛细管网栅、分水器、集水器及其连接件、系统管道及管件等。

（1）毛细管辐射空调末端系统的分水器、集水器及其连接件、系统管道及管件等材料宜采用塑料材质、不锈钢材质或铜质。

（2）毛细管网栅、管材、管件的颜色应均匀一致，内外表面应光滑、平整、清洁，应无凹陷、气泡、明显的划伤和其他影响性能的表面缺陷。管材的端面应切割平整，并应与轴线垂直。

（3）毛细管网栅的管材公称外径、壁厚与偏差应符合表 3－4－1 的要求。

表 3-4-1　毛细管网栅直径与壁厚（mm）

毛细管网栅	公称外径	最小平均外径	最大平均外径	壁厚
网栅联集干管	20	20.0	20.3	2.0+0.3
网栅毛细支管	4.3	4.3	4.4	0.8+0.1
	3.4	3.4	3.5	0.55+0.1

3.5　其他供暖末端设备

除了本章前面讲述的散热器供暖、风机盘管机组供暖、地板辐射供暖、毛细管供暖外，还有暖风机供暖和辐射板供暖等形式。

3.5.1　暖风机

暖风机是由通风机、电动机及空气加热器组合而成的联合机组。在风机的作用下，空气由吸风口进入机组，经空气加热器加热后，从送风口送至室内，以维持室内要求的温度。

暖风机是热风供暖系统的备热和送热设备。热风供暖对流散热几乎占 100%，具有热惰性小、升温快的特点。暖风机分为轴流式与离心式两种，常称为小型暖风机和大型暖风机。根据其结构特点及适用的热媒不同，又可分为蒸汽暖风机、热水暖风机、蒸汽-热水两用暖风机以及冷热水两用暖风机等。

轴流式小型暖风机主要用于加热室内再循环空气，图 3-5-1 是轴流式暖风机实物图。轴流式暖风机体积小，结构简单，安装方便，但它送出的热风气流射程短，出口风速低。轴流式暖风机一般悬挂或支架在墙上或柱子上。热风经出风口处百叶调节板，直接吹向工作区。

图 3-5-1　轴流式暖风机实物图

离心式暖风机是用于集中输送大量热风的供暖设备。由于它配用离心式通风机，有较大的作用压头和较高的出口速度，它比轴流式暖风机的气流射程长，送风量和产热量大，常用于集中送风供暖系统。图 3-5-2 是离心式风幕机实物图，图 3-5-3 是离心式暖风机实物图。

图 3-5-2　离心式风幕机实物图

图 3-5-3　离心式暖风机实物图

离心式大型暖风机既可用于加热室内再循环空气，也可用来加热一部分室外新鲜空气，同时也用于房间通风和供暖。由于空气的热惰性小，车间内设置暖风机热风供暖时，一般还应适当设置一些散热器，以便在非工作班时间，可关闭部分或全部暖风机，并由散热器散热维持生产车间工艺所需的最低室内温度（最低不得低于 5 ℃），称值班供暖。但应注意：对于空气中含有燃烧危险的粉尘、产生易燃易爆气体和纤维未经处理的生产厂房，从安全角度考虑，不得采用循环空气。

3.5.2　钢制辐射板

钢制辐射板作为散热设备，是以辐射传热为主，使室内有足够的辐射强度，以达到供暖的目的。设置钢制辐射板的辐射供热系统，通常也称为中温辐射供暖系统（其板面平均温度为 80～200 ℃），这种系统主要应用于工业厂房，用在高大的工业厂房中的效果更好；在一些大空间的民用建筑，如商场、体育馆、展览厅、车站等也得到应用；也可用于公共建筑和生产厂房的局部区域或局部工作地点供暖。吊顶辐射板见图 3-5-4。

钢制辐射板的特点是采用薄钢板，小管径和小管距。薄钢板的厚度一般为 0.5～1.0 mm，加热管通常为水煤气管，管径为 DN15、DN20、DN25；保温材料为蛭石、珍珠岩、岩棉等。

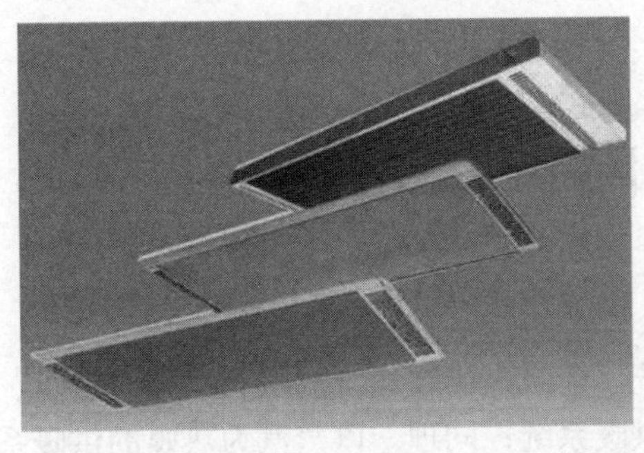

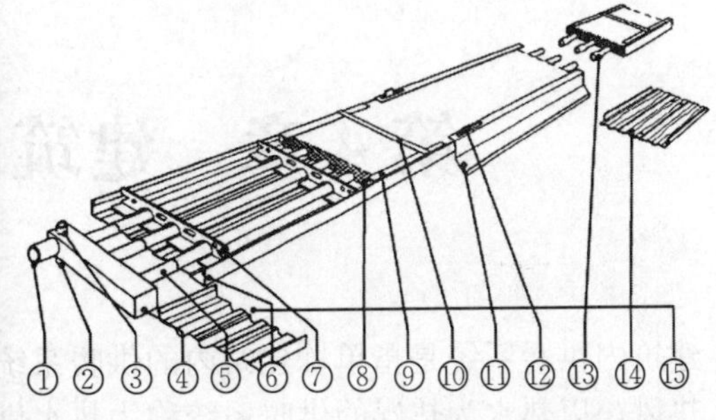

图 3-5-4　吊顶辐射板

1. 进水管；2. 泄水口；3. 排空阀接口；4. 集水管；5. 换热管；6. 辐射面板；7. 吊架；8. 高温隔热棉；9. 侧面压条；10. 隔热面压条；11. 防对流裙板；12. 固定卡；13. 接口；14. 接头盖板；15. 接头盖板（首、末端）

辐射板背面加保温层，是为了减少背面方向的散热损失，让热量集中在板筒辐射出去，这种辐射板称为单面辐射板。它向背面方向的散热量，约占板总散热量的 10%。

背面不保温的辐射板，称为双面辐射板。双面辐射板可以垂直安装在多跨车间的两跨之间，使其双向散热，其散热量比同样的单面辐射板增加 30%左右。

图 3-5-5 是金属辐射板供暖应用案例图。

(a)车间金属辐射板供暖

(b) 餐厅金属辐射板

图 3-5-5　金属辐射板供暖应用案例

思考题

1. 供暖用散热器都有哪些种类？各有什么特点？
2. 供暖用散热器计算选型的方法是什么？
3. 风机盘管机组都有哪些种类，各有什么特点？
4. 地板辐射供暖有什么特点？
5. 毛细管供暖有什么特点？
6. 热风机供暖有什么特点？
7. 金属辐射板供暖有什么特点？

第4章 建筑内供暖系统

建筑内供暖系统是指单栋建筑内的供暖系统。建筑内供暖系统的热媒主要有热水、蒸汽、热风，以热水为热媒的供暖系统称为热水供暖系统；同理，以蒸汽为热媒的供暖系统称为蒸汽供暖系统；以热风为热媒的供暖系统称为热风供暖系统。

4.1 建筑内热水供暖系统

4.1.1 建筑内热水供暖系统类别

(1) 按照供暖热水的温度高低分类

根据建筑内供暖热水的温度高低，可将建筑内供暖系统分为：低温热水供暖系统和高温热水供暖系统。

各国对高温与低温供暖的界限标准不一，我国的分界如下：供暖热水温度不超过100℃的热水供暖系统，被称为低温热水供暖系统；供暖热水温度超过100℃的热水供暖系统，称为高温热水供暖系统。

我国低温热水供暖系统，早期供暖设计供回温度为95/70℃，后来逐步降低到85/60℃，目前常规供暖系统多采用75/50℃的设计供回水温度。地板辐射供暖系统的设计供回水温度不超过60/50℃；太阳能、热泵等室内供暖供回水温度会更低。民用建筑将会更多采用低温热水供暖系统。

我国高温供暖系统多用于生产厂房，城市一次管网的设计供回温度在（110～140）/(90～70)℃。

(2) 按照循环动力分类

根据系统循环动力来源不同，分为重力循环（自然循环）供暖系统和机械循环供暖系统。

供暖循环动力来自供回水温差的供暖系统，被称为重力循环供暖系统。重力循环供暖系统规模不宜太大，多用于家庭和小型单位的独立供暖。20世纪90年代，我国没有供暖的城镇，曾一度流行户用和小型商用蜂窝煤重力循环供暖系统。

供暖循环动力来自外加机械力（一般为泵）的供暖系统，被称为机械循环供暖系统。机械循环系统动力来自泵，可设计安装成很大规模的供暖系统。目前我国城镇的集中供暖均为机械循环供暖系统。

(3) 按照循环管路的铺设方式分类

根据供暖管路铺设方式的不同，分为垂直式和水平式。

垂直式是指不同楼层的散热器通过垂直立管连通起来的供暖系统。垂直式系统管路基本不横跨房间，适合公共单位的供暖建筑，对住宅建筑，不便于供暖用热计量，且不同楼层存在相互影响问题。之前我国多层建筑供暖，采用垂直式的较多。近十年来，住宅建筑普遍采用水平式供暖系统。

水平式是指同一楼层的散热器用水平管路连接起来的供暖系统。水平式供暖系统便于住宅建筑实现分户独立管理，不同户家互不影响，方便分户供暖和管理。

(4) 按照散热器供回水方式分类

根据散热器供回水方式不同，分为单管系统和双管系统。

单管系统是指散热器与上一个和下一个散热器之间的管路连接是相互串联，第一个散热器出来的回水，进入第二个散热器的进水口，第二个散热器的回水再进入第三个散热器的进水直至更多散热器的供暖系统。

双管系统是指各个散热器的供回管相互并联，供水主管分别进入各个散热器的进水口，各个散热器的回水都进入回水主管的供暖系统。

4.1.2　重力循环供暖系统

(1) 重力循环系统原理

图4-1-1是重力循环系统工作原理示意图。本供暖系统由锅炉、散热器、循环管路、膨胀罐等组成。

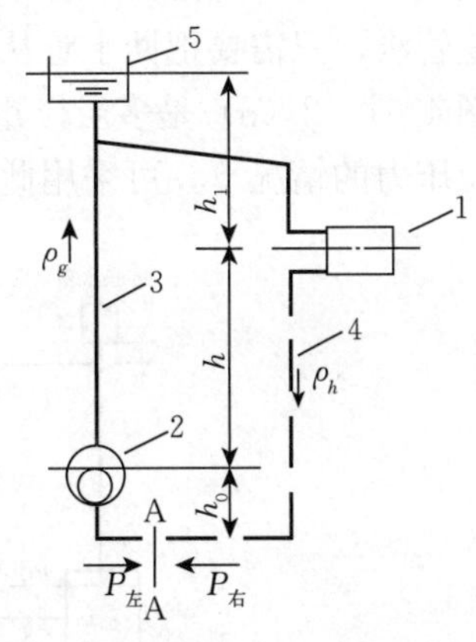

图4-1-1　重力循环供暖系统示意图

1. 散热器；2. 锅炉；3. 供暖供水管；4. 供暖回水管；5. 膨胀罐

系统注满水后，在锅炉加热下，锅炉内的水温度升高，密度变小，热水从锅炉上口上升到膨胀罐内，膨胀罐内的冷水进入散热器，经散热器散热后的冷水从锅炉下口进入锅炉，如此形成循环。由于散热器散热，因此从锅炉出口出来的热水，流经散热器被散热器散热后水温降低；如此不断循环，从而实现自动循环，并完成了锅炉供暖。

假定循环管路最低点在A—A断面，假设管路不散热，只有锅炉中心处加热，只有散热器中心处散热，则在A—A断面两侧的压力分别为：

$$P_{左}=g\ (h_0\rho_h+h\rho_g+h_1\rho_g)$$
$$P_{右}=g\ (h_0\rho_h+h\rho_h+h_1\rho_g)$$
$$P_{右}-P_{左}=gh\ (\rho_h-\rho_g) \tag{4-1-1}$$

上式中：h——锅炉加热中心与散热器中心的垂直距离，m；

g——重力加速度，m/s^2；

ρ_h——散热器散热降温后水的密度，kg/m^3；

ρ_g——锅炉加热升温后水的密度，kg/m^3。

由于锅炉加热水升温后的密度 ρ_g 小于散热器散热后水的密度 ρ_h，因此 $\rho_h-\rho_g>0$；$P_{右}-P_{左}>0$，这就是自然循环的动力来源。循环动力大小取决于散热器与锅炉加热中心的高度差和密度差，温差越大、高度差越大，动力越大；反之，动力越小。

由于管道循环存在阻力，在实际循环中，当 $P_{右}-P_{左}>0$ 时，循环开始或加快，因此阻力增大，直到二者达到平衡，实现匀速循环，这个平衡过程系统在不断自动调整。

为了减小系统循环的阻力，加大循环量，自然循环供暖系统应尽可能减小循环阻力。可通过加大管径、尽可能减少弯头数量、缩短管线长度等措施减小循环阻力。

(2) 重力循环系统常见形式

自然循环供暖系统具有装置简单，运行无噪音，不需要循环泵，不消耗电能等优点。但受供暖动力的限制，单个系统的供暖半径有限，一般不宜超过 50 m。图 4-1-2 是几种有代表性的重力循环供暖系统。

图 4-1-2（a）是常规单层楼重力循环供暖系统，在供暖回水管不存在跨门的情况下，可采用此种方式。

图 4-1-2（b）是单层楼重力循环供暖系统下挖跨门方式，在供暖回水管必须跨门的情况下，可采用此种方式。

图 4-1-2（c）是另一种单层楼重力循环供暖系统跨门方式。这种方式不需要在跨门处下挖管沟，只需要把回水管从门上面跨过即可。

图 4-1-2（d）是多层楼重力循环供暖系统安装方式，在锅炉承压能力能够满足最高水位压力的情况下，可采用此种方式。

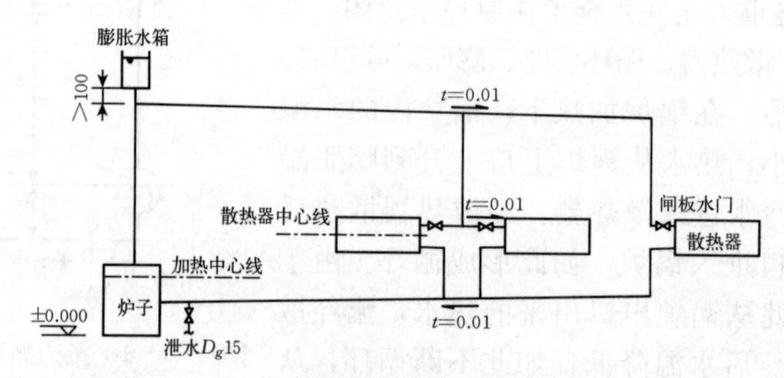

(a)单层楼自然循环供暖系统

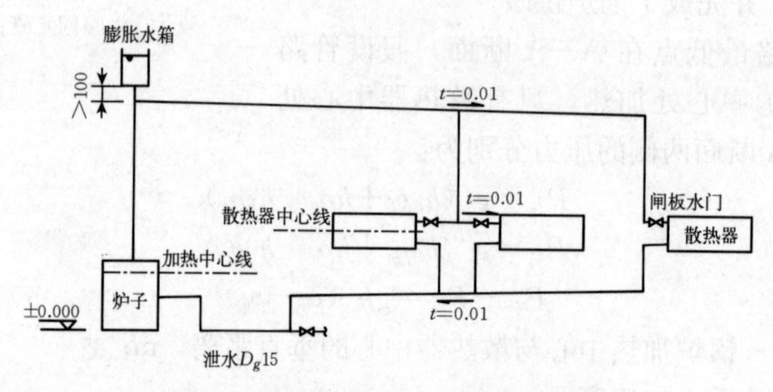

(b)单层楼自然循环供暖系统下挖跨门

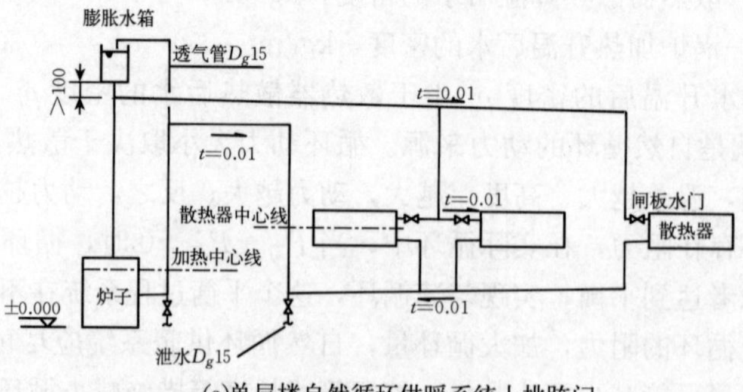

(c)单层楼自然循环供暖系统上挑跨门

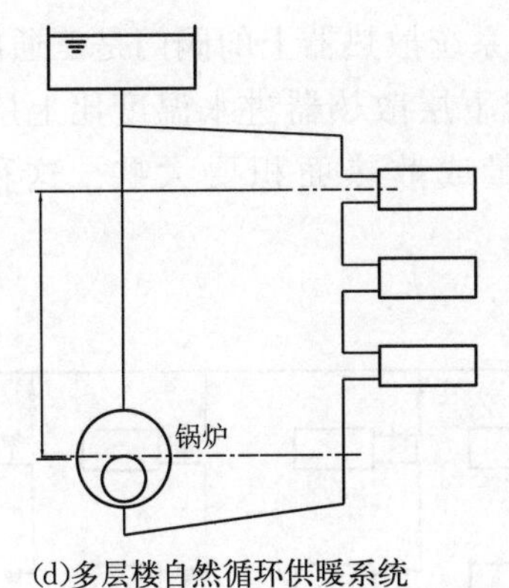

(d)多层楼自然循环供暖系统

图 4-1-2　自然循环供暖系统的几种典型形式

自然循环系统管路最高点和局部高点，必须有排气管或自动排气阀排气，所有水平管路必须有坡度，管路抬头方向朝向排气点，以自动排除管内的空气，确保循环通畅。

4.1.3　传统的机械循环供暖系统

传统的机械循环热水供暖系统有很多种形式。按照供暖系统供回水管道的形式不同，主要可分为如下几种形式。

(1) 双管系统与单管系统

图 4-1-3 是双管供暖系统的几种形式。这类系统所有的散热器均是并联关系，供水经过一个散热器就回到回水管，供回水管之间仅仅只经过一个散热器，因此系统阻力小，很小的循环动力就能实现系统循环；这种系统各个散热器还可以单独调节。这类系统的缺点是容易出现上热下冷的垂直热力失调问题，管材用量也较多。这类系统用于要求关闭任意一个散热器都对其他散热器不影响的供暖系统。

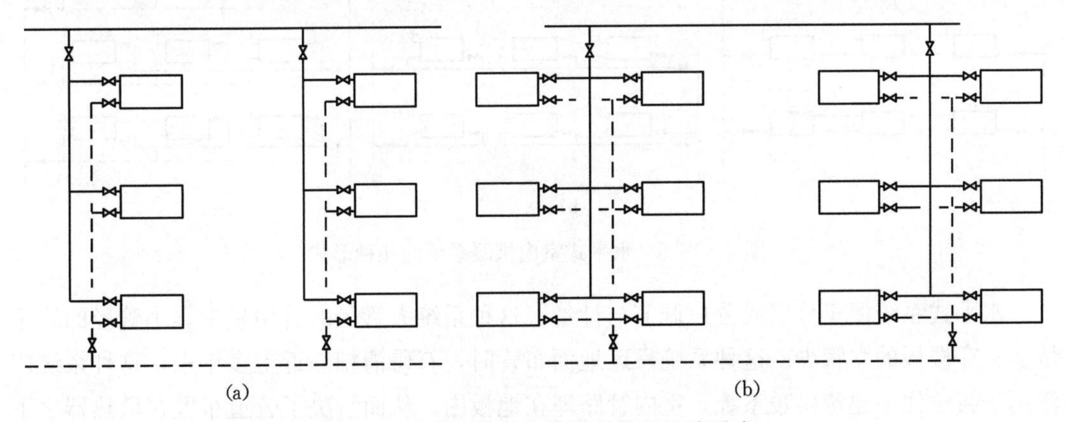

图 4-1-3　双管室内供暖系统的几种形式

图 4-1-4 是单管供暖系统的几种形式。(a) 图的单管系统为顺流式，上下层散热器之间均是串联关系；(b)、(c)、(d) 图的系统都是单管跨越系统，但散热器上阀门

的安装位置不同或者阀门种类不同。（b）图系统阀门装在散热器进水管上，（d）图系统阀门装在跨越管上，（c）图系统散热器上的阀门是三通阀。单管系统节省管材，不存在垂直失调问题；但这类系统下层散热器进水温度比上层低，因此要求同样的散热量时，越往下层，散热器的数量或散热面积要大些。这种系统上下一般不超过 6 组（层）。

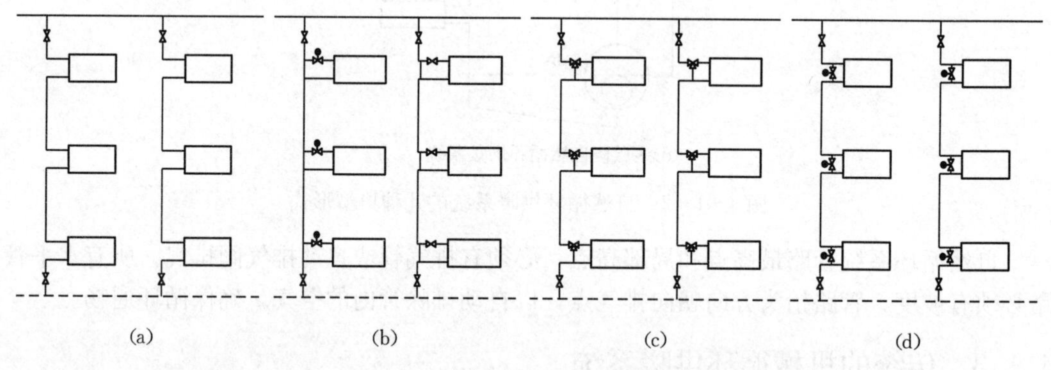

图 4－1－4　单管室内供暖系统的几种形式

（2）垂直式系统与水平式系统

垂直式系统是将位于供暖建筑不同楼层同一垂线上的散热器，用立管连接起来。图 4－1－3 和图 4－1－4 所示的系统均为垂直式系统。

水平系统是将位于供暖建筑同一楼层的散热器，用水平管连接起来。图 4－1－5 是水平式系统的常见形式。

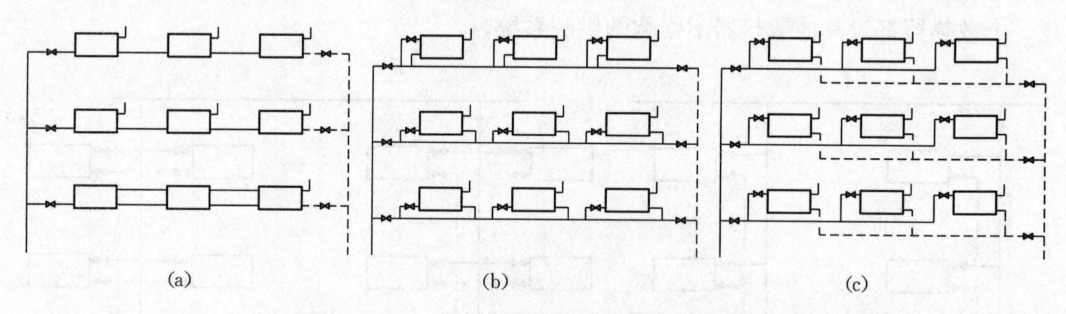

图 4－1－5　水平式室内供暖系统的几种形式

水平式系统便于分层或分户调节与计量。这种系统大管径的管用量少，小管径的管用量多；穿楼板的立管少。这种系统靠近地面布管时，有碍清扫。近十多年来，这种系统广泛用于新建住宅建筑供暖系统，室内管路埋在地板内，从而解决了管道布置在散热器之下地板之上带来的不易清扫和不美观的问题。

水平式系统管路太长时，要采取管路热膨胀补偿措施，可通过在管路上加设乙字弯或者方形补偿器解决，见图 4－1－6。

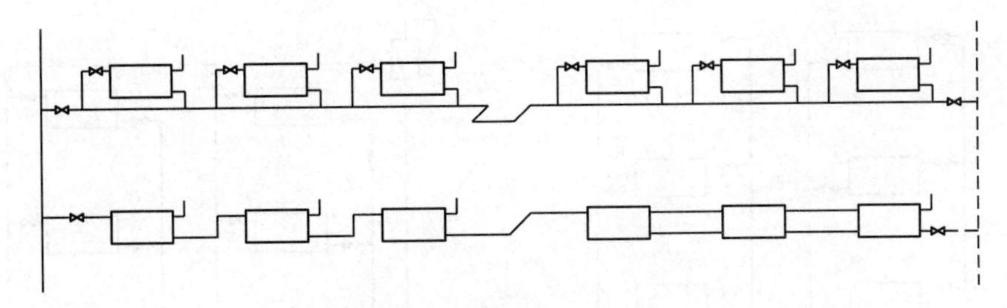

图4-1-6　水平式室内供暖系统管路膨胀热补偿方式

(3) 供回水管干管位置不同的供暖系统

图4-1-7是上供下回与上供上回室内供暖系统。

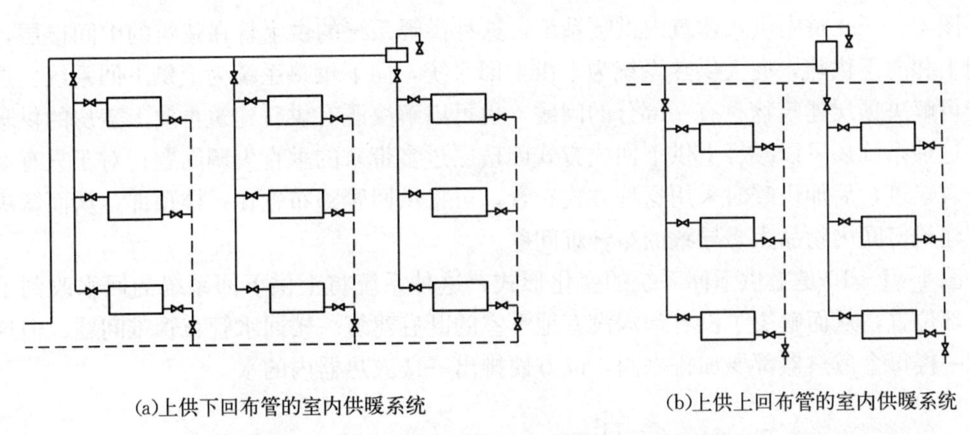

(a)上供下回布管的室内供暖系统　　(b)上供上回布管的室内供暖系统

图4-1-7　上供下回与上供上回室内供暖系统

图4-1-7（a）供水管在最上面，回水管在最下面，这种系统可以在供水最高点设置排气阀，就可以排掉系统内的空气；在回水管上设置排水阀就可以很方便地排掉系统内的水。这种系统一般将回水干管设置在地下室或者管沟内，从而避免回水管从一楼散热器下面地板上面走管。

图4-1-7（b）系统方式的供、回水管都在最上面，这种系统的回水管可以不占地面空间，便于设备或家居布置；但需要在最低点设置排水装置。这种系统方式多用于车间，避免供暖管道影响生产设备布局问题。

图4-1-8是下供下回与下供上回室内供暖系统。

图4-1-8（a）系统方式的供、回水管都在最下面，这种系统可减轻双管系统产生的垂直失调问题，且顶层顶棚内没有干管，可以分期施工，分期投入供暖；这种系统需要底层设管沟或在地下室布管，散热器要设置排气装置。

图4-1-8（b）系统方式的供水管在最下面，回水管在最上面，这种系统热水先进入底层散热器，底层散热器温度较高，散热量大，同样散热量情况下，比其他方式少用散热器，可解决底层散热器过大难于布置的问题。

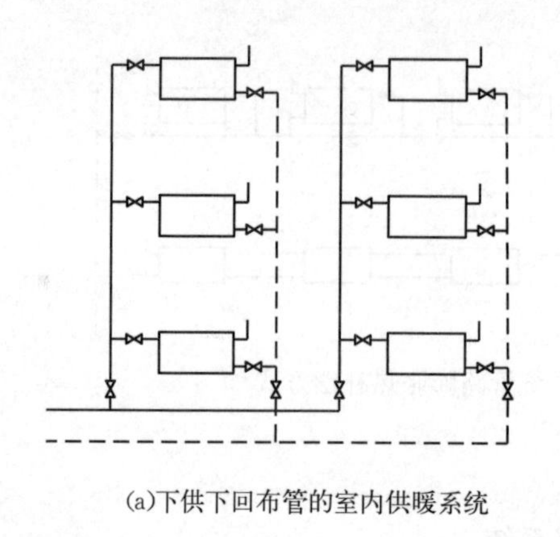

(a)下供下回布管的室内供暖系统

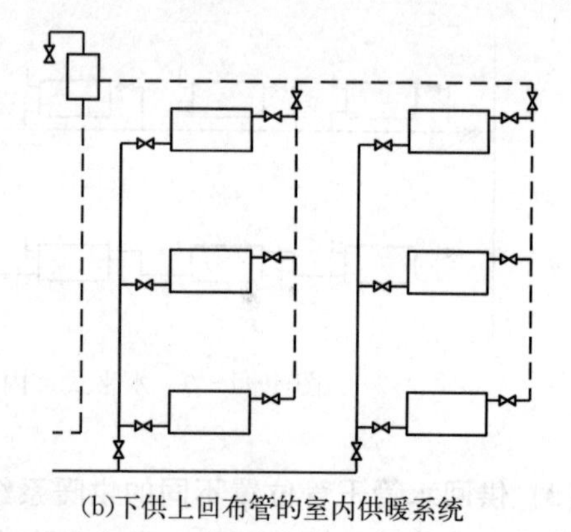

(b)下供上回布管的室内供暖系统

图 4-1-8　下供下回与下供上回室内供暖系统

图 4-1-9 是中供式建筑内供暖系统，这种供暖系统的供水管在建筑的中间楼层，分别向上和向下供热，向上供热系统为下供上回系统，向下供热系统为上供下回系统。这种系统可解决顶层建筑物只有一部分的问题，也可以解决既有供暖建筑再向上盖房的供暖问题，这种系统还可以减轻上供下回式方式因楼层过多带来的垂直失调问题；对于只有 2 层的既有建筑，后加供暖时采用这种方式布管，可将供回管路布置在一楼顶部，从而解决因既有建筑房间内物品太多导致的布管难问题。

图 4-1-10 是上供下回系统的变化形式，这种系统将上供下回系统的回水改到了一楼上部位置，从而解决了没有地沟没有地下室的既有建筑一楼回水管布管难问题；但这种系统一楼每个散热器都要加排水阀，以方便排出一楼散热器内的水。

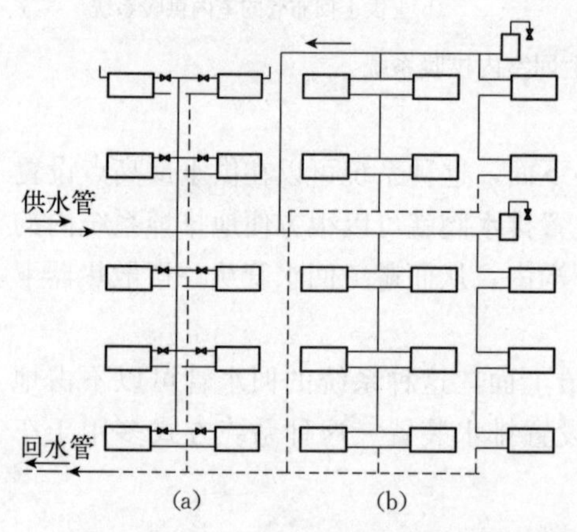

图 4-1-9　中供式室内供暖系统

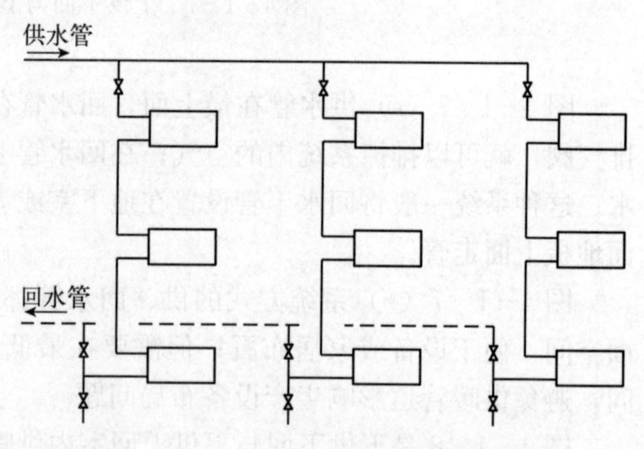

图 4-1-10　上供中回式室内供暖系统

图 4-1-11 是同程式与异程式建筑内供暖系统。

图 4-1-11 (a) 是同程式建筑内供暖系统，这种系统通过各环路的总长度接近，容易实现水力平衡，但管材用量较大。同程系统如设计不当，也会发生水力不平衡，且不平衡一般不是在最远处立管，而可能在中间某一个或几个立管处，而且一旦发生水力不平衡，一般不太容易调整。

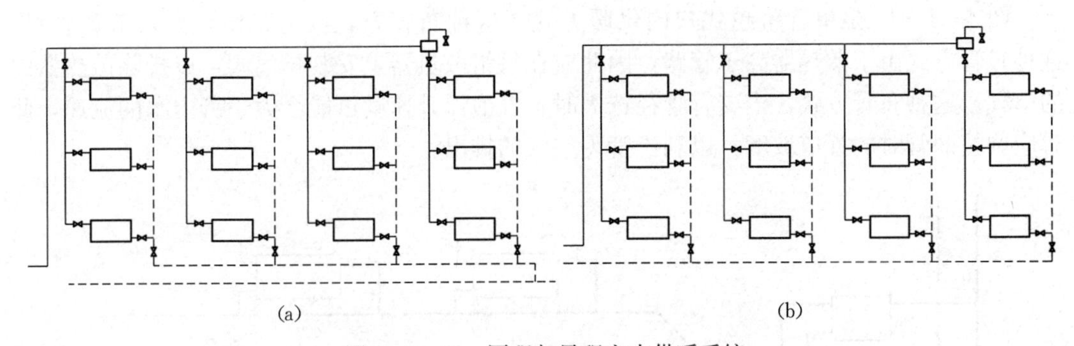

图 4-1-11　同程与异程室内供暖系统

图 4-1-11（b）是异程式建筑内供暖系统。这种系统节省管材，但各个分支系统的总长度都不一样，容易产生水力不平衡。因此在设计时应尽量减小干管阻力，增大立支管的阻力，并在立管上安装调节阀。

4.1.4　分户式热水供暖系统

分户式供暖系统是指供暖管路进入建筑内部后，按照住户为单位形成循环回路的集中供暖系统。分户式供暖各个用户与供暖系统独立成环，每个用户供暖系统的关闭都不会影响其他用户；可以实现供暖用热的分户计量；用户可以自主调节供暖用热量。近十多年来，分户式供暖系统已在我国住宅建筑上广泛应用。

图 4-1-12 是分户供暖系统公共供暖管路布管形式图。这种供暖方式公共主管多从楼梯的管道井内上下垂直通过，在各楼层留出各个住户的进出接口，每户的进出接口与入户装置连通，通过入户装置后，供回管路再进入对应的住户室内。每户的入户装置内设置有关断阀、检修阀、热计量装置等。入户装置既可以在检修各户时与公共管路切断，还可以根据用户供暖费缴费情况，由供暖单位用专用钥匙打开或关闭专用阀门。

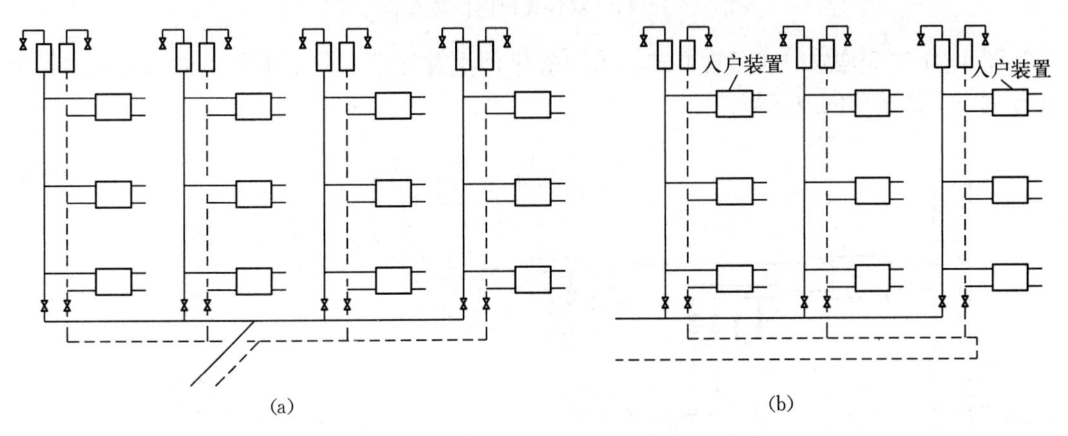

图 4-1-12　分户供暖系统的公共管路形式

这种系统的入楼主管可以采用同程布管，也可以采用异程布管。图 4-1-12（a）为异程布管，图 4-1-12（b）为同程布管。

分户式供暖各个分户的户内供暖管路的形式主要有：单管跨越式、双管式、放射式等。

图 4－1－13 是单管跨越式户内供暖方式。这种布管方式水力稳定性好，节省管材。这种布管方式由于散热器高于管路，因此应在每组散热器上安装排气阀，以排除散热器内的空气。这种布管方式，当支管管径选大时，气泡浮升速度可能会大于管内水的流速，此时应调整铺管时的管道坡度，以利于管内空气的排出。

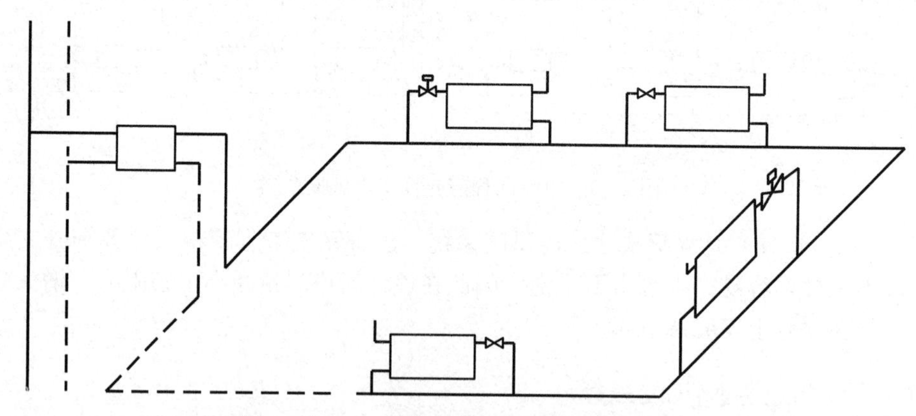

图 4－1－13　单管跨越式户内供暖布管方式

图 4－1－14 是双管布管方式。这种布管方式，各个散热器并联连接，可以根据需要调节各个房间的供暖温度；但每个散热器上调节阀门应选用高阻力阀门，以减轻失调问题。

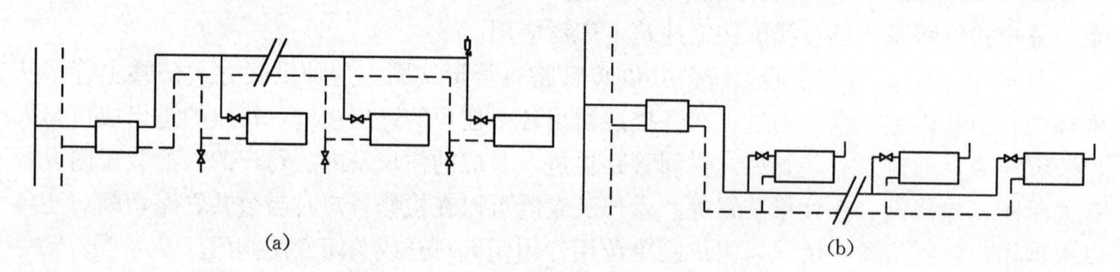

图 4－1－14　双管式户内供暖布管方式

图 4－1－15 是放射式布管方式。入户的供回水管先进入分集水器，再从分集水器上连接到各个供暖房间或区域。

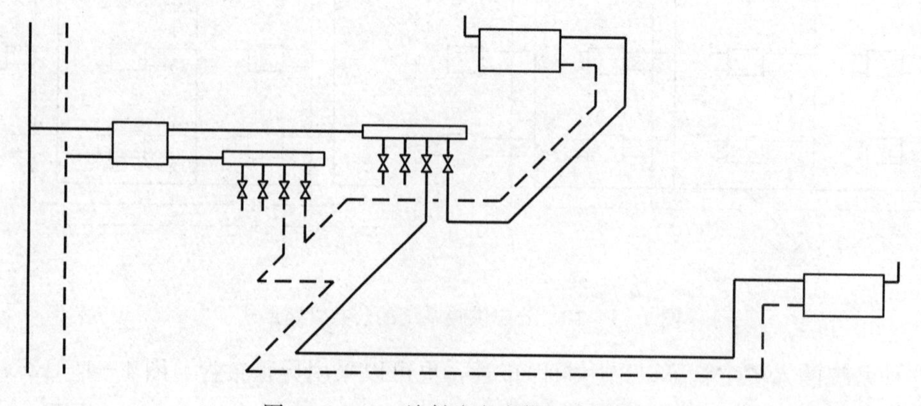

图 4－1－15　放射式户内供暖布管方式

4.1.5　高层建筑热水供暖系统

高层建筑的楼高较高，如果全楼上下采用一个系统，会造成底层散热器压力过大，因此高层建筑的供暖布管方式有其特殊性。高层建筑供暖系统方式有以下几种。

在图4-1-16（a）高层建筑供暖系统中，低区直接由供热管网供暖；高区供暖主管上增加了换热器，通过换热器将高区供暖系统与供暖主管网分开，高区形成一个独立的室内供暖系统，从而解决了高区带来的压力过大问题。

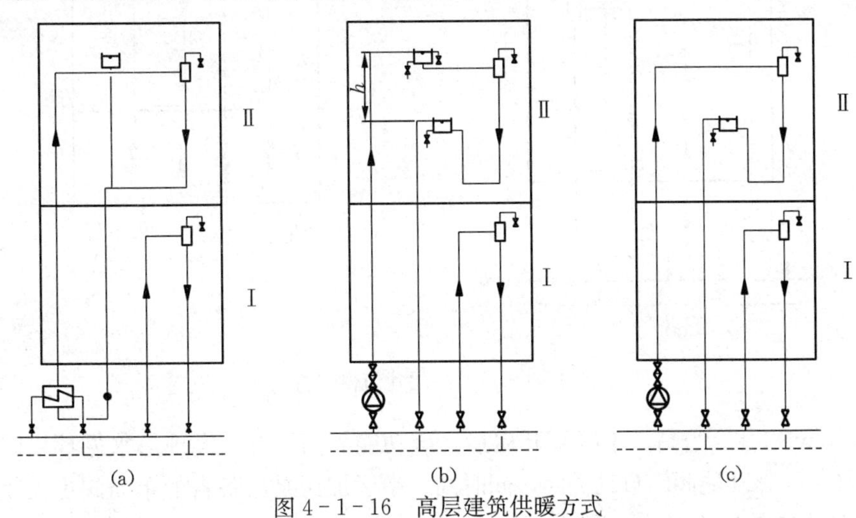

图4-1-16　高层建筑供暖方式

在图4-1-16（b）高层建筑供暖系统中，低区直接由供热管网供暖；高区供暖在供、回主管上各增加了开式水箱，用加压水泵，将供热管网的供水加压到高区供水水箱，依靠高区供水水箱与回水水箱的高度差产生的压力差作为高区循环动力，高区回水管上的开式水箱依靠重力，将回水回流到主管网的回水管中。由于高区供暖加压泵上有单向阀，因此可以隔断高位供水水箱对主管网带来的压力。这种高区供暖方式省去了图4-1-16（a）方式的高区换热站。

在图4-1-16（c）高层建筑供暖系统中，低区直接由供热管网供暖；高区供暖在回水主管上增加了开式水箱，用加压水泵，将供热管网的供水加压到高区供暖管网，依靠高区增压泵产生的压力作为高区循环动力；高区回水管的开式水箱依靠重力，将回水回流到回水主管网中。由于加压泵上有单向阀，可以隔断高位供水对主管网带来的压力。这种方式既省去了（a）方案的换热器，又省去了（b）方案的高区供水管上的水箱。

在图4-1-17（a）高层建筑供暖系统中，高区和低区均设置了换热器，将高区和低区都与供热主管网分开，高区、低区、主管网互不影响。

在图4-1-17（b）高层建筑供暖系统中，将高层建筑供暖分成高、中、低三个区。高中低区均采用共享的换热器与供暖主管网换热，低区由三个区共享的循环泵提供循环动力；中区和高区再单独设置各自的加压泵，通过各自加压泵分别将供暖热水泵入中、高区的供暖系统中，高、中、低区的供暖回水全部回到一个共享的开式水箱内。由于中、高区回水压力过大，因此在中、高区回水总管上加装了压力调节阀，使得该阀门的打开压力比其所承受的

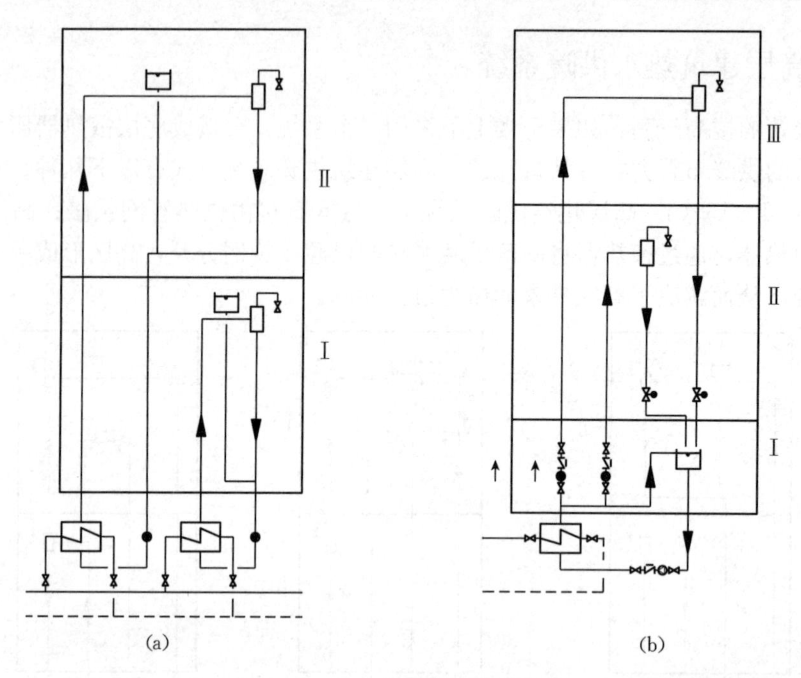

图 4-1-17　高层建筑供暖方式

静压大 3～5 m 水柱。当高、中区泵开启后，该功能阀门打开，实现热水循环供暖；当高、中区泵关闭后，该功能阀门自动关闭，同时高、中区加压泵后各自的单向阀也关闭，使高、中区系统保持充满水。

4.1.6　建筑内热水供暖系统热力入口

热力入口是建筑内供暖与供热管网的连接点，热力入口一般设在室外管沟、地下室、建筑外置检查室、建筑内检查室等位置。热力入口起到调节、控制、通断、检修等作用。

图 4-1-18 是建筑内热水供暖系统常见的热力入口组成。阀门 1 和阀门 2 分别负责供、回水管的启闭；阀门 3 起到防冻循环的作用，正常供暖时关闭；4、5、10 为热量检

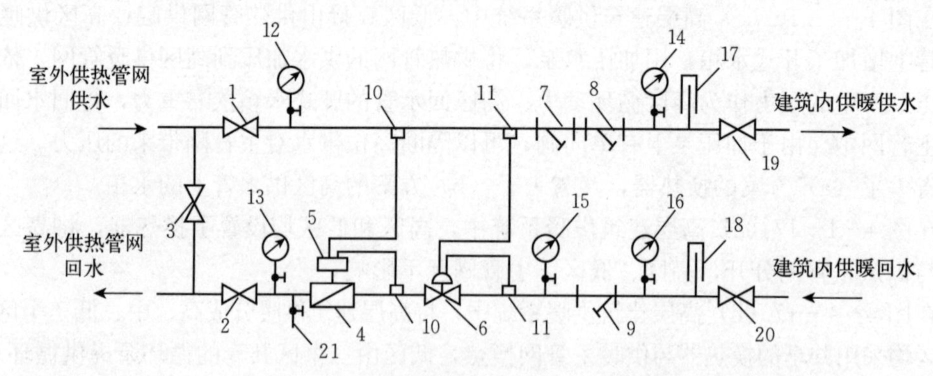

图 4-1-18　建筑热力入口组成结构图

1～3、19、20. 截止阀；4. 流量计；5. 积分仪；6. 自力式压差调节阀；7. 过滤器（孔径 3 mm）；8、9. 过滤器（60 目）；10. 温度传感器；11. 压力传感器；12～16. 压力表；17、18. 温度计；21. 泄水阀

测装置，记录该建筑供暖所消耗的热量数值；6、11为自动式压差调节阀，起到调整该楼供暖压力的作用；7、8、9为不同目数的过滤阀，起到过滤管路中不同大小杂质的作用；12～16为压力表，检测供回管路不同位置的压力；17、18为管路温度表，检测供回温度；19、20为建筑内供暖系统的总维检修阀门；21为泄水阀。

4.1.7　建筑内热水供暖系统常用配附件

室内热水供暖系统常用的配附件主要有：排气装置、恒温阀、过滤器、锁闭阀、膨胀箱等。

4.1.7.1　排气装置

对于热水供暖系统，必须及时排出系统循环管道内的空气，才能保证系统各个通路畅通。热水供暖系统可以通过以下排气装置排气：自动排气阀、手动排气阀、集气罐等。

(1) 自动排气阀

自动排气阀是一种可以自动排除管路中气体的一种阀门。图4-1-19是热水供暖系统常见的自动排气阀的实物图。按照安装方式，有立式和卧式两种类型。

图4-1-19　常见自动排气阀实物图

图4-1-20是铜材质立式排气阀的解剖图。可以看出，自动排气阀有阀体、浮筒、密封盖、密封垫、隔断阀部分自动排气阀带此部件，部分不带此部件等组成。

图4-1-20　立式铜材质自动排气阀实物及剖开图

图 4－1－21 是立式和卧式自动排气阀工作原理示意图。自动排气的工作原理为：当管路系统充满水或其他液体介质时，水或其他介质中溶解的气体因为温度和压力变化，会不断从水中逸出，向管路局部高处或者管路最高处聚集；当管路局部高点或者系统管路最高处，管路局部高点或者管路最高点的液位就会下降，排气阀内的浮球便会随之下落，并带动阀杆向下运动，阀口打开，气体排出，管路气体压力下降；当自动排气阀内的气体排出后，浮球上升带动阀杆向上运动，阀口关闭。

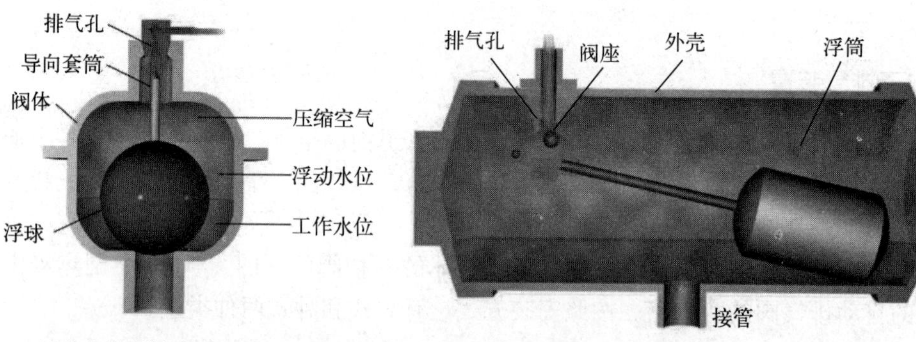

(a)立式自动排气阀排气原理示意图　　(b)卧式自动排气阀排气原理示意图

图 4－1－21　自动排气阀实物及剖开图

自动排气阀一般安装在系统容易集气的管道部位，如系统的最高点、一段管路的局部最高点等位置，以有利于管路排气。

自动排气阀的接口一般有 4 分、6 分、1 寸等，最好选择与管道直径相匹配的接口。

安装立式自动排气阀时，阀身应垂直安装，使得其内部的浮筒能够随阀腔内的水位上下运动。安装卧式自动排气阀时，应使阀体保持水平，避免倾斜安装时，避免阀座处的转轴被别死，导致浮筒不能上下运动。

(2) 手动放气阀

图 4－1－22 是手动放气阀实物图。

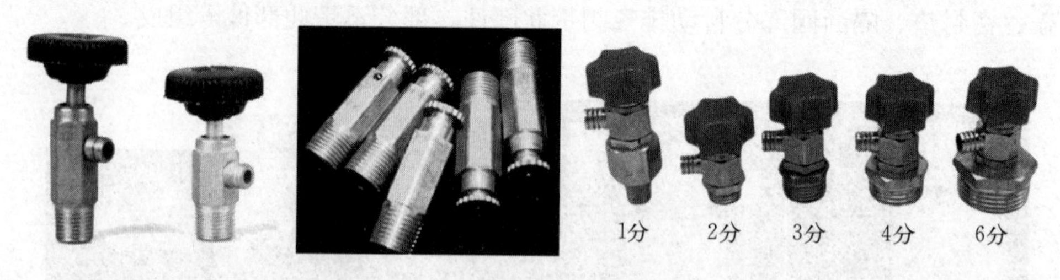

图 4－1－22　常见手动排气阀实物图

手动排气阀也称为跑风。常常安装在散热器一侧的上端部。当散热器内聚集有空气时，手动打开，排掉散热器内的空气后，再手动关闭即可。

(3) 集气罐

集气罐是早期供暖系统使用的排气装置，图 4－1－23 是热水供暖系统集气罐安装位置与集气罐结构图。集气罐可分离和聚集供暖系统的空气，并通过手动打开放气管上的阀门，将聚气罐内的气体排掉。

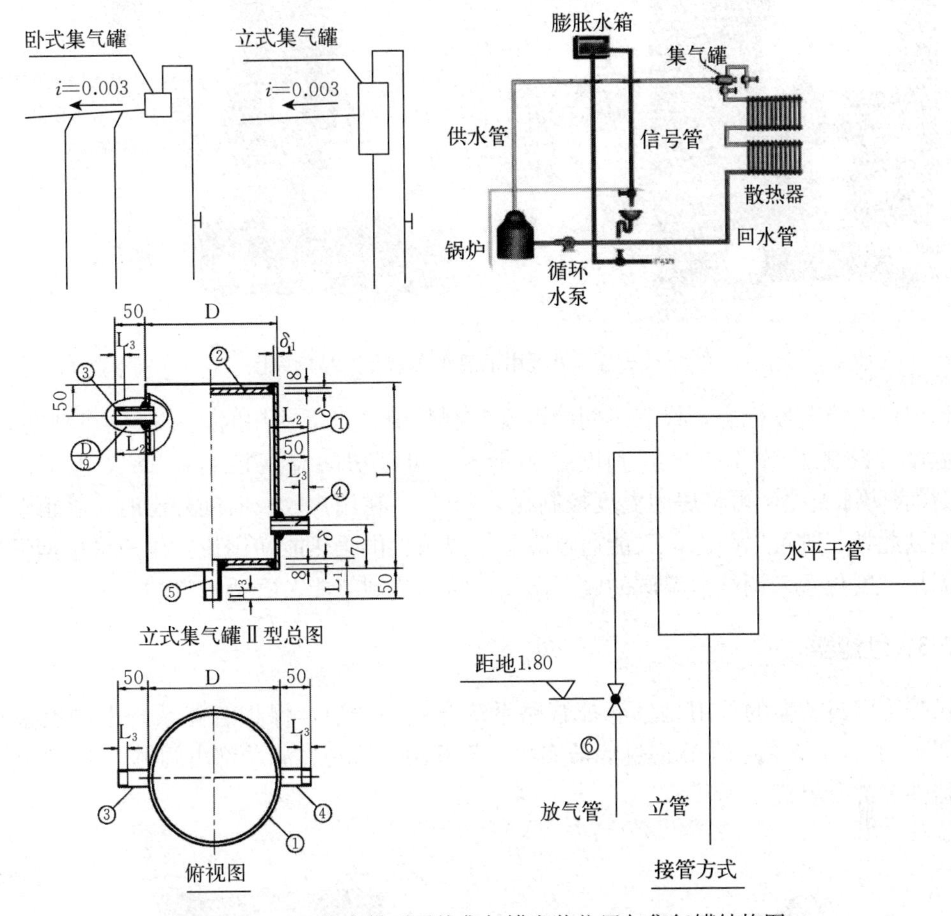

图4-1-23　热水供暖系统集气罐安装位置与集气罐结构图

集气罐一般用DN100～250的钢管，两端用钢板封堵焊接而成。一般集气罐的直径至少是安装位置供暖干管直径的2倍以上。水平长度应为集气罐直径的2～3倍。放气管采用DN15钢管，放气管应连接到集气罐的上部。

4.1.7.2　恒温阀

恒温阀又称为温控阀，是一种依靠自带温包感受房间温度，并自动调整恒温阀阀门开度，起到调节散热器流量进而调节房间供暖温度，达到节能目的的一种产品。

图4-1-24是供暖用恒温阀实物及产品剖视图。它是利用温控阀头中的感温元件来控制阀门开度的大小，当室温升高时，感温元件因热膨胀，压缩阀杆使阀门关小；当室温下降时感温元件因冷却而收缩，阀杆弹回使阀门开度变大。因此，当房间室温高于设定温度时，阀门自动关小，散热器的进水量减少，散热量减少；当室温低于设定温度时，阀门自动开大，散热器的进水量增加，散热量增大，直到室温稳定在设定数值。

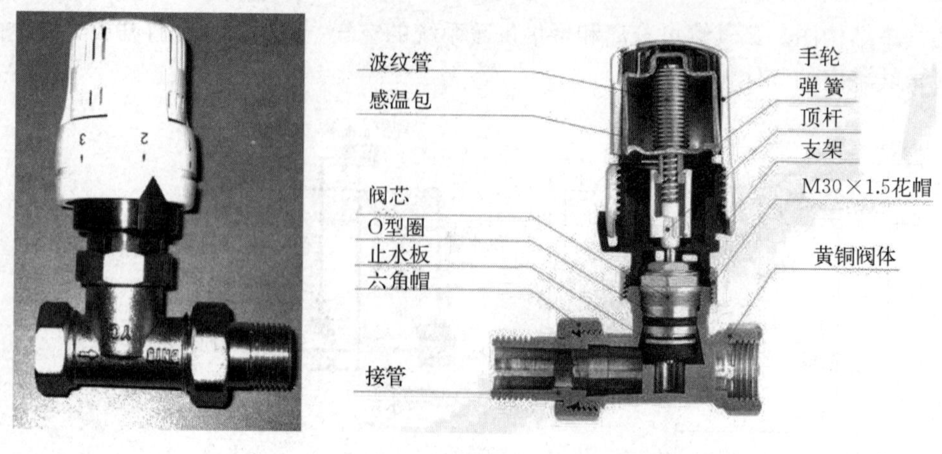

图 4-1-24　供暖用恒温阀实物及产品剖视图

恒温阀上有刻度标志，代表不同的温度控制数值，正常使用时，一般放在刻度 3 处，房间温度可控制在 20 ℃左右，刻度 5 为最大，可把房间温度控制在 28 ℃上下；刻度“*”代表防冻温度，可将房间温度控制在 5～8 ℃，在用户较长时间外出时，将恒温阀温度调整到此处，既可以防冻，又能通过降温室温减少供暖热能使用量。用户可根据恒温阀上的温控刻度位置来调整恒温阀的设置温度，从而达到节能、舒适的目的。

4.1.7.3　过滤器

供暖管路过滤器的作用是过滤掉管路系统介质的杂质，保护管路系统上的设备与装置。图 4-1-25 是常见的 Y 型过滤器实物与剖开图。这种过滤器都由阀体、不锈钢滤网、排污器件等部分组成。

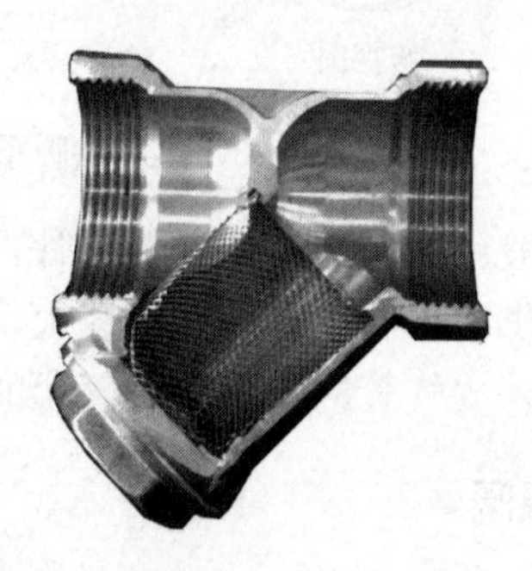

图 4-1-25　过滤器实物及产品剖视图

这种类型的过滤器，一般安装内供暖管路入户前或设备进口前，对进入户内或设备的介质进行过滤，介质经过过滤器的滤筒后，直径大于网孔的杂质被阻挡在滤网内，当需要清理时，只要打开过滤器上的排污口，取出可拆卸的滤筒，清理后重新装入即可。

过滤器的滤网网格空隙有大有小，应根据需要选择合适的过滤网目数。这种类型的过滤器，有螺纹接口的，也有法兰接口的；有铜材质的，也有不锈钢材质的，还有碳钢材质的，可根据需要选用。

4.1.7.4　锁闭阀

图 4－1－26 是两种类别锁闭阀的实物图。

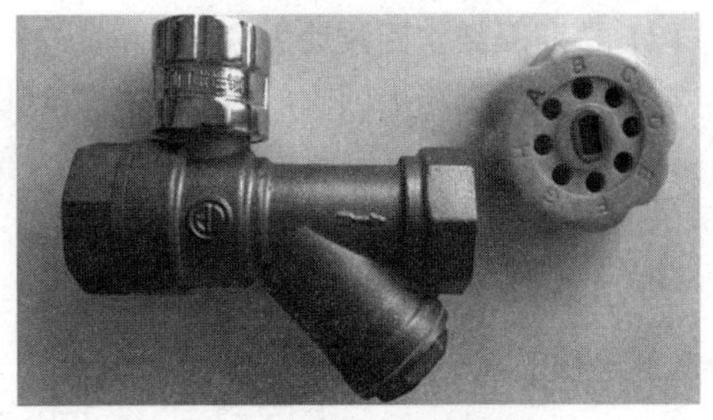

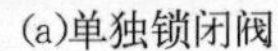

(a)单独锁闭阀　(b)带过滤器功能的锁闭阀

图 4－1－26　几种锁闭阀实物图

锁闭阀由阀体、阀芯、阀杆和锁闭机构构成，锁闭机构是在阀体锁闭孔中设置与阀芯相连接的阀杆，阀杆上装弹簧、棘爪和棘轮锁帽，阀体为三通，一通为旁通帽，阀芯也有与阀体相对应的三个贯通孔，调整阀芯位置后，把棘轮锁帽拧上，用户就不能自行开启。具有换向和锁闭功能，对供暖、供水系统一户一组可以控制通断，非专业开闭工具不能开启。

锁闭阀可实现对分户供暖供水的有效管理与控制，一般安装在每个分户供暖用户的入口处。

4.1.7.5　膨胀箱

图 4－1－27 是自然循环与机械循环供暖系统示意图。在图中的两个供暖系统中，膨胀水箱起到了稳压、容纳供暖系统受热膨胀的水、供暖系统补水等作用。有关膨胀水箱知识将在本书第 5 章 5.4.1 节给予详细讲解。这里不再多述。

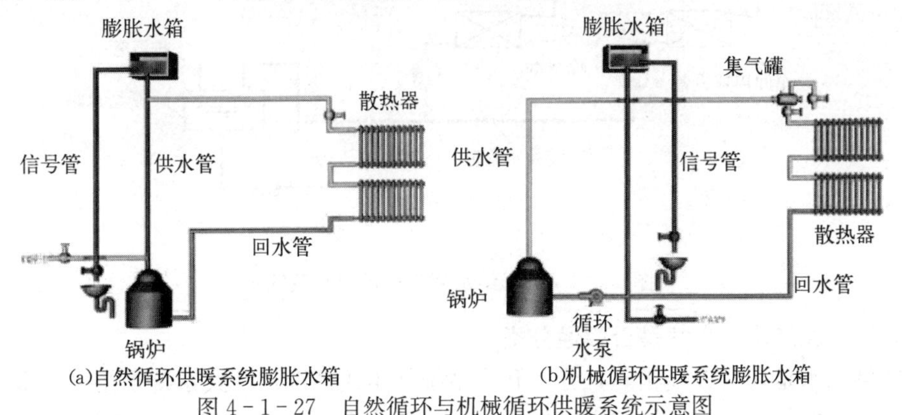

(a)自然循环供暖系统膨胀水箱　(b)机械循环供暖系统膨胀水箱

图 4－1－27　自然循环与机械循环供暖系统示意图

4.2　建筑内蒸汽供暖系统

4.2.1　蒸汽供暖系统类别

(1) 按照蒸气供汽压力分类

按照蒸汽供汽压力的高低，把蒸汽供暖分为低压蒸汽供暖系统和高压蒸汽供暖系统。

低压蒸汽供暖系统的表压≤0.07 MPa；高压蒸汽的供汽压力（表压）在 0.39 MPa 与 0.07 MPa 之间。选用高压蒸汽供暖还是低压蒸汽供暖，一般根据供蒸汽汽源压力、对散热器表面温度的限制、用热设备的承压能力来选择。

（2）按照凝结水回收动力分类

按照供暖后凝结水回收的方式，把蒸汽供暖分为重力回水系统和机械回水系统。

图 4-2-1 是蒸汽供暖重力回水系统。重力回水系统是指凝结水依靠重力自动回流到机房的蒸汽供暖系统。

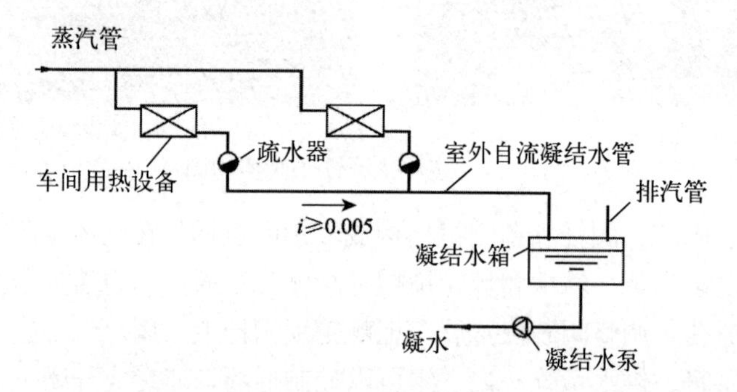

图 4-2-1　低压自流式凝结水回收重力回水系统

图 4-2-2 是蒸汽供暖机械回水系统。机械回水系统是指依靠外加的泵把凝结水泵回机房的蒸汽供暖系统。

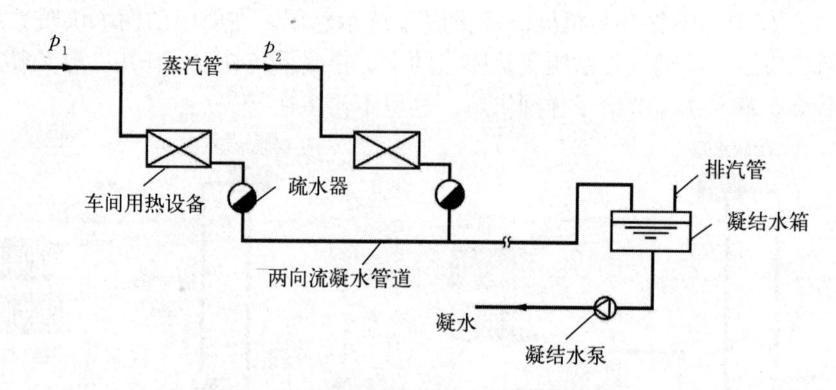

图 4-2-2　凝结水回收机械回水系统

（3）按照凝结水与大气是否相通分类

根据凝结水是否与大气相同，分为开式系统和闭式系统。开式系统是指凝结水与大气相通。如系统的凝结水有一处与大气相通，就是开式系统。闭式系统是指凝结水不与大气相通的系统。

图 4-2-3 是闭式余压凝结水回收系统。图 4-2-1、图 4-2-2 均为开式系统。

（4）按照冷凝水充满管道断面的程度分类

按照供暖后冷凝水充满断面的程度，把蒸汽供暖分为干式回水系统和湿式回水系统。

干式回水系统的特征是：干管凝结水不被冷凝水充满，干管上部有空气，下部是流动的冷凝水，系统停止工作后，该管内全部是空气。

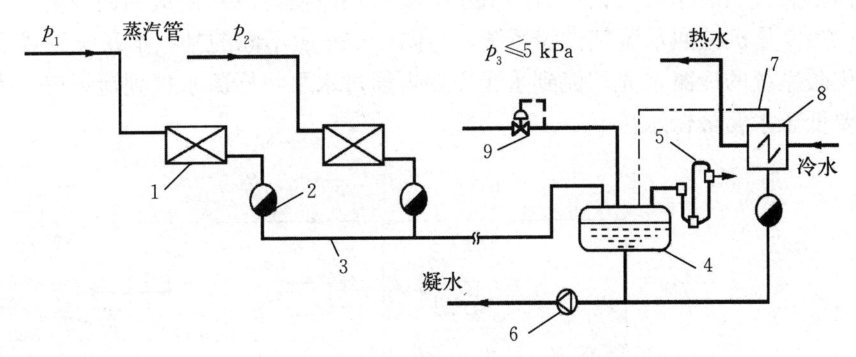

图 4-2-3　闭式余压凝结水回收系统

1. 车间用热设备；2. 疏水器；3. 余压凝水管；4. 闭式凝结水箱；5. 安全水封；6. 凝结水泵；7. 二次汽管道；8. 利用二次汽的换热器；9. 凝结水箱压力调节器

湿式回水系统的特征是冷凝水干管的全部断面始终充满水。

另外根据供暖立管的数量，分为单管和双管系统。根据蒸汽干管的位置，分为：上供式、中供式、下供式三种。

4.2.2　低压蒸汽供暖系统

低压蒸汽供暖系统用于有蒸汽汽源的厂房、工业附属建筑、厂区办公楼等场合。

图 4-2-4 是重力回水低压蒸汽供暖系统图。

图 4-2-4（a）系统的工作过程为：锅炉把加热产生的蒸汽沿供蒸汽管进入系统上部管道，然后进入各个分支管，又进入各个散热器，经散热器散热后的冷凝水沿回水管又流回锅炉。

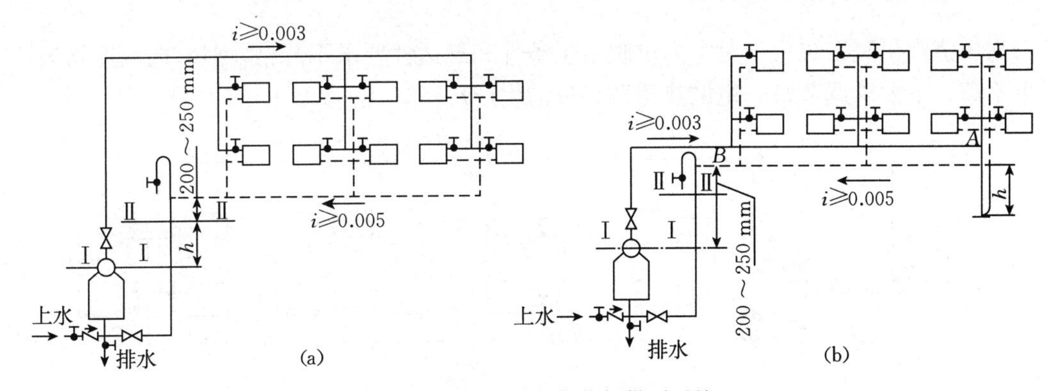

图 4-2-4　重力回水蒸气供暖系统

图 4-2-4（b）系统的工作过程为：锅炉把加热产生的蒸汽沿供蒸汽管进入系统下部蒸汽管道，然后向上进入各个分支管，又进入各个散热器，经散热器散热后的冷凝水沿回水立管回到总回水管，又回流回锅炉。其中供蒸气水平管的末端的位置带有存储冷凝水管，蒸汽立管内产生的冷凝水可以流到位于低处的存储管内，从而避免蒸汽与水接触形成冲击。

重力回水蒸气供暖系统的锅炉必须低于冷凝管，以便冷凝水回流到锅炉内。

图 4－2－5 是机械回水蒸气供暖系统，与图 4－2－4 不同的是：本系统设置了回流水箱。蒸汽供暖系统的冷凝水先回流到水箱内，再通过水泵将冷凝水抽到锅炉房，为保护水泵，水泵要低于水箱最低水位。

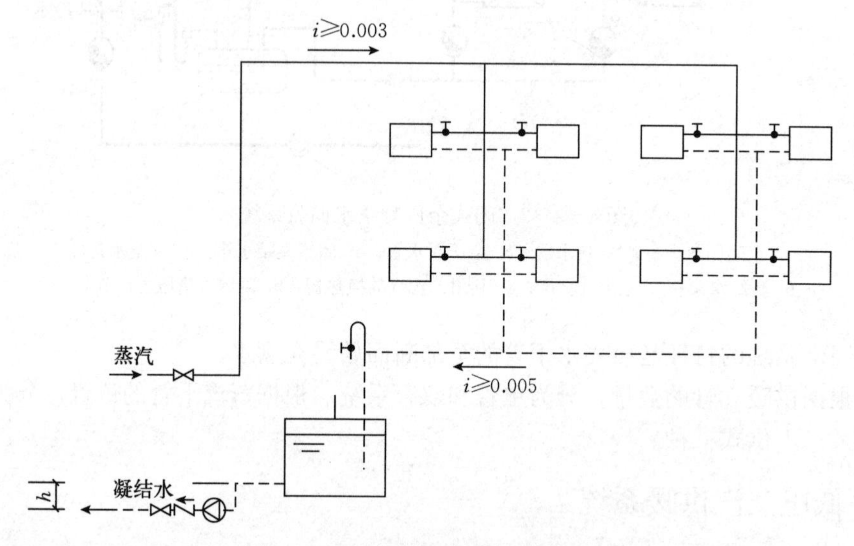

图 4－2－5　机械回水蒸气供暖系统

机械回水系统的锅炉位置，高低可不受限制。

蒸汽供暖系统的疏水器是非常重要的部件，它可以自动排除冷凝水，而阻断蒸汽通过。

4.2.3　高压蒸汽供暖系统

高压蒸汽供暖系统用于对室内供暖卫生条件和舒适性要求不严格，对室内温度均匀性要求不高，不要求调节每一组散热器散热量的生产厂房。

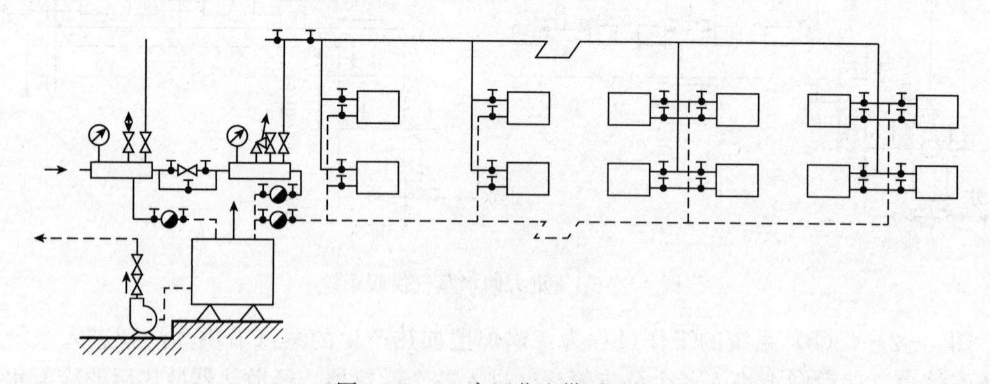

图 4－2－6　高压蒸汽供暖系统

图 4－2－6 是高压蒸汽供暖系统图。高压蒸汽供暖的冷凝管里面的冷凝水会部分汽化，形成二次汽。在开式系统中，二次汽从冷凝水回流水箱中，经排气口排到大气中，为

了避免能源浪费，冷凝水箱可以设计成闭式水箱，用于收集二次汽，并加以利用。

一般高压蒸汽供暖系统，所用的蒸汽与生产用蒸汽共用汽源，而且蒸汽压力往往大于供暖系统允许的压力，因此必须增设减压阀，将蒸汽压力减压到符合要求后才能用于供暖。为了防止水击，尽可能采用上供式系统，使得冷凝水与蒸汽同向流动。

高压蒸汽供暖系统上的每一组散热器的进出口上都要安装阀门，用于调节供气量和关闭阀门，这样在检修时，不影响其他散热器工作。

4.2.4　蒸汽供暖系统附属设备

蒸汽供暖系统的附属设备主要有：疏水器、减压阀、二次蒸发箱、安全水封等。疏水器有浮桶式疏水器、圆盘式疏水器、恒温式疏水器等。减压阀有活塞式和波纹管式。

上述附属设备选择必须符合设计要求。有关附属设备的更详细资料请参阅其他资料，这里不再多述。

4.3　建筑内暖风机供暖

4.3.1　暖风机供暖的特点与应用场所

暖风机供暖在某些工业建筑的生产车间和公用建筑的场馆中得到了一定的应用，在某些场合成为不可替代的供暖方式。

暖风机供暖与散热器供暖相比，有以下优点：

(1) 单机供热量大，在相同热负荷下，所用散热设备数量少；

(2) 单位供热量设备体积小，占地少。小型暖风机吊挂，不占用建筑物地面面积；大型暖风机落地放置，占地面积也不大；

(3) 直接加热房间空气，热惰性小，供暖房间升温快；

暖风机供暖的缺点如下：

(1) 风机运行时消耗电能，并有噪音；

(2) 室内空气被循环加热，若仅靠门窗渗风，室内空气品质不佳。

鉴于暖风机供暖的以上优缺点，暖风机供暖系统适用于以下厂房或场馆：

(1) 允许循环使用空气；

(2) 要求迅速提高室温；

(3) 可实行值班供暖（非工作时间室温维持 5 ℃）或间歇供暖。

暖风机供暖不适用于以下场合：

(1) 空气不能循环使用的场所，如：空气中含有有害物质，工艺过程产生易燃、易爆气体、纤维或粉尘的场所；

(2) 对环境噪声要求比较严格的场所。

4.3.2　暖风机供暖方案选择

暖风机供暖通常有两种方案。一种方案是全部由暖风机供暖；另一种方案是暖风机和散热器联合供暖。

对于方案一，由暖风机承担全部供暖设计热负荷。优点是系统比较简单，暖风机用量大，具有暖风机供暖的所有优点与缺点。

对于方案二，一般由散热器供暖实现值班供暖，保证非工作时间段房间设备不冻坏；由暖风机承担散热器供暖不足的热负荷。

方案二的优点是非工作时间，不开暖风机，室内温度为防冻值班温度，节省电能和热能；工作时间开启暖风机，可迅速提高水温，达到工作需要的温度；由于暖风机只承担部分热负荷，因此暖风用量少，消耗电能少，噪音也会比方案一有所下降。

4.3.3 暖风机的布置方式

在生产厂房内布置暖风机时，应考虑车间的几何形状、工作区域、工艺设备位置、产品与原材料堆放位置、暖风机气流作用范围等因素。暖风机布置时，应尽可能使室内气流分布合理、温度均匀、送出的气流覆盖供暖区域。

横吹式小型暖风机组悬挂在墙上、柱上、梁下面。可采用图 4－3－1 的布置方式。

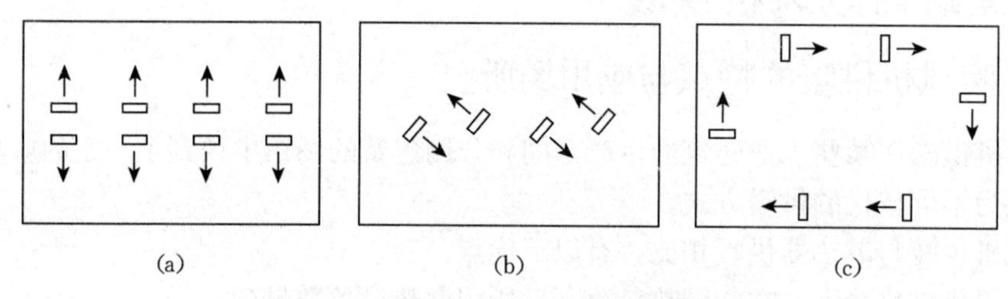

图 4－3－1　横吹式暖风机平面布置方案

图 4－3－1（a）为直吹布置，暖风机布置在中间内墙，吹射出的热风与房间短轴平行，吹向外墙或外窗方向，以减少冷空气渗透。这种方式多用于小跨度或多跨厂房。

图 4－3－1（b）为斜吹布置，暖风机在房间中部沿纵轴方向布置，把热空气向外墙斜吹。此种布置用在沿房间纵轴方向可以布置暖风机的场合。

图 4－3－1（c）为顺吹布置，若暖风机无法在房间纵轴线上布置，可使暖风机沿四边墙串联吹射、避免气流互相干扰，使室内空气温度较均匀。

顶吹式暖风机小型机组可吊挂在顶棚下或者梁下面、阶梯形屋顶等较高处，吸收房间上部较高温度的空气送至房间下部。应使向下气流覆盖设计供暖区域，减小房间竖向温度梯度和气流死角。

暖风机的安装高度是指风口离地面的高度。暖风机安装高度适当，可增加供暖范围，并免除对地面人员的吹风感和减少无效能耗。小型暖风机的安装高度与出口风速有关，当出口风速≤5 m/s 时。安装高度宜 2.5～3.5 m；当出口风速＞5 m/s 时，安装高度宜 4～5.5 m。这样可保证生产厂房的工作区的风速不大于 0.3 m/s。暖风机的送风温度，宜采用 35～50 ℃。送风温度过高，热射流呈自然上升的趋势，会使房间下部加热不好；送风温度过低，易使人有吹冷风的不舒适感。

在高大厂房内，如内部隔墙和设备布置不影响气流组织，宜采用大型暖风机集中送风。大型暖风机不应布置在车间大门附近，室内不应有影响气流流动的高大隔墙或设备。

在选用大型暖风机供暖时，由于柜口速度和风量都很大，一般沿车间长度方向布置，气流射程不应小于车间供暖区的长度，避免造成整个平面上的温度梯度达不到设计要求。大型暖风机可直接固定在专用平台上，可采用图4-3-2的布置方式，使得气流射程覆盖整个供暖区。

大型暖风机出口风速与风量大、射程长。当采用大型暖风机集中送风供暖时，暖风机的安装高度应根据房间的高度和回流区的分布位置等因素确定，不宜低于3.5 m，但不得高于7.0 m，出风口离侧墙的距离不宜小于4 m，房间的生活地带或作业地带应处于集中送风的回流区，生活地带或作业地带的风速，一般不宜大于0.3 m/s；送风口的出口风速，一般可采用5～15 m/s；集中送风的送风温度，宜采用30～50 ℃，不得高于70 ℃，以免热气流上升而无法向房间工作地带供暖；当房间高度或集中送风温度较高时，送风口处宜设置向下倾斜的导流板；大型暖风机设置于地面或平台上时，进风口底边距地面0.3～1 m。

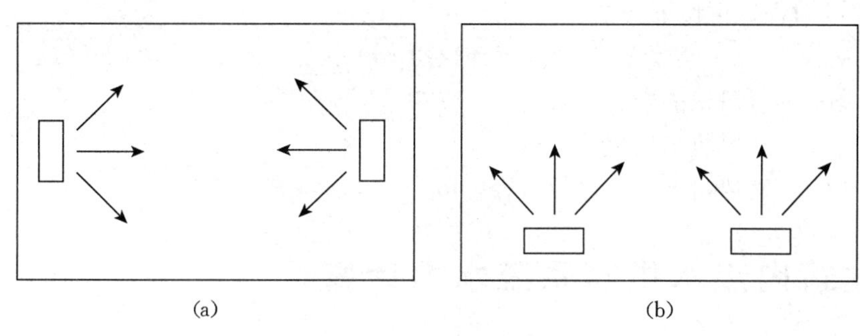

图4-3-2　落地式暖风机平面布置方案

4.3.4　暖风机计算与选择

在暖风机热风供暖设计中，主要是确定暖风机的型号、台数、平面布置及安装高度等。各种暖风机的性能，即热媒参数（压力、温度等）、散热量、送风量、出口风速和温度、射程等均可以从有关设计手册或产品样本中查出。

暖风机的台数 n 可按下式计算：

$$n=\frac{Q}{\beta q} \tag{4-3-1}$$

式中：n——暖风机的台数，台；

Q——供暖设计热负荷，W或kW；

q——单台暖风机设计条件下的供热量，W/台或kW/台；

β——暖风机的有效供热系数。

暖风机在工作时，出口热射流上升，使其被有效利用供热量减小，因此要用暖风机有效供热系数来修正。对于热水供暖，β=0.7；对蒸汽系统，β=0.7～0.8。

产品样本中给出的是暖风机空气进口温度等于15 ℃时的散热量，当空气进口温度不等于15 ℃时，散热量也随之改变。此时可按下式进行修正。

$$q=q_0\frac{t_p-t_j}{t_{p0}-15} \qquad (4-3-2)$$

式中：q_0——单台暖风机额定工况供热量，W/台或 kW/台；

t_p——设计条件下，暖风机进、出热水平均温度,℃；

t_j——设计条件下机组进风温度，一般可取供暖室内计算温度,℃；

T_{p0}——额定工况下，暖风机进、出口热水平均温度,℃。

蒸汽暖风机的供热量用下式进行修正：

$$q=q_0\frac{t_q-t_j}{t_{q0}-15} \qquad (4-3-3)$$

式中：t_q——设计条件下，暖风机进口饱和蒸汽温度,℃；

t_{q0}——额定工况下，暖风机进口饱和蒸汽温度,℃；

其他符号含义同公式（4-3-2）。

在确定暖风机台数时，所选暖风机的总风量应使房间的换气次数不小于 1.5 次/h。

暖风机的射程，可按下式估算：

$$S=11.3v_0D \qquad (4-3-4)$$

式中：S——暖风机的射程，m；

v_0——暖风机出口风速，m/s；

D——暖风机出口的当量直径，m。

4.4 建筑内热水供暖系统水力计算

热水供暖系统水力计算的目的是按照条件选择建筑内供暖系统的管径，计算系统的阻力损失和必要的循环动力，为散热设备提供需要的热媒流量。

4.4.1 水力计算基本公式

4.4.1.1 管段阻力损失计算公式

介质沿供暖管道流动，介质与管道之间将产生流动阻力，消耗介质的流动动力。介质流动产生的阻力主要来自两个方面：一个是摩擦阻力，也称为沿程阻力，它是由于介质流体与管壁的摩擦形成的；另一个是局部阻力，它是由于流体介质流过三通、弯头、管道变径、阀门或设备处，由于流体流线变化带来的阻力。

通常将供暖系统中，管径不变、流量不变的一段管道作为一个计算管段，简称为管段。管段的阻力损失可用下式计算：

$$\Delta H=\Delta H_y+\Delta H_j=Rl+\sum\zeta\frac{\rho v^2}{2} \qquad (4-4-1)$$

$$\Delta H_y=Rl \qquad (4-4-2)$$

$$\Delta H_j=\sum\zeta\frac{\rho v^2}{2} \qquad (4-4-3)$$

式中：ΔH——管段的总阻力损失，Pa；

ΔH_y——管段的沿程阻力损失，Pa；

ΔH_j——管段的局部阻力损失，Pa；

R——单位长度管壁的摩擦阻力，简称管段比摩阻，Pa/m；

l——管段的长度，m；

ζ——管段的局部阻力系数；

ρ——流体的密度，kg/m^3；

v——流体流速，m/s。

根据上式，沿程阻力只要知道比摩阻 R，其他参数均为已知，就可计算出沿程阻力；局部阻力，只要知道产生局部阻力的阀门、变径管、三通、弯头等产生局部阻力的各个部件的局部阻力系数，即可计算出局部阻力。

(1) 比摩阻的计算

管段的比摩阻 R 可用下式计算：

$$R=\frac{\lambda}{d}\frac{\rho v^2}{2} \tag{4-4-4}$$

式中：λ——摩擦阻力系数；

d——管道内径，m；

其他符号同上。

摩擦阻力系数 λ 的数值，可以通过实验获得，根据实验数据整理出曲线，按照流体的不同流动状态，可以整理出计算 λ 数值的公式。

流体的流动状态，可用雷诺数 R_e 来判定。

$$R_e=\frac{vd}{\upsilon} \tag{4-4-5}$$

式中：R_e——雷诺数；

υ——流体的运动黏性系数，m^2/s；

其他符号同上。

各种流动状态下，摩擦阻力系数 λ 的计算方法如下：

(a) 层流区

在 $R_e<2\,000$ 时，流体流动处于层流区。层流状态下，λ 仅仅取决于雷诺数的数值。用下式计算：

$$\lambda=\frac{64}{R_e} \tag{4-4-6}$$

(b) 湍流区

在 $R_e\geqslant 2\,000$ 时，流体流动处于湍流区。湍流区可分为三种类型的分区：水力光滑区、过渡区、阻力平方区。

ⓐ 水力光滑区。当 $R_e<23\,d/k$ 时，介质流动处于水力光滑区。钢管摩擦阻力系数的数值取决于雷诺数的数值，用布拉休斯公式计算：

$$\lambda=\frac{0.316\,4}{R_e^{0.25}} \tag{4-4-7}$$

ⓑ 过渡区。当 $23\,d/k\leqslant R_e<560\,d/k$ 时，介质流动处于过渡区。钢管摩擦阻力系数的

数值取决于雷诺数和管壁的相对粗糙度，可用阿里特苏里公式计算：

$$\lambda=0.11\left(\frac{k}{d}+\frac{68}{R_e}\right)^{0.25} \quad (4-4-8)$$

式中：k——管壁的当量绝对粗糙度，m；

其他符号同本节公式。

ⓒ 阻力平方区。$R_e \geqslant 560\, d/k$ 时，介质流动处于阻力平方区。钢管摩擦阻力系数的数值仅取决于管壁的相对粗糙度，可用尼古拉兹公式计算：

$$\lambda=\frac{1}{\left(1.14+2\lg\frac{d}{k}\right)^2} \quad (4-4-9)$$

当管径大于等于 40 mm 时，可用希弗林松公式近似计算：

$$\lambda=0.11\left(\frac{k}{d}\right)^{0.25} \quad (4-4-10)$$

管壁的当量绝对粗糙度 k 与管材、使用时间和运行管理情况有关。主要取决于管道内表面状况、投入运行时间、腐蚀和沉积水垢的程度。设计热水供暖系统时，推荐使用 $k=0.0002$ m。

从上面的介绍可知：摩擦阻力系数取决于流动状态、不同流动区域其影响因素不同，计算公式也不同。

一般自然循环供暖系统处于层流区，机械循环供暖系统处于过渡区。

（2）局部阻力系数 ζ

流体流经不同的局部阻力部件，产生的局部阻力不同。局部阻力系数可以用试验得到，在计算局部阻力时，查取即可。表 4－4－1 是一些部件的局部阻力系数。

表 4－4－1　一些管道部件的局部阻力系数值

部件	ζ	部件	ζ	部件	下列管径的 ζ 值					
					15	20	25	32	40	≥50
双柱散热器	2.0	直流三通	1.0	截止阀	16.0	10.0	9.0	9.0	8.0	7.0
铸铁锅炉	2.5	旁流三通	1.5	斜杆截止阀	3.0	3.0	3.0	2.5	2.5	2.0
钢制锅炉	2.0	合流三通	3.0	闸阀	1.5	0.5	0.5	0.5	0.5	0.5
突然扩大	1.0	分流三通	3.0	元宝弯	3.0	2.0	2.0	2.0	2.0	2.0
突然缩小	0.5	直流四通	2.0	旋塞	4.0	2.0	2.0	2.0		
		分流四通	3.0	弯头	2.0	2.0	1.5	1.5	1.0	1.0
		方形补偿器	2.0	急弯双弯头	2.0	2.0	2.0	2.0	2.0	2.0
		套管补偿器	0.5	缓弯双弯头	1.0	1.0	1.0	1.0	1.0	1.0

4.4.1.2　热水供暖系统管段阻力损失计算方法

热水供暖系统由管段串、并联组成。管段水力计算常用基本计算方法和当量局部阻力法。

(1) 基本计算方法

基本计算方法就是分别计算沿程阻力和局部阻力，然后再相加计算出管段的总阻力损失的方法。

① 沿程阻力计算

已知管段的供暖热负荷，管段的流量计算如下：

$$G=\frac{Q}{c\ (t_g-t_h)}=\frac{3\,600Q}{4\,187\ (t_g-t_h)}=\frac{0.86Q}{(t_g-t_h)} \qquad (4-4-11)$$

式中：G——管段流量，kg/h；

Q——管段承担的热负荷，W；

c——水的比热，4 187 J/(kg・℃)；

t_g、t_h——供暖供回水温度,℃。

当 Q 用供暖设计热负荷 Q' 时，t_g、t_h 用设计供、回水温度 t'_g、t'_h。用式（4－4－11）计算得出设计流量。用设计流量计算系统的设计水力计算。

管段内的流速与流量的关系如下：

$$v=\frac{G}{3\,600\,\frac{\pi d^2}{4}\rho}=\frac{G}{900\pi d^2\rho} \qquad (4-4-12)$$

将式（4－4－12）代入式（4－4－4）后，得到下式：

$$R=\frac{\lambda}{d}\frac{\rho v^2}{2}=6.25\times10^{-8}\frac{\lambda}{\rho}\frac{G^2}{d^5} \qquad (4-4-13)$$

当水温在一定范围内变化，水的密度 ρ 是已知的。水的流动状态确定后，摩擦阻力系数 λ 是确定的。表 4－4－2 选取了不同管径在不同流量下的比摩阻 R 数值和流速值的部分数据，根据公式（4－4－2）即可计算出管段的沿程阻力。当表 4－4－2 中缺乏数据时，可从有关供暖设计的技术资料中查取。

② 局部阻力计算

管段上不同部件的局部阻力系数 ζ，可以查表 4－4－1 或其他资料获得，然后根据公式（4－4－3）计算各个部件的局部阻力。

③ 管段阻力损失计算

在计算出沿程阻力和局部阻力后，根据式（4－4－1）计算管段的阻力损失。

表 4－4－2　热水供暖系统管道水力计算表

（粗糙度 K=0.000 2 m，供暖系统供回水温 95/70 ℃，水的密度 ρ=983.248 kg/m³）

表中单位：水流量 G（kg/h），流速 v（m/s），比摩阻 R（Pa/m）

公称直径（mm）	15		20		25		32		40	
内径（mm）	15.75		21.25		27.00		35.75		41.00	
G（kg/h）	v	R	v	R	v	R	v	R	v	R
30	0.04	2.64								
50	0.07	9.52	0.04	1.33						
80	0.12	21.68	0.06	4.88						

（续）

公称直径（mm）	15		20		25		32		40	
内径（mm）	15.75		21.25		27.00		35.75		41.00	
100	0.15	32.72	0.08	7.29	0.05	2.24				
G（kg/h）	v	R	v	R	v	R	v	R	v	R
120	0.17	45.93	0.10	10.15	0.06	3.10				
140	0.20	61.32	0.11	13.45	0.07	4.09	0.04	1.04		
180	0.26	98.59	0.14	21.38	0.09	6.44	0.05	1.61		
200	0.29	120.48	0.16	26.01	0.10	7.80	0.06	1.95		
240	0.35	170.73	0.19	36.58	0.12	10.90	0.07	2.70		
270	0.39	214.08	0.22	45.66	0.13	13.55	0.08	3.34		
300	0.44	262.29	0.24	55.72	0.15	16.48	0.08	4.05	0.06	2.06
400	0.58	458.07	0.32	96.37	0.20	28.23	0.11	6.85	0.09	3.46
500			0.40	147.91	0.25	43.03	0.14	10.35	0.11	5.21
600			0.48	210.35	0.30	60.89	0.17	14.54	0.13	7.29
700			0.56	283.67	0.35	81.79	0.20	19.43	0.15	9.71
800			0.64	367.88	0.39	105.74	0.23	25.00	0.17	12.47
900			0.72	462.97	0.44	132.72	0.25	31.25	0.19	15.56
1 000			0.80	568.94	0.49	162.75	0.28	38.20	0.21	18.98
1 100			0.88	685.79	0.54	195.81	0.31	45.83	0.24	22.73
1 200			0.96	813.52	0.59	231.92	0.34	54.14	0.26	26.81
1 250			1.00	881.47	0.62	251.11	0.35	58.55	0.27	28.98

公称直径（mm）	25		32		40		50		70	
内径（mm）	27.00		35.75		41.00		53.00		68.00	
G（kg/h）	v	R	v	R	v	R	v	R	v	R
1 300	0.64	271.06	0.37	63.14	0.28	31.23	0.17	8.47	0.10	2.43
1 400	0.69	313.24	0.39	72.82	0.30	35.98	0.18	9.74	0.11	2.79
1 600	0.79	406.71	0.45	94.24	0.34	46.47	0.20	12.52	0.12	3.57
1 800	0.89	512.34	0.51	118.39	0.39	58.28	0.23	15.65	0.14	4.44
2 000	0.99	630.11	0.56	145.28	0.43	71.42	0.26	19.12	0.16	5.41
2 200			0.62	174.91	0.47	85.88	0.28	22.92	0.17	6.47
2 400			0.68	207.26	0.51	101.66	0.31	27.07	0.19	7.62
2 500			0.70	224.47	0.53	110.04	0.32	29.28	0.19	8.23
2 600			0.73	242.35	0.56	118.76	0.33	31.56	0.20	8.86
2 800			0.79	280.18	0.60	137.19	0.60	36.39	0.22	10.20

(2) 当量局部阻力计算法

当量局部阻力计算法，也称动压头法，这种方法是把管段的沿程阻力也作为局部阻力的一部分来计算。

$$\Delta H_d=\Delta H_y=Rl=\frac{\lambda}{d}\frac{\rho v^2}{2}l=\zeta_d\frac{\rho v^2}{2} \tag{4-4-14}$$

$$\zeta_d=\frac{\lambda}{d}l \tag{4-4-15}$$

式中：ΔH_d——管段当量局部阻力损失；

ζ_d——管段的当量局部阻力系数；

$\frac{\lambda}{d}$——折算水力摩阻系数，1/m。可查表 4-4-3 或其他资料获得。

表 4-4-3　不同供暖管道管径的 λ/d 值

公称直径	15	20	25	32	40	50	70	89×3.5	108×4
外径（mm）	21.25	26.75	33.5	42.3	48.0	60.0	75.5	89	108
内径（mm）	15.75	21.25	27.0	35.75	41.0	53.0	68	82	100
λ/d	2.70	1.80	1.40	0.90	0.80	0.55	0.4	0.31	0.24
A 值 Pa/(kg/h)^2	1.03×10^{-3}	3.12×10^{-4}	1.20×10^{-4}	3.89×10^{-5}	2.25×10^{-5}	8.06×10^{-6}	2.97×10^{-6}	1.41×10^{-6}	6.36×10^{-7}

采用当量局部阻力计算方法时，公式（4-4-1）可以表示为：

$$\Delta H=\Delta H_y+\Delta H_j=\zeta_d\frac{\rho v^2}{2}+\sum\zeta\frac{\rho v^2}{2}=(\zeta_d+\sum\zeta)\frac{\rho v^2}{2}=\zeta_{zh}\frac{\rho}{2}v^2 \tag{4-4-16}$$

$$\zeta_{zh}=\zeta_d+\sum\zeta \tag{4-4-17}$$

式中：ζ_{zh}——管段折算局部阻力系数；

其他符号同本节公式。

如果已经知道管段的水流量 G（kg/h），则根据式（4-4-12）可以推导出：

$$\Delta P=Rl+\Delta P_j=\left(\frac{\lambda}{d}l+\sum\zeta\right)\frac{\rho v^2}{2}=\frac{1}{(900\pi d^2)^2\cdot 2\rho}\left(\frac{\lambda}{d}l+\sum\zeta\right)G^2$$

$$=A(\zeta_d+\sum\zeta)G^2=A\zeta_{zh}G^2 \tag{4-4-18}$$

$$A=\frac{1}{(900\pi d^2)^2\cdot 2\rho}\quad \text{Pa/(kg/h)}^2 \tag{4-4-19}$$

表 4-4-3 列出了建筑内热水供暖系统常用管道的 A 值，供参考。

式（4-4-18）也可以改写为：

$$\Delta P=A\zeta_{zh}G^2=SG^2 \tag{4-4-20}$$

式中：S——管段的阻力特性数（简称阻力数），Pa/(kg/h)^2。它的数值表示当管段通过 1 kg/h 水流量时的压力损失值。

(3) 当量长度阻力计算法

当量长度阻力计算法是将管段的局部阻力折合为管段的沿程阻力的一部分来计算。则：

$$\Delta H_j = \sum \zeta \frac{\rho v^2}{2} = R l_d = \frac{\lambda}{d} l_d \frac{\rho v^2}{2} \qquad (4-4-21)$$

$$l_d = \sum \zeta \frac{d}{\lambda} \qquad (4-4-22)$$

式中：l_d——管段中局部阻力当量长度，m。

当量长度一般用在室外热力管网的水力计算中。

4.4.2 串联管路与并联管路的水力计算

供暖系统的管路由多个管段组成，这些管段之间的关系主要是串联管路和并联管路。两种管路的特性不同，压力降计算方法也不同。

4.4.2.1 串联管路压降的计算

在串联管路中，各个管段的流量都相同，串联管路的总压降等于各个串联管段压降之和。

图 4-4-1 是串联管路示意图，该串联管路的总压降 ΔP 为：

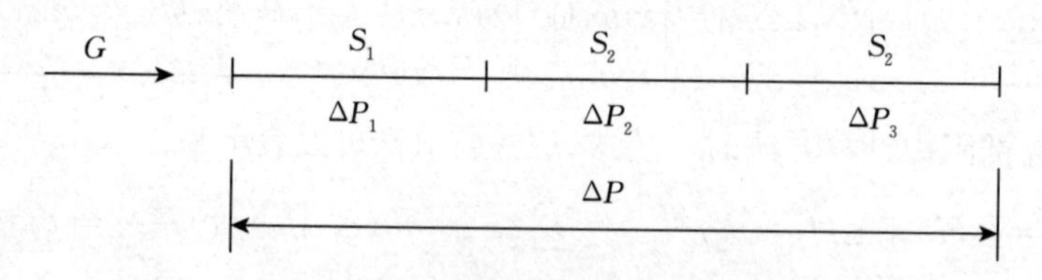

图 4-4-1　串联管路系统示意图

$$\Delta P = \Delta P_1 + \Delta P_2 + \Delta P_3 \qquad (4-4-23)$$

式中：ΔP、ΔP_1、ΔP_2、ΔP_3——分别为管段总压降和各管段压降，Pa。

根据式（4-4-20），可知：

$$\Delta P = \Delta P_1 + \Delta P_2 + \Delta P_3 = S_{ch} G^2 = S_1 G^2 + S_2 G^2 + S_3 G^2$$

由此可得：

$$S_{ch} = S_1 + S_2 + S_3 \qquad (4-4-24)$$

式中：G——供暖管路流量，kg/h；

S_1、S_2、S_3——各串联管段的阻力数，Pa/(kg/h)^2；

S_{ch}——串联管路的总阻力数，Pa/(kg/h)^2。

式（4-4-24）表明：在串联管路中，管路的总阻力数为各串联管段管路阻力数之和。

4.4.2.2 并联管路压降的计算

在并联管路中，系统总流量等于各个管段的流量之和。

图 4-4-2 是并联管路示意图，该并联管路的总流量 G 为：

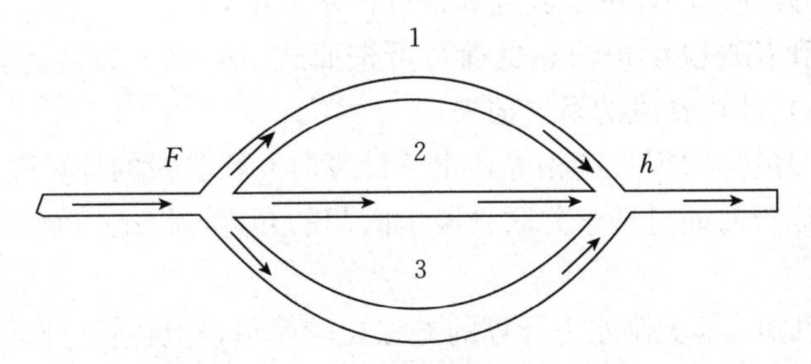

图 4-4-2　并联管路系统示意图

$$G=G_1+G_2+G_3 \qquad (4-4-25)$$

根据式（4-4-20），可得：

$$G=\sqrt{\frac{\Delta P}{S_b}}；G_1=\sqrt{\frac{\Delta P}{S_1}}；G_2=\sqrt{\frac{\Delta P}{S_2}}；G_3=\sqrt{\frac{\Delta P}{S_3}} \qquad (4-4-26)$$

将式（4-4-26）代入式（4-4-25）可得到：

$$\sqrt{\frac{1}{S_b}}=\sqrt{\frac{1}{S_1}}+\sqrt{\frac{1}{S_2}}+\sqrt{\frac{1}{S_3}} \qquad (4-4-27)$$

设：$a=1/\sqrt{S}=G/\sqrt{\Delta P}$，则有：

$$a_b=a_1+a_2+a_3 \qquad (4-4-28)$$

式中：a_b、a_1、a_2、a_3——分别为并联管路中通导数和分支通导数，$(kg/h)/Pa^{1/2}$；

S_b、S_1、S_2、S_3——分别为并联管路总阻力数和各分支阻力数；$Pa/(kg/h)^2$。

又由于并联管路各分支的压力降相等，因此有：

$$\Delta P=S_1G_1^2=S_2G_2^2=S_3G_3^2$$

$$G_1:G_2:G_3=\frac{1}{\sqrt{S_1}}:\frac{1}{\sqrt{S_2}}:\frac{1}{\sqrt{S_3}}=a_1:a_2:a_3 \qquad (4-4-29)$$

由式（4-4-29）可知：在并联管路中，各分支管段的流量分配与各分支管段的通导数成正比。此外各分支管段的阻力状况（即阻力数 S 值）不变时，管路的总流量在各分支管段上的流量分配不变。管路的总流量增加或减少多少倍，并联环路各分支管段流量也相应增加或减少多少倍。

4.4.3　热水供暖系统水力计算的方法

水力计算方法有等温降计算方法和非等温降计算方法两种。

4.4.3.1　等温降水力计算方法

等温降水力计算方法按照垂直式热水供暖系统中各立管或水平式系统各水平支路中水的温降相等，而且不计管道热损时，均等于系统入口的设计供回水温差。即：

$$\Delta t'=\Delta t'_L=t'_g-t'_h \qquad (4-4-30)$$

式中：$\Delta t'$——供暖系统设计供回水温差，℃；

$\Delta t'_L$——立管或水平支管的计算温差，℃；

t'_g、t'_h——分别为设计供水温度和设计回水温度，℃。

已知设计温差和各管段承担的热负荷，可按照式（4－4－11）计算每一段管段的流量，用式（4－4－1）计算管段的阻力损失。

系统中并联管段的阻力损失应相等，由于计算时并联管段的计算阻力损失往往不满足这一原则，只能在运行时通过调整并联管段上阀门的开度等措施，使并联管路阻力损失趋于相等。

由上面的分析可知：等温降水力计算的方法比较简单，但各管路阀门调节性能不佳时，供暖系统容易产生水力失调，导致供暖建筑内各房间的供暖温度偏离设计要求，冷热不均。

等温降水力计算方法，原则上可用于各种系统，用于异程式和同程式系统、垂直式和水平式系统时，计算方法和步骤稍有不同。

4.4.3.2 非等温降水力计算方法

非等温降水力计算方法是按照以下原则计算的：

（1）非等温降水力计算方法中，垂直式系统各立管或水平式系统各水平支路的供回水温差不相等，各立管供水温度相同，回水温度不同。

供暖系统的设计供回水温差是已知和给定的，运用非等温降水力计算方法时，各立管的供回水温差要假定（对第一个计算的立管）或通过计算得到，其值可能大于或小于系统的设计供回水温差。

（2）管段或立管的供回水温差可以偏离系统设计供回水温差，但是设计热负荷应满足设计要求。

（3）遵从并联管路阻力损失相等的原则，计算环路内各立管。

根据并联管路阻力损失相等原理计算环路内各立管的流量的方法为：首先选某一立管，例如离热力入口最远的立管，根据已知的热负荷、设计温降，计算该立管流量和阻力损失 ΔH，用该立管的阻力损失数值，计算与之并联的立管：

$$\Delta H=\left(\frac{\lambda}{d}l+\sum\zeta\right)\frac{\rho}{2}v^2=\zeta_{zh}\ \frac{\rho}{2}\left(\frac{G}{(900\pi d^2)^2\rho}\right)^2$$

$$=6.25\times10^{-8}\ \frac{1}{\rho d^4}\zeta_{zh}G^2=A\zeta_{zh}G^2=SG^2$$

对于室内供暖系统，管道内流动多处于非阻力平方区，λ 不是定值，阻力系数 S 也不是常数，为了简化计算，近似认为阻力系数 S 是常数。

（4）初始计算并联大环路阻力损失不相等，要进行平差。

初始计算时，当水流通过两个并联环路的阻力损失不相等时，应调整环路的流量，使得阻力损失相等，即平差。

（5）系统入口的总流量 G_z 在各并联大环路之间分配。

供暖系统总流量 G_z 用系统的供回水设计温差和总设计热负荷计算得出。为室外供热管网提供给系统的流量。由于并联环路各分支系统的流量不等于 G_z，因此应对各环路的流量进行分配，使得分配后的流量等于总流量 G_z。假设系统有两个并联环路，分别为环路 1 和环路 2，则流量分配按照下列公式进行：

$$G'_1=\frac{a_1}{a_b}G_z,\ G''_2=\frac{a_2}{a_b}G_z \tag{4-4-31}$$

式中：G'_1、G''_2——分别为调整后环路1和环路2的流量，kg/h；

a_1、a_2——分别为环路1和环路2的通导数，kg/(h·Pa$^{-0.5}$)；

a_b——环路1和环路2并联环路的通导数，kg/(h·Pa$^{-0.5}$)。

环路的阻力数和通导数不随流量变化，仍可用初始计算得到的流量和阻力损失来计算：

$$a_1=\frac{1}{\sqrt{S_1}}=\frac{G_1}{\sqrt{\Delta H_1}},\ a_2=\frac{1}{\sqrt{S_2}}=\frac{G_2}{\sqrt{\Delta H_2}} \tag{4-4-32}$$

$$a_b=a_1+a_2$$

（6）用在各大环路之间分配的最终流量，确定各并联环路的流量、压降、立管温降。

非等温降水力计算的实质是在设计阶段考虑实际运行时并联管路的阻力损失相等的原理，在管路结构确定后，按照这一原理来分配并联管路的流量，用分配得到的流量来计算立管的供回温差。各立管的回水温度不同，用水力计算得到的立管温度计算散热器面积。凡是流量大的立管，其回水温度高，散热器平均温度也高，散热器的计算面积将有所减少，从而在设计阶段防止了立管流量大的房间过热，避免或显著减轻了系统失调问题。

原则上非等温水力计算方法可用于各种系统，用于异程式和同程式系统、垂直式和水平式系统，以往多用于垂直单管异程系统，近年来开始用于水平系统。

采用非等温降水力计算方法，系统运行后供暖质量好，但比等温降计算方法稍复杂。

4.4.4　热水供暖系统水力计算任务

4.4.4.1　水力计算的任务

室内热水供暖系统管路水力计算，通常有以下三种情形：

（1）已知各管段的流量和循环作用压力，确定各管段管径。

（2）已知各管段的流量和管径，确定系统所需的循环作用压力。

（3）已知各管段管径和该管段的允许压降，确定该管段的水流量。

室内热水供暖系统由许多串联或并联管段组成，管路的水力计算从系统最不利的环路开始，也即是从允许的比摩阻 R 最小的一个环路开始计算，由 n 个串联管段组成的最不利环路，它的总压力损失为 n 个串联管段压力损失的总和。

热水供暖系统循环作用压头的大小，取决于机械循环提供的作用压力、水在散热器内以及管路内冷却产生的附加作用压力。

4.4.4.2　各种任务下的水力计算

对于第（1）种已知各管段的流量和循环作用压力，需要确定各管段管径的，可以预先求出最不利循环环路或分支环路的平均比摩阻，即：

$$R_{pj}=\frac{\alpha\Delta P}{\sum l} \tag{4-4-33}$$

式中：ΔP——最不利循环环路或分支环路的循环作用压头，Pa；

$\sum l$——最不利循环环路或分支环路的管路总长度，m；

α——沿程损失约占总压力损失的估计百分数，见表 4－4－4。

表 4－4－4　供暖系统中摩擦损失与局部阻力损失的概略分配比例

供暖系统形式	摩擦损失	局部阻力损失
自然循环热水系统	50%	50%
机械循环热水系统	50%	50%
低压蒸汽供暖系统	60%	40%
高压蒸汽供暖系统	80%	20%
室内高压凝水管路系统	80%	20%

根据公式（4－4－33）计算出的 R_{pj} 以及环路中各管段的流量，利用水力计算图表，可选出最接近的管径，并求出最不利循环环路或分支环路中各管段的实际压力损失和整个环路的总压力损失值。

第（1）种情况的水力计算，有时也用在已知各管段的流量和选定的比摩阻 R 值或流速 v 值的场合，此时选定的 R 值和 v 值，常采用经济值，称为经济比摩阻或经济流速。

选用多大的 R 值（或流速 v 值）来选定管径，是一个技术经济问题，如选用较大的 R 值（v 值），则管径可缩小，但系统的压力损失增大，水泵的电能消耗增加，同时为了各循环环路易于平衡，最不利循环环路的平均比摩阻 R_{pj} 不宜选的过大。

在设计实践中，对传统的供暖方式，R_{pj} 值一般取 60～120 Pa/m 为宜；对于分户供暖系统，R_{pj} 值主要从水力工况平衡的角度考虑得较多。

对于第（2）种已知各管段的流量和管径，确定系统所需的循环作用压力的，常用于校核计算，根据最不利循环环路各管段改变后的流量和已知各管段的管径，利用水力计算图表，确定该循环环路各管段的压力损失以及系统必需的循环作用压力，并检查循环泵的扬程是否满足要求。

对于第（3）种已知各管段管径和该管段的允许压降，确定该管段的水流量的，主要用于下列情况：对于已有的热水供暖系统，在管段已知的作用压头下，校核各管段通过的水流量的能力。

4.4.4.3　对各并联环路压力损失最大不平衡率控制与流速限制

（1）并联环路压力损失不平衡率控制

由于室内供暖系统可选择的管径规格是有限的，设计人员在设计选型的时候，仅能做到尽可能地选择合适的管径，使并联环路的压力损失尽可能相同或相近。但在供暖运行时，设计压降小的分支，流量大于设计值；设计压降大的分支，流量小于设计值；以上情况导致各个分支的实际流量与设计流量产生偏差，从而引起各个分支供暖的实际温度与设计温度出现不同。

为了使得室内设计温度与实际运行温度的差别控制在合理的范围内（±1 ℃），

GB 50736—2012《民用建筑供暖通风与空气调节设计规范》5.9.11条规定：室内热水供暖系统的设计应进行水力平衡计算，并应采取措施使设计工况时各并联环路之间（不包括共用段）的压力损失相对差额不大于15%。5.9.12条规定：室内供暖系统总压力应符合下列规定：①不应大于室外热力网给定的资用压力降；②应满足室内供暖系统水力平衡的要求；③供暖系统总压力损失的附加值宜取10%。5.9.18条规定：高压蒸汽供暖系统最不利环路的供气管，其压力损失不应大于起始压力的25%。

（2）室内热水供暖系统流速限制

在实际设计时，为了平衡各并联环路的压力损失，往往需要提高近循环环路分支管段的比摩阻和流速，但流速过大，会使管道产生噪音。

GB 50736—2012《民用建筑供暖通风与空气调节设计规范》5.9.13条，对室内供暖系统管道中热媒的最大流速规定见表4-4-5。

表4-4-5　室内供暖系统管道中热媒的最大流速（m/s）

室内热水供暖系统管径DN（mm）	15	20	25	32	40	≥50
有特殊安静要求的热水管道	0.50	0.65	0.80	1.00	1.00	1.00
一般室内热水管道	0.80	1.00	1.20	1.40	1.80	2.00
蒸汽供暖系统形式	低压蒸汽供暖系统			高压蒸汽供暖系统		
汽水同向流动	30			80		
汽水逆向流动	20			60		

4.4.5　自然循环供暖系统水力计算

4.4.5.1　自然循环垂直单管系统

图4-4-3是自然循环上供下回单管和跨越管式热水供暖系统，在忽略管道散热产生的附加压头后，(a)图顺流式系统作用压头的计算公式如下：

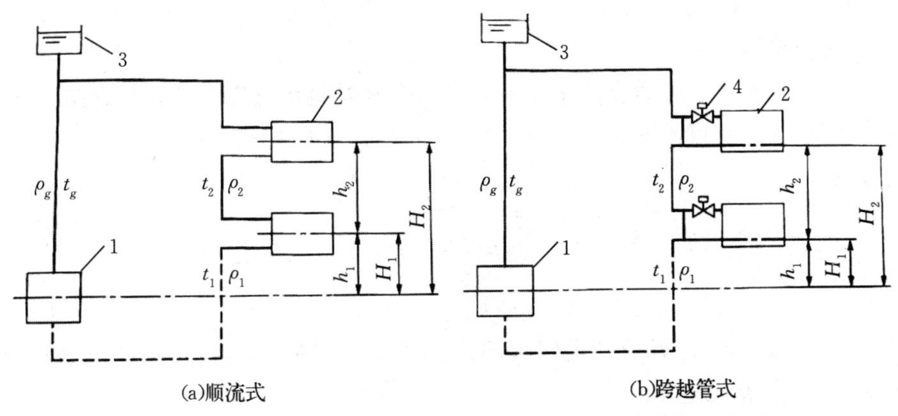

图4-4-3　自然循环垂直单管热水供暖系统压头计算示意图

1. 锅炉或换热器；2. 散热器；3. 膨胀水箱；4. 调节阀

$$\Delta P_z = gh_1(\rho_1-\rho_g) + gh_2(\rho_2-\rho_g) = gH_2(\rho_2-\rho_g) + gH_1(\rho_1-\rho_2) \tag{4-4-34}$$

式中：ΔP_z——自然循环作用压头，Pa；

ρ_1、ρ_2——分别为第 1 层、第 2 层散热器出水温度所对应的水的密度，kg/m^3；

h_1、h_2——分别为第 1 层散热中心到火炉加热中心、第 2 层散热中心到第一层散热中心的垂直距离，m；

H_1、H_2——分别为第 1 层、第 2 层散热中心到锅炉加热中心的垂直高度，m。

在低温水范围内，水的密度差与温度差成正比，即：

$$\beta = \frac{\rho_h - \rho_g}{t_g - t_h} \tag{4-4-35}$$

式中：β——密度差与温度差的比值，kg/(m³·℃)；

t_g、t_h——分别为供水与回水温度，℃；

ρ_h、ρ_g 为回水与供水密度，kg/m^3。

β 的数值可根据水的温度与密度的数值得到，在一定温度范围内为定值。对设计供回水温度为 95 ℃/70 ℃、85 ℃/60 ℃的系统，$\beta=0.64$。

对第 2 层散热器，可以得出：

$$t_g - t_2 = \frac{Q_2}{cG_L} = 0.86\frac{Q_2}{G_L}$$

对第 1、2 层散热器，可写出：$t_g - t_1 = \dfrac{Q_1+Q_2}{cG_L} = 0.86\dfrac{Q_1+Q_2}{G_L}$，代入（4-4-34），得到自然循环的作用压头计算公式：

$$\begin{aligned}\Delta P_z &= g[h_1(\rho_1-\rho_g)+h_2(\rho_2-\rho_g)] = \beta g[h_1(t_g-t_1)+h_2(t_g-t_2)] \\ &= \frac{0.86\beta g}{G_L}[Q_1 h_1 + Q_2(h_1+h_2)] = \frac{0.86\beta g}{G_L}[Q_1H_1+Q_2H_2]\end{aligned} \tag{4-4-36}$$

式中：c——水的比热，$c=4\ 187$ J/(kg·℃)；

Q_1、Q_2——分别为第 1 层、第 2 层散热器的热负荷，W；

G_L——立管流量，kg/h；

其他符号同本节。

图 4-4-4 是 n 层散热器自然循环垂直单管热水供暖系统压头计算示意图。该图所示系统的作用压头的计算可借鉴式（4-4-36），并将式（4-4-35）代入（4-4-34），可得到如下公式：

$$\Delta P_z = \sum_{i=1}^{n} gh_i(\rho_i-\rho_g) = \sum_{i=1}^{n} gH_i(\rho_i-\rho_{i+1}) = \beta g\sum_{i=1}^{n} H_i(t_{i+1}-t_i) \tag{4-4-37}$$

参照式（4-4-36），对设计供回水温度为 85/60 ℃的 n 层散热器顺流式单管系统，其自然循环压头计算公式如下：

$$\Delta P_z = \frac{0.86\beta g}{G_1}\sum_{i=1}^{n} Q_iH_i = \frac{5.4}{G_L}\sum_{i=1}^{n} Q_iH_i \tag{4-4-38}$$

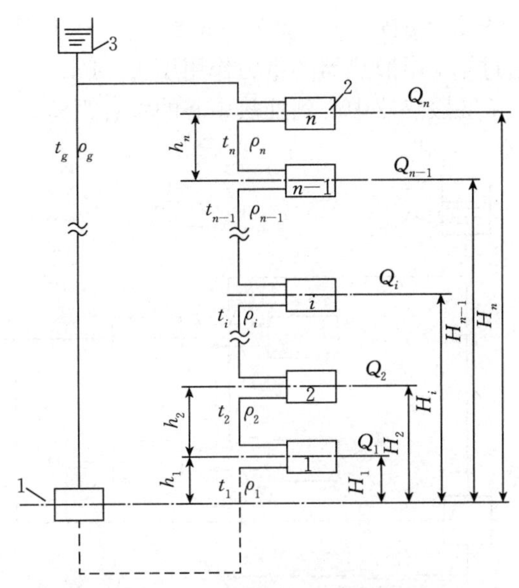

图 4-4-4　n 层散热器自然循环垂直单管热水供暖系统压头计算示意图

1. 锅炉；2. 散热器；3. 膨胀水箱

式中：n——立管上散热器总组数；

i——从底层起算的立管上散热器的顺序数；

ρ_i、ρ_{i+1}——分别为流出第 i 层、第 $i+1$ 层散热器水的密度，kg/m^3；

t_i、t_{i+1}——分别为流出第 i 层、第 $i+1$ 层散热器水的温度,℃；

h_i——第一层散热器中冷却中心与加热中心的垂直距离，或者任一上下相邻层散热器中心的垂直距离，m；

H_i——第 i 层散热器中冷却中心与加热中心的垂直距离，m；

Q_i——第 i 层散热器的热负荷，W；

其他同本节公式。

从式（4-4-38）可知：位于最高处的散热器的 H 值最大，产生的自然循环压头最大。热负荷大的散热器产生的自然循环压头也大。用式（4-4-36）和式（4-4-38）计算自然循环系统的压头不涉及水的密度，使用简便、快捷。

图 4-4-3（b）跨越管自然循环系统的压头计算，也可用上述方法和公式计算，但是高度 h_i、H_i 的计算位置与顺流系统有所不同。跨越管式单管系统中立管中的水温的分界点位于各散热器回水支管与立管的连接点。这是因为在不考虑管道散热损失时，本层散热器的供水温度等于上层散热器跨越管与上层散热器回水交汇点处的水温。

图 4-4-3（b）已经标注出了 h_i、H_i 的分界点。

4.4.5.2　自然循环垂直双管系统

图 4-4-5 是自然循环垂直双管热水供暖系统示意图，如不计算管道散热损失，认为各层散热器的进、出水温度相同，各散热器进出水的密度都等于系统入口供、回水温度所对应的水的密度 ρ_g、ρ_h。对设计供、回水温度为 95℃/70℃、85℃/60℃的供暖系统，参照式（4-1-1），各散热器的重力作用压头计算公式为：

$$\Delta P_{z\cdot i}=gH_i\ (\rho_h-\rho_g)\ =6.28\ (t_g-t_h)\ H_i \qquad (4-4-39)$$

式中：$\Delta P_{z\cdot i}$——通过第 i 层散热器的重力作用压头，Pa；

H_i——第 i 层散热器中心到加热中心的垂直距离，m；

其他符号同本节公式。

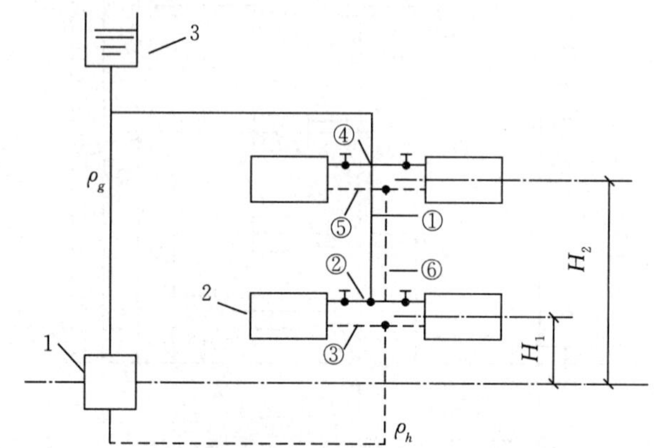

图 4-4-5　自然循环垂直双管热水供暖系统压头计算示意图

1. 锅炉；2. 散热器；3. 膨胀水箱

由于各层的 H_i 不同，使得各层的重力压头不同，通过系统最上层散热器的重力压头最大，通过最底层散热器的重力压头最小。在实际供暖运行时，上层散热器多出来的重力压头，会通过加快流速，增大阻力达到各个散热器消耗压头的平衡，这是导致垂直失调的根源之一。

对于三层及以下的多层自然循环供暖系统，建议采用单管顺流式；对于超过三层以上的自然循环供暖系统，建议采用单管跨越式。

对于单层自然循环供暖系统，建议采用图 4-1-2（a）（b）（c）所示的并联上供下回方式，其重力压头计算与公式（4-4-38）相同，只是此种系统的 $i=1$。

4.4.6　机械循环供暖系统水力计算

机械循环热水供暖系统中的作用压头由循环水泵提供的机械作用压头和热水在系统中冷却产生的重力压头相加而成，若忽略水在管路中冷却产生的重力作用压头，只考虑水在散热器内冷却产生的重力压头，则有：

$$\Delta P=\Delta P_b+\Delta P_z=\Delta P_b+(\Delta P_{z,s}+\Delta P_{z,g})\approx\Delta P_b+\Delta P_{z,s} \qquad (4-4-40)$$

式中：ΔP——机械循环热水供暖系统的作用压头，Pa；

ΔP_b——循环泵提供的作用压头，Pa；

$\Delta P_{z,s}$——散热器冷却产生的重力压头，Pa；

$\Delta P_{z,g}$——管道冷却产生的重力压头，Pa。

由一个热源（锅炉房或热力站）向多座建筑物供暖时，式（4-4-40）中的 ΔP_b 应为供热管网在各建筑物供暖系统入口处提供的资用压头。

从本书 4.4.5 节的讲述可知，重力作用压头与供暖的水温有关，在设计热负荷工况下供暖运行，供暖水温高，重力作用压头最大；在供暖初期和末期，供暖水温低，重力作用压头最小。重力作用压头相对于循环泵的压头而言虽然较小，但重力压头是造成机械循环热水供暖系统垂直失调的重要原因，因此应给予重视。

对于机械循环热水供暖系统，取供暖室外平均温度下对应的供回水温度，来计算重力作用压头，并以此作为其设计值比较适宜。在采用质调节时，我国常常取重力作用压头最大值的 2/3 作为重力作用压头设计值，这与取供暖室外平均温度下对应的供回水温度来计算重力作用压头很接近。

对于机械循环单管热水系统，如建筑物各部分楼层相同，在设计计算时，可不考虑重力作用压头，因为各立管产生的重力作用压头近似相等，对各立管流量的分配没有重大影响；如建筑物各部分总楼层高度不同，由于建筑物高度不同的影响，不同高度建筑的重力压头不同，必须分别计算重力作用压头数值。

对于机械循环双管热水供暖系统，所有散热器并联，如不考虑管道热损失，不同楼层散热器的进、出温度相同，但通过不同楼层散热器环路的重力作用压头不同，通过最底层的重力作用压头最小。对机械循环垂直上供下回双管热水供暖系统，一般取最远立管、最底层散热器环路作为水力计算的最不利环路，因为系统中该环路的管路长、阻力损失大、而重力作用的压头小。

对于机械循环下供下回双管热水供暖系统，通过底层散热器环路的重力作用压头小，而管路短；通过高层散热器环路的重力作用压头大，而管路也长。取哪个环路作为水力计算的最不利环路要进行权衡，要比较在设计流量下管路长度增加导致的阻力损失的增加值与作用压头增加值的相对关系，来确定是选取最高层的散热器环路，还是选取通过最底层的散热器环路作为水力计算的最不利环路。

4.4.7　单管热水供暖系统散热器进出温度计算

单管热水供暖系统，需要知道各组散热器的进出温度，才能计算散热器的用量和重力作用压头数值。

图 4 - 4 - 6 是单管热水供暖系统散热器进、出温度计算示意图。下面分析图中（a）、（b）两种形式集热器的出水温度计算方法。

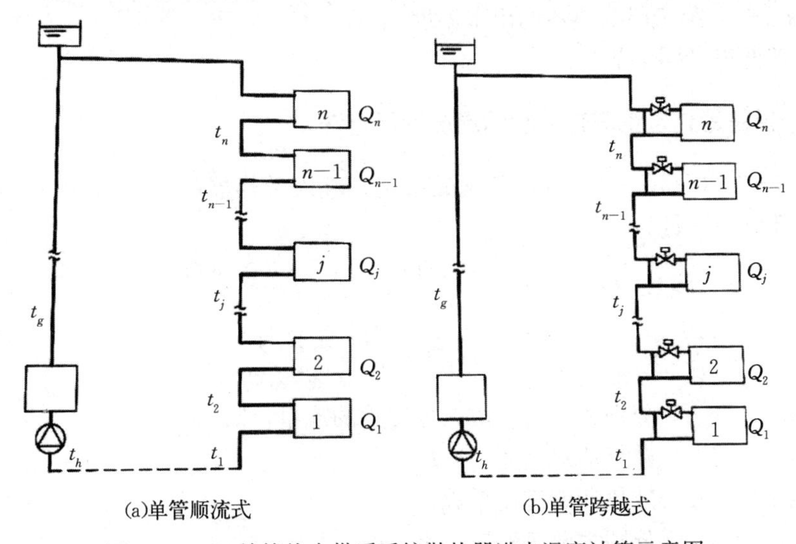

图 4 - 4 - 6　单管热水供暖系统散热器进出温度计算示意图

4.4.7.1 单管顺流式系统散热器出口温度计算方法

对于图 4-4-6（a）图的单管顺流系统，若不计管道热损失，则立管热负荷为：

$$\sum_{i=1}^{n} Q_i = Q_1 + Q_2 + \cdots + Q_{n-1} + Q_n$$

立管流量为：

$$G_L = \frac{\sum_{i=1}^{n} Q_i}{c(t_g - t_h)} = \frac{3\,600}{4\,187} \frac{\sum_{i=1}^{n} Q_i}{(t_g - t_h)} = 0.86 \frac{\sum_{i=1}^{n} Q_i}{t_g - t_h} \qquad (4-4-41)$$

式中：G_L——立管流量，kg/h；

Q_i——第 i 层散热器的热负荷，W；

c——水的比热，c=4 187 J/(kg·℃)。

由于各层散热器的流量均为 G_L，且各层散热器的热负荷为已知数，因此各层散热器的温降可以计算如下：

$$\Delta t_i = 0.86 \frac{Q_i}{G_L} \qquad (4-4-42)$$

第二层散热器的出水温度 $t_{2,h}$ 为：

$$t_{2,h} = t_g - 0.86 \frac{Q_2 + Q_3 + \cdots Q_{n-1} + Q_n}{G_L} = t_g - \frac{\sum_{i=2}^{n} Q_i}{\sum_{i=1}^{n} Q_i}(t_g - t_h)$$

同理，第 j 层散热器的出水温度为：

$$t_{j,h} = t_g - \frac{\sum_{i=j}^{n} Q_i}{\sum_{i=1}^{n} Q_i}(t_g - t_h) \qquad (4-4-43)$$

式中：$t_{j,h}$——第 j 层散热器的出水温度，℃；

其他符号同本节公式。

4.4.7.2 单管跨越式系统散热器出口温度计算方法

对于图 4-4-6（b）图的单管跨越式系统，进入散热器的流量与（a）图系统不同，进入散热器部分的流量为：

$$G_s = \alpha_f G_L = \frac{0.86Q}{t_{in} - t_{out}}；\quad t_{out} = t_{in} - \frac{0.86Q}{\alpha_f G_L}$$

$$t_p = \frac{t_{in} + t_{out}}{2} = t_{in} - \frac{0.86Q}{2\alpha_f G_L} \qquad (4-4-44)$$

式中：G_L、G_s——分别为立管和散热器支路的流量，kg/h；

Q——散热器热负荷，W；

α_f——散热器的进流系数；

t_{in}、t_{out}——分别为散热器进、出温度，℃。

对于图4-4-6（b）所示的单管跨越管供暖系统，与图4-4-6（a）单管顺流式系统的设计供、回水温度 t_g、t_h 相同，立管（或水平支路）的流量、各层散热器的热负荷 Q_i 相同，且不计管道热损失时，则跨越式单管系统与顺流式单管系统的各层散热器的进水温度相同；跨越式单管系统各层的混水温度（跨越管与散热器出口汇合处温度）与顺流式单管系统散热器出水温度相同。从式（4-4-44）可以看出，进流系数影响散热器的平均温度。图4-4-6（b）跨越管式系统比顺流式单管系统散热器中水的平均温度低，散热器用量增加。原则上，只有已知进流系数 α_f，才能确定图4-4-6（b）跨越管式系统中散热器的出水温度、平均温度、散热器面积以及计算其重力作用压头。

图4-1-4（c）和4-1-4（d）跨越式单管系统的设计，设计条件下可取与顺流式单管系统散热器进、出水温的计算方法相同。运行时散热器进、出水温度取决于跨越管中有无流量，无流量时与顺流式相同；有流量时与图4-4-6（b）跨越管系统计算方法相同。

图4-1-4（c）和4-1-4（d）跨越式单管系统中，当跨越管无流量时，散热器流量与顺流式单管系统相同。

（1）散热器进流系数 α_f

散热器的进流系数 α_f 是指进入散热器的流量 G_s 与立管总流量 G_L 的流量之比。

即：

$$\alpha_f=\frac{G_s}{G_L} \tag{4-4-45}$$

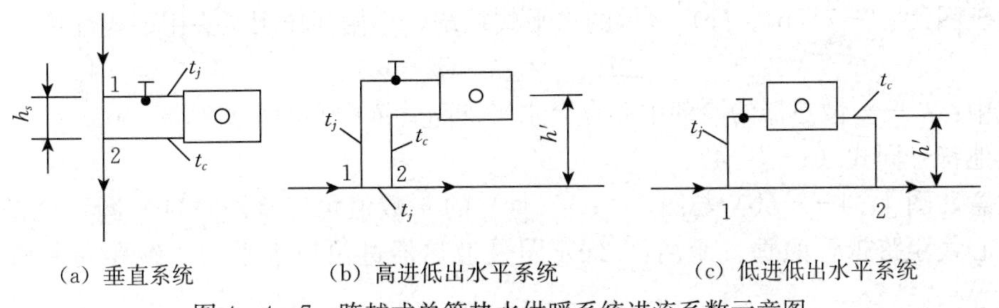

（a）垂直系统　（b）高进低出水平系统　（c）低进低出水平系统

图4-4-7　跨越式单管热水供暖系统进流系数示意图

图4-4-7是热水供暖系统常见的几种跨越式单管系统示意图。

对于4-4-7（a）所示的系统，由于通过散热器的阻力比跨越式单管大，因此立管流经散热器的流量小，进流系数 λ_f 较小，为了满足同样的散热量，需要较多的散热器面积，减小跨越管的管径，增大散热器的管径可以提高进流系数，但受到散热器接口口径、立管管径以及安装条件等限制，进流系数增加有限。进流系数还与立管流量和立管中水的流动方向有关，对于上供下回式系统，为了防止进流系数过小，立管流量 G_L 不应小于 G_{min}。散热器支管管径 d_s 与跨越管管径 d_k 不同时，G_{min} 不同；当二者管径均为DN15时，$G_{min}=200$ kg/h；当 d_s 为DN20，d_k 为DN15时，$G_{min}=150\sim170$ kg/h。

对于立管双侧连接散热器的顺流式单管热水供暖系统，也存在进流系数问题，其进流系数是指两侧散热器的流量分配比值。两侧散热器的管径、管长、局部阻力、热负荷都相等或接近时，两侧流量平均分配，$\alpha_f=0.5$；当一侧支管的阻力损失显著大于另一侧，则阻力损失大的一侧，流量偏小，$\alpha_f<0.5$，另一侧的 $\alpha_f>0.5$；当 α_f 接近0.5时，为了简化计算，在设计计算时，往往认为两侧散热器的进流系数均等于0.5。

对图4-4-7跨越式单管系统的1、2两点通过散热器支路的压头与1、2点通过跨越管支路的压头应该相等，因此有：

$$(Rl+Z)_{1-s-2}=(Rl+Z)_{1-k-2}\pm\Delta P_{Z_{1-2}} \quad (4-4-46)$$

式中：$(Rl+Z)_{1-s-2}$——水流经散热器及供回水支管的总阻力损失，Pa；

$(Rl+Z)_{1-k-2}$——水流经跨越管的总阻力损失，Pa；

R——比摩阻，Pa/m；

l——管长，m；

Z——局部阻力损失，Pa；

$\Delta P_{z_{1-2}}$——散热器小循环作用压头，Pa。

（2）跨越式单管系统小循环作用压头

对于图4-4-7（a）系统，如果忽略管道散热，则经过散热器的环路由于散热器散热，该环路温度低于跨越管内水温，因此散热器侧的压头就大于跨越管侧，简称小循环作用压头，小循环作用压头用下式计算：

$$\Delta P_{z_{1-2}}=gh_s\left(\frac{\rho_j+\rho_c}{2}-\rho_j\right)=\frac{1}{2}gh_s(\rho_c-\rho_j) \quad (4-4-47)$$

式中：h_s——散热器进、出口之间的高度，m；

ρ_j、ρ_c——分别为散热器进出水的密度，kg/m^3。

对于图4-4-7（b）、（c）所示的水平式系统，小循环作用压头用下式计算：

$$\Delta P_{Z_{1-2}}=gh'(\rho_c-\rho_j) \quad (4-4-48)$$

式中：h'——散热器的冷却中心点至水平支路管道中心的垂直高度，m。

其他符号同式（4-4-47）

注意，图4-4-7（b）与图4-4-7（c）的h'数值稍有差别。（b）图系统是散热器水平中心线距跨越管的垂直距离，（c）图是散热器进出口水平中心线距跨越管的垂直距离。

对于图4-1-4（c）和（d）所示的单管跨越式系统，若跨越管的流量为0，则不存在小循环；若跨越管有流量，则同样存在小循环。

4.5 热水辐射供暖系统水力计算

4.5.1 热水辐射供暖水力计算公式

热水辐射供暖系统的水力计算和方法与常规的热水供暖系统基本相同，按照沿程阻力和局部阻力计算管道的压力损失，计算公式相同，不同之处在于辐射加热管所采用的管材是塑料管或铝塑复合管，水力计算所采用的比摩阻公式和局部阻力系数，与散热器热水管材不同。

根据JGJ 142—2012《辐射供暖供冷技术规程》，相关计算公式如下：

$$\Delta P=\Delta P_y+\Delta P_j$$

$$\Delta P_y=Rl=\lambda\frac{l}{d}\frac{\rho v^2}{2};\Delta P_j=\sum\zeta\frac{\rho v^2}{2} \quad (4-5-1)$$

式中符号含义同本章前节。

沿程摩擦阻力系数λ的计算公式如下：

$$\lambda=\left\{\frac{\left[\frac{b}{2}+\frac{1.312\ (2-b)\ \lg 3.7\frac{d_n}{k_d}}{\lg R_{e_s}-1}\right]}{2\lg\frac{3.7d_n}{k_d}}\right\}^2 \tag{4-5-2}$$

式中：λ——摩擦阻力系数；

b——水的流动状态相似系数；

R_{e_s}——实际雷诺数；

d_n——塑料管或铝塑复合管计算内径，m；

k_d——塑料管的当量粗糙度，m；$k_d=1\times10^{-5}$m。

水的流动状态相似系数可用下式计算：

$$b=1+\frac{\lg R_{e_s}}{\lg R_{e_z}} \tag{4-5-3}$$

阻力平方区临界雷诺数的计算公式如下：

$$R_{e_z}=\frac{500d_n}{k_d} \tag{4-5-4}$$

实际雷诺数可用下式计算：

$$R_{e_s}=\frac{d_n v}{\mu_t} \tag{4-5-5}$$

式中：R_{e_z}——阻力平方区临界雷诺数；

v——水的流速，m/s；

μ_t——与温度有关的运动黏度（m^2/s）。

塑料管或铝塑复合管计算内径的计算公式如下：

$$d_n=\frac{1}{2}\ (2d_w+\Delta d_w-4\delta-2\Delta\delta) \tag{4-5-6}$$

式中：d_w——管外径，m；

Δd_w——管外径允许误差，m；

δ——管壁厚，m；

$\Delta\delta$——管壁厚允许误差，m。

4.5.2 热水辐射供暖系统水力设计要求

4.5.2.1 辐射供暖管管径选择

为了排出管内气体，防止泥沙杂质等沉积，辐射供暖管内的热媒流速不宜小于0.25 m/s，一般控制在0.25～0.6 m/s之间。

当地面辐射供暖选用塑料管或铝塑复合管，供暖设计供、回水温度为50/40 ℃，平均温度45 ℃时，管道水力计算可直接采用表4-5-1中的数值；当供回温度不是上述数值时，按照表 4－5－1 查取比摩阻，并按照下式进行修正。

$$R_t = R\theta \qquad (4-5-7)$$

式中：R_t——热媒在计算温度下的比摩阻，Pa/m；

R——按照表 4－5－1 查得的平均温度为 45 ℃的比摩阻，Pa/m；

θ——比摩阻修正系数，见表 4－5－2。

表 4－5－1　塑料管、铝塑复合管水力计算表

比摩阻（Pa/m）	管径（内径/外径）（mm）					
	12/16		16/20		20/25	
	流速（m/s）	流量（kg/h）	流速（m/s）	流量（kg/h）	流速（m/s）	流量（kg/h）
65	0.19	75.0	0.23	152.7	0.28	314.9
86	0.22	86.9	0.27	179.2	0.33	371.2
108	0.25	98.7	0.31	205.8	0.37	416.6
129	0.28	110.6	0.34	225.7	0.41	461.2
151	0.31	122.4	0.37	245.6	0.45	506.1
172	0.33	130.3	0.40	265.5	0.48	539.9
194	0.35	138.2	0.43	285.4	0.52	584.9
215	0.38	150.0	0.45	298.7	0.55	618.6
237	0.40	157.9	0.48	318.6	0.58	652.4
258	0.42	165.8	0.50	331.9	0.60	674.9
280	0.44	173.7	0.52	345.1	0.63	708.6
301	0.45	177.7	0.55	365.0	0.66	742.3
323	0.47	185.6	0.57	378.3	0.68	764.8
344	0.49	193.5	0.59	391.6	0.71	789.6
366	0.51	201.4	0.61	404.9	0.73	821.1
387	0.52	205.3	0.63	418.1	0.76	854.8
409	0.54	213.2	0.65	431.4	0.78	877.3
430	0.56	221.1	0.67	444.7	0.80	899.8
452	0.57	225.1	0.69	458.0	0.82	922.3
473	0.59	233.0	0.70	464.6	0.84	944.8
495	0.60	236.9	0.72	477.9	0.87	978.5
517	0.61	240.8	0.74	491.1	0.89	1 001.0

注：表中数据按照供回温度 50/40 ℃编制。

表 4－5－2　比摩阻修正系数

热媒平均温度（℃）	60	55	50	45	40	35
修正系数	0.957	0.971	0.986	1.00	1.014	1.029

4.5.2.2　地面辐射供暖系统局部阻力系数确定

地面辐射供暖系统加热管的局部阻力系数可按表4-5-3选取。表中没有的通用部件的局部阻力系数可查表4-4-1或其他资料。

表4-5-3　地面辐射加热管及其组件的局部阻力系数

部件	曲率半径≥5 d的90°弯	曲率半径≥5 d的180°弯	接口压紧螺母	调节阀
ζ值	0.3～0.5	1.0	1.5	8～16

4.5.3　热水辐射供暖系统设计与水力计算案例

【例题】

对本书第3章3.3.9节例题地板辐射供暖项目进行水力计算。

【解题】

(1) 计算供暖房间的热媒供应量

$$Q_m=(96.2+22.4)\times 96\times 90\%=10\ 247\ \mathrm{W}$$

热媒流量G为：

$$G=\frac{0.86Q_m}{t_g-t_h}=\frac{0.86\times 10\ 247}{45-35}=881\ (\mathrm{L/h})$$

共4个区4个环路，每个环路的流量为：

$$881\div 4=220.25\ (\mathrm{L/h})$$

(2) 管道系统的阻力计算

查表4-5-1，当管径为16/20，流量225.7 L/h，流速为0.34 m/s，比摩阻129 Pa/m。因流量很接近220.25 L/h，不再用插入法，直接用查取数据计算，则每100 m的沿程阻力为：

$$\Delta P_y=100\ \mathrm{m}\times 129\ \mathrm{Pa/m}=12\ 900\ \mathrm{Pa}$$

统计最远环路系统的总局部阻力系数$\zeta=35$，由此可以计算出局部阻力为：

$$\Delta P_j=\sum\zeta\frac{\rho v^2}{2}=35\times\frac{990.25\times 0.34^2}{2}=2\ 003(\mathrm{Pa})$$

总阻力为：$\Delta P=\Delta P_y+\Delta P_j=12\ 900+2\ 003=14\ 903\approx 15$ (kPa)

总阻力小于30 kPa，符合要求。

(3) 更换成12/16的铝塑复合管后的阻力计算

查表4-5-1，当管径12/16，流量221.1 L/h，流速为0.56 m/s，比摩阻430 Pa/m。每100 m的沿程阻力为：

$$\Delta P_y=100\ \mathrm{m}\times 430\ \mathrm{Pa/m}=43\ 000\ \mathrm{Pa}$$

统计最远环路系统的总局部阻力系数$\zeta=35$，由此可以计算出局部阻力为：

$$\Delta P_j=\sum\zeta\frac{\rho v^2}{2}=35\times\frac{990.25\times 0.56^2}{2}=5\ 434(\mathrm{Pa})$$

总阻力为：$\Delta P=\Delta P_y+\Delta P_j=43\ 000+5\ 434=48\ 434\approx 48.4$ (kPa)

总阻力大于 30 kPa，不符合要求。

从第 3 章 3.3.9 节例题及本题的计算过程可知：地板辐射房间的水力计算，主要是确定加热管的间距，校核 JGJ 142《辐射供暖供冷技术规程》中关于地面温度、散热量、阻力损失等条件是否满足要求，并确定布管分区等问题。

根据经验，每百米管道敷设间距与敷设面积的关系大致如下：间距为 200 mm，敷设面积 20 m^2；间距为 250 mm，敷设面积 25 m^2；间距为 300 mm，敷设面积 30 m^2。

思考题

1. 传统机械供暖系统都有哪些形式？各种形式的特点是什么？
2. 分户供暖系统都有哪些形式？各种形式的特点是什么？
3. 热水供暖建筑热力入口组成中各个部件的作用是什么？
4. 热水供暖系统排气装置都有哪些类别？各有什么特点？
5. 热水供暖系统散热器配套安装的恒温阀工作原理是什么？如何根据需要的室温调整恒温阀？
6. 蒸汽供暖系统都有哪些种类与特点？
7. 暖风机供暖有哪些优缺点？
8. 暖风机供暖设计有哪些注意事项？
9. 热水供暖系统的阻力都有哪些类别？各自影响因素有哪些？
10. 热水供暖系统串联环路的特点是什么？
11. 热水供暖系统并联环路的特点是什么？
12. 热水供暖系统重力压头如何导致垂直失调？

第5章　集中供暖热源与机房设备

集中供暖系统是指热源通过管网输送供暖介质向多个热用户供暖的系统，集中供暖系统由热源、热网、热用户三部分组成。本章主要讲述供暖热源与机房设备，主要包括：热源类别及其供暖方式、集中供暖热力站、定压稳压装置、水处理与补水装置等。

5.1　供暖热源

供暖热源分为集中式热源和分散式热源，集中式供暖热源主要有：热电厂、各类燃料锅炉、低温核能、热泵、太阳能供暖、地热供暖等。

5.1.1　热电厂热电联产

5.1.1.1　热电联产概念与优点

热电联产是指用一种动力设备或装置同时生产电和热两种形式能源的系统，热电联产主要有以下形式：汽轮机热电联产、燃气轮机热电联产、核能热电联产、内燃汽轮机热电联产、燃料电池热电联产、太阳能热发电热电联产等。热电联产是当前城市和工业园区集中供热的主要热源。

图5-1-1是热电联产集中供暖示意图。在热电厂，大型锅炉把水变成高温高压蒸汽，

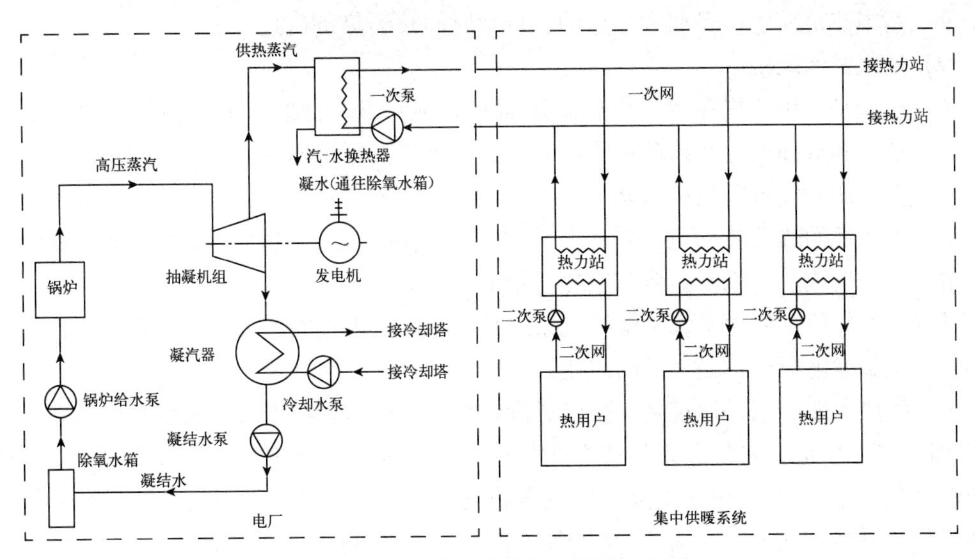

图5-1-1　热电联产集中供暖示意图

用来驱动汽轮发电机发电，从汽轮机发电后失去动能出来变成乏力的高温蒸汽，这些乏力的高温蒸汽必须被冷却成凝结水后，才能再次进入锅炉被加热成满足发电用的高温高压蒸汽。

常规的凝汽式发电厂燃料产生的热能，通常只有不到40％转变成电能，燃料产生的60％以上的能量都损失在排烟和经汽轮机发电后的乏蒸汽凝结成凝结水的环节上，存在巨大的能源浪费。如果将经发电后的乏蒸汽加以利用，如用于供暖、用于生产用蒸汽、用于吸收式制冷等，这样就可使燃料燃烧产生的热能，有80％以上被利用，从而大大提高燃料被有效利用的热效率。

综上所述，热电厂应尽量选择热电联产方式，可以以热定电。目前天然气、电力、热力等负荷均存在较大的季节性和时段峰谷差，如果全年运行采用冷-热-电三联供的方式，将显著提高能源的有效利用。

5.1.1.2 汽轮机的类别

热电厂供热系统按照机组类型主要有背压汽轮机、抽气汽轮机、凝汽式汽轮机三种。

（1）背压汽轮机

背压汽轮机的排汽压力高于大气压力，在一定范围内，排气量越大，发电量就越多。

背压式汽轮机热电联产，按照以热定电的方式运行，由于汽轮机排汽的热能全部被利用，因此热效率最高，发电煤耗率（生产1 kWh电能所消耗的标准煤数量）可低于150 g/kWh，能源利用效率达到82％以上。

与其他供热机组相比，在相同供热能力下投资最小，以最小的装机容量满足相同的热力要求，但这种汽轮机不能单独调节产热与产电，产热同时也伴随多产电，少供热则少产电。无热负荷则停止供电。以往的单机功率较小，多用于常年有稳定用热负荷的工厂自备热电站；近年来用于城市的背压式汽轮机增加，单机功率也在不断增大，背压式汽轮机适用于承担基本热负荷（供暖期中稳定的、持续时间长的热负荷）。

（2）抽气式汽轮机

抽气轮机是利用蒸汽在汽轮机中膨胀做功到某一级，抽取部分蒸汽用于供热的汽轮机，有单抽式和双抽式。所谓单抽式或双抽式，是指汽轮机抽取供热用蒸汽的压力是一种或两种。抽气压力通过阀门可以调整。

抽气汽轮机的热负荷和电负荷有一定的调节范围，多用热则少发电；多发电则少用热。解决了背压式汽轮机不能调节用热与用电比例的问题。

抽气式汽轮机单机功率大，结构复杂，功率相同时占地面积大，发电煤耗率高，最大供热量要受到发电用最小凝气量的限制。

为了解决上述问题，近年来在凝汽式汽轮机的基础上，推出了一种新型的汽轮机——凝气供暖式汽轮机，该汽轮机把汽轮机中各个阶段蒸汽压力按从大到小，分成高压缸、中压缸、低压缸，可把高压缸做功后的蒸汽送回锅炉再加热后，进入中压缸继续膨胀做功工作；在中压缸和低压缸以及供暖之间加装调节阀门，调节低压缸和供暖用蒸汽的分配。这种汽轮机，在供暖季节，可减少发电量用于供热；在非供暖季，可以增加发电量。

(3) 凝汽式汽轮机

凝汽式汽轮机是指蒸汽在汽轮内膨胀做功以后，除小部分轴封漏气之外，全部进入凝汽器凝结成水的汽轮机。普通的凝汽式汽轮机，凝汽器内蒸汽的绝对压力很低，对应的凝气温度在 30 ℃以下，不能用于供热；凝汽器的承压能力也较低，不能承受高压。

低真空凝汽式汽轮机是由现役的凝汽式汽轮机改造后的供热机组。该机组提高凝汽器的承压能力，并将凝结水的温度提高到 50 ℃以上，使得凝结水可以直接用于供热。

对于有多种类别汽轮机的热电厂，可以利用抽气式汽轮机的抽汽，对凝汽式汽轮机的供水实现再加热，提高供热的温度。

5.1.1.3　热电联产方案选择

具有全年稳定性热负荷的系统，可选背压式（含抽背式）、抽凝式汽轮机，或者二者相结合的方案，其中背压式汽轮机承担基本热负荷。

对于既有全年性热负荷，又有季节性热负荷（供暖、通风）的系统，可选凝气-供热式或者抽凝式汽轮机组组合。

可在热电联产供热系统中，配套高峰锅炉联合供暖。

也可通过配套蓄热装置，提高系统的调峰能力。

5.1.2　锅炉供暖

锅炉供暖分为小型锅炉供暖和区域锅炉供暖。

小型锅炉供暖是指为家庭或为单位供暖的小型独立锅炉供暖系统。包括燃气炉（含燃气壁挂炉和锅炉）供暖、小型生物质锅炉供暖、小型电锅炉供暖、小型燃油锅炉供暖等。受环保限制，燃油锅炉供暖受到限制，但上述其他小型锅炉供暖应用很普遍。有关小型燃气锅炉供暖、小型生物质锅炉供暖、小型电供暖，在本书第 1 章 1.5 节已经讲述，这里不再重复。

区域锅炉供暖是指依靠锅炉产生的热能为某一区域集中供暖的系统，区域锅炉供暖是我国集中供暖的主要供热设备。

通常把用于工业与供暖用途的锅炉称为供热锅炉或工业锅炉，把用于发电的锅炉称为动力锅炉或电站锅炉。

按照锅炉燃料的不同，锅炉分为：燃煤锅炉、燃油锅炉、燃气锅炉、电锅炉、生物质锅炉等。

按照锅炉产生的热媒不同，分为蒸汽锅炉和热水锅炉。

按照锅炉工作是否承压，分为常压锅炉和承压锅炉。

按照燃料燃烧方式的不同，分为层燃炉、室燃炉、沸腾炉，其中层燃炉又分为手烧炉、链条炉、往复炉等。

按照锅炉的放置方式不同，分为立式锅炉和卧式锅炉。

按照锅炉安装方式不同，分为快装锅炉、组装锅炉、散装锅炉。

5.1.3　其他供暖热源

5.1.3.1　核能供暖

核能供热是以核裂变产生的能量为热源的城市集中供热方式，它是解决城市能源供应，减轻运输压力和消除烧煤造成的环境污染的一种新的供暖方式。

由于采取了多重密封与屏蔽措施，因此核供热堆特别是低温供热堆，在运行时排放到环境中的放射性物质甚至比烧煤锅炉还要少得多。从经济上看，核供热堆的初始投资高于烧煤锅炉，但燃料费较省，与同功率的烧煤锅炉相比，每年核燃料的运输量仅约为煤量的十万分之一，可以输出 100 ℃左右的热水供城市应用。

目前，正在发展的有三种核能供热方式：

（1）城市集中供热专用低温供热堆。这种堆的压力为 1～2 MPa，可以输出 100 ℃左右的热水供城市应用，由于反应堆工作参数低，安全性好，有可能建造在城市近郊。

（2）核热电站。它与普通热电站原理相似，只是用核反应堆代替矿物燃料锅炉，核热电站反应堆工作参数高，必须按照电站选址规程建在远离居民区的地点，从而使它的发展在一定程度上受到限制。

（3）化学热管远程核供热系统。它利用高温气冷堆产生的 900 ℃左右的高温热源，进行可逆反应，并在常温下通过管道送到用户，在再生（甲烷化）装置中产生逆反应放出化学热，供用户应用。这种方法可将核热送到远处供大片供暖地区使用。

5.1.3.2　热泵供暖

热泵供暖是将大型热泵机组（单机容量在数兆瓦到数十兆瓦之间）集中布置在同一位置房内，通过供热管网向热用户供暖。

常用的热泵主要是水源热泵，包括：地表水源热泵、海水源热泵、污水源热泵、工业余热热泵、地热热泵等。中小型热泵，如空气源热泵、地/水源热泵可用于中小型供暖系统。热泵用于集中供暖，既可以单独作为供暖热源，也可以与其他热源联合供暖。

5.1.3.3　地热供暖

地热供暖是指利用地热能进行供暖的系统。地热能为地球本身蕴藏的能量，属于可再生能源，土壤的平均地温梯度大于 2.5 ℃/100 m，在有地热资源和允许钻地热井的地区，可以钻探地热井，获取 40～90 ℃的地热水，满足供暖和农产品低温烘干、蔬菜花卉温室、工业生产过程用热。

高温地热田的温度大于 150 ℃，可直接用于发电；中温地热田的温度在 90～150 ℃之间，低温地热井的温度在 25～90 ℃之间，中低温地热井可以用于供暖和供热水。

地热供热常见的供热形式有三种：纯地热水换热供热、地热水换热＋压缩式热泵供热、地热水换热＋吸收式热泵供热。

(1) 纯地热水换热供热

从开采井出来的高温水，经过汽水分离器和旋流除砂器的处理后，进入换热器与二级网热水换热，经过换热后的低温地热水注入回注井中；二级网供热回水经过换热升温后，为热用户供热。

(2) 地热水换热＋压缩式热泵供热

当地热井的出水温度较低时，可以利用地热的低温热能，通过压缩式热泵提升为满足供暖需要的中高温热源，为用户供暖。

(3) 地热水换热＋吸收式热泵供热

这种供热形式与地热水换热＋压缩式热泵供热形式相似，不同之处在于，这里采用的是吸收式热泵进行供热能力的补充。

5.1.3.4　太阳能供暖

太阳能供暖主要是太阳能光热供暖，把太阳辐射能直接转变成热能，用于供热供暖。目前应用最多的是太阳能低温供暖系统，也是本书讲述的重点。

近几年来，随着我国太阳能热发电技术的逐渐成熟和工业化，太阳能中高温热电联产技术和太阳能中温供热将会逐步得到推广应用。

太阳能供暖一般与其他热源组成多能源联合供暖系统。有关太阳能供暖技术将在后面章节做专门讲述。

5.2　热源供暖方式

5.2.1　供暖方式类别

供暖方式有很多种类，不同的热源设备适用不同的供暖方式，既有户用分散式供暖方式；也有一栋楼、一个小区的、几个小区、一个工厂的小型集中供暖方式；还有一个城镇的集中供暖方式。按照不同的供暖方式分类，也可分出很多类别的供暖系统。

分户供暖在本书第 1 章已经讲述清楚，这里主要讲述集中供暖方式。集中供暖系统主要按照下列方式分类

(1) 根据热媒种类分类

根据热媒的不同，可以分为：热水供暖系统和蒸汽供暖系统。蒸汽供暖系统供暖半径有限，一般只在工厂及其附属区域供暖；热水供暖既可以单户供暖，也可以一栋楼、一个小区、一个区域、整个城镇集中供暖。

(2) 根据热源种类分类

根据热源不同，可分为热电联产供热系统、区域锅炉房供热系统，此外还有工业余热供暖、太阳能供暖、地热供暖、核能供暖等。

(3) 根据热源数量分类

根据热源数量不同，可分为单一热源供热系统和多热源联合供热系统。

(4) 根据加压泵设置数量分类

根据系统加压泵设置的数量不同，分为：单一网路循环泵供暖系统和分布式加压泵供

暖系统。

（5）根据供暖管道的数量分类

根据供暖管道的不同，分为：单管制、双管制、三管制供热系统。

单管制管网用于热源远离供暖区，供热和通风等热用户需要的供热管网水流量与热水需要量基本相等，供暖和通风之后的回水直接当作热水使用。俄罗斯一些远离供热区且热水负荷与供热负荷基本匹配的城市采用这种系统，我国尚没有单管供热（暖）系统。

双管制系统用于热用户的用热品位比较接近的供热系统，一般供暖、通风、空调和热水供应，均需要较低品位的热能，且双管制系统管理简单，国内外大多数地方主要采用双管制供暖系统。

三管制供热（暖）系统采用两根供水管一根回水管，两根供水管的供水温度不同，共用一根回水管。三管制系统耗材量大，适用于供暖半径不大的工业园区采用。工业园区内既有需要高温热源满足生产需要，又有民用建筑需要供暖的，可采用三管集中供热（暖）系统。

5.2.2 热水供暖系统

5.2.2.1 热水供暖系统类别

图 5-2-1 是区域热水锅炉房集中供暖系统示意图。区域热水供暖系统主要由区域供热热水锅炉、补水与稳压系统、供热管网、供暖热用户、热水用户等组成。虽然系统组成大致相同，但形式和种类多种多样。

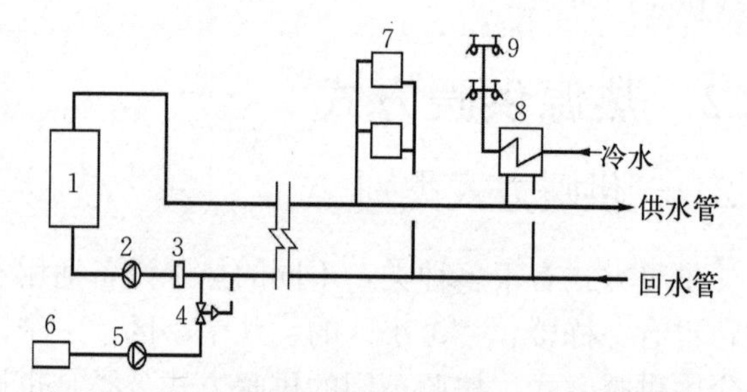

图 5-2-1 区域热水锅炉房集中供热系统示意图

1. 热水锅炉；2. 循环泵；3. 除污器；4. 系统定压阀；5. 补水泵；6. 补水箱；7. 热用户；8. 热水加热器；9. 用热水点

按照热用户是否消耗热媒，热水供暖系统可分为闭式系统和开式系统。闭式系统是指供热管网内的水只用做热媒用于供暖（热），不被用户使用的系统。开式系统是指供热管网内的水既做热媒用于供暖（热），又部分被用户使用。开式系统虽然造价低，输送能耗少，使用方便，但热源补水量大，系统水力工况复杂，运行不稳定，设备管道容易结垢。我国城市集中供暖系统基本没有采用开式供暖系统的。

按照热用户与供热管网的连接方式，热水供暖可分为直接连接方式和间接连接方式。直接连接方式是热源经过管网供出的热媒直接进入热用户的连接方式。间接连接方式是热源输出的热媒经过管网供出的热媒，不流过热用户，只经过热网与热用户之间的换热器换热，将热量传递给热用户的循环供暖系统。

直接连接系统用户入口设备简单，但热媒损失较多，且当系统庞大、用户数量大、热负荷类型较多的情况下，系统调节比较困难，主要用于中小型集中供暖系统。

间接连接系统通过换热器（站）向用户供热，因此系统调节方便，热媒损失少，适合在大中型集中供暖系统使用。间接连接系统要增加换热站，结构比较复杂，造价较高。

5.2.2.2　热水供暖系统热源与热用户的供热方式

图5-2-2是区域热水供暖系统热源与热用户的供热方式。图5-2-2（a）～（e）均为直接供热，图5-2-2（f）为间接供热。

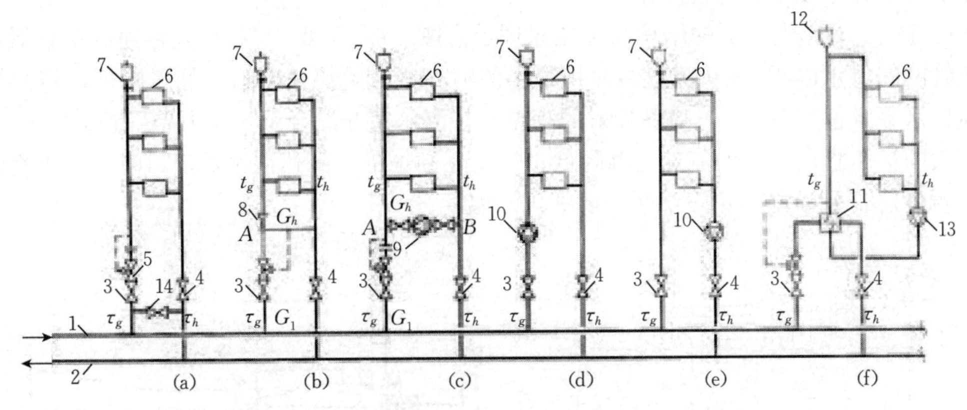

图5-2-2　热水集中供暖管网与热用户的连接形式

图5-2-2（a）为最简单的直接供热方式。热用户供回水管通过关断阀门3、4与供热主管网连接；阀门5为调节阀，调节进入该热用户的水流量；阀门14为连通管阀门，用于热用户不供暖情况下的防冻循环，供暖时关闭该阀门。这种系统结构简单，造价低，用于供热主管网提供的供水温度和压头都能满足要求的热用户。

图5-2-2（b）为混水器供热方式。在用户入口设置混水装置8，抽引热用户部分供暖回水G_h与供热管网的供水混合后，为热用户供暖。这类系统，当供热主干网供回水温度高于热用户需要的供暖供水温度时，可采用此种方式降低热用户供暖的供水温度。水喷射混水器，需要供热主管网提供较大的作用压头，供热管网供回水压差要大于6～12 mH_2O水柱，才能实现混水。

图5-2-2（c）为混水泵混水供热方式。与5-2-2（b）相比，图（c）系统是利用混水泵9提供的外来动力实现混水。这种混水方式对供热主管网的压头没有要求，而且在供暖主管网发生故障停止供热时，可以通过混水泵循环，在一定程度上避免热用户管路结冰。

图5-2-2（d）为在热用户入口加装增压泵10的直接供热系统。这类系统用于供暖主管网压头不能满足设计要求的热用户，或者分布式水泵输配供暖系统，可提高供暖入口的压头，满足热用户顶部不汽化、不倒空的要求。

图5-2-2（e）为在热用户回水出口加装增压泵10的直接供热系统。这类系统可降低热用户系统的压力水平，提高热用户出口的回水压头，将回水送入供热主管网回水管路中。该系统将增压泵10设置在回水管路上，降低了水泵的工作温度，有利于延长水泵寿命。

图5-2-2（f）为间接供热系统。供热管网的供水进入换热器11，加热用户供暖循

环系统的水。换热器 11 相当于热用户供暖的热源，与图（f）中的散热器 6 以及循环泵 13 联通的循环管路构成独立的热用户供暖系统。

5.2.2.3 热用户与供暖主管网的混水装置

图 5-2-2（b）、（c）分别是热用户利用混水器和混水泵与供热主管网连接的系统。本小节主要介绍混水器与混水泵。

图 5-2-3 是混水器的结构与工作原理示意图。图 5-2-3（a）是普通的混水器，当供热管网的供水以 P_1 压头流过截面积很小的喷嘴 4 时，流速剧增，静压降低，将热用户供暖回水吸入引水室 5，与喷嘴喷射的高温水在混水室 6 混合后，压力趋稳到 P_0，经过逐渐变大的扩压管后，水的流速逐渐降低，压头逐渐增加，到达混水器出口时，压头稳定在 P_3，温度降低到满足热用户供暖需要的供水温度。

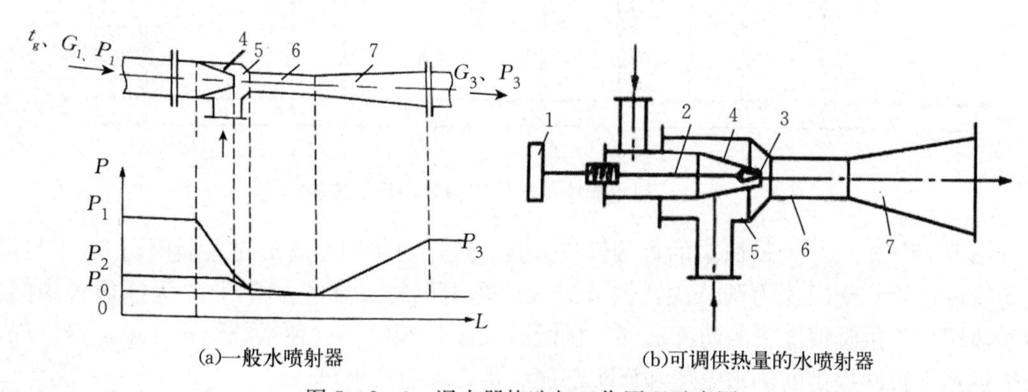

图 5-2-3 混水器构造与工作原理示意图

1. 调节机构；2. 调节杆；3. 调节针；4. 喷嘴；5. 引水室；6. 混水室；7. 扩压管

混水器的混水能力可以用混水系数来表达。混水系数是指被抽引热用户回水水量与供热管网供水水量之间的比值。图 5-2-3（a）混水器结构不能调节混水系数。图 5-2-3（b）结构的混水器，可以通过调节螺杆 1 带动调节杆 2 和调节针 3 来改变喷嘴 4 的出口面积，借此调整混水系数。

混水器混水，依靠管网自身压头混水，结构简单，占地面积小，工作可靠，不消耗外来动力。

图 5-2-2（b）、（c）混水系统，其能量平衡可用下式表示：

$$t'_G G_g + t'_h G_h = (G_g + G_h)\ t'_g \quad (5-2-1)$$

式中：t'_G——供热主管网供给热用户的供水温度，℃；

t'_g、t'_h——热用户供暖设计供、回水温度，℃；

G_g——供暖主管网进入热用户的供水量，t/h；

G_h——热用户供暖回水进入主管网的供水连联量，t/h。

混水系数 μ 为：

$$\mu = \frac{G_h}{G_g} \quad (5-2-2)$$

将公式（5-2-1）带入公式（5-2-2），可得出：

$$\mu=\frac{t'_G-t'_g}{t'_g-t'_h} \tag{5-2-3}$$

系统运行后，混水器混水系数不可改变，因此混水泵的流量可按照如下公式计算：

$$G_h=\mu G_g \tag{5-2-4}$$

5.2.2.4　热水供暖系统供回水设计温度与温差

供暖供回水温度高，温差大，可以减少资源消耗，降低投资，但散热器表面温度高，容易烫伤皮肤，烤焦有机灰尘，卫生条件与舒适性较差。低温水供暖系统，舒适性好，卫生条件好，但供暖设备数量多，投资相对增大。

热水集中供暖系统设计供回水温度和温差的取值应根据热源的类别、热用户的要求、考虑舒适、安全、经济、节能等因素，通过经济技术比较确定，力求在满足用户需求的条件下，降低系统投资和运行费用，减少能源和资源消耗。对不同能源、不同热源、不同供热管网，供暖供回水设计温度的取值应有所不同。

对于采用锅炉供暖的，如燃煤、燃气、燃油、电锅炉、生物质锅炉等供暖的，供暖设计供回水温度可以高点，以降低同样供暖面积的散热设备投资；对于民用建筑，采用此类热源作为供暖热源的，对于二次管网，建筑内供暖设计供回水温度在95℃/70℃、85℃/60℃、75℃/50℃之间选择，供回水温差宜在20～25℃。供回水温差过大，导致设计流量偏小，容易引起系统水力失调；对于城市热水集中供暖一次管网，供回水温度取130/90℃、110/70℃，供回水温差40℃。

对于采用热电厂热电联产的，如能使供暖设计供回水温度低一点，则可降低抽气压力，以利于减少单位发电燃料消耗量。

对于热源为太阳能、地热、工业余热等作为供暖能源的，供暖设计供回水温度应尽可能低一点，以尽可能提高太阳能的光热转换效率，提高同等温度地热水和工业余热的热能利用率。

5.2.2.5　热水供暖系统循环泵选型

在供暖系统的闭合环路内，循环水泵使水在系统内周而复始地循环，克服环路的阻力损失，热水供暖系统的循环水泵一般设置在热源机房内。

(1) 供暖循环泵流量确定

热水供暖系统循环水泵的流量应不小于管网的计算流量，即：

$$G_b=1.1G_j \tag{5-2-5}$$

式中：G_b——循环水泵的总流量，m^3/h；

G_j——供暖系统设计总流量，m^3/h；

1.1——安全裕量（考虑到各种不利因素而增加的贮备量）。

对于热水供暖系统，G_j 按照以下计算公式确定：

$$G_j=\frac{3.6Q'_n}{c(t'_g-t'_h)}\times10^{-3}=\frac{0.86Q'_n}{t'_g-t'_h}\times10^{-3} \tag{5-2-6}$$

式中：Q'_n——供暖用户设计供暖热负荷，W；

c——水的比热，kJ/(kg·℃)；

t'_g、t'_h——供暖管网的设计供回水温度,℃。

(2) 供暖循环泵扬程确定

供暖循环泵的扬程应不小于设计流量条件下，热源、热网和最不利用户环路的压力损失之和，并增加20%的储备量。即：

$$H_n=1.2\ (H_r+H_w+H_y) \tag{5-2-7}$$

式中：H_n——供暖循环泵扬程，mH_2O；

H_r——总供热管网中通过机房的压头损失，mH_2O；一般可取10～15 mH_2O；

H_w——总供热管网中通过外管网的压头损失，mH_2O；见本书第7章；

H_y——总供热管网中通过供暖建筑内的压头损失，mH_2O。见本书第4章。

用户系统供暖建筑的压力损失，与用户的连接方式及用户入口设备有关。在设计中可采用如下的参考数据：对于供热管网直接连接的供暖系统，约为（1～2）mH_2O；对于供热管网直接连接的暖风机供暖系统或大型散热器供暖系统，约为（2～5）mH_2O；对于采用水喷射器的供暖系统，约为（8～12）mH_2O；对于设置混合水泵的热力站，网路供回水管的预留资用压差值，应等于热力站后二级网路及其用户系统的设计压力损失值；对于选用板式换热器的热力站，阻力损失在5～15 mH_2O；对于选用管式或壳管式水-水换热器的，阻力损失在3～8 mH_2O。

(3) 供暖系统用泵数量确定

对于闭式热水供暖系统，补给泵宜选二台，可不设备用泵，正常时一台工作；事故时，两台全开。对于开式供暖系统，补给水泵宜设3台或3台以上，其中一台备用。

供暖循环泵按照如下原则进行设计选择：

(a) 循环泵的台数，在任何情况下都不应少于两台，其中一台备用；最多不宜超过4台。建议当循环水量大于180 m^3/h时，宜设3台或更多的水泵；当循环水量小于180 m^3/h时，只设两台，一台备用。

当供暖系统采用阶段式变流量的质调节时，循环水泵的选择，应考虑以下原则：

对于中小型供暖系统，可采用两阶段式变流量，两台循环水泵的流量分别为计算值的100%和75%，扬程分别为计算值的100%和56%。

对于大型供暖系统，可采用三阶段式变流量，三台循环水泵的流量分别为计算值的100%、80%和60%，扬程分别为计算值的100%、64%和36%。

对于具有热水供应热负荷的热水供热系统，在非供暖期间网路流量大大小于供暖期流量，可考虑增设专为供应热水热负荷用的供热水泵。

对具有多种热负荷的热水供热系统，如欲采用质量-流量调节方式供热，宜选用变速水泵，以适应供暖管网流量和扬程的变化。

(b) 如选两台水泵，一用一备，应选用工作特性曲线为平坦型水泵；如选多台泵并联，则选陡降型水泵对于选一备一用泵的供暖系统，选择工作特性平坦型水泵，可使供暖或空调水系统运行工况变化而导致流量变化时，泵的扬程变化较小，系统水力稳定性好。

对于选多台泵并联的供暖系统，由于水泵并联运行主要是为了增加流量，平坦型水泵并联时流量增加有限，而且改变并联泵的运行台数，陡降型水泵泵组的流量调节范围大。

(c) 循环水泵的承压和耐温能力应与热网的设计参数相适应。

(d) 循环水泵的工作点应处于循环水泵性能的高效区范围内。

5.2.2.6　热水供暖系统优点与适用范围

热水供暖系统的优点是：①热水介质热能效率高，热损失小，没有蒸汽供暖的凝结水和蒸汽泄漏，以及二次蒸汽的热损失，因而热能利用率比蒸汽供热系统好，一般可节约燃料 20%～40%。②调节方便，可以根据室外空气温度进行热水温度调节（质调节），以达到节能、保证室内供暖温度、满足卫生要求的目的。③热水供暖系统的蓄热能力高，热稳定性好，由于系统中水量多，水的比热大，因此在水力工况和热力工况短时间失调时，也不会引起供暖状况的很大波动。④输送距离长，一般可达 5～10 km，甚至达到 15～20 km。

热水供暖系统，多用于城市、街区、单位的集中供暖和家庭独立供暖，也用于工矿企业中供暖通风热负荷较大的场合。

5.2.3　蒸汽供暖系统

蒸汽供热系统，广泛应用于工业厂房或工业区域，它主要承担向生产工艺热用户供热，同时也向热水供应、通风和供暖热用户供热；也有在蒸汽锅炉房内同时制备蒸汽和热水热媒，蒸汽热媒供应生产工艺用热，热水热媒供应供暖、通风、热水等热用户。

本书第 4 章 4.2.1 节已经对蒸汽供暖系统的类别做了详细讲述，这里不再重复。

5.2.3.1　蒸汽供暖系统组成

图 5-2-4 是区域蒸汽供暖系统示意图。区域蒸汽供暖系统主要由区域供热蒸汽锅炉、凝结水收集与锅炉补水系统、蒸汽供热管网、蒸汽供暖热用户、蒸汽通风热用户、蒸汽热水热用户、生产工艺用蒸汽用户等组成。虽然系统组成大致相同，系统形式也多种多样。

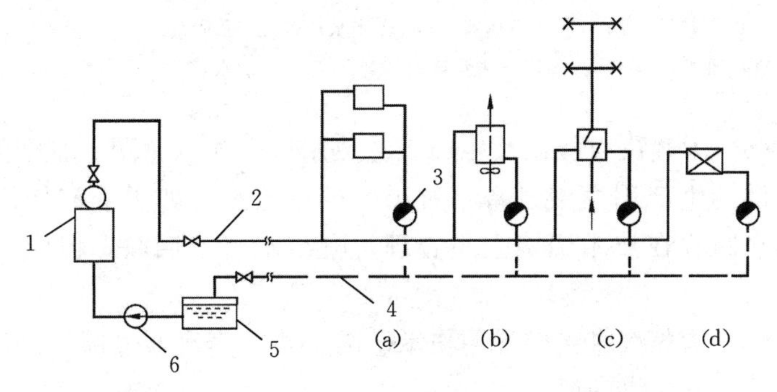

图 5-2-4　区域蒸汽锅炉房集中供热系统示意图

1. 蒸汽锅炉；2. 蒸汽干管；3. 疏水器；4. 凝结水干管；5. 凝结水水箱；6. 锅炉给水泵；
(a) 供暖用热用户；(b) 通风用热用户；(c) 热水用热用户；(d) 生产工艺用热用户

5.2.3.2　蒸汽供热热源与热用户的供热方式

图 5-2-5 是蒸汽供热热源与热用户的供热方式示意图。锅炉产生的高压蒸汽进入蒸汽管网，经热用户放热后产生凝水，经凝结水管网返回热源处的总凝结水箱，经锅炉给水泵加压进入锅炉重新加热变成蒸汽。

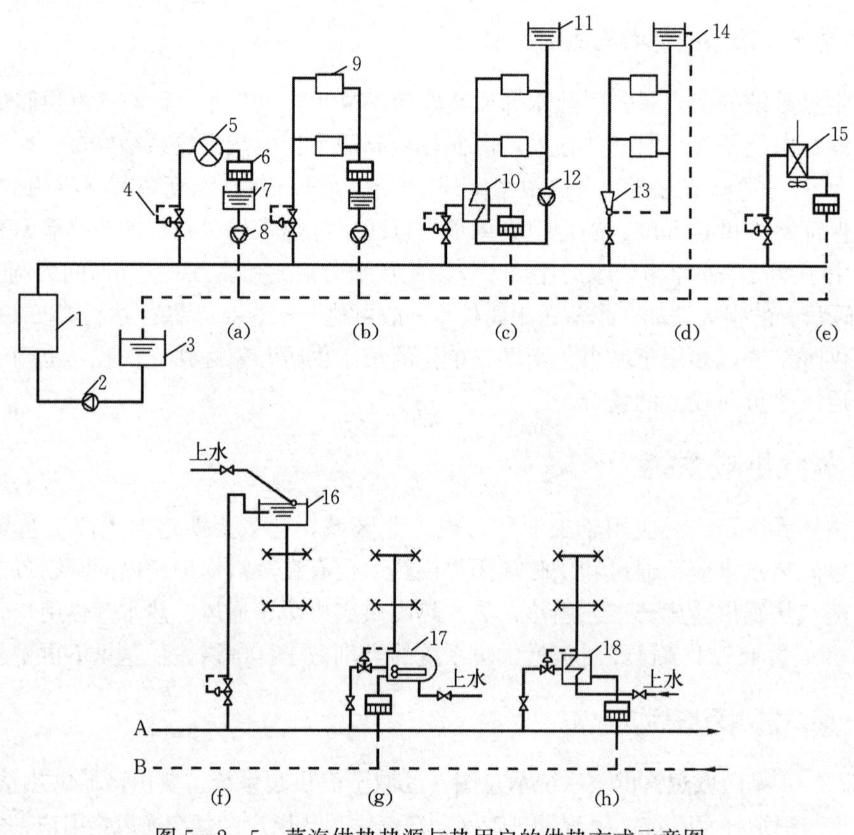

图 5-2-5　蒸汽供热热源与热用户的供热方式示意图

1. 蒸汽锅炉；2. 锅炉给水泵；3. 凝结水箱；4. 减压阀；5. 生产用热设备；6. 疏水器；7. 用户凝结水箱；8. 用户凝结水泵；9. 散热器；10. 汽-水换热器；11. 膨胀水箱；12. 循环泵；13. 蒸汽喷射器；14. 溢流管；15. 蒸汽加热空气热风机；16. 蒸汽加热开式水箱水装置；17. 蒸汽/水容积式换热器；18. 蒸汽/水换热器

图 5-2-5（a）为蒸汽直接供给生产工艺热用户方式示意图。管网的高压蒸汽，经过减压阀减压，供给生产用蒸汽设备。对于生产用蒸汽，如果蒸汽使用后的凝结水有玷污，或者凝结水回收在技术经济上不合理，凝结水可不回收，但应对凝结水及能量充分利用。

图 5-2-5（b）为蒸汽直接供暖用户示意图。高压蒸汽通过减压阀减压后，供给蒸汽供暖末端。

图 5-2-5（c）是蒸汽与热水供暖热用户采用蒸汽-水换热器的连接图。蒸汽经过蒸汽-水换热器，将热水供暖用户的供暖回水加热升温，实现热水供暖的目的。

图5-2-5（d）是蒸汽采用喷射装置向热水供暖用户直接供热示意图。喷射装置利用射流，降低射流处的压力，从而将供暖回水吸入喷射器，经过扩压管后，压力回升，使得热水供暖系统的水实现不断循环，满足用户供暖需要。这种供暖方式，随着供暖时间的延长，系统的凝结水越来越多，当凝结水箱的凝结水位达到供暖膨胀水箱的溢流水位时，溢流的凝结水经溢流管流回到凝结水支管，并回到蒸汽系统的凝结水箱。

图5-2-5（e）是蒸汽与通风系统用户直接供热系统示意图。高压蒸汽经过减压阀减压后，进入蒸汽-空气加热器，风机将需要加热的空气送入蒸汽-空气加热器，将通风需要的空气加热。经加热空气后的蒸汽凝结水经疏水器后，回流到蒸汽供热系统的凝结水支管，并回流到蒸汽锅炉房的凝结水箱内。

图5-2-5（f）（g）（h）是蒸汽加热热水的三种方式。

图5-2-5（f）系统是蒸汽直接进入水中，加热开式热水箱内的水，蒸汽释放热量后的凝结水与热水箱内的水融为一体。因为这种系统没有凝结水，这种方式只适合热水用量不大的系统，对于热水用量大的用户，存在凝结水浪费问题。

图5-2-5（g）系统是蒸汽经过容积式换热器加热热水，并自动控制容积换热器内的水温，利用自来水压力实现热水供应。

图5-2-5（h）系统是无水箱蒸汽加热热水系统，占地面积小，适用于用热水负荷稳定的用户；对于用热水负荷不稳定的用户，采用这种方式存在水温波动问题。

5.3　热力站

热力站是供热系统中用来转换供热介质种类、改变供热介质参数、分配、控制、计量的装置。凡是将热源送来的热水或蒸汽热媒，通过换热器将其转换成不同参数的热水热力站，称为换热站；凡是通过混水泵、喷射泵将其转换成不同温度热水的热力站，称为混水站。

5.3.1　热力站的类别

根据热网输送热媒的不同，分为热水供热热力站和蒸汽供热热力站。

根据服务对象的不同，分为工业热力站和民用热力站。

根据制备热媒的用途不同，分为供暖换热站、空调换热站、生活热水换热站、混合热力站等。

根据热力站的位置与功能不同，可以分为用户热力站、小区热力站、区域热力站、供热首站。

用户热力站也称用户引入口，一般设置在单栋建筑的地沟、地下室、建筑内，或者单户住宅内（欧洲很常见），通过该热力站，向该家庭住户或该栋建筑提供或分配热能。

小区热力站常称热力站，供热管网通过小区热力站向一个或几个街区的多种建筑分配热能，这种热力站大多配套有单独的建筑物，从该热力站向各用户输送热能的管网，称为二级供热管网。

区域性热力站，一般用于特大型的供热管网，设置在供热主干线与分支干线的连接点处。

供热首站位于热电厂或热源出口处，完成汽-水换热或液水换热，并作为整个供暖系统的热媒加热与输送中心。

5.3.2 热力站与供热管网的连接

热力站与供热管网的连接主要有直接连接和间接连接。

5.3.2.1 直接连接

所谓直接连接，就是通过混水方式连接，也就是混水站与管网的连接方式。直接连接主要有简单直接连接、均压罐直接连接、加压泵直接连接、混水泵直接连接等方式。

图 5-3-1 是上述连接方式的示意图。

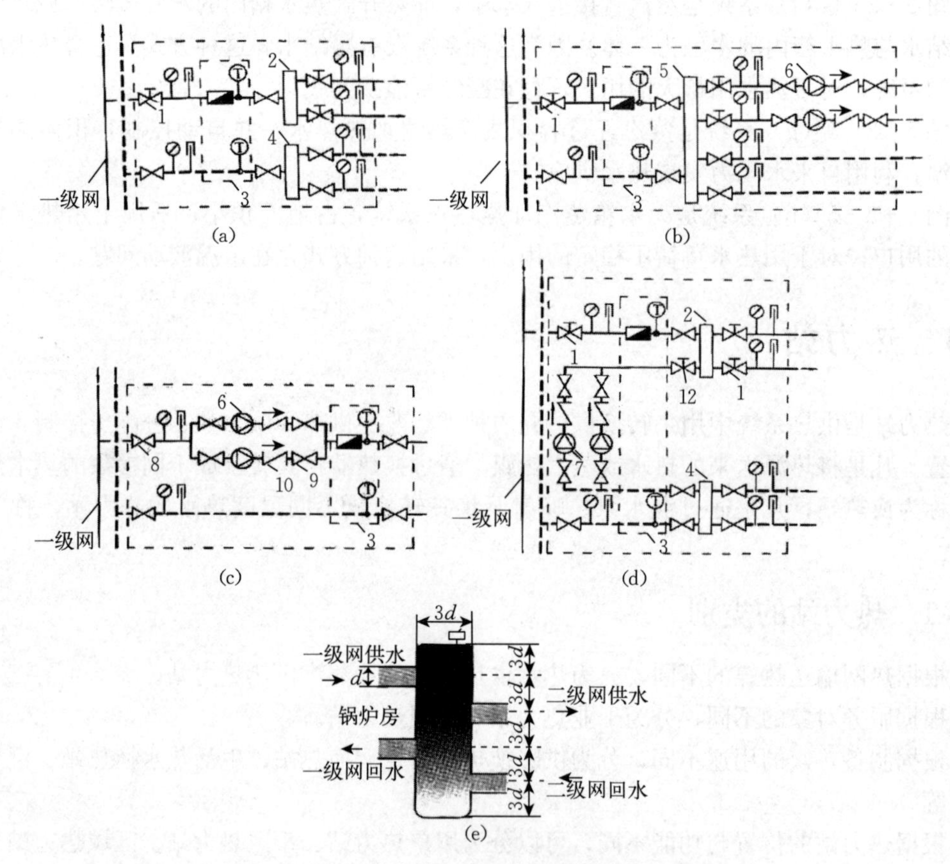

图 5-3-1 热力站与管网直接连接方式示意图

(1) 简单直接连接

图 5-3-1 (a) 为简单直接连接方式。来自一级管网的热媒，经过分水器 2 分配到两个以上的分支管路，经循环又回到集水器 4；分集水器的每个分支环路的供水管上安装有手动调节阀，用于调节各分支环路的水力平衡；在与主管网连接的分、集水器之前，装有热量计量装置 3，用于检测用热量。

分、集水器直接连接方式，系统简单，造价低，但存在阀门节流导致的压头损失。这种连接方式适用于供水温度不高的小型供暖系统。

(2) 均压罐直接连接

图 5－3－1 (b) 为均压罐直接连接方式。一级管网和二级管网的水都连接在均压罐 5 上。均压罐的内部结构见图 5－3－1 (e)。

当一级管网的流量与二级管网的流量相等时，一级管网的水全部进入二级管网，由二级管网的加压泵将一级管网的传热介质全部送到二级管网；当一级管网的流量大于二级管网的流量时，一级管网的水部分进入二级管网，部分在均压罐与二级管网的回水混合后，又回到一级管网；当一级管网的流量小于二级管网的流量时，一级管网的水部分全部进入二级管网，同时二级管网的回水部分与一级管网的水混合后，也回到二级管网，还有一部分二级管网的回水进入一级管网。上述三种不同情况的过程，实际上是通过均压罐调整二次管网供回水温度的过程，当一级管网与二级管网供回温度一样时，一级管网与二级管网流量相等即可；当要求二级管网的回水温度升高时，调整一级管网的流量大于二级管网；当要求二级管网的供、回水温度降低时，调整一级管网的流量小于二级管网即可。

均压罐也称作解耦罐，其直径一般为所连接一级管网管径的 3 倍，均压罐上一级与二级管网分两侧连接，均压罐上各个管口要错开排列，避免发生短路；均压罐内水的流速应不大于 0.9 m/s；均压罐顶部设排气阀，底部设排污阀。

采用均压罐方式直接连接，可以解决系统水力工况的耦合问题，二级管网与一级管网之间的水力工况互不影响。

(3) 加压泵直接连接

图 5－3－1 (c) 是加压泵直接连接方式。二级管网的加压泵 6 设置在二级供水或者回水管路上。

这种连接适合一级管网提供的压头不够，需要二级管网加压的供暖系统。

(4) 混水泵直接连接

图 5－3－1 (d) 是混水泵直接连接方式。这种方式在分水器 2 与集水器 4 之前增设混水泵 7，将集水器中的部分回水送入分水器的供水中，实现调整二级网供水温度的作用。

这种连接方式，采用定速泵的，需要在混水泵管道上增设调节阀 12；采用变频调速泵的，可在一级管网进口加装电动调节阀，实现自动调节。

5.3.2.2 间接连接

所谓间接连接，就是通过换热器连接，也就是换热站与管网的连接方式。

图 5－3－2 是一级网与二级网之间的间接连接方式。一级网的高温水通过水-水换热器 1 将二级网的回水加热到设定的温度，从二级网供水管送出。热用户 6 根据自己需要，通过热用户供暖管路上的自力式压差调节阀 9，调节热用户 6 的散热量。二级管网循环泵 4 配套了变频器 8，变频器 8 根据最不利热用户环路的供回压差传感器 7 调整输出频率，从而调整循环泵 4 的流量。热量调节控制器 3 根据室外环境温度 t_w 调节设在一级供热管网上的电动调节阀 13，从而调整二级管网的供水温度 t_g 或回水温度 t_h，使其满足热用户对供回水温度的需求。一级管网所提供的热量，由安装在换热器一次侧的热量表 5 计量。换热站二次侧的补水，由补水箱 17 经加压泵 10 加压后补充的二次侧管网内，补水量由水

表 11 计量，补水泵压力由补水变频器 14 控制。二次管网补水也可从一次管网回水上接管到补水箱 17，作为补水箱的水源。

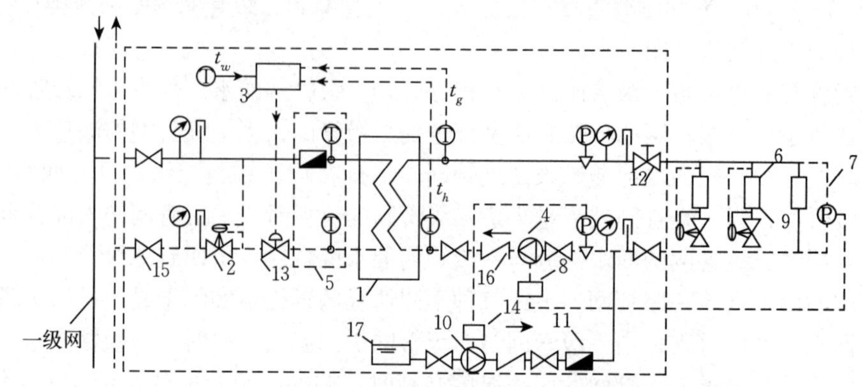

图 5-3-2 热力站与管网直接连接方式示意图

1. 换热器；2、9. 自力式压差控制阀；3. 热量调节控制器；4. 二级管网循环泵；5. 热量表；6. 热用户；7. 压差传感器；8、14. 变频器；10. 补水泵；11. 水表；12. 手动调节阀；13. 电动调节阀；15. 关断阀；16. 逆止阀；17. 补水箱

热源首站与供热管网的间接换热方式与此连接方式相似，不再多述。

5.4 热水供暖系统定压方式

热水供暖系统存在热水泄露问题，并由此导致供暖管网掉压，从而影响系统循环，为此，热水供暖系统应设置补水定压装置。

热水供暖系统补水定压主要有膨胀水箱定压、补给水泵定压、气体定压、蒸汽定压、补水泵变频定压等方式。

5.4.1 膨胀水箱定压

膨胀水箱定压是依靠供暖系统上的膨胀水箱内的水位，来维持供暖系统压力的一种定压稳压方式。

（1）膨胀水箱定压的安装位置

图 5-4-1 是小型自然循环供暖系统膨胀水箱定压安装位置示意图。膨胀水箱起到定压、提供供暖系统水受热膨胀体积变大的空间、系统补水三个作用。自然循环系统膨胀水箱的液位应高于系统管道最高点 200 mm 以上。

图 5-4-1（a）是膨胀水箱安装在自然循环系统锅炉回水管进锅炉之前的管道上。优点是膨胀水箱内的水温低，散热量小；当系统缺水补进冷水时，不会影响系统循环。

图 5-4-1（b）是膨胀水箱安装在自然循环系统热水管的最高点。优点是系统接管简单，缺点是膨胀水箱内的水温度最高，散热量大；当系统突然补入冷水时，会打破系统原有的自然循环。

图 5-4-2 是机械循环供暖系统膨胀水箱定压示意图。膨胀水箱设置在泵的入口处，起到稳定循环泵吸入口压力的作用。

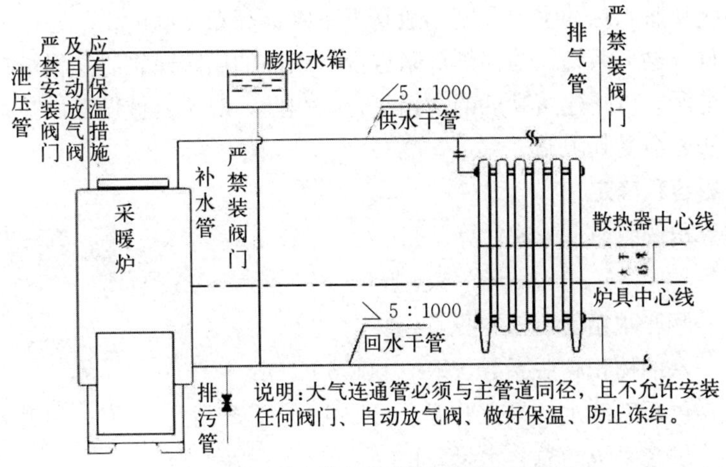

(a)膨胀水箱安装在采暖炉冷水进水口旁

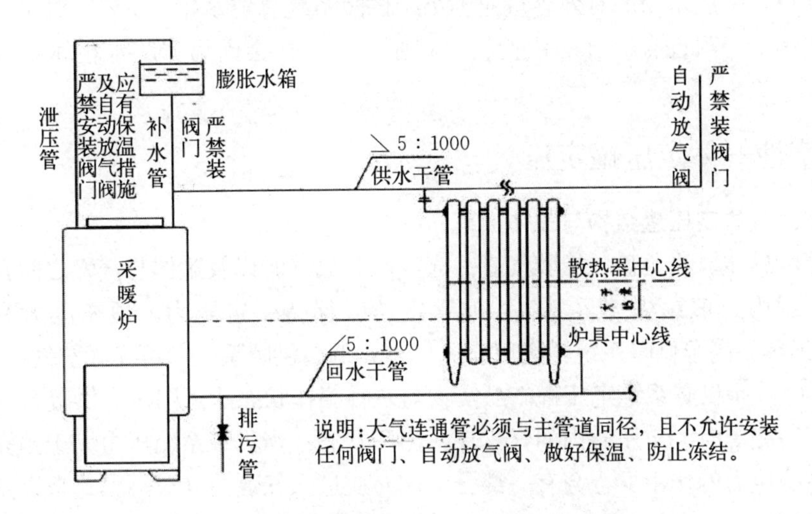

(b)膨胀水箱安装在采暖炉热水出水口

图5-4-1 自然系统供暖系统膨胀水箱定压方式示意图

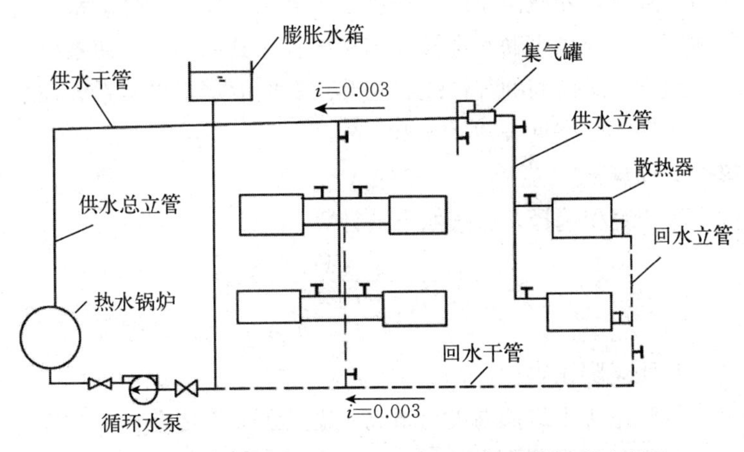

图5-4-2 机械循环供暖系统膨胀水箱定压方式示意图

机械循环系统膨胀水箱的水位高度一般高于系统最高点 200 mm 以上。机械循环系统规模一般要大于自然循环系统，当锅炉房附近没有最高的供暖建筑时，很难在锅炉房附近搭建一个高于系统所有供暖建筑高度的水箱平台，因此，对于机械循环供暖系统，采用膨胀水箱定压的方法，会受到限制。

（2）膨胀水箱容积确定

膨胀水箱的容积按照如下公式计算：

$$V_p \geqslant \alpha_v \Delta t V_s = 0.0006 \times 85 \times V_s = 5\% V_s$$

式中：V_p——膨胀水箱的有效容积，L；

α_v——水的体积膨胀系数，取 0.000 6 L/(m³ · ℃)；

Δt——供暖系统水的最大升温，可取由 10 ℃升高到 95 ℃，温升 85 ℃；

V_s——供暖系统的总容水量，L。

简单计算，膨胀水箱的有效容量应不小于供暖系统总容水量的 5%。对于较大的供暖系统，即使锅炉房附近有适合的位置放置膨胀水箱，也会因为膨胀水箱体积过大而受到限制。

5.4.2 惰性气体定压罐定压

（1）惰性气体定压罐结构与工作原理

定压罐由罐体、法兰盘、橡胶气囊、充气阀和放气阀以及罐体与气囊之间预充的氮气组成。定压罐内一般预先充入氮气，使得定压罐保持一定压力，预充压力有 1.5 bar、3 bar、6 bar 等。高温供暖系统，选用充氮气罐；低温供暖系统，可充入空气。

图 5-4-3 是供暖系统定压罐产品实物与三种工作状态示意图。当供暖系统压力与定压罐预充压力相等时，定压罐内的气囊保持出厂状态；当供暖系统压力大于预充气体的压力时，在系统压力的作用下，会有一部分工作介质进入气囊内（对隔膜式来讲是进入罐体内），直到气囊外氮气的压力和系统的压力达到平衡；当系统压力升高再次大于预充气体的压力，又会有一部分介质进入囊内，压缩囊和罐体间的气体，气体被压缩压力升高；当升高到跟系统压力一致时，介质停止进入；反之，当系统压力下降，系统内介质压力低于囊和罐体间的气体压力，气囊内的水会被气体挤出补充到系统内，使系统压力升高，直到系统工作介质压力跟囊和罐体间的气体压力相等，囊内的水不再向系统补给，维持动态的平衡。不同温度下水的膨胀率见表 5-4-1。

（2）定压罐选型计算

供暖系统的膨胀罐容积选择，可按照下式计算：

$$V_p = \frac{\Delta e \cdot V_s}{1 - \dfrac{P_1 + 1}{P_2 + 1}} \tag{5-4-1}$$

式中：V_p——膨胀罐膨胀容积，L；

Δe——供暖系统水最低温度与最高水温的膨胀率之差；

P_1、P_2——分别为膨胀罐预充的相对压力和运行最高相对压力。

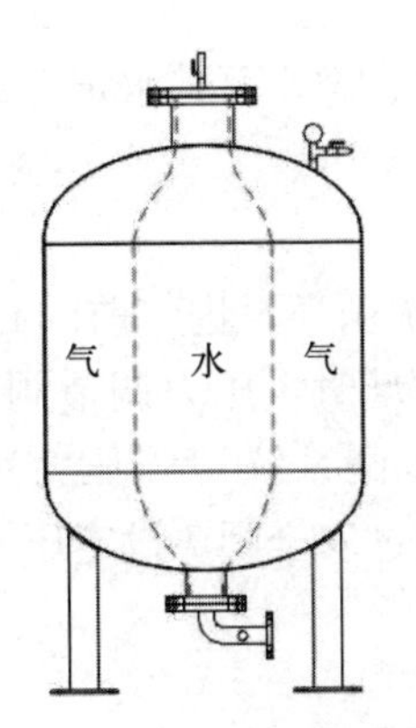

(a) 系统压力与气囊外预充压力相等

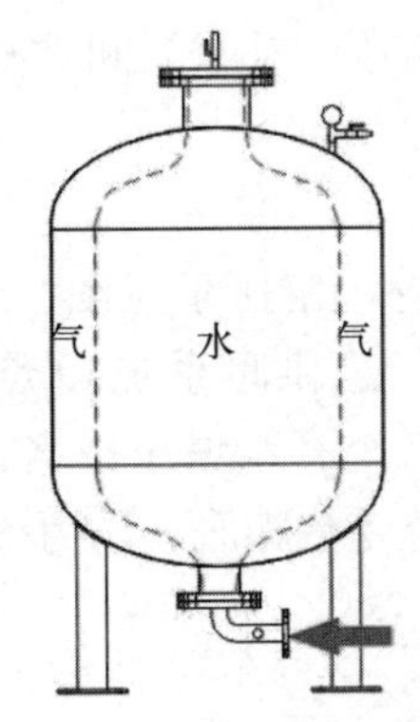

(b)系统压力大于气囊外预充压力

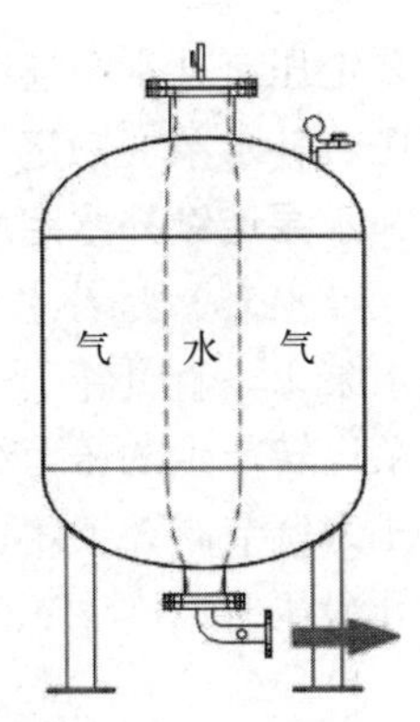

(c)系统压力小于气囊外预充压力

图 5-4-3　供暖系统定压罐产品实物与三种工作状态示意图

表 5-4-1　不同温度下水的膨胀率

温度（℃）	e	温度（℃）	e	温度（℃）	e
0	0.000 13	45	0.009 9	75	0.025 8
4	0	50	0.012 1	80	0.029
10	0.000 27	55	0.014 5	85	0.032 4
20	0.001 77	60	0.017 1	90	0.035 9
30	0.004 35	65	0.019 8	95	0.039 6
40	0.007 82	70	0.022 7	100	0.043 4

5.4.3　补水泵定压

5.4.3.1　补水泵定压的几种方式

补水泵定压是指依靠补水泵保持供暖系统定压点压力相对恒定的定压方式。当无法通过膨胀水箱定压时，可在机房采用补水泵定压，补水泵定压也是集中供暖系统常用的定压方式。

补水泵定压有补水泵连续补水定压、补水泵间歇补水定压、补水泵补水定压点设在旁通管处定压、补水泵变频定压等。

（1）补水泵连续补水定压

图 5-4-4（a）是补水泵连续补水定压示意图。供暖系统循环泵进口前的 O 点为测压点，补水泵 1 一直处于开启状态。当供暖系统 O 点压力不足时，压力调节阀 3 打开，利用补水泵运转产生的压力给供暖系统补水增压；当补水后供暖系统 O 点压力达到设定数值时，压力调节阀 3 关闭；当系统受热膨胀，压力增大到超过安全阀 7 设定压力时，安全阀 7 打开泄压。

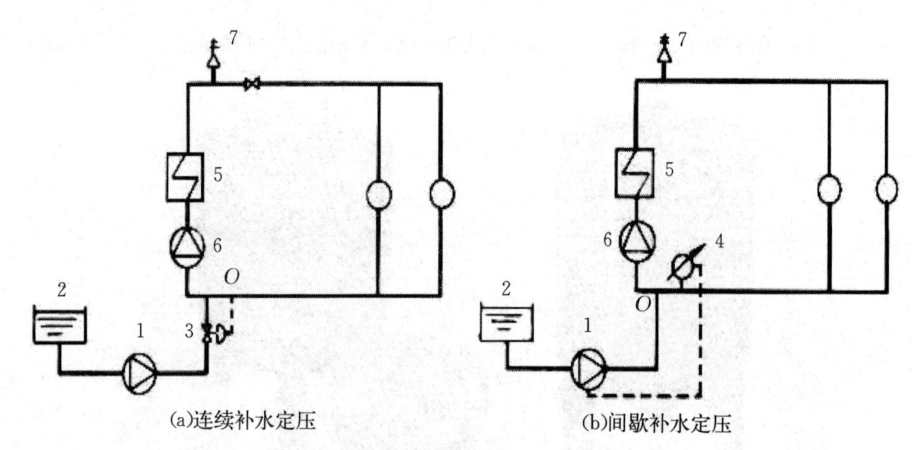

图 5-4-4　补水泵定压方式示意图

1. 补水泵；2. 补给水箱；3. 压力调节阀；4. 电接点压力表；5. 锅炉；6. 供暖循环泵；7. 安全阀

（2）补水泵间歇补水定压

图 5-4-4（b）是补水泵间歇补水定压示意图。供暖系统循环泵 6 进口前的 O 附近点为测压点，电接点压力表 4 可设置一个压力范围，供热管道测压点 4 的压力达到压力上限时，电接点压力表给水泵信号，让补水泵停止运转；当供热管道测压点压力降低到压力下限时，电接点压力表给水泵信号，让补水泵启动，向供暖系统补水；当补水后供暖管道测压点压力达到上限压力时，电接点压力表又让补水泵停止；如此不断，维持供暖系统压力在一个不影响供暖系统运行的区间范围内。

补水泵间歇补水定压比连续补水定压节省电能，设备简单，但其动水压曲线上下波动，不如连续补水方式稳定，通常压力上下限的范围在 5 mH_2O 左右，不宜过小，否则触点开关动作过于频繁而易损坏。

这种定压方式，方法简单、运行可靠，又避免了补水泵长期不停工作不节能，容易损坏等问题。这种定压方式，适用于供暖系统规模不大、供水温度不高、系统漏水量较小的供暖系统。

（3）补水泵补水定压点设在旁通管处的定压

上述两种补水定压方式，运行时水压曲线都比静水压曲线高，对于大型热水供热系统，为了适当降低供热管网的运行压力，便于调节网路的压力工况，可采用定压点设在旁通管的连续补水定压方式。

图5-4-5是补水泵补水定压点设在旁通处的定压示意图。这种定压方式，在热源的供、回水干管之间连接一根旁通管，利用补给水泵使旁通管上J点保持符合静水压线要求的压力。在网路循环水泵运行中，当定压点J的压力低于控制值时，压力调节阀4自动开大，补水量增加；当定压点J的压力高于控制值时，压力调节阀4自动关小，补水量减少。如由于某种原因（如水温不断急骤升高等原因），即使压力调节阀4完全关闭，压力仍不断升高，则泄水调节阀3开启，泄放网路中的水，一直到定压点J的压力恢复到正常时，泄水调节阀3关闭。通过补给水泵的补水作用，使整个系统压力维持在定压点J的静压力。

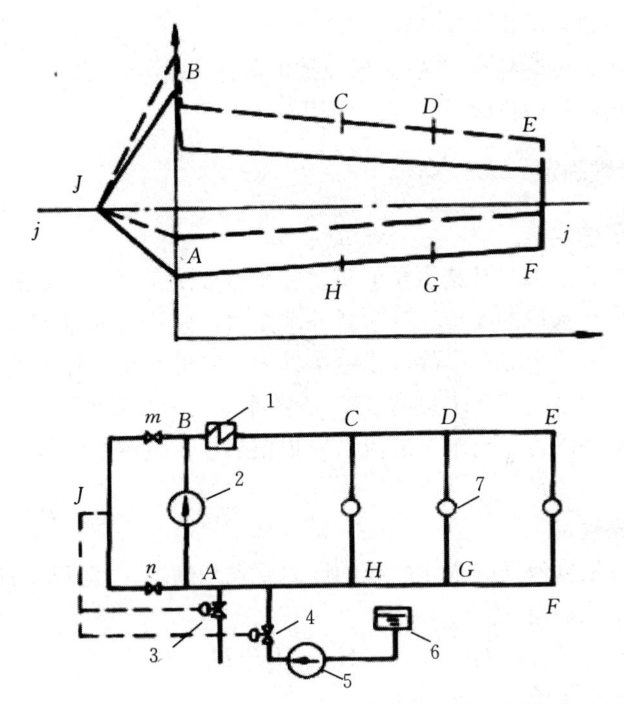

图5-4-5　补水泵补水定压点设在旁通管上的定压方式示意图

1. 锅炉或热力站；2. 供暖循环泵；3. 泄水调节阀；4. 压力调节阀；5. 补水泵；6. 补水箱；7. 热用户

利用旁通管定压力点连续补水定压方式，可以适当地降低运行时的动水压曲线，网路循环泵2吸入端A点的压力低于定压点J的静压力；同时，靠调节旁通管上的两个阀门m和n的开启度，可控制网路的动水压曲线升高或降低；如将旁通管上阀门m关小，旁通管段BJ的压降增大，J点的压力通过脉冲管传递到压力调节阀4的膜室上压力降低，调节阀的阀孔开大，作用在A点的压力升高，从而整个网路的动水压曲线升高到如图虚线的位置；如将阀门m完全关死，则J点的压力与A点的压力相等，网路整个动水压曲线位置都高于静压力线；反之，如将旁通管上的阀门n关小，网路的动水压曲线则可降低；另外，如要改变所要求的静水压线的高度，可通过调整压力调节阀4内的调压装置实现。

利用旁通管定压点连续补水定压方式，可以灵活地调节网路系统的运行压力，但旁通管内的水流量，也要计入网路循环水泵的计算流量，使循环水泵2多消耗电能。这种定压方式，适用于大型的热水供暖系统。

（4）补水泵变频定压

水泵变频技术已很成熟，采用补水泵变频定压是一种技术很成熟的定压技术。

补水泵变频定压的原理是：补水泵加变频器，变频器根据供暖系统测压点的压力，自动调整补水泵的频率，从而将补水泵转速调整到出口压力满足供暖系统测压点需要的压力；当供暖系统测压点压力升高时，变频器调低补水泵频率，补水泵转速下降，补水泵出口压力下降；当供暖系统测压点压力降低时，变频器调高补水泵频率，补水泵转速提高，补水泵出口压力增加；变频器将补水泵如此不断调整，直到供暖系统测压点的压力达到设定数值，从而实现系统自动稳压定压的作用。

补水泵变频工作，可避免定频补水泵导致的补水泵用电浪费、压力调整区间大等问题。适合大中规模热水集中供暖系统定压选用。

5.4.3.2 补水泵参数确定

（1）补水泵流量确定

在闭式热水供暖管网中，补给水泵的正常补水量取决于系统的渗漏水量。热水网路的补水率不宜大于总循环水量的1%，但选择补水泵时，整个补水装置与补给水泵的流量，应根据供暖系统的正常补水量和事故补水量来确定，一般取正常补水量的4倍计算。一般热水供暖系统，按供暖系统循环水量的3%～5%计算；大型系统按2%～4%计算。

在开式热水供暖系统，补给水泵的流量应根据热水供暖系统的最大设计用水量和系统正常补水量之和确定。

（2）补水泵扬程确定

补水泵的扬程应根据保证静水压曲线的压力要求来确定，其扬程与地形和供暖建筑高度等有关。扬程按下式确定：

$$H=1.15\ (H_b+H_x+H_c-h) \tag{5-4-2}$$

式中：H——补水泵扬程，mH_2O；

H_b——补水点的压力，mH_2O；

H_x——补水泵吸水管的损失，mH_2O；

H_c——补水点出水点的压力，mH_2O；

h——补水箱最低水位比补水点高出的距离，m。

（3）补水泵数量确定

对于闭式热水供暖系统，补给泵宜选二台，可不设备用泵，正常时一台工作；事故时，两台全开。对于开式供暖系统，补给水泵宜设3台或3台以上，其中一台备用。

5.4.4 蒸汽定压

蒸汽定压比较简单，目前在工程实践上，有下面几种型式：蒸汽锅炉定压、外置蒸汽罐定压。

(1) 蒸汽锅炉定压

蒸汽锅炉采用非满水运行，其锅筒上部留作蒸汽空间，利用蒸汽空间的蒸汽压力来保证热水供热系统的定压。

图5-4-6是蒸汽锅筒定压方式示意图。这种方式经济简单，在供水的同时，也可以供蒸汽，常用于同时需要蒸汽和热水的中小型工厂、医院和饭店等单位。

这种定压方式的缺点是蒸汽压力取决于锅炉的燃烧状况，如燃烧状况不稳定会影响系统的压力状况；另外，操作不当，蒸汽易窜入网路，引起严重的汽水冲击。

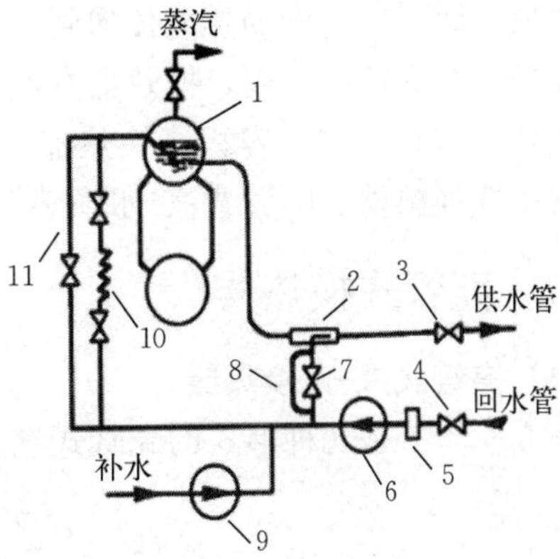

图5-4-6　蒸汽锅筒定压方式示意图

1. 蒸汽热水两用锅炉；2. 混水器；3、4. 供回水总阀门；5. 除污器；6. 供暖循环泵；7. 混水阀；8. 混水旁通管；9. 补水泵；10. 锅炉省煤器；11. 省煤器旁通管

(2) 外置蒸汽罐定压方式

图5-4-7 (a) 是外置蒸汽膨胀罐的蒸汽定压示意图。热水锅炉1并联满水运行，其高温水经阀门11减压后进入置于高处的膨胀罐3内，因减压产生的少量蒸汽积聚在罐上部，使其上部蒸汽空间具有一定的压力，达到定压的目的。

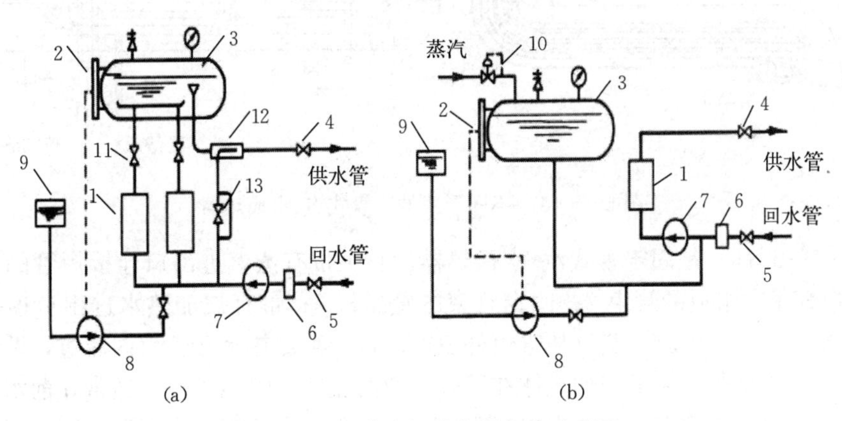

图5-4-7　蒸汽锅筒定压方式示意图

1. 热水锅炉；2. 水位控制器；3. 蒸汽罐；4、5. 供回总阀；6. 除污器；7. 供暖循环泵；8. 补水泵；9. 补水箱；10. 蒸汽减压阀；11. 锅炉出水总阀，12. 混水器；13. 混水阀

图5-4-7 (b) 是蒸汽加压罐定压方式。来自蒸汽锅炉的蒸汽由减压阀10进入蒸汽加压罐3内，使加压罐上部蒸汽空间保持稳定的蒸汽压力，达到定压的目的。蒸汽罐内的水位可通过水位调节器2自动控制补给水泵8的启闭来保持。

5.5　换热器与换热机组

换热器和换热机组是把热源提供的热能，通过换热器将热量传递到供热管网；或者通过换热器，将一次管网的热能传递到二次管网。

按照换热介质的不同，换热器有汽-水换热器和水-水换热器。常用的换热器有：壳管式换热器、容积式与半容积式换热器、浮动盘管式换热器、板式换热器、螺旋板式换热器、淋水式换热器、喷管式汽-水换热器、换热机组等。

5.5.1 壳管式换热器

（1）壳管式汽-水换热器

图 5-5-1 是几种形式的壳管式汽-水换热器。

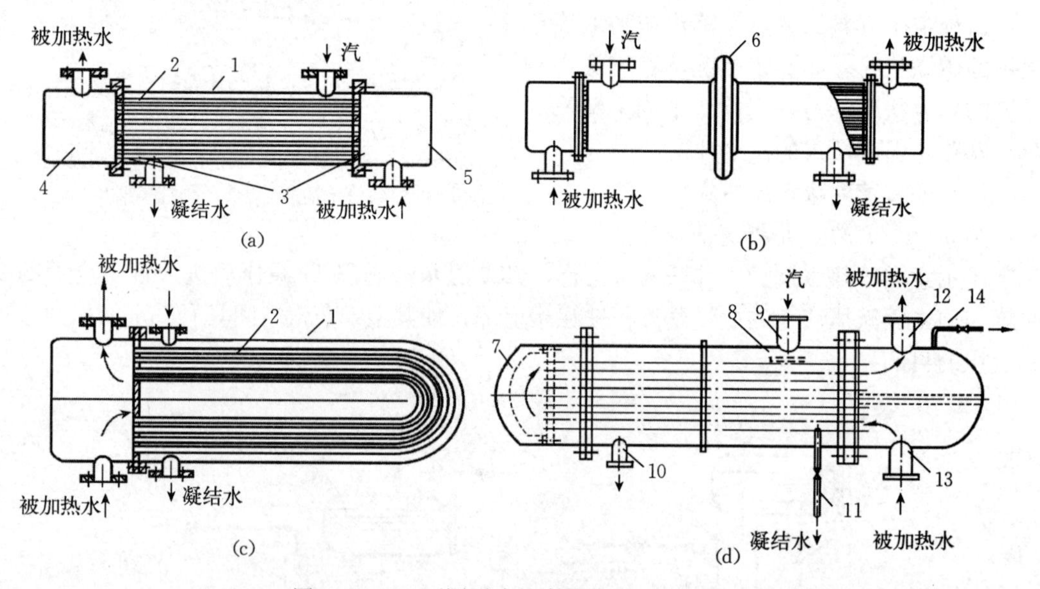

图 5-5-1　不同形式的壳管式汽-水换热器

图 5-5-1（a）是固定管式汽-水换热器。它由带有蒸汽进出口连接短管的圆柱形外壳 1；多根管子所组成的管束 2；固定管束的管栅板 3；带有被加热水进出口连接短管的前水室 4 及后水室 5 组成。蒸汽从管束外表面流过，被加热水在管束内流过，两者通过管束的壁面进行热交换。为了增加流体在管外空间的流速，强化传热，通常在前水室、后水室间加折流隔板，使管束中的水由单行程变成二行程、多行程，为便于检修，行程通常取偶数，使进出水口在同一侧。管束通常采用锅炉碳素钢钢管、不锈钢管、紫铜管、黄铜管，钢管承压能力高，但容易腐蚀；铜管与黄铜管耐腐蚀，但耗费有色金属。对低于 130 ℃的热水换热器，四种材料均可使用；超过 140 ℃的高温热水换热器，宜采用钢管，钢管壁厚一般为 2～3 mm，钢管直径 22～32 mm；铜管壁厚 1～2 mm，铜管直径 15～20 mm。

固定管式换热器优点是：结构简单，制造方便，造价低；缺点是壳体与管板连在一起，当壳体与管束之间温差过大时，由于热膨胀不同，会引起管束扭曲，或使管栅板与壳体之间、管束与管栅板之间开裂，造成泄露；管间污垢的清洗也比较困难。固定管式换热器适用于温差小、单行程、压力不高、污垢不严重的场合。

图 5-5-1（b）是带膨胀节的壳管式汽-水换热器构造示意图。这种结构的换热器在壳体中部增加了膨胀节 6，从而克服了固定管式换热器壳体与管板因膨胀不一致带来的变

形与泄露问题。这种产品制造复杂。

图5-5-1（c）是U形管壳管式。它是将换热器换热管2弯成U形，两端固定在同一管板上，因此，每个换热管可以自由地伸缩，解决了热膨胀问题，同时管束可以随时从壳体中整体抽出进行清洗。但其管内无法用机械方法清洗，管束中心部位的管子拆卸不方便。U形壳管式汽-水换热器多用于温差大、管束内流体较干净、不易结垢的场合。

图5-5-1（d）是浮头式壳管汽-水换热器。一端管板与壳体固定，而另一端的管板可以在壳体内自由浮动，不相连的一头称为浮头，即使两介质温差较大，管束和壳体之间也不产生温差应力。浮头端可拆卸，便于检修和清洗，但其结构较复杂。

上述壳管式换热器，应防止蒸汽进入管壳冲击管束，引起管束弯曲变形和振动，因此应在蒸汽进入壳体后增设导流板，见图5-5-1（d）中的标注8。

（2）壳管式水-水换热器

图5-5-2是两种形式的壳管式水-水换热器。

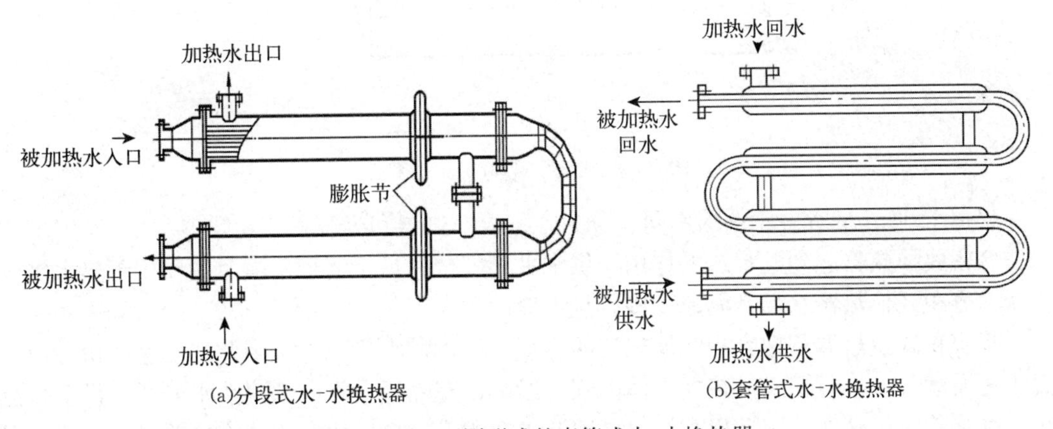

图5-5-2　不同形式的壳管式水-水换热器

图5-5-2（a）是分段式水-水换热器。分段式水-水换热器由带有管束的几个分段组成，各段之间用法兰连接。每段采用固定管板，外壳上设有波形膨胀节，以补偿管子的热膨胀。为了便于清除水垢，被加热水在管内流动，而加热用热水（水温较高）在管外流动，且两种流体为逆向流动，传热效果较好。

图5-5-2（b）是套管式水-水换热器。套管式水-水换热器由若干个标准钢管做成的套管焊接而成，形成"管套管"的型式，是一种最简单的壳管式水-水换热器。与分段式水-水换热器一样，为提高传热效果，换热流体为逆向流动。

壳管式水-水换热器的优点是结构简单，流通截面较宽，易于清洗水垢，且造价低；缺点是传热系数低，占地面积大。

5.5.2　容积式与半容积式换热器

容积式换热器分为容积式汽-水换热器和容积式水-水换热器。容积式换热器将换热器和贮水罐结合成一体，其外壳大小根据贮水罐的容量确定；换热器采用U形弯管管束并联在一起，蒸汽或高温水从U形管内流过。图5-5-3是容积式汽-水换热器的构造示意图。

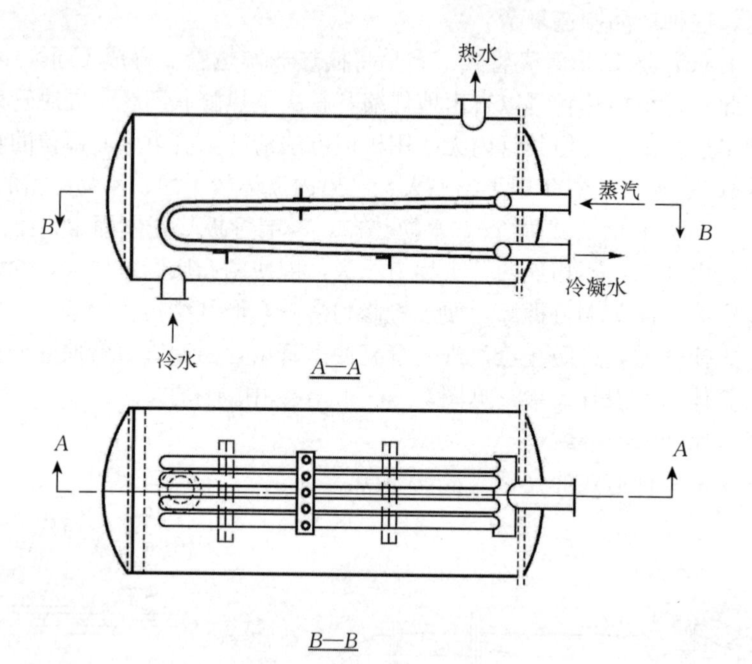

图 5－5－3 容积式汽-水换热器

根据 U 形管束所占比例的不同，分为容积式换热器和半容积式换热器。

容积式换热器起到贮水罐的作用，供水平稳安全，易于清理水垢，主要用于热水供应系统。容积式换热器水温升温速度慢，且占地面积大。

半容积式换热器是把容积式换热器的容积减小，贮水量减少，因此加热速度快，但水温水压波动大。半容积式换热器壳体内部一般都设有隔板，将内部冷热水分开；设置折流板，加强管束的横向冲刷，提高换热，因此半容积式换热器比容积式换热器热水加热升温快，很适合作为热水供应换热器选用。

容积式换热器传热系数小，热交换效率低。

5.5.3 浮动盘管式换热器

浮动盘管换热器由壳体和浮动盘管两大部分组成，壳体由上下端盖、外筒体、蒸汽导入管、凝结水导出管构成；浮动盘管由浮动盘管管束组成，其中上下端盖、外筒由优质碳钢制成，浮动盘管管束由紫铜管经多次成形制成。

图 5－5－4 是浮动盘管式换热器产品实物图和内部结构图。浮动盘管换热器选用了悬臂浮动盘管的形式，在加热热水的过程中，蒸汽由蒸汽导入管进入并联浮动盘管，在盘管内放热凝结后进入凝结水导出管，凝结水导出管的下部有凝结水过冷装置；被加热水由设在下端盖的进水管导入，经折流后进入筒体，自下而上，被加热后，由设在上端盖上的出水管流出。盘管的上下浮动使盘管周围的水流扰动，增强了换热效果，换热系数在 3 000～4 000 W/(m^2 · ℃)；同时由于水流的冲刷作用使浮动管自由浮动，胀缩自如，因而不易结水垢；若在长期使用过程中，积累了少量水垢，通过管子的膨胀，水垢将自动脱垢，因而长期使用换热能力不下降。

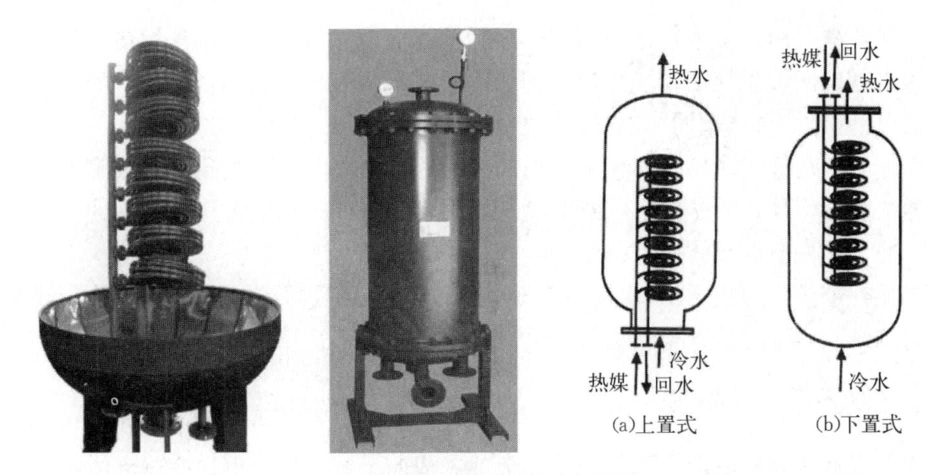

图 5-5-4　浮动盘管式换热器

浮动盘管式换热器的壳体有普通钢板和不锈钢板两种，传热管束均为紫铜管；换热器的管程设计压力蒸汽型 0.1～0.9 MPa，水-水型≤1.6 MPa；壳体有 0.6 MPa、1.0 MPa、1.6 MPa 三种规格。选用设备时要注意热源与设备性能相匹配。

5.5.4　板式换热器

板式换热器是一种传热系数高、结构紧凑、容易拆卸、热损失小、重量轻、体积小，适用范围大的换热器。

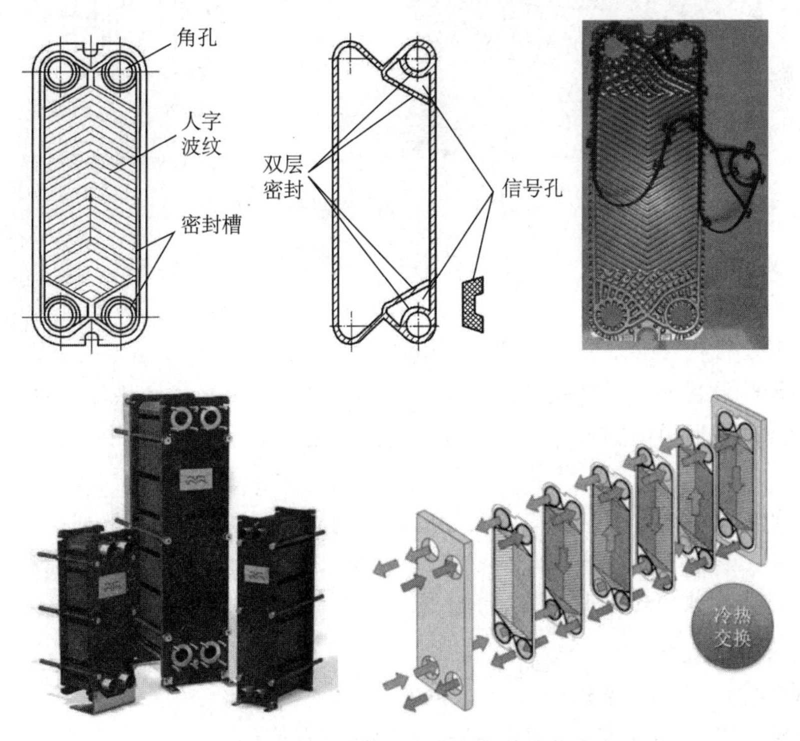

图 5-5-5　板式换热器产品实物与换热示意图

板式换热器是由许多平行排列的传热板片叠加而成，板片之间用密封垫密封，冷、热水在板片之间的间隙里流动。换热板片的结构形式有很多种，我国目前生产的主要是“人字形片板”，它是一种典型的“网状板”板片。

图 5-5-5 是板式换热器的结构图和换热示意图。左侧上下两孔通加热流体，右侧上下两孔通被加热流体；板片的形状既有利于增强传热，又可以增大板片的钢性；为增大换热效果，冷、热两侧的流体应逆向流动。

板式换热器主要应用于水-水换热系统，由于板片间截面积较小，易堵塞，且周边很长、密封麻烦、容易渗漏、金属板片薄、刚性差，因此不适用于高温高压系统。

5.5.5 螺旋板式换热器

螺旋板式换热器是由两张平行的金属板卷制成两个螺旋形通道，冷热流体之间通过螺旋板壁进行换热的换热器（图 5-5-6）。

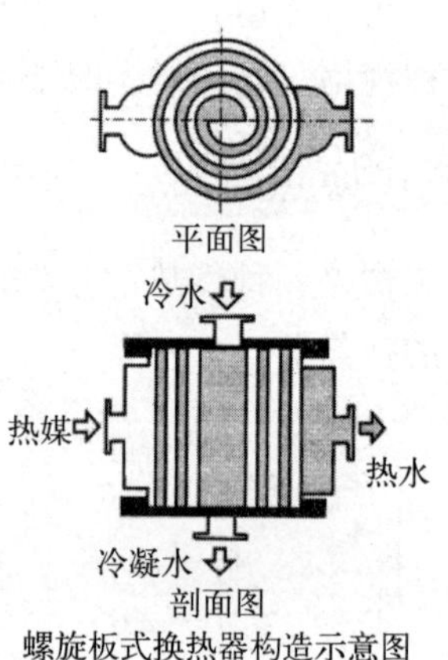

图 5-5-6 螺旋板式换热器产品结构与换热示意图

螺旋板换热器分为可拆式螺旋板换热器和不可拆式螺旋板换热器。

不可拆式螺旋板换热器的结构比较简单，螺旋通道的两端全部焊死。

可拆式螺旋板换热器，除螺旋通道两端的密封结构以外，其他与不可拆式完全相同。为达到机械清洗的目的，可拆式螺旋通道，一端敞开，用平板盖和垫片密封，以防止流体漏到大气中或同一通道内的流体短路；为了提高螺旋板的承压能力，在板与板之间用定距柱支撑。

筒体上的流体进出口有法向接管和切向接管两种，中国普遍使用切向接管，它的流体阻力小，杂质容易被冲出；使用回转支座比较方便，可使换热器立放或卧放。

螺旋板式换热器的材料大多用碳钢、不锈钢、铝、铜和钛制成，换热器的工作温度由其材料种类决定。

螺旋板式换热器具有体积小、设备紧凑、传热效率高、金属耗量少的优点，适用于液-液、气-液、气-气对流传热、蒸汽冷凝、液体蒸发传热等。

5.5.6 淋水式汽-水加热器

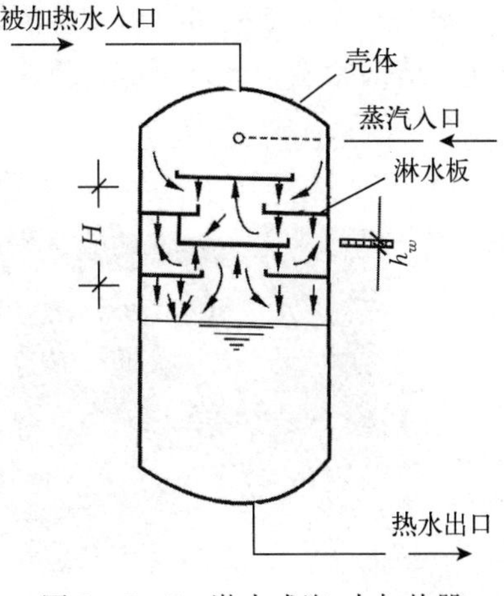

图5-5-7 淋水式汽-水加热器

淋水式换热器由壳体和带有筛孔的淋水板与圆柱形罐体组成，图5-5-7是淋水式换热器结构示意图。

淋水式加热器的特点是容量大，可兼作膨胀水箱，起储水、定压作用。由于汽水之间直接接触换热，换热效率高。

由于采用直接接触式换热，凝结水不能回收，增加了集中供热系统热源处的水处理量。由于不断凝结的凝水，使加热器水位升高，通常设水位调节器控制循环水泵将多余的水送回机房。

5.5.7 喷管式汽-水换热器

喷管式加热器的构造如图5-5-8所示。被加热水从左侧进入喷管，蒸汽从喷管外接口4处进入，通过在管壁上的许多向前倾斜的喷嘴2喷入水中，在高速流动中，蒸汽凝结放热，变成凝结水，被加热水吸收热量，与凝水混合。

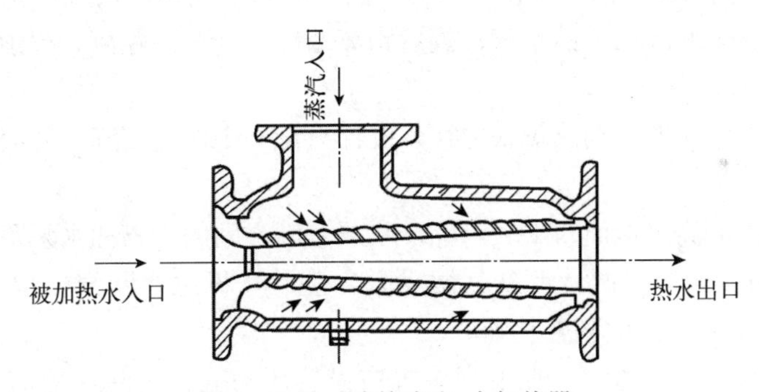

图5-5-8 喷管式汽-水加热器

喷射式汽-水换热器可以减少蒸汽直接通入水中产生的振动和噪声，为保证蒸汽与水正常混合，要求使用的蒸汽压力至少应比换热器入口水压高0.1MPa以上。

喷管式汽-水换热器的构造简单、体积小、加热效率高、安装维修方便及运行平稳、调节灵敏，但其换热量不大，一般只用于热水供应和小型热水供暖系统上。应根据额定热水流量的大小选择喷管式加热器，直接由产品样本或手册来选择型号及接管直径。用于供暖系统时，多设于循环水泵的出水口侧。

5.5.8 换热机组

换热机组是由换热器、温控阀、疏水阀（热媒为蒸汽时）、循环泵、电控柜、底座、管路、阀门、仪表等组成，并可加装膨胀罐、水处理设备、水泵变频控制、温控阀、远程通讯控制等，从而构成一个完整的热交换站。

图 5－5－9 是换热机组实物图。换热机组具有标准化、模块化设计，配置齐全，安装方便，结构紧凑、运行可靠、操作简便直观等优点。

图 5－5－9　换热机组实物图

整体式换热机组既可用于水-水交换，也可用于汽-水交换。

5.5.9　热力站内设备布置

热力站内设备的布置，应遵循以下原则：

（1）热交换器前端应留出检修和清理的空间，换热器侧面距离应留出不小于 0.8 m 通道，底端距地应有 0.5 m 以上的距离；罐后距离墙应有 0.8 m 距离，罐顶距离室内梁底的距离不小于 0.2 m。

（2）换热器支座应考虑到热膨胀位移，设计只设一个固定支座，并应布置在加热器的检修端。

（3）水泵基础应高出地面 0.1 m 以上，水泵基础之间的距离和水泵距墙的距离不应小于 0.7 m；当地方狭窄时，两台水泵可做成联合基础，机组之间突出部分净距不应小于 0.3 m，2 台以上水泵不得做联合基础。

（4）站内热网系统管道上，在下列位置应设置压力表：①除污器前后；②循环泵前后；③减压阀前后；④调压阀（板）前后；⑤供水管和回水管的总管上；⑥一次加热介质总管上，分水缸或分气缸上；⑦自动调节阀前后。

（5）站内热网系统管道上的下列位置，应设置温度计：①一次加热介质总管上，分水缸或分气缸上；②换热器至热网总管上；③供暖系统供回总管上；④生活热水容积式换热器上。

（6）站内热网系统管道上，在下列位置应设计量装置：①城市热网供应入口处；②换热站内一次加热介质总管上；③换热站二次水供水或回水总管上；④各热用户的入口处。

5.5.10　常用换热器的换热系数

换热器的换热系数是换热器选型计算的关键参数，换热器的换热系数等参数可从换热器厂家或供货商处获取。在缺乏数据的情况下，表 5－5－1 常用换热器的传热系数可供参考。

表5-5-1　常用换热器的传热系数K值

换热器类别	传热系数K值〔W/(m²·℃)〕	备注
管壳式汽-水换热器	2 000～4 000	ω_n=1～3 m/s
分段式水-水换热器	1 150～2 300	ω_w=0.5～1.5 m/s，ω_n=1～3 m/s
容积式汽-水换热器	700～930	
容积式水-水换热器	350～465	ω_n=1～3 m/s
板式水-水换热器	3 000～6 000	ω=0.2～0.8 m/s
螺旋板式水-水换热器	1 200～2 500	ω=0.4～1.2 m/s
淋水式换热器	5 800～9 300	

注：ω_n. 管内水流速，ω_w. 管间水流速。

5.5.11　换热器计算与选型

5.5.11.1　换热器传热面积计算

换热器传热面积按照公式（5-5-1）计算：

$$F=\frac{Q}{K\cdot B\cdot \Delta t_{pj}} \tag{5-5-1}$$

式中：F——换热器传热面积，m²；

Q——换热器传热量，W；

K——换热器传热系数，W/（m²·℃）；

B——水垢影响系数，汽-水换热器，取0.85～0.90；水-水换热器，取0.7～0.8；

Δt_{pj}——对数平均温差,℃。

对数平均温差计算公式为：

$$\Delta t_{pj}=\frac{\Delta t_a-\Delta t_b}{\ln\dfrac{\Delta t_a}{\Delta t_b}} \tag{5-5-2}$$

式中：Δt_a——换热器热媒入口端热媒与冷媒温度的差值,℃。当换热器热侧与冷侧逆流换热时，为热媒进口温度与冷媒出口温度的差值；当顺流换热时，为热媒进口温度与冷媒进口温度的差值。

Δt_b——换热器热媒出口端热媒与冷媒温度的差值,℃。当换热器热侧与冷侧逆流换热时，为热媒出口温度与冷媒进口温度的差值；当顺流换热时，为热媒进口温度与冷媒出口温度的差值。

当$\Delta t_a/\Delta t_b\leqslant 2$时，可近似按算数平均温差计算，其误差不到4%；当$\Delta t_a/\Delta t_b\leqslant 1.5$时，误差小于1%；当$\Delta t_a/\Delta t_b\approx 1$时，用算术平均温差代替对数温差。这时：

$$\Delta t_{pj}=(\Delta t_a+\Delta t_b)/2\ (℃) \tag{5-5-3}$$

5.5.11.2 换热器选用要点

（1）应根据用途及使用要求选用换热器类型。

（2）根据已知的冷、热流体的流量，初、终温度，流体的比热容，确定所需的换热面积。初步估算换热面积。一般先假设传热系数，确定换热器构造，再校核传热系数 K 值。实际换热面积应取计算面积的 1.15～1.25 倍。

（3）选用换热面积时，应尽量使换热系数小的一侧得到大的流速，并且尽可能使两流体换热面两侧的换热系数相等或相近，以提高传热系数。高温流体宜在内部，低温流体宜在外部，以减少换热器外表面的热损失。经换热器的流体温度应比加热器出口压力下的饱和温度低 10 ℃，且应低于二次水所用水泵的工作温度。

（4）含有泥沙脏物的流体，宜通入容易清洗或不宜结垢的空间。

（5）换热器的流体选择宜遵循以下原则：

① 尽量使流体呈湍流状态；

② 提高流速应考虑动力消耗与减小换热器面积之间的经济比较；

③ 换热器的压力降不宜过大，一般控制在 10～50 kPa 之间；

④ 流速大小应考虑流体黏度，黏度大的，流速应小于 0.5～1.0 m/s；一般管内流速宜取 0.4～1.0 m/s；宜结垢的流体宜取 0.8～1.2 m/s。

（6）选用换热器时，应注意压力等级、使用温度、接口连接条件等。在压力降、安装条件允许的前提下，管壳式换热器宜选用直径小的加长型，有利于提高换热量。选用板式换热器时，温差较小侧流体的接口处流速不宜过大，应能满足压力降的要求。

5.5.11.3 换热器面积计算例题

【例题】已知某电锅炉功率为 3 000 kW，冷热侧水通过板式换热器逆流换热，电锅炉侧设计供回水温度为 70/45 ℃，供暖侧的设计供回水温度为 65/40 ℃。换热器传热系数为 4 000 W/（m^2・℃），试大致计算需要多大的换热面积。

【解题】（1）根据式（5-5-2）计算对数温差。由于换热器逆流换热则：

$$\Delta t_a = 70 - 65 = 5\ ℃$$

$$\Delta t_b = 45 - 40 = 5\ ℃$$

由于 $\Delta t_a / \Delta t_b = 1$，因此采用算术平均温差计算，根据式（5-5-3）：

$$\Delta t_{pj} = \frac{\Delta t_a + \Delta t_b}{2} = \frac{5+5}{2} = 5\ ℃$$

（2）根据式（5-5-1）计算换热器换热面积。

取 $B=0.8$，已知 $K=4\ 000$ W/(m^2・℃)，则：

$$F = \frac{Q}{K \cdot B \cdot \Delta t_{pj}} = \frac{3\ 000\ 000}{4\ 000 \times 0.8 \times 5} = 187.5\ m^2$$

5.6 机房附属设备

锅炉房或供热首站，除了换热机组外，附属配套设备还有分气缸或分集水器、除污器

(阀)、水处理设备、给水箱、软化水箱等。

5.6.1　分集水器（缸）

在热源的供热水管道分支多于两根时，一般需要在供水管道上设置分水器，在回水管道上设集水器；对于蒸汽管道，则设分汽缸。

图5-6-1是锅炉房或热力站分集水器实物图和图纸。分集水器和分水缸具有稳定压力，平缓并均匀分配水流的作用。分集水器按照流速确定筒体直径，热水一般按照0.1 m/s设计计算；蒸汽分气缸的蒸汽流速按照10 m/s计算；简单的确定分集水器直径的办法是：筒体直径至少要比汽水连接总管直径大两号直径。

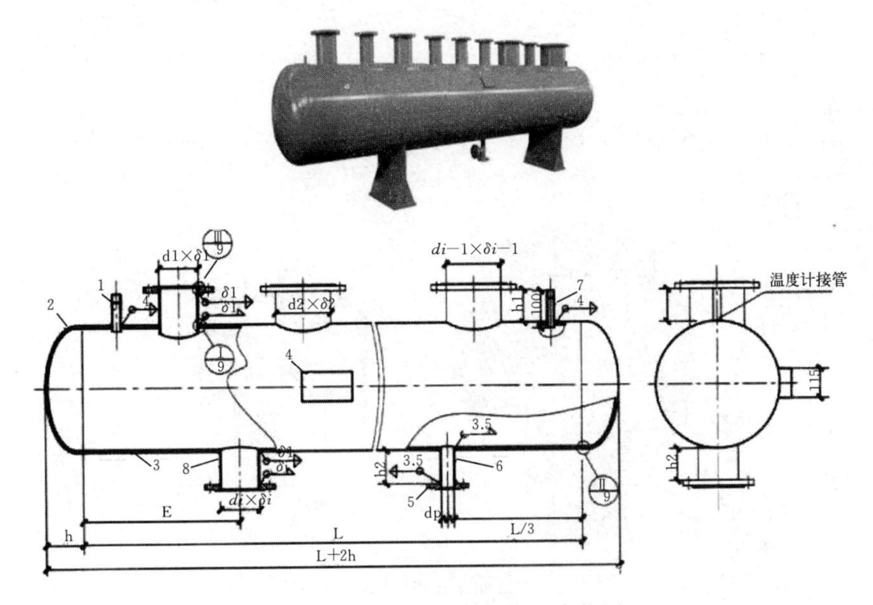

图5-6-1　集分水器（缸）实物图

5.6.2　除污器

管道除污器又称为管道过滤器。除污器的作用是用来清除和过滤管道中的杂质和污垢，保持系统内水质的洁净，减少阻力，保护设备和防止管道堵塞。

根据管道的不同可分为立式除污器和卧式除污器。立式除污器可分为立式直通除污器、立式角通除污器；卧式除污器可分为卧式直通除污器、卧式角通除污器。根据除污器的自动化程度可分为手动除污器、自动反冲洗除污器、全自动除污器。根据滤网材质不同可分为碳钢材质和不锈钢材质。根据除污器的结构形式，可分为卧式直通除污器、卧式角通除污器和立式直通除污器三种形式。应根据情况选用合适的材质与型号。

图5-6-2是直角式与直通式自动冲洗除污器示意图，图5-6-3是直通平底篮式除污器示意图。

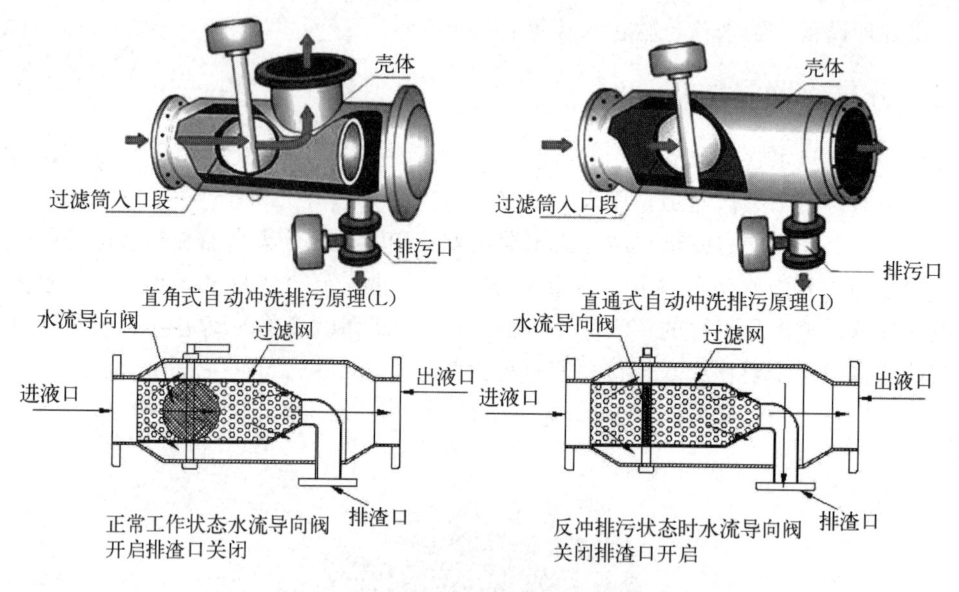

图 5-6-2　直角式与直通式自动冲洗除污器示意图

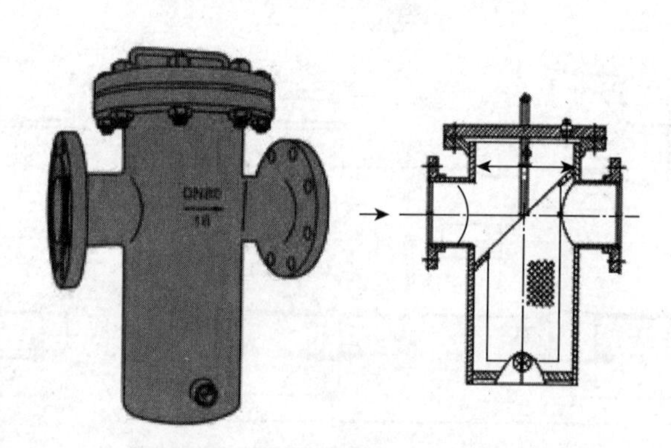

图 5-6-3　直通平底篮式排污阀示意图

图 5-6-4 是 Y 形过滤器实物与结构图。Y 形过滤器的滤网比除污器的滤网直径小，

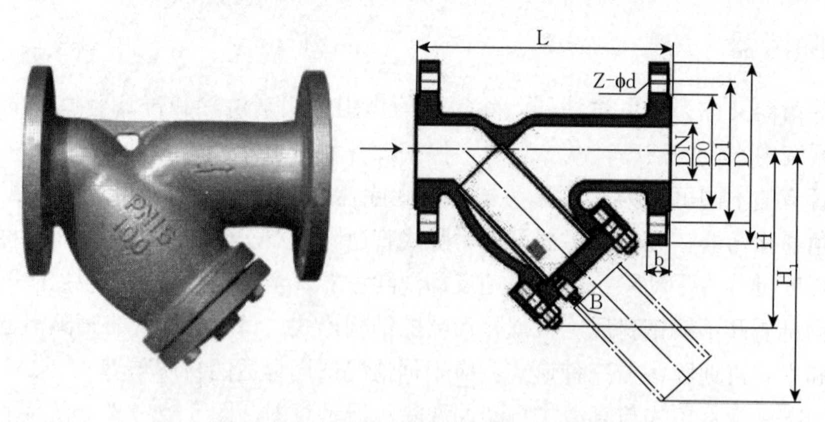

图 5-6-4　Y 形过滤器实物与结构图

用来过滤管道中更小的固体杂质。Y形过滤器一般安装在板式换热器、水泵、仪表的入口处，保护设备，防止堵塞或损坏设备。

5.6.3　水处理设备

锅炉房或者供热首站的水源一般是自来水或者就近打井的井水，这些水中常含有悬浮物、胶体物质、溶解物质（各种盐的离子和气体分子），以上原水不能满足供暖系统水质要求，需要对供水进行水处理后才能使用。

CJJ 34—2010《城镇供热管网设计规范》对供热介质的水质要求是：以热电厂和区域锅炉房为热源的热力管网，补给水水质应符合表5-6-1的要求：

表5-6-1　热力网补给水水质要求

项目	要求
浊度（FTU）	≤5.0
硬度（mmol/L）	≤0.60
溶解氧（mg/L）	≤0.10
油（mg/L）	≤2.0
pH（25℃）	7.0～11.0
系统若有不锈钢设备，氯离子含量（mg/L）	≤25

水的浊度、油可通过过滤净化；pH可通过加入氨水或NaOH调节到需要的pH；溶解氧可通过除氧设备除去水中的氧；水的硬度需通过软化设备实现。

5.6.3.1　水的软化与阻垢方法

水的硬度一般是指水里钙镁离子浓度总和，单位为毫摩尔每升（mmol/L）。若水的硬度是暂时硬度，这种水经过煮沸以后，水里所含的碳酸氢钙或碳酸氢镁就会分解成不溶于水的碳酸钙和难溶于水的碳酸镁沉淀，这些沉淀物析出，水的硬度就可以降低，从而使硬度较高的水得到软化。若水的硬度是永久硬度，往往使用离子交换法、膜分离法、石灰法、电磁法、加药法等方法改变水质。

（1）离子交换法

离子交换法是采用特定的阳离子交换树脂，以钠离子将水中的钙镁离子置换出来，由于钠盐的溶解度很高，所以就避免了随温度的升高而造成水垢生成的情况。这种方法是最常用的标准方式，主要优点是效果稳定准确，工艺成熟，可以将硬度降至0。

（2）膜分离法

纳滤膜（NF）及反渗透膜（RO）均可以拦截水中的钙镁离子，从而从根本上降低水的硬度。这种方法的特点是效果明显而稳定，处理后的水适用范围广，这种方法对进水压力有较高要求，设备投资、运行成本都较高。

（3）石灰法

将生石灰加水调成石灰乳加入水中，可消除水的暂时硬度，主要用于处理大流量的高硬水，但只能将硬度降到一定的范围。石灰软化法的化学反应原理如下：

$$Ca(HCO_3)_2+Ca(OH)_2 \rightarrow 2CaCO_3\downarrow+2H_2O$$

$$Mg(HCO_3)_2+2Ca(OH)_2 \rightarrow Mg(OH)_2\downarrow+2CaCO_3\downarrow+2H_2O$$

石灰乳能使镁、铁等离子从水中沉淀出来，促使胶体粒子凝聚，但此方法不能使水彻底软化，它只适用于碳酸盐硬度较高而不要求高度软化的情况，也可作为其他方法的预处理。

（4）电磁法

采用在水中加上一定的电场或磁场来改变离子的特性，从而改变碳酸钙（碳酸镁）沉积的速度及沉积时的物理特性，来阻止硬水垢的形成。其特点是设备投资小，安装方便，运行费用低，但是效果不够稳定，没有统一的衡量标准，而且由于主要功能仅是影响一定范围内的水垢的物理性能，所以处理后的水的使用时间、距离都有一定局限，多用于商业（如中央空调等）循环冷却水的处理，不能应用于工业生产及锅炉补给水的处理。

（5）加药法

向水中加入专用的阻垢剂，可以改变钙镁离子与碳酸根离子结合的特性，从而使水垢不能析出、沉积。这种方法的特点是一次性投入较少，适应性广，但水量较大时运行成本偏高，另外由于水中加入了化学物质，所以水的应用受到很大限制，一般情况下不能应用于饮用、食品加工、工业生产等方面，在民用领域中也很少应用。

5.6.3.2 离子交换水软化设备

离子交换法是一种特殊的吸附过程，钠型阳离子交换剂能从溶液中吸附多种阳离子，而把本身的钠离子放入溶液中，从而达到软化的目的。

交换剂种类很多，普遍使用的是有机高分子聚合物，又叫离子交换树脂，离子交换树脂由有机高聚物本体和能进行交换的阳离子或阴离子构成，分为阳离子交换树脂和阴离子交换树脂。阳离子交换树脂又因所带交换基的不同分为钠型（R－Na）、氢型（R－H）、铵型（$R-NH_4$）等。离子交换是一种可逆过程，当硬水流过钠型交换树脂时，Ca、Mg等离子按下式被交换：

$$2R-Na+Ca_2{}^{+}=CaR_2+2Na$$

随着反应的进行，交换速度越来越慢，继而停止交换，此时必须用食盐水冲洗交换剂，使反应向左进行，交换剂得以再生。

实际应用中的操作过程：①交换：需要处理的水流过离子交换剂层，进行交换，直至交换剂失效；②反冲洗：使水逆向流过已失效的离子交换剂，除去交换时聚集的悬浮物和破碎的交换剂，并松动交换剂层；③加入再生剂：使之进行再生反应，并将交换下来的Ca、Mg等离子带出，恢复交换剂的能力；④正洗：使水流经交换剂层，去除所有的再生剂。树脂软化水设备实物见图5－6－5。

图5－6－5 树脂软化水设备

5.6.3.3 膜分离水软化设备

(1) NF膜与RO膜的特点

纳滤膜（NF）及反渗透膜（RO）均可拦截水中的钙、镁离子，从根本上降低水的硬度。膜处理技术依据原水水质，选用合适的膜。

以压力为推动力的膜分离技术中，RO膜需要的运行压力高，能耗大，但RO膜具有良好的截留性能，将大多数无机离子（包括对人体有益的离子）从水中除去；NF膜对总盐类的去除率在50%～70%左右，对二价金属离子的去除率高达95%。

RO膜和NF膜在软化水处理中，适用于硬度和有机物高且浊度低的原水，故仅适用于地下水处理，用于地面水处理，则需要前处理工艺。表5-6-2是NF膜与RO膜各自特点。

表5-6-2　NF和RO工艺的特点

	驱动力	输送液体	去去除物质孔径	典型工作压力	典型通水量	前处理工艺
纳滤NF	压力	水	小分子有机物＜300及二价金属离子，10^{-8}～10^{-10}	5～20	20～50	软化、去色，有机物、微污染物的去除，微滤和超滤作为前处理
反渗透RO	压力	水	绝大部分溶解物质，10^{-9}～10^{-10}	20～80	10～50	同纳滤，适用于海水、苦咸水除盐，对总盐类的去除特别高

图5-6-6是RO膜水处理工艺流程示意图。

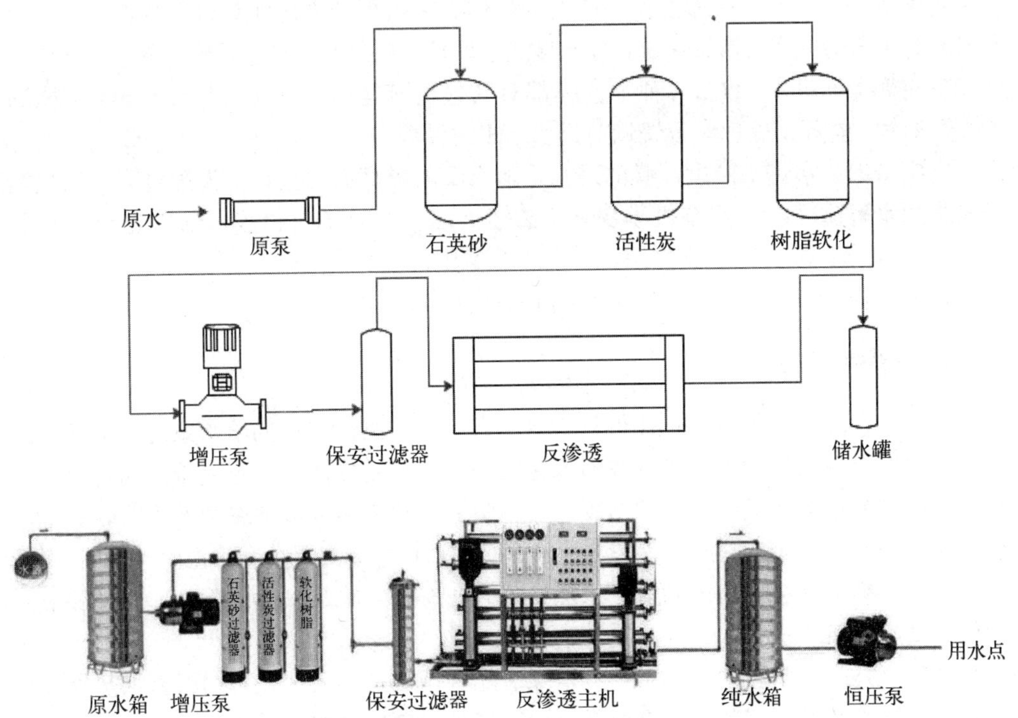

图5-6-6　RO水设备工艺示意图

在进入 RO 膜反渗处理前，一般应对原水做预处理。预处理系统通常由石英砂过滤器、活性炭（AC）过滤器和聚丙烯纤维（PP）过滤器组成，对硬度较高的原水还需加装树脂软化装置。石英砂过滤器可去除原水中的悬浮物、胶体、泥沙、铁锈等；活性炭（AC）过滤器可以高效吸附原水中余氯和部分有机物、胶体，去除水中异味等；PP 滤芯可高效去除原水中 5um 以上的机械颗粒杂质、铁锈及大的胶状物等杂质。树脂软化装置可脱除原水中大部分钙镁离子，防止后续 RO 膜表面结垢堵塞，提高水的回收率。

反渗透（Reverse Osmosis，简称 RO）是以压力差为推动力的一种膜分离技术，具有一次分离度高、无相变、简单高效的特点。反渗透膜“孔径”已小至纳米（$1\ nm=10^{-9}\ m$），在扫描电镜下无法看到表面任何“过滤”小孔。在高于原水渗透压的操作压力下，水分子可反渗透通过 RO 半透膜，产出纯水，而原水中的大量无机离子、有机物、胶体、微生物等被 RO 膜截留。

通常当原水电导率$<200\ \mu S/cm$时，一级 RO 纯水电导率$\leqslant 5\ \mu S/cm$，符合实验室三级用水标准。对于原水电导率高的地区，为节省后续混床离子交换树脂更换成本，提高纯水水质，可考虑选择二级反渗透纯化系统，二级 RO 纯水电导率约 $1\sim5\ \mu S/cm$，经 RO 处理后水的电导率与原水水质有关。

一般自来水或地下水，经一级反渗透水处理设备处理后，产水电导率$<10\ \mu S/cm$；经二级反渗透水处理设备后产水电导率$<5\ \mu S/cm$甚至更低；在反渗透水处理设备系统后辅以离子交换设备或 EDI 设备可以制备超纯水，使电阻率达到 18 MΩ（电导率＝1/电阻率）。

使用反渗透系统时，应做好反渗前的预处理。原水预处理应注意以下几点：

（1）为了避免堵塞反渗透系统，原水应经预处理，以消除水中悬浮物，降低水的浊度。

（2）应该考虑进水 pH。各种半透膜都有其最适宜运行的 pH，当原水 pH 不能满足 RO 膜要求时，前置预处理应设置调节进水 pH 的设置。

（3）应考虑原水进水温度。膜的透水量随水温的增高而增大，但温度过高会加快醋酸纤维素膜的水解速度，且使有机膜变软，易于被压实。对于有机膜，通常将温度控制在 20～40 ℃范围内；复合膜温度控制在 5～45 ℃范围内。

（4）预处理应考虑杀菌，以防微生物的孳生长大。

5.6.3.4 水除氧设备

锅炉给水系统中的氧应当迅速得到清除，否则它会腐蚀锅炉的给水系统和部件，腐蚀性物质氧化铁会进入锅炉内，沉积或附着在锅炉管壁和受热面上，形成难溶而传热不良的铁垢，腐蚀的铁垢会造成管道内壁出现点坑，阻力系数增大，管道腐蚀严重时，甚至会发生管道爆炸事故。国家标准规定蒸发量大于等于 2 t/h 的蒸汽锅炉和水温大于等于 95 ℃的热水锅炉都必须进行补给水的除氧。水除氧的方式有真空除氧、热力除氧、化学除氧。

(1) 真空除氧

真空除氧是一种中温除氧技术，真空除氧能利用低品位余热，可用射流加热器加热软化水，又能分级及低位安装，除氧可靠，运行稳定，操作简单，适用范围广。近年来，工业锅炉房用真空除氧的逐渐增多。

图 5-6-7 是具有真空脱气、定压补水功能装置的产品照片与工作原理示意图。

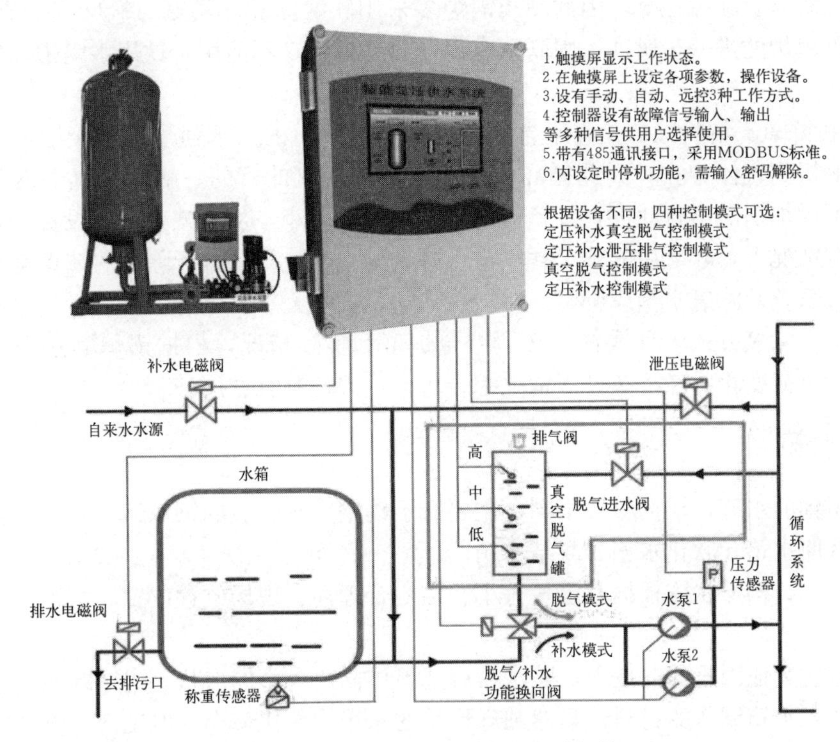

图 5-6-7　智能定压补水真空脱气装置

(2) 热力除氧

热力除氧一般有大气式热力除氧和喷射式热力除氧，其原理是将锅炉给水加热至沸点，使氧的溶解度减小，水中氧不断逸出，再将水面上产生的氧气连同水蒸气一道排除，这样能除掉水中各种气体（包括游离态 CO_2 和 N_2）。除氧后的水不会增加含盐量，也不会增加其他气体溶解量。热力除氧是应用最多的一种除氧方法。

(3) 化学除氧

化学除氧有钢屑除氧、亚硫酸钠除氧、联氨除氧、解析除氧等。

① 钢屑除氧。水经过钢屑过滤器，钢屑被氧化，把水中的溶解氧除去。这种方法有独立式和附设式两种。这种方法要求水温大于 70 ℃，以 80～90 ℃温度效果最好，水温在 20～30 ℃时，除氧效果最差。钢屑要求压紧，越紧越好，水中含氧量越大，要求水流速越低。钢屑除氧一般用在对给水品质要求不高的小型锅炉房，或者作为热力网补给水以及高压锅炉热力除氧后的补充除氧，一般仅作辅助措施。

② 亚硫酸钠除氧。这是一种锅炉内加药除氧法，这种方法一般采用亚硫酸钠作为除氧剂。通常其加药量要比理论值大，温度愈高，反应时间愈短，除氧效果愈好；当锅炉水 pH=6 时，效果最好；若 pH 增加，则除氧效果下降；加入铜、钴、锰、锡等作催化剂，可提高除氧效果。这种方法加药量不易控制，除氧效果不可靠；另外还会增加锅炉水含盐量，导致排污量增大，浪费热量。这种方法一般用在小型锅炉房或者作为辅助除氧方式。

③ 联氨除氧。联氨（N_2H_4）除氧方法多用于热力除氧后的辅助措施，以彻底清除水

中的残留氧，并不增加锅炉水的含盐量。当压力大于 6.3MPa 时，亚硫酸钠要分解成腐蚀性很强的二氧化硫和硫化氢，因此高压锅炉多采用联氨除氧。联氨与氧反应生成氮和水，有利于阻碍锅炉的进一步腐蚀。因联氨有毒，容易挥发，不能用于饮用水锅炉和生活用水锅炉除氧。

④ 解析除氧。解析除氧是将不含氧的气体与要除氧的给水强烈混合接触，使溶解在水中的氧解析到气体中去，如此循环而使给水达到脱氧的目的。解析除氧不需要预热处理，因此不增加锅炉房自耗汽，设备占地少，金属耗量小，从而减少基建投资，除氧效果好。在正常情况下，除氧后的残余含氧量可降到 0.05 mg/L。解析除氧的缺点是装置调整复杂，管道系统及除氧水箱应密封。

锅炉给水除氧方式多种式样，必须结合炉型和实际情况，根据锅炉的热力参数、水质、吨位、负荷变化、经济条件等情况综合考虑，因地制宜选用。

5.6.4 水箱

热源用到的水箱，根据材质不同，主要有不锈钢水箱、玻璃钢水箱、碳钢水箱等。根据用途，有原水箱、软化水箱、凝结水箱。

贮水箱的结构形状应根据其容量大小、结构合理性、现场放置位置、水箱制作难易等因素来确定。

在不考虑其他因素的前提下，贮水箱应选择体面比最小的形状。这样既能减小散热面积，还可节省水箱制作的材料。显然圆球形状的水箱体面比最小，但制作困难，因此贮热水箱的形状一般都选择圆柱形或矩形。

对于圆柱形水箱，当其高度与直径相等时，体面比最小。圆柱形水箱一般都需在工厂里制作，因此应考虑运输和吊装问题，直径过大，将给运输带来难题。所以有时不得不减小直径，增大高度；如果圆柱形水箱高度过高，从稳定性角度考虑，一般将水箱卧放；要求水箱承压的系统，圆柱形水箱的两个端盖应采用球形端盖，材料厚度应加厚，制作完成后，应按承压水箱制作的有关要求作耐压试验。

对于矩形水箱，当长、宽、高相等时，体面比最小，但由于矩形水箱的承压能力差，因此不易设计的太高，所以有时不得不减小高度，增大长度和宽度；在水箱高度相同的条件下，长度与宽度相等时，体面比最小。矩形水箱不需特殊设备，可以现场制作，从而免除了运输和吊装问题，因此被广泛采用。矩形水箱的承压能力差，一般都需要在水箱内部或外部加拉筋，以增加承压能力。矩形水箱只能用于不承压的系统中。

系统水箱常见的开口主要有检修人孔、通气孔、排污口、溢流口、用水口、循环口、其他开口等。为保证水质，开式水箱应加盖，并留有通气管。

5.7 机房自控装置

5.7.1 自控系统组成

供暖系统自控装置由热源系统自控、管网及中继泵站自控、热力子站自控等部分组成，上述各部分自控相互结合，构成供暖系统的联动自控系统。典型的集中供暖自控系统包括：调度中心、通信网络平台、热力子站控制系统。

调度中心包括计算机及网络通信设备，计算机包括操作员站、网络发布服务器、数据库服务器。网络通信设备包括交换机、防火墙、路由器等。

通信网络平台是连接调度中心和子站控制系统的桥梁，通信网络的选择主要根据本地区的实际情况，考虑通信距离、施工难度、初期投入成本、以后运营成本等，选取一个切合实际的通信网络。

热力子站控制系统包括热力站控制器、管网数据控制器、中继站控制器、热源控制器、热计量控制器等。

自控系统可选 DCS（Total Distributed Control System）集散控制系统，也可选择 PLC（Programmable Logic Controller）可编程控制器。控制系统模拟量信号大于 100 个点以上的，可考虑采用 DCS 集散控制系统；控制系统模拟量信号在 100 个点以内的，一般采用 PLC 控制。

5.7.2　热力站自控内容

5.7.2.1　换热站自控需要采集的运行参数与控制部件

供暖换热站自控需要采集的运行参数与控制部件如下：

（1）一次管网供、回水温度、压力、流量（热量）；

（2）二次管网供、回水温度、压力、流量；

（3）一次管网供水电动调节阀；

（4）循环泵、补水泵的启动、停止、运行状态；

（5）循环泵、补水泵的频率控制与反馈；

（6）补水箱液位；

（7）室外温度；

（8）耗水量、耗电量及耗热量等计量参数。

5.7.2.2　换热站的供暖调节方式与控制策略

（1）调节方式

换热站的供暖调节方式主要有质调节、量调节、分阶段的质调与量调相结合等。

质调节只改变供暖系统的供暖温度，不改变循环流量。具体根据供暖系统确定的经济运行的温度曲线，自动调节供暖二次网的供水温度和供回温差等。

量调节只改变供暖系统的供暖流量，不改变供水温度。当室外温度变化时，以供暖系统供回水管路压力的差值作为调节依据。

分阶段的质调与量调相结合是根据供暖负荷的变化，采用质调节与量调节相结合的调节办法，既满足供暖需要，又避免不必要的热能浪费和循环泵耗电浪费。

（2）控制策略

控制策略主要包括如下内容：热负荷预测、室外温度的选取、供水温度曲线的生成、参数自整定模糊 PID 控制等。

供暖系统热惰性大，热负荷的变化滞后于室外环境温度的变化，因此供暖调节不能过于频繁，应根据过往的经验，总结控制规律；根据天气变化，进行热负荷预估，建立天气预报-供暖负荷预估模型系统。

室外温度监测点的选取应尽可能选取有代表性的测点。实际工程中，往往会受到很多限制，选择的环境温度检测点受到通风、光照因素的影响，因此应多设置几个环境温度检测点，取这些检测点的平均值。

供水温度曲线是指不同环境温度时，供暖系统应供给的供水温度。可以根据实践积累，逐步总结出供暖系统不同环境温度下的供水温度。

参数自整定模糊 PID 控制是指对供暖控制经验进行归纳整理，总结出控制算法，应用于供暖控制。

5.7.2.3 供暖系统自控设计

供暖系统自控设计应在充分理解供暖系统设计理念，尤其是供暖运行设计理念的基础上，理清楚系统的控制逻辑，根据确定的控制逻辑与控制方式，进行系统自控软硬件设计。其中控制程序编制，应进行检查验证，确保逻辑正确。

控制程序应考虑有些参数应能由运维人员现场调节，对影响系统安全的参数设置应有保护措施，不得擅自修改。

供暖系统千差万别，因此供暖系统的设计应具体项目具体对待，使得供暖系统的自动控制满足系统良好运行的要求。

思考题

1. 适合供暖的热源都有哪些？各有什么特点？
2. 热水供暖系统与热用户连接都有哪些形式？各种形式都有什么特点？
3. 热水供暖系统如何选择供暖循环泵？
4. 蒸汽供暖系统与热用户连接都有哪些形式？各种形式都有什么特点？
5. 热力站与供热管网都有哪些连接形式？各种形式都有什么特点？
6. 热水供暖系统定压都有哪些方式？各种方式都有什么特点？
7. 供热系统的换热器都有哪些类别？各种类别都有什么特点？
8. 供暖系统除污设备都有哪些？各种除污设备都有什么特点？
9. 供暖系统循环水去除钙镁离子都有哪些方法？各有什么特点？
10. 供热系统水除氧都有哪些方式？各有什么特点？
11. 集中供暖调节都有哪些方式？各种方式的特点是什么？
12. 集中供暖自控系统一般都需要采集哪些运行参数？

第 6 章　集中供热管网

供热管网主要承担供暖热媒的输送和分配任务。本章所讲述的集中供热管网是指从集中供暖锅炉房首站换热站出来到各个供暖建筑供暖入口之间的管路、设备、装置等。

6.1　集中供热管网常见类别与形式

供热管网有很多种类别与形式，为了更有条理地把集中供暖管网阐述清楚，下面按照类别形式分别说明。

(1) 按照平面布置形式的管网类别分

按照供热管网的平面布置形式，供热管网主要有枝状布置和环状布置，见图 6-1-1。

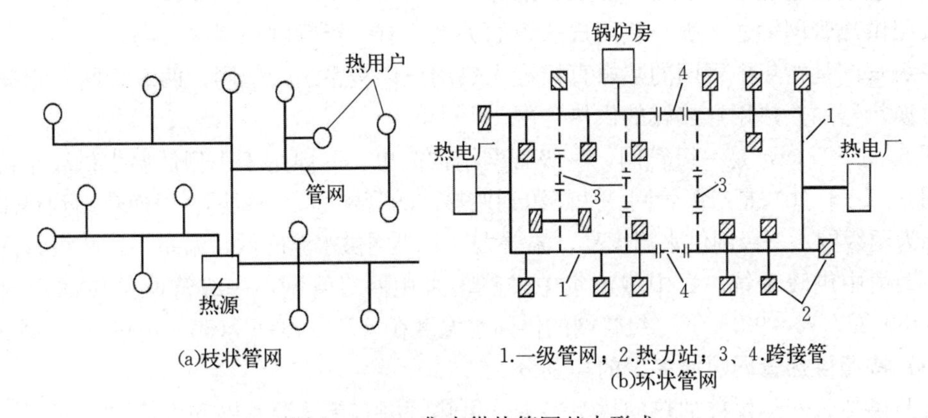

图 6-1-1　集中供热管网基本形式

图 6-1-1 (a) 是枝状管网。枝状管网布置简单，供热管道的管径随距热源距离增大而逐渐变细；管材消耗量少，初投资少。枝状管网不具有后备供热能力，当供热管网某处发生故障时，在故障点以后的热用户都将停止供暖，但由于建筑物具有一定的蓄热能力，通常可采用尽快抢修热网故障的办法处理。枝状管网是集中供热管网普遍采用的管网布置方式。

图 6-1-1 (b) 是环状管网，环状管网的主要优点是具有很高的供暖后备能力，当输配干线某处出现故障时，可以切除故障段后，通过环状管网从管网的另外方向供暖。环状管网投资大，运行管理复杂，热网要有很高的自动控制系统。

(2) 按照输送热媒的管网类别分

按照供热管网输送热媒的类别，有蒸汽管网和热水管网。

输送蒸汽热媒的管网被称为蒸汽管网。蒸汽作为热媒的管网主要向工厂生产工艺用热输送蒸汽，蒸汽供热的热用户一般相对集中，范围不大，因此单根蒸汽管和单根凝结水的热网形式比较普遍。对于凝结水质量不符合回收要求，或者凝结水回收率很低时，可不设凝结水管道，只设蒸汽管道，但应在热用户处尽量利用凝结水的热能。工厂的生产工艺用热不允许中断时，可设计铺设双蒸汽管，每根承担50%的供热负荷。当各个用热点要求的蒸汽压力差别较大，或者季节性负荷占全年总负荷的比例较大时，也可采用两根蒸汽管。

输送热水热媒的管网被称为热水管网。热水管网的供暖规模从几万平方米到上百万平方米，对于大规模的供热管网，应考虑供热的可靠性，供热管网应具备后备供热的可行性。CJJ 34—2010《城镇供热管网设计规范》规定：热水热力网干线应装设分段阀门；输送干线（指没有分支的管段）分段阀门的间距宜为2～3 km；输配干线（指有分支的供热管段）分段阀门的间距宜为1～1.5 km。

对于大型热水供热管网，有多根输送干线的热网系统，宜在输送干线之间设置连通管，见图6-1-1（b）。正常情况下，连通管关闭；当一个干线出现故障时，可通过关闭故障段阀门，开启连通管上的阀门，由另外一根干线向故障干线的一部分热用户供热。连通管的设置，提高了供热管网的供热后备能力。连通管的流量应按照热负荷较大的干线切除故障段后，能供应其余热负荷的70%确定。

（3）按照输送热媒与热用户热媒类别分

按照供热管网输送热媒与热用户热媒的关系，有一级管网和两级管网。

一级管网是指集中管网的热媒直接进入热用户供暖系统的管网，两级管网是指集中热网通过换热器加热热用户热媒的供热管网。

图6-1-1（a）是一级管网，一级管网结构简单，一般用于小型低温水供暖系统。

图6-1-1（b）是二级管网。从热源到换热站的管网称为一级网；由换热站到热用户的管网称为两级网。一级网供水温度高，温差大；二级网供水温度低，温差小。两级管网适用于大中型集中供暖系统。大中城市集中供热多采用两级管网，一级管网的供回水温度在(110～130)℃/(70～90)℃，二级管网的供回水温度在（75～95)℃/(50～70)℃甚至更低。

（4）按照供热管网热源多少的类别分

按照供热管网热媒被加热的热源多少，供热管网有单热源管网和多热源管网。

近年来，在城市的热水供暖系统中出现了多热源联合供暖方式。根据几个热源与热用户的相互位置和运行方式不同，供热管网的形式也有所不同。多热源供暖主要有如下组合：几个热电厂联合供热；几个区域锅炉房联合供暖；热电厂与区域锅炉房联合供暖。

多热源供暖，各个热源既可以在一起，也可以分处设置。分处设置，从不同位置与供热管网相连接的管网系统相对比较复杂。

图6-1-1（b）是多热源环状管网。管网有2个热电厂和一个锅炉房，都可以向热网供热，供热可靠性显著提高。

（5）按照供热管网加压泵的位置类别分

按照供热管网加压泵的位置，供热管网有集中式加压泵管网和分布式加压泵管网。

集中式加压泵管网是指供热管网的加压泵均设置在热源处机房的供热管网；分布式加压管网是指加压泵既设置在热源机房处，又同时在远离热源机房的供热管网上设置增压泵的供热管网。

分布式供热管网多用在三种场合。一种是用在地势平坦但管线距离较长的系统；另一种是地势不平坦，热源机房位置处于地势高处，热用户位于地势低处；还有一种是地势不平坦，热源机房位置处于地势低处，热用户位于地势高处。

图6-1-2是热源位于高地势差高处、热用户位于低处的分布式加压泵供热管网。如果只在热源处机房采用泵1循环，则泵的扬程高，导致处于低处的热用户的工作压力太高。为了减轻热用户采暖设备的工作压力，在回水管路上增设加压泵5，可通过加压泵加压，将回水循环到热源机房。

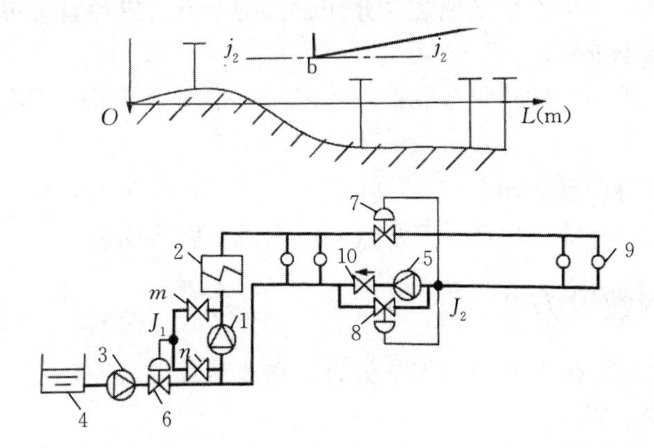

图6-1-2　热源位于高地势差高处的分布式加压泵供热管网

对于热源位于地势差低处、热用户位于高处的供热系统，为了减轻热源处供暖设备的工作压力，可在供水管网上增设加压泵，可通过加压泵加压，将供水加压到热用户处。

对于供热热源距热用户很远的供暖系统，可通过在供热管网供水管网和回水管网上都加设中继泵，从而解决长距离管道总阻力过大的问题。

6.2　供热管网布置

6.2.1　供热管网布置原则

供热管网的布置形式以及供热管线在平面上的位置确定（定线），是供热管网布置的两大内容。有关供热管线布置形式，前面已经讲述清楚，本节主要讲述供热管网定线问题。

管网定线应遵循以下原则：

（1）经济上合理

主干线力求短直，尽量走热负荷集中区。要考虑未来发展需要，要合理布置管线上的阀门、补偿器、管道附件的位置，在满足安全运行、维修方便的前提下，应节约用地。

（2）技术上可靠

管线布置应尽可能布置在地势平坦、土质好、水位低的位置；尽量避开地震断裂带、土质松软带、滑坡危险地带、水位高的地带等。

应尽量少穿越主要交通线，沿交通线布管时，管线一般应平行于交通中心线，并尽可能将管线布置在车行道和人行道以外、靠近主要用户和连接管较多的一侧。同一管道，应只沿街道一侧布管。

供热管线同河流、铁路、公路交叉时，应垂直交叉；特殊情况下，管线与铁路或地铁的交叉角度不得小于60°，管线与河流或公路的交叉角度不得小于45°。

热力管线可与自来水、10 kV以下的电力电缆、通讯线路、压缩空气管道、压力排水管道、重油管道等一起铺设到综合管沟内，热力管线应高于自来水和重油管道，在下面的自来水管道要做绝热层和防水层。

地下铺设的管道，不得架设到腐蚀性介质管道的下方。供热管道可与其他管道架设到同一支架上，但应便于维修。

供热管道应与建筑物、构筑物或其他管线保持一定间距。最小间距见CJJ 34《城镇供热管网设计规范》。

(3) 与周围环境协调且影响小

管线布置应与周边环境相协调，且尽量不影响或少影响周边环境。

6.2.2 供热管网敷设方式

供热管网敷设主要有地上敷设（架空敷设）和地下敷设两种方式，地下敷设又有管沟敷设、直埋敷设和管廊敷设。

6.2.2.1 地上敷设

地上敷设是将管道敷设于地面上独立的支架或带纵梁的桁架上或者建筑物的墙壁上。地面敷设不受地下水位影响，维修方便，造价低。适用于地下水位高，年降水量大、土质为湿陷性或腐蚀性土壤，地形复杂，标高差异大，地下障碍物多等难以地下敷设的地方。

地上敷设有低支架、中支架、高支架三种方式。

(1) 低支架

为了防止地面水的侵蚀，低支架敷设的保温管道下沿距离地面的净高度不小于300 mm，低支架敷设便于施工与检修，是最经济的敷设方式。但容易受到破坏，且影响交通与美观。

图6-2-1是低支架敷设示意图。管道下沿距地面的净高度要大于300 mm。

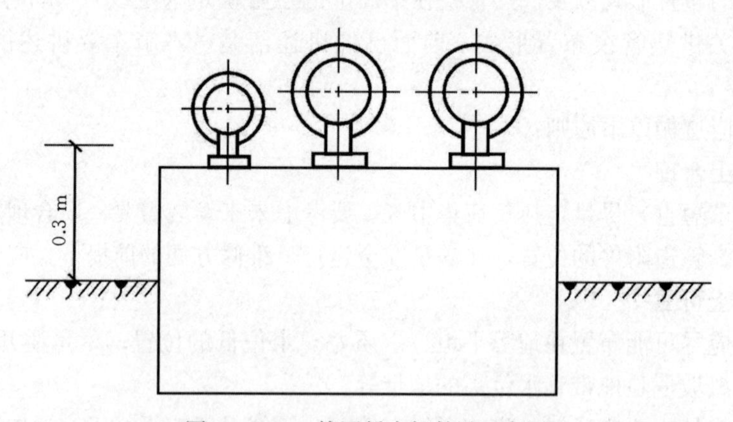

图6-2-1　管网低支架敷设示意图

(2) 中支架

在行人频繁，需要通行的地方，应采用中支架敷设。中支架管道下沿距地面的净高通常在2.5～4.0 m。中支架消耗材料比高支架少，施工比高支架方便。

(3) 高支架

在交通要道或管道需要跨越公路或铁路时，一般采用高支架敷设。高支架管道下沿距地面的净高一般在4 m以上。高支架消耗材料多，维修不方便。

图6-2-2是管道中高支架示意图。

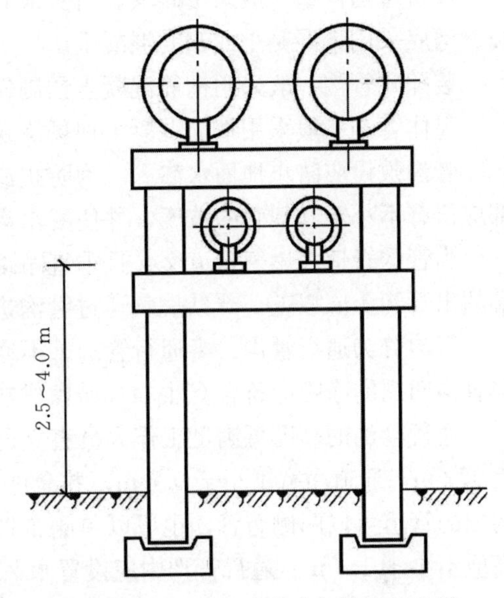

图6-2-2　管网中高支架敷设示意图

管道跨越水面或峡谷地段和道路时，可在永久性公路桥（立交桥）上架设。铁路桥梁下不得敷设供热管道。

多管道共架敷设时，应使所有管道便于安装与维修，并考虑所有管道的荷载分布合理。

地面敷设管道通过架空输配电线路时，管道上方应安装防护网，防护网的边沿应超出导线的最大风偏范围。架空线路下面交叉点两侧各5 m范围内的管道和钢筋混凝土结构的钢筋应做接地处理，接地电阻不大于10 Ω。

行人频繁，需要交通通行的地方，应采用中支架敷设。中支架管道下沿距地面的净高通常在2.5～4.0 m。中支架消耗材料比高支架少，施工比高支架方便。

6.2.2.2　地下敷设

地下敷设是把管道敷设到地下。地下敷设的优点是管道不容易结冰，不影响美观、不占地面地方等。地下敷设有管沟敷设和直埋敷设。

(1) 管沟敷设

管沟敷设是在地下建造管沟，经供热管道敷设到管沟内，管道本身不承受外界荷载。管沟的作用是承受土壤压力、地面荷载，并防止水侵入。

管沟有砌筑管沟、装配管沟、整体管沟。管沟截面做成矩形或拱形（图6-2-3）。

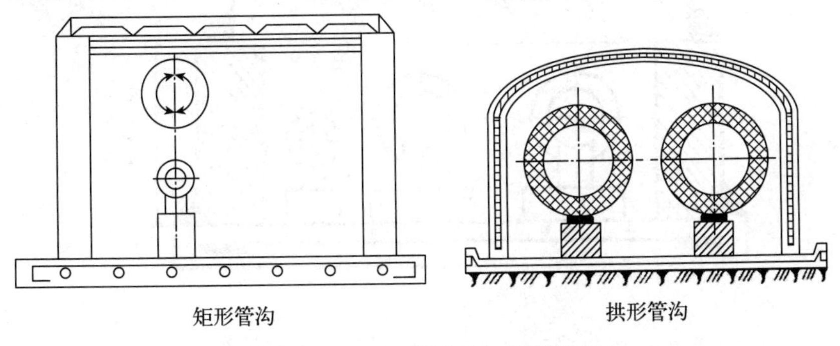

图6-2-3　矩形管沟与拱形管沟

砌筑管沟沟壁一般采用砖块、石头或其他砌筑材料；顶部一般采用预制钢筋混凝土盖板；沟底采用素混凝土或钢筋混凝土。

装配式管沟一般采用钢筋混凝土预制件现场装配，施工速度快。

整体管沟一般采用钢筋混凝土现场浇筑而成，防水性好。

管沟敷设应防止地面水渗入。为防止渗入管沟内的水流入检查室的集水坑内，管沟底部应留有不小于 0.002 的坡度，并使集水沟处最低。

当管沟管道与燃气管道交叉且垂直净距小于 300 mm 时，燃气管道应加套管，套管两端超出管沟 1 m 以上。严禁燃气通过管沟进入建筑内部。

管沟分为通行管沟、半通行管沟、不通行管沟。上述管沟内的管道与管道之间，管道与管沟四周的净距应符合 CJJ 34《城镇供热管网设计规范》的要求（图 6－2－4）。

通行管沟的高度可满足工作人员直立通行。通行地沟的高度不低于 1.8 m，最小宽度为 1.2 m，通道净宽不小于 0.6 m，并允许管沟内最大管径的管道和配附件通过。通行管沟内的管道可以两侧布管，也可以单侧布管。当选用横贯管沟断面的支架时，支架下沿净高应不小于 1.7 m。通行管沟内应设置永久照明设置，照明电压不大于 24 V。

管沟内温度不宜超过 40 ℃，通行地沟应利用自然通风降温，可设通风塔强化通风；当自然通风不能满足降温需要时，应采用机械通风。

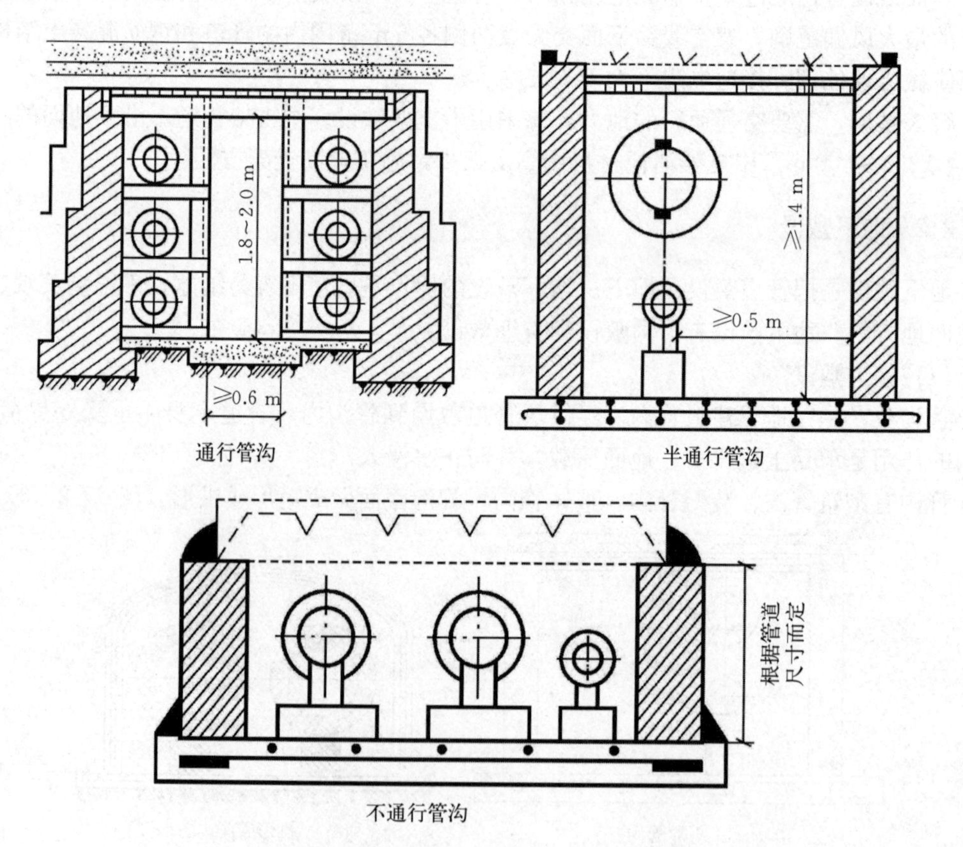

图 6－2－4　通行、半通行、不通行管沟

半通行地沟的高度应满足工作人员弯腰通行，高度不低于1.2 m，通行宽度不小于0.5 m，沟内管道采用单排垂直布置。横贯管沟的支架通行净高不小于1 m。半通行地沟的长度超过200 m时，应设检查孔，检查孔直径不小于0.6 m。半通行地沟应考虑自然通风措施。

不通行地沟只需要保证管道施工安装的必要尺寸。管沟宽度小于1.5 m为单沟；超过1.5 m时宜采用双槽管沟。管沟埋深不宜过大，并在地下水位之上。为方便检修，直线段每隔200 m，在低处要设置检查室和集水坑。不通行地沟适用于管道数量少，维修量不大的情况。缺点是检修时必须挖开。

（2）直埋敷设

直埋敷设是直接把管道埋设于土壤内，管道本身直接承担外界荷载。具有造价低，防腐保温性能好，施工周期短，占地少等优点。

图6-2-5是技术图集中关于直埋保温管的结构与尺寸要求。直埋管道一般在工厂预制好，有整体式保温管和脱开式保温管两类产品。

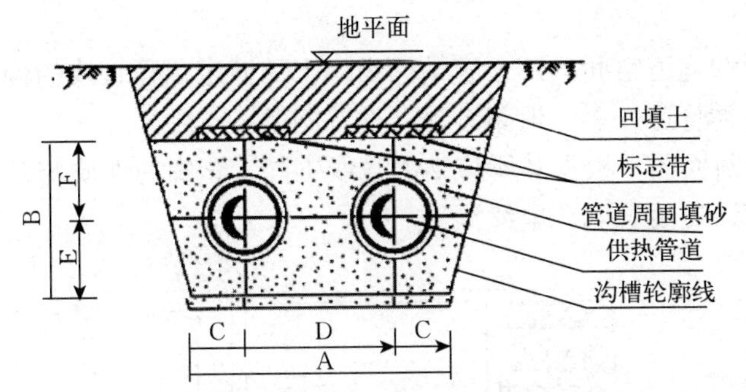

说明：
1. 直埋保温管外皮距槽底填砂距离不小于100 mm。
2. 直埋保温管外皮距槽顶填砂距离不小于150 mm。
3. 直埋保温管外皮距槽边填砂距离：管径≤DN100，不小于100 mm；管径>DN100，不小于150 mm。
4. 直埋保温管外皮间净距取：150～250 mm。
5. 通常情况下，槽边的放坡角度为45°。

钢管公称直径DN	保温厚度（mm）	保温管外径（mm）	A（mm）		B（mm）	C（mm）	D（mm）		E（mm）	F（mm）
			自然补偿	补偿器补偿			自然补偿	补偿器补偿		
50	31	125	630	690	390	170	290	350	170	220
65	29	140	630	740	390	170	290	400	170	220
80	33	160	670	790	410	180	310	430	180	230
100	40	200	750	870	450	200	350	470	200	250
125	40	225	1010	1030	480	265	480	500	215	265
150	42	250	1050	1120	500	275	500	570	225	275
200	43	315	1200	1260	570	315	570	630	260	310
250	57	400	1350	1400	650	350	650	700	300	350
300	56	450	1450	1550	700	375	700	800	325	375
350	54	500	1600	1670	750	400	800	870	350	400
400	58	560	1720	1810	810	430	860	950	380	430
450	52	600	1790	1940	850	450	890	1040	400	450
500	53	655	1890	2070	910	480	930	1110	430	480

图6-2-5　直埋供热保温管道管沟与管道横断面图及尺寸要求

整体式保温管的钢管、保温材料、外护壳三部分牢牢地粘接在一起，形成一个整体。脱开式保温管道的保温层和钢管之间，或者保温层与外保护壳之间可以产生相对位移。脱开式保温管道主要用于输送热媒温度在150℃以上的高温水或者蒸汽。

直埋敷设热水保温管道的最小覆土深度，应满足表6-2-1的要求，并应保证管道不发生纵向失稳。管道穿越河底的覆土深度应根据水流冲刷情况和管道稳定条件确定。管道与其他设置的间距应符合CJJ 34《城镇供热管网设计规范》的要求。

表6-2-1　直埋敷设管道最小覆土深度

管径	50～125	150～200	250～300	350～400	450～500
车行道下（m）	0.8	1.0	1.0	1.2	1.2
非车行道下（m）	0.6	0.6	0.7	0.8	0.9

管沟敷设时，要先在管道下面事先敷设100～150 mm厚，1～8 mm的中细砂夯实；管道四周填砂，填砂厚度150～200 mm，再回填原土夯实。

预制保温管之间的连接采用现场焊接的方式，一般采用氩弧焊打底，再电焊焊接。焊口经按照规定的比例抽检探伤合格后，对接口处进行保温补口。

6.2.2.3　综合管廊敷设

综合管廊是在地下建造一个公用的隧道空间，用于容纳两类以上的城市工程管线的构筑物和附属设施，用于解决道路下各类管道过多、道路频繁开挖等问题。

图6-2-6是多舱室廊综合管廊断面图。根据其所容纳的管线不同，管廊的性质与结构也有所不同。大致可分为干线管廊、支线管廊、电缆沟等。

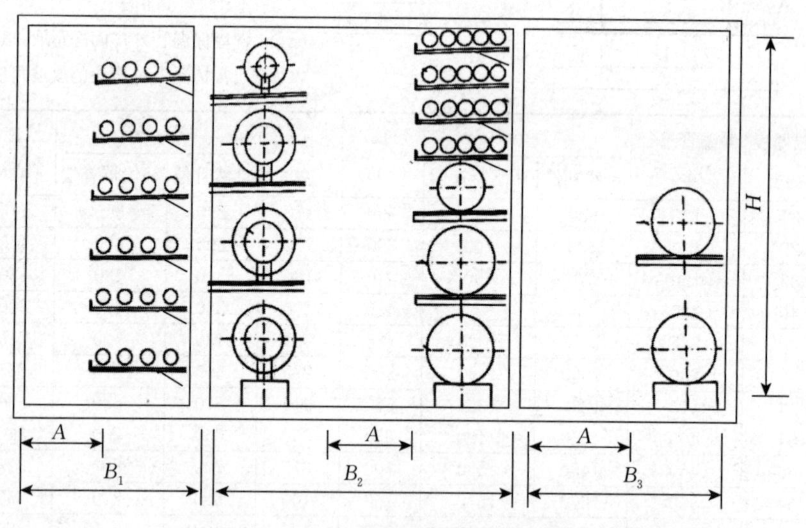

图6-2-6　多舱室综合管廊断面图

干线管廊用于容纳城市主干工程管线，采用独立分仓式建造的综合管廊。主要连接源站（自来水厂、发电站、热源厂）与支线，管廊内容纳电力、通讯、自来水、热力、燃气等管线，有时也把排水容纳在内。干线综合管廊断面通常为圆形或多格箱形，管廊内设置照明、通风、消防等设备。管廊相互无干扰的管线可以放在同一个舱室内，相互有影响的管线，要分不同舱室放置。严禁热力管道与电力电缆同舱，燃气管道应在单独的舱室。

支线管用于容纳城市配给工程管线，采用单舱或者双舱方式建设的综合管廊。主要用于把各种介质的管道从干线综合管廊输送到各直接用户，一般设置在绿化带、人行道、非机动车道下面。支线综合管廊一般采用矩形断面，单舱或双舱居多。

综合管廊施工有现浇和预制两种，采用自然通风与机械通风相结合的通风方式，并设置逃生孔。

6.3　供热管道及其附件

6.3.1　供热管道

供热管道一般都采用钢管，钢管能承受较大的内应力和动载荷，且连接方便；钢管的缺点是容易被腐蚀。

室内供热管道多采用镀锌管或新型塑料管，室外供热管道都采用无缝钢管或者电弧焊高频焊直缝钢管或螺旋缝钢管。CJJ 34—2010《城镇供热管网设计规范》对供热管网管材的规定见表 6-3-1。

表 6-3-1　供热管网钢材钢号与适用范围

钢号	设计参数	钢板厚度
Q235 AF	$P \leqslant 1.0$ MPa，$t \leqslant 95$ ℃	≤8 mm
Q235 A	$P \leqslant 1.6$ MPa，$t \leqslant 150$ ℃	≤16 mm
Q235 B	$P \leqslant 2.5$ MPa，$t \leqslant 300$ ℃	≤20 mm
10、20、低合金钢	可用于适用范围的全部参数	不限

6.3.2　管道与设备保温

6.3.2.1　常用保温材料

人工生产的保温材料主要有玻璃棉、岩棉、珍珠岩、蛭石等，这些保温材料一般为工厂生产的原料或预制半成品，其保温结构多为捆绑和砌筑形式。

20 世纪 70 年代以来研制开发的保温材料有聚苯乙烯泡沫塑料、聚氨酯泡沫塑料、泡沫玻璃、泡沫石棉等，其保温层的结构多为喷涂或灌注成型的形式。

岩棉是以天然岩石如：玄武岩、辉长岩、白云石、铁矿石、铝矾土等为主要原料，经高温熔化、纤维化而制成的无机质纤维。纤维经加工，可制成板、管、毡、带等各种制品，用于建筑和工业装备、管道、窑炉的绝热、防火、吸声、抗震等。在常温条件下（25 ℃左右）导热系数在 0.030～0.047 W/(m·K) 之间，岩棉板容重范围在 40～160 kg/m^3，岩棉的最高使用温度 700 ℃以上。

玻璃棉是以石英砂、长石、硅酸钠、硼酸等为主要原料，经过高温熔化制得的直径小于 2 μm 的纤维棉，再添加黏合剂加压高温定型制造出各种形状的板、毡、管材制品。广泛用于热力设备、空调恒温、冷热管道、冷藏保鲜及建筑物的保温、隔热、隔音等。玻璃棉具有容重轻、导热系数小、吸收系数大、阻燃性能好等优点，在常温条件下（25 ℃左右）导热系数在 0.030～0.044 W/(m·K）之间，容重范围 24～128 kg/m^3。玻璃棉使用温度在－120～400 ℃之间。玻璃棉与岩棉相比，玻璃棉纤维长，但耐温低；岩棉耐温高，但纤维短。太阳能供热系统的耐温多在 200 ℃以下，因此多用玻璃棉作为保温材料。

聚氨酯材料是聚氨基甲酸酯的简称，它是一种高分子材料，用于保温保冷材料，具有导热系数小、吸水率低、强度高等优点。在常温条件下（25 ℃左右），容重 40～60 kg/m^3 的导热系数 0.025 W/(m·K）左右，使用温度在－120～120 ℃之间。太阳能供暖系统常用聚氨酯保温材料。

橡塑保温材料是弹性闭孔弹性材料，具有柔软，耐曲绕，耐寒，耐热，阻燃，防水，导热系数低，减震，吸音等优良性能，可广泛应用于中央空调等各类冷热介质管道和容器，能达到降低冷损和热损的效果。施工简便，外观整洁美观。橡塑保温管具有优良的防火性能，使用温度范围在－50 ℃到 90 ℃，在 0 ℃时，导热系数不超过 0.034 W/(m·K）。

聚乙烯保温材料由聚乙烯加工而成，质地比较硬，常用于空调管道的保温。

6.3.2.2　管道保温材料选择

管道系统的工作环境多种多样，有高温、低温、空中、地下、干燥、潮湿等，所选用的保温材料要求能适应这些条件。

在选用保温材料时，首先考虑其热工性能，然后还要考虑施工作业条件，如高温系统应考虑材料的热稳定性、振动管道应考虑材料的强度、潮湿的环境应考虑材料的吸湿性、间歇运行的系统应考虑材料的热容量等。

低温热水集中供热管道多采用整体式直埋管道。整体式保温管的钢管、保温材料、外护壳三部分牢牢地粘接在一起，形成一个整体；保温采用聚氨酯发泡，密度 60～80 kg/m^3，导热系数 0.033 W/(m·℃)，抗压强度≥300 kPa，吸水性≤10%，保温材料耐温不超过 130 ℃；外壳采用高密度聚乙烯硬质塑料管，机械性、耐磨性、抗冲击性、化学稳定性、抗腐蚀性、耐老化性均较好，可以焊接，便于施工。

图 6－3－1 是预制保温管和三通接头的实物图，图 6－3－1（a）（c）分别为预制保温管和三通，图 6－3－1（b）是带有防漏报警线的预制保温管。带报警线的预制保温管，在现场把报警线连通，并与报警器连接，当管路有漏水时，报警线电阻发生变化，可以快速找到埋地管漏水的位置。

(a)预制保温管　　(b)带报警线的预制保温管　　(c)预制保温三通

图 6－3－1　预制直埋保温管与三通接头实物图

6.3.2.3 管道保温结构

保温结构一般由保温层、保护层等部分组成，进行保温前应先对管道或设备做防锈处理。

防锈层即管道及设备表面除锈后涂刷的防锈底漆，一般涂刷 1～2 遍。

保温层是减少热量损失，起保温作用的主体层，附着于防锈层外面。

保护层是保护防潮层和保温层不受外界机械损伤，保护层的材料应有较高的机械强度，常用高密度聚乙烯、金属薄板、玻璃丝布、玻璃钢、塑料薄膜、石棉石膏、石棉水泥等制作而成。

6.3.2.4 供热保温管道热力计算

保温层厚度可在供热管道保温热力计算的基础上确定。确定的保温层越厚，管路热损失越小，越节约燃料；但厚度加大，保温结构造价增加，投资费用提高。在工程设计中，保温层厚度在管道保温热力计算的基础上，按技术经济分析得出的“经济保温厚度”确定。

经济保温厚度指考虑管道保温结构的基建投资和管道散热损失的年运行费用两个因素，折算出在一定年限内“年计算费用”最小值时保温层厚度。

(1) 架空敷设管道的热损失计算

地上敷设的保温管道和设备置于大气层中，热媒介质的热量散失经过管道或设备的壁面、保温层、保护层散失到周围环境中。

单根架空管道的热损失 Q_G 计算见下式：

$$Q_G = ql\ (1+\beta) = \frac{t_G - t_k}{R_z}\ (1+\beta)\ l \tag{6-3-1}$$

式中：q——单位长度地面敷设管道的热损失，W/m；

l——管道长度，m；

t_G、t_k——分别为管道介质温度和周围环境温度，℃；

R_z——管道总热阻，(m·℃)/W；

β——管道附件局部热损失系数。

保温管道的总热阻 R_z 用下式计算：

$$R_z = R_n + R_g + R_b + R_w \tag{6-3-2}$$

式中：R_z、R_n、R_g、R_b、R_w——分别为管道总热阻、管道内表面换热热阻、管道壁面热阻、保温结构热阻、保温管道外表面与周围空气的换热热阻，(m·℃)/W。

供暖管道流体的流动大多处于紊流区，管内表面换热系数的数值很大；钢材的导热系数较大，一般情况下，可忽略管道内表面换热热阻和管道壁面热阻两项热阻。

保温管道的保温一般由保温层和外护层构成，因此保温热阻的计算应为：$R_b = R_{wen} + R_{hu}$；一般管道保护层的厚度较小，其热阻可以忽略不计，因此对于单层保温管道，保温热阻的计算公式为：

$$R_b = R_{wen} = \frac{1}{2\pi\lambda_b}\ln\frac{d_{bw}}{d_{bn}} \tag{6-3-3}$$

式中：λ_b——保温材料导热系数，W/(m·℃)；

d_{bw}——单层管道保温层外直径，可取保护层外径，m；

d_{bn}——单层管道保温层内直径，可取管道外径，m。

保温管道外表面的换热热阻 R_w 用下式计算：

$$R_w=\frac{1}{\pi d_{bw}\alpha_w} \tag{6-3-4}$$

式中：α_w——保温管道外表面的换热系数，W/(m・℃)。

保温管道外表面的换热系数由外表面的辐射换热系数和对流换热系数相加而成。室内与室外管道的对流换热系数计算方法不同。

经计算，当管道外壁温度在 5～40 ℃，空气温度在－30～＋40 ℃之间，保温表面为灰体，辐射系数取 5.2 W/(m²・K⁴）时，保温管道外表面的辐射换热系数在 3～8 W/(m・℃)。

对于室内管道，对流换热系数在 3～6 W/(m・℃)，因此室内管道的外表面换热系数 α_w 在 6～14 W/(m・℃)，一般取 10.5 W/(m・℃)。

对于室外管道，当平均风速在 2 m/s 时，管道的对流换热系数在 5～11 W/(m・℃)；当风速在 15 m/s 时，管道的对流换热系数在 17～38 W/(m・℃)。室外管道计算时，管道的外表面换热系数 α_w 可取平均值 20 W/(m・℃)。也可按照下式估算：

$$\alpha_w=11.6+7\sqrt{v_k} \tag{6-3-5}$$

式中：v_k——保温管道周围的空气流速，m/s。

阀门、补偿器、支座等管路附件局部面积扩大，比单纯的直管增加热损失，此部分热损失计算通过管道附件局部热损失系数 β 来修正。β 值的取值见表 6-3-2。

表 6-3-2　管路附件局部换热系数 β 数值

管道敷设方式	管线	
	干线	支干线和支线
地上敷设	0.2	0.3
直埋敷设	0.1	0.15
管沟敷设	0.15	0.25

基于上述分析，一般情况下，架空保温管道的热损失可将公式（6-3-1）简化为：

$$Q_G=ql\ (1+\beta)\ =\frac{t_G-t_k}{R_z}\ (1+\beta)\ l=\frac{2\pi\ (t_G-t_k)}{\dfrac{1}{\lambda_{bw}}\ln\dfrac{d_{bw}}{d_{bn}}+\dfrac{2}{d_{bw}\alpha_w}}\ (1+\beta)\ l \tag{6-3-6}$$

利用上式在计算平均热损失时，空气温度和管内介质温度都取计算期内的平均温度。计算最大热损失时，介质温度取最高温度，空气温度取最低温度。计算管道总热损失时，按照供暖期内各温度延续时间，通过加权平均来计算。

（2）直埋敷设管道的热损失计算

直埋敷设的保温管道埋于土壤中，热媒介质的热量散失经过管道壁面、保温层、保护层、土壤传到地面，再散失到周围环境中。

与架空保温管道相比，增加了土壤热阻，存在土壤表面向空气的放热热阻。先以单根埋地管来分析热损失的计算方法。

(a) 单根地埋管热损失计算方法

假定土壤地表是等温面，则土壤热阻计算公式如下：

$$R_t=\frac{1}{2\pi\lambda_t}\ln\left(\frac{2h}{d_{bw}}+\sqrt{\left(\frac{2h}{d_{bw}}\right)^2-1}\right) \tag{6-3-7}$$

式中：R_t——土壤热阻，(m·℃)/W；

λ_t——土壤导热系数，W/(m·℃)；

h——管道中心埋深，m；

d_{bw}——保温管道外直径，m。

当 $h/d_{bw}\geqslant 2$ 时，可以简化为下式：

$$R_t=\frac{1}{2\pi\lambda_t}\ln\frac{4h}{d_{bw}} \tag{6-3-8}$$

土壤的导热系数与土壤成分、密度、湿度有关，可查取相关资料获得。一般沙土大于黏土。一般计算时取 1～2.5 W/(m·℃)。

单位长度地埋管的热损失计算如下：

$$q=\frac{2\pi\ (t_G-t_{tb})}{\frac{1}{\lambda_b}\ln\frac{d_{bw}}{d_{bn}}+\frac{1}{\lambda_t}\ln\frac{4h}{d_{bw}}} \tag{6-3-9}$$

式中：t_{tb}——土壤表面温度，℃；

其他符号同本节前面公式。

以上计算公式是基于管道附近的土壤表面温度是均衡的，实际上土壤表面温度是不均衡的，管道正上方土壤表面温度高，离开管道轴线正上方向两侧的土壤表面温度逐渐降低。土壤表面温度不易确定，但可认为地表上方的空气温度是一致的，空气温度可从气象数据查取。用折算埋深计算的土壤热阻就是考虑了地表向大气的放热热阻。折算埋深用下式计算：

$$H_z=h+\frac{\lambda_t}{\alpha_{tk}} \tag{6-3-10}$$

式中：H_z——管道的折算埋深，m；

α_{tk}——土壤地表对大气的换热系数，一般取 15～20 W/(m·℃)。

用折算埋深 H_z 代替管道中心的实际埋深 h 计算土壤热阻，相当于在地表上方加上了厚度为 λ_t/α_{tk} 的一个假想的土层热阻，来代替地表向大气的放热热阻。将公式（6-3-10）代入式（6-3-8），可得到折算深度计算的土壤热阻公式：

$$R_t'=\frac{1}{2\pi\lambda_t}\ln\frac{4H_z}{d_{bw}} \tag{6-3-11}$$

式中：R_t'——用折算埋深计算的土壤热阻，(m·℃)/W；

其他符号含义同本节其他公式。

采用折算埋深，单管地埋管单位长度的热损失的计算公式为：

$$q=\frac{2\pi\ (t_G-t_k)}{\frac{1}{\lambda_b}\ln\frac{d_{bw}}{d_{bn}}+\frac{1}{\lambda_t}\ln\frac{4H_z}{d_{bw}}} \tag{6-3-12}$$

式中：t_k——地表上方空气温度，℃；

其他符号含义同本节其他公式。

由于管道四周被土壤包裹着，引起直埋管道的热损失要小于架空管道。地埋管道的热损失可用下式计算：

$$Q_G = ql\ (1+\beta)\ = \frac{t_G - t_k}{R_b + R_t'}\ (1+\beta)\ l \qquad (6-3-13)$$

式中符号含义同本节公式。

单管直埋保温管管道保温层外表面的温度可用下式计算：

$$t_{bw} = t_G - q\frac{1}{2\pi\lambda_b}\ln\frac{d_{bw}}{d_{bn}} = t_G - \frac{t_G - t_k}{1+\frac{\lambda_b}{\lambda_t}\frac{\ln\frac{4H_z}{d_{bw}}}{\ln\frac{d_{bw}}{d_{bn}}}} \qquad (6-3-14)$$

式中各符合同本节公式。

(b) 双根地埋管热损失计算方法

以上是单根埋地管道的散热量计算方法。通常情况下，供暖管网的埋地管道多是供回双根管道，两根管道直埋时，热损失的计算要考虑两根管道的相互影响。

图 6-3-2 是双根地埋管断面图。两根管道内热媒的温度分别为 t_{G1}、t_{G2}，两根管轴线的间距为 b，埋深为 h。其热损计算与单管不同之处在于要考虑两根管道的互相影响。

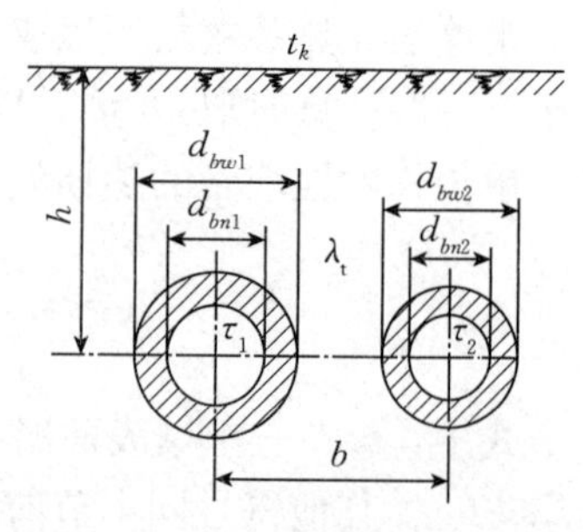

图 6-3-2　双管直埋示意图

两根供热管道并行的直埋敷设时，温度较高的管道形成的温度场，提高了温度较低管道周围的土壤温度，相当于两管之间存在相互影响的附加热阻，可同时减少两管的热损失。由俄罗斯专家提出的附加热阻的计算公式如下：

$$R_{12} = \frac{\ln\sqrt{1+\left(\frac{2h}{b}\right)^2}}{2\pi\lambda_t} \qquad (6-3-15)$$

式中：R_{12}——两根地埋管之间的附加热阻，(m·℃)/W；

b——两根地埋管之间轴线之间距离，m；

其他符号同本节其他公式。

由公式（6-3-15）可知：附加热阻取决于两根管轴线的埋深 h 与两管轴线间距 b 之比以及土壤的导热系数 λ_t。h 一定时，b 越小，R_{12} 越大。而与管道直径和保温层厚度无关。

双管直埋供热管道的热损失分别用下式计算：

$$q_1 = \frac{(t_{G1} - t_k)\ R_2 - (t_{G2} - t_k)\ R_{12}}{R_1 R_2 - R_{12}^2} \qquad (6-3-16)$$

$$q_2 = \frac{(t_{G2} - t_k)\ R_1 - (t_{G1} - t_k)\ R_{12}}{R_1 R_2 - R_{12}^2} \qquad (6-3-17)$$

式中：q_1、q_2——直埋管道 1 或管道 2 单位长度的热损失，W/m；

t_{G1}、t_{G2}——分别为直埋管道 1 或管道 2 的热媒温度，℃；

R_1——保温管道 1 的热阻与用折算埋深计算的土壤热阻之和，(m·℃)/W，$R_1 = R_{b1} + R_t'$；

R_2——保温管道 2 的热阻与用折算埋深计算的土壤热阻之和，(m·℃)/W，

$R_2=R_{b2}+R'_t$；

R_{b1}、R_{b2}——分别为保温管道 1 或管道 2 的热阻，(m・℃)/W；用公式（6-3-3）计算；

其他符号含义同本节其他公式。

先计算出双管直埋敷设各管的热损失，然后用下式计算保温管道的外表面温度。

$$t_{bw1}=t_1-q_1R_{b1}=t_1-q_1\frac{1}{2\pi\lambda_{b1}}\ln\frac{d_{bw1}}{d_{bn1}} \tag{6-3-18}$$

$$t_{bw2}=t_2-q_2R_{b1}=t_2-q_2\frac{1}{2\pi\lambda_{b2}}\ln\frac{d_{bw2}}{d_{bn2}} \tag{6-3-19}$$

上式中：t_{bw1}、t_{bw2}——直埋保温管道 1 或管道 2 的外表面温度，℃；

λ_{b1}、λ_{b2}——保温管道 1 或管道 2 保温材料的导热系数，W/(m・℃)；

其他符号同本节其他公式。

(3) 管沟敷设管道的热损失计算

管沟敷设时，保温管的外表面和管沟（含管廊、隧道）内表面之间有空气层。管道传给沟内空气的热量等于沟内空气经沟壁和土层向大气的传热量。

与直埋敷设供热管道的热损失计算的不同在于：增加了管沟内的散热；由于有管沟，热阻的计算方法不同。

① 单根地沟敷设供热管道热损失。单根供热管道管沟敷设，如图 6-3-3 所示。

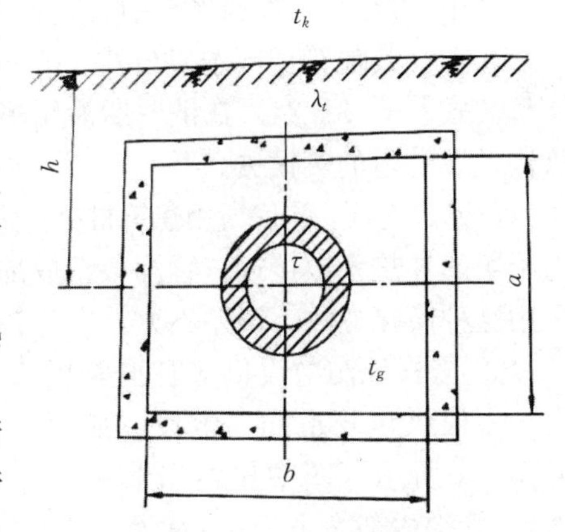

图 6-3-3　单管管沟敷设示意图

热流经钢管、钢管保温层、管沟空气层、管沟、土壤，经地表散失到大气中。管内热媒 t_G、管沟内空气温度 t_g、地表空气温度 t_k、管沟水平中心线埋深 h，用下式计算其热损失：

$$Q_G=ql(1+\beta)=\frac{t_G-t_k}{\sum R}(1+\beta)l=\frac{t_G-t_k}{R_0}(1+\beta)l \tag{6-3-20}$$

式中：Q_G——单管管沟敷设管道热损失，W；

q——单位长度管沟敷设管道热损失，W/m；

t_g——管沟内空气温度，℃；

$\sum R$——管沟敷设管道的总热阻，(m・℃)/W；

$$\sum R=R_b+R_w+R_{n,g}+R_{t,g} \tag{6-3-21}$$

R_w——供热管道外表面向管沟空气的放热热阻，(m・℃)/W；

$R_{n,g}$——从管沟内空气到管沟内壁的热阻，(m・℃)/W；

$R_{t,g}$——管沟敷设的土壤热阻，(m・℃)/W；

R_0——从管沟内空气到地面上大气的热阻，$R_0=R_{n,g}+R_{t,g}$；

其他符号与本节公式含义相同。

管沟内空气到管沟内壁的热阻 $R_{n,g}$ 按下式计算：

$$R_{n,g}=\frac{1}{\pi\alpha_{n,g}d_{n,g}} \tag{6-3-22}$$

式中：$\alpha_{n,g}$——管沟内壁吸热系数，W/(m·℃)；

$d_{n,g}$——管沟内横截面积的当量直径，m；

对于矩形管沟，$d_{n,g}=\frac{4F_{n,g}}{S_{n,g}}=\frac{2ab}{a+b}$ （6-3-23）

$F_{n,g}$——管沟内净横截面积，m^2；

$S_{n,g}$——管沟内净横截面周长，m；

a、b——管沟的净宽与净高，m。

计算时，取 $\alpha_{n,g}=12$ W/(m·℃)。

管沟敷设时的土壤热阻 $R_{t,g}$ 用下式计算：

$$R_{t,g}=\frac{\ln\left[3.5\frac{H_g}{\alpha}\left(\frac{a}{b}\right)^{0.25}\right]}{\lambda_t\left(5.7+0.5\frac{b}{a}\right)} \quad (6-3-24)$$

式中：H_g——管沟水平中心到地面的折算高度，m；

其他符号同本节公式。

公式（6-3-24）在俄罗斯沿用多年，其特点是不必计算管沟的导热热阻，就可计算管沟敷设管道的热损失。

沟壁、沟顶、沟底所用建筑材料（砖、钢筋混凝土等）的导热系数 0.8～1.5 W/(m·℃)，与土壤的导热系数接近，管沟各组成部分的厚度相对于土层而言较小，其热阻值也不大。采用这种简化方法，误差不大。

② 多根地沟敷设供热管道热损失。多根供热管道同沟敷设，如图 6-3-4 所示（图中仅绘出 2 根管道）。管沟内部净高为 a，净宽为 b，管沟水平中心埋深为 h。管道内介质温度分别为：t_{G1}、t_{G2}…、t_{Gm}，管沟空气温度为 t_g。计算热损失时，首先要根据热平衡计算多管共同作用形成的管沟空气温度，然后计算每一根管道的热损失。管沟内所有管道热损失之和应等于管沟向土壤散失、继而向大气散发的热量。管沟内空气温度 t_g 可用下式计算：

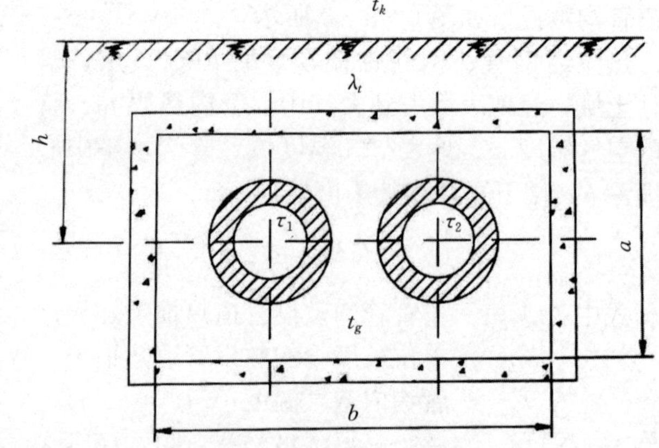

图 6-3-4 多管管沟敷设示意图

$$\sum_{i=1}^{m}\frac{t_{Gi}-t_g}{R_i}=\frac{t_g-t_k}{R_0} \quad (6-3-25)$$

由式（6-3-25）可以推出：

$$t_g=\frac{\sum\limits_{i=1}^{i=m}\frac{t_{Gi}}{R_i}+\frac{t_k}{R_0}}{\sum\limits_{i=1}^{m}\frac{1}{R_i}+\frac{1}{R_0}} \quad (6-3-26)$$

式中：t_{Gi}——管沟内第 i 根管内的供热介质温度，℃；

R_i——管沟内第 i 根管道从管内供热介质向管沟空气的传热热阻，(m·℃)/W；

R_0——从管沟内空气到地面上的大气的热阻，(m·℃)/W；

m——同一管沟内的管道数量。

各管的热阻 R_i 可用下式计算：

$$R_1 = R_{b1} + R_{w1}$$
$$R_2 = R_{b2} + R_{w2}$$
$$R_m = R_{bm} + R_{wm}$$

上式中：R_{b1}、R_{b2}、…、R_{bm}——管沟内第1、2…、m 根管道保温层热阻，(m·℃)/W；

R_{w1}、R_{w2}、…、R_{wm}——管沟内第1、2…、m 根管道外壁向管沟内空气的放热热阻，(m·℃)/W；

其他符号含义同本节公式。

单位长度管沟热损失计算公式如下：

$$q = \sum_{i=1}^{m} q_i = \sum_{i=1}^{m} \frac{t_{Gi} - t_g}{R_i} = \frac{t_g - t_k}{R_{n,g} + R_{t,g}} = \frac{t_g - t_k}{R_0} \qquad (6-3-27)$$

式中：q——多管同沟敷设单位长度管沟热损失，W/m；

m——管沟内供热管道数；

q_i——多管同沟敷设中某一管道单位长度管沟热损失，W/m；

其他符号同本节公式。

管沟敷设管道保温层外表面温度可用下式计算：

$$t_{b,w_i} = t_g + q_i R_{wi} = t_g + \frac{t_{Gi} - t_g}{R_{bi} + R_{wi}} R_{wi}$$

或：$t_{b,w_i} = t_{Gi} - q_i R_{b_i}$　　(6-3-28)

式中各符号含义同本节其他公式。

6.3.3　阀门

阀门的作用是截断（开通）、调节或节流、防倒流、分流或溢流、泄压等。阀门的种类很多，有闸阀、截止阀、蝶阀、球阀、单向阀、排气阀、平衡阀、安全阀等。不同的阀门，其结构特性和使用特性也不同。使用特性是确定阀门的主要使用性能与适用范围，结构特性是确定阀门的安装、维修、保养等，包括阀门的结构长度总体长度、与管道的连接形式、密封面的形式、阀杆结构形式等。

上述各类功能的阀门的结构与特点，在与本书配套的《太阳能光热利用技术（初、中、高级）》中已给予详细讲述，这里不再重复。本书只阐述阀门选型以及上本书没有涉及的调节阀方面的知识。

系统设计和选择阀门应从以下几方面入手，收集相关资料，作出选择。

（1）阀门用途

应弄清楚所选的阀门在设备或装置中的用途是什么？阀门的用途包括：关断、调节、止回、排气、过滤、安全保护等。

（2）对阀门流体特性要求

这些要求包括：阀门流阻、阀门排放能力、阀门流量特性、阀门流量系数、阀门密封等级等。

（3）对阀门工作条件要求

这些要求包括：阀门要用于什么介质，阀门的工作压力是多少，阀门的工作温度是多少等。

（4）对阀门要求连接方式

阀门连接方式有：法兰连接、丝接、焊接等。选取的阀门需要什么连接方式。

（5）对阀门操控方式要求

阀门操控方式有：手动、电动、电磁控制、气动控制、液压控制、电气联动控制、电液联动控制等。选取的阀门需要什么控制方式。

（6）安装尺寸与外形尺寸要求

安装尺寸和外形尺寸包括：阀门长度、外形尺寸、重量限制等。

（7）其他要求

其他要求包括：阀门的可靠性、使用寿命、防爆性能等。

6.3.3.1 阀门流量特性

阀门的相对流量是指阀门在某一开度下的流量与阀门全开的最大流量的比值。阀门的相对开度是指阀门某一开度下行程与阀门全开时行程的比值。阀门的流量特性是指介质流过阀门的相对流量与相对开度之间的函数关系。阀门的流量特性可用下式表示：

$$\frac{G}{G_{\max}}=f\left(\frac{l}{L}\right) \tag{6-3-29}$$

式中：G、$G_{\max}$——分别为阀门某一开度流量和阀门全开时的最大流量；

l，L——分别为阀门某一开度时的阀芯位移和阀门全开时位移。

阀门的理想特性曲线是阀前、阀后压差保持不变时的特性曲线。不同阀门的流量特性各异，有直线、等百分比（对数）、抛物线、快开等四类。

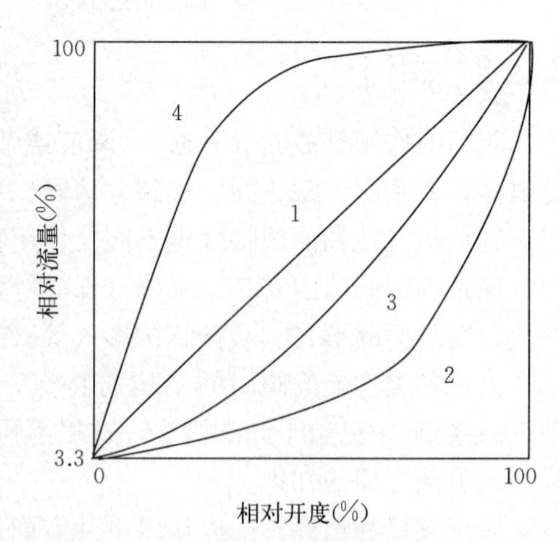

图 6-3-5　阀门的理想流量特性曲线

曲线 1. 直线；曲线 2. 等百分比；曲线 3. 抛物线；曲线 4. 快开

图 6-3-5 是几类阀门的理想流量特性曲线。图中曲线 1 是指阀门的相对开度与相对流量是线性关系。图中曲线 2 是指单位相对开度所引起的相对流量变化与此点的相对流量是正比关系。图中曲线 3 是指单位相对开度所引起的相对流量变化与此点的相对流量的平方根是正比关系。图中曲线 4 是指阀门在开度较小时就有较大的流量，随开度增大，流量很快达到最大值；再增加开度，流量变化很小。

流量系数（早期称流通能力）是指当调节

阀全开时，阀门前、后两端的压差 ΔP 为 100 kPa，流体密度为 1 g/cm^3（即常温水）时，每小时流经调节阀的流量数。流量系数是选择阀门的主要参数之一。流量系数 K_V 可用下式计算：

$$K_V=V\sqrt{\frac{\bar{\rho}}{\Delta P}} \tag{6-3-30}$$

式中：V——体积流量，m^3/h；

ΔP——阀门的压力损失，bar；

$\bar{\rho}$——流体的相对密度，取$\bar{\rho}=1$。

阀门的流量系数 K_V 与阀门的局部阻力系数 ζ 的关系，按照如下公式计算：

$$K_V=39\,959.6\frac{D^2}{\sqrt{\zeta}} \tag{6-3-31}$$

式中：D——阀门内径，m。

6.3.3.2 截断类阀门

截断类阀门主要用于截断或接通介质。常用的截断类阀门有：闸阀、截止阀、球阀、蝶阀。截断类阀门要具有可靠的密封性能，应根据管道直径选择阀门口径。

(1) 蝶阀

蝶阀结构简单，体积小，安装空间小，造价低。蝶阀开启到30%时，通过的流量已达到90%以上，蝶阀开度过小，阀板背面容易发生汽蚀，因此蝶阀的开度要在15°以上。因此蝶阀只适合用于关断用，不适合做调节用。蝶阀的密封性能不如其他截断阀门。

(2) 球阀

球阀密封可靠，流体阻力小，容易操作和维修，最适宜直接做截断类阀门使用。球阀的缺点是开启或关闭太快，管路系统容易发生水击。

(3) 闸阀

闸阀通道大，流体阻力小。闸阀的缺点是开启或关闭太慢，闸板处容易积存杂物，导致关闭不严。

(4) 截止阀

截止阀密封可靠，阻力比闸阀大，关闭比闸阀快，有一定的调节性。

6.3.3.3 调节类阀门

调节类阀门是靠改变阀门阀瓣与阀座间的流通面积来调节供热系统中的流量和压力。常见的调节阀有手动调节阀、手动平衡阀、电动调节阀、自力式调节阀等。手动调节阀和手动平衡阀多为线性特性，通常安装在热源、供热管网、热力入口、室内入口处的供水管或者回水管上，通径与管道通径相同；应优先选用阻力较大的阀门。

调节阀的密封性能不如截断阀，因此调节阀一般不用于关断。调节阀的流量特性直接影响系统的调节质量和稳定性。

(1) 调节阀

调节阀有手动调节阀和自动调节阀。手动调节阀阀座上固定一个开度指针，指针在阀体上固定的开度标尺上指示值，表示阀门开度的大小。手动调节阀装上电动或气动执行器后，就组成电动或气动调节阀。电动或气动调节阀选择，可根据已知的流体条件，计算出必要的 K_V 数值，再选取合适的阀门口径。

电动调节阀的选型一般遵循两个基本条件：①设计流量所对应的开度为 90%左右；②阀权度（全开时压差与系统的总压差比）不小于 0.3。同一型号电动调节阀相邻两种口径的流通能力大约相差 60%，使得实际上选择的阀门流通能力偏大。为消除由此造成的调节阀在小开度下长时间工作带来的控制性能不稳定、不精确、甚至出现噪音现象，避免全开时控制系统负载出现过流问题，往往需要将电动或气动调节阀在 90%开度时的流量作为设计流量。

（2）平衡阀

手动平衡阀内部构造与手动调节阀相同，阀体上设有测量进出口压力差的旋塞阀和开度锁定装置。旋塞阀用于连接专用智能仪表，通过测量阀门进出口压力差，来确定流过阀门的流量；开度锁定装置用于锁定调好的阀门开度。手动调节阀不能自动调整随系统工况变化而改变阻力系数，所以也称为静态平衡阀。

图 6-3-6 是调节阀和平衡阀内部结构图。

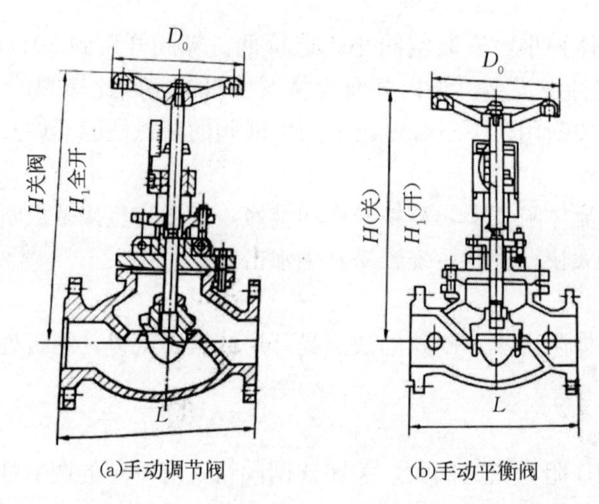

图 6-3-6　手动调节阀与平衡阀内部结构图

（3）自力式流量调节阀

自力式流量调节阀也称为定流量阀，由手动调节阀和自动调节阀组成。手动调节阀的作用是固定流量，自动调节阀的作用是维持流量恒定。自力式流量调节阀，可按照实际设计或实际要求设定流量。

图 6-3-7 是自力式流量调节阀产品实物图与工作原理示意图。在一定开度下，手动调节阀的前后压差为 P_2-P_3，当进出口压差 P_1-P_3 变化（增大或减小）时，阀体底部的弹簧发挥作用，上推或下拉弹簧上面的膜片，从而实现流量的调整与恒定。

自力式流量调节阀的有效范围取决于工作弹簧的性能。当供热管网作用在调节阀上的

(a)自力式流量调节阀实物图

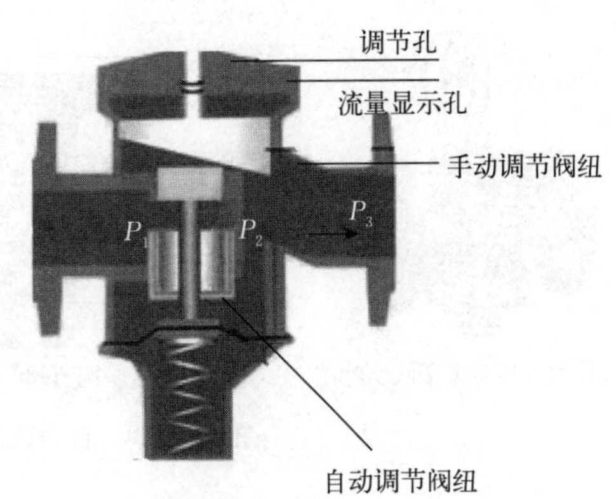

(b)自力式流量调节阀工作示意图

图 6-3-7 自力式调节阀与平衡阀内部结构图

压差在 30～300 kPa 时，自力式流量调节阀可按照设定值有效控制流量；当压差小于 30 kPa 时，控制流量达不到设计值；压差大于 300 kPa 时，可能产生噪音。

$$V=K_V\sqrt{P_2-P_1} \tag{6-3-32}$$

(4) 自力式压力调节阀

自力式压力调节阀有阀后压力控制和阀前控制两种。图 6-3-8 是阀后压力控制型。膜盒与阀后压力相通，膜盒内的压力与阀后压力相平衡，阀后压力变化引起膜片内弹簧变化，从而调整出水压力，实现阀后压力的变化与调节。

(a)自力式压力调节阀实物图

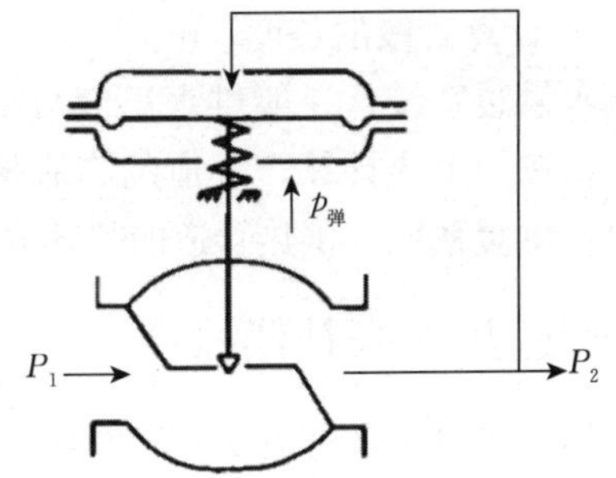

(b)自力式压力调节阀工作原理图

图 6-3-8 自力式压力调节阀

(5) 自力式压差调节阀

自力式压差调节阀与自力式流量调节阀的自动调节部分一样，是通过管道压力的变化来调节膜片。

图 6-3-9 是自力式压差调节阀图。图 6-3-9 (c) 是安装在供水管路上的自力式压差控制阀。当供水压力 P_1 增大或减小时，压力变化信号由连通管传入膜片上腔，带动阀芯上移或下移，使得阀座的流通面积增大或减小，P_2-P_3 也增大或减小，直到 P_1-P_2 保持原值为止。

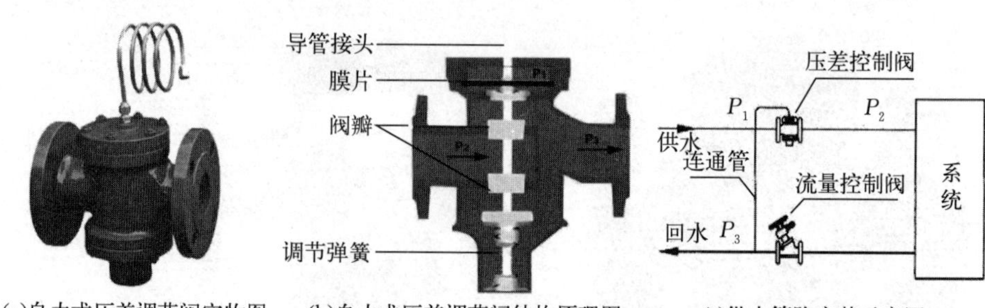

(a)自力式压差调节阀实物图　(b)自力式压差调节阀结构原理图　(c)供水管路安装示意图

图 6-3-9　自力式压差调节阀图

6.4 管道热伸长与补偿器

6.4.1 供热管道热伸长量

供热管网的温度变化会引起管道的热胀冷缩，供暖管道安装后，由于管道被热媒加热，引起管道受热伸长。管道受热的自由伸长量可按照以下公式计算：

$$\Delta x=\alpha_P\ (t_1-t_2)\ L \quad (6-4-1)$$

式中：Δx——管道的热伸长量，m；

α_P——管道的热膨胀系数，一般取 12×10^{-6}m/(m·℃)；

t_1——管道的最高温度，可取热媒的最高温度，℃；

t_2——管道安装时的温度，可取最冷月的月平均温度，℃；

L——计算管段的长度，m。

对于低温热水供暖系统，一般供水温度最高 95 ℃，假定在供暖管道冬天施工完成，气温在零下 5 ℃，按照上式计算，管道的膨胀量为：0.001 2 m/m，膨胀率为 1.2‰。因此，对于低温热水供暖系统，供热管道的热膨胀率在千分之一上下。

6.4.2 供热管道热膨胀补偿器

供热管网的热膨胀将带来管道受力和增加变形，为了解决此问题，工程应用中常通过在管路上设置补偿器，来吸收管道伸缩带来的管道应力变化。

管道补偿器主要有自然补偿、方形补偿、波纹管补偿器、套筒补偿器、球形补偿器、旋转补偿器。前三种补偿方式是通过补偿器材料变形来吸收热膨胀，后三种是利用补偿器内外套管之间的相对位移来吸收热膨胀。

6.4.2.1 自然补偿

自然补偿是利用管道自身的弯曲来补偿管道的热伸缩的补偿方式，考虑管道热补偿时，应尽可能利用其自然弯曲的补偿能力。自然补偿的缺点是管道变形时产生横向位移，补偿的管段不能太长。

常见的自然弯曲有 L 形、Z 形、直角弯的自然补偿管段。见图 6-4-1 所示。

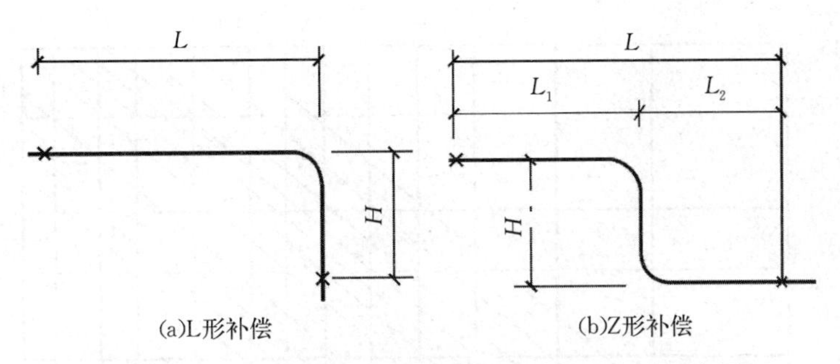

图6-4-1　常见的自然补偿管段的受力及变形示意图

在自然补偿管段受热变形时，直管段都分有横向位移，因而作用在固定支点上有两个方向的弹性力。此外，一切自然补偿管段理论计算公式，都是基于管路可以自由横向位移的假设条件计算得出的。但实际上，由于存在着活动支座，它妨碍着管路的横向位移，而使管路的应力变大。因此，采用自然补偿管段补偿热伸长时，其各臂长度不宜采用过大数值，其自由臂长不宜大于30 m。同时，短臂过短（或长臂与短臂之比过大），短臂固定支座的应力会超过许用应力值．通常在设计手册中，常给出限定短臂的最短长度。

图6-4-2和图6-4-3分别是L形和Z形管道补偿器的线算图。当供暖管道采用L形或Z形补偿器时，可按照该图选择必要的弯管长度H。

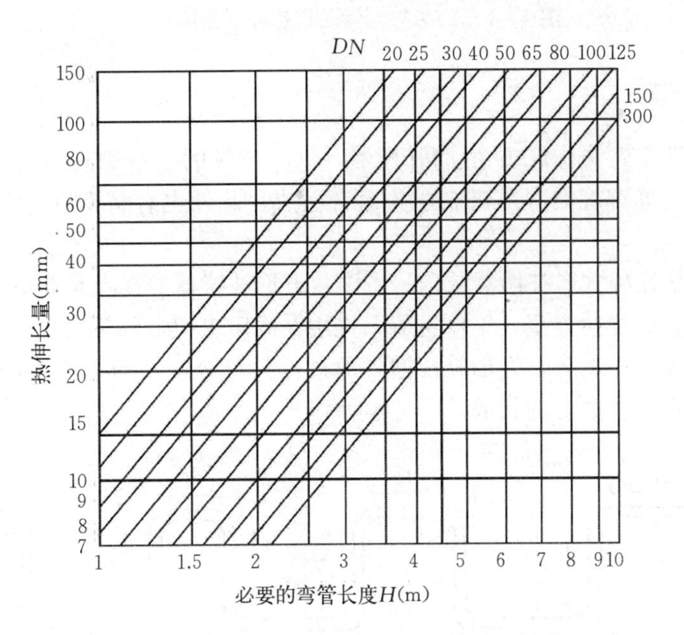

图6-4-2　L形弯管段自然补偿器选择图

假定某供暖项目直线段有50 m长DN150的供暖管道，计划利用L形自然补偿器补偿管道的热膨胀，经计算该50 m管段的热膨胀量为50 mm，查图6-4-2可知，L形补偿器短臂的长度不应小于6.2 m。如果采用Z形自然补偿器，查图6-4-3可知，Z形补偿器短臂的长度不应小于6.0 m

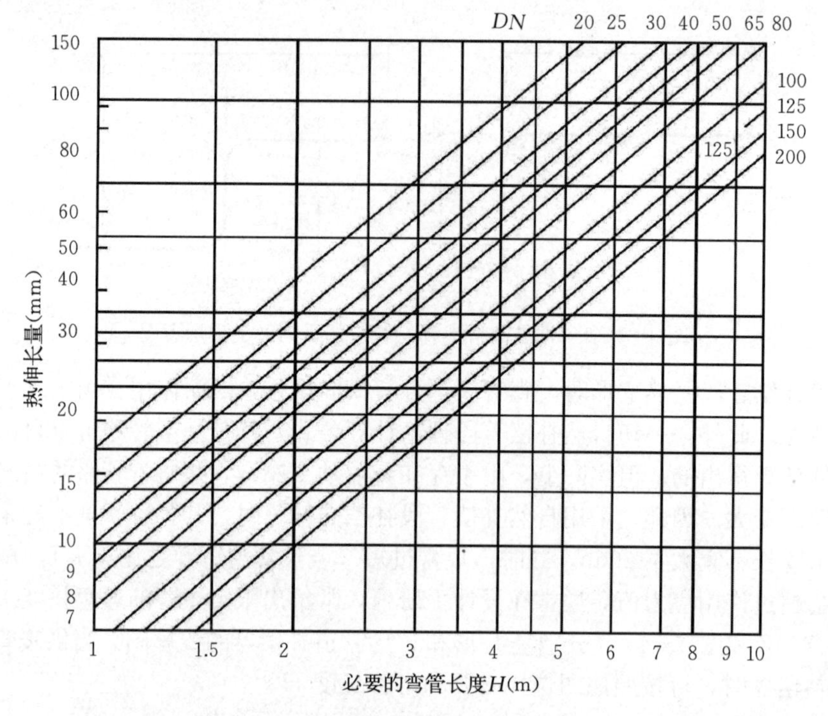

图 6-4-3　Z 形弯管段自然补偿器选择图

6.4.2.2　方形补偿

方形补偿器四个弯头构成 U 形的补偿器，靠其弯管的变形来补偿管段的热伸长。方形补偿器通常用无缝钢管煨弯或机制弯头组合而成，此外也有将钢管弯曲成 S 形或 Ω 形的补偿器。

图 6-4-4 是几种方形补偿器结构示意图。方形补偿器的优点是制造方便，不用专门维修，不需要为其设置检查室，工作可靠，作用在固定支架上的轴向推力相对较小。缺点是介质流动阻力大，占地多。方形补偿器常通过冷拉（冷紧）的方法来增加其补偿能力，或达到减少对固定支座推力的目的。

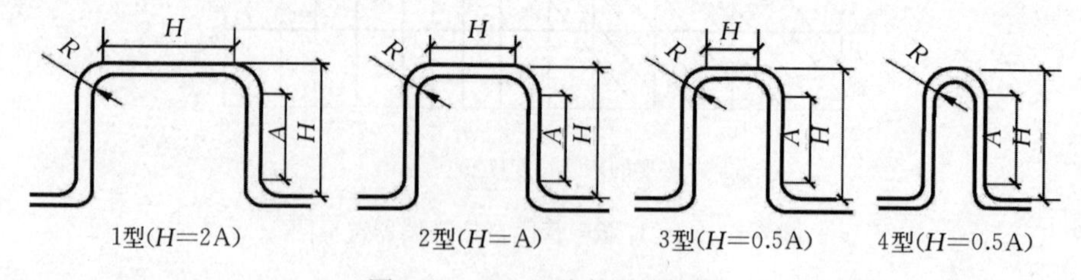

图 6-4-4　几种方形补偿器

图 6-4-5 是方形补偿器线算图，假定 DN70 的供暖管道，热伸长为 200 mm，查图 6-4-5 可知：方形补偿器 l 的长度为 2.5 m。

方形补偿器可以通过以下计算的方法校核是否合适，校核通常需要确定如下参数：

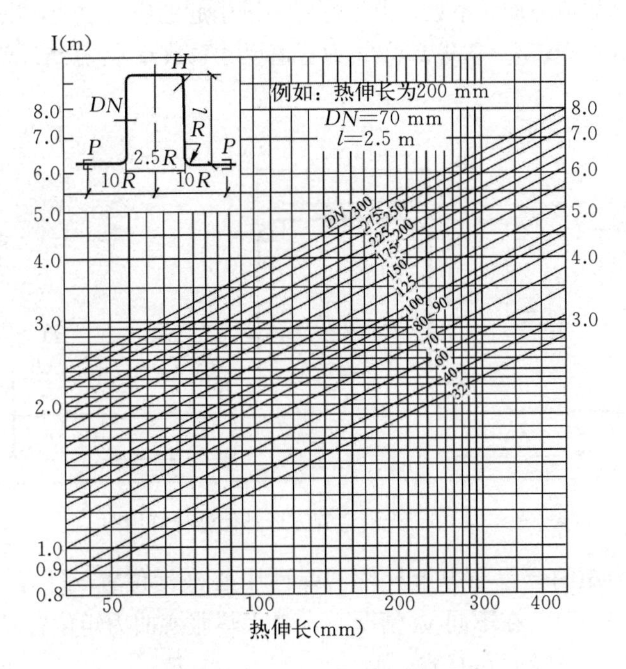

图6-4-5　方形补偿器选型图

(1) 方形补偿器所补偿的伸长量；

(2) 选择方形补偿器的形式和几何尺寸；

(3) 根据方形补偿器的几何尺寸和热伸长量，进行应力验算，验算最不利截面上的应力不应超过规定的许用应力限值。并计算方形补偿器的弹性力，从而确定固定支座产生的水平推力的大小。

根据技术规定，管道由热胀、冷缩和其他位移受约束而产生的膨胀二次应力，不得大于按下式计算的许用应力值。

$$\sigma_f = 1.2[\sigma]^{20} + 0.2[\sigma]^t \tag{6-4-2}$$

式中：$[\sigma]^{20}$——钢材在20℃温度下基本许用应力，MPa；

$[\sigma]^t$——钢材在计算温度下基本许用应力，MPa；

σ_f——热膨胀二次应力，取补偿器最危险断面的应力值，MPa。

若供暖钢管的钢号采用Q235B号钢，工作温度为95℃，经查资料，该钢号在20℃、100℃、200℃时的许用应力值都是124 MPa（10^6 N/m^2），计算其热膨胀二次应力限制值为：

$$\sigma_{Q235B\text{-}95} = 1.2 \times 124 + 0.2 \times 124 = 174 \text{ MPa}$$

验算补偿时采用较高的许用应力数值，是基于热膨胀应力属于二次应力范畴，利用上述应力分类方法，可以充分发挥结构的承载能力。

方形补偿器弹性力作用，在管道危险截面上最大热胀弯曲应力 σ_f 可按照下式确定：

$$\sigma_f = \frac{mM_{max}}{W} \quad \text{(Pa)} \tag{6-4-3}$$

式中：W——管子断面抗弯矩，m^3，可查有关资料获得；

M_{max}——最大弹性力作用下的热胀弯曲力矩，N·m；

m——弯管应力加强系数。由于弯管不圆引起的应力改变，以弯管应力加强系数 m 修正；$m=0.9/\lambda^{2/3}$（λ 为管道尺寸系数）；计算结果若 $m<1$，取 $m=1$。

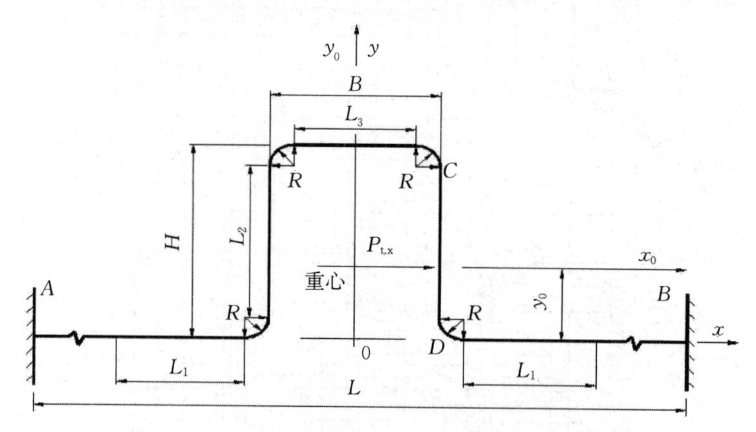

图 6-4-6　光滑弯管方形补偿器计算用图

最大热胀弯曲力矩的位置与方形补偿器弹性中心坐标位置 x_0、y_0 有关，$x_0=0$，y_0 计算方法见式（6-4-5）。在不同 y_0 情况下，最大热胀弯曲力矩位置及计算方法如下：

当 $y_0<0.5H$ 时，危险面在 C 点，$M_{max}=(H-y_0)\ P_{t\cdot x}$　　（kN・m）；

当 $y_0\geqslant 0.5H$ 时，危险面在 D 点，$M_{max}=-y_0 P_{t\cdot x}$　　（kN・m）。

有关管道尺寸系数 λ 以及上述计算公式中的方形补偿器弹性中心坐标位置 y_0、$P_{t\cdot x}$ 计算方法如下。

$$\lambda=\frac{RS}{r_p^2} \qquad (6-4-4)$$

式中：R——弯管曲率半径，mm；见图 6-4-6 中 R；

S——管道壁厚，mm；

r_p——管道平均半径，mm；$r_p=(D_w-S)/2$，其中 D_w 为管道外径，mm。

$$y_0=\frac{(L_2+2R)\ (L_2+L_3+3.14RK_r)}{L_{zh}} \qquad (6-4-5)$$

式中：L_{zh}——光滑弯管方形补偿器的折算长度，m；

$$L_{zh}=2L_1+2L_2+L_3+6.28RK_r \qquad (6-4-6)$$

L_1——方形补偿器两边的自由臂长，m；可取管道公称直径（m）的 40 倍；

L_2——方形补偿器外伸开臂直管段长，m；

L_3——方形补偿器宽边的直管段长，m，

L_1、L_2、L_3 见图 6-4-6；

K_r——弯管柔性系数。

$$K_r=\frac{1.65}{\lambda} \qquad (6-4-7)$$

$$P_{t\cdot x}=\frac{\Delta xEI}{I_{X0}}\times 10^{-3} \quad (\text{kN}) \qquad (6-4-8)$$

式中：Δx——固定支架之间管道的计算热伸长量，m；

E——管道钢材在20℃时的弹性模数，N/m^2；

I——管道断面的惯性矩，m^4；

I_{X0}——折断管段对X_0轴的线惯性矩，m^3。

$$I_{X0}=\frac{L_2^3}{6}+(2L_2+4L_3)\left(\frac{L_2}{2}+R\right)^2+6.28RK_r\left(\frac{L_2^2}{2}+1.635L_2R+1.5R^2\right)-L_{zh}y_0^2 \quad (m^3)$$

根据公式（6-4-3）计算出σ_f值，与公式（6-4-2）计算出的许用应力限值做对比，当小于限值时，即表示安全；当超过限值时，应调整方形补偿器，重新设计并校核。

6.4.2.3　波纹管补偿器

波纹管补偿器是用单层或多层薄金属管制成的具有轴向波纹的管状补偿设备。工作时，利用波纹变形进行管道的热补偿。图6-4-7是波纹管补偿器实物图。

图6-4-7　波纹管补偿器

供热管道上使用的波纹管补偿器多用不锈钢制造。波纹形状多为U形或Ω形。分为轴向、横向、铰接等形式。轴向补偿器可以吸收轴向位移。按照承压方式又分为内压式和外压式。

横向补偿器向轴向的法向方向变形。铰接式补偿器可以其铰接轴为中心折曲变形。

波纹管补偿器占地小，不用专门维修，介质流动阻力小。内压轴向式波纹管补偿器在供热工程上得到了较多应用。

波纹管补偿器按补偿方式区分，有轴向、横向及铰接等型式。在供热管道上轴向补偿器应用最广，用以补偿直线管段的热伸长量。轴向补偿器的最大补偿能力，同样可从产品样本上查出选用。

轴向波纹管补偿器受热膨胀时，由于位移产生弹性力P_t，可按下式计算：

$$P_t=K\Delta x \tag{6-4-9}$$

式中：Δx——波纹管补偿器的轴向位移，mm；

K——波纹管补偿器的轴向刚度，N/mm，可从厂家产品样本上查到；

P_t——波纹管位移产生的弹性力，N。

通常，在安装时，将补偿器进行预拉伸一半，以减少其弹性力。

管道内压力在波纹管环面上产生的推力 P_h，可按照下式计算：

$$P_h = PA \quad (6-4-10)$$

式中：P——管道内压力，Pa；

A——波纹管有效面积，m^2，近似于以波纹管半波高为直径计算出的圆面积，可从厂家产品样本中查到。

为使轴向波纹管补偿器严格按管线轴线热胀或冷缩，补偿器应靠近一个固定支座（架）设置，并设置导向支座，导向支座宜采用整体箍住管子的型式，以控制横向位移和防止管子纵向变形。

6.4.2.4 套筒补偿器

套筒补偿器由芯管和外壳管组成，芯管与外壳管同心套装并可轴向移动。套筒补偿器的补偿能力大，可达 250～400 mm，且占地小，介质流动阻力小，造价低，但维修工作量大；管道地下铺设时，需增设检查室。

图 6-4-8 是套筒补偿器产品实物与内部结构图。套筒补偿器只能用在直线管段的热膨胀补偿上，当用在弯管或阀门处时，其轴向产生的盲板推力（由内压引起的不平衡水平推力）也较大，需要设置固定支座。内力平衡式套筒补偿器，可以消除由此产生的盲板推力。

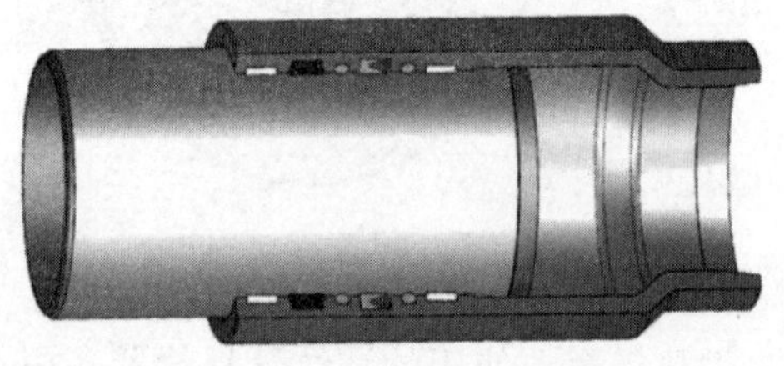

图 6-4-8　套筒补偿器实物与结构图

套筒补偿器应设置在直线管段上，以补偿两个固定支座之间管道的热伸长。套筒补偿器的最大补偿量，可从产品样本上查出。考虑到管道安装后可能达到的最低温度，会低于补偿器安装时的温度，补偿器产生冷缩。因此，两个固定支座之间被补偿管段的长度，应由下式计算确定：

$$L_{\max} = \frac{L_{\max} - L_{\min}}{\alpha_P \ (t_{\max} - t_a)} \quad (6-4-11)$$

式中：$L_{\max}$——套筒行程，即套筒最大补偿能力，mm；

$L_{\min}$——考虑管道可能冷却的安全富裕度，mm；

α_P——管道的热膨胀系数，一般取 12×10^{-6} m/(m·℃)；

$t_{\max}$、t_a——分别为供暖管道的最高温度和安装后管道可能的最低温度，℃。

套筒补偿器伸缩过程中的摩擦力，理论上应分别按拉紧螺栓产生的摩擦力或由内压力产生的摩擦力两种情况进行计算。算出其数值后取较大值，但往往缺乏基础数据，工程实际中摩擦力由产品样本提供。

6.4.2.5　球形补偿器

球形补偿器由球体和外壳组成，球体与外壳可相对折曲或旋转一定角度，一般可达30°，以此进行热补偿。两个球形补偿器配对成一组（图6-4-9）。球形补偿器的球体与外壳的密封性能良好，寿命较长。它的特点是能做空间变形，补偿能力大，适用于架空敷设。

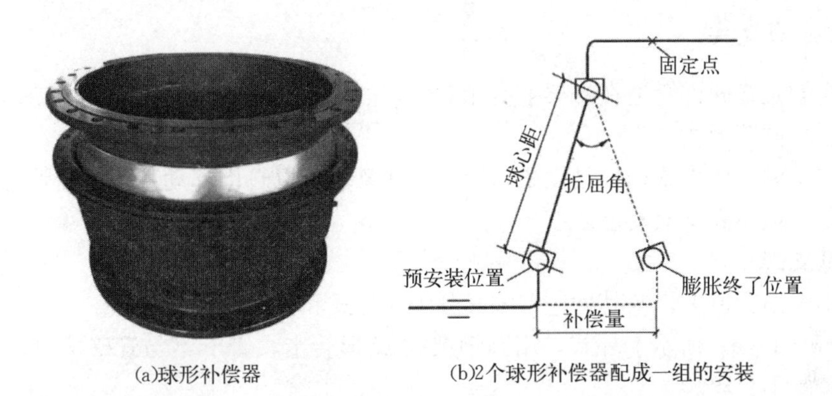

(a)球形补偿器　(b)2个球形补偿器配成一组的安装

图6-4-9　球形补偿器及其2个球形补偿器的安装

6.4.2.6　旋转补偿器

图6-4-10是旋转补偿器的产品实物、产品结构及其安装图。旋转补偿器可以沿管道径向旋转。用两个或者两个以上的补偿器组合，利用其角位移的变化起到补偿管道位移的作用。旋转补偿器的优点是补偿量大，可根据自然地形和管道强度布置，一般每200～500 m安装一组。

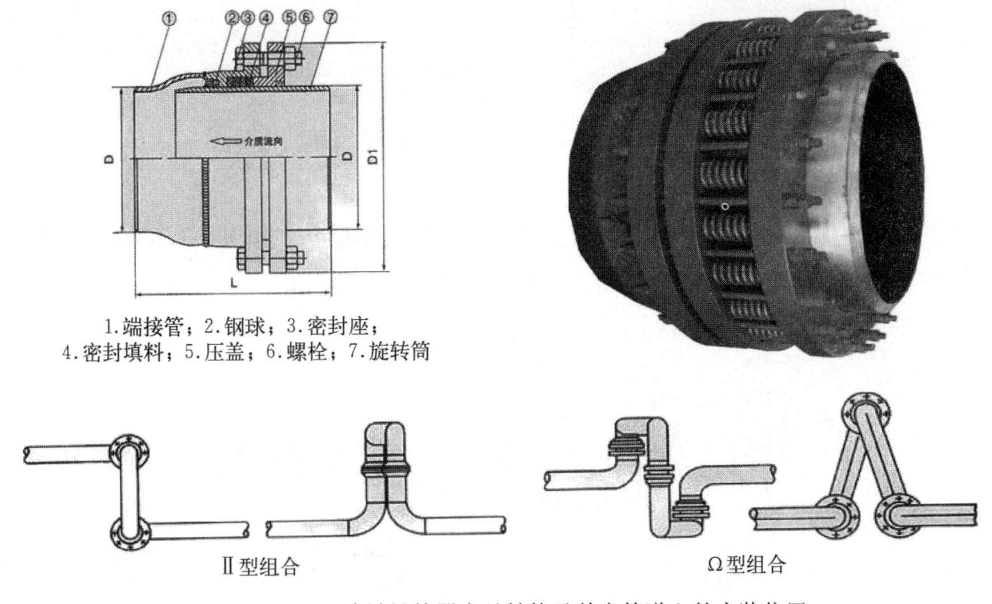

1.端接管；2.钢球；3.密封座；
4.密封填料；5.压盖；6.螺栓；7.旋转筒

Ⅱ型组合　Ω型组合

图6-4-10　旋转补偿器产品结构及其在管道上的安装位置

6.5 管道支架

管道支架的作用是支承管道，有的也限制管道的变形和位移。根据支架对管道的制约情况，分为活动支架和固定支架。支架一般用 Q235 等型钢制作而成。

6.5.1 活动支架

活动支架是指允许管道在支架上有相对位移的管道支架。活动支架有滑动、滚动、弹簧、悬吊、导向等形式。

滑动支架的主要承重构件是横梁，管道在横梁上可以自由移动。不保温管道用低支架安装，保温管道用高支架安装。

(1) 低支架

用在不保温管道上，按其构造型式又分为卡环式和弧形滑板式两种。

图 6－5－1 (a) 所示卡环式，用圆钢煨制 U 形管卡，管卡不与管壁接触，一端套丝固定，另一端不套丝。

图 6－5－1 (b) 所示弧形滑板式，在管壁与支承结构间垫上弧形板，并与管壁焊接，当管子伸缩时，弧形板在支承结构上来回滑动。

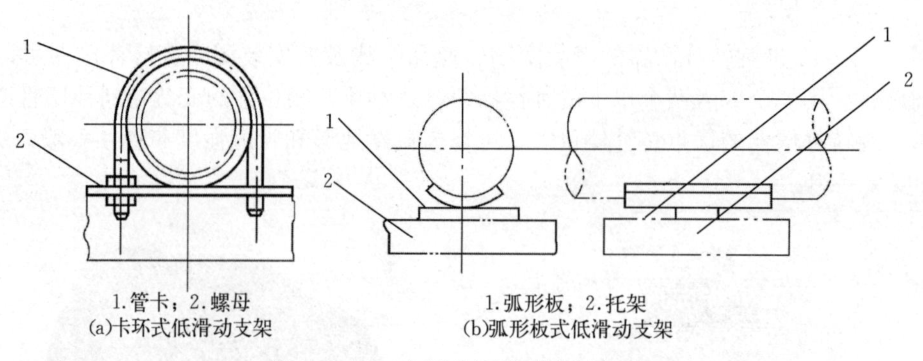

1.管卡；2.螺母
(a)卡环式低滑动支架

1.弧形板；2.托架
(b)弧形板式低滑动支架

图 6－5－1 卡环式与弧形板式低支架

(2) 高支架

高支架用在保温管道上，焊在管道上的高支座在支承结构上滑动，以防止管道移动摩擦损坏保温层，其结构形式如图 6－5－2 所示。

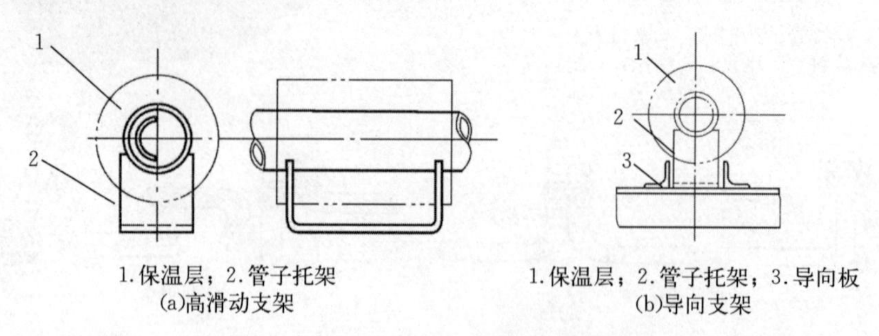

1.保温层；2.管子托架
(a)高滑动支架

1.保温层；2.管子托架；3.导向板
(b)导向支架

图 6－5－2 卡环式与弧形板式低支架

(3) 导向支架

导向支架是为使管子在支架上滑动时不至于偏移管子轴线而设置的。它一般设置在补偿器两侧、铸铁阀门的两侧或其他只允许管道有轴向移动的地方。

导向支架是以滑动支架为基础，在滑动支架两侧的横梁上，每侧焊上一块导向板，如图6-5-3所示。导向板通常采用扁钢或角钢，扁钢规格为－30×10，角钢为L36×5，导向板长度与支架横梁的宽度相等，导向板与滑动支座间应有3 mm的空隙。

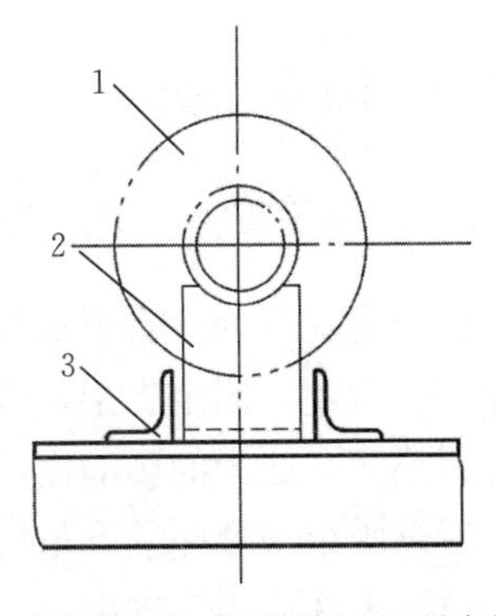

1. 保温层；2. 管子托架；3. 导向板

图6-5-3　导向支架

(4) 悬吊架

悬吊架结构简单，摩擦力小。

图6-5-4 (a) 是一种常见的悬吊架形式。管道供热运行后，各点的热变形量不同，造成各悬吊架的偏移幅度不一样，使管道产生扭曲。如果管道有垂直位移，而又不允许产生扭曲，则可采用弹簧吊架，如图6-5-4 (b) 所示。

因悬吊架管道有易产生扭曲的特点，所以选用补偿器时应加以注意。如只能选用可抗扭曲的方形补偿器，而不能选用套管补偿器。

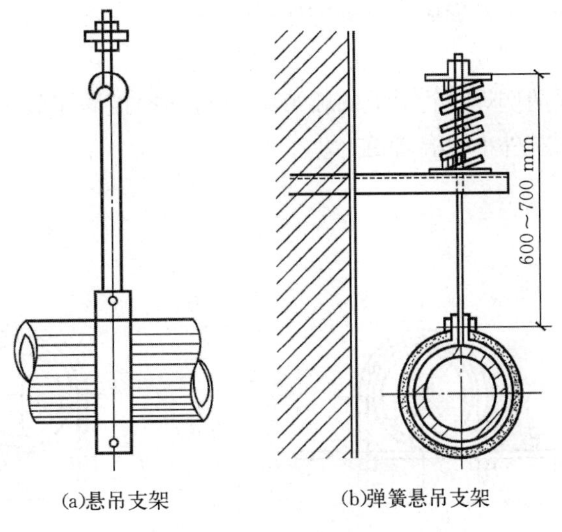

(a)悬吊支架　(b)弹簧悬吊支架

图6-5-4　悬吊架

(5) 滚动支架

滚动支架以滚动摩擦代替滑动摩擦，可减小管道热伸缩时的摩擦力。滚动支架主要用在管径较大而无横向位移的管道上。

图6-5-5是滚动支架图，滚动支架有滚珠支架和滚柱支架两种。

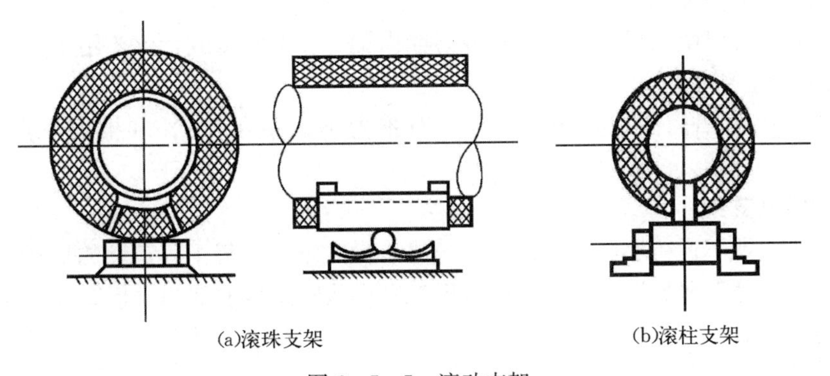
(a)滚珠支架　(b)滚柱支架

图6-5-5　滚动支架

6.5.2 固定支架

6.5.2.1 固定支座（架）常见形式

在固定支架处，管道被牢牢地固定住，不能有任何位移，管道只能在两个固定支架之间伸缩。因此，固定支架不仅承受管道、附件、管内介质及保温结构的重量，同时还承受管道因温度、压力的影响而产生的轴向伸缩推力和变形应力，并将这些力传到支承结构上去，所以固定支架必须有足够的强度。固定支座（架）常见形式如下。

（1）卡环式固定支架

卡环式固定支架主要用在不需要保温的管道上。

图 6－5－6（a）是普通卡环式固定支架，煨制的 U 形管卡与管壁接触并与管壁焊接，两端套丝紧固，这种支架适用于 DN15～150 mm 的室内不保温管道上。

图 6－5－6（b）是焊接挡板卡环式固定支架，U 形管卡紧固但不与管壁焊接，靠横梁两侧焊在管道上的弧形板或角钢挡板固定管道。这种支架主要适用于 DN25～400 mm 的室外不保温管道上。

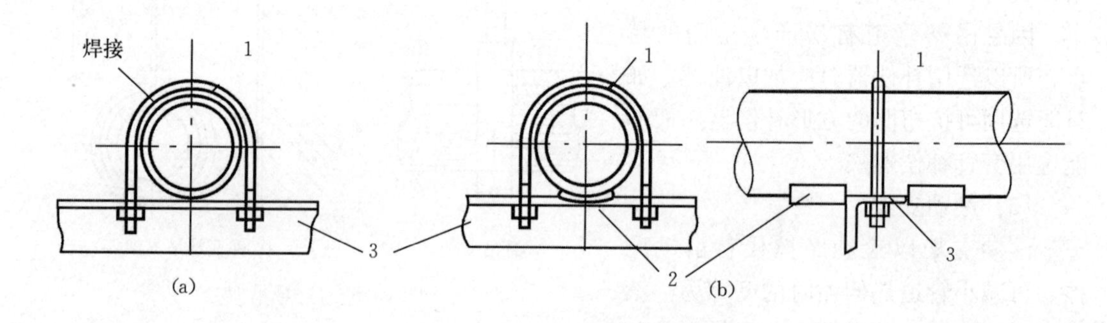

1. 固定管卡；2. 弧形挡板；3. 支架横梁

图 6－5－6　卡环式固定支架

（2）挡板式固定支架

挡板式固定支架由挡板、肋板、立柱（或横梁）及支座组成。主要用于室外 DN150～700 mm 的保温管道上。

图 6－5－7 为四面挡板式固定支架，有推力不大于 450 kN 和推力不大于 600 kN 两种。

（3）固定墩支架

在无沟敷设或不通行地沟中，固定支座也有做成钢筋混凝土固定墩的形式。

图 6－5－8 是直埋敷设所采用的固定墩，管道从固定墩上部的立板穿过，在管子上焊有卡板进行固定。

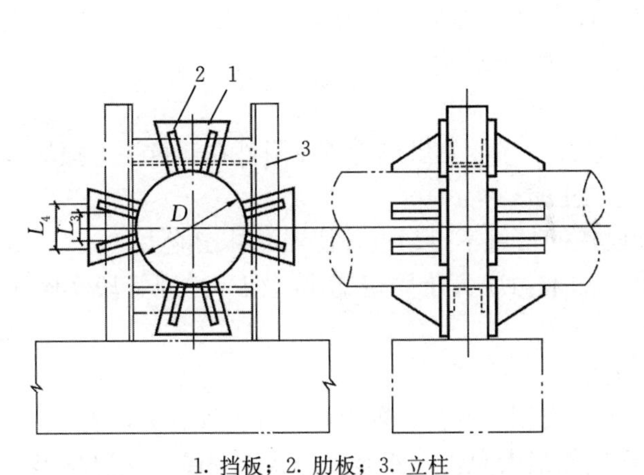

1. 挡板；2. 肋板；3. 立柱

图 6－5－7　四面挡板式固定支座

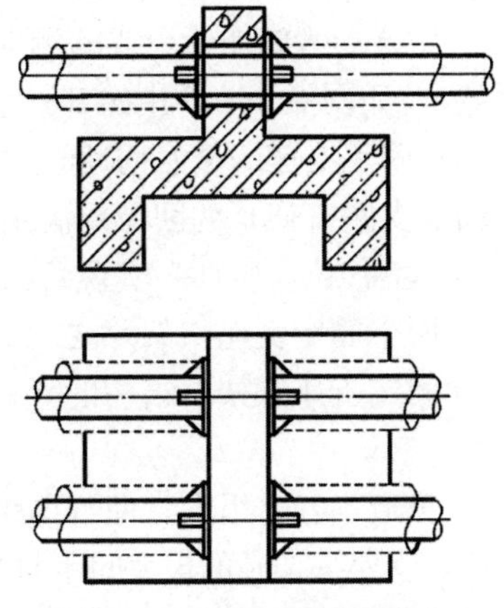

图 6－5－8　直埋敷设的固定墩

6.5.2.2　固定支座（架）位置与间距确定

(1) 固定支座（架）设置位置

固定支座设置位置要求如下：

① 在管道不允许有轴向位移的节点处设置固定支座，例如有支管分出的干管处。

② 在热源出口、热力站和热用户出入口处，均应设置固定支座，以消除外部管路作用于附件和阀件上的作用力，使室内管道相对稳定。

③ 在管路弯管的两侧应设置固定支座，以保证管道弯曲部位的弯曲应力不超过管子的许用应力范围。

管沟和地上敷设管道上设置固定支座（架），可考虑下列因素，并用图 6－5－9 所示的管系来加以说明。

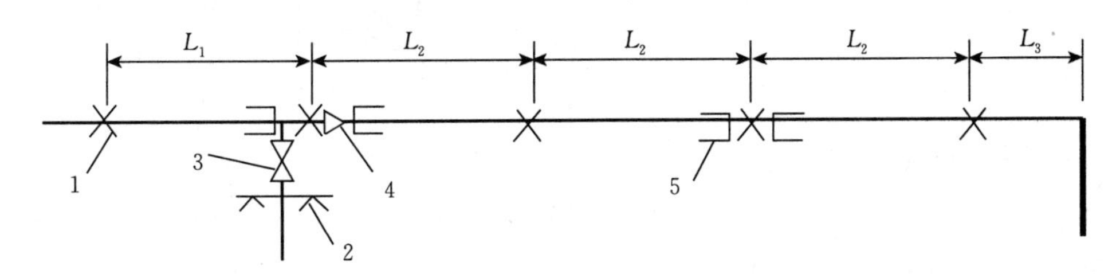

图 6－5－9　固定支座的设置

a. 尽可能利用自然补偿，在管段中有自然拐弯处设置弯管补偿器，如图 6－5－9 中的 L_3 管段；有时还人为设置自然补偿。

b. 必要时在图 6－5－9 中阀门 3 附近的支管上设置固定支座（架），以免阀门 3 所在的分支管横向位移。

c. 固定支座（架）的间距，即图 6－5－9 中 L_1、L_2 的长度不能大于允许间距。

d. 若有异径管，固定支座应设在大管径侧，如图 6－5－9 中的异径管 4，以利于固定支座承受大直径管道横截面上的弯矩和剪切力。

e. 如分支管施加给干线的侧向推力较大时，也可以在分支管上安装单向挡板固定支座（架），如图 6-5-9 中的部件 2，以保护干线管道。

（2）固定支座（架）间距

固定支座（架）的间距要满足以下条件，才能使供热管道及附件在运行中不损坏、支座（架）不移位或破坏，实现管路系统的正常运行。

① 两个固定支座（架）之间的管段热伸长量不得超过补偿器的补偿能力；

② 固定支座（架）结构的允许承受的推力应大于固定支座（架）之间管段实际承受的推力；

③ 管道不发生纵向弯曲（即纵向失稳）。

固定支座（架）的最大间距与补偿器的类型、管径、管内介质种类等有关，表 6-5-1 列出了地沟与架空敷设的直线管段固定支座最大允许间距表。若管道壁厚、保温材料的容重和厚度等影响单位管长重量发生变化，固定支座的间距应有所不同。

表 6-5-1 地沟与架空敷设的直线管段固定支座（架）最大间距表（m）

管道公称直径	方型补偿器				套筒补偿器	
	供热介质					
	热水		蒸汽		热水	蒸汽
	敷设方式					
mm	架空	地沟	架空	地沟	架空	地沟
≤32	50	50	50	50	—	—
≤50	60	50	60	60	—	—
≤100	80	60	80	70	90	50
125	90	65	90	80	90	50
150	100	75	100	90	90	50
200	120	80	120	100	100	60
250	120	85	120	100	100	60
≤350	140	95	120	100	120	70
≤450	160	100	130	110	140	80
500	180	100	140	120	140	80
≥600	200	120	140	120	140	80

6.6 检查室（井）与操作平台

在管道管沟敷设或直埋敷设时，为方便对分支阀门、管路补偿器、管路排水、管路除污管路排气等装置的维护与管理，在上述装置部位应设置检测室，俗称检查井。

图6-6-1是正在施工的供热管网混凝土检查井和砖砌检查井。

图6-6-1　正在施工的混凝土检查井和砖砌检查井

检查室要便于维护与检修，CJJ 34—2010《城镇供热管网设计规范》对检查室规定如下：

(1) 净空高度不应小于1.8 m；

(2) 人行通道宽度不应小于0.6 m；

(3) 干管保温结构表面与地面距离不应小于0.6 m；

(4) 检查室的人孔直径不应小于0.7 m，人孔数量不应少于2个，并应对角布置，人孔应避开检查室内的设备，当检查室净空面积小于4 m^2 时，可只设一个人孔；

(5) 检查室内至少应设1个集水坑，并应置于人孔下方；

(6) 检查室地面应低于管沟内底不小于0.3 m；

(7) 检查室内爬梯高度大于4 m时，应设护栏或在爬梯中间设平台。

当检查室内需更换的设备和附件不能从人孔进出时，应在检查室顶板上设安装孔。安装孔的尺寸和位置应保证需更换设备的出入和便于安装。

当检查室内装有电动阀时，应采取措施保证安装地点的空气温度、湿度满足电气装置的技术要求。

当地下敷设管道只需要安装放气阀门且埋深很小时，可不设检查室，只在地面设检查井口，放气阀门的安装位置应便于运维人员在地面进行操作。当埋深较大时，在保证安全的条件下，也可只设检查人孔。

图6-6-2是某集中供暖项目某一分支回路与主管路岔口处的检查井设计图纸。

中高支架敷设的管道，安装阀门、放水、放气、除污装置的地方应设操作平台。在跨越河流、峡谷等地段，必要时应沿架空管道设检修便桥。

中高支架操作平台的尺寸应保证维修人员操作方便。检修便桥宽度不应小于0.6 m，平台或便桥周围应设防护栏杆。

以上是设计规范的相关要求。在实际设计时，检查室或操作平台的位置及数量应与管道平面定线在设计时一起考虑。在保证运行安全和方便检修的前提下，尽可能减少检查室的数量。

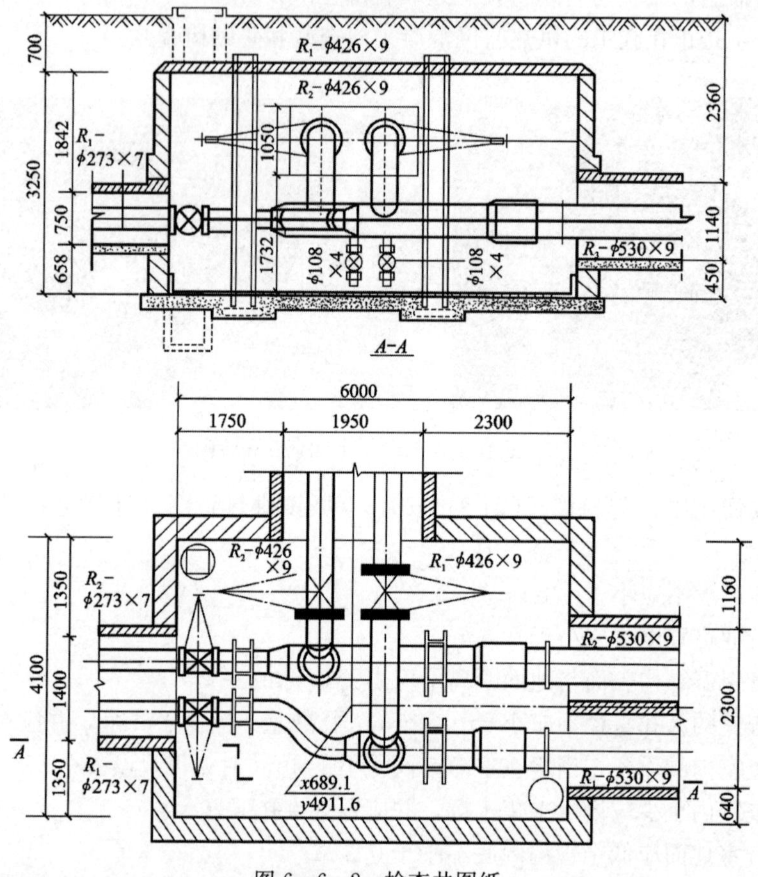

图 6-6-2　检查井图纸

思考题

1. 枝状管网与环状管网各有什么特点？
2. 供热管网敷设都有哪些形式？各种形式的特点是什么？
3. 供热管道都用什么材质？各种材质的区别是什么？
4. 供热管道保温都有哪些类别？分别适用哪种情况使用？
5. 调节类阀门都有哪些？各有什么特点？
6. 管道补偿器都有哪些？各有什么特点？
7. 管道固定支架都有哪些？各有什么特点？
8. 对于架空和地沟管道，固定支座设置位置和间距有哪些要求？
9. 管道滑动支架都有哪些？各有什么特点？
10. 相关规范对管道检查井有哪些要求？

第 7 章　供热管网水力与受力计算

7.1　供热管网水力计算

供热管网水力计算的主要任务有：

（1）根据设计热负荷，确定管网管径；

（2）根据管网确定的流量和管网管径，计算管网的压力降，选取热水供暖系统循环泵的扬程、流量等参数；

（3）根据已确定的管道直径和允许的阻力损失，计算或校核管道流量。

7.1.1　供热管网水力计算基本公式

（1）比摩阻计算方法

供热管网水力计算与本书第 4 章 4.4 节水力计算的原理与公式相同。

$$\Delta H=\Delta H_y+\Delta H_j=Rl+\sum\zeta_i\frac{\rho v^2}{2}=\frac{\lambda}{d}\frac{\rho v^2}{2}l+\sum\zeta_i\frac{\rho v^2}{2}\tag{7-1-1}$$

式中：ΔH——管段的总阻力损失，Pa；

ΔH_y——管段的沿程阻力损失，Pa；

ΔH_j——管段的局部阻力损失，Pa；

R——管段比摩阻，Pa/m；

l——管段的长度，m；

ζ_i——管段上各局部阻力管件的局部阻力系数；

ρ——流体的密度，kg/m^3；

v——流体流速，m/s；

λ——摩擦阻力系数；

d——管道内径，m。

热水管网的水流量通常以 m^3/h 或 t/h 表示，每米管长的沿程损失（比摩阻）的计算公式如下：

$$R=\frac{\lambda}{d}\frac{\rho v^2}{2}=6.25\times10^{-2}\frac{\lambda}{\rho}\frac{G_t^2}{d^5}\tag{7-1-2}$$

式中：G_t——管段的水流量，t/h；

其他符号同本节。

在本书第 4 章 4.4.1 节已经讲述了水流的层流、湍流状态，湍流中的水力光滑区、过渡区、阻力平方区等状态。流体的流动状态，可用雷诺数 R_e 来判定。在 $R_e<2\,000$ 时，流体流动处于层流区；在 $R_e\geqslant2\,000$ 时，流体流动处于湍流区。湍流区可分为三种

类型的分区：水力光滑区、过渡区、阻力平方区。根据管道内径和管壁的当量绝对粗糙度 k，可以判定湍流状态处在哪个区。处于 $R_e<23\ d/k$ 时，介质流动处于水力光滑区；当 $23\ d/k\leqslant R_e<560\ d/k$ 时，介质流动处于过渡区；$R_e\geqslant 560\ d/k$ 时，介质流动处于阻力平方区。

$$R_e=\frac{\upsilon d}{\upsilon} \qquad (7-1-3)$$

式中：R_e——雷诺数；

υ——流体的运动黏性系数，m^2/s。

热水供热管网的水流速度通常大于 0.5 m/s，供热管网的流动状态大多处于阻力平方区。当管径大于等于 40 mm 时，可用希弗林松公式近似计算：

$$\lambda=0.11\left(\frac{k}{d}\right)^{0.25} \qquad (7-1-4)$$

式中：k——管壁的当量绝对粗糙度，m；对热水管网，取 $k=0.5\times10^{-3}$ m。

钢管的当量绝对粗糙度 k 值主要取决于管道内壁的状况，与管子质量、运行时间、腐蚀和沉积水垢的程度有关。随着使用年限的增长，管内壁腐蚀程度加剧，当量绝对粗糙度 k 值增大。国内供热工程设计时，对无缝钢管和焊接钢管，取 $k=0.5$ mm $=0.000\,5$ m。根据实际工程中实测的阻力损失，如考虑 k 值对阻力损失的影响，k 值的取值可以参考表7－1－1。

表 7－1－1　钢管的当量粗糙度 k 值

	无缝钢管（mm）	焊接钢管（mm）	镀锌钢管（mm）
新管	0.01～0.02	0.03～0.1	0.1～0.2
运行几年轻度腐蚀	0.1～0.3		0.4～0.7
中度腐蚀	0.3～0.7		
长期运行	0.8～1.5		
严重腐蚀	2.0～4.0		

将式（7－1－4）代入式（7－1－2），得到：

$$R=6.88\times10^{-3}k^{0.25}\frac{G_t^2}{\rho d^{5.25}} \quad (\mathrm{Pa/m}) \qquad (7-1-5)$$

$$d=0.387\frac{k^{0.0476}G_t^{0.381}}{(\rho R)^{0.19}} \quad (\mathrm{m}) \qquad (7-1-6)$$

$$G_t=12.06\frac{(\rho R)^{0.5}d^{2.625}}{k^{0.125}} \quad (\mathrm{t/h}) \qquad (7-1-7)$$

在设计工作中，为了简化烦琐的计算，通常利用水力计算表进行计算。水力计算表样式见表 7－1－2。

表7-1-2　热水供热管网水力计算表

（粗糙度 $K=0.0005$ m，水温 $t=100$ ℃，水的密度 $\rho=958.4$ kg/m^3，水的运动黏性系数 $\upsilon=0.295\times10^{-6}$m^2/s）

表中单位：水流量 G（t/h），流速 v（m/s），比摩阻 R（Pa/m）

公称直径（mm）	25		32		40		50		70	
外径×壁厚（mm）	32×2.5		38×2.5		45×2.5		57×3.5		76×3.5	
G（t/h）	v	R	v	R	v	R	v	R	v	R
0.5	0.25	55.6	0.17	19.2	0，.12	7.0				
0.7	0.35	105.1	0.24	37.2	0.16	13.5	0.10	4.2		
1.0	0.51	214.5	0.34	73.0	0.23	27.1	0.15	8.4		
1.3	0.66	362.5	0.44	123.4	0.30	45.4	0.19	14.0	0.10	2.6
1.5	0.76	482.6	0.51	164.3	0.35	58.6	0.22	18.5	0.12	3.4
1.8	0.91	694.9	0.61	236.6	0.42	84.4	0.27	26.5	0.14	4.9
2.0	1.01	857.9	0.68	292.0	0.46	104.2	0.30	32.6	0.16	6.0
2.2	1.11	1 038.1	0.75	353.4	0.51	126.1	0.32	39.4	0.17	7.2
2.5			0.85	456.3	0.58	162.8	0.37	49.4	0.19	9.3
3.0			1.02	657.1	0.69	234.4	0.44	71.1	0.23	13.3
3.4			1.15	844.0	0.78	301.1	0.50	91.4	0.26	17.0
3.8					0.88	376.2	0.56	114.1	0.29	21.2
4.0					0.92	416.8	0.59	126.5	0.31	23.4
4.6					1.06	551.2	0.68	167.3	0.36	30.1
5.0					1.15	651.2	0.74	197.6	0.39	35.5
公称直径（mm）	70		80		100		125		150	
外径×壁厚（mm）	76×3.5		89×3.5		108×4		133×4		159×4.5	
G（t/h）	v	R	v	R	v	R	v	R	v	R
6.8	0.53	65.7	0.37	26.2	0.25	9.5	0.16	3.0		
7.5	0.58	79.9	0.41	31.9	0.28	11.5	0.18	3.6		
8.0	0.62	90.9	0.44	36.3	0.30	13.1	0.19	4.1		
9.0	0.70	115.1	0.49	46.0	0.33	16.0	0.21	5.1		
10.0	0.78	142	0.55	56.7	0.37	19.8	0.24	6.3		
12.0	0.93	204.5	0.66	81.7	0.44	28.5	0.28	9.0		
15.0	1.16	319.6	0.82	127.7	0.55	44.5	0.35	13.7		

（续）

公称直径（mm）	70		80		100		125		150	
外径×壁厚（mm）	76×3.5		89×3.5		108×4		133×4		159×4.5	
G（t/h）	v	R	v	R	v	R	v	R	v	R
17.0	1.32	410.5	0.93	164.0	0.63	57.2	0.40	17.5		
20.0	1.55	568.2	1.10	227	0.74	79.2	0.47	24.3	0.33	9.5
25.0	1.94	887.8	1.37	354.6	0.92	123.7	0.59	37.9	0.41	14.5
30.0			1.65	510.7	1.11	178.1	0.71	54.6	0.49	20.8
35.0			1.92	695.1	1.29	242.5	0.83	74.3	0.57	28.3
40.0					1.48	316.7	0.94	97.1	0.66	37.0
45.0					1.66	400.8	1.06	122.9	0.74	46.9
50.0					1.85	494.8	1.18	151.7	0.82	57.8
60.0							1.42	218.5	0.98	83.3
70							1.65	294.4	1.15	113.4

表7-1-2只是摘录了部分规格管道的部分数据，更详细数据可查阅供暖设计相关资料获得。

表7-1-2中数据是在管道粗糙度k=0.000 5 m，水温t=100 ℃条件下的数据，可以为快捷手算提供方便。如使用管道粗糙度或水温与上述条件不同，要对用此表查到的比摩阻R数值进行修正。按照实际的k值和计算温度下水的密度，用公式（7-1-5）计算R值。

由于水的密度受温度变化的影响有限，因此单纯的温度不同，也可以不进行修正。但对于蒸汽管道，则应进行修正。

以上方法可以计算管网的沿程阻力，管网的局部阻力的计算方法与第4章4.4节讲述的计算方法相同。即：

$$\Delta P_j = \sum \zeta_i \frac{\rho v^2}{2} \qquad (7-1-8)$$

式中符号同本节及第4章4.4节。

（2）当量长度计算方法

在热水管网水力计算中，也常用到当量长度计算方法。当量长度阻力计算法是将管段的局部阻力折合为管段的沿程阻力的一部分来计算。则：

$$\Delta H_j = \sum \zeta \frac{\rho v^2}{2} = R l_d \qquad (7-1-9)$$

$$l_d = \sum \zeta \frac{d}{\lambda} \qquad (7-1-10)$$

式中：l_d——管段中局部阻力当量长度，m。

将公式（7-1-4）代入式（7-1-10）可得：

$$l_d = \sum \zeta \frac{d}{\lambda} = 9.1 \frac{d^{1.25}}{k^{0.25}} \sum \zeta_i \qquad (7-1-11)$$

表 7-1-3　热水管网局部阻力当量长度表（k=0.5 mm）

	局部阻力系数 ζ	不同管径的局部阻力当量长度（m）							
		32	40	50	70	80	100	125	150
截止阀	7	6	7.8	8.4	9.6	10.2	13.5	18.5	24.6
闸阀	0.5			0.65	1	1.28	1.65	2.2	2.24
旋启式止回阀	3.0	0.98	1.26	1.7	2.8	3.6	4.95	7	9.52
升降式止回阀	7.0	5.25	6.8	9.16	14	17.9	23	30.8	39.2
分流三通	1.5	1.0	0.75	0.97	1.3	2	2.55	3.3	4.4
汇流三通	3.0	2.25	2.91	3.93	6	7.65	9.8	13.2	16.8
焊弯 $R \geqslant 4$ d	2.0	1.8	2	2.4	3.2	3.5	3.8	5.6	6.5
方形补偿器 R=(1.5～2) d	3	3.5	4	5.2	6.8	7.9	9.8	12.5	15.4
除污器	8								56

表 7-1-3 给出了热水网络一些管件和附件的局部阻力系数和 k=0.5 mm 时的局部阻力当量长度数值。更多数据请查阅相关资料。

如果水力计算采用与表 7-1-3 不同的当量绝对粗糙度时，根据式（7-1-11）的关系，应对当量长度 l_d 进行修正。

$$l_{sh,d}=\left(\frac{k_{bi}}{k_{sh}}\right)^{0.25}\cdot l_{bi,d}=\beta l_{bi,d} \qquad (7-1-12)$$

式中：k_{bi}、$l_{bi,d}$——局部阻力当量长度表中采用的 k 值和局部阻力当量长度，m；

k_{sh}——水力计算中实际采用的当量绝对粗糙度，mm；

$l_{sh,d}$——相应 k_{sh} 值条件下的局部当量长度，m；

β——k 值修正系数，其值可见表 7-1-4。

表 7-1-4　k 值修正系数 β 值

k（mm）	0.1	0.2	0.5	1.0
β	1.495	1.26	1.0	0.84

当采用当量长度法进行水力计算时，热水网路中管段的总压降计算如下：

$$\Delta P=\Delta P_y+\Delta P_j=Rl+Rl_d=R(l+l_d)=Rl_{zh} \qquad (7-1-13)$$

式中：l_{zh}——管段的折算长度，m。

在进行估算时，局部阻力的当量长度 l_d 可按照管道实际长度 l 的百分数来计算，即：

$$l_d=\alpha_j l \qquad (7-1-14)$$

式中：α_j——局部阻力当量长度百分数，%；见表 7-1-5；

l——管道的实际长度，m。

表 7-1-5　热网管道局部损失与沿程损失的比值

管线类型	补偿器类型	管道公称直径（mm）	局部阻力与沿程阻力的比值	
			蒸汽管道	热水或凝结水管道
输送干线	套筒或波纹管补偿器（带内衬筒）	≤1 200	0.2	0.2
	方形补偿器	200～350	0.7	0.5
	方形补偿器	400～500	0.9	0.7
	方形补偿器	600～1 200	1.2	1.0
输配干线	套筒或波纹管补偿器（带内衬筒）	≤400	0.4	0.3
	套筒或波纹管补偿器（带内衬筒）	450～1 200	0.5	0.4
	方形补偿器	150～250	0.8	0.6
	方形补偿器	300～350	1.0	0.8
	方形补偿器	400～500	1.0	0.9
	方形补偿器	600～1 200	1.2	1.0

7.1.2　供热管网的水力计算

7.1.2.1　热水供热管网水力计算前应掌握的资料

在进行热网水力计算前，应掌握下列资料：

（1）热网的平面布置图；

（2）热用户的热负荷；

（3）热源的位置；

（4）热媒的计算温度等。

7.1.2.2　枝状管网水力计算步骤

热水供热管网水力计算的步骤如下：

（1）确定热用户的设计流量

热用户的设计流量，按照下面公式计算：

$$G'=\frac{Q'}{c\ (t_g-t_h)}\times 3.6 \tag{7-1-15}$$

式中：G'——热用户的设计流量，t/h；

Q'——热用户设计热负荷，W；

c——水的质量比热，J/(kg·℃)，取 4 187 J/(kg·℃)；

t'_g、t'_h——热网的设计供、回温度，℃。

（2）确定热网各管段的流量

热网各管段的流量为该管段所负担的各个用户的计算流量之和，也就是沿介质流向该管段之后的所有热用户的计算流量之和。

（3）确定网路主干线的沿程比摩阻

热水网路中平均比摩阻最小的一条管线，称为主干线。一般情况下，热水网路各热用户要求预留的作用压头是基本相等的，所以可认为从热源到最远用户的管线就是主干线。热水供暖网路水力计算从主干线开始计算，从热源出口到主干线末端用户逐段进行计算。

主干线平均比摩阻对确定整个管网的管径起着决定性的作用。选用比摩阻越大，需要的管径越小，投资越少，但管网循环泵投资增大，运行费用也高。一般取经济比摩阻来作为水力计算主干线的平均比摩阻。经济比摩阻是保证在规定的计算年限内总费用最小的比摩阻。CJJ 34—2010《城镇供热管网设计规范》推荐，热水网路主干线设计比摩阻可取30～70 Pa/m。

(4) 确定主干线各管段的管径和实际比摩阻

根据管段的计算流量和初步选用的平均比摩阻，利用水力计算表 7-1-2，选定主干线各管段的管径，并根据选定的管径，查取该管径对应的实际比摩阻。

(5) 确定各管段局部阻力当量长度

根据选定的管段管径和管段中局部阻力部件的形式，查表 7-1-5，逐一确定各个局部阻力的当量长度，求出计算管段上所有局部阻力当量长度的总和。

(6) 计算主干线各管段的压力损失及主干线的总压降

根据查出的实际比摩阻、管长、局部阻力当量长度之和，利用公式（7-1-13）计算主干线各计算管段的压力损失，并求出整个主干线的总压降。

(7) 支干线、支线水力计算以及允许的比摩阻确定

在完成主干线的水力计算后，即可进行支干线、支线的水力计算。支线允许比摩阻的确定应按照管段的资用压力来确定。

资用压力是根据支线与主干线上相应的并联环路压力相等的原理来确定的。图 7-1-1 所示的供热管网，主干线为从热源 A 到最远热用户 6 的环路，下面以支线 $B1$ 为例说明支线 $B1$ 资用压力的确定方法。

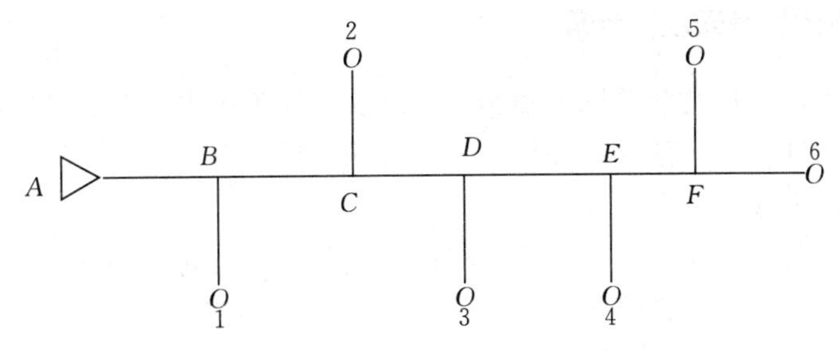

图 7-1-1　某热水管网平面示意图

支线 $B1$（包括供水支线和回水支线）与主干线 $B6$ 并联，则支线 $B1$ 的资用压力为：

$$\Delta P_{ZB1}=2\times(\Delta P_{BC}+\Delta P_{CD}+\Delta P_{DE}+\Delta P_{EF}+\Delta P_{F6})+\Delta P_{y6}-\Delta P_{y1}$$

其中 ΔP_{y6} 为用户 6 的压头或内部阻力，ΔP_{y1} 为用户 1 的压头或内部阻力。

按照上述方法计算支线的资用压力后，按下式计算该支线的允许比摩阻：

$$R_{pj}=\frac{\Delta P_z}{(1+\alpha_j)\sum l} \tag{7-1-16}$$

式中：a_j——局部阻力当量长度百分数；

R_{pj}——支线管段的允许比摩阻，Pa/m；

ΔP_z——支线的资用压力，Pa；

$\sum l$——供、回水支线的总长度，m。

（8）支干线、支线的实际比摩阻和管径的确定

根据支干线、支线管段流量和允许比摩阻查水力计算表 7-1-2，确定实际比摩阻和管径。

热力网支干线、支线应按照允许压力降确定管径，但供热介质流速不应大于 3.5 m/s，支干线比摩阻不应大于 300 Pa/m。

（9）确定支干线、支线管段的局部阻力当量长度

根据选定的管径和局部阻力形式，查表 7-1-5，确定局部阻力当量长度。求支线管段上所有局部阻力当量长度之和。

（10）计算支干线、支线管段的实际压降

根据公式（7-1-13），计算支干线、支线管段的实际压力降。

（11）并联环路压力降平衡

主干线和各支干线、支线环路之间压力应进行平衡，控制不平衡率在 15%之内，即：

$$X=\left|\frac{\Delta P_z-\Delta P_{sh}}{\Delta P_z}\times 100\%\right|\leqslant 15\% \tag{7-1-17}$$

式中：X——主干线和支线并联环路的压力不平衡率，%；

ΔP_z——支线的资用压力，Pa；

ΔP_{sh}——通过水力计算得出的支线的实际压力，Pa。

若不平衡率过大，应在用户引入口或热力站出口安装调压板、调压阀门、平衡阀或流量调节器等来消除剩余压头，以使供热管网各环路之间的阻力损失平衡，避免产生距热源近处的用户过热、距热源远处的用户过冷的水平失调问题。

7.1.2.3 单热源环状管网水力计算

环状管网水力计算比枝状管网要复杂，不能简单地采用串、并联管路的计算方法，而要建立方程组求解计算。下面简单介绍下环状管网的计算方法。

（1）计算环形干线

首先建立环线节点的流量平衡方程，根据管网任一节点流入的流量等于流出的流量，若用流入为+，流出为－，则流量之和等于 0。建立各节点的流量平衡方程。对于有 n 个节点的环形干线，只有 $n-1$ 个独立的流量平衡方程。

然后建立环线阻力方程，任何闭合环路，各管段阻力的代数和等于 0（注意阻力方向，用方向一致时为+，相反时为－）。据此建立闭合环路的阻力代数和方程。对于有 n 个节点，b 个管段的环形干线，基本回路共有 $b-(n-1)$ 个。

根据以上建立的方程组，求解方程。在开始设计环形干线时，管线走向、管长是已知的。支线和支线流量是已知的，环形干线各管段的流量是未知的，这一点与枝状管网不同。因此在初步设计时，先假定环形干线的管段流量，然后再根据推荐比摩阻选择干线各管段的管径，计算各管段的阻力损失。由于初始流量是根据节点流量平衡人为分配的，一般不能满足环路阻力之和等于0，为此要对初始假定的流量，在保持节点流量流入流出相等的前提下，进行调整；按照调整后的流量，再进行阻力验证。经过几次调整，基本可以达到目的。

(2) 计算支线

根据环形干线的最终计算结果，计算得到与环线干线相连的支干线大的供、回水的压差，用来计算支干线和支线的管径和各管段的阻力损失，计算方法同枝状管网。

7.1.3　供热管网水力计算案例

【例题】

某热水供热管网连接有4个热用户E、F、G、H，网路平面图见图7-1-2。图中A点为热源，管长及管上的附件如图所示。补偿器为锻压弯头方形补偿器，阀门为闸阀。已知热网的设计供回水温度为95/75℃，热用户的供热设计热负荷分别为：$E=0.8$ MW，$F=0.7$ MW，$G=0.5$ MW，$H=1.0$ MW。热用户F和G的预留压头为3 mH_2O，热用户H和E的预留压头为4 mH_2O。请对该管网进行水力计算。

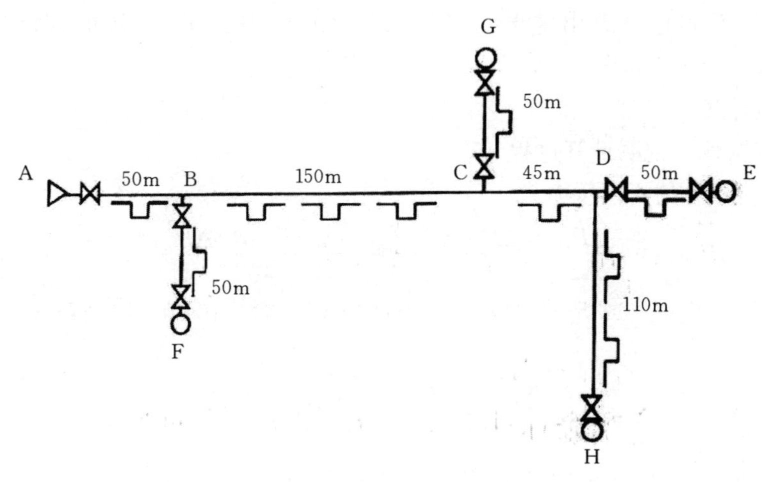

图7-1-2　某热水供热网路平面图

【解题】

(1) 确定各用户的设计流量

根据流量公式（7-1-15）计算各热用户的设计流量如下：

$$G'_F=\frac{Q'}{c\ (t_g-t_h)}\times3.6=\frac{0.7\times10^6}{4\,187\times(95-70)}\times3.6=24\ \text{t/h}$$

$$G'_G=17\ \text{t/h}，G'_H=34\ \text{t/h}，G'_E=28\ \text{t/h}$$

(2) 管网各管段的流量计算

根据管网平面图可知：H热用户距热源最远，因此ABCDH为主干线。BF、CG、DE为支线。主干线各管段的流量计算如下：

AB段的流量应为4个热用户E、F、G、H流量之和，即：

$$G'_{AB}=24+17+34+28=103\ \text{t/h}$$

$$G'_{BC}=G'_G+G'_H+G'_E=79\ \text{t/h}$$

$$G'_{CD}=G'_H+G'_E=62\ \text{t/h}$$

$$G'_{DH}=G'_H=34\ \text{t/h}$$

BF、CG、DE 三条支线管段各有一个热用户，其流量即各管段热用户的流量。

（3）主干线计算

主干线的平均比摩阻在 30～70 Pa/m 之间确定。根据各管段的流量和平均比摩阻，查表 7－1－2 的热水供热管网水力计算表，可选择如下管径：

AB 段：选 DN200 管道，在设计流量 103 t/h 时，$R=45$ Pa/m，$v=0.88$ m/s。管段 AB 段上所有局部阻力部件的当量长度可查表 7－1－3 查出。结果如下：

1 个闸阀：1×3.36＝3.36 m

1 个方形补偿器：1×23.4＝23.4 m

局部阻力当量长度之和＝3.36＋23.4＝26.76 m

管段 AB 段的折算长度为：50＋26.76＝76.76 m

管段 AB 段的压力损失 $\Delta P=Rl_{zh}=45\times76.76=3\,454.2$ Pa

用同样的方法可以计算出主干线 BC 管段、CD 管段、DH 管段的管径和压力损失。计算结果见表 7－1－6 和表 7－1－7。

（4）支线计算

以 F 支线为例，说明计算过程。

管段 BF 供水管的资用压力为：

$$\Delta P_{BF}=\frac{2\ (\Delta P_{BC}+\Delta P_{CD}+\Delta P_{DH})\ +\Delta P_{y,H}-\Delta P_{y,F}}{2}$$

$$=(6\,035+5\,917+10\,095)\ +(4-3)\times10\,000/2=27\,047\ \text{Pa}$$

查表对于

$$R'_{BF}=\frac{\Delta P_{BF}}{l_{BF}\ (1+\alpha_j)}=\frac{27\,047}{50\ (1+0.6)}=338\ \text{Pa/m}$$

管段 BF 的流量 24 t/h，估算比摩阻 338 Pa/m，查水力计算表 7－1－2，选 $d=80$ mm 时，$R=326.6$ Pa/m，$v=1.32$ m/s。

管段 BF 的管径为 80 mm，查表 7－1－3，查取该管段局部阻力部件的当量长度如下：

三通分流：1×3.82＝3.82 m；方形补偿器 1×7.9＝7.9 m；闸阀 2×1.28＝2.56 m；总当量长度为 14.28 m。

管段 BF 的折算长度为 50＋14.28＝64.28 m。

管段 BF 的实际压力损失为：

$$\Delta P_{BF}=Rl_{zh}=326.6\times64.28=20\,994\ \text{Pa}$$

支线 BF 和主干线并联环路 BCDH 之间的不平衡率 X 为：

$$X=\frac{27\,047-20\,994}{27\,047}=22.4\%$$

不平衡率超过了固定允许的不大于 15%的范围，需通过在管路上增设调压装置解决。

上述关于主干线的计算汇总在表 7-1-6 内，各管段局部阻力当量长度汇总在表7-1-7 内。

表 7-1-6　主干线水力计算表

管段编号	计算流量（t/h）	管段长度（m）	局部阻力当量长度之和（m）	折算长度	直径（mm）	流速（m/s）	比摩阻（Pa/m）	管段压力损失	支线不平衡率
主干线									
AB	103	50	26.76	76.76	200	0.88	45	3 454	
BC	79	150	78.6	228.6	200	0.45	26.4	6 035	
CD	62	45	21.56	66.56	150	1.02	88.9	5 917	
DH	34	110	33.8	143.8	125	0.8	70.2	10 095	
支线									
BF	24	50	14.28	64.28	80	1.32	326.6	20 994	
CG	17	50	14.28	64.28	80	0.94	164.8	10 593	
DE	28	50	16.73	66.73	100	1.03	154.9	10 336	

表 7-1-7　局部阻力当量长度计算表

管段编号	闸阀	方形补偿器	异径接头	直流三通	分流三通
AB	1 个，3.36 m	1 个，23.4 m	—	—	—
BC		3 个，70.2 m		1 个，8.4 m	
CD	—	1 个，15.4 m	1 个，0.56 m	1 个，5.6 m	—
DH	1 个，2.2 m	2 个，25 m	—	—	1 个，6.6 m
BF	2 个，2.56 m	1 个，7.9 m			1 个，3.82 m
CG	2 个，2.56 m	1 个，7.9 m			1 个，3.82 m
DE	2 个，3.3 m	1 个，9.8 m	1 个，0.33 m	1 个，3.3 m	

根据供暖管网的水力计算结果，可以选择供暖循环泵的扬程等参数。供暖循环泵的选择计算见本书第 5 章 5.2.2.5 节。

7.1.4　热水供暖系统水压图

7.1.4.1　水压图的理论基础

流体在管道中流动，将引起能量损耗，表现为流体的压力损失，这样在流体的不同断面，流体的压力值不同。流体力学中的伯努利能量方程科学描述了管段水压的分布规律，伯努利能量方程是绘制供暖系统水压图的理论基础。

如图 7-1-3 所示，取热水管网的某一段 1-2 之间的管段，根据实际流体的伯努利能量方程，可列出断面 1 和断面 2 的能量方程。

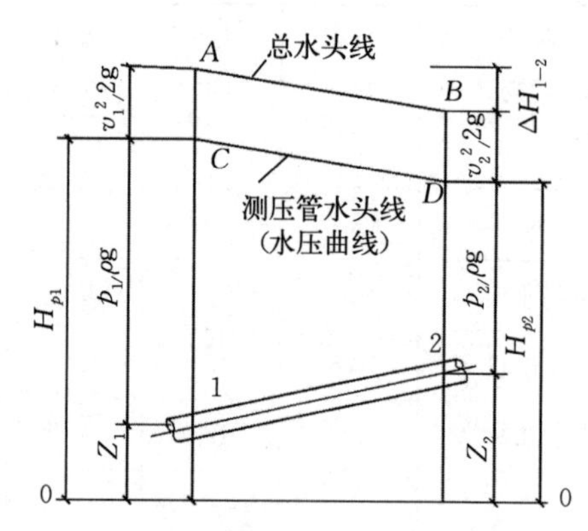

图 7-1-3　管内流体的总压头线与测压管水头线

$$P_1+\rho g Z_1+\frac{\rho v_1^2}{2}=P_2+\rho g Z_2+\frac{\rho v_2^2}{2}+\Delta P_{1-2} \quad (\text{Pa}) \qquad (7-1-18)$$

如果用水头高度的形式来表达伯努利方程式，则有：

$$\frac{P_1}{\rho g}+Z_1+\frac{v_1^2}{2g}=\frac{P_2}{\rho g}+Z_2+\frac{v_2^2}{2g}+\Delta H_{1-2} \quad (\text{mH}_2\text{O}) \qquad (7-1-19)$$

式中：P_1、P_2——断面 1、2 的静压力，Pa；

Z_1、Z_2——断面 1、2 的管中心线离某一基准面 O-O 的位置高度，m；

v_1、v_2——断面 1、2 的水流平均速度，m/s；

ρ——水的密度，kg/m^3；

g——重力加速度；

ΔP_{1-2}——水流经管段 1-2 的压头损失，Pa；

ΔH_{1-2}——水流经管段 1-2 的水头损失，mH_2O。

把方程式（7-1-19）等式的左边和右边的各项水头损失画于图 7-1-3 中。公式及图中的$\frac{P}{\rho g}$称为压力能水头，Z 称为位置水头，$\frac{v^2}{2g}$称为动能水头。

管段中某点的位置水头和压力能水头之和称为测压管水头（H_p），各点测压管水头的连线如图（7-1-3）中的 CD 线，称为测压管水头线，又称水压曲线。位置压头、压力能压头、动能压头之和称为总水头，管段各点总水头的连线，如图（7-1-3）中的 AB 线，称为总水头线。图（7-1-3）中断面 1、2 的总水头高度的差值，代表水流过管段 1、2 的总压头损失 ΔH_{1-2}。对于热水管网，由于管路内各点的水流速度差别不大，两点的动能压头也差别不大，两点的动能差可忽略不计，因此断面 1、2 的测压管水头差，即图 7-1-3 中水压曲线 CD 两点的差值，就近似等于两点的总压头损失。

7.1.4.2　热水供暖系统水压图的作用

对于直接连接供暖系统，由于热源与所有热用户水力相通，因此只有一个共同的水压图。对于间接连接系统，供热管网分为两级，第一级管网与所有换热站水力相通，构成一个共同的水压图；第二级管网各换热站之间互不相关，每个换热站都与该换热站的热用户构成一个系统，因此每个换热站有一个独立的水压图。

在热水供暖管网设计中，一般都需要绘制供暖管网水压图，用以全面反映供暖系统地形、供暖建筑物高度、恒压点位置、管道各点的压力等。

水压图将供暖系统各处的位置高度、流体压力（或测压管水头）、阻力损失及其分布直观地用图线关联起来，全面反映热源、管网和用户的压力关系及其互相影响的情况，而系统的水力工况又与热力工况密切相关。水压图有以下用途：

（1）根据水压图，可以确定系统中任何一点的压力；

（2）管网中任意两点对应的水压线高差就是两点对应管路的阻力损失数；

（3）水压线坡度的缓急，反映了管段单位长度阻力损失的大小；

（4）已知或确定系统中某点的压力，就可确定系统中其他点的压力；

（5）确定热用户与供暖管网的连接方式；

（6）分析研究供暖系统内水力工况的变化。

7.1.4.3 对供暖网路压力的基本技术要求

同一供热暖系统的管网，各处的地形标高不同、所连接的供暖建筑的高度不同、不同热用户要求的资用压力不同，因此供暖系统的压力至少应满足以下要求。

（1）不超压

供暖系统运行和停止运行时，系统内的压力均不能超过设备和管道所能承受的压力，保证设备和管道不因超压引起损坏。

（2）不汽化

供暖系统停止和运行时，系统内的压力均应高于供水温度对应的水的汽化压力，防止水在系统中汽化，阻碍正常运行。不同温度对应的汽化压力见表7-1-8。

表7-1-8 不同水温对应的汽化压力

水温（℃）	100	110	120	130	140	150
汽化压力（mH_2O）	0	4.7	10.4	17.8	27.3	39.2

（3）不倒空

供暖网路提供的压力应大于热用户或设备的高度，确保系统灌满水，防止吸入空气。

（4）不吸气

供暖系统停止和运行时，系统网路回水管网的压力应大于大气压力，以防止系统吸入空气；水泵入口压力应大于大气压力，以防止水泵入口产生汽蚀。一般按照大于5 mH_2O压头设计。

（5）保循环

供暖系统应有足够的循环动力，为热用户提供足够的资用压头。

上述原则中的不超压，限制了水压线的上限；不汽化、不倒空、不吸气限制了水压线的下限，保循环则保证系统能够提供足够的循环动力。

7.1.4.4 供暖管网水压图绘制与读图

图 7－1－4 是某项目供热管网的水压图。下面以该图为例，来说明水压图的绘制及读图。

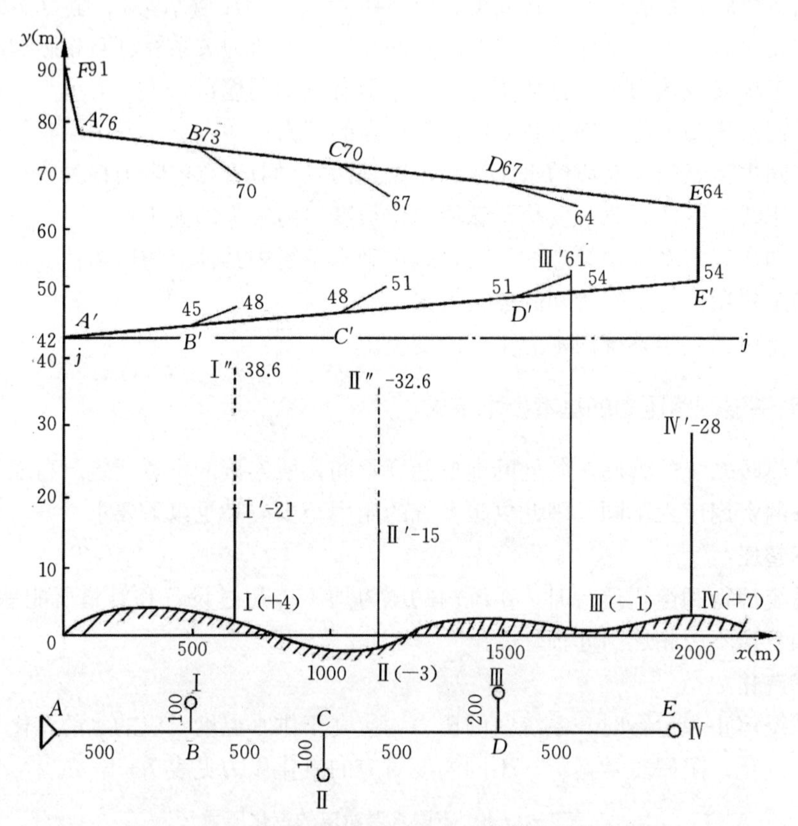

图 7－1－4 某高温热水供暖系统室外供热管网水压图

（1）定坐标系，绘出管线图

定坐标系和基准面：坐标系的横坐标 x 为管线长度，纵坐标 y 为水头或高度（地形标高、建筑物高度等）。一般取热源所在处平面位置为坐标原点，取通过热源处供暖循环泵轴心的水平面为基准面。图 7－1－4 的管网水压图就是以热源作为坐标原点。

绘出管线展开平面图：首先绘制主干线水压图，用与横坐标相同的比例，在坐标系下方绘出主干线及最不利热用户支线的展开平面图。从图 7－1－4 中可以看出，用户Ⅰ分支管线距主管网的长度 BⅠ为 100 m，主管网在Ⅰ热用户的分支点，距热源的长度 AB 为 500 m，用户Ⅱ、Ⅲ、Ⅳ的主管与分支管长度均可从图中看出。

绘出地形纵剖面及典型热用户地理标高：在坐标系中绘出沿管线的地形纵剖面图、典型热用户系统的地理标高、充水高度（或房屋或设备高度），以及供水温度汽化压力对应的水柱高度。典型热用户是指系统中地理标高与房屋或设备高度之和最大的热用户、地势最低处的热用户等。因为热用户系统管道最上部接近房屋顶部，因此可以房高代替热用户系统的高度；管道埋深相对管内压力折算的高度和房高而言，其值较小，因此可用用户的地理标高代替其所在处管道纵向标高。从图 7-1-4 可以看出，用户Ⅱ低于坐标平面 3 m，建筑高 15 m。

(2) 绘制静水压线

静水压线是供暖系统停止运转时系统中各点的测压管水头连线，此时供暖系统是一个大的水力连通器，静水压线是一条水平线。

确定静水压线时，首先计算系统中热源和所有热用户（可选典型热用户）的地理位置高度、热用户高度、水的汽化压力和富余压力之和，其中富余压力是考虑系统供水温度稍许超过设计值，水的汽化压力略微升高而留出的富余值，可取 2～5mH_2O。先计算各个热用户满足静压要求的压力值，然后比较确定系统设计静压力值。实际上只需对热源及典型热用户（地理标高与热用户高度数值之和较大的热用户）的数据进行统计和校核。只要典型用户满足了，其他用户都可满足。

确定的静压力线高度，应按下式进行校核。

$$\max\ (Z_i+h_{y_i}+h_q+h_f)\leqslant H_j\leqslant h_{d,s}\quad (i=1,\ 2,\ 3,\ \cdots,\ n) \tag{7-1-20}$$

式中：H_j——静水压线高，mH_2O；

Z_i——热源或热用户的地理位置高度，m；

h_{y_i}——热源设备或热用户的高度，m；

h_q——设计供水温度对应的水的汽化压力，mH_2O；

h_f——富余压力值，mH_2O；

$h_{d,s}$——系统最低处热用户设备的允许工作压力，mH_2O；

i——热用户及热源编号；

n——供热系统的热源和热用户数。

对于直接连接系统和间接连接二级网的热用户系统，承压能力最薄弱的部件是散热器。间接连接系统一级网的管道、管路附件和设备的允许工作压力一般不小于 1.0 MPa。

式（7-1-20）中，$H_j\geqslant\max\ (Z_i+h_{y_i}+h_q+h_f)$ 是保证系统“不汽化、不倒空、不吸气”的条件。图 7-1-4 中，用户Ⅰ、Ⅱ的供回水温度为 130/90 ℃，需要考虑 130 ℃高温水防止汽化压力 $h_q=17.6$ m 水柱，用户Ⅰ的 $H_j\geqslant38.6$ m；由于用户Ⅱ的高度低，$H_j\geqslant32.6$ m。用户Ⅲ、Ⅳ是低温水供暖用户，不存在低压导致的汽化问题，但用户Ⅲ是高层楼供暖用户，静压线 $H_j\geqslant61$ m；用户Ⅳ是低温水供暖用户，静压线 $H_j\geqslant28$ m。

图 7-1-4 供暖管网的静压线采用 42 m 静压，可满足用户Ⅰ、Ⅱ、Ⅳ的静压要求，不满足用户Ⅲ的静压要求。因此系统设计在用户Ⅲ与供热管网之间增设换热器，将用户Ⅲ改为间接供暖，以解决直接供暖导致的静压不足问题。

公式（7-1-20）中 $H_j\leqslant h_{d,s}$，是保证系统不超压的条件，一般典型热用户是位于地势最低处、散热器受压最大的热用户。

静水压线的高度决定了定压点（运行或静止时系统中压力不变的点，因此又称为恒压点）的压力，由定压设备来实现和保持。一个系统中只应有一个定压点，系统停运或运行时定压点压力应维持不变。

(3) 绘制主干线动水压线

动水压线是系统运行时系统中各点的测压管水头连线，分供水管动压线和回水管动压线。绘制动水压线要“保循环”，用在对应流量下计算得到的阻力损失来绘制，并要为热用户提供必要的资用压头，由于各管段的阻力损失不同，原则上应分管段绘制。

(a) 绘制回水干管水压线

根据补水定压方式，确定回水干管水压线与静水压线的交点。假定定压点在供暖循环水泵入口附近 O 点，则回水干管水压线与静水压线在 O 点重合。从 O 点开始依次确定回水干管上各管段在水压线上的位置，各点的横坐标数值为各管段的长度；各点的纵坐标数值由各管段的阻力损失决定。从图 7-1-4 可以看出，回水干管在机房供暖泵 O 点的压力与静压相等，为 42 m；供暖回水管越远离机房，压力越大。

(b) 绘制最不利热用户预留压头

热用户预留压头的值决定于热用户与管网的连接方式、热用户规模和采用的设备。

(c) 绘制供水干管动水压线

供水干管动水压线与回水干管动水压线的绘制方法类似，只不过供水干管动水压线是离热源越近，压力越高，水压线向上抬起。从图 7-1-4 可以看出，从机房进入供水管网的压力为 76 m，随着管网阻力的消耗，供水管网离机房越远，压力越小。

(d) 确定热源的阻力损失

热源的阻力损失 ΔH_r 为热源内部所有设备（主要是锅炉）和管路的总阻力损失。一般可取 $\Delta H_r = 10 \sim 15\ mH_2O$。从图 7-1-4 可以看出，机房供暖循环泵出口设计压力达到了 91 m，机房设备消耗了 15 m，从机房进入供水管网的压力只剩 76 m。

闭式供暖系统供水管和回水管的动水压线都是折线，在定性分析时，为了简化常常用直线代替。闭式系统的水压图应是闭合的多边形。

(4) 绘制支干线和支线动水压线

根据主干线水压图上支干线或支线与主干线相交点对应的压头数值以及支干线或支线的管长和阻力损失，来绘制支干线或支线动水压线。从图 7-1-4 可以看出，供热管网各个用户分支管网的压力变化，用户Ⅱ供水分支管网与供水主管网接口处的压力为 70 m，供水分支管网到用户Ⅱ的压力为 67 m；从用户Ⅱ出来的回水管压力为 51 m，回水分支管到主回水管处的压力为 48 m。

7.2 供热管道受力计算

7.2.1 供热管道承受荷载与应力

7.2.1.1 供热管道承受的荷载类别

供热管道承受的荷载主要有如下五种类别，这些荷载的综合作用，决定了供暖管道受力的大小和变化的特点。

(1) 流体压力荷载

管道承受管内流体的压力产生的荷载。

(2) 管道重力荷载

管道自重引起的重力荷载。

(3) 土壤荷载

对于直埋敷设的荷载，管道直接承受土壤荷载，包括土壤自重荷载和从地面传递给土壤的荷载。管沟敷设时，土壤荷载由管沟承受，管道本身不承受土壤荷载。

(4) 管道温度变化引起的荷载

供暖管道内的流体介质温度变化时，管道温度也随之变化，由此导致管道的热胀冷缩。当管道热胀冷缩受到约束限制时，就会带来管道荷载。这些荷载包括：摩擦力和补偿器变形引起的作用力。

摩擦力与管道的敷设方式有关。地上或管沟敷设时，为管道活动支座与支架之间的摩擦力；直埋敷设时，为管道与土壤之间的摩擦力。

补偿器引起的作用力与补偿器的类型有关，不同类型补偿器引起的荷载将在本章后面予以分析。

(5) 风雪荷载

地上敷设的管道承受风雪荷载，风荷载通常为水平方向的荷载，雪荷载为重力荷载。

7.2.1.2　供热管道承受荷载的应力分类

供热管道在上述荷载的作用下，将发生变形，同时管道内部将产生对应的相互作用力，该相互作用力称为管道的内力。应力是管道某一点单位截面的内力。

对供暖管道内产生的应力可分为：一次应力、二次应力和峰值应力。

一次应力是管道在持续作用荷载下所产生的应力。这些持续荷载包括：内压、自重、土壤或其他持续性外加荷载。一次应力的大小与管道承受的持续荷载有关，与管道变形无关。这种荷载越大，管道应力就越大；当管道应力超过某一允许值时，管道就会发生塑性变形；如继续增加荷载，则可能超越塑性变形直至管道被破坏。因此管道的一次应力应小于其许用应力。温度不同时，许用应力的数值会有不同。钢材的许用应力，在200 ℃以下时，许用应力数值基本不变。

二次应力是管道在热胀、冷缩及其他位移受约束时所产生的应力。一般情况下这种作用有自限性，即当超过某一允许值时，管道发生有限塑性变形，应力不再增加。由于允许考虑塑性变形，相应的许用应力（也称为许用外载综合应力）用下式计算：

$$[\sigma_w]=1.2[\sigma]^{20}+0.2[\sigma]^t \qquad (7-2-1)$$

式中：$[\sigma_W]$——许用外载综合应力，MPa；

$[\sigma]^{20}$——温度20 ℃时钢材的许用应力，MPa；

$[\sigma]^t$——计算温度 t ℃下钢材的许用应力，MPa。

由式（7-2-1）可知，二次应力的许用值比一次应力的许用值要更高。

供暖管道常用的钢材材质有10#、20#、Q235等，热水供暖管道内的介质压力通常不超过2.5 MPa，温度不超过200 ℃。上述材料的物理特性数据见表7-2-1。

表 7-2-1　供暖管道常用钢管的物理特性数据

钢材物理特性		许用应力 MPa（10^6 N/m²）			弹性模数 E［10^4 MPa（10^{10} N/m²）］			线膨胀系数 ［10^6 m/(m·℃)］		
钢号		Q235-A	10	20/20 g	Q235-A	10	20/20 g	Q235-A	10	20/20 g
计算温度（℃）	20	124.3	111.1	134.1	20.594	19.809	19.809			
	100	124.3	111.1	134.1	20.001	19.123	18.338	12.20	11.90	11.18
	150	124.3	111.1	134.1	19.613	18.633	17.946	12.60	12.25	11.64
	200	124.3	111.1	111.1	19.221	18.142	17.554	13.00	12.60	12.12
	250	112.8	105.0	130.8	18.829	17.652	17.113	13.23	12.70	12.45
	300	101.0	94.2	117.7	18.437	17.162	16.671	13.45	12.80	12.78
	350		82.4	104.7		16.426	16.230		12.90	13.31

管道在局部形状改变处可发生应力集中现象，相应的应力称为峰值应力。峰值应力作为增量附加到一次应力或二次应力之上。峰值应力一般不会引起管道的显著变形，但会造成局部损伤。超过某一允许值时，会导致局部破坏。管路附件（如三通、异径管、弯头等）处的集中应力即属于峰值应力的范畴。

7.2.2　承受内压的管道壁厚计算

热媒作用在管道上的压力具有持续性，导致管壁产生一次应力。管道的壁厚应保证在内压作用下安全运行。

7.2.2.1　最小壁厚

图 7-2-1 是管道内压引起的管道环向应力示意图。管道承受内压为 P_n 时，若应力沿管道圆周均匀分布，则管道内压环向应力可用下式计算：

$$\sigma_h = \frac{P_n D_n}{2\delta} \tag{7-2-2}$$

式中：σ_h——管道内压环向应力，MPa；

P_n——管道内压，MPa；

D_n——管道内径，mm；

δ——管道壁厚，mm。

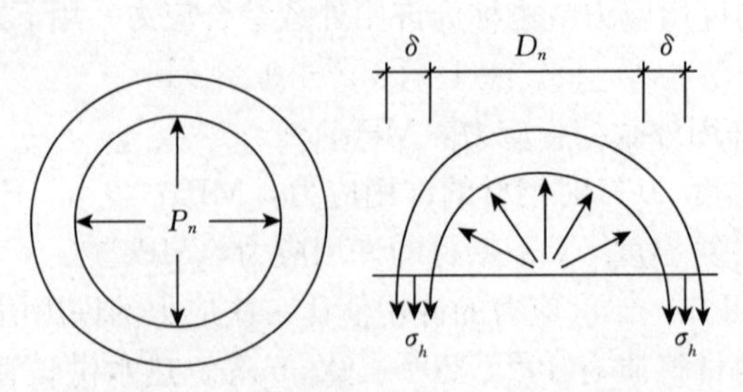

图 7-2-1　管道内压引起的管道环向应力

则管道的壁厚可用下式计算：

$$\delta=\frac{P_nD_n}{2\sigma_h} \tag{7-2-3}$$

考虑到管道沿管壁产生的应力分布是不均匀的，另外管道上有焊缝时许用应力要减小，且与温度有关，因此要适当增加壁厚。根据剪应力强度理论，得到最小壁厚的计算公式如下：

$$\delta_{min}=\frac{P_nD_w}{2[\sigma]^t\eta+2YP_n} \tag{7-2-4}$$

式中：δ_{min}——管道最小壁厚，mm；

D_w——管道外径，mm；

η——许用应力修正系数；对无缝管 $\eta=1.0$；对单面焊接的螺旋缝焊接钢管，$\eta=0.6$；对纵缝焊管，见表7-2-2。

Y——与温度有关的修正系数；

其他符号同本节。

表7-2-2 纵缝焊接钢管基本许用应力的修正系数

焊接方式	焊缝形式	η
手工电焊或气焊	双固焊接有坡口的对接焊缝	1.00
	有氩弧焊打底的单面焊接有坡口对接焊缝	0.90
	无氩弧焊打底的单面焊接有坡口对接焊缝	0.75
溶剂层下自动焊	双面焊接对接焊缝	1.00
	单面焊接有坡口对接焊缝	0.85
	单面焊接无坡口对接焊缝	0.80

对于供热管道，在温度 $t\leqslant482$ ℃时，取 $Y=0.4$，代入式（7-2-4），供热管道最小管壁厚度的计算公式如下：

$$\delta_{min}=\frac{P_nD_w}{2[\sigma]^t\eta+2YP_n}=\frac{P_nD_n}{2[\sigma]^t\eta+0.8P_n} \tag{7-2-5}$$

7.2.2.2 计算壁厚

考虑到管道生产制造时管道壁厚的负偏差，因此用考虑壁厚附加值，计算公式为：

$$\delta_j=\delta_{min}+c \tag{7-2-6}$$

式中：δ_j——管道计算壁厚，mm；

c——考虑负偏差的壁厚附加值，mm；

δ_{min}——管道最小壁厚，mm。

对于无缝钢管，负偏差附加值可按照下式计算：

$$c=\frac{1}{1-m}=A_j\delta_j \tag{7-2-7}$$

式中：m——钢管壁厚允许负偏差，%；

A_j——管道厚度负偏差系数，取值见表7-2-3。

由管道产品技术条件中规定的 m 值计算管道壁厚附加值 c。

表 7-2-3　钢管壁厚负偏差系数 A_j

钢管壁厚允许负偏差 m（%）	−5	−8	−9	−10	−11	−12.5	−16
A_j	0.053	0.087	0.099	0.111	0.124	0.143	0.176

对于焊接钢管，可按照计算得到的最小厚度 δ_{min} 根据计算数值大小，按以下分类直接选取壁厚附加值 c。

当 $\delta_{min} \leqslant 5.5$ mm 时，取 $c=0.5$ mm；当 $\delta_{min}=6 \sim 7$ mm 时，取 $c=0.6$ m；当 $\delta_{min}=8 \sim 25$ mm 时，取 $c=0.8$ m。

7.2.2.3　取用壁厚

根据管道计算的壁厚数值，从管道产品的公称管壁系列中选取的壁厚为其取用壁厚。取用壁厚应大于等于计算壁厚。

7.2.2.4　承受内压的管道应力验算

当管道厚度未按照 7.2.2.1 节的公式计算，或者供暖系统改变工况提高运行压力时，需要验算管壁厚度。根据式（7-2-5），并将其中的壁厚改为实际壁厚，可推导出如下计算公式检验：

$$\sigma_{zs}=\frac{P_n\ (D_w-0.8\delta_s)}{2\eta\delta_s}\leqslant[\sigma]^t \qquad (7-2-8)$$

式中：σ_{zs}——内压折算应力，MPa；

δ_s——管道实际最小壁厚，mm；

其他符号同本节。

由于供热管道内的介质压力通常不超过 2.5 MPa，一般情况下，在此压力范围内的管道壁厚都能满足直管的应力验算要求。

7.2.3　地上与管沟敷设管道受力计算

7.2.3.1　供热管道在地上或管沟的敷设方式

地上或地沟敷设的供热管道，需要架空敷设，因此需要设置管道支架，由于供热管道输送的介质温度变化较大，管道存在热胀冷缩问题，因此每两个固定支架之间需要设置若干个活动支架和一个补偿器，补偿器补偿固定支座之间管道的热胀冷缩，防止管道变形破坏。

图 7-2-2 是供热管道架空或地沟敷设固定支座、活动支座、补偿器、管道拐弯示意图。图中管道在 B、C 两个固定支座之间有弯，可利用 L 形自然补偿方法补偿管道的热胀冷缩，L_3 与 L_4 是 L 形自然补偿器的臂长；在 A 与 C 之间的长直管道上，设置了固定支座、活动支座和方形补偿器，其中两个相邻活动支座的间距为 L_1，两个相邻固定支座的间距为 L_2。

固定支座的作用有：①限制管道的位移；②承受管道的垂直荷载以及管道轴向、径向、垂直三个方向的作用力和力矩（图中主要是轴向力），将所承受的管道作用力传递到支撑支架结构或土壤中；③使补偿器能够正常工作，实现分段补偿。

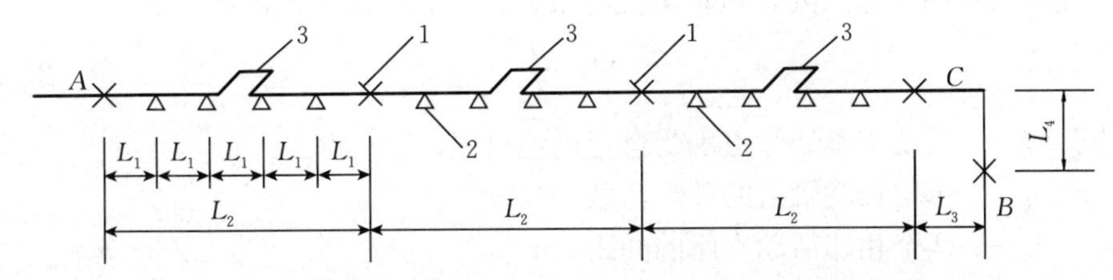

图7-2-2　长直管道架空或地沟敷设支座（架）和补偿器设置示意图

1. 固定支座（架）；2. 活动支座（架）；3. 方形补偿器

活动支座（架）主要是支撑管道，承受管道的垂直荷载，并允许管道在一定范围内位移。

为了降低工程造价，应尽量减少支座（架）和补偿器的数量。因此应尽量利用L形或Z形自然补偿。在保证安全的前提下，增大固定支座（架）和活动支座（架）的间距。

7.2.3.2　活动支座（架）间距确定

活动支架作为支撑点，承受管道重量，因此活动支座（架）之间的管道不可避免地要产生应力和变形。如果活动支座（架）的间距过大，产生的变形和应力过大，不能保证管道正常和安全运行；活动支座（架）的间距过小，支座（架）数量增加，造价增加。合理确定活动支座（架）的间距，可以控制应力与变形，适当降低造价。

活动支座间距的确定原则是：在管道应力和变形不超过允许范围条件下，减少活动支座的间距。

工程设计中，应分别按照管道的强度条件和刚度条件，来计算和确定活动支座的间距，然后取其中的较小值为允许值。

(1) 按照强度条件确定活动支座（架）的间距

按照强度条件确定活动支架的间距，是指按照管道内产生的最大应力不超过允许值来确定活动支座（架）的间距。管道自重引起管道的纵向弯曲应力，采用平面杆件模型计算。对等跨距的活动支座由管道自重引起的纵向弯曲应力，可按材料力学中多跨连续梁公式计算。

图7-2-3是活动支座弯矩示意图。活动支座支撑点处管道向上弯，管道上面受拉，承受最大负弯矩；两个支座之间管道向下弯，相邻支座中间管道的下部受拉，该部位下部受拉，承受最大正弯矩。

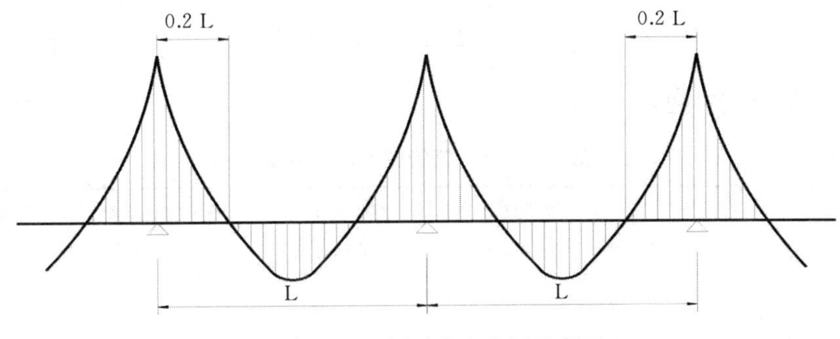

图7-2-3　活动支座弯矩示意图

活动支座所在的支撑点处管道，承受的最大付弯矩，用下式计算：

$$M=\frac{qL^2}{12} \tag{7-2-9}$$

式中：M——活动支座处管道承受弯矩的绝对值，N·m；

q——单位长度管道的计算荷载，N/m；

L——两个相邻活动支座的间距；m。

由计算荷载（主要是管道自重产生的垂直荷载）在活动支座（架）处产生的弯曲应力，不应大于管道的许用弯曲应力。由于管道有一定的塑性，能增加管道断面承受弯矩的能力，因此在计算最大允许跨距时，可采用考虑塑性变形的许用外载综合应力，

$$M_{max}=\frac{qL_{max}^2}{12}=[\sigma_w]\varphi W$$

$$L_{max}=\sqrt{\frac{12[\sigma]\varphi W}{q}}=3.46\sqrt{\frac{[\sigma]\varphi W}{q}} \tag{7-2-10}$$

式中：L_{max}——活动支座最大允许间距，m；

W——管道抗弯截面系数（也称断面抗弯矩），cm^3；

φ——管道横向焊缝系数，见表 7-2-4；

其他符号同本节公式。

表 7-2-4　管道横向焊缝系数

焊接方式	横向焊缝系数	焊接方式	横向焊缝系数
手工电弧焊	0.7	手工双面加强焊	0.95
有垫环对焊	0.9	自动双面焊	1.0
无垫环对焊	0.7	自动单面焊	0.8

管道抗弯截面系数 W 的数值可查表 7-2-5。如钢管的外径和壁厚与表中给出的数值不一致时，用下式计算：

$$W=\frac{\pi[D_w^4-(D_w-2\delta)^4]}{32D_w}\times10^{-3} \tag{7-2-11}$$

式中符号同本节公式（7-2-8）和（7-2-9）

用式（7-2-10）计算活动支架间距时，考虑到钢管有一定塑性，将式中的系数 12 提高到 15，即可按照下式计算：

$$L_{max}=\sqrt{\frac{15[\sigma_w]\varphi W}{q}}=3.87\sqrt{\frac{[\sigma_w]\varphi W}{q}} \tag{7-2-12}$$

式中符号同式（7-2-10）。

表 7-2-5　钢管应力计算数据

公称直径 DN（mm）	管道外径 D_w（mm）	管道壁厚（mm）	管壁断面积（cm^2）	抗弯截面系数（cm^3）	惯性矩（cm^4）
20	25	2	1.44	0.77	0.96
25	32	2.5	2.32	1.58	2.54
32	38	2.5	2.79	2.32	4.41

(续)

公称直径 DN(mm)	管道外径 D_w(mm)	管道壁厚(mm)	管壁断面积(cm^2)	抗弯截面系数(cm^3)	惯性矩(cm^4)
40	45	2.5	3.3	3.36	7.55
50	57	3	5.1	6.52	18.6
70	73	3	6.6	11.1	40.5
80	89	3.5	9.4	19.3	86
100	108	4	13.1	32.8	177
125	133	4	16.2	50.8	337.5
150	159	4.5	21.8	82	652.3
200	219	5	33.6	175.8	1 925
		6	40.1	208.1	2 278
250	273	6	50.3	328.7	4 487
		7	58.5	379.3	5 177
300	325	5	50.2	396	6 435
		6	60.1	471	7 651
		7	69.9	544	8 844
		8	79.7	616	10 000
350	377	5	58.4	536	10 109
		6	69.9	638	12 035
		9	104	934	17 600
400	426	5	66.1	688	14 653
		6	79.1	820	17 460
		8	106	1 077	22 953

由式(7-2-12)可知,按照强度计算的活动支座最大允许间距,与管材、管道抗弯性能和单位长度管道的重量有关。

(2)按刚度条件确定活动支座(架)的间距

按刚度条件确定活动支架的间距,是指按照管道最大挠度不大于允许值来确定活动支架的间距。

一般供暖管道的坡度不大,可认为最大挠度发生在两个活动支座1/2跨距处,如图7-2-4,其值用下式计算:

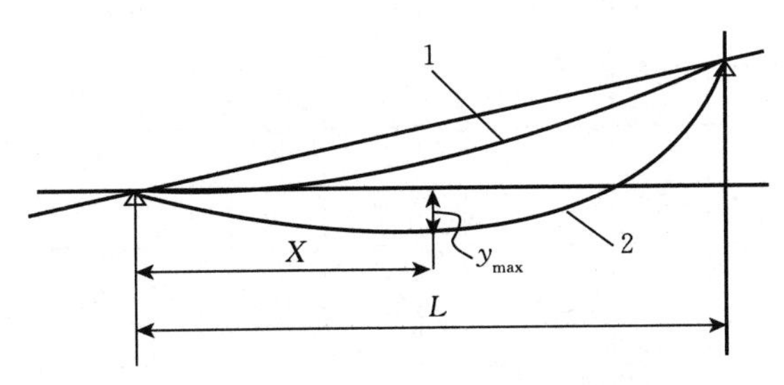

1. 不存在反坡的管道变形线;2. 存在反坡的管道变形线

图7-2-4 活动支座管道变形示意图

$$f_{max}=\frac{10^2 qL^4}{384EI} \tag{7-2-13}$$

式中：f_{max}——发生在 1/2 跨距处的管道挠度，m；

　　E——管道钢材的弹性模量，MPa；见表 7-2-1；

　　I——钢管断面惯性矩，cm^4；见表 7-2-4；

其他符号同式（7-2-9）。

如钢管的外径和壁厚与表中给出的数据不一致时，用下式计算：

$$I=\frac{\pi[D_w^4-(D_w-2\delta)^4]}{64}\times 10^{-4} \tag{7-2-14}$$

式中：δ——取用管壁厚度，mm；其他符号同式（7-2-4）。

若在活动支架之间的蒸汽管道出现反坡，在最大挠度点附近可积存凝结水，运行时可能产生水击。当活动支座的跨距用式（7-2-13）计算得到的 f 值满足下式时，可避免上述情况：

$$f\leqslant 0.25iL \tag{7-2-15}$$

式中：i——管道坡度；

　　L——相邻支座之间的间距，m。

根据式（7-2-13）和式（7-2-15），并取式中的 $L=L_{max}$，可得到管道不出现反坡时，活动支座（架）最大允许间距：

$$L_{max}=4.6\sqrt[3]{\frac{10^{-2}iEI}{q}}=0.99\sqrt[3]{\frac{iEI}{q}} \tag{7-2-16}$$

考虑管道会发生适度的塑性变形条件，可取：

$$L_{max}=5\sqrt[3]{\frac{10^{-2}iEI}{q}}=1.08\sqrt[3]{\frac{iEI}{q}} \tag{7-2-17}$$

由式（7-2-17）可知：按刚度计算的活动支座（架）最大允许间距，与管材、管道抵抗变形的性能和单位管长的重量有关。

在工程中确定管道活动支座（架）间距，应小于其最大允许值，设计时可根据条件查表 7-2-6。

表 7-2-6　活动支座最大允许间距

公称直径 DN（mm）	32	40	50	70	80	100	125	150	175	200	250	300
外径 D_w（mm）	38	45	57	76	89	108	133	159	194	219	273	325
内径 D_n（mm）	33	40	51	70	82	100	125	150	184	207	259	309
壁厚 δ（mm）	2.5	2.5	3	3	3.5	4	4	4.5	5	6	7	8
管道保温层厚度（mm）	40	40	50	50	50	50	60	60	60	60	60	60
单位长度供水管重量（N/m）	68	79.8	125.5	167.5	210.9	277	391	503	663	843	1 217	1 638
活动支座间距（m）	4.3	4.9	5.4	6.2	6.8	8.3	8.4	9.3	10.2	11.6	13	14.5
间距对应管重（KN）	0.292	0.392	0.679	1.04	1.44	2.3	3.28	4.67	6.77	9.75	15.8	23.7

由于不通行地沟中的管道不便于检测和检修，当某一活动支架下沉时，会使相邻支座跨距增大，管道局部弯曲应力增大而产生危害，因此不通行地沟中的管道活动支座间距取值较小。表7-2-7列出了不通行地沟活动支座间距推荐值。

表7-2-7　热水管道不通行地沟活动支座间距推荐值

管道公称直径 DN（mm）	25～50	80～300	400～900	1 000～1 400
活动支座间距 L（m）	$40DN$	$30DN$	$20DN$	$16DN$

如果热水管道采用波纹管补偿器，考虑其有铰接性，活动支座处的弯矩变大，则有：

$$M=\frac{qL^2}{10} \tag{7-2-18}$$

式中符号同（7-2-9）。

相应地，热水管道采用波纹管补偿器时，跨距中间的最大挠度加大，其值用下式计算：

$$f_{\max}=\frac{10^2qL^4}{185EI} \tag{7-2-19}$$

式中符号同式（7-2-13）。

比较式（7-2-13）和式（7-2-19）可知：采用波纹管补偿器时，管道活动支座间距应减小。

7.2.3.3　固定支座（架）受力分析

固定支座（架）分段限制管道的位移，固定支座所受的力主要是推力，由固定支座两侧管段的推力合成得到，然后可根据所得到的推力在标准图册中选择固定支座的型号或者设计固定支座（架）的结构。

固定支座的受力主要有以下几种。

（1）水平推力

管道热胀冷缩时，在滑动支座上位移产生摩擦力，其反力形成对固定支座（架）的水平推力。固定支座的水平推力可按下式计算：

$$F_m=\mu qL \tag{7-2-20}$$

式中：F_m——活动支座摩擦力，N；

μ——活动支座的摩擦系数；

L——固定支座到活动端之间管段计算长度，m；

q——单位长度管道的计算荷载，N/m。

当温度变化时，活动端的管道会移动，从而产生摩擦力，摩擦力的方向与管段中活动端的移动方向相反，补偿器所在的位置就是活动端。摩擦系数 μ_m 的数值与活动支座的类型有关，见表7-2-8。

如多管共架，在热膨胀时由于各管的温度不一定相同，互相牵制。在计算活动支座的摩擦力时，要考虑牵制系数，牵制系数可查相关手册。

表 7-2-8　不同类型活动支座的摩擦系数

滑动支座类型	摩擦系数 μ_m
滑动支座（钢对钢）	0.3
允许管道轴向位移的滚柱支座	0.1
悬吊支座	0.1
聚四氟乙烯塑料	<0.1

（2）内压不平衡力

内压不平衡时由于管内存在压力，而受力部件两端截面积不一定相同而产生的水平推力。有以下几种情况：

① 固定支座两侧管道或附件（如异径管等）截面积不等造成的内压不平衡力。由于上述原因导致的不平衡力，可用下式计算：

$$F_n = P_n (A_1 - A_2) \quad (7-2-21)$$

式中：F_n——固定支座内压不平衡力，N；

A_1、A_2——分别为固定支座两侧管道或管路附件的流通面积，mm^2；

P_n——管道内压，MPa。

② 固定支座两侧或一侧有弯管、阀门关闭时或堵板产生的内压不平衡力。由于上述原因导致的不平衡力，可用下式计算：

$$F_n = P_n A \quad (7-2-22)$$

式中：A——弯管、阀门（关闭时）或堵板的内周面积（管道流通面积），mm^2；

其他符号同式（7-2-21）。

③ 补偿器作用力。不同的补偿器，产生的作用力不同，弯管补偿器产生的弹性力、波纹管补偿器产生的弹性力和内压不平衡力、套筒补偿器产生的摩擦力等，已在本书第6章6.4节予以讲述，这里不再重复。

7.2.3.4　固定支座（架）的推力计算

管道承受的活动支座的摩擦力、内压不平衡力和补偿器的作用力，以上作用力将通过管道作用到固定支座（架）上形成推力。

固定支座（架）的形式与间距确定见本书第6章6.5.2节，在确定间距后，即可进行推力计算。作用在固定支座（架）上的推力，除了与固定支座的间距有关外，还与固定支座两侧管道上的阀门、异径管的设置、补偿器在两个支座之间的位置和补偿器是否进行预拉伸等有关。

固定支座（架）所受的推力应由固定支座（架）两侧管段可能同时出现的各种受力条件合成，取其中的最大值作为计算推力值。

下面以图7-2-5所示的管系为例，来说明固定支座（架）的推力计算。该管系在B点两侧的管径分别为 D_1 和 D_2，且 $D_1 > D_2$，对应的管内面积分别为 A_1 和 A_2，管内压力为 P_n，计算该管系在B点固定支座所受的水平推力。

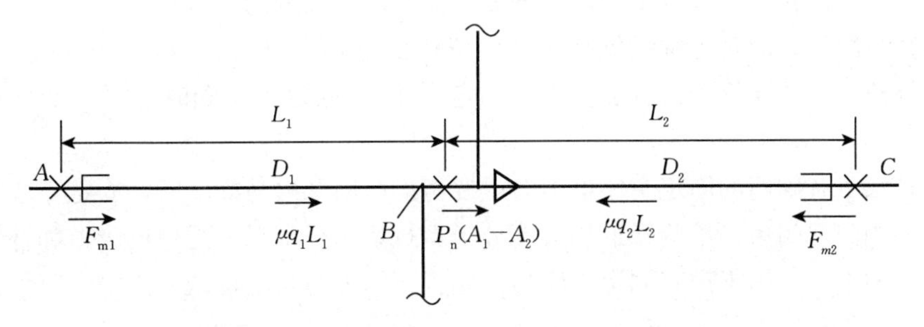

图7-2-5　固定支座（架）水平推力计算示意图

以该管系为力的平衡对象，并假设力的正向是由左指向右，位于B点的固定支座（架）受到左侧管段的推力 F_1、右侧管段的作用力 F_2 和固定支座对管道的作用力 F'。

F_1 包括靠近A点的套筒补偿器的摩擦力 F_{1m} 和AB管段活动支座的摩擦力 $\mu q_1 L_1$，即：

$$F_1 = F_{m1} + \mu q_1 L_1$$

F_2 包括靠近C点的套筒补偿器的摩擦力 F_{2m} 和BC管段活动支座的摩擦力 $\mu q_2 L_2$ 和异径管的内压不平衡力 P_n（$A_1 - A_2$），即：

$$F_2 = -(F_{m2} + \mu q_2 L_2) + P_n(A_1 - A_2)$$

管系所承受力的平衡式为：

$$F_1 + F_2 + F' = 0$$

则固定支座对管道的作用力为：

$$F' = -F_1 - F_2 = -(F_{m1} + \mu q_1 L_1) + (F + \mu q_2 L_2) - P_n(A_1 - A_2) \tag{7-2-23}$$

管系给予B点固定支座的作用力（推力）F' 也即是 F 的反作用力，即 $F = -F'$。于是固定支座承受的推力 F 用下式计算：

$$F = (F_{m1} + \mu q_1 L_1) - (F_{m2} + \mu q_2 L_2) + P_n(A_1 - A_2) \tag{7-2-24}$$

B点两侧管段施加给固定支座（架）的作用力方向相反，其中一侧管道承受的活动支座摩擦力和补偿器的作用力，可用来抵减固定支座另一侧管道承受的活动支座摩擦力和补偿器的作用力，从而使得合力减小。

工程上为了安全起见，计算时要留有余地。计算合力时，取固定支座一侧管道承受的活动支座摩擦力和补偿器作用力之和（较小者）的70%与另一侧相应的力合成，以考虑活动支座移位或下沉、套筒与芯管偏斜和卡壳等使单侧摩擦力增加的不利因素，但要注意，两侧的内压不平衡力仍按照100%计入。如果右侧管道承受的活动支座摩擦力和补偿器的作用力较小，则式（7-2-24）可改写为式（7-2-25），而且固定支座承受的推力 F 的方向是正向（由左向右）。

$$F = (F_{m1} + \mu q_1 L_1) - 0.7(F_{m2} + \mu q_2 L_2) + P_n(A_1 - A_2) \tag{7-2-25}$$

如果固定支座两侧的管径相等，间距相等，即：$D_1 = D_2$，$L_1 = L_2$，则有：

$$F = 0.3(F_m + \mu q L) \tag{7-2-26}$$

设计计算时，配置弯管补偿器、配置套筒补偿器、配置波纹管补偿器等的固定支座的受力计算公式，已在相关资料中列出了图表，需要时可以查相关资料获得。

大多数情况下，沿管道轴线施加于固定支座的是轴向推力，当管段中设置L形补偿器等自然补偿或有分支管处（分支管上无固定支座），固定支座同时还要承受垂直于管轴的侧向力。

计算管系中有阀门的固定支座推力时，要考虑阀门开启与关闭时，固定支座受力状况的变化。如阀门关闭后，单侧管道仍可能处于运行状态，则只考虑单侧管道和补偿器对固定支座产生的推力。由于没有固定支座另一侧管道的推力与之抵减，固定支座承受的推力会更大。

对于图7-2-4中的管系，若B点有阀门，当阀门关闭时，根据管网可能出现的运行工况，应选择以下公式计算支座推力：

如果B点有阀门关闭后，左侧管道仍处于运行工况，则固定支架承受的推力为：

$$F=F_{m1}+\mu q_1 L_1+P_n A_1 \tag{7-2-27}$$

如果B点有阀门关闭后，右侧管道仍处于运行工况，则固定支架承受的推力为：

$$F=F_{m2}+\mu q_2 L_2+P_n A_2 \tag{7-2-28}$$

7.2.4 直埋管道的受力计算

7.2.4.1 直埋管道与架空管道受力的区别

直埋管道受力的计算方法与架空和管沟管道的计算方法相似，但与架空和管沟管道受力计算相比，直埋管道的受力计算有如下不同：

（1）直埋管道受到土壤的均匀支撑，就如同管道上均匀密布活动支座，使得管道不会像架空和管沟敷设管道那样产生很大的弯曲应力，因此直埋管道不需要设置活动支座；

（2）由于土壤对直埋管道的约束作用，通常直埋敷设的供热管道可以承受更大的轴向力，从而减少固定支墩和补偿器的数量。

对于图7-2-2所示的地上或管沟供热管道，在直埋时不需要设置活动支座。当通过验算确定管道可以承受足够大的轴向力时，还可以去除图中的固定支座和补偿器。

7.2.4.2 直埋管道的土壤摩擦力

土壤摩擦力受到垂直于管道轴向的土壤静土压力和管道自重的影响。

土壤静土压力的一般分布规律如图7-2-6。管底部土的压力最大，其次是管顶，管侧部土的压力最小。

根据管道的覆土深度，土壤对管道的平均静土压力可按照下式近似计算：

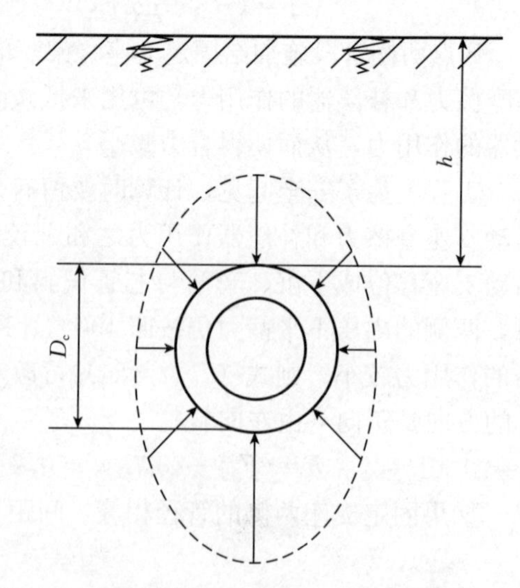

图7-2-6 直埋管道土壤静土压力分布规律示意图

$$P=\rho g\left(h+\frac{D_c}{2}\right) \tag{7-2-29}$$

式中：P——土壤静土压力，Pa；

ρ——土壤密度，kg/m^3；

g——重力加速度，m/s；

h——管道覆土深度，m；

D_c——管道外护管外径，m。

在直埋管道中，土壤摩擦力取代了地上和管沟敷设管道的活动支座摩擦力，是阻碍管道伸缩变形的轴向外力。当管道与土壤间的摩擦系数已知时，单位管长的土壤摩擦力为：

$$F=P\mu\pi D_c=\mu\pi\rho g\left(h+\frac{D_c}{2}\right)D_c \tag{7-2-30}$$

式中：F——单位管长的土壤摩擦力，N/m；

μ——管道与土壤间的摩擦系数；

其他符号同式（7-2-29）。

由于土壤颗粒间的相互作用是一个复杂的过程，静力学的假设已经不能涵盖复杂的实际情况，考虑充满介质的管道重量，工程上采用修正公式计算单位管长土壤摩擦力如下：

$$F=\mu\left[\frac{1+K_0}{2}\pi\rho g\left(h+\frac{D_c}{2}\right)D_c+G-\frac{\pi}{4}D_c^2\rho g\right] \tag{7-2-31}$$

式中：K_0——土壤静压力系数；

G——充满介质的单位长度管道的重量，N/m；

其他符号同式（7-2-29）和式（7-2-30）。

土壤静压力系数 K_0 按照下式计算：

$$K_0=1-\sin\varphi \tag{7-2-32}$$

式中：φ——回填土内摩擦角，沙土可取 30°。

在工程应用中，忽略管道与土壤间静摩擦力对管道变形的影响，仅在滑动摩擦力的作用下，只有变形的管道才会产生大小不变、方向与变形方向相反的滑动摩擦力 F。这样，从直埋敷设的供热管道活动端开始，在有热伸长的直线段（过渡段见后）上，距离活动端长度为 L 的管道，其与土壤间的摩擦力 F_1 为：

$$F_1=FL \tag{7-2-33}$$

由实验测得的直埋供热管道与其周围回填土的摩擦系数并不是固定值，而是反映了与管道、回填土及其相互作用相关的各种影响因素的综合系数。它除了与管道和回填土的物理性质有关外，还与回填土的夯实程度、管道伸长量、伸缩次数、介质温度和压力等因素有关。根据国内自20世纪70年代末以来实验研究与测试掌握的规律，定义管道初次升温时的摩擦系数为最大摩擦系数 μ_{max}；当管道经过多次升温和降温的循环后，趋于稳定的值为最小摩擦系数 μ_{min}。工程计算中最大和最小摩擦系数的取值可参考表7-2-9，将最大和最小摩擦系数代入式（7-2-31）计算，就可得到最大摩擦力 F_{max} 和最小摩擦力 F_{min}。

表 7-2-9　保温管道与土壤间的摩擦系数

回填料	摩擦系数	
	最大摩擦系数	最小摩擦系数
中砂	0.40	0.20
粉质黏土或砂质粉土	0.40	0.15

7.2.4.3　直管段的受力分析

（1）管道的变形

对于一根直埋敷设的长直管段，如图 7-2-7 所示，在其左侧设有补偿器，允许管道向该方向变形（这里只讨论轴向变形，即热伸长），称 A 为活动端。当管道内介质温度升高时，该直管段在靠近活动端的一侧产生热伸长，越靠近活动端的管道热伸长越大；而在土壤摩擦力作用下，远离活动端的管道热伸长最终减少为零。称有伸长的管段为过渡段（或滑动段），出现热伸长为零的点可能有如下三种情况：

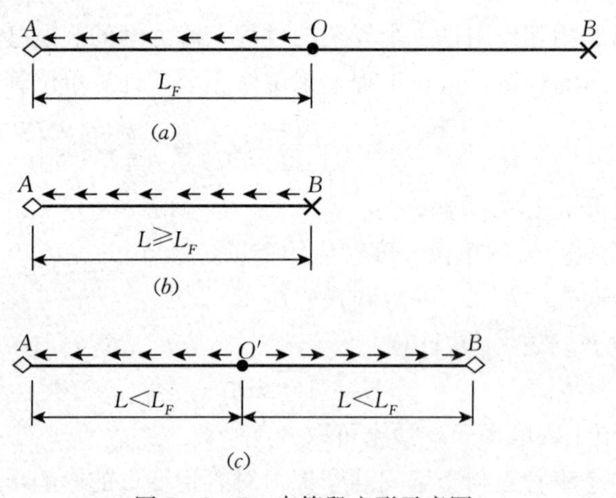

图 7-2-7　直管段变形示意图

① 如图 7-2-7（a）所示，假设活动端右侧管段足够长，当管道的轴向力与阻碍管道伸长的外力平衡时，变形终止，达到热伸长为零的点 O。O 点左侧 AO 为过渡段，右侧没有热伸长的管段 OB 称为锚固段。O 点是过渡段与锚固段的自然分界点，称为锚固点。该情况下管道的热伸长在有外力约束的条件下充分释放，AO 管段达到了过渡段极限长度 L_F。

② 如图 7-2-7（b）所示。假设直管段右端 B 被强制固定不变形（热伸长为零），称为固定点。过渡段尚未（或恰好）达到极限长度，即达到固定点。

③ 如图 7-2-7（c）所示。假设直管段右端 B 也是活动端，当管道内介质温度升高时，直管段左右两端均有伸长，且方向相反，热伸长量逐渐向管段中心 O' 点减少，当左侧过渡段 AO' 和右侧过渡段 $O'B$ 均未达到过渡段极限长度，即在 O' 点相遇时，O' 点的热伸长量为零，称为驻点。

(2) 轴向力与轴向应力

管道的轴向力和轴向应力是由其承受的外力所决定的。直埋敷设供热管道在轴向承受了土壤摩擦力和活动端反作用力，以及设置在管道上的固定墩（座）的推力。

① 两端固定的直管段。如图7-2-8所示，直埋供热管道在 A、B 端分别设固定支墩。管道受热膨胀，但由于固定支墩的限制，管道的热膨胀被约束，在管道内产生热膨胀压应力；另外管道内介质的压力作用产生泊松效应，使管道有在径向扩张而轴向收缩的趋势，也因为固定墩的约束，而使得泊松效应转化为拉应力。

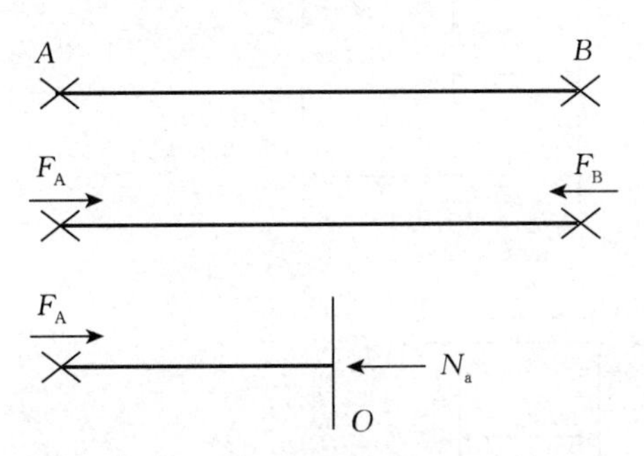

图7-2-8 两端固定的直管段受力示意图

热膨胀压应力和泊松拉应力共同构成锚固段的轴向应力：

$$\sigma_a = \alpha E \Delta t - \zeta \sigma_h \tag{7-2-34}$$

式中：σ_a——锚固段的轴向应力，MPa；

ζ——钢材的泊松系数，取0.3；

σ_h——管道内压环向应力，MPa；

α——管道的线性膨胀系数，m/(m·℃)；

Δt——管道温度最大变化范围，℃；

E——管道钢材的弹性模量，MPa。

因此，锚固段管道的轴向力为：

$$N_a = \sigma_a A = (\alpha E \Delta t - \zeta \sigma_h) A \tag{7-2-35}$$

式中：N_a——锚固段管道的轴向力，N；

A——管道横截面积，m^2；

其他符号同式（7-2-34）。

根据图7-2-8所示管段 AB 上截面 O 的力平衡可知：固定支座的推力在数值上等于管道轴向力，$F_A = F_B = N_a$，力的方向如图7-2-8所示。

② 一端固定一端活动的直管段。图7-2-9是一端固定一端活动的直管段示意图，A 为活动端，B 为固定点，O 为锚固点。管段 AB 承受的外力包括活动端 A 的反作用力 F_f，过渡段 AO 的土壤摩擦力（单位管长的摩擦力为 F），固定点 B 的推力。

根据对图7-2-8的分析可知：固定点 B 的推力等于锚固段的轴向力，$F_B = N_a$。建立如下受力平衡方程：

$$FL + F_f = N_a \tag{7-2-36}$$

式中：L——过渡段长度，m；

其他符号同式（7－2－35）。

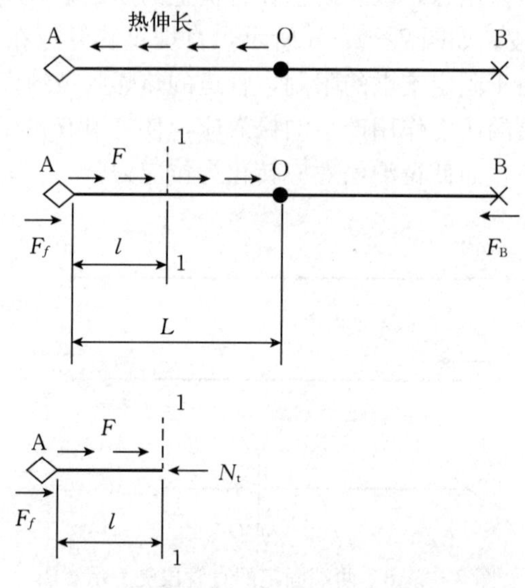

图 7－2－9　一端固定一端活动的直管段受力示意图

取过渡段 AO 内任一截面 1，对被分隔的管段 A1，截面 1 的力的平衡方程为：

$$N_t = Fl + F_f \tag{7-2-37}$$

式中：N_t——过渡段截面 1 处的管道轴向力，N；

l——计算截面 1 至活动端的距离，m；

其他符号同式（7－2－36）。

过渡段的轴向应力为：

$$\sigma_t = \frac{Fl + F_f}{A} \tag{7-2-38}$$

式中：σ_t——过渡段管道的轴向应力（压应力），MPa；

其他符号同式（7－2－35）和式（7－2－36）。

在锚固点 O 处满足公式（7－2－36）。

根据式（7－2－37），管道初次升温时过渡段内各处承受最大轴向力为：

$$N_{t,\max} = F_{\max} l + F_f \tag{7-2-39}$$

式中：$N_{t,\max}$——管道在初次升温时的最大轴向力，N；

$F_{\max}$——单位管长的最大土壤摩擦力，N/m；

其他符号同式（7－2－33）和式（7－2－36）。

在管道经过多次升温与降温运行后，土壤与管壁间产生的摩擦力对应最小摩擦系数时，过渡段内各处管道的最小轴向力为：

$$N_{t,\min} = F_{\min} l + F_f \tag{7-2-40}$$

式中：$N_{t,\min}$——管道在多次升温和降温运行后的最小轴向力，N；

$F_{\min}$——单位管长的最小土壤摩擦力，N/m；

其他符号同式（7-2-33）和式（7-2-36）。

7.2.4.4　屈服温差

屈服温差是管道在弹性还是塑性状态工作的判定依据。它是按照锚固段内管道在温差和内压共同作用下，根据复杂应力状态下的屈斯卡（Tresca）屈服条件，管道在弹性状态下能够承受的最大温差值。

当温差增大到管道进入塑性状态工作时，由于管壁屈服，造成管内轴向应力达到极限值并产生塑性变形。进入屈服时的塑性条件为：

$$\sigma_s = E\alpha\Delta T_y + (1-\zeta)\ \sigma_h \qquad (7-2-41)$$

式中：ΔT_y——屈服温差，℃；

σ_s——钢材的屈服极限，MPa；

其他符号同式（7-2-34）。

表 7-2-10　常见钢材的屈服极限最小值

钢号	10	20	Q235B	
壁厚（mm）	≤16	≤16	≤16	>16
屈服极限最小值（MPa）	205	245	235	225

钢材标准中给出的屈服极限 σ_s 是最小保证值，可按表 7-2-10 选取，而实际钢材屈服极限往往高出试验数值的 30%，这将导致根据标准给定的屈服极限 σ_s 计算得到的屈服温差偏小，继而管道热伸长量和轴向力的计算偏小，是不安全的。因此，工程应用中在屈服极限 σ_s 前乘以 1.3 的增强系数，再根据式（7-2-41），工作钢管的屈服温差按照下式计算：

$$\Delta T_y = \frac{1}{\alpha E}[1.3\sigma_S - (1-\zeta)\ \sigma_h] \qquad (7-2-42)$$

式中符号同式（7-2-41）。

当钢管的温差低于屈服温差时，锚固段内管道的轴向力和轴向应力取决于温差，按式（7-2-35）和式（7-2-34）计算。当温差高于屈服温差时，管道进入塑性工作状态，并出现塑性形变，此时轴向力和轴向应力达到最大值，不再升高。即 $\Delta t > \Delta t_y$ 时，式（7-2-35）和式（7-2-34）中取 $\Delta t = \Delta t_y$。

7.2.4.5　过渡段最小和最大长度

由式（7-2-2）可知，管道初次投入运行和多次运行后的摩擦系数变化很大，由于有最大摩擦系数和最小摩擦系数，直埋供热管道存在着两个过渡段极限长度，一个是在管道初次升温时，在最大摩擦力 F_{max} 作用下的过渡段最小长度 L_{min}；另一个是在管道经过多次升温与降温的循环后，在最小摩擦力 F_{min} 作用下的过渡段的最大长度 L_{max}。根据式（7-2-36）和式（7-2-35），两个过渡段极限长度的计算公式分别为：

$$L_{min} = \frac{(\alpha E\Delta t - \zeta\sigma_h)\ A - F_f}{F_{max}} \qquad (7-2-43)$$

$$L_{max}=\frac{(\alpha E\Delta t-\zeta\sigma_h)\ A-F_f}{F_{min}} \qquad (7-2-44)$$

式中符号同式（7-2-36)、式（7-2-35）和式（7-2-40)。

当 $\Delta t>\Delta t_y$ 时，过渡段最小长度和最大长度计算时，取 $\Delta t=\Delta t_y$。

直管段的过渡段最大长度和最小长度是过渡段工作状态的两项判定依据，它们与屈服温差构成了直埋供热管道受力计算中三项重要边界条件。

【例题】供热管道采用 20 #钢管，公称直径 DN400，工作管外径 426 mm，壁厚 6 mm，外护管外径 582 mm，管道内热水温度 130 ℃，敷设管道时的环境温度 5 ℃，工作压力 1.0 MPa，管顶覆土深度 1 m，回填料为中砂，土壤密度 1 800 kg/m³。计算该管道的屈服温差和过渡段最小、最大长度。

【解】查表 7-2-1 可知：20# 钢的弹性模量 $E=19.809\times10^4$ MPa，20# 钢的线性膨胀系数 $\alpha=11.18\times10^{-6}$ m/(m·℃)。查表 7-2-10 可知：20# 钢的屈服极限 $\sigma_s=$ 245 MPa。查表 7-2-9 可知：中砂与管道间的最大摩擦系数 $\mu_{max}=0.4$，最小摩擦系数 $\mu_{min}=0.2$。钢材的泊松系数 ζ 取 0.3。

(1) 工作管外径 426 mm，根据式（7-2-1)，内压环向应力为：

$$\sigma_h=\frac{P_nD_n}{2\delta}=\frac{1.0\times(426-2\times6)}{2\times6}=34.5\ \text{MPa}$$

由式（7-2-42)，计算屈服温差为：

$$\Delta T_y=\frac{1}{\alpha E}[1.3\sigma_S-(1-\zeta)\ \sigma_h]=\frac{1.3\times245-(1-0.3)\times34.5}{11.18\times10^{-6}\times19.809\times10^4}=132.9\ ℃$$

管道安装温差 $\Delta t=130-5=125\ ℃<\Delta T_y$。说明题中所给条件下，管道变形处于弹性范围内。

(2) 因表 7-2-6 中没有 DN400 钢管资料，查相关资料可得到：DN400 保温管道和管内热水的总重量为 2 355 N/m。根据式（7-2-31）计算土壤最大和最小摩擦力：

$$F_{max}=\mu_{max}\left[\frac{1+K_0}{2}\pi\rho g\left(h+\frac{D_c}{2}\right)D_c+G-\frac{\pi}{4}D_c^2\rho g\right]$$

$$=0.4\times\left[\frac{1+1-\sin30^\circ}{2}\times3.14\times1\,800\times9.8\times\left(1+\frac{0.582}{2}\right)\times0.582+\right.$$

$$\left.2\,355-\frac{3.14}{4}\times0.582^2\times1\,800\times9.8\right]=11\,553\ \text{N/m}$$

$$F_{min}=\mu_{min}\left[\frac{1+K_0}{2}\pi\rho g\left(h+\frac{D_c}{2}\right)D_c+G-\frac{\pi}{4}D_c^2\rho g\right]=5\,776.5\ \text{N/m}$$

钢管截面积 $A=3.14\times(426^2-414^2)/4=7\,913\ \text{m}^2$。

由于 $\Delta t=125\ ℃<\Delta T_y$，根据式（7-2-43）和式（7-2-44)，忽略活动端的反作用力，计算过渡段最小和最大长度为：

$$L_{min}=\frac{(\alpha E\Delta t-\zeta\sigma_h)\ A}{F_{max}}$$

$$=\frac{(11.18\times10^{-6}\times19.809\times10^{-4}\times125-0.3\times34.5)\times7\,913}{11\,553}=183\ \text{m}$$

$$L_{max}=\frac{(\alpha E\Delta t-\zeta\sigma_h)\ A}{F_{min}}=\frac{F_{max}L_{min}}{F_{min}}=365\ \text{m}$$

由于活动端作用反力与补偿装置的选型有关，在设计计算时一般先忽略，待选定补偿器后再进行迭代计算。在未计入活动端反作用力时，计算的过渡段最小和最大长度的数值偏大，依此值进行设计是偏于安全的。

从上述计算结果可见：管道经过多次升温和降温循环后，过渡段长度较初次运行时增大了 183 m，其增加程度与多次循环后管道和土壤间的摩擦系数减小程度有关。

7.2.4.6　应力验算

管道的应力验算主要有两种方法：弹性分析法和弹塑性分析法（也称安定性分析法）。

弹性分析法要求管道只能在弹性状态工作，不允许出现塑性变形。

弹塑性分析法允许管道进入屈服状态和发生有限量的塑性形变，但必须保证管道处于安定状态，即在管道有限塑性形变后，仍然保持弹性状态而不会发生塑性形变的连续循环。安定性理论要求管道的应力变化范围小于 2 倍的屈服极限，考虑一定的安全系数，用 3 倍许用应力作为应力变化范围的上限。

我国现行规程遵循的是弹塑性分析法，对于直管段的应力要求：

$$\sigma_j = (1+\zeta)\ \sigma_h + \alpha E\ (t_1 - t_2)\ \leqslant 3[\sigma]^t \qquad (7-2-45)$$

式中：σ_j——当量应力变化范围，MPa；

t_1——管道热媒的最高温度,℃；

t_2——管道循环工作的最低温度,℃；

全年运行，取 30 ℃；仅供暖期运行，取 10 ℃；

其他符号含义同本节。

直管段中锚固段管道的轴向力最大，应力最高。如果锚固段管道应力满足式（7－2－45），则过渡段管道也可满足要求，那么在稳定性验算（见后）满足要求的前提下，管网设计时水平敷设的直管段长度将不受限制。如果不能满足式（7－2－45），则不允许出现锚固段，所有直管段必须属于过渡段，且过渡段长度满足以下要求：

$$L \leqslant \frac{(3[\sigma]^t - \sigma_h)\ A}{1.6F_{max}} \qquad (7-2-46)$$

式中：L——设计的过渡段长度，m；

其他符号同本节。

式（7－2－46）中的 1.6 是考虑管道降温收缩时，在固定端处会发生反向拉力，轴向力变化范围增加的系数。若摩擦力始终为 F_{max}，则该系数为 2。但是摩擦力随着管道升温-降温的循环次数增加而减小。CJJ/T 81—2013《城镇供热直埋热水管道技术规程》中规定了摩擦力平均下降到单长最大摩擦力的 80％时，管道进入安定状态，即取系数 1.6。

以上应力验算也适用于弯头两侧直管臂形成的过渡段。

7.2.4.7　稳定性验算

直埋敷设时，长直管段上固定支墩（座）和补偿器的设置，既要满足 7.2.4.6 节的应力验算，还要防止管道在承受较大轴向力时产生竖向失稳和局部褶皱。

直埋管道的稳定性验算，包括整体稳定性验算和局部稳定性验算。

(1) 整体稳定性验算

存在轴向压应力的管道，在轴向法线方向有凸起，使管道弯曲的趋势，当达到弯曲临界点时，受压的管道即在径向凸出，丧失稳定，称为整体失稳。

土壤对直埋供热管道的约束作用有两面性：①管道的热膨胀由于受到土壤摩擦力的约束，没有得以释放的热伸长量，在管道内产生轴向压应力，导致管道存在垂直失稳的危险；②由于土壤压力在径向对管道的约束作用，又减少了管道失稳的可能性。

当整体失稳发生时，由于管道径向土壤作用力的不同，管道可能在水平和竖向两个方向发生失稳，形成弯曲的凸出管段。其中水平失稳多由于供热管道一侧开挖沟槽造成，水平稳定性验算一般用于临近供热管线的其他管线施工时校核计算，可查阅参考文献。竖向失稳与管道埋深、地下水位高度和管道上方是否开挖沟槽有关，可按照以下方法验算。

在直埋供热管道的长直管段，假设土壤和管道自重形成均匀分布的垂直荷载，稳定性验算应符合下式：

$$Q \geqslant \frac{1.1\times10^{2}\ N_{p,\max}^{2}}{EI}f_{0} \tag{7-2-47}$$

式中：Q——单位长度的垂直荷载，N/m；

$N_{p,\max}$——管道的最大轴向力，N；按式（7－2－35）或式（7－2－39）计算；

f_0——初始挠度，m；

其他符号同本节公式。

初始挠度为：

$$f_{0}=\frac{\pi}{200}\sqrt{\frac{EI\times10^{-2}}{N_{p,\max}}} \tag{7-2-48}$$

垂直荷载包括管道上方的土壤重量、包含介质在内的管道自重和管道上方土壤的剪切力，即：

$$Q=G_{w}+G+S_{F} \tag{7-2-49}$$

式中：G_w——单位管长管道上方的土壤重量，N/m；

G——包括介质在内的单位管长度自重，N/m；

S_F——单位管长管道上方土壤的剪切力，N/m。

单位管长上方的土壤重量和剪切力按照下式计算：

$$G_{w}=\left[\left(h+\frac{D_{c}}{2}\right)D_{c}-\frac{\pi D_{c}^{2}}{8}\right]\rho g \tag{7-2-50}$$

$$S_{F}=\rho g\left(h+\frac{D_{c}}{2}\right)^{2}K_{0}\tan\varphi \tag{7-2-51}$$

式中符号同式（7－2－31）和式（7－2－32）。

式（7－2－49）适用于地下水位低于管道底部的情况。当地下水位高于管道时，管道承受的垂直荷载必须考虑土壤的有效容重和管道的浮力。如果管道上方开挖纵向沟槽，只需根据减少后的埋深计算即可。

根据上述公式，在地下水位低于管道底部时，直埋管道的竖向失稳取决于其轴向力和埋深。因此，当竖向稳定性验算不合格时，应采取措施减小轴向力或增加埋深。

(2) 局部稳定性验算

由于土壤对管道热膨胀性的约束，直埋供热管道承受较高的轴向压应力，当管道截面存在缺陷时，可能在局部产生较大的变形，导致管道的局部褶皱而失效。随着管道规格和轴向力的增加，管道出现局部弯曲，管道出现皱褶的可能性也随之增加。

局部稳定性验算可按照下式计算：

$$\frac{D_w}{\delta} \leqslant \frac{E}{4\ (\alpha E \Delta t + \zeta P_n)\ + 2\sqrt{4\ (\alpha E \Delta t + \zeta P_n)^2 - \zeta E P_n}} \qquad (7-2-52)$$

式中符号同本节公式。

当管道直径不超过 800 mm 或安装温差不大于 85 ℃时，根据式（7－2－52），管道一般不会出现局部失稳。但是对于直径 800 mm 以上的管道和安装温差 130 ℃以上的情况，局部褶皱的可能性增大，需严格进行局部稳定性验算。

思考题

1. 供热管网水力如何计算？
2. 如何绘制热水供暖系统水压图？水压图有什么作用？
3. 供暖管道承受的荷载都有哪些类别？
4. 如何确定供热管道的壁厚？
5. 如何确定供热管网活动支座的间距？
6. 供热管道的固定支座都承受那些力？

第8章　供暖系统调节

供暖系统调节包括系统初调节和系统运行调节。

8.1　热水供暖系统初调节

集中供暖管网主干线比较长，最近分支和最远分支通过管径调整难以达到阻力平衡，只能通过增加近端阻力来达到阻力平衡。若施工完毕，不进行调节，将导致离热源近的用户实际流量比设计流量大，而离热源远的用户实际流量比设计流量小，出现水平失调。

初调节就是在供暖项目完成施工投入正式供暖运行前，将各个热用户的运行流量调配至理想流量（即满足热用户实际热负荷需求的流量）。当供热系统为设计工况时，理想流量即为设计流量，也就是说，系统初调节主要是解决供暖管网流量分配不均的问题，因此初调节也称为流量的均匀调节。

初调节一般在供热系统运行前进行，也可以在供热系统运行期间进行。初调节的方法主要有：比例调节法、回水温度调节法、简易快速调节阀、模拟阻力法、阻力系数法、补偿法、计算机法、自动式调节法等。本书仅介绍前四种初调节方法，更多初调节方法，可参考其他资料。

8.1.1　比例调节法

在供暖系统中，当各个热用户系统阻力系数一定时，系统上游端的调节，将引起下游端各热用户流量成比例地变化。这种利用上游端的调节，使得下游端各热用户的流量等比例变化的特点，两个热用户之间的流量比仅取决于上游热用户（按供水流动方向）之后管段的阻抗，而与上游热用户和热源之间的阻抗无关。也就是说，对系统上游用户的调节，将会引起该系统下游用户之间的流量成比例的变化。比例调节法的原理就是依据该原理进行的。

比例调节法需要能够较准确测量出流量，另外需要逐个用户、逐个分支线、逐个支线调节。工作量比较大，需要调节人员耐心、细致、全面地检测，并进行记录、计算和调节，才能完成。

图8-1-1是双管闭式热水供暖系统示意图。图中系统有一条输配干线和A、B、C、D四条支线，每条之下有四个热用户，在各个支线回水管以及各个热用户回水管上都安装了平衡阀F。本系统采用比例调节法初调节的方法如下。

(1) 调节支线选择

① 全开系统所有的阀门（包含平衡阀），调整供暖系统循环泵处在工频供电状态，让系统在可能的最大流量工况下运行。

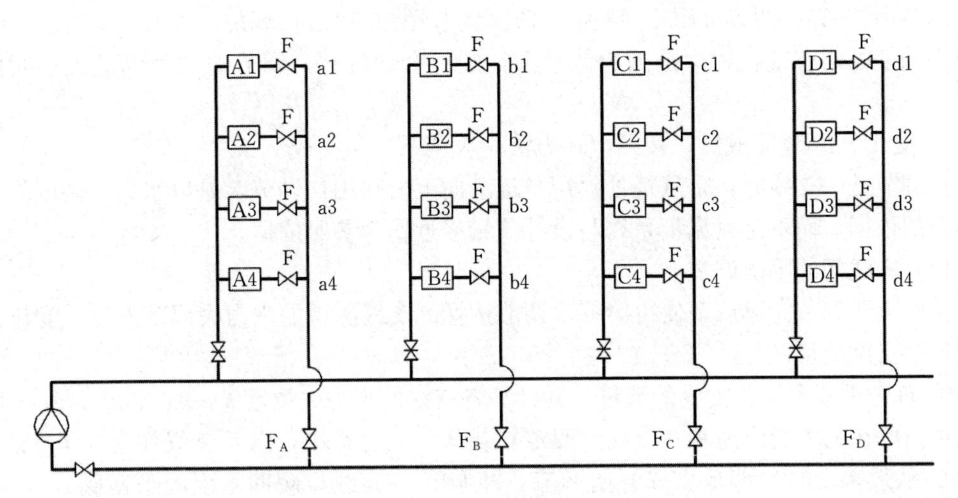

图 8-1-1　供热管网示意图

② 利用平衡阀和配套的智能仪表，首先测量出各个支线回水管上平衡阀前后的压差，并通过智能仪表直接读出通过平衡阀 F_A、F_B、F_C、F_D 的流量；或者由平衡阀前后压差和管径，根据平衡阀厂家提供的线算图，查出通过平衡阀的流量。

对于手动调节阀，可以利用便携式超声波流量计测量流量，但应选择精度高的超声波流量计。

③ 计算各支管的水力失调度 x：

$$x=\frac{G_i}{G_i'}\qquad i=1、2、3、\cdots、n \tag{8-1-1}$$

式中：i——支线序号；

G_i——第 i 条支线实测流量，m^3/h；

G_i'——第 i 条支线的设计流量或平均流量，m^3/h。

④ 对水力失调按照从大到小的顺序进行排列，排序结果作为调节的先后顺序。一般情况下，离热源近的，水力失调度大于 1；离热源最远的支线，水力失调度小于 1，一般应从离热源近端支线开始调节。

(2) 支线内用户间的平衡调节

① 首先测量被调支线内各用户的流量，并计算各用户的水力失调度，以水力失调最小的用户作为参照户。假定调节供暖支线 A，假定测量后水力失调从大到小依次为：$A4$、$A3$、$A2$、$A1$，则将 $A1$ 作为参照户。

② 从 A 支线热用户失调度最大的 $A2$ 用户开始调节，关小 $A2$ 用户调节阀，将 $A2$ 用户的失调度调到参照户 $A1$ 失调度的 95%，即 $x_{A2}=95\%x_{A1}$。

③ 调节除参照户 $A1$ 之外排序第二的 $A3$ 用户的调节阀，使得 $x_{A3}=x_{A1}$，根据水压图分析，用户 $A3$ 的调节，会引起用户 $A1$ 水力失调度的变化，因此在调节用户 $A3$ 时，另一组调试人员应继续保持对用户 $A1$ 流量的检测但不调节，并与用户 $A3$ 调节人员保持联系，直到 $x_{A3}=x_{A1}$。

④ 始终检测用户 $A1$ 的流量，始终以用户 $A1$ 的失调度作为参考值，按照步骤 3 的方

法，调节用户 A3，调节好用户 A3 后，依次调节用户 A4。每调好一个用户，用户 A1 的水力失调度都略有变化，这是因为调节前，阀门全部打开，调节的过程都是关小阀门的过程。

⑤ 支线 A 调节完成后，按照上述方法，再调下一条支线。

在调节某一支线时，是从远处热用户逐渐向近处热用户调节，是以水力失调度作为调节参照的依据，而不是以流量是否与设计流量接近作为参照依据。

（3）支线间的平衡调节

其他支线调节完成后，使得第一次调节选择的支线测得的水力失调度发生了变化，需要进行第二次测量。

① 首先重新测量各支线的流量，并计算各支线的水力失调度 x_A、x_B、x_C、x_D，以其中最小值所在的支线作为参考支线。假定 C 支线失调度最小，以 C 支线作为参考支线。

② 从最末端的支线 D 支线开始调节，即调节 D 支线供暖回水上的平衡阀 F_D，将 D 支线的水力失调度调整到参考支线 C 支线水力失调度的 95%，即 $x_D=95\%x_C$。

③ 采用与支线内调节相同的调节办法，按远近顺序依次调节 F_C、F_B、F_A 平衡阀，使得各支线的水力失调度最终等于支线 D 的水力失调度。

（4）全网调节

① 如果供暖系统只有图 8-1-1 的一条供暖主干线，则调节供水干线的总平衡阀，使得最远的 D 支线的水力失调度等于 1。根据一致性等比失调原理，经过上述调节，供暖系统各用户的流量会达到规定流量，全网调节结束。

② 如果有若干条主干线，则在各主干线调节完成后，进行主干线间的平衡调节，调节方法同上。主干线间的平衡调整完好后，调节水泵出口阀门，使得任何用户的水力平衡度等于 1。

8.1.2 回水温度调节法

当管网用户入口没有安装平衡阀，或当入口安装有普通调节阀但调节阀两端的压力表不全，甚至管网入口只有普通阀门时，可以采用回水温度调节法来进行平衡调节。

（1）调节原理

当供暖系统在稳定状态下运行时，如不考虑管网沿途损失，则管网热媒供给室内散热设备的热量应等于供暖设备的散热量。当实际流量小于设计流量时，供回水温差增大，回水温度低于规定值。因此，只要把各热用户的回水温度调到相等或供回水温差调到相等，就可以使各热用户得到与热负荷相适应的供热量，达到均匀调节的目的。

这种调节方法是一种最简单、最原始的调节方法，可用于任何供暖系统，不要求阀门种类，不要求安装压力表、温度计，只要有一台红外线测温仪或数字式表面温度计就行。

（2）调节过程

① 确定调节后的回水温度：当热源供热量大于等于用户热负荷，供暖循环泵流量大于设计流量时，此时用户的回水温度应调节到温度调节曲线对应的回水温度；当热源供热量大于等于用户热负荷，供暖循环泵流量小于设计流量时，此时用户的回水温度应调节到温度调节曲线对应的供、回水温度的平均值；当热源供热量小于用户热负荷时，用户回水

温度调节到略低于总回水温度。

② 调节注意事项：由于供暖系统有较大的热惯性，回水温度变化明显滞后，因此调节系统流量后，回水温度不能立刻显示出来变化，要等待 1～2 h 后才能显示出变化来。因此每次调节阀门开度的调节量不宜过大。测量调节后的回水温度，应在全部调完后，等待 1～2 h 再测量本轮调节后的回水温度。当本轮调节后的总回水温度稳定在某一数值不变时，再进行下一轮调节。

③ 第一轮调节步骤：首先记录各个热用户的回水温度，并与总回水温度做比较。温度高的，调节时，阀门应关闭的越多；用户间回水温度差别相同的条件下，管径越大，调节阀门应关得越多；第一轮调节，热源近端调节阀门关闭应过量些。调节时应记录各个调节阀调节的圈数（关闭或打开）。

④ 第二轮调节步骤：完成第一轮调节后，待总回水温度稳定不变后，记录各个用户的回水温度，与调节前做比较，再与总回水温度做比较，进行第二轮调整。第一轮与第二轮调节的间隔时间，应大于第一轮调整后，最远用户回水返回热源厂所需时间的 2 倍以上。可以按照管网流速和最远热用户的距离，计算最远热用户回水循环到热源厂所需要的时间，以此计算结果作为参考，比对实际情况进行修正。

8.1.3　简易快速调节法

由石兆玉、杨同球编著，2018 年 12 月中国建筑工业出版社出版的《供热系统运行调节与控制》一书，专门介绍了这种调节方法，并指出该方法适合 10 万 m^2 左右供暖面积的系统，采用该方法调节后，供热量的最大误差不超过 10%。

（1）测量供暖系统总流量，改变循环水泵运行台数，或者调节供暖系统供回水总阀门，使得系统总过渡流量控制在理想流量的 120%左右。

（2）以热源为准，由近及远，逐个调节各个支线和用户。最近的支线和用户，将其过渡流量调节到理想流量的 80%～85%左右；较近的支线和用户，将其过渡流量调节到理想流量的 85%～90%；较远的支线和用户，将其过渡流量调节到理想流量的 90%～95%；最远的支线和用户，将其过渡流量调节到理想流量的 95%～100%。

（3）当供暖系统支线较多时，应在支线母管上安装调节阀。此时仍按由近及远的原则，先调支线，再调支线用户；过渡流量的确定方法同上。

（4）在调节过程中，如遇某支线或某用户在调节阀全开时，仍未达到要求的过渡流量，此时可跳过该支线或用户，按照顺序继续调节其他分支或用户，等最后用户调节完毕后，再复查跳过去没有调节的支线或用户的流量，若与理想流量偏差超过 20%时，应检查排除有关故障。

使用这种调试方法时，可安装各种类型的调节阀，包括平衡阀、调配阀。流量测量应根据实际条件，选用超声波流量计或者智能仪表。

8.1.4　模拟分析法

模拟分析法的实质是用管网的节点方程和独立回路压力平衡方程来描述管网的结构，用阻抗来描述管道管段的管径、长度、管道内壁当量绝对粗糙度，以及管段局部阻力当量长度等。

首先通过各种可能的方法，确定各分支的阻抗值，建立方程组及建立管网的模型，并求解各分支管段的流量。其次，确定各用户通过理想流量时，用户调节阀所需要的理想阻抗。最后通过逐一改变方程中“调节阀”的阻抗，也即是用理想阻抗值逐个替代实际“调节阀”的阻抗值，来模拟实际管网的初调节。

根据水力工况原理可知，某一个阀门的阻抗被替代，全网的流量、压力就重新分布一次。而第一次“调节阀”用理想的阻抗替代后，流过该“替代阀”的流量和设计流量不等，是一个确定的值，称为过渡流量。但当最后一个用户的“调节阀”用理想阻抗替代后，该用户以及其他所有用户的过渡流量就达到了设计流量。因此实际工程无法测得理想阻抗，但是可以测得过渡流量。按照计算过程阻抗替代的顺序，记录下替代后对应调节阀的过渡流量，在现场按照替代顺序，逐个调节热用户的调节阀，使其流量达到过渡流量。当最后一个用户阀门调解完毕后，全网各个用户的流量就达到了规定的工况，从而完成该供暖系统的初调节。

8.1.5　影响初调节效果的因素

供暖系统初调节效果还受到其他因素的影响，这些影响因素不解决，初调节就可能达不到理想的结果。本节简单介绍这些影响因素。

（1）最大调节流量

水泵的最大循环流量决定了供热管网的输送能力，如果是在大于最大调节流量下进行初调节，那么这种水力平衡是难以实现的，特别是在大流量、小温差的运行下进行初调节，往往超过了最大调节流量的限制。如果初调节人员不了解这种情况，尽管花费大量时间和人力进行初调节，初调节结果也达不到预期的效果。因此，在初调节前，首先确定系统的最大调节流量，然后在最大调节流量的范围内进行初调节，才能达到预想效果。

根据能量守恒定律，供暖网络各支路消耗的能量之和应该等于系统循环泵的总能耗，因此系统各分支回路的总能耗应不大于供暖循环水泵的功率。即：

$$\frac{1}{367}\sum_{i=1}^{n}G_i \cdot \Delta H_i \leqslant \sum_{i=1}^{m}P_{b,i} \tag{8-1-2}$$

式中：G_i、ΔH_i——供暖系统 n 个分支中第 i 支路的流量（m^3/h）和压降（mH_2O）；

$P_{b,i}$——供暖系统 m 个供暖循环泵数量中第 i 个循环泵的功率，kW；当只有供暖热源处设置供暖循环泵时，$m=1$；

1/367——（$m^3 \cdot mH_2O$）/h 与 kW 的转换系数。

如果在初调节时，公式（8-1-2）左边的数值大于右边数值，则说明初调节是在大于最大调节流量下进行，由于这种流量的平衡比例超过了循环泵所能提供的输送能力，因而无法实现。

需要注意，往往已知的是供暖循环泵的电机功率，而不是泵的输出功率。一般泵的输出功率只有泵电机功率的 80％以下。如果按照泵的电机功率计算，公式（8-1-2）中公式左边最大不到公式右边的 80％。

(2) 水力稳定性对初调节性能的影响

供暖系统的调节性能与其水力稳定性好坏有密切关系，有时候流量调节达不到预期目的，常常因为系统水力稳定性差所致。

① 水力稳定性。水力稳定性是指网路中各个热用户在其他热用户流量调节时保持该用户流量不变的能力。通常用热用户规定流量 G' 与工况变动后该用户可能达到的最大流量 G_{max} 的比值 y。

$$y=\frac{G'}{G_{max}}=\frac{1}{x_{max}} \quad (8-1-3)$$

由式（8－1－3）可知，供暖系统的水力稳定系数 y 即为供暖系统最大失调度的倒数。由此可知：当 $y=1$，也就是 $G_{max}=G'$ 时系统水力稳定性最好。

在理论上，当供暖系统干管直径无限大时，此时系统水力稳定性最好；当供暖干管直径无限小，用户供暖管径无线大时，系统水力稳定性最差。

实际上是不可能的，但系统干管直径愈大，用户管径愈小或用户阻力愈大，系统稳定性愈好。

② 水力稳定性对异程系统的影响。对于异程供暖系统，系统末端可能会因为供、回水入口资用压头过小导致滞留问题，但不会产生倒流现象。

系统水力稳定性愈差，系统初调节愈不好调节。为提高调节精度，热用户的失调度 x 应不超过±20%。

③ 水力稳定性对同程系统的影响。对于同程供暖系统，常常以为比异程系统容易实现水力平衡。实际上，同程系统设计不好，也会出现冷热不均的水平失调问题，而且多数发生在系统中部，而且一旦发生，很难用调节的手段解决。

对于同程供暖系统，离热源最近和最远的分支供回水压头大，而位于中间分支用户则压头最小，甚至出现负压头导致的倒流问题，而且压头小或者负压头不是因为中间分支的原因，而是因为供回支管设计不合理的原因所致。

解决同程供暖系统水力失调问题，应通过增大干管管径，减小干管阻力；或者减小支管管径，加大支管阻力，而通过加大循环泵流量的办法，调试效果往往不明显。

(3) 供暖系统故障对初调节的影响

对供暖系统初调节，应在系统处于正常运行状态下进行。在调节前，应先对供暖系统各个设备、配件、热源、外网、室内系统等进行全面检查，排出系统管道内的空气、杂质，确保系统充满水等。

供暖系统常见的故障有系统泄漏、系统堵塞、锅炉及热源其他设备或仪表故障等，在初调节前，如发现供暖系统故障，应在全部排出故障后，再进行初调节。

8.2　热水供暖系统运行调节

供暖系统运行调节是指当供暖热负荷发生变化时，为实现按需供热，而对供热系统的流量、供水温度等进行的调节。热水供暖系统的热用户，主要有供暖、通风、热水供应和生产工艺用热系统等，这些用热系统的热负荷不是恒定的，如供暖、通风热负荷随室外气温、风速、太阳辐照变化，热水供应和生产工艺随使用条件等因素不断变化，为保证供热质量，满足使用要求，并使热能制备和输送经济合理，就要对热水供热系统进行供热调节。

8.2.1 供暖调节类别

（1）根据调节地点分类

根据调节地点的不同，供暖系统运行调节可以分为集中调节、分片调节、局部调节、个体调节四类。

集中调节是指在热源处进行调节。

分片调节是指在为多个建筑供暖的热力站处进行调节。

局部调节是指在一个建筑物供热的热力站进行调节。

个体调节是指直接在室内供暖设备上进行调节。

（2）根据同时采取调节措施的地点分类

根据同时采取调节措施的地点不同，供暖系统运行调节可以分为一级调节、两级调节、三级调节。

一级调节是指在仅采用集中调节的运行调节。

两级调节是指同时采用集中调节和分片（或局部）调节的运行调节。

三级调节是指同时采用集中调节、分片（或局部）调节、个体调节的运行调节。

对于仅有供暖热负荷的系统，可采用集中调节；而对于具有多种热负荷的，如供暖、通风、生活热水等，往往采用以集中调节为主，局部调节为辅的综合调节。

（3）根据调节参数的不同分类

根据调节参数的不同，可以分为质调节、量调节、质量-流量综合调节、间歇调节。

质调节是指仅改变供水温度不改变供水流量的调节。

量调节是指仅改变供水流量不改变供水温度的调节。

质量-流量整合调节是指既改变供水温度又改变供水流量的调节。

间歇调节是指改变每天供暖时间长短的调节。

8.2.2 供热调节基本公式

供暖调节的目的是根据供暖热负荷随室外温度等因素的变化而改变热源供热量，维持供暖建筑室内所要求的温度。

假定热水供暖系统在稳定状态下连续运行，如不考虑管网热损失，不考虑人体、灯光等因素的影响，则系统的供热量等于热用户散热设备的散热量，同时也等于供暖热用户的耗热量。即：

$$Q_1 = Q_2 = Q_3 \qquad (8-2-1)$$

式中：Q_1、Q_2、Q_3——分别表示供暖建筑热负荷、散热设备散热量、供热管网输送的热量，W。

$$Q_1 = q_v V \, (t_n - t_w) \qquad (8-2-2)$$

$$Q_2=kF\left(\frac{t_g+t_h}{2}-t_n\right) \tag{8-2-3}$$

$$Q_3=cG\ (t_g-t_h) \tag{8-2-4}$$

上面公式中：q_v——建筑物供暖体积热指标，W/(m³ · ℃)；

V——供暖建筑外围体积，m³；

t_n、t_w——分别为供暖室内计算温度和室外温度，℃；

k——散热器的传热系数，W/(m² · ℃)；

F——散热器的散热面积，m²；

t_g、t_h——分别为热用户的供、回温度，℃；

c——水的比热，4 187 J/(kg · ℃)

G——热用户供暖水流量，kg/s。

散热设备传热系数 $k=\alpha_s F\left(\frac{t_g-t_h}{2}-t_n\right)^b$ 表示，将其代入公式（8-2-3），则有：

$$Q_2=\alpha_s F\left(\frac{t_g+t_h}{2}-t_n\right)^{1+b} \tag{8-2-5}$$

式中：α_s、b——从散热器的检测报告可以得到。

对于供暖室外计算温度为 t'_w 设计工况，可列出与公式（8-2-1）、(8-2-2)、(8-2-3)、(8-2-4）相对应的热平衡方程如下：

$$Q'_1=Q'_2=Q'_3 \tag{8-2-6}$$

$$Q'_1=q_vV\ (t_n-t'_w) \tag{8-2-7}$$

$$Q'_2=kF\left(\frac{t'_g+t'_h}{2}-t_n\right) \tag{8-2-8}$$

$$Q'_3=cG'\ (t'_g-t'_h) \tag{8-2-9}$$

若令室外温度 t_w 下的热负荷与设计热负荷之比为相对热负荷比 $\overline{Q}$；室外温度 t_w 下的供暖流量与设计热流量之比为相对流量比 $\overline{G}$，则有：

$$\overline{Q}=\frac{Q_1}{Q'_1}=\frac{Q_2}{Q'_2}=\frac{Q_3}{Q'_3} \tag{8-2-10}$$

$$\overline{G}=\frac{G}{G'} \tag{8-2-11}$$

综合上述公式，可以推算出：

$$\overline{Q}=\frac{t_n-t_w}{t_n-t'_w}=\frac{\left(\frac{t_g+t_h}{2}-t_n\right)^{1+b}}{\left(\frac{t'_g+t'_h}{2}-t_n\right)^{1+b}}=\overline{G}\frac{t_g-t_h}{t'_g-t'_h} \tag{8-2-12}$$

式（8-2-12）是供暖运行调节的基本公式，公式中分母的数值均为设计工况下的已知参数。在某一室外温度 t_w 下，如要保持室内温度 t_n 不变，则 t_g、t_h、$\overline{Q}$（Q)、$\overline{G}$（G）的四个参数要相匹配。实际调节中常用的方法有：只改变供回水温度（质调节）、只改变流量（量调节）、同时改变供回水温度和流量（质量-流量调节）、改变每天供暖小时数（间歇调节）。如采用质调节，则 $\overline{G}=1$，此时即可确定相应的 t_g、t_h、$\overline{Q}$（Q）数值了。

8.2.3 直接供暖系统运行调节方法

根据上述公式，可以推出：

$$t_g=t_n+\left(\frac{t'_g+t'_h}{2}-t_n\right)\overline{Q}^{\frac{1}{1+b}}+\frac{1}{2}\ (t'_g-t'_h)\ \frac{\overline{Q}}{\overline{G}} \tag{8-2-13}$$

$$t_h=t_n+\left(\frac{t'_g+t'_h}{2}-t_n\right)\overline{Q}^{\frac{1}{1+b}}-\frac{1}{2}\ (t'_g-t'_h)\ \frac{\overline{Q}}{\overline{G}} \tag{8-2-14}$$

$$\overline{G}=\frac{t'_g-t'_h}{t_g-t_h}\overline{Q} \tag{8-2-15}$$

8.2.3.1 质调节

(1) 质调节供水温度确定

质调节时，只改变供水温度，但流量不变，因此$\overline{G}=1$。将其代入式（8-2-13）和式（8-2-2），得到如下供回水温度计算公式：

$$t_g=t_n+\left(\frac{t'_g+t'_h}{2}-t_n\right)\overline{Q}^{\frac{1}{1+b}}+\frac{1}{2}\ (t'_g-t'_h)\ \overline{Q} \tag{8-2-16}$$

$$t_h=t_n+\left(\frac{t'_g+t'_h}{2}-t_n\right)\overline{Q}^{\frac{1}{1+b}}-\frac{1}{2}\ (t'_g-t'_h)\ \overline{Q} \tag{8-2-17}$$

对于供热管网混水直接连接的热用户供暖系统，供热管网供水温度 t_g 大于热用户供暖系统的供水温度，管网回水温度 t_h 等于热用户供暖系统回水温度。根据式（8-2-4）和（8-2-17）可首先求出热用户供暖系统的供、回水温度，再根据混水系数求出供热管网的供水温度。在不改变热用户供暖系统阻力的情况下，任一室外温度下的混水系数与设计工况混水系数相等，根据式（5-2-17）有：

$$\mu=\mu'=\frac{t_G-t_g}{t_g-t_h}=\frac{t'_G-t'_g}{t'_g-t'_h} \tag{8-2-18}$$

由式（8-2-13）～式（8-2-17），可以推算出混水系统供热管网的供水温度：

$$t_g=t_n+\left(\frac{t'_g+t'_h}{2}-t_n\right)\overline{Q}^{\frac{1}{1+b}}+\left(\frac{1}{2}\ (t'_g-t'_h)\ +(t'_G-t'_g)\right)\overline{Q} \tag{8-2-19}$$

(2) 质调节的特点

质调节的优点如下：

① 质调节时，只在热源处改变供水温度，调节简单；

② 供热管网流量不变，水力工况稳定。

质调节的缺点如下：

① 循环水泵的流量始终不变，耗电量大；

② 对于要求供热管网供水温度不能低的热用户，不适合采用质调节。

8.2.3.2 量调节

运行调节中只改变循环流量，始终保持供水温度等于设计温度不变，这种调节方式称为集中量调节。

(1) 集中量调节相对流量和回水温度确定

集中量调节中，相对循环流量和回水温度可按照下式计算：

$$\overline{G}=\frac{\dfrac{(t_g'-t_h')(t_n-t_w)}{2(t_n'-t_w')}}{t_g-t_n-\dfrac{t_g'+t_h'-2t_n}{2}\left(\dfrac{t_n-t_w}{t_n'-t_w'}\right)^{\frac{1}{1+b}}} \tag{8-2-20}$$

$$t_h=2t_n-t_g'+(t_g'+t_h'-2t_n)\left(\frac{t_n-t_w}{t_n'-t_w'}\right)^{\frac{1}{1+b}} \tag{8-2-21}$$

量调节时，只改变流量，但温度不变，$t_g=t_g'$。进行量调节时，供暖系统循环泵应能实现无级调节，通常采用变速泵，变速泵可通过变频器、可控硅直流电机与液压耦合等方式实现。

(2) 量调节的特点

量调节的优点是流量减小，可以节省循环泵的耗电量。对于间接供暖系统，一次供暖管网宜采用集中量调节的方式，发挥量调节的优点。

量调节的缺点是当循环流量过小时，系统将发生热力工况垂直失调。

8.2.3.3 分阶段改变流量的质调节

分阶段改变流量的质调节，是将供暖期按照室外温度的高低分成若干阶段，在室外温度较低的阶段，保持设计流量（即最大流量），采用质调节的方式运行；在室外温度较高的阶段，则减小流量，但仍然采取质调节的方法。

在供热规模较大的供暖系统，一般可以分三个阶段改变流量：$\overline{G}=100\%$，$\overline{G}=80\%$，$\overline{G}=60\%$，这三种状态下，循环泵的扬程分别为$\overline{H}_p=100\%$、64%、36%。而相应的泵的耗电分别为：100%、51.2%、21.6%。分阶段变流量靠多台水泵的并联组合来实现。

在供热规模较小的供暖系统，一般分两个阶段改变循环流量：$\overline{G}=100\%$，$\overline{G}=75\%$；相应的循环泵的扬程为 100%，电耗只有 42%。变流量可采用两台同型号的泵并联运行实现，也可以按照循环流量值，选两台不同规格的水泵单独运行，还可以选择改变电机绕组的两级变速泵。

分阶段改变流量的质调节，最低流量不宜低于$\overline{G}=60\%$。

8.2.3.4 质量-流量综合调节

质量-流量综合调节，是同时改变供水温度和供水流量的调节方法。当相对流量比$\overline{G}$等于相对热负荷比$\overline{Q}$时，即$\overline{G}=\overline{Q}$，根据式（8-2-13）、式（8-2-14）：

$$t_g=t_n+\left(\frac{t_g'+t_h'}{2}-t_n\right)\overline{Q}^{\frac{1}{1+b}}+\frac{1}{2}(t_g'-t_h') \tag{8-2-22}$$

$$t_h=t_n+\left(\frac{t_g'+t_h'}{2}-t_n\right)\overline{Q}^{\frac{1}{1+b}}-\frac{1}{2}(t_g'-t_h') \tag{8-2-23}$$

用式（8-2-22）减去式（8-2-23）可得到：

$$t_g-t_h=t_g'-t_h' \tag{8-2-24}$$

式（8-2-24）表明：当$\overline{G}=\overline{Q}$时，供回温差始终等于设计供回水温差。

8.2.3.5 间歇调节

间歇调节，不改变流量和供水温度，仅改变每天的供暖小时数。这种方式通常作为一种辅助调节方式，用于室外温度较高的供暖初期和末期。

随着室外温度的升高，每天的供暖小时数减少，可用下式计算：

$$n=24\frac{t_n-t_w}{t_n-t''_w} \quad (8-2-25)$$

式中：n——每天供暖小时数，h/d；

t_w——间歇运行时的室外温度，℃；

t''_w——开始间歇调节时的室外温度，℃。

必须指出：间歇调节与目前国内广泛实行的间歇供暖制度有根本的不同，间歇供暖指的是在设计室外温度下，每天只供热若干小时，因而必须使锅炉热容量及其他设备相应增加，进而提高了供热能耗；间歇调节指的是在设计室外温度下，实行每天 24 h 连续供暖，仅在室外温度升高时，才减少供热小时数，间歇调节不额外增加供热设备。

8.2.4 间接供暖系统运行调节

间接连接供暖系统的调节包括一级网和二级网的调节，二级网的调节与直接连接供暖系统的调节方法相同。

8.2.4.1 间接供暖系统运行调节计算公式

对于间接供暖系统，如果不考虑换热设备的热损失，稳态的间接连接供暖系统各组成部分之间的热量输入、输出达到平衡：建筑物热负荷＝二级网输送的热量＝一级网输送的热量＝热源供热量。即：

$$Q_1=Q_3=Q_4=Q_5 \quad (8-2-26)$$

式中：Q_3、Q_4、Q_5——分别表示二级网、一级网、换热器的热量，W。

则：

$$Q_3=cG_2\ (t_g-t_h) \quad (8-2-27)$$

$$Q_4=cG_1\ (t_G-t_H) \quad (8-2-28)$$

$$Q_5=k_hF_h\Delta t_m \quad (8-2-29)$$

$$\Delta t_m=\frac{(t_G-t_g)-(t_H-t_h)}{\ln\frac{t_G-t_g}{t_H-t_h}} \quad (8-2-30)$$

上面公式中：t_g、t_h——分别为二级网的供、回温度，℃；

t_G、t_H——分别为一级网的供、回温度，℃；

G_1、G_2——分别为一次网、二次网的流量，m^3/h；

k_h——散热器的传热系数，$W/(m^2\cdot℃)$；

F_h——换热器换热面积，m^2；

Δt_m——换热器对数平均温差，℃。

间接循环调节的基本公式为：

$$\overline{Q}=\frac{t_n-t_w}{t_n-t_w'}=\overline{G_1}\frac{t_G-t_H}{t_G'-t_H'}=\overline{G_2}\frac{t_g-t_h}{t_g'-t_h'}=\overline{k_h}\frac{\Delta t_m}{\Delta t_m'} \tag{8-2-31}$$

式中：$\overline{G_1}$、$\overline{G_2}$——分别为一级、二级网的相对流量比；

$\overline{k_h}$——换热器运行时的传热系数与设计工况的传热系数的比值。

换热器传热系数主要取决于换热器两侧热媒的流速。根据俄罗斯学者索克洛夫推荐的换热器传热系数近似公式，$\overline{k_h}$可表示为：

$$\overline{k_h}=\overline{G_1}^{m_1}\overline{G_2}^{m_2} \tag{8-2-32}$$

式中：m_1、m_2——与换热器传热系数相关的指数，对于壳管式换热器，$m_1=m_2=0.5$。

8.2.4.2　间接供暖系统运行调节方法

根据直接供暖系统运行调节的计算公式，计算二级管网的供、回水温度和相对流量比，再根据间接连接系统的基本调节公式（8-2-31）计算一级网的供、回水温度和相对流量比。

对于间接连接供暖系统，当系统自控水平高时，一级网宜采用变流量调节方法，以降低循环泵的耗电量。

思考题

1. 热水供暖系统初调节都有哪些方式？
2. 比例调节初调节方法应如何进行？
3. 回水温度初调节应如何进行？
4. 影响初调节效果的都有哪些因素？
5. 供暖运行调节都有哪些方式？各种调节方式的特点是什么？

第二篇　主动式太阳能供暖技术

第9章 主动式太阳能供暖系统

太阳能供暖系统一般是指利用太阳能光热转换设备或装置，把太阳光能转变成热能，并把获得的热能用于供暖的太阳能利用系统。主动式太阳能供暖是指借助泵、风机等外加动力，实现太阳能供暖的系统。

9.1 系统组成

图9-1-1是典型的太阳能供暖系统示意图。从图中可以看出，系统主要由太阳能集热器、蓄热水箱、辅助热源、换热设备与装置、末端供暖装置、补水装置、各种泵阀管路、系统自动控制与计量装置等部件组成。

系统上述组成设备与部件，按照所起作用和位置的不同，可以把比较完备的太阳能供暖系统组成分为如下几个分系统：太阳能集热系统、蓄热系统、辅助热源系统、机房设备系统（泵、阀、换热、补水、安全保护、供配电等）、供暖末端系统、管路输配系统、自动控制与计量系统等。实际应用的太阳能供暖系统，由于系统规模大小，复杂程度、系统配置的不同，系统组成会有所增减。

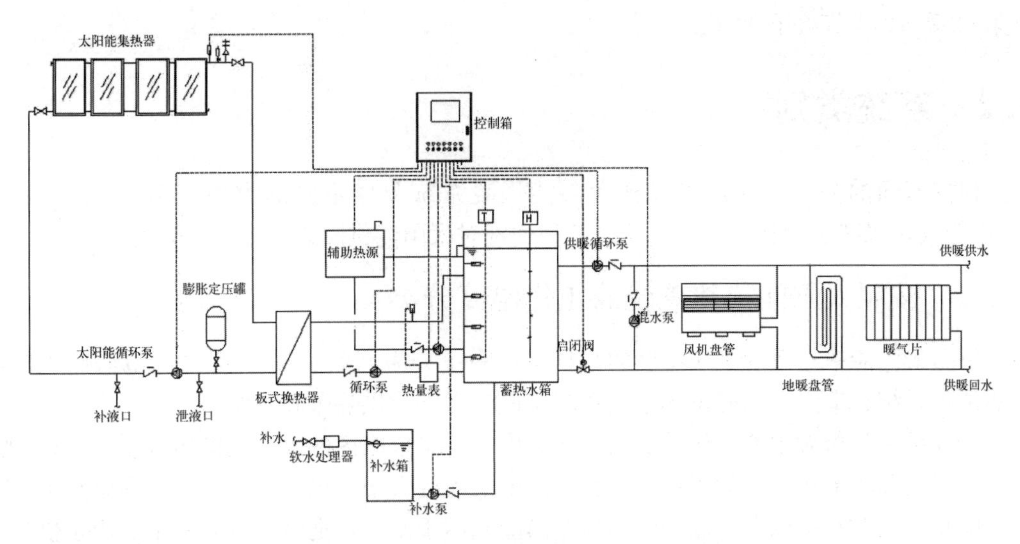

图9-1-1 太阳能供暖系统组成示意图

太阳能集热系统的作用是吸收太阳辐射能，并将太阳辐射能转换成热能，加热流过太阳能集热器的传热介质，并输送到机房设备。太阳能集热系统包括太阳能集热器、集热器支架、集热器与集热器之间的连接、集热器阵列到机房的管路阀门等。太阳能集热器是太阳能集热系统的核心部件。有关太阳能集热系统的知识，将在本书第 10 章给予讲解。

蓄热系统的作用是把太阳能集热系统提供的热能贮存起来，以备供暖使用。有关蓄热系统的知识，将在本书第 11 章给予讲解。

辅助热源系统的作用主要是当太阳能集热系统产热不足时，由辅助加热系统提供热能，以满足对用户的供热需要。太阳能是清洁能源，太阳能供暖系统的辅助热源也应匹配清洁热源。有关太阳能供暖辅助热源匹配问题，在第 12 章 12.2.2 节予以介绍。

机房设备系统是太阳能集热系统将热能传递到蓄热系统、辅助热源加热蓄热或供暖输热介质、蓄热系统加热供暖输热介质、各系统介质补充、系统自控装置、系统供配电、系统安全防护等的所需设备的总称。有关机房设备知识，将在本书第 12 章给予讲解。

供暖末端系统是房间供暖所需要的散热设备与配附件的总称。有关供暖末端系统的知识，在本书第 3 章和第 4 章已经给予讲解。

管路输配系统的作用是建立热能传输通路，把太阳能集热系统、辅助加热系统、蓄热系统、末端供暖系统、机房设备系统等通过管路输配系统连通起来，形成热能或介质输配通路。有关集中供暖管网知识，在本书第 6 章已经讲解，太阳能集热系统管路、蓄热系统管路、机房设备系统管路等要求，将分别分散到各个相关章节进行讲解。

自动控制与计量系统的作用是根据监测到的太阳能集热系统、蓄热系统、辅助加热系统、机房安全防护、计量仪表等检测的状态参数，根据系统设定的控制程序，自动控制泵、阀、开关的启停开断和数据计算与存储显示及远程控制，实现系统自动运行、防护和数据存储，同时还具有手动应急安全防护功能。有关自动控制与计量系统的知识，将在本书第 12 章 12.4 节给予介绍。

9.2 系统类别

根据不同的分类方法，可以把太阳能供暖系统分成不同的类型。GB 50495—2019《太阳能供热采暖工程技术规范》按照 7 种类别对太阳能供暖系统进行了分类。

9.2.1 按照太阳能集热系统的工作温度分类

根据太阳能集热系统工作温度的高低，把系统分为高温热电/冷、热、电联产太阳能供热采暖系统、中温太阳能供热采暖系统、低温太阳能供热采暖系统。

低温系统是指太阳能集热系统的工作温度在低温范围内的太阳能供热采暖系统；中温系统是指太阳能集热系统的工作温度在中温范围内的太阳能供热采暖系统；高温热电/冷、热、电联产系统是指以太阳能产生的高温热能先用于发电，把经发电后的余热用于供热采暖的太阳能系统。根据 GB 50495—2019 的条文解释，太阳能集热器工作温度低于 100 ℃的为低温利用；工作温度在 100～250 ℃的为中温利用；显然太阳能集热器工作温度在 250 ℃以上的为高温利用。高温利用首先是满足发电需要，发电后的余热用于供暖和制冷，因此高温利用称为高温热电/冷、热、电联产太阳能供热采暖系统。

9.2.2　按照太阳能集热器的类别分类

根据太阳能集热系统所用太阳能集热器的类别，把系统分为聚光型太阳能供热采暖系统、非聚光型太阳能供热采暖系统。

聚光型系统是指采用聚光型太阳能集热器的太阳能供热采暖系统。目前主要有槽式聚光太阳能系统、塔式聚光太阳能系统、蝶式聚光太阳能系统、菲涅尔聚光太阳能系统等。

非聚光型系统是指采用非聚光型太阳能集热器的太阳能供热采暖系统。目前主要有平板太阳能系统、真空管太阳能系统等。真空管系统又有全玻璃真空管太阳能系统、热管真空管太阳能系统、U形管真空管太阳能系统等。

9.2.3　按照太阳能集热系统传热工质的类别分类

根据太阳能集热系统传热工质的类别，把系统分为液体工质太阳能供热采暖系统、空气太阳能供热采暖系统。

液体工质系统是指采用液体传热工质作为太阳能集热系统加热工质的系统；空气系统是指采用空气作为太阳能集热系统加热工质的系统。

9.2.4　按照太阳能集热器加热供暖介质的方式分类

根据太阳能集热系统加热供暖介质的方式，把系统分为直接式太阳能供热采暖系统、间接式太阳能供热采暖系统。

直接式系统是指太阳能集热系统加热工质不经过换热器换热，直接蓄存热量或用于供暖的太阳能系统；间接式系统是指太阳能集热系统加热工质经过换热器换热后，再由换热器二次侧介质进行热量蓄存或供暖的太阳能系统。

9.2.5　按照太阳能集热器安装位置分类

根据太阳能集热器的安装位置，把系统分为地面安装太阳能供热采暖系统、与建筑结合太阳能供热采暖系统。

地面安装系统是指将太阳能集热器安装在地面的太阳能系统；与建筑结合系统是指将太阳能集热器安装在建筑外表面的太阳能系统。

9.2.6　按照系统蓄热能力分类

根据系统蓄热装置的蓄热能力，把系统分为短期蓄热太阳能供热采暖系统、季节蓄热太阳能供热采暖系统。

短期蓄热系统是指蓄热装置仅可贮存数天太阳能集热系统热量的系统，根据 GB 50495—2019 的条文解释，短期吸热一般指蓄热能力不超过 15 d 的蓄热系统。季节蓄热系统是指蓄热装置可贮存非供暖季节太阳能集热系统热量的系统。

9.2.7　按照供暖末端供热来源分类

根据系统供暖末端的供热来源，把系统分为户用太阳能系统、区域太阳能系统。

户用系统是指太阳能集热系统作为独立热源仅为一户住宅或类似用途供暖的太阳能系统；区域系统是指太阳能集热系统作为公共热源，为多个热用户输送热能的太阳能系统。

9.3 常见太阳能供暖系统

9.3.1 液体工质太阳能供暖系统

液体工质太阳能供暖系统实际应用的最多，形式也多种多样。这里选择几种典型的系统，对其工作原理和特点进行介绍。

（1）直接式全玻璃真空管太阳能供暖系统

图 9-3-1 系统由全玻璃真空管集热器、蓄热水箱（水箱内配置了电辅助加热和盘管换热洗浴热水装置）、风机盘管供暖末端、循环管路系统、自动控制系统组成。该系统全玻璃真空管集热器以水作为加热工质，并以水作为蓄热水箱蓄热和供暖的热媒，以风机盘管作为供暖的散热末端。蓄热水箱内设置有盘管换热器，加热洗浴热水。该系统属于直接式太阳能供热采暖系统。

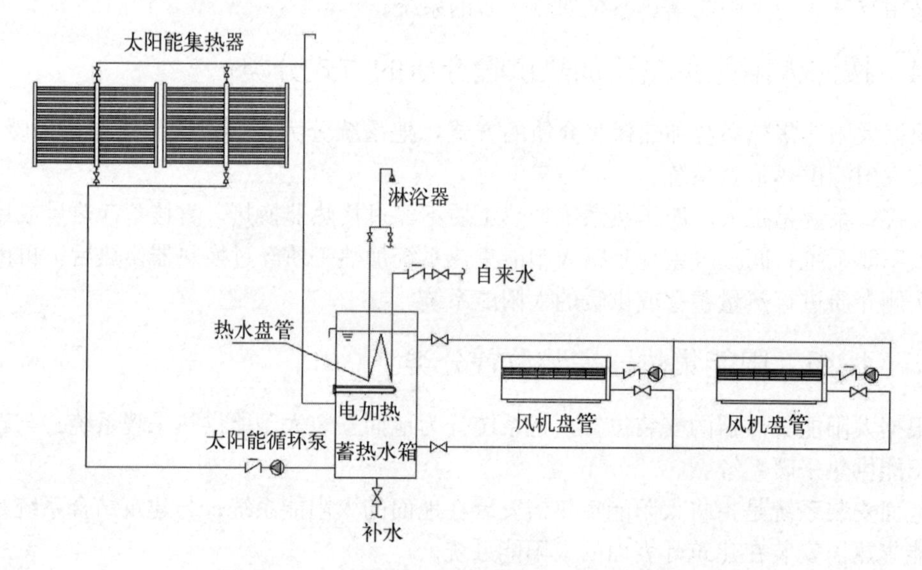

图 9-3-1　小型全玻璃真空管太阳能供暖系统

系统工作原理如下：

太阳能加热蓄热水箱内的水：在太阳光照下，当太阳能集热器上部的水温被加热到高于水箱中部温度时，太阳能循环泵启动，将蓄热水箱底部的冷水泵到太阳能集热器底部，并将集热器上部的高温水顶入水箱中部；当蓄热水箱底部水温不高于水箱中部水温时，循环水泵停止工作。如此反复，把水箱内的水加热到满足供暖要求及更高温度。

房间供暖：当某一房间需要供暖时，该房间的供暖循环泵启动，将蓄热水箱内的热水循环到该房间的风机盘管散热器内，热水通过该散热器散热后，又回到水箱内；当多个房间需要供暖时，各个需要供暖房间的循环泵启动，分别把水箱内的水循环到各自房间的风机盘管散热器内，经过各个散热器散热后，又分别回到蓄热水箱内。各个房间分别设置循环泵的好处是可以单独加热需要供暖的房间，不需要加热的房间可以不加热。比如：晚上睡觉时间可以停止向客厅供暖，白天可以停止向卧室供暖，无人房间暂不供暖，从而实现通过间歇供暖，达到“热随人走，人来热开，人走热停”的节能效果。这种方式可以显著降低供暖能耗，达到减小太阳能面积，降低系统投资，优先保证有人房间供暖效果的目的。

洗浴热水：当需要洗浴热水时，打开热水阀门，在自来水压力作用下，自来水进入水箱内的盘管换热器内，被水箱内的热水快速加热后，到达热水用水点，满足用热水需要。

辅助热源加热：当太阳能提供的热源不能满足供暖需要时，水箱内的电加热启动，加热水箱内的水，从而保证用热需求。也有将辅助加热器设置在风机盘管内，当蓄热水箱内的水温不能满足供暖需要的温度时，启动风机盘管上的电加热器向房间供暖。

这类以水为介质的直接加热的太阳能供暖系统，省掉了换热器，降低了系统成本，提高了太阳能集热效率；但在冬天，管路中的水存在上冻结冰等问题，因此这种系统应做好管路防冻；另外全玻璃真空管存在炸管漏水问题，系统设计和运维应特别注意此问题。

(2) 自动回流太阳能供暖系统

图9-3-2系统是自动回流太阳能供暖系统。太阳能集热系统由可回流的太阳能集热器、回流水箱、水箱底部盘管换热器、太阳能循环泵与循环管路等组成；供暖系统由水箱上部带盘管换热器、室内供暖风机盘管、供暖循环泵与循环管路等组成；蓄热系统由带上下盘管换热器的蓄热水箱和电辅助加热器组成。

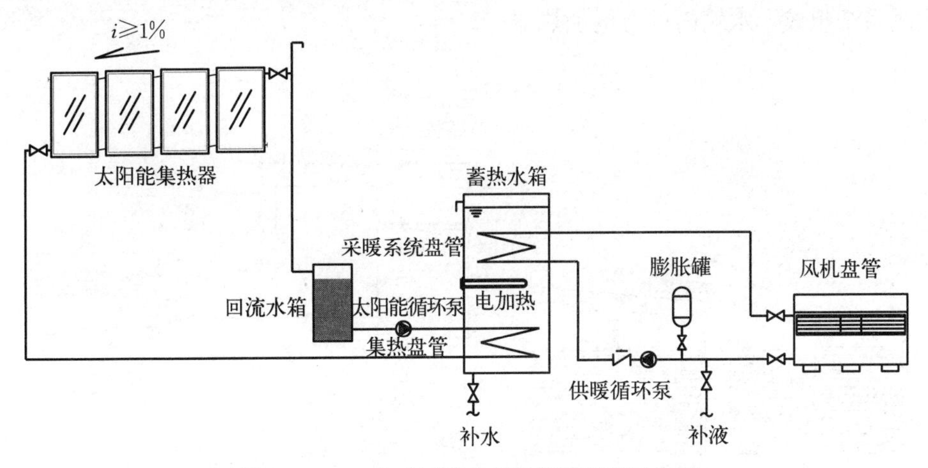

图9-3-2 自动回流太阳能供暖系统示意图

系统工作原理如下：

太阳能加热蓄热水箱内的水：在太阳光照下，当太阳能集热器出口温度高于水箱中上部温度并达到设定值，或者太阳集热器出口温度达到设定值时，太阳能循环泵启动，把回流水箱内的水或防冻液加压泵入贮热水箱底部的盘管换热器后，再经冷水管路进入太阳能集热器，经太阳能加热后又回到回流水箱，如此循环，把太阳能集热器获得的热能带到水箱底部的盘管换热器，从而加热水箱内的水；当太阳能集热器出口温度不高于水箱中上部水温时，太阳能循环泵停止，太阳能集热系统内的液体换热介质回流到回流水箱内；当在太阳光照下，太阳集热器出口温度再次达到设定温度时，系统重复上述加热过程，如此不断实现太阳能对贮热水箱的加热。在无太阳光的晚上或阴雨天或全天停电时，太阳能集热器及其集热系统管路内的水或防冻液排空，从而实现自动防冻防过热的目的。

房间供暖：当需要供暖时，供暖循环泵启动，把供暖系统内的换热介质泵入水箱上部的供暖盘管换热器，经该换热器加热后，进入供暖散热器散热，加热供暖房间后又回到供暖回流箱。供暖循环介质可以是水也可以是防冻液，对于寒冷地区，选用防冻液更可靠。

辅助热源加热：当太阳能提供的热源不能满足供暖需要时，水箱内配置的电加热器启动，加热水箱内的水，从而保证供暖需求。

这种系统的优点是：①太阳能集热系统和供暖系统防冻可靠性都高，并可根据供暖所在地的气候特点和管理水平选择太阳能集热系统循环介质和供暖系统循环介质；②系统运行可靠，灵活性高。

这种系统的缺点是：①需要经常检查回流箱，及时补充循环介质；②集热系统每次回流后再充液加热，会造成集热器内的热量流失；③在白天的晴天，若突然停电时间过长又来电后，因太阳能集热器空晒温度过高，来电后突然往集热器内充水/介质，会造成水/介质汽化，带来系统安全防护或其他问题。

（3）自然循环太阳能供暖系统

自然循环太阳能供暖系统是指太阳能集热器通过自然循环加热贮水箱并实现供暖的系统。图 9-3-3 是自然循环太阳能供暖系统示意图，该系统由自然循环太阳能热水系统和水箱供暖系统组成，水箱内设有电加热器。

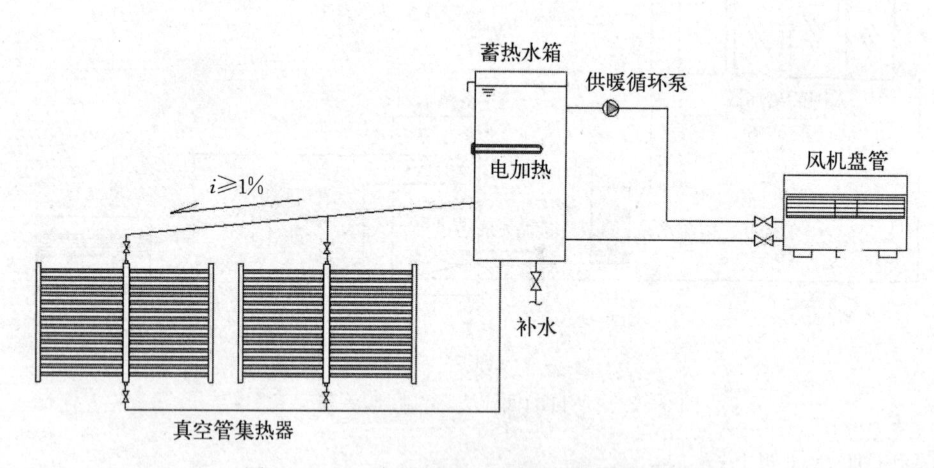

图 9-3-3　自然循环太阳能供暖系统示意图

系统工作原理如下：

太阳能加热水箱内的水：在太阳光照下，太阳能集热器内的水被加热，温度升高，密度变小，沿上循环管自动上升到水箱，同时水箱下部的水沿下循环管进入太阳能集热器；如此不断循环，逐步给水箱内的水加热。

房间供暖：当需要供暖时，供暖循环泵启动，把水箱上部的热水送入供暖管，同时经过供暖房间散热器散热后的供暖回水回到水箱中下部。

辅助热源加热：当太阳能提供的热源不能满足供暖需要时，水箱内配置的电加热器启动，加热水箱内的水，从而保证供暖需求。

这种系统的优点是：①太阳能加热系统不需要水泵，只要有太阳光，太阳能集热器就能与水箱自动循环加热，省去了循环水泵和控制器等；②系统运行简单可靠；③系统简单，成本低；③太阳能集热系统循环不受停电影响。

这种系统的缺点是：①自然循环系统只适合小规模系统；②贮热水箱必须高于太阳能集热器，系统实际摆放受到现场摆放条件限制。

自然循环太阳能供暖系统还可以采用图 9－3－4 的这种方式，该系统的太阳能产品采用改进过的开式家用真空管太阳能热水器，但水箱内胆端头采用与内胆等直径的连接法兰，多台水箱通过法兰连接后，可组成各个水箱内胆之间等径相通、桶身加长的大水箱；根据需要，等径相通的内水箱内，可以放置多个并联连接的盘管换热器，通过盘管换热器换热，将水箱内水蓄存的太阳能热量换出，并通过供暖循环管路输送到需要供暖的用户处，实现对用户供暖。由于各个水箱内的换热盘管是并联连接，因此可不受盘管数量限制，可以由很多盘管组成一个换热能力很大的换热装置；又由于各个水箱内胆等径相通，各个水箱内的水温大致相等，因此各个水箱内盘管换热器的换热效果大致相同。

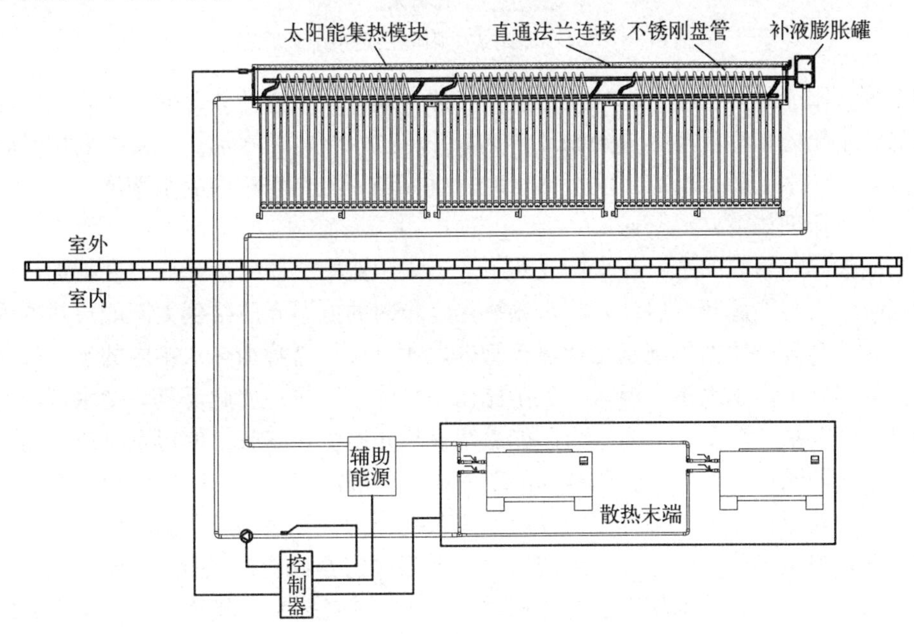

图 9－3－4　模块化自然循环太阳能供暖系统示意图

这种产品，只要有阳光，太阳能集热管就能自动加热水箱内的水，并把热能储存在水箱内，太阳能系统不存在突然停电可能导致的太阳能过热问题；当需要供暖时，通过热媒在水箱内盘管换热器与供暖末端组成的系统中循环，实现对用户供暖。供暖热媒可以采用水，也可以采用防冻液。因为开式水箱内的水温永远在当地沸点以下，因此供暖系统热媒的温度也不会超过当地水的沸点温度，热媒循环换热不存在过热汽化问题。

这种太阳能供暖产品可以实现标准化设计、工厂化生产、模块化组合，可用于中小规模太阳能供暖用户。

（4）小型间接式太阳能供暖系统

图9-3-5是小型间接太阳能供暖系统。系统由闭式太阳能集热系统、承压蓄热水箱、水箱水直接供暖系统、水箱水直接洗浴系统、水箱内置的电辅助加热系统组成。

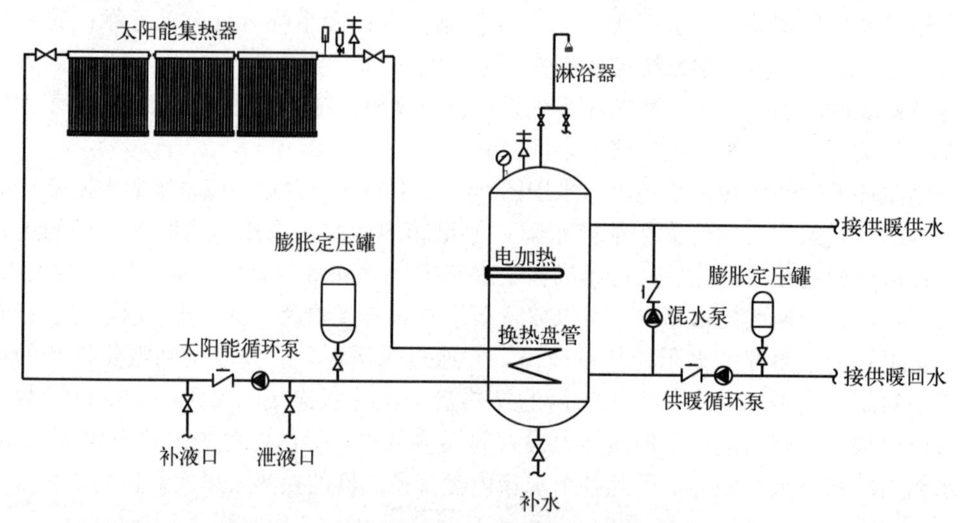

图9-3-5　小型闭式太阳能供暖系统示意图

该系统太阳能集热系统具有独立的液体传热介质，通过该传热介质，实现太阳能集热器阵列与贮水箱内置盘管换热器的循环传热，并将贮水箱内的水加热；当需要供暖时，直接用贮水箱内的水供暖，当需要洗浴热水时，直接利用贮热水箱内的水洗浴。

系统工作原理如下：

太阳能加热水箱内的水：在太阳光照下，当太阳能集热器出口介质温度被加热到高于水箱水温时，太阳能循环泵启动，将水箱换热盘管内的低温介质泵到太阳能集热器内，并将集热器内的高温介质循环到水箱换热盘管内，通过换热盘管加热水箱内的水；当太阳能集热器上部温度不高于水箱水温时，太阳能循环泵停止工作；如此反复，把水箱内的水加热到满足供暖要求的温度。当闭式太阳能系统换热介质受热膨胀，使得系统压力高于闭式系统上膨胀罐的预设压力后，膨胀罐内的气囊膨胀，腾出空间给膨胀后的换热介质，使得系统保持压力稳定；当由于各种原因导致闭式系统压力高于系统上泄压阀的设定压力后，泄压阀打开，泄除部分循环介质，系统压力降低后，安全阀自动关闭。通过太阳能加热，水箱内水温升高也会导致水箱内水的体积增加，此时通过与水箱相连通的自来水系统消除由此膨胀的体积和水箱增加的压力；也可通过在与水箱连通的管路上增设膨胀罐，解决水箱内水的升温膨胀问题；承压水箱上配置有泄压阀，也起到保护水箱，防止水箱超压作用。

系统供暖：当需要供暖时，供暖循环泵启动，将水箱上部的热水循环到供暖末端，实现供暖；当水箱内的供暖水温高于设定值时，混水泵启动，把部分供暖回水泵入供暖供水管，通过混水降低供暖水温，使得供水管路的水温达到供暖设定温度，满足供暖需要。

洗浴热水：当需要洗浴热水时，打开洗浴热水阀门，在自来水压力作用下，自来水进入水箱底部，将水箱上部的热水顶到用热水点，满足用热水需要。

辅助热源加热：当太阳能提供的热源不能满足供热需要时，水箱内的电加热启动，加热水箱内的水，保证用热需求。

这种系统的优点是：①系统中的太阳能集热分系统采用间接加热方式加热水箱内的水，采用防冻液循环，可解决系统防冻问题，因此系统运行可靠；②系统采用承压水箱，使得供洗浴热水变得简单。

这种系统的缺点是：①该系统采用间接加热和承压水箱，增加了系统成本；②系统直接采用水箱内的水作为洗浴热水，需要经常向水箱补充自来水，当自来水硬度较高时，将带来水箱结垢问题；③由于盘管换热器换热能力小，受水箱空间限制，盘管换热器不可能做得太大，因此这种系统能匹配的太阳能面积有限，只适合小型太阳能供暖系统；④当白天晴天停电导致太阳能循环泵停止循环时，太阳能集热器内的热量无法被带走，将导致太阳能集热系统过热，系统需要解决过热问题。

(5) 中小型间接式太阳能供暖系统

图 9-3-6 是中小型间接式太阳能供暖系统。该系统的太阳能集热系统属于闭式承压系统，系统由闭式太阳能集热系统、开式贮热水箱、水箱水直接供暖系统、水箱换热盘管洗浴水系统、水箱外置辅助加热系统组成。

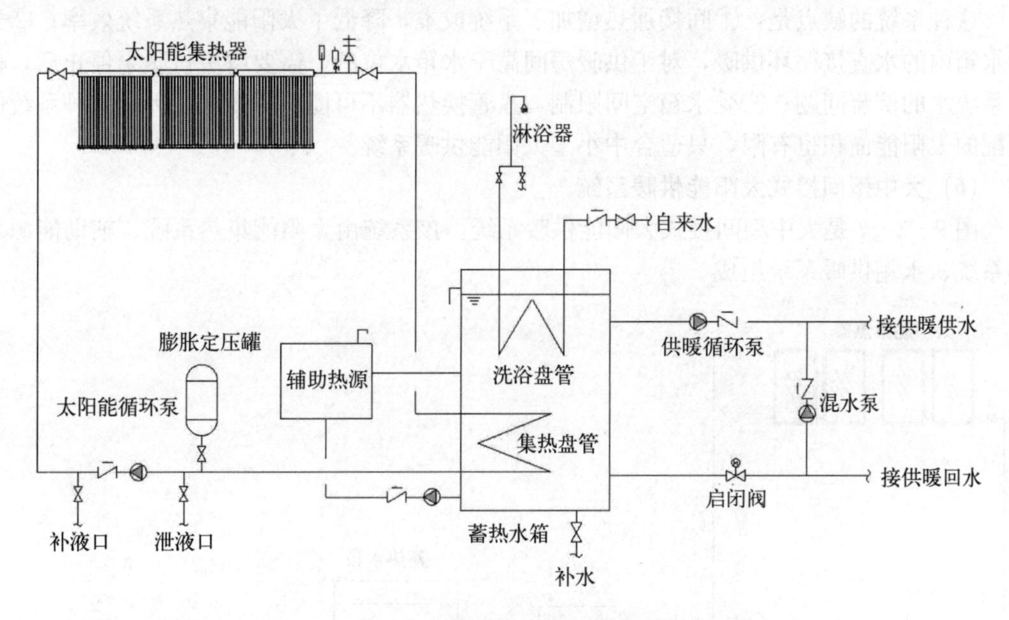

图 9-3-6　中小型间接太阳能供暖系统示意图

系统工作原理如下：

太阳能加热水箱内的水：太阳能加热水箱内水的过程与图 9-3-5 系统相同，这里不再重复。与图 9-3-5 系统不同的是：图 9-3-6 系统的蓄热水箱是开式水箱，水箱内的水受热后，可以在开式水箱内自由膨胀，不存在水箱水受热膨胀带来的水箱压力增加问题。

系统供暖：供暖原理也与图 9-3-5 系统相同，不再多述。但需要注意的是：图 9-3-6 系统的水箱是开式水箱，当由水箱内的水直接供到采暖末端供暖时，若水箱水位低于供暖系统的最高水位，供暖泵停止后，存在供暖系统末端的水将会倒流到水箱内，导致水箱溢流和供暖系统失水问题。因此，这种情况下应在供暖回水总管上增设启闭阀，实现供暖泵开启，启闭阀同时打开；供暖泵停止，启闭阀同步关闭的办法解决，也可通过增加供暖换热器的办法解决。

洗浴热水：当需要洗浴热水时，打开热水阀门，在自来水压力作用下，自来水进入水箱内的洗浴盘管换热器，并被水箱内的热水快速加热后，到达热水用水点，满足用热水需要。

辅助热源加热：当太阳能提供的热源不能满足供热需要时，水箱外置的辅助加热系统启动，加热水箱内的水，从而保证用热需求。图 9－3－6 系统的辅助加热是外置的，这与图 9－3－5 系统是不同的。水箱外置电辅助加热系统，需要增设循环泵，因此比内置电辅助加热管成本高，系统复杂，但外置的电加热装置，维修更换方便。因此，除了户用小型系统，较大的电辅助加热系统多采用外置管道电加热器或电锅炉。

这种系统的优点是：①系统中的太阳能集热分系统采用间接加热方式加热水箱内的水，采用防冻液循环，可很好解决系统防冻问题，因此系统运行可靠；②系统采用开式水箱，贮热水箱造价显著低于同容积承压水箱；③水箱内置盘管产生洗浴热水，将供暖用水和洗浴用水分开，供暖系统可以采用软化水，避免了图 9－3－5 系统直接用水箱内的水洗浴，需要经常向水箱补充自来水导致的水箱结垢问题。

这种系统的缺点是：①间接加热增加了系统成本，降低了太阳能集热系统效率；②开式水箱内的水直接循环供暖，对于供暖房间高于水箱水位的，需要解决供暖泵停止后，供暖系统水的倒流问题；③受水箱空间限制，盘管换热器不可能做得太大，因此这种系统能匹配的太阳能面积也有限，只适合中小型太阳能供暖系统。

（6）大中型间接式太阳能供暖系统

图 9－3－7 是大中型间接式太阳能供暖系统。该系统由太阳能集热系统、辅助能源加热系统、水箱供暖系统组成。

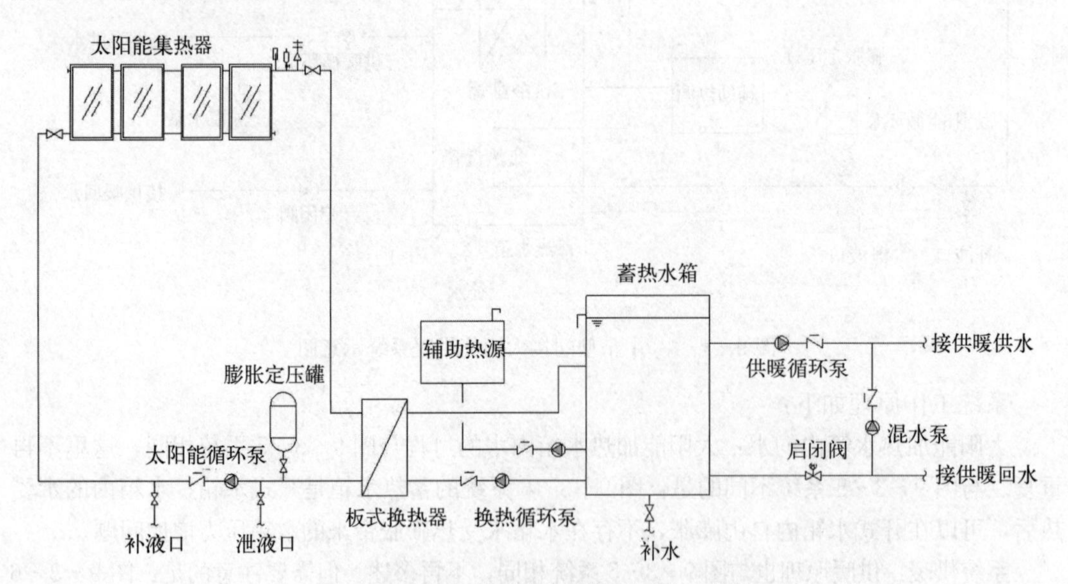

图 9－3－7　大中型太阳能供暖系统示意图

系统工作原理如下：

太阳能加热蓄热水箱内的水：在太阳光照下，当太阳能集热器出口温度达到设定温度时，太阳能集热系统换热器冷、热两侧的循环泵启动，太阳能侧循环泵把太阳能集热器内的高温介质循环到换热器热侧内，换热器水箱侧水泵把水箱内的低温水循环到换热器的冷侧内，两侧的介质通过换热器实现热交换，从而把水箱内的水加热；当太阳能集热器出口温度降低到设定温度时，换热器两侧的泵停止；如此反复，把水箱内的水加热。该系统水泵启停的控制策略会因为太阳能集热系统规模大小不同而有所改变，对于大中型系统，需要考虑由于太阳能集热系统因为循环管路太长，冬季早晨循环管路防冻液的温度过低，直接通过太阳能换热器导致二次侧结冰问题，需要在太阳升起后，一次循环回路不通过换热器循环，先利用太阳能集热器阵列，将一次管路内的介质温度升高到一定温度后，再通过太阳能换热器与二次侧换热；同时也需要考虑太阳能集热系统因各种原因过热可能对太阳能换热器及其附属设备带来的高温过热问题等。

系统供暖：当需要供暖时，供暖循环泵启动，将水箱上部的热水循环到供暖末端，实现供暖；当供暖水温高于设定值时，供暖混水泵启动，把部分供暖回水泵入供暖供水管，通过混水降低供暖水的水温，使得供水管路的水温达到供暖设定温度，满足供暖需要。这种系统与图 9-3-7 系统一样，也存在供暖泵停止后，供暖管路高于水箱的供暖回水倒流问题，解决办法与图 9-3-6 系统相同。

辅助热源加热：当太阳能提供的热源不能满足供暖需要时，辅助能源加热系统启动，加热水箱内的水，从而保证供暖需求。辅助热源既可以加热蓄热水箱内的水，也可以直接加热供暖供水管道的水。直接加热供暖供水管道水的方式，辅助热源的功率要足够大；辅助热源加热水箱内的水，可以根据水箱蓄存热量的多少，提前开启辅助热源，并把辅助热源提供的热能提前蓄存在蓄热水箱内备用，从而可以降低辅助热源设备的功率。

这种系统的优点是：①外置的太阳能集热系统换热器，可以不受盘管换热器换热能力的限制，太阳能集热系统可以做成很大的规模，配套的蓄热装置（水罐、水池等）容积也可以做得很大，甚至可设计成多个蓄热装置串并联使用等；这种系统也可以通过增大蓄热容积，做成季节蓄热系统，从而减小系统太阳能集热器规模和采光面积。②较大规模的系统，系统配置比较齐全，系统运行可靠。

这种系统的缺点是：①系统设备配件多，需要专门配套的供配电、水处理等附属设备也较多，因此系统成本较高；②对于闭式防冻液循环的太阳能集热系统，若系统太阳能面积过大，在晴天的白天突然停电后，若备用发电机不能在较短时间的供电，将会带来太阳能集热系统过热等问题，因此系统地防范措施要配套齐全，系统运行需要专业的运维人员。

（7）土壤季节蓄热太阳能供暖系统

图 9-3-8 是加拿大 Drake Landing 社区的土壤季节蓄热太阳能供暖系统示意图。该系统由太阳能集热系统、短期过渡蓄热系统、土壤季节蓄热系统、辅助热源系统、供暖系统等组成。其中太阳能加热系统有太阳能集热器阵列、2 个串联连接的卧式短期蓄热水箱、换热器、换热器两侧的循环泵、防过热装置、管路阀门、防冻换热液缺液补液装置、过热超压安全防护装置、自控与计量装置等组成。土壤蓄热体从中心向外的各个竖向圆孔内放入的 U 形换热管，中心竖向圆孔内的 U 形换热管向外与其他圆孔内的 U 形换热管串联，竖向圆孔内的 U 形地埋管连接后，圆孔用土填实，使得 U 形地埋管与土壤接触充分，利于传热，竖向孔的深度在 35 m，各个竖向孔的间距在 3 m 左右。

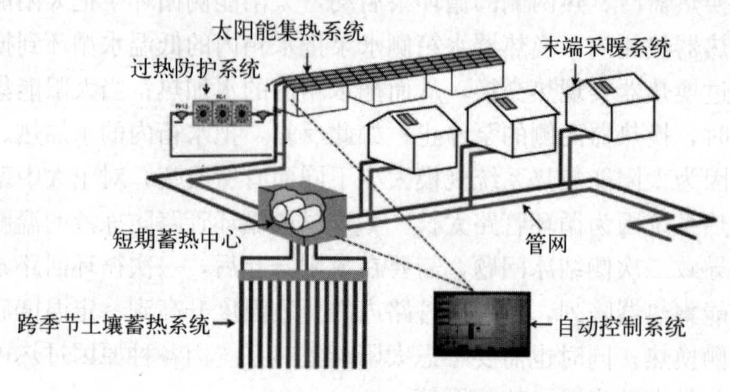

系统示意

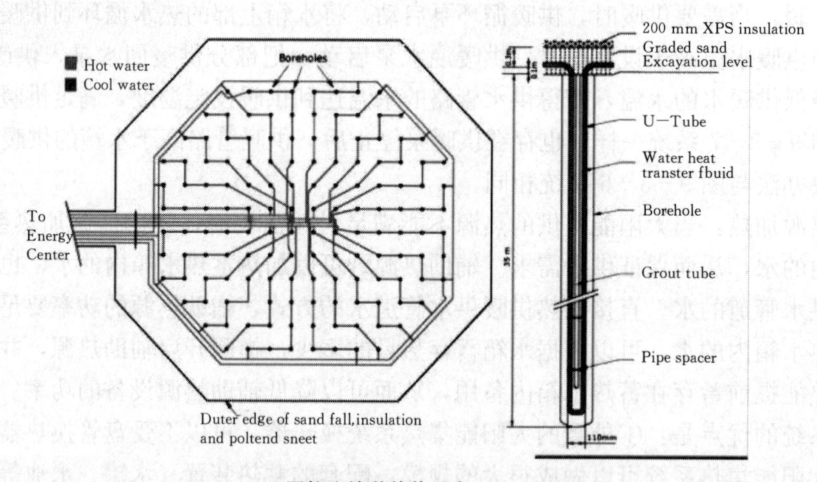

圆柱土壤蓄热体示意

图 9-3-8　加拿大土壤蓄热太阳能供暖系统示意图

上述系统的工作原理见图 9-3-9，其工作过程如下：

太阳能加热短期过渡蓄热钢罐：太阳能集热器阵列通过换热器加热短期过渡蓄热水箱内的水。本项目 2 个卧式蓄热水箱串联连接，每个水箱内又设有隔板，通过隔板使得水箱内不同温度的水形成分区。当太阳能集热系统过热时，太阳能集热器系统换热器一次侧热水管路上的风冷冷却器启动，进行散热。

土壤季节蓄热：当短期过渡蓄热装置被太阳能集热器加热到一定温度后，短期蓄热装置与通过土壤钻孔竖向深埋地下的地埋管循环，将高温热水从土壤蓄热中心的地埋管逐渐向外循环，地埋管附近的土壤经过春夏秋非供暖季节的长期加热，土壤温度显著升高，从而把热量蓄存到了土壤内。由于土壤蓄热是从蓄热土壤中间逐渐向外加热土壤的，因此蓄热土壤中间的温度最高，四周最低。土壤蓄热是个漫长的过程，根据加拿大项目的经验，经过 4～5 年周期的蓄存－供暖，土壤蓄热量逐渐稳定，每年非供暖季蓄热和供暖季放热达到平衡，太阳能供暖保证率几乎达到 100%。

系统供暖：太阳能在供暖季节产生的热量，通过短期过渡蓄热水箱直接用于供暖，当太阳能产热量不能满足供暖需要的热量时，过渡蓄热水箱低温水箱内的低温水经过土壤蓄

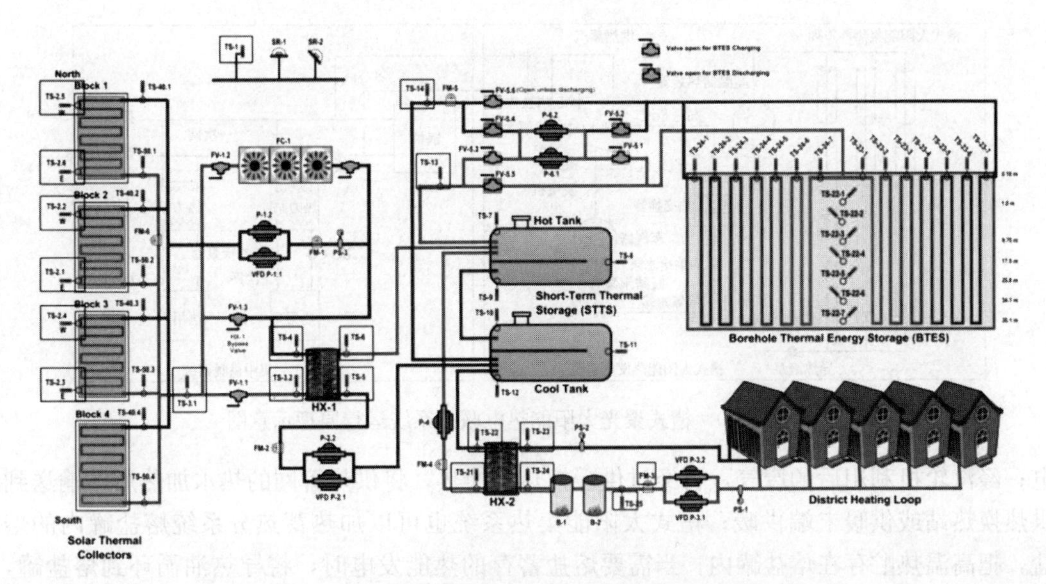

图 9-3-9　加拿大土壤蓄热太阳能供暖系统工作原理示意图

热的地埋管，反向从蓄热土壤四周竖孔内的 U 形管逐步循环到土壤蓄热中间竖孔内的 U 形管，经土壤逐步加热，温度升高到可以满足供暖需要的温度后，被循环到过渡蓄热水箱的高温区域，供采暖使用。

辅助热源加热：当太阳能和土壤蓄热提供的热源不能满足供暖需要时，辅助能源直接加热供暖管网供水，提高供水温度，满足供暖需要。

这种系统的优点是：①可以实现季节蓄热。②如果条件允许，土壤蓄热深度可以达到 120 m 深，可以减小蓄热体的占地面积。③土壤蓄热体越大，蓄热效果越好，从土壤蓄热体的取热率越高。

这种系统的缺点是：①土壤蓄热建造会受到项目所在地土质和地质条件限制，不能建造在有流动地下水的位置，且蓄热能力和传热能力与所选位置的土壤特性有关；②达到土壤蓄热平衡的时间太长，需要 4～5 年，在此期间，从土壤取热会逐年提高，但低于热平衡后的取热量，这将导致系统前 4 年系统提供的供暖热量不足，需要用其他备用热源解决。

加拿大 Drake Landing 社区的土壤季节蓄热太阳能供暖项目，共向 52 户居民提供供暖，自 2006 年运行之间已有 10 多年，项目运行效果良好，运行 5 年后太阳能供暖保证率接近 100%。加拿大正计划再建造一个土壤季节蓄热太阳能供暖项目，新项目可以向 1 000 多户居民供暖，比第一个项目规模大 20 倍左右。

(8) 槽式聚光太阳能热电联产系统

图 9-3-10 是槽式聚光太阳能热电联产系统。该系统由槽式聚光太阳能集热分系统、蓄热分系统、热传输分系统、发电分系统、供暖分系统等组成。

其工作过程为：槽式聚光太阳能集热系统通过聚光，首先将太阳能集热分系统的循环介质（高温导热油）加热，然后将加热后的导热油循环到发电分系统的发电换热器，加热从蒸汽轮机做功发电后出来的水，把其再加热成高温高压蒸汽，由蒸汽驱动汽轮机工作发

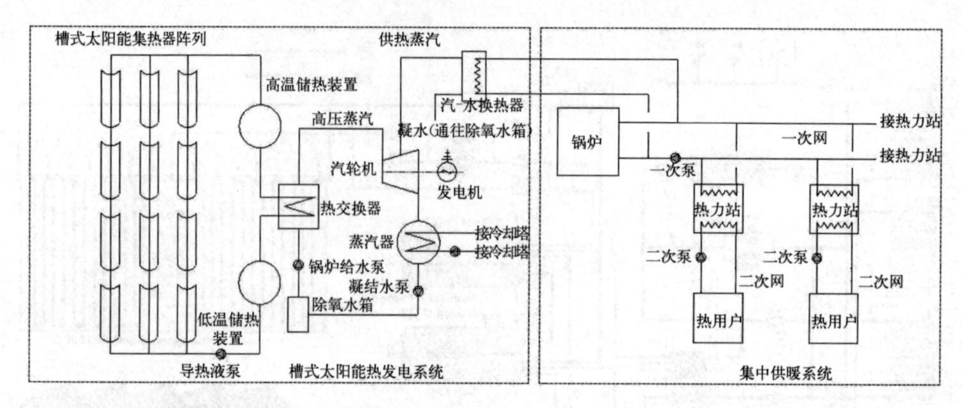

图 9－3－10　槽式聚光太阳能热电联产系统运行原理示意图

电；经汽轮机利用后的废气，再经过供暖换热器换热，将供热管网的热水加热后，输送到供热换热站或供暖末端供暖；槽式太阳能集热系统也可以加热蓄热分系统熔盐罐内的熔盐，把高温热贮存在熔盐罐内；当需要熔盐蓄存的热能发电时，将导热油循环到熔盐罐，经高温熔盐加热后，被循环到发电换热器将发电换热器内的水加热成发电用的蒸汽发电，经发电汽轮机出来的废气，经过供暖换热器，将供暖水加热后，输送到供热换热站或供暖末端供暖。

这种系统优点：①既能发电也能供暖；②槽式集热器的聚光比在 15～50，工作温度 60～400 ℃以上，可以很容易满足城市一次供暖管网供回温度的供热需要，实现与城市供热热网的融合；③槽式太阳能集热系统可以实现跟踪太阳光，比固定太阳能可以得到更多的太阳直射热能；④当槽式太阳能产生的热量过剩时，可以通过将槽式太阳能的反光镜翻转，因此槽式太阳能系统可以很容易解决过热问题。

这种系统缺点：①反光镜抗风能力有限，有大风时，必须调整槽式反光镜，保护反光镜；②供热系统只能近距离供热，覆盖半径有限，热电联产时，产生的热必须近距离消化掉。

(9) 塔式聚光太阳能供暖系统

图 9－3－11 是塔式聚光太阳能热电联产系统。该系统与图 9－3－10 系统组成相比，除了太阳能集热器是塔式聚光集热器外，其余与图 9－3－10 基本相同。

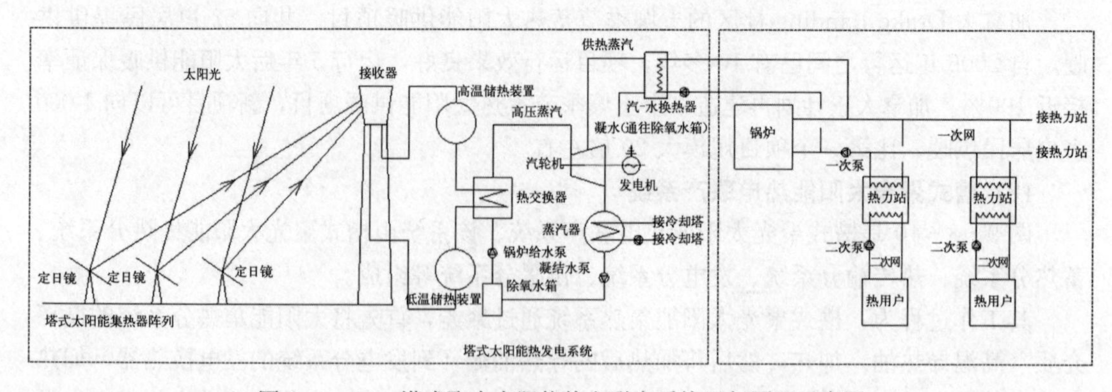

图 9－3－11　塔式聚光太阳能热电联产系统运行原理示意图

图9-3-11系统的运行原理也与图9-3-10大致相同，这里不再多述。由于塔式集热系统吸热塔一般只有一个，可以设置在离蓄热系统很近的位置，因此集热系统的管路较短，散热损失也小。

这种系统优点：①塔式太阳能聚光比在1 000～3 000，工作温度500～2 000 ℃，产热温度可根据聚光比进行调节，因此可以很容易满足城市供暖管网140/90 ℃等供回温度的供热需要，实现与城市供热热网的融合；②塔式太阳能集热系统循环管路短，热损失小，热效率高；③当塔式太阳能产生的热量过剩时，可以通过调整定日镜，使其反射光调离吸热塔即可，因此这种塔式太阳能系统很容易解决过热问题。

这种系统缺点：①定日镜抗风能力有限，有大风时，必须调整定日镜，保护定日镜的安全；②占地面积大。

(10) 碟式聚光太阳能工业蒸汽与供暖联供系统

图9-3-12是内蒙古鄂尔多斯市鄂托克旗木凯淖尔镇碟式太阳能供蒸汽+供暖项目图片。据资料报道，该项目一期安装18台碟式太阳能聚光跟踪集热系统和一台燃气锅炉，可产蒸汽2 t，蒸汽用于酒厂生产，同时可为木凯淖尔整个镇区供暖，供暖面积达2.8万m^2。

该项目系统分为四个子系统：碟式太阳能集热系统；导热油传热系统；蒸汽发生系统；换热及供热系统。系统设置2×200 m^3 储水罐，全年集热量>12 000GJ，能够满足全镇全天24 h供暖；当太阳能产热不足时，系统自动启动燃气锅炉进行补充供热、供暖。

碟式太阳能集热系统的聚光比600～3 000，工作温度500～3 000 ℃以上，由于单个蝶式集热器采光面积有限，一般在5～25 m^2 之间，适合建立分布式发电系统。碟式太阳能集热系统用于供暖，可轻松获得很高温度，易于与城市140/90 ℃的高温供热一次管网的结合。

图9-3-12　内蒙古鄂托克旗木凯淖尔镇碟式太阳能供蒸汽+供暖项目

（11）塔式聚光太阳能低温加热与季节蓄热供暖系统

聚光太阳能集热器可以通过集热器聚光产生高温热能，从而满足太阳能热发电和工农业用蒸汽、承压高温热水的需要，但由于高温蓄热相对复杂，因此目前市场上采用低温蓄热的太阳能供暖系统较多。

图 9－3－13 是中科院电工所在河北涿鹿县矾山黄帝城建造的塔式聚光太阳能供暖试验项目，该项目于 2019 年建成投运，项目由太阳能塔式聚光吸热系统、跨季节水体储热系统、供暖末端低温供暖系统、自控系统等组成。定日镜采光面积 760 m^2，跨季节蓄热水池容量 3 000 m^3，满足园区内 3 000 m^2 建筑冬季供热要求，可实现太阳能全年收集、存储，有效解决建筑冬季清洁供热问题。该塔式太阳能集热系统仅将水加热到 95 ℃。

图 9－3－13　中科院电工所涿鹿黄帝城塔式太阳能供暖系统试验项目

图 9－3－14 是该项目的运行原理示意图。

该系统的工作原理如下：

太阳能加热蓄热水箱内的水：在太阳光照下，塔式太阳能定日镜将太阳光反射到吸热塔，吸热塔将高强度的太阳光能转变成热能，并加热吸热塔内的水；当吸热塔内的水被加热到设定温度时，系统自动将跨季节蓄热水池内的水抽到吸热塔底部，并把吸热塔上部的高温水顶回到蓄热水池内；如此不断循环，经过非供暖季节塔式太阳能的加热，逐步把蓄热水池内的水加热到需要的温度；在供暖季节，系统依然如上面所述的加热方式加热蓄热水池。

系统供暖：当需要供暖时，供暖循环泵启动，实现蓄热水箱与供暖缓冲水箱之间的循环换热；缓冲水箱向供暖末端循环供暖。

辅助热源加热：当太阳能和蓄热水池提供的供暖热量不足时，辅助能源加热系统启动，加热供暖缓冲水箱，从而保证供暖需求。

塔式太阳能供暖系统可以获得较高的供暖供水温度，且太阳能集热系统管路简单，防

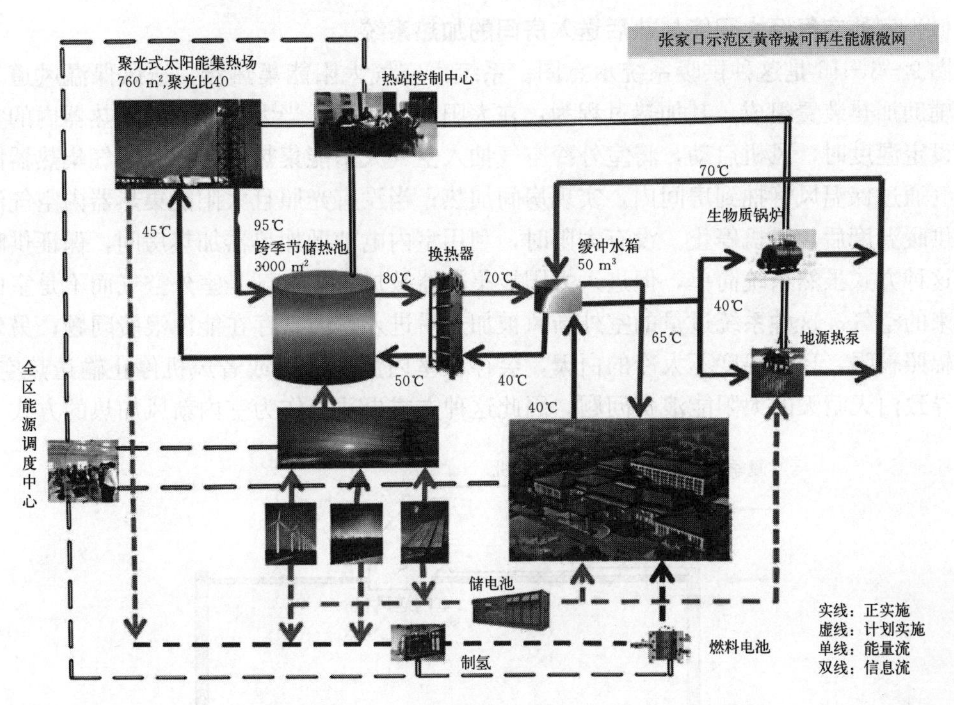

图 9-3-14　黄帝城塔式太阳能供暖试验项目系统运行原理示意图

过热和防冻简便。

（12）槽式聚光太阳能低温供暖系统

图 9-3-15 是内蒙古包头市青山区包头市装备制造产业园区北部区建成的槽式太阳能供暖项目。该项目采用槽式太阳能＋电极锅炉供暖系统，由槽式太阳能加热 95 ℃以内热水，通过循环向供暖区域供暖；当太阳能产热不足时，由电极锅炉补充供热。该项目供热面积约为 48 万 m^2。

图 9-3-15　包头市装备制造产业园北区槽式太阳能供暖项目

近几年，国内一些地方建成投运了一批聚光太阳能低温供暖项目，其实际使用效果如何，有待通过实践验证和完善提高。

9.3.2　空气太阳能供暖系统

空气太阳能供暖系统形式也多种多样。这里选择几种典型的空气太阳能供暖系统，对其工作原理和特点进行介绍。

（1）室外空气经太阳能加热后送入房间的加热系统

图 9－3－16 是这种供暖系统示意图。系统由空气太阳能集热器、送风保温风道、风机、辅助加热装置组成。其加热过程为：在太阳能光照下，当太阳能空气集热器内的空气达到设定温度时，风机启动，将室外冷空气抽入空气太阳能集热器，并将空气集热器内的热空气通过保温风管抽到房间内，实现房间加热；当没有光照且太阳能集热器内空气温度低于供暖温度后，风机停止。没有太阳时，利用室内电辅助加热器加热房间，保证供暖。

这种方式虽然系统简单，但进入太阳能集热器被加热的空气是室外空气而不是室内循环过来的空气。这种系统过量的室外新风被加热后进入室内，存在能源浪费问题；另外在太阳辐照较强，环境温度不太冷的白天，会存在室内温度过热或者风机停止输送热空气，从而导致白天晴天的太阳能浪费问题。因此这种方式更适合作为室内新风加热的方式。

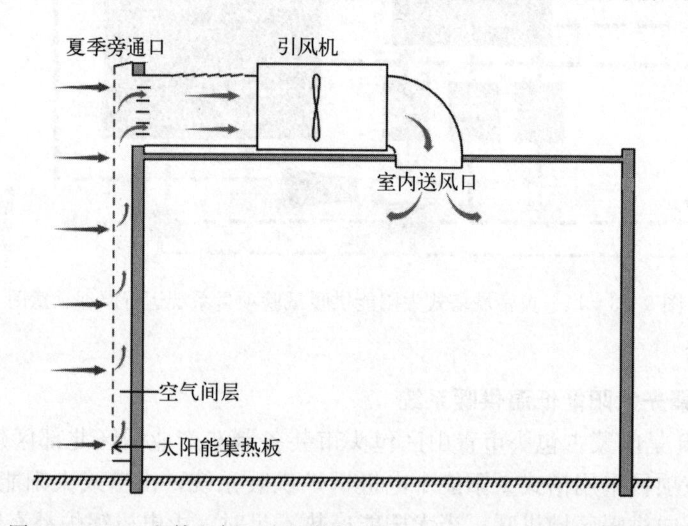

图 9－3－16　室外空气经太阳能加热后送入房间的加热方式示意图

加拿大康索沃（Conserval）公司开发出的“太阳墙”产品和技术，就是根据这种原理开发出来的。图 9－3－17（a）是生产车间采用太阳墙供暖系统实景照片。

(a)车间太阳墙新风加热工程

(b)太阳墙在建筑上安装位置示意图

图 9－3－17　加拿大太阳墙产品技术工程应用

国内企业采用螺旋直通全玻璃真空管制成太阳能空气集热器，图 9－3－18 是利用这种产品实现太阳能热风供暖的实际案例。

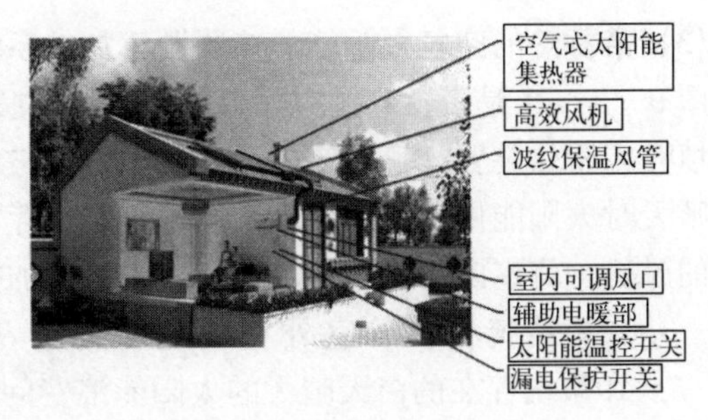

图 9-3-18　直通真空管空气集热器新风与采暖系统

(2) 室内空气经空气太阳能集热器循环加热系统

图 9-3-19 是这种供暖方式示意图。该系统比图 9-3-18 系统只多了从供暖房间到空气集热器冷风进口的风道。其加热过程为：在太阳能光照下，当太阳能空气集热器内的空气达到设定温度时，风机启动，将室内的冷空气抽入空气太阳能集热器，被加热后又被风机抽回到房间内，从而实现供暖房间空气的循环加热。当太阳能加热空气的热能不足时，由辅助热直接加热房间。

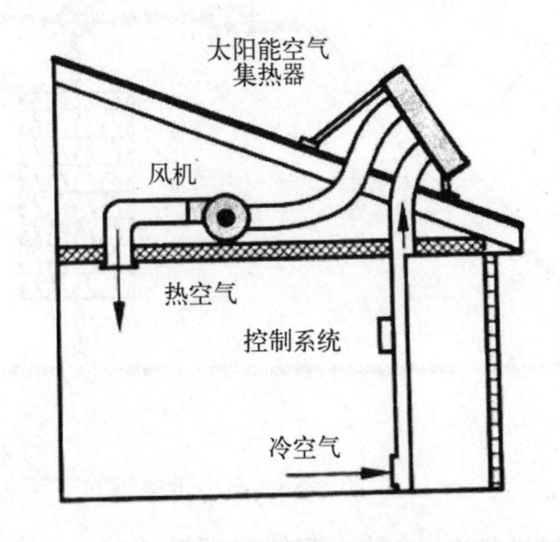

图 9-3-19　室内空气循环加热空气太阳能供暖系统

图 9-3-19 空气太阳能供暖系统，避免了图 9-3-18 系统室外空气被加热进入室内导致的供暖能量浪费问题。

图 9-3-20 是 2018 年青海某公司厂房安装的利用这种产品技术的空气太阳能供暖系统。

图 9-3-20　青海某公司车间空气太阳能供暖系统

（3）带蓄热的空气太阳能集热器循环加热系统

图 9－3－21 是带蓄热的空气太阳能循环供暖系统。该系统在图 9－3－19 系统上又增加了填充床蓄热装置（填充床内放置鹅卵石等彼此之间有缝隙的蓄热材料）。该系统可将白天晴天时太阳能供暖产生的多余供暖热能贮存在填充床内，晚上再通过开启室内回风管道上的风机，将室内空气通过填充床蓄热装置加热后，回到室内供暖。这种系统既避免了图 9－3－16 系统存在的室外空气被加热进入室内导致的能量浪费问题，又避免了图 9－3－19系统存在的白天晴天的太阳能浪费问题。

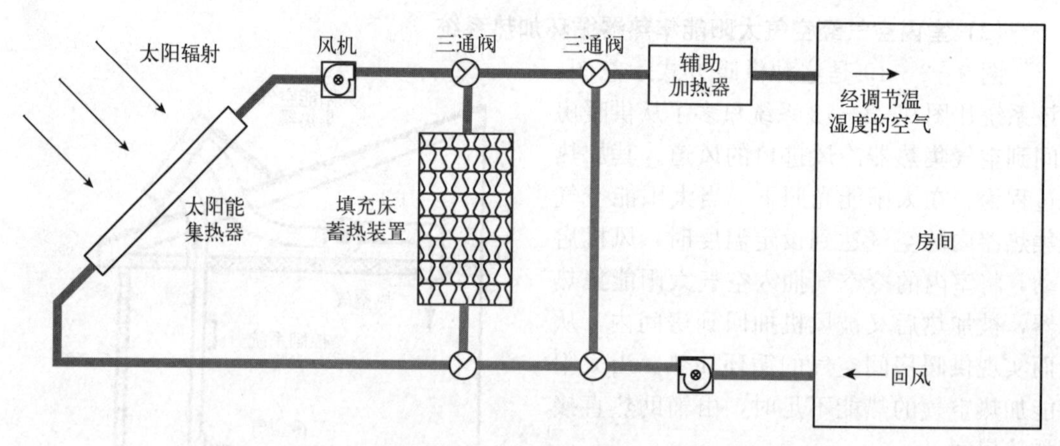

图 9－3－21　带蓄热的空气太阳能循环供暖加热系统示意图

（4）气/水换热太阳能供暖系统

图 9－3－22 是气/水换热太阳能供暖系统示意图。该系统采用螺旋直通全玻璃真空管太阳能空气集热器，该集热器的直通真空管内放置有相变蓄热材料，可以把真空管得到的热能先存储在相变存储棒内，再由太阳能集热系统的气/水换热器慢慢将真空管内的热能换到蓄热水箱内。

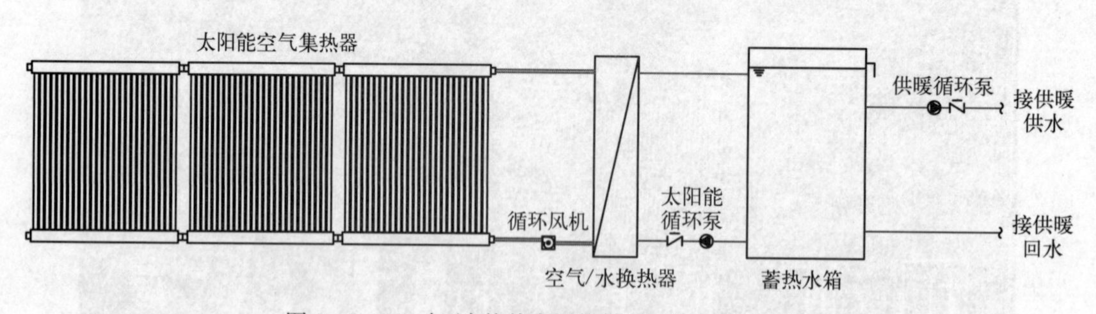

图 9－3－22　气/水换热太阳能供暖系统原理示意图

图 9－3－23 是该类系统在西藏日喀则某办公大楼的工程案例。

这类系统的优点是真空管集热器不存在炸管漏水的问题，但空气/水换热存在太阳能集热换热系统耗电量大等问题。

图 9-3-23　气/水换热太阳能供暖系统工程案例

9.3.3　太阳能热泵供暖系统

太阳能热泵是以太阳能集热产生的热能作为热源的热泵系统，它把热泵与太阳能集热技术有机地结合起来，可以同时提高太阳能集热效率和热泵制热 COP 值。

根据集热介质的不同，可以把太阳能热泵分为直膨式和非直膨式两大类。

9.3.3.1　直膨式太阳能热泵

直膨式太阳能热泵，太阳能集热器直接作为热泵的蒸发器，热泵制冷剂直接被太阳能集热器加热，然后经过热泵循环，由热泵冷凝器将冷凝热释放给被加热介质。

图 9-3-24 是直膨式太阳能热泵系统示意图。它由太阳能集热器（蒸发器）、压缩机、冷凝器、膨胀阀等部件组成。该系统的太阳能集热器集热板内可直接充入热泵制冷剂。

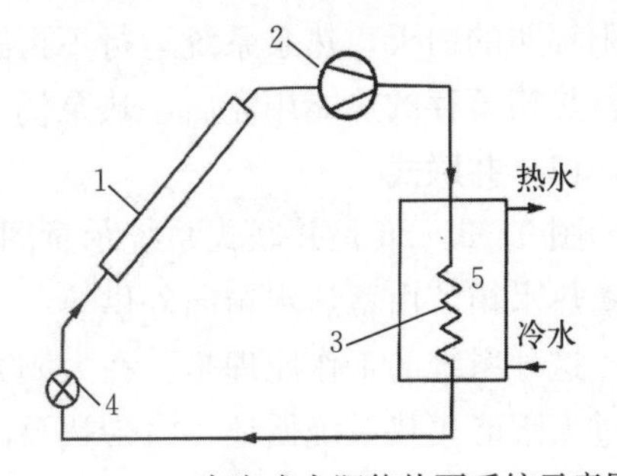

图 9-3-24　直膨式太阳能热泵系统示意图

1. 蒸发器/太阳能集热器；2. 热泵压缩机；3. 热泵冷凝器；4. 膨胀阀；5. 蓄热水箱

直膨式太阳能热泵的工作原理是：在太阳光照条件下，太阳能集热器将太阳光能转变成热能，直接将集热器内的制冷剂加热，然后经热泵压缩机压缩成高温高压后，再通过冷凝器放热，将满足需要的高温热传递出去。

这种系统的优点是：①系统简单，作为蒸发器的太阳能集热器甚至可以去掉透光盖板和保温，只留下集热板芯即可；②可获得很高的太阳能接收效率和较高的制热 COP 值。

这种系统的缺点是：①由于太阳能光照波动大，夜晚和阴雨天没有太阳光照，因此热泵工作状况不稳定；②因太阳辐照不连续，不能全天连续 24 h 工作，工作时间直接受到太阳辐照有无与强弱的限制。

9.3.3.2　非直膨式太阳能热泵

非直膨式太阳能热泵系统，将太阳能集热器与热泵的蒸发器分开独立设置。根据二者之间的设置关系，可将非直膨式太阳能热泵系统分为串联式、并联式、双热源式三种类型。

(1) 串联式

图 9－3－25 是串联式系统示意图。该系统由太阳能集热系统、热泵供热系统组成，这种系统的工作原理是：在太阳光照条件下，太阳能集热器将太阳光能转变成热能，通过太阳能集热系统循环，将带热泵蒸发器的蓄热箱内的蓄热介质加热；热泵蒸发器从蓄热箱吸收热量，然后经热泵压缩机压缩成高温高压后，再过冷凝器放热，将满足需要的高温热传递出去。

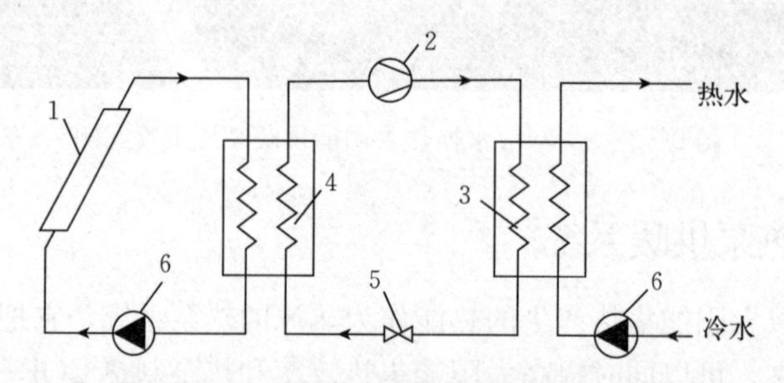

图 9－3－25　串联式太阳能热泵系统示意图

1. 太阳能集热器；2. 热泵压缩机；3. 热泵冷凝器；4. 热泵蒸发器；5. 热泵膨胀阀；6. 循环泵

与图 9－3－24 系统相比，这种系统的优点是：通过增加蓄热箱蓄热缓冲，使得在有太阳辐照的白天，热泵系统运行不再随时受到太阳辐照波动的影响。这种系统的缺点是：当蓄热箱蓄存的热能用完后，热泵仍不能运行。

(2) 并联式

图 9－3－26 是并联式系统示意图。这种系统的太阳能集热系统与空气源热泵并联加热蓄热水箱，由蓄热水箱向外供热。

这种系统的工作原理是：在太阳光照条件下，太阳能集热器将太阳光能转变成热能，通过太阳能集热系统循环，将带热泵冷凝器的蓄热箱内的蓄热介质加热，并从蓄热水箱向外输送热能；当太阳能产热不足时，由空气源热泵加热蓄热水箱，并向外供热。

这种系统的优点是：①太阳能集热系统与热泵系统都可以独立运行，二者可以同时运行，也可以优先利用太阳能供热，当太阳能不足时，再利用空气源热泵供热；②系统供热不受太阳辐照影响，可以全天 24 h 向外供热。这种系统的缺点是：系统成本高。

这种系统实际上是空气源热泵作为辅助热源的太阳能供热系统。在实际应用中，这种系统很常见。

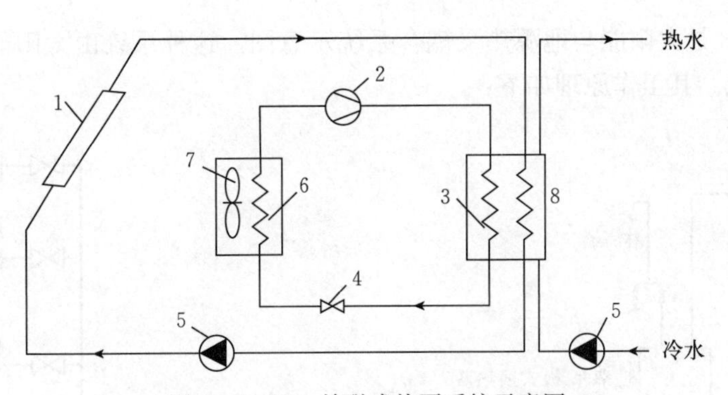

图 9-3-26 并联式热泵系统示意图

1. 太阳能集热器；2. 热泵压缩机；3. 热泵冷凝器；4. 热泵膨胀阀；
5. 循环泵；6. 热泵蒸发器；7. 风扇；8. 蓄热水箱

(3) 双热源式

双热源系统是指热泵蒸发器既可以从太阳能吸收热量，也可以从空气吸热能量的热泵。图 9-3-27 是这种系统的示意图。

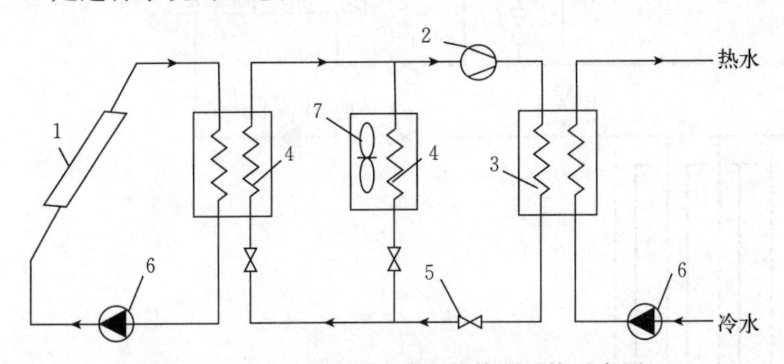

图 9-3-27 双热源式太阳能热泵系统示意图

1. 太阳能集热器；2. 热泵压缩机；3. 热泵冷凝器；4. 热泵蒸发器；5. 热泵膨胀阀；6. 循环泵；7. 风扇

这种系统的工作原理是：在有太阳光照时，当太阳能集热系统把与其连接的带有热泵蒸发器的蓄热水箱内的介质加热，蓄热水箱内的热泵蒸发器从蓄热水箱吸取热量，经热泵压缩机压缩成高温高压后，从冷凝器将高温热量释放出来，并用于供热；当没有太阳光照时，热泵利用其空气蒸发器，以空气为热源，通过冷凝器向外输送高温热量。

这种系统的优点是：①太阳能集热系统效率高；②系统供热不受太阳辐照影响，可以全天 24 h 向外供热。缺点是：①太阳能集热系统只能通过热泵系统向外供热，即使太阳能集热系统能够产生满足需要的高温热能，也必须通过热泵向外供热，由此消耗更多的电能；②系统成本高。

9.3.4 太阳能与地源热泵耦合系统

太阳能与地源热泵耦合系统是在地源热泵系统加入太阳能集热系统，利用太阳能在非供暖季节向土壤加热，提高土壤温度，以解决供暖从土壤提取的热量明显大于制冷向土壤输送热量时，带来土壤温度逐年降低，导致地源热泵供暖效果下降甚至无法供暖的问题。

图 9－3－28 是太阳能与地源热泵耦合系统示意图。这种系统由太阳能集热系统与地源热泵系统组成。其工作原理如下：

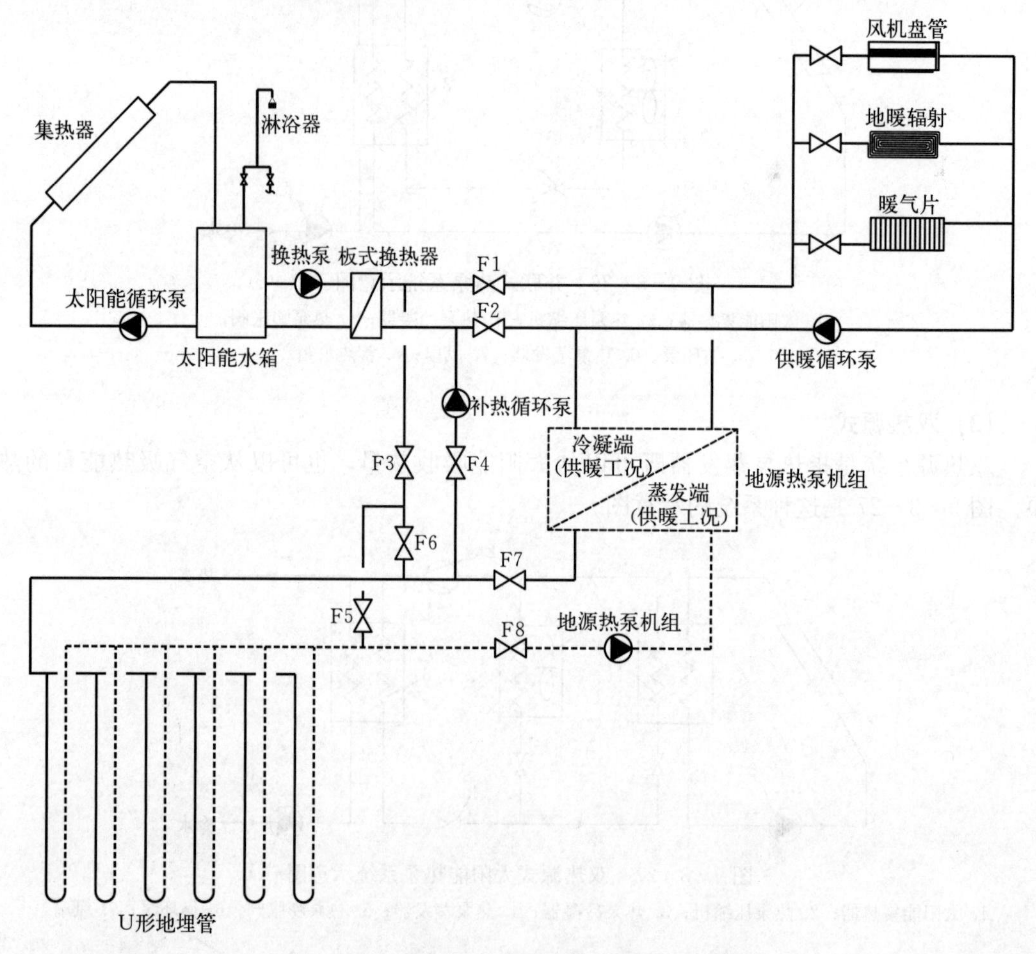

图 9－3－28　太阳能与地源热泵耦合系统示意图

（1）非供暖非制冷期间，太阳能加热土壤

在非供暖非制冷季节，关闭阀门 F1、F2、F6、F7、F8，打开阀门 F3、F4、F5。太阳能水箱内的水被太阳能集热器加热后，通过换热器实现 U 形地埋管与太阳能水箱的换热，将土壤加热。

（2）制冷期间，利用太阳能热水洗浴或转做它用

对于只有供暖的地区，在非采暖季节，太阳能可以一直加热土壤。对于供暖负荷大于制冷负荷 30%以上的地区，在地源热泵制冷期间，将太阳能产生的热水用于洗浴或其他用途。

（3）供暖期间，利用太阳能与地源热泵联合供暖

在供暖季节，关闭阀门 F3、F4、F5，打开阀门 F1、F2、F7、F8，并调节 F2，使得供暖循环的一部分回水，进入太阳能换热器，大部分回水进入地源热泵冷凝换热器，经太阳能换热器加热后的热水与经地源热泵冷凝端加热后的热水混合后，一同用于供暖。

这种系统的优点是：①可以解决只有供暖没有制冷或者供暖负荷大于制冷负荷 30%

以上地区，采用地源热泵供暖时，土壤温度不平衡问题。②由于加热土壤只需要很低的温度，因此太阳能加热土壤的效率高。

这种系统的缺点是：①对于需要地源热泵制冷的地区，夏季制冷需要向土壤排热，这与夏季利用太阳能是相矛盾的，应处理好这个问题。②为解决土壤全年热平衡，需要根据项目地气候和土壤情况以及冷热负荷情况，详细计算所需要太阳能向土壤补充的热能用量，以便较精确地设计计算太阳能系统的规模。

太阳能与地源热泵耦合系统，可以很好解决寒冷地区地源热泵供暖导致的土壤温度连年下降问题，因而被越来越多地采用。

图 9－3－29 是北京延庆某乡村建成的太阳能＋地源热泵集中供暖系统。该村共有 223 户农户，150 栋住宅，1 栋村委会，房屋 182 处，建筑面积 1.9 万 m^2。

该项目采用 2 400 m^2 的平板太阳能集热器，占地面积 3 700 m^2，另配置了 2 台 950 kW 共 1 900 kW 的地源热泵机组。打 100 m 深的地埋孔 508 口，井内下入 De32 的双 U 形 Pe 管。非供暖季节将太阳能的热量通过 508 口井内的 Pe 管，将热量储存在土壤内，冬季利用地源热泵，将蓄存在土壤内的热量提取出来，通过地源热泵将供热管网的回水加热到 50～55 ℃，然后输送到各个农户，通过房间内的风机盘管或地板采暖将房间加热。该项目只有供暖没有制冷，项目于 2017 年冬投入供暖运行。

图 9－3－29　太阳能与地源热泵耦合项目案例

9.4　太阳能供暖系统方案选择

上节介绍的各种太阳能供暖方案，只是给读者提供一些有代表性的方案类型。在实际设计时，可以根据实际情况灵活取舍和完善。设计选型一个既科学合理又切合实际的太阳能供暖系统，既要弄清用户的基本情况、供暖需求与供暖特点、当地气候特点、太阳能集热器阵列可能的摆放位置与场地情况、全年各月的太阳辐照情况、项目投资能力等项目设计选型信息；又要对各种供暖技术尤其是各种类型的太阳能供暖技术的特点、适用范围、产品与技术成熟度等有比较全面客观准确的了解，这样才能做好该太阳能供暖项目的设计方案比选与设计。

在掌握了以上太阳能供暖系统设计要求的信息与知识后，从事太阳能供暖系统设计选型，要把控一些设计选型原则、经验总结与相关要求等。

9.4.1 太阳能供暖系统方案选择原则

太阳能供暖系统设计方案选择，应遵照因地制宜原则、满足用户需求原则、被动技术优先原则、系统稳定可靠成熟原则、经济合理原则、主要问题优先原则等。

（1）因地制宜原则

选择合适的太阳能供暖系统，至少要从当地气候特点、当地太阳辐照资源、用户计划投资多少、用户适合的供暖方式等因素综合考虑。

就气候而言，根据我国各地气候特点，分为：严寒地区、寒冷地区、夏热冬冷地区、温和地区，以上各类地区的气候特点不同，对供暖的需求以及不同气候供暖系统可靠性、安全性的影响也不同。

就太阳辐照资源而言，根据我国各地全年太阳能辐照资源情况，分为：资源最丰富区、很丰富区、较丰富区、资源一般区。

全国各地的经济水平，具体用户的经济条件，用户对太阳能供暖系统的投资能力等，是太阳能供暖系统选型的关键因素之一。

另外用户具备的摆放太阳能集热系统的场地条件，用户现有条件下可以采用的供暖方式和供暖末端方式等，这些因素也是设计选型太阳能供暖系统应考虑的问题。

（2）满足用户需要原则

在选择太阳能供暖方案时，设计人员更多从技术角度考虑，而用户考虑的因素则多种多样。对于设计人员，要通过与用户沟通，了解用户的真正需求。

大多数用户对太阳能供暖技术了解不全面，对这类用户，设计人员要耐心与用户沟通讲解，帮助客户客观分析其供暖需求，向用户客观介绍各种太阳能供暖方案的优缺点，适用范围等，以便用户对太阳能供暖技术全面了解后，再帮助用户理性选择适宜的太阳能供暖方案。

还有一类用户，这些用户已经考察对比了不少太阳能厂家的太阳能供暖技术与设计方案，在用户心里已经形成了基本固定的结论。针对这种情况，设计人员首先要了解用户考察比选过的太阳能供暖方案的供暖效果是否如用户认为的那样。然后再有针对性地与用户沟通，帮助用户理性选择适宜的太阳能供暖方案。

有些时候，用户也清楚其选择的方案不是最适合的，但受各种因素影响，只能这样选择。在这种情况下，设计人员只能退而求其次，在不是理想的设计方案下，把这种方案设计得尽量完善些。

（3）被动技术优先原则

被动技术是指建筑节能技术。对于不节能的供暖建筑，投入有限的资金，通过节能改造，可以显著降低建筑的供暖热负荷和耗热量，并提高建筑的热舒适性。

对于既有不节能的建筑，当采用太阳能供暖时，与太阳能供暖系统单位供暖热负荷的投资相比，建筑节能降低单位供暖热负荷的投资要明显小于从主动太阳能供暖系统得到这些热量的投资。因此应采取对供暖建筑节能改造优先的措施，降低供暖热负荷，减小主动太阳能供暖系统的投资，进而降低包含建筑节能改造在内的总投资。

对于新建建筑采用太阳能供暖的，建筑设计应优先采用被动节能措施，降低建筑的供暖热负荷和耗热量，从而降低太阳能供暖系统的投资。

新修订的国标 GB 50495—2019《太阳能供热采暖工程技术规范》明确规定："新建建筑应用太阳能供暖系统，应遵循被动技术优先，主动技术优化的原则"。

(4) 稳定可靠成熟原则

太阳能供暖技术和方式多种多样，但不同的太阳能供暖技术，在现阶段的技术成熟度是不同的，系统运行的稳定性、可靠性也不同。因此应选择现阶段产品与技术成熟可靠、运行稳定的太阳能供暖产品、技术和系统。

(5) 经济合理性原则

对于商业而非研究与试验用途的太阳能供暖项目，或者非特殊环境和地理位置选用的太阳能供暖项目，设计选型时应考虑所选择系统的经济性。既做到技术上可行，又要做到经济上合理。

(6) 主要问题优先原则

在做太阳能供暖方案选择时，有时候上述选择原则并不能全部满足，甚至相互矛盾。这种情况下，要把本项目要解决的主要问题放在比选的首位，加大该项目主要原则比选得分的权重，降低相对次要原则的比选得分权重。当然不同地方不同的项目，方案比选评分的权重应不同。

9.4.2　太阳能供暖方案选择经验参考

根据目前太阳能供暖项目的工程应用经验，太阳能供暖方案选择有如下经验供读者参考。

(1) 供暖期太阳能辐照资源丰富的地区，适宜选择短期蓄热太阳能供暖系统

根据目前短期蓄热与季节蓄热投资比较，增加太阳能面积与增加蓄热装置蓄热能力两种方案的投资，满足同样供暖热量情况下，采用增加太阳能面积方案的投资要小于增加季节蓄热能力的投资，因此推荐选用短期蓄热系统。

(2) 供暖期太阳能辐照资源较差地区，要对短期蓄热和季节蓄热方案进行技术经济比较后再选择合理的方案

对于采暖期太阳能辐照资源较差地区，应对短期蓄热和季节蓄热方案的优缺点进行比较，从技术经济角度选择合理的方案。

新修订的国家标准 GB 50495—2019《太阳能供热采暖工程技术规范》，对短期蓄热与季节蓄热的界限是 15 d 蓄热能力。季节蓄热并非是把非供暖季太阳能集热系统可以获得的热能全部蓄存到供暖季使用。而是可以考虑蓄存一个月、二个月、三个月甚至更多非供暖季节太阳能集热系统获得的热能，具体要综合考虑当地条件以及其他因素许可的蓄热能力与投资情况等，再做出选择。

(3) 对于短期蓄热系统，宜选择太阳能＋其他热源联合供暖系统

太阳能供热供暖系统全年12个月都可以产热，但我国大部分地方每年的供暖时间在3～5个月，最长8个月，每年有4～9个月不供暖，如果太阳能供暖系统在非供暖季节产生的热能不能被大部分利用，将导致系统热能浪费；同时供暖期各月需要的供暖热负荷和耗热量也是一个变化的数值，每年从供暖开始到结束，供暖热负荷从最小到最大再到最小，如果太阳能100％保证供暖，也会造成供暖负荷不大的几个月太阳能产热的浪费问题。

而采用太阳能＋其他热源联合供暖的方案，可以减少非供暖季节太阳能产生的利用不掉的热能，从而降低投资，提高经济性。

新修订的国家标准GB 50495—2019《太阳能供热采暖工程技术规范》，对不同太阳能辐射资源地区太阳能供暖系统供暖保证率的取值范围推荐见表9-4-1。

表9-4-1 不同地区太阳能供热采暖系统太阳能保证率推荐选值范围

太阳能资源区划	短期蓄热系统	季节蓄热系统
资源极富区	50％	70％
资源丰富区	30％～50％	50％～60％
资源较富区	20％～40％	40％～50％
资源一般区	10％～30％	20％～40％

(4) 对于家用住宅，适宜选择平板/真空管集热器低温供暖系统

家庭住宅供暖，太阳能供暖的舒适性、可靠性、连续性、方便性都很重要。采用平板/真空管集热器太阳能低温供暖系统，技术成熟，低温供暖既舒适又能提高太阳能集热系统的热效率，充分发挥太阳能的作用。

(5) 对于学校/生产车间/企事业单位办公场所，适宜选择太阳能间歇供暖系统

学校、生产车间、企事业单位办公场所，只需要白天上课/上班时间供暖，而太阳能正好可以白天产生热能，采用间歇供暖，白天供暖夜晚不供暖或者仅值班供暖，可以显著降低供暖期的供暖热负荷和耗热量，并降低系统投资。

(6) 对于独栋或单位多栋建筑集中供暖的，适宜选择平板/真空管集热器低温供暖系统

单位独立供暖的，可以根据单位供暖建筑情况具体设计。采用平板/真空管集热器太阳能低温供暖系统，技术成熟，低温供暖既舒适又能提高太阳能集热系统的热效率，充分发挥太阳能的作用。

(7) 对于新建区域集中供暖或者既有区域原来没有供暖现增设供暖的，适宜选择平板/真空管集热器低温供暖系统

新建区域或者既有区域原来没有供暖设施的，可以按照低温供暖的要求设计供暖管网和室内供暖末端，为太阳能低温供暖做好配套。采用技术成熟的平板/真空管集热器太阳能低温供暖系统，既舒适又能提高太阳能集热系统的热效率，充分发挥太阳能的作用。

(8) 对于原来有集中供暖的，适宜选择聚光太阳能集热器中高温供暖系统或者太阳能发电热电联产系统

原来有集中供暖的区域，供热管网一次主管网多按照高温水供暖，供热管网的供回水温度在110～140/70～90℃，二次管网供回水温度在75～95/50～70℃。放置在郊外的太阳能集热系统产生的热能注入供暖主管网比较合适，因此适宜选用聚光太阳能，或者热电联产太阳能系统，以便提供满足与主管网供回水温度相匹配的热能。

思考题

1. 太阳能供暖系统由哪些部分组成？
2. 太阳能供暖系统都有哪些类别？
3. 各种液体工质太阳供暖系统的工作原理是什么？各有什么特点？
4. 各种空气太阳能供暖系统的工作原理是什么？各有哪些特点？
5. 各种太阳能热泵的工作原理是什么？各有哪些特点？
6. 太阳能与地源热泵耦合系统的工作原理是什么？有什么特点？
7. 太阳能供暖方案选择应注意哪些原则与要点？

第10章　供暖用太阳能集热器及其阵列

太阳能集热器可将其接收到的太阳辐射能转变成热能，并将热能传给集热器内的传热介质（水或其他介质）。集热器阵列是把数块太阳能集热器连成一个集热系统，获得更多的热能，通过循环管路将其获得的热能输送到需要的地方。

10.1　太阳能集热器类别

（1）按照集热器是否聚光分类

按照太阳能集热器是否聚光，将太阳能集热器分为：非聚光太阳能集热器和聚光太阳能集热器两类。

非聚光太阳能集热器是指集热器收集太阳辐射能的面积与吸收太阳辐射能的吸热面积相等。非聚光太阳能集热器能够吸收利用太阳的直接辐射和散射辐射能，不需要太阳光跟踪装置，因此结构简单、维护方便。但由于它不具有聚光功能，因此热流密度较低，一般用在工作温度在100℃以下的低温热利用系统中。非聚光太阳能集热器是低温太阳能热利用中使用最普遍的集热器。

聚光太阳能集热器是指通过反射器、透镜或其他光学器件，将进入集热器采光口的太阳光汇聚到吸热体上，且吸热体接收太阳光的面积远小于集热器采光口的面积，通过光线聚焦形成高密度的太阳辐射能，通过吸热体，获得高温热能，并将高温热能传递给吸热体内的传热介质。聚光太阳能集热器主要用于中温、高温太阳能热利用中，也有用于低温太阳能热利用。聚光太阳能集热器只能利用太阳的直射光，散射光能被聚光到吸热体上的很少。

（2）按照集热器传热工质类型分类

按照太阳能集热器传热工质类别分类，将太阳能集热器分为：液体型集热器和空气型集热器两类。

液体型集热器是指流过集热器吸热体的传热介质是液态工质。低温利用的液体集热器，多用水、乙二醇或丙二醇配置的防冻液作为传热介质；中、高温利用的液体集热器，多用耐高温导热油、硅油等作为传热工质。工作温度不同，传热工质也随之不同。

空气型集热器是指流过集热器吸热体的传热介质是空气。空气集热器有多种形式。

10.2　非聚光太阳能集热器

液体型非聚光太阳能集热器有平板型和真空管型两大类别，空气型非聚光太阳能集热器也有平板型和真空型两种类别。

10.2.1　液体型非聚光平板集热器

有关平板集热器的知识，在与本书配套的《太阳能光热利用技术（初、中、高级）》一书的第 12 章已给予了详细讲解，限于篇幅，这里不再重复，这里主要阐述太阳能供暖系统对平板集热器的性能要求。

（1）平板集热器产品质量与性能要求

GB/T 6424—2007《平板型太阳能集热器》国家标准对平板集热器性能与产品质量做了详细的规定和要求，部分性能要求见表 10-2-1。

表 10-2-1　平板集热器技术要求

部件	要求项目	技术要求
平板集热器	热性能	F_R（τ·α）不低于 0.72 $F_R \cdot U_L$ 不高于 6.0 W/(m^2·℃)
	耐压	非承压式应承受 0.06 MPa 的工作压力；承压式应承受 0.6 MPa 的工作压力
	空晒	应无变形、无开裂、无破损或其他损坏
	闷晒	应无泄漏、开裂、破损或其他损坏
	内通水热冲击	不应破损
	外淋水热冲击	应无渗水和破坏
	淋雨	应无渗水和破坏
	强度	应无损坏及明显变形，透明盖板应不与吸热体接触
	刚度	应无损坏及明显变形
	吸热板涂层	涂层应无脱落、反光、发白现象，涂层的吸收比不小于 0.92

（2）太阳能供暖系统对平板集热器性能与质量要求

表 10-2-1 内的要求是国家标准对平板集热器性能与质量要求，是准予出厂的最低要求。对于太阳能供暖系统，期待平板集热器能加热产生 75～90 ℃热能，因此对集热器的热性能和质量应有更高的要求。

目前国内常规平板集热器的效率截距 F_R（τ·α）在 0.72～0.80 之间，总热损系数 $F_R \cdot U_L$ 在 5.1～5.5 之间。上述性能的平板集热器，对于要求集热器出口温度在 70 ℃以上的太阳能供暖系统，冬季太阳能的得热量较低；另外一些常规平板集热器多块集热器的连接方式不适合闭式承压系统，存在集热器连接处热膨胀变形漏液等问题。

根据工程实际要求和目前国内平板太阳能集热器的制造水平，建议对用于太阳能供暖的平板集热器，除满足国家标准的要求外，性能和质量还应满足以下要求：

热性能要求：平板集热器效率方程中的截距 F_R（τ·α）应不低于 0.80，总热损系数 $F_R \cdot U_L$ 不高于 4.0 W/(m^2·℃)。

质量要求：使用寿命应在 20 年以上；对于承压系统，平板集热器之间相互连接方式和部件应能承压工作，并能耐受高低温交变引起的热胀冷缩。

图 10－2－1 是高性能平板集热器与普通平板集热器性能对比。从图中可以看出，非真空保温高性能平板集热器与普通的平板集热器相比，热损系数由 5.3 降到了 4.0 以下；效率方程的截距达到了 0.839，远高于常规平板集热器，高性能平板集热器的空晒温度可达 200 ℃。

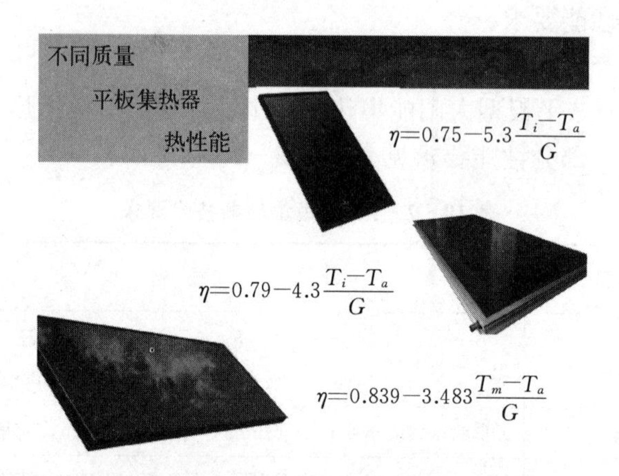

图 10－2－1　不同热性能的平板集热器

瑞士 TVP Solar 公司开发生产的真空保温平板集热器，根据厂家资料提供的热性能检测数据：基于集热器进出口平均温度与环境温度差值的归一化温度二阶效率方程，效率截距为 0.737，一次常数 $c_1=0.505$，二次常数 $c_2=0.006$。从该产品的热性能参数看，真空平板集热器的热损极低；闷晒温度可以达到 300 ℃，工作温度在 80～180 ℃。当集热器进出平均温度与环境温度差值在 100 ℃时，热效率为 60%；当温差为 150 ℃时，热效率为 50%；当温差为 190 ℃时，热效率为工作温度为 40%。显然这种真空管平板集热器可用于产生 80～150 ℃的中温热能，可轻松满足供暖与吸附式制冷对集热器性能的需要。

国内常规平板集热器之间多采用如下连接方式：硅胶管连接、不锈钢波纹管连接、锁螺母连接、焊接等方式。硅胶管连接承压性差；不锈钢波纹管直线连接抗疲劳性差，且要么承压但伸缩性差，要么伸缩性好但承压性能差；锁螺母连接，不具有伸缩性；焊接方式连接也不具有伸缩性，且不方便检修更换。

某太阳能企业高性能平板集热器的连接方式见图 10－2－2。这种集热器与集热器之间的连接方式，可以很好地解决平板集热器集管的热胀冷缩问题，连接可靠，检修方便。

图 10－2－2　平板集热器之间的连接

10.2.2　液体型非聚光真空管集热器

真空管型集热器有全玻璃真空管集热器、改性全玻璃真空管集热器（U 形管全玻璃真空管集热器、热管全玻璃真空管集热器）、玻璃-金属封接热管集热器、全玻璃热管真空管集热器等多种类型。

图 10-2-3 和图 10-2-4 是各种真空管集热器实物图。与本书配套的《太阳能光热利用技术（初、中、高级）》一书的第 3 章和第 12 章，对图中各种真空管、真空管集热器的结构、性能、特点等已给予了详细的讲解，限于篇幅，这里不再重复。这里主要阐述太阳能供暖系统对各种真空管集热器的性能要求。

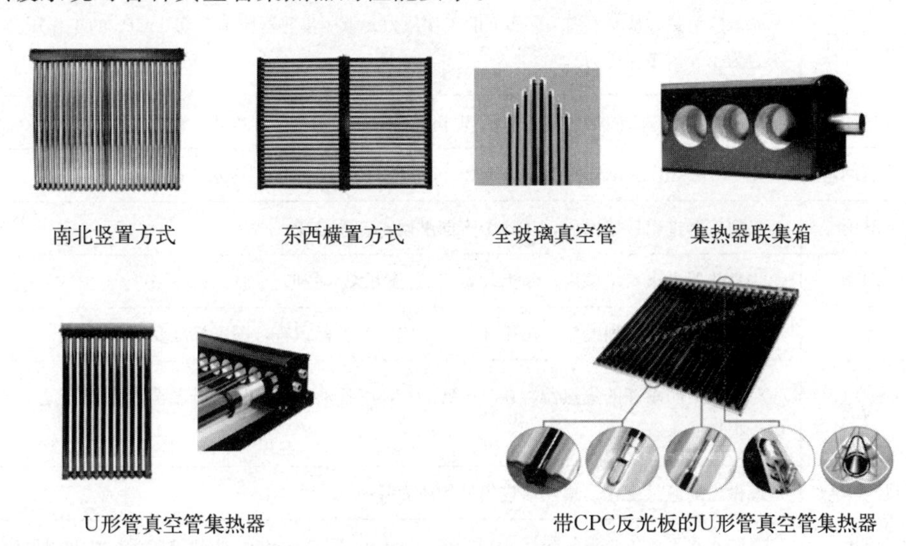

图 10-2-3　各种全玻璃真空管集热器实物图

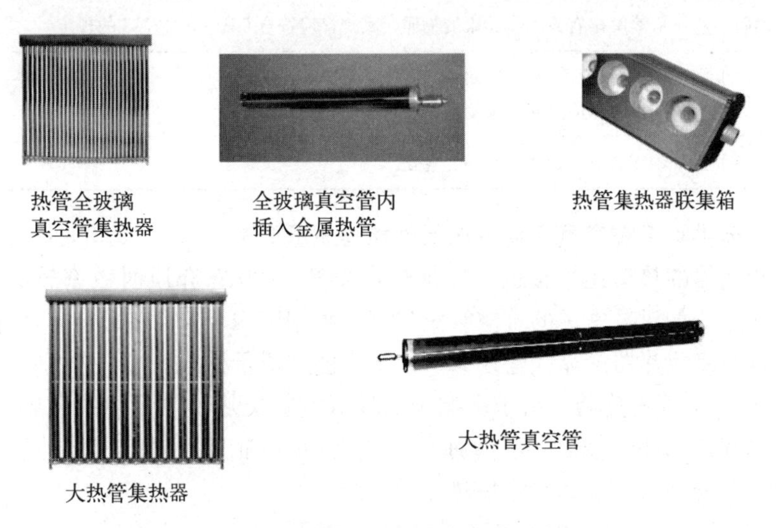

图 10-2-4　两种热管真空管集热器实物图

（1）真空管集热器产品质量与性能要求

GB/T 17581—2007《真空管型太阳能集热器》对真空管集热器的产品质量做了详细的规定和要求，主要性能要求见表 10-2-2。

表 10-2-2 真空管集热器的产品质量标准

部件	要求项目	技术要求
性能指标	热性能	无反射器的集热器，瞬时效率截距 $\eta_{a0} \geqslant 0.62$，总热损系数 $U \leqslant 3.0$ W/(m²·℃) 有反射器的集热器，瞬时效率截距 $\eta_{a0} \geqslant 0.52$，总热损系数 $U \leqslant 2.5$ W/(m²·℃)
	耐压性能	非承压集热器应承受 0.06 MPa 的工作压力，承压集热器应承受 0.6 MPa 的工作压力，试验压力为 1.5 倍工作压力
	内热冲击	在 700 W/m² 太阳辐照下，空晒 30 min 后，通入 5～25 ℃冷水 5 min，无损坏
	外热冲击	在 700 W/m² 太阳辐照下，空晒 30 min 后，喷淋 5～25 ℃冷水 5 min，无损坏
	淋雨	将集热器进出口堵塞后，从各个方向淋雨，应无渗漏、损坏
	闷晒	将集热器进出口堵塞后，晴天闷晒 1 d，无开裂、变形、损坏
	外观	外表面平整、无划痕、无污垢和其他缺陷，产品标识符合国家标准要求
	耐冻	对厂家声明耐冻的集热器，在（－20±2 ℃）下 30 mim，然后升温至 10 ℃以上，反复 3 次，应无损坏
	压力降	应做出随流量变化，集热器进出口的压力降曲线
	刚度	不装水水平放置，将集热器一端抬高 100 mm，保持 5 min，集热器应无损坏和明显变形
	强度	水平放置，集热器表面放垫板，垫板上铺 100 kg/m² 干砂，集热器应无损坏和明显变形
材料	联集管内胆	不应溶解出有碍人体健康的物质，其焊接应符合 GB/T 12467.3 的规定
	保温材料	耐温不低于 120 ℃，导热系数≤0.05 W/(m·K) 无明显收缩或隆起，不变质、不释放污染物质
	密封件材料	外观无裂痕、划伤、发黏、老化

（2）太阳能供暖系统对真空管集热器性能与质量要求

真空管集热器的热损比平板低，在加热产生 75～90 ℃介质时效率较高，即使这样，也希望选择热性能相对较先进的真空管集热器。根据国内企业目前的生产水平，对于太阳能供暖用的真空管集热器产品，建议参考以下性能与质量标准。

① 全玻璃真空管集热器。由于影响全玻璃真空管集热器热性能的主要是全玻璃真空管，集热器的其他部件，各个厂家差别不大，因此可以通过控制集热器上全玻璃真空管的性能与质量，来控制全玻璃真空管集热器的性能。

国家标准 GB/T 17049—2005《全玻璃真空太阳集热管》，对全玻璃真空管的热性能的要求见表 10-2-3。

表 10-2-3　GB/T 17049—2005 对全玻璃真空集热管热性能要求

项目名称	技术要求
空晒性能参数	太阳辐照度 $G \geqslant 800$ W/m²，环境温度 8 ℃$\leqslant t_a \leqslant$30 ℃，以空气为传热工质，空晒温度 t_s，空晒性能参数 $Y=(t_s-t_a)/G$，$Y \geqslant 190$ m²·℃/kW
闷晒太阳辐照量	太阳辐照度 $G \geqslant 800$ W/m²，环境温度 8 ℃$\leqslant t_a \leqslant$30 ℃，以水为传热工质，初始温度不低于环境温度，闷晒至水温升高 35 ℃所需的太阳辐照量：外管外径为 47 mm，$H \leqslant 3.7$ MJ/m²；外管外径为 58 mm，$H \leqslant 4.7$ MJ/m²
平均热损系数	全玻璃真空太阳集热管的平均热损系数 $U_{LT} \leqslant 0.85$ W/(m²·℃)

根据工程实际要求和目前国内全玻璃真空管的制造水平，建议对用于太阳能供暖的全玻璃真空管，除满足国家标准的要求外，热性能还应满足以下要求：真空管的空晒性能参数 $Y \geqslant 230$（m²·℃)/kW；闷晒太阳辐照量，对于外管外径为 47 mm，$H \leqslant 3.2$ MJ/m²；外管外径为 58 mm，$H \leqslant 4.2$MJ/m²；全玻璃真空太阳集热管的平均热损系数 $U_{LT} \leqslant 0.70$ W/(m²·℃)。

② 其他真空管集热器。除全玻璃真空管集热器外的其他真空管集热器，集热器产品中有全玻璃真空管的 U 形管集热器、热管全玻璃真空管集热器，全玻璃真空管热性能应满足供暖对全玻璃真空管的热性能要求；另外无反射器的真空管集热器，瞬时效率截距 $\eta_{a0} \geqslant 0.70$，总热损系数 $U \leqslant 2.5$ W/(m²·℃)；由于带平板漫反射或 CPC 反射的真空管集热器容易积灰，且导致真空管间距增大，因此生产这种产品的厂家不多。

10.2.3　空气集热器

空气集热器也属于非聚光集热器，它是以空气作为传热介质的太阳能集热器。根据国家标准 GB/T 26976—2011《太阳能空气集热器技术条件》，空气集热器分为平板型和直通全玻璃真空管型。平板型是指空气集热器的吸热体是平板或近似平板的形状。平板型又分为接触式和非接触式。

10.2.3.1　各种空气集热器结构特点

（1）平板型非接触式空气集热器

平板型非接触式空气集热器，是指空气只从吸热板非涂层面流过吸热板，被吸热板加热的平板空气集热器。图 10-2-5 是平板型非接触式平板空气集热器结构类型。

平板型非接触式空气集热器吸热板的形状有多种类别，有无翅片平板吸热板，有 Π 形翅片、V 型翅片、U 形翅片等。无翅片的平板吸热板阻力小，但空气与吸热板的换热效果不如带翅片的；有翅片的平板吸热板，与空气的换热效果好，但阻力增大。因此在设计生产这类空气集热器时，应在换热效果与阻力之间做好平衡。

（2）平板型接触式空气集热器

平板型接触式空气集热器，是指空气从吸热板有涂层面流过吸热板，被吸热板加热的平板空气集热器。图 10-2-6 是平板型接触式空气集热器结构类型。

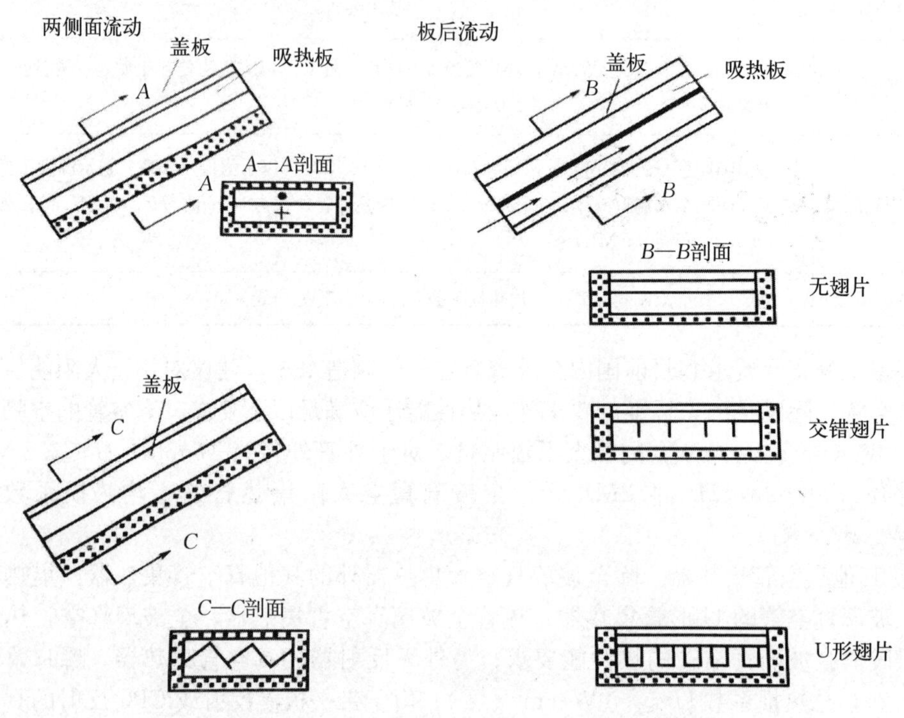

图 10-2-5　平板型非接触式空气集热器

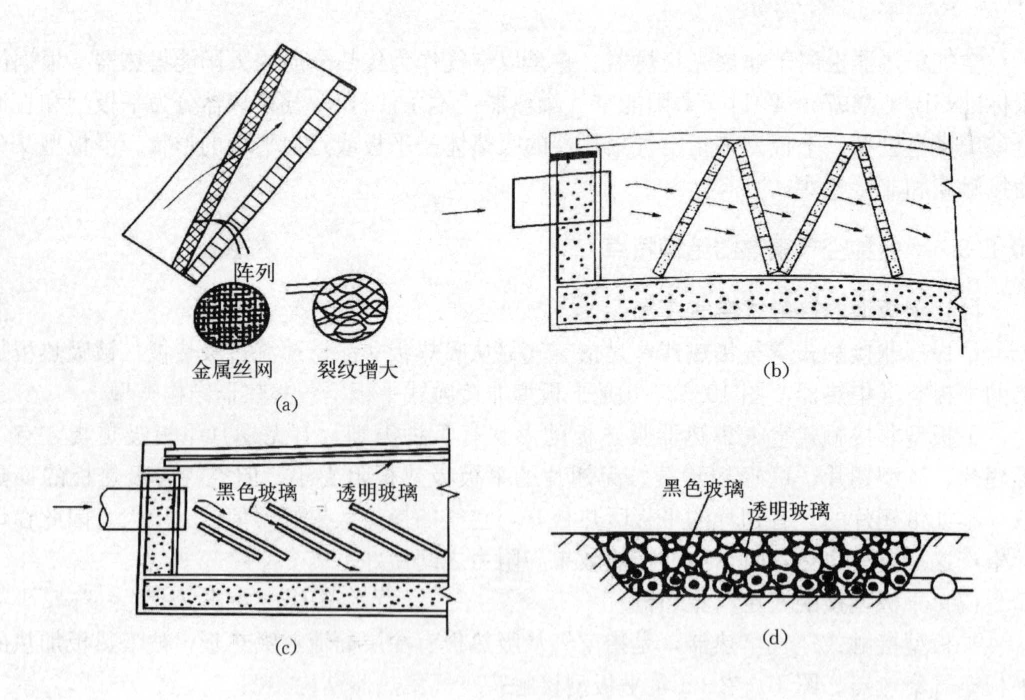

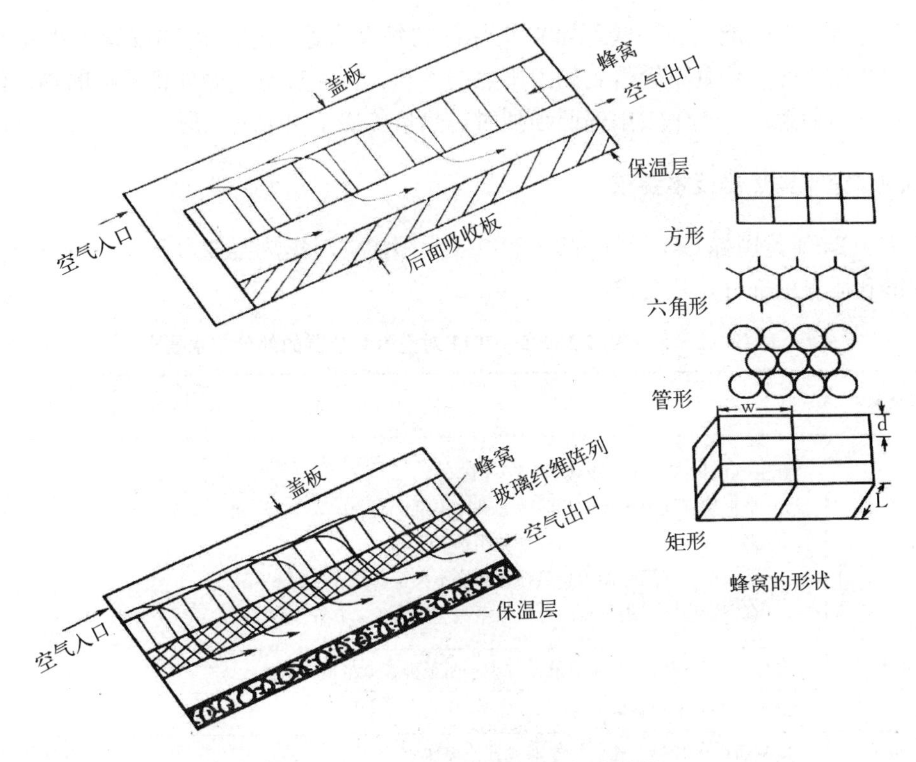

图 10-2-6　平板型接触式空气集热器

接触式空气集热器的吸热板有金属丝网式、波浪板式、重叠玻璃板式、水玻璃多孔床式、方形/六角形/圆管形/矩形等蜂窝状结构吸热板。以上形状结构的目的是为了更充分地吸收太阳光，并增加空气与吸热板的接触面积，使吸热板与空气更有效地换热，且这种结构比非接触式流过同样空气的流速降低，因此，这种结构的空气流过的压力降反倒减小。

(3) 真空管型空气集热器

真空管型空气集热器由多支真空管空气集热管等组成。

图 10-2-7 是两端直通螺旋全玻璃真空管，以及由多支螺旋真空管组成的空气集热器。为解决直通真空管受热膨胀带来的内玻璃管伸缩问题，内玻璃管一端采用了螺旋管结构，通过螺旋管的伸缩解决温度变化带来的直通管伸缩问题。

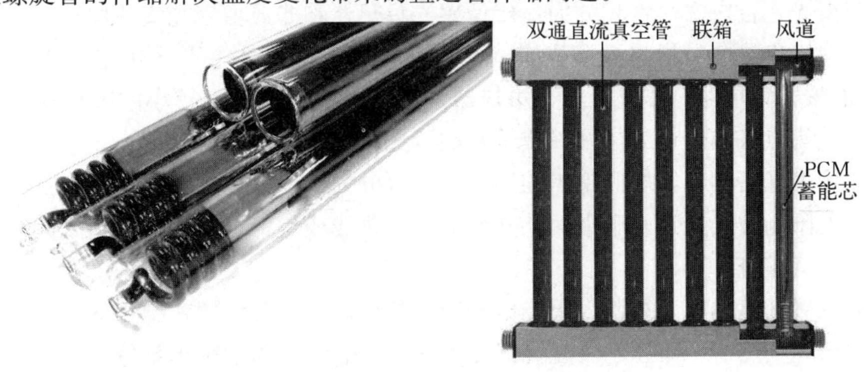

图 10-2-7　两端直通全玻璃真空管与空气集热器

由于空气蓄热性能差，一些厂家在集热器的每个直通真空管内都放置了相变蓄能材料，通过相变蓄热，将真空管得到的太阳热能蓄存，再通过空气循环将蓄存的热量传递到蓄热水箱，从而解决了正午太阳辐照强烈时，热量传递不出去的问题。

10.2.3.2 空气集热器技术要求

表 10-2-4 是国标 GB/T 26976—2011《太阳能空气集热器技术条件》中关于空气集热器性能和质量的部分技术要求。

表 10-2-4 GB/T 26976—2011 对空气集热器的部分技术要求

项目名称	技术要求
热性能	在空气流量为 0.025 kg/(s·m²) 时： 1）平板型空气集热器的瞬时效率截距不低于 0.60； 真空管型空气集热器的效率截距不低于 0.45； 2）平板型空气集热器的总热损系数应不大于 9.0 W/(m²·℃)； 真空管型空气集热器的总热损系数应不大于 3.0 W/(m²·℃)
气密性	单位采光面积的空气泄漏量，应小于明示推荐流量最大值的 5%
淋雨	淋雨后无渗水和破坏
闷晒	闷晒后应无开裂、破损、变形或其他损坏

10.3 聚光太阳能集热器

聚光太阳能集热器是将太阳光聚光到集热器吸热体上，使吸热体获得高能量密度的太阳光，并将高能量密度的太阳光能转变成热能的装置。

10.3.1 聚光太阳能集热器类别

聚光式太阳能集热器种类很多，图 10-3-1 是不同类别聚光集热器的结构示意图。

以下是按照不同分类方法的集热器类别。

按照聚光是否成像，将其分为：成像聚光集热器和非成像聚光集热器。

成像聚光集热器是指将太阳光聚光到吸热体，在吸热体上形成焦点（焦斑）或焦线（焦带）的聚光集热器。非成像聚光集热器是指将太阳光聚光到较小的吸热体上，在吸热体上不形成焦点（焦斑）或焦线（焦带）的聚光集热器。

对成像聚光集热器，按照聚焦的形式，又可分为：线聚焦集热器、点聚焦集热器。线聚焦是指太阳光被聚光到一个平面上并形成一条焦线或焦带；点聚焦是指太阳光被聚光成一个焦点或者焦斑。

对成像聚光集热器，按照太阳光聚光器的类型，又可分为槽式抛物面聚光集热器、旋转抛物面聚光集热器、菲涅尔反光镜聚光集热器、菲涅尔透镜聚焦集热器。槽式抛物面聚光集热器，是通过一个具有抛物线横截面的槽形反光器来聚光的线聚光集热器。旋转抛物

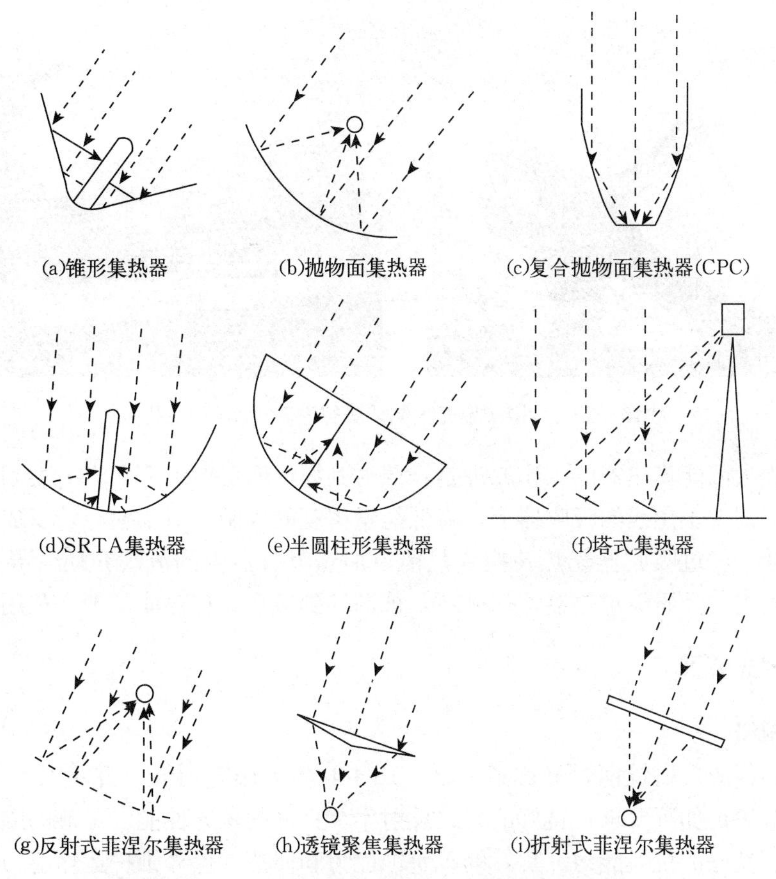

图 10－3－1　不同类别聚光集热器结构示意图

面聚光集热器是通过一个由抛物线旋转而成的盘形反光器来聚光的点聚焦集热器。菲涅尔反光镜聚光集热器是利用菲涅尔反射镜来聚光的一种线聚焦集热器。菲涅尔透镜聚焦集热器是利用菲涅尔透镜，通过折射方式来聚光的一种点聚焦集热器。

对非成像聚光集热器，按照反光器的类型，可分为：复合抛物面聚光集热器（又称 CPC 集热器）、多平面聚光集热器（又称塔式聚光集热器）、条形面聚光集热器（又称 FMSC 聚光集热器）、球形面聚光集热器（又称 SRTA 集热器）。CPC 集热器是利用若干块抛物面组成的反光器来反射太阳光的聚光集热器。塔式聚光集热器是利用平面反光器组成的多台定日镜，将太阳光反射到位于高塔顶部的吸热体（接收器）上的一种非成像聚光集热器。FMSC 聚光集热器是利用若干条固定的平面平板反光器，将太阳光聚焦到跟踪太阳的接收器上的一种非成像聚光集热器。SRTA 集热器是通过一个由半圆旋转而成的球形反射器，将太阳光聚焦到跟踪太阳的接收器上的一种非成像聚光集热器。

10.3.2　槽式聚光太阳能集热器

槽式聚光太阳能集热器由抛物面反射镜、同轴太阳光接收器、太阳位置传感器、自动跟踪机构、输配管路及支架组成。图 10－3－2 是槽式太阳能集热器的实物图。

图 10-3-2 槽式聚光太阳能集热器阵列实际工程图

槽式聚光太阳能集热器的工作原理是：照射到抛物面反射镜上的直射太阳光，被抛物面反射镜反射到位于焦线的吸收器上，将低能量密度的太阳直射辐射能转变成高能量密度的直射辐射能，经过吸收器光热转换成热能，加热吸收器内的流动介质（导热油、水）。集热器吸收器内的介质经集热器阵列循环，被循环到换热器将热能换走并利用。

10.3.2.1 聚光装置

(1) 发射镜

槽式集热器的反射镜面，又称聚光器，用于收集太阳直射光，并将其反射到吸收器上。聚光器应满足如下要求：良好的光线反射率、良好的聚光性能、足够的刚度、良好的抗疲劳能力、良好的抗风能力、良好的抗腐蚀能力和便捷的保养维护运输能力。

反射镜由反射材料、基材、保护膜构成。反射镜有两种：一种是表面反射镜面，另一种是背面反射器。

表面反射器是在成型抛物面（金属或非金属）表面蒸镀或涂刷一层高反射率的材料，或者将金属表面加工成抛物面，经对其反光面进行反光处理，如：将薄铝板表面阳极氧化、不锈钢表面抛光、薄铁板表面镀铜后镀镍等。为了防止反射面氧化，需要在其表面再涂一层防止氧化的保护膜，如在氧化铝表面镀一层氧化硅或喷涂硅胶。表面反射器的优点是消除了投射体的吸收损失，反射率较高；缺点是容易受到磨损，或者因灰尘作用影响反射率。

背面反射器是在透射体（玻璃）的背面涂上一层反射材料，如制成玻璃镜面反射体。这种反射体，常用的是将反射率较高的银或铝等反光材料涂在抛物面玻璃的背面，并在反光层的背面再喷涂一层或多层保护膜。这种反射器的优点是可以擦洗、经久耐用；缺点是太阳光必须经过二次投射，即太阳光先透射进入到反光层，被反光层反射后，又经透射后再从玻璃层出来，从而增加了光学损失。

反射率是反射镜最重要的性能，反射镜使用时间越长，反射率越来越低。引起反射镜反射率下降的主要原因是：灰尘、粉末、废气等引起的污染；紫外线照射引起的老化；风力和自重引起的变形等。

反射镜应具有以下特性：便于清扫或更换，耐候性好，质量轻，强度高，造价合理。

(2) 反射材料

常见的反射材料有金属板、箔、金属镀膜。银等金属高度抛光后具有良好的反射率，但银与空气中的硫化氢相遇后，很快就会失去光泽，因此银只能用在玻璃镜的背面。铜也具备良好的反射性，但表面容易迅速氧化变暗。不锈钢、镍等金属经久耐用，表面明亮，但太阳光的反射率低。铝反射率较高，且容易加工成各种形状的板、箱、蒸镀膜，在高度抛光后虽然表面很快形成氧化层，但透入表面不深，仍相当明亮，对反射率影响不大，因此被广泛应用。表 10－3－1 是几种反光材料的反光性能。

表 10－3－1　常用反射材料的反射性能

序号	反光材料	总反射比	漫反射比	镜面反射比
1	镀银膜	0.97	0.05	0.92
2	德国阳极氧化铝	0.93	0.05	0.88
3	430 不锈钢	0.56	0.13	0.43
4	304 不锈钢	0.60	0.38	0.22
5	轧花铝（表面有氧化层）	0.82	0.69	0.13
6	轧花铝（表面无氧化层）	0.84	0.77	0.05
7	热漫镀锌彩涂板 33/白亮度 60	0.72	0.68	0.04
8	蒸镀铝膜（新鲜膜）	0.95	0.03	0.92
9	普通铝板	0.72	0.52	0.20

(3) 基材材料

基材分表面镜基材和背面镜基材。

表面镜基材有塑料、钢板、铝板等。当金属板作为反射板时，他就兼做基材使用。

背面镜基材必须有很高的透射率，表面需光滑且不宜损伤与老化。玻璃完全符合上述要求，但玻璃笨重易碎。透明塑料作为背面镜基材，虽然具有透光率高、质量轻、不易破碎等优点，但容易老化，使用后透光率很快下降。石英是一种高级背面镜材料，但造价昂贵。

在基材与反射材料之间，常有一层基底镀层。它的作用是：如果基材表面较粗糙，则基底镀层可使其平滑化；如果基材不耐物理沉积加工，则附加的基底镀层可以起到保护作用，提高基材和反射金属层的结合力。

(4) 保护膜

表面镜的反射材料往往在基材表面，直接与大气、阳光、雨水接触，时间长久后容易损坏或变质，所以在表面必须有一层保护膜。保护膜一般采用 SiO、SiO_2 等无机物的镀膜或透明塑料薄膜，SiO、SiO_2 等无机物的镀膜长时间在空气中暴露容易氧化变质，且其耐久性随镀膜条件的不同而差别很大；透明塑料薄膜在紫外线照射下容易老化，添加氟化物的塑料可以延长老化的过程。当铝作为反射材料时，可用阳极氧化膜作为表面镜的保护膜。

10.3.2.2 支架

支架的作用是支撑反射镜和吸热体，起到稳固和承载的作用。支架与反射镜接触的部位，要尽量与抛物面反射镜相贴合，以防止反射镜变形或损坏。因此，在满足足够的刚度、强度、抗风、寿命等需要的前提下，支架质量要尽量轻。

10.3.2.3 吸收器

吸收器位于反射镜面的焦线上，吸收器光热转换效率的高低直接影响系统的集热效率。吸收器应具备如下要求：

（1）吸热面的宽度要大于光斑的宽度，保证反射到吸收器吸热体上的高密度太阳光不会超出吸热体的采光范围；

（2）吸收器的吸热体对太阳光要具有高吸收率和高温下低发射率和反射率；

（3）吸热器具有良好的导热性能，使得吸热体能够快速把光能转变的热能传递给吸热体内的传热介质；

（4）吸热体要有良好的保温性能，尽可能减少吸热体的热能散失。

吸热体主要有：玻璃-金属直通真空管、腔体吸收器、菲涅尔式聚光吸收器、热管式真空管吸收器。目前玻璃-金属直通真空管、腔体吸收器最常用。

（1）玻璃-金属直通真空管

玻璃-金属直通真空管结构见图 10－3－3，它由直通金属吸热管和玻璃管构成。直通金属吸热管表面涂有高温选择性吸收涂层，金属管端部采用波纹管过渡，以吸收温度变化带来的伸缩问题。直通真空管与玻璃管两端通过特殊工艺封接在一起，直通真空管与外玻璃管之间的夹层空间抽成真空，并在夹层内放置吸气剂，吸收玻璃和金属管在工作中释放到空气夹层内的气体，以保持夹层内的真空度。

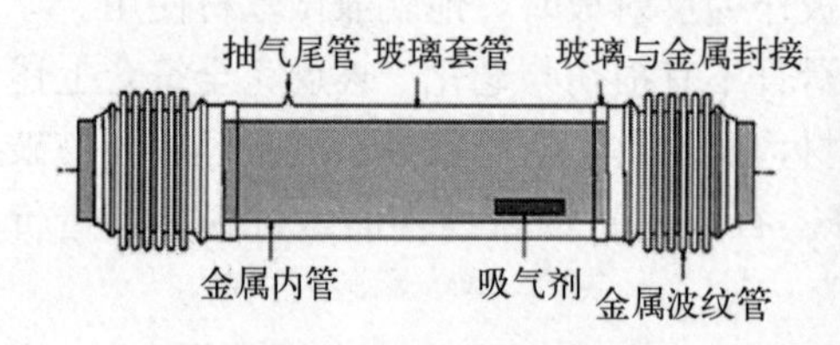

图 10－3－3　玻璃-金属直通真空管结构与实物图

直通真空管作为槽式聚光太阳能集热器吸收器，其工作原理是：当太阳光被槽式反光镜反射向直通真空管吸热体，透过玻璃管聚焦到金属直通管的涂层上，涂层将太阳光能转变成热能，并将热能传递到直通金属管内壁，通过内壁又传给直通管内的介质。通过热媒循环把金属直通管内得到的热能传递到需要的地方。

直通真空管作为聚光吸热体的优点是：真空保温，热损失小；直通管便于串联连接，可以很方便地实现多组聚光集热器吸热体的串联。因此直通真空管被广泛用于槽式、菲涅尔式线聚焦聚光太阳能集热器中。

(2) 腔体吸收器

腔体接收器的结构为一槽形腔体，腔体内部为黑体，用于吸收太阳光，并把光能转变成热能。图 10-3-4 是环套结构和管簇结构的腔体吸收器。

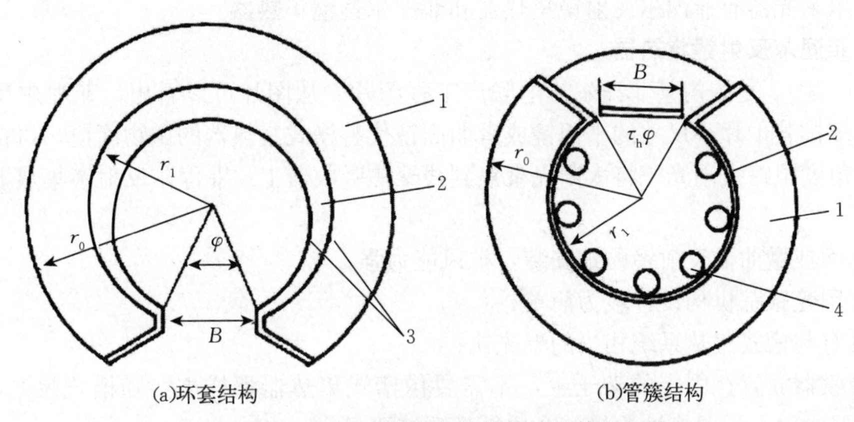

图 10-3-4　环套结构和管簇结构腔体吸收器

1. 保温层；2. 金属管；3. 工质；4. 管簇（工质）

腔体吸收器的优点是：辐射热流几乎可以均匀地分布在腔体内壁，比直通真空管受光面积大，因此辐射能流密度低，开口温度低，热损失减小，无须抽真空管，也不需要选择涂层，制造简单，热性能长期稳定。

中国科技大学的研究表明：真空管集热器和腔体吸收器单位长度的热损失，均存在随着工质平均温度升高而增大，真空管的热损失大于管簇结构的吸热体；管簇结构的热损失又大于环套结构。对于中高温集热温度，腔体吸热体优于直通真空管。

10.3.2.4　光照跟踪机构

为最大限度地吸收太阳光，槽式聚光集热器采用太阳光跟踪机构收集太阳光。跟踪分为东西向跟踪和南北向跟踪。槽式聚光集热器东西向放置时，可实现南北跟踪，南北跟踪只做定期调整；槽式聚光集热器南北向放置时，可实现东西向跟踪，东西跟踪一般只做单轴跟踪。槽式聚光集热器南北向放置时，还可以将集热器南低北高的倾斜（指北半球），当倾斜到当地纬度角度时，聚光效果最佳，聚光效率可提高 30%。

跟踪方式分为开环、闭环、开闭环相结合三种方式。

开环控制由总控室计算机计算出太阳的位置，控制电动机带动聚光器绕轴转动，跟踪太阳。这种控制比较简单，但存在易产生累计误差的问题。

闭环控制时，每组聚光集热器均配置有一个伺服电机，由传感器测定太阳位置，通过控制每个伺服电机，分别带动各自的聚光集热器绕轴转动。这种控制的优点是精度高，但天空有大片云遮挡时，无法实现跟踪。

开闭环相结合的控制方式是把以上两种控制方式结合起来，控制跟踪，从而克服了以上各自跟踪方式的缺点，使用效果很好。

10.3.3 菲涅尔聚光太阳能集热器

菲涅尔集热器最早是由法国工程师 Augustin Jean Fresnei 发明的，他通过对槽式集热器进行技术改进，降低了加工成本和技术难度，使得系统实用性提高，因而以他的名字命名。菲涅尔聚光器有菲涅尔反射镜集热器和菲涅尔透镜集热器。

(1) 菲涅尔反射镜集热器

图 10－3－5 是国内某菲涅尔热电联产工程图片。从图片可以看出，菲涅尔反射镜集热器是用多排若干片小尺寸的平面镜或者曲面镜代替槽式集热器的抛物面镜，每排小镜面按照一定角度跟踪太阳光，将太阳光聚焦到线聚焦吸收器上。菲涅尔反射镜集热器有以下特点：

① 平面或微曲面反射镜贴地安装，抗风能力强；

② 太阳光跟踪机构设计较为简单；

③ 具有与槽式集热系统相当的聚光比；

④ 吸收器放置在固定的架子上，不需要像槽式集热器那样需要随槽式聚光器转动，因此接收器之间不需要挠性连接，介质循环系统更可靠；

⑤ 聚光装置的运行费用低。

图 10－3－5 菲涅尔反射集热器系统工程实例

菲涅尔反射式聚光镜的设计分为：等宽度反射镜面和变宽度反射镜面两种。等宽度镜面结构简单，容易加工，但吸收器线性焦斑不同部位接收的能流密度不同；变宽度反射镜，可以使得吸收器线性焦斑不同部位得到比较均匀的能流密度。变宽度反射镜加工精度要求高，反射镜面加工难度大。

传统的菲涅尔反射式集热器，采用平面镜作为反射镜，吸热器的光斑设计宽度大于镜面反光后的宽度。为了使吸收器获得更高的温度，可以在吸收器上增设 CPC 二次聚光，或者将平面镜改成微小弧度的曲面镜，从而将太阳光汇聚到较小的焦面上。

上述两种改进方式中，CPC 二次聚光的方式，对 CPC 反射器的精度要求很高，另外二次聚光也存在光损失，因此采用微小弧度的反射镜更为合适。

吸收器有多种形式，不同结构的吸收器，反射镜的设计也不同。根据吸收器吸热表面的形状不同，有水平面、垂直面、圆柱面，这里不再多述。

（2）菲涅尔透射镜

菲涅尔透镜，简单地说就是在透镜的一侧有等距的齿纹，通过这些齿纹，可以达到对指定光谱范围的光带通过（反射或者折射）的作用。

普通的凸透镜，会出现边角变暗、模糊的现象，这是因为光的折射只发生在介质的交界面，凸透镜片较厚，光在玻璃中直线传播的部分会使得光线衰减。如果可以去掉直线传播的部分，只保留发生折射的曲面，便能省下大量材料，同时达到相同的聚光效果。

菲涅尔透镜就是采用这种原理制成的，菲涅尔透镜多是通过聚烯烃材料注压而成的薄片，也有采用玻璃制作的。菲涅尔透镜看上去像一片有无数多个同心圆纹路（即菲涅尔带）的玻璃，却能达到凸透镜的效果，如果投射光源是平行光，汇聚投射后能够保持图像各处亮度的一致。图 10－3－6 是菲涅尔镜片与普通凸透镜的区别。

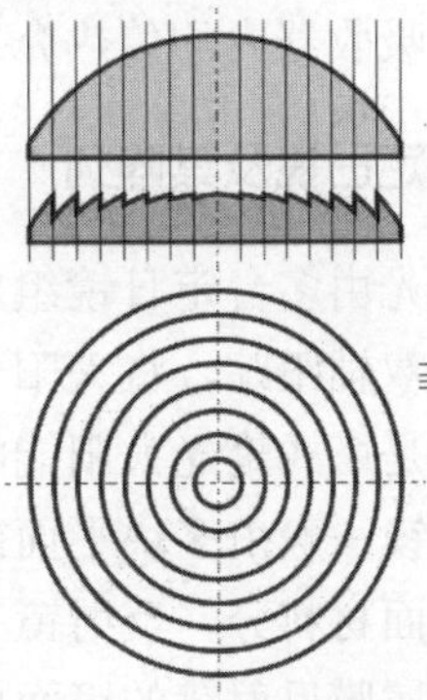

凸透镜

菲涅尔透镜

图 10－3－6　菲涅尔透镜与普通凸透镜的区别示意图

菲涅尔透镜有透射式和反射式两种。图 10－3－7 是两种菲涅尔透镜的区别。

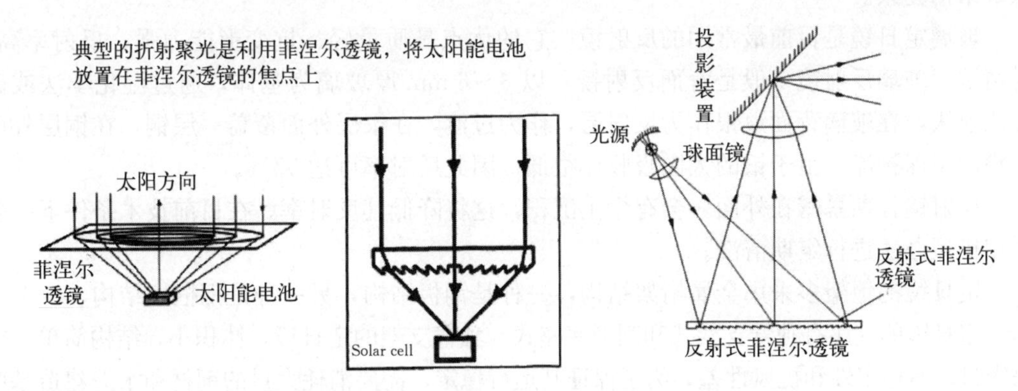

图 10－3－7　透射式与反射式菲涅尔透镜

10.3.4　塔式聚光太阳能集热器

图 10－3－8 是塔式聚光太阳能集热系统示意图和工程实物图。塔式太阳能集热系统由定日镜（含太阳光跟踪装置）、塔式吸收器（吸收器和支撑吸收器的塔）组成。

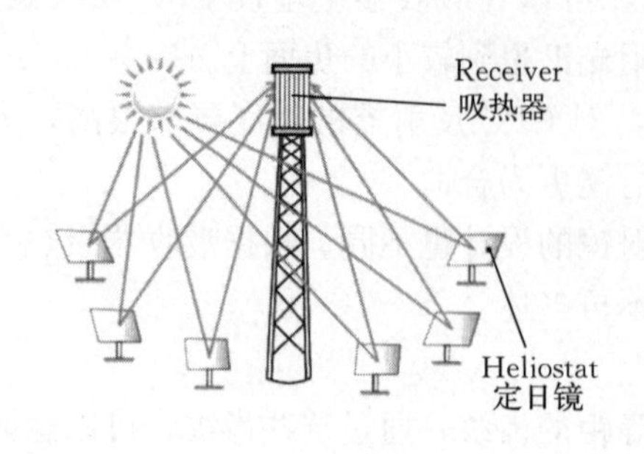

图 10-3-8　塔式太阳能系统

塔式太阳能集热系统的工作原理是：太阳光照射到定日镜上，太阳光跟踪装置自动调整，使得经定日镜反射的太阳光都反射到吸收器上，吸收器把高密度的太阳辐射能转变成热能，加热吸收器内的传热介质，通过介质循环，把热能带到需要的地方。

10.3.4.1　定日镜及其阵列

塔式聚光由多台定日镜组成的阵列组成，每台定日镜都配有太阳光自动跟踪装置。自动跟踪装置双轴跟踪，将太阳光反射到塔顶的吸热器上。

定日镜是塔式聚光太阳能的最基本的聚光单元体。定日镜由反射镜、镜架、跟踪机构组成。反射镜一般由多块平面或曲面反射镜拼装而成，并固定在镜架上。

根据镜面材料分，反射镜有张力金属膜反射镜和玻璃反射镜两种。

张力金属膜反射镜的镜面用 0.2～0.5 mm 厚的不锈钢等金属材料制成，可以通过调节反射镜的内部压力来调整张力金属膜的曲度。这种定日镜的优点是镜面由一整面连续的金属膜构成，可以仅仅通过调节定日镜的内部压力，调整定日镜的焦点；缺点是反射率低，结构复杂。

玻璃定日镜是目前最常用的反射镜。它的优点是质量轻、抗变形能力强、反射率高、易清洗。玻璃反射镜一般是背面反射镜，以 3～6 mm 厚玻璃为基体，通过湿化学法或磁控溅射法，在玻璃背面镀银作为反射层，作为过渡，在银层外面覆盖一层铜，在铜层外面再涂两层保护漆。由于银的太阳吸收比很低，因此反射率可达 97%。

反射镜长期暴露在外面，会有尘土沉积，这将降低其反射率。在目前技术条件下，多采用机械办法进行定期清洗。

定日镜的镜架多采用金属桁架结构，一种是钢板结构，另一种是钢框架结构。

定日镜的基座有独臂支架式和圆形底座式。独臂支架的定日镜，体积小，结构简单，容易密封；但稳定性和抗风性差，为了保证其运行稳定，需要消耗大量的钢材和水泥建造基座基础。圆形底座稳定性好，机械结构强度高，运行能耗小，但结构复杂（图 10-3-9）。

定日镜的布置方式主要有直线排列和辐射网格排列。网格排列可以避免定日镜处于相邻定日镜反射光的正前方，避免造成光线阻挡。实际工程根据规模大小、场地情况具体确定。

相邻定日镜的间距要保证定日镜二维跟踪太阳光需要的空间，避免相邻定日镜在跟踪

图 10－3－9　定日镜支架和定日镜清洗

太阳光时发生碰撞。辐射网格排列的定日镜阵列，径向和周向间距可通过保证定日镜之间无反光遮挡来确定，但这种方式确定的间距通常会比较大，实际工程需要通盘考虑。

网格排列定日镜阵列

直线排列定日镜阵列

图 10－3－10　工程实例中直线排列与网格排列的定日镜阵列

定日镜阵列的反射光都必须反射到吸收器的吸热体上，因此定日镜阵列中定日镜的布局受到吸热体吸光口的开口位置、吸光口高度、吸热体高度等因素的影响（图 10－3－10）。

定日镜阵列要根据场地情况，对定日镜尺寸、数量、相邻定日镜间距、定日镜与接收塔的位置、接收塔的高度、吸收器的尺寸和倾角等进行优化，使得系统投资成本最少，从太阳获取的热能最多。

定日镜在接收和反射太阳光时，存在的太阳辐射损失主要有：余弦损失、阴影与阻挡损失、大气衰减损失、溢出损失。

余弦损失是指定日镜反射面不能与入射太阳光线始终保持垂直带来的采光损失。为了使太阳光反射到指定位置的吸热器上，定日镜不能始终与太阳光保持垂直。

阴影与阻挡损失：阴影损失是指定日镜的反光面处在相邻的一个或多个定日镜的阴影下，不能接受太阳光；阻挡损失是指定日镜反射的太阳光被其他定日镜遮挡，反射光线不能到达吸收体。这种情况在太阳高度较低时尤为严重。

衰减损失是指定日镜将太阳光反射到吸收塔的过程中，太阳光存在衰减问题。衰减程度与太阳的位置、当地海拔高度、大气条件（灰尘、湿气等）所导致的吸收率变化有关。

溢出损失是指定日镜反射的太阳光超出吸热体表面，到了外界大气中所导致的太阳辐射能接收损失。

10.3.4.2　跟踪机构

定日镜的跟踪机构主要有两种。第一种是根据太阳高度角和方位角确定太阳位置；第二种是自旋-仰角跟踪方式。

第一种方式，根据太阳高度角和方位角，通过二维控制方式使定日镜旋转，改变定日镜朝向，适时跟踪太阳位置。依据旋转方向绕固定轴的不同，分为绕竖直轴和水平轴旋转两种方式，即方位角-仰角跟踪方式。定日镜运行时，采用转动基座或基座上部的转动机构，调整定日镜方位变化，同时调整镜面仰角。

第二种自旋-仰角跟踪方式，采用镜面自旋，同时调整镜面仰角的方向来实现定日镜的运行跟踪。这是由新的聚光理论推导出的新型跟踪方法，也叫“陈氏跟踪法”。也就是利用行和列的运动来代替点的二维运动的数学控制模式。这样由子镜组成光学矩阵镜面的控制，可以由几何级数减少为代数级数，能比传统跟踪方法更有效地接收太阳能。

平面镜位置的微小变化都会造成反射光在较大范围的明显误差。目前多选用无间隙齿轮传动或液压传动机构。传动机构要具有跟踪精确性好、制造成本低、消耗功率小、能满足沙漠环境工作要求、具有模块化生产的可能性；而且要强度高、体积小、密封性好、有自锁能力。在有风情况下工作，传动装置不能晃动。

定日镜的控制有程序控制、传感器控制、程序传感器联合控制三种方式，与槽式太阳能跟踪控制大致相同，这里不再多述。

10.3.4.3　接收器

接收器是把定日镜收集、反射、聚光的太阳辐射能直接转化成可以利用的高温热能。接收器的设计主要取决于聚光器的类型、温度、工作压力、辐照通量等。接收器有间接照射和直接照射两大类。

(1) 间接式接收器

间接式太阳能接收器的工作特点主要是：接收器中工质的吸热过程不直接发生在太阳照射面上，而是通过将入射聚焦的辐射太阳能先加热受热面，受热面受热升温后再穿过壁面将热量传递给另一侧的工质。

典型的管状接收器就属于这一类，通过在管内流动的工作介质，吸收圆管外表面的太阳辐射能。管状接收器又可分为外露式管状太阳能接收器和腔式管状太阳能接收器。

外露式管状太阳能接收器，管状吸热管都露在外面，可以接收来自塔体四周360°范围内反射聚焦过来的太阳光。这种接收器构造简单、成本低，可采用水、蒸汽、熔盐、空气等多种工质。但外露式管状接收器吸热圆管直接暴露在外部环境中，多风天气时，辐射、对流热损失较大，因此外露式管状太阳能接收器的热效率相对较低。图10-3-11是管状接收器的图片。

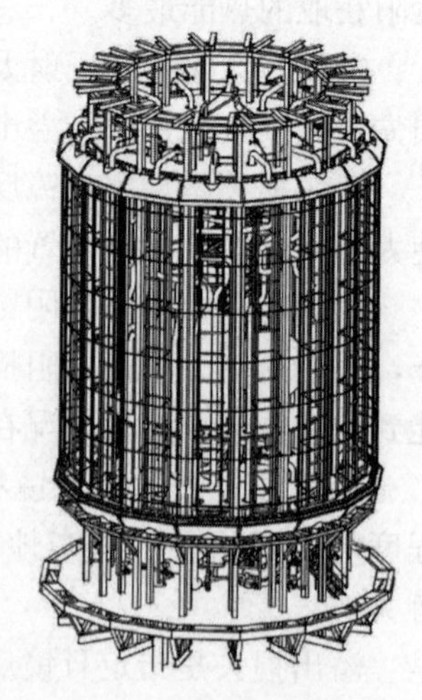

图10-3-11　管状接收器

腔式管状太阳能接收器的吸热管都布置在腔体内，并设有一个窗口接受太阳辐射能。腔式窗口以一定的倾斜角，面向定日镜方向，太阳能辐射经窗口进入腔内，与接收器的工作介质在腔体内发生热交换。腔式管状接收器内的圆管还有螺旋形布置方式，其制造及安装方便，通常可作为多级串联接收器的第一级或者预热装置使用，以降低成本。

相比于外露式，腔式管状接收器吸热管布置于腔体内，辐射、对流热损失都较小，有更高的热效率。但聚焦的太阳光只能从单面采光口进入，定日镜场只能在约 120°范围内布置，限制了太阳能大规模使用。

(2) 直接式接收器

直接式太阳能接收器的工作特点是利用太阳能辐射加热受热面，再由接收器向工质传热。其加热过程为：发生在同一表面含有多孔结构的吸热体吸收辐射太阳能，空气被强制通过吸热体，与多孔结构发生对流换热后升至高温。

直接式太阳能接收器又可分为无压式直接照射太阳能接收器和有压式直接照射太阳能接收器两类。

无压式直接照射太阳能接收器，通常要求吸热体具有较高的吸热性，优良的导热性和渗透性，并且具有较强的耐热性和较大的表面积。

早期的直接照射太阳能接收器多采用金属密网作为吸热体，空气作为工作介质，具有环境友好、无腐蚀性、不易燃、结构简单等优点。但此类接收器受到不稳定的太阳能照射时，容易使吸收体局部温度剧烈变化从而产生热应力，因此该类接收器所能承受的太阳能热流密度一般不超过 500 kW/m^2，并且吸热体为金属密网，工作温度不能超过 800 ℃。为解决金属密网耐高温性能差等问题，现已多使用陶瓷等材料替代金属密网，具有耐高温、耐腐蚀、使用寿命长等优点。

有压式太阳能接收器与无压式相比，多加装了一个透明的抛物面状石英玻璃窗。太阳能辐射通过石英玻璃窗口，然后进入接收器内部，这样可使接收器内部保持一定的压力，且将反射损失减少到最小。增压使内部空气流动为湍流，强化了空气与吸热体间的换热，以此降低吸热体的热应力，最高出口空气温度可达 1 300 ℃。

有压式直接照射太阳能接收器换热效率高，是未来发展的方向。

10.3.5　碟式聚光太阳能集热器

图 10－3－12 是碟式聚光集热器实物图，它属于点聚焦系统。它由聚光器、接收器支架、跟踪装置组成。聚光器呈抛物线旋转后形成的抛物球面形状，一般由多块反光板组成；接收器被固定在聚光焦点位置；跟踪装置一般采用双轴跟踪，既能通过立轴的旋转改变聚光器的朝向；又能通过水平横轴改变聚光器的仰角，从而实现对太阳光的自动跟踪。

碟式聚光太阳能集热装置接收器获得的热能，既可以通过循环把热能带走直接利用，也可以推动位于吸热器上的热电转换装置，比如斯特林发动机或者郎肯循环热机，进而完成发电过程将热能转换为电能。

单个碟式系统可以单独形成一个独立的系统，也可以多个系统并联；可以作为分布式

图 10－3－12　蝶式聚光太阳能集热装置

能源系统单独供热或供电，也可以并网发电，使用灵活。

（1）聚光器

聚光器主要有玻璃小镜面式、多镜面张膜式、单镜面张膜式。

玻璃小镜面式是将大量的小型曲面玻璃镜逐一拼接起来，固定在旋转抛物面结构的支架上，组成一个大型旋转抛物面反射镜。这种结构的聚光器，聚光精度高，可以实现较大的聚光比，从而提高聚光器的光学效率。

多镜面张膜式由多个圆形张膜旋转抛物面反射镜组成，这些圆形反射镜以阵列的形式布置在支架上，并使这些圆形反射镜的焦点都落在一个位置，从而实现高倍聚光。

单面镜只有一个抛物面反射镜，它采用两片厚度不足 1 mm 的不锈钢膜，周边分别焊接在宽度约 1.2 m 的圆环上，然后通过液压气动装置，将其压制成抛物面形状，两层不锈钢膜之间抽成真空，以保持不锈钢膜的形状和相对位置。由于是塑性变形，因此很小的真空度即可达到保持形状的目的。

单镜面张膜式和多镜面张膜式聚光镜成型后可以保持很高的精度，且施工难度不高，因此得到了较多的关注。

图 10－3－13 是不同形状的碟式聚光器。

图 10－3－13　不同结构的碟式聚光器

(2) 接收器

接收器分为直接照射式和间接受热式。

直接照射式是聚光后的太阳光直接照射到带有盘状换热管簇的接收器上，盘状换热管表面把光能转变成热能，并把热能传递给管簇每根管内壁，由内壁再传递给管内的介质，把管内介质加热后，用于供热或发电。受太阳辐照不断变化的影响，直接照射式接收器存在热流密度不稳定的问题。

间接式是根据液态金属相变原理，利用液态金属蒸发和冷却将热量传递出去，用于供热或发电。相变材料主要是液态碱金属钠、钾或钠钾合金。这些材料在高温条件下，具有很低的饱和蒸汽压力和较高的汽化潜热。这类接收器的设计温度一般为 650～850 ℃。这种接收器有池沸腾接收器、热管接收器、混合式热管接收器三种。

池沸腾接收器是利用接收器将上述液态金属加热后，使其汽化后上升到换热器，经换热把热量传递给换热器后，冷凝变成液态金属，又流回到接收器；通过如此的循环，把热量带走。这种接收器，也因为太阳辐照变化不定，存在金属液汽化不稳定带来的问题；另外存在热启动问题、膜态沸腾、溢流传热等引起的传热恶化等。

热管接收器是利用毛细吸液芯结构，将液态金属均匀分布在加热表面的高温热管接收器内。吸液芯的结构多种多样，如不锈钢丝网、金属毡等。热管蒸发段吸收反射聚光的太阳热能后，将蒸发段吸收的热量传递到热管冷凝段，热管冷凝段通过换热，再把热量传递出去。由于热管内的金属始终处于饱和状态，因此接收器内的温度比较稳定一致，从而使得热应力达到最小。研究表明，这种接收器可把碟式太阳能热能用于斯特林发电的效率提高约 20%。

混合式接收器是把辅助热源供热与太阳能供热结合起来。在热管接收器上增加燃烧系统，晴天白天由碟式太阳能供热，夜晚和阴雨天白天燃烧供热，从而解决由于昼夜和阴雨天带来的碟式太阳能发电不稳定的问题。但这种系统结构复杂，成本大幅增加。

(2) 跟踪装置

碟式太阳能的跟踪装置的作用是使聚光器的轴线始终对准太阳。碟式太阳能跟踪有三种：极轴式全跟踪、高度角-方位角式跟踪、三自由度并联球面装置的二维跟踪。与单轴跟踪装置相比，双轴跟踪装置机构复杂、能耗高、造价高，但跟踪度较高。

与其他聚光太阳能的跟踪一样，碟式太阳能多采用综合跟踪的方式。

10.3.6　CPC 真空管集热器

10.3.6.1　CPC 反光器

复合抛物面聚光器 CPC（Compound Parabolic Concentrator）是一种非成像低聚焦度的器件，它能够将指定接收角范围内的光线收集汇聚到接收器的接收窗口上。由于 CPC 聚光器有较大的接收角，因此在运行时不需要连续跟踪太阳光。CPC 的聚光比一般在 10 以下，当聚光比在 3 以下时，可以做成固定聚光集热器。CPC 聚光器不但能接收直射光，还能接收散射光，其性能与单轴跟踪的抛物面聚光集热器相当，但却省去了复杂的跟踪机构。CPC 聚光器合适的工作温度在 80～250 ℃，很适合作为中温集热器的反光器。

图 10-3-14 是 CPC 聚光器的剖面图。进入入射口 $2b$ 宽度内的光线被抛物面反射聚光在宽度 $2a$ 的面上。CPC 聚光器的几何聚光比 C_G 为：

$$C_G=\frac{2b}{2a}=\frac{1}{\sin\theta_{max}} \quad (10-3-1)$$

CPC 的理论深度 l_0 为：

$$l_0=(a+b)\tan\theta_{max} \quad (10-3-2)$$

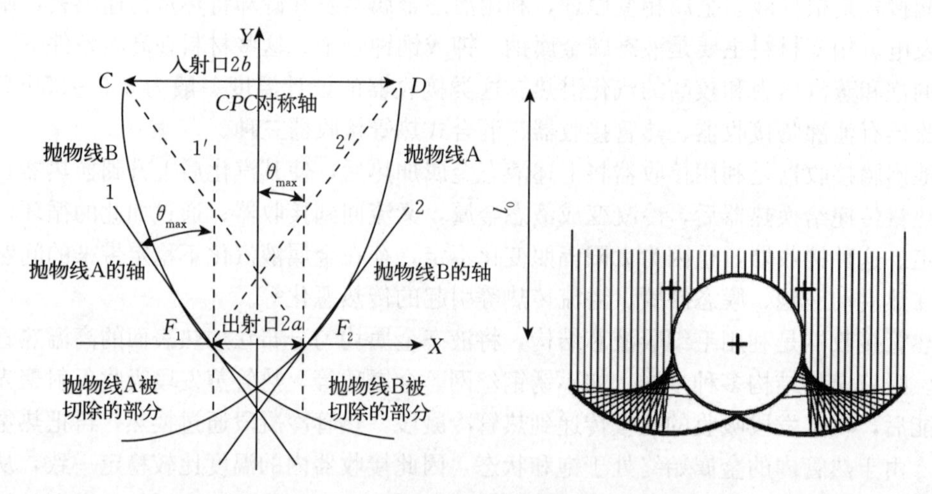

图 10-3-14　CPC 聚光器剖面图与聚光示意图

10.3.6.2　CPC 外聚光真空管集热器

图 10-3-15 是常见的 U 形管真空管 CPC 聚光集热器。从外形上，该集热器把常规的 U 形管集热器真空管间距加大，并在 U 形管真空管集热器的下部放置 CPC 反射器。

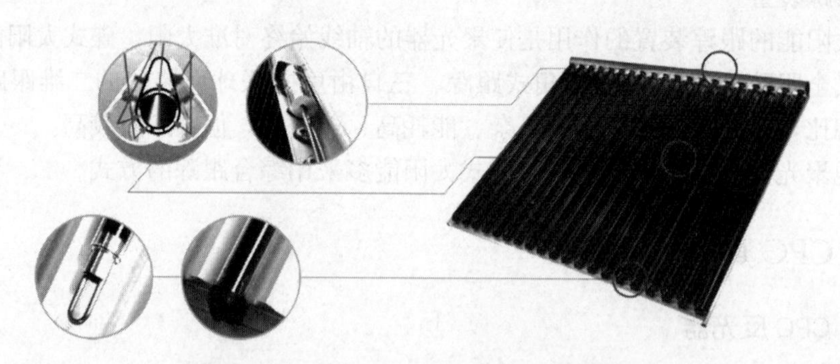

图 10-3-15　CPC 外聚光真空管集热器

这种集热器由于带有 CPC 反射器，因此每支真空管可以得到比不带 CPC 反射器更多的太阳光。对于要求在 100 ℃以上工作温度下长期工作的 U 形管集热器，真空管要采用耐高温膜层的真空集热器。

CPC 外聚光真空管集热器的优点是可以在 100～200 ℃的中温工作温度下工作，这对于需要与城市供热管网一次管网供回温度［(130～110)℃/(90－70)℃］结合很重要；

缺点是：①CPC 反光器长期在室外，受空气灰尘影响，反光聚光性能显著下降；②在室外 CPC 聚光装置被风吹，容易变形损坏，且导致集热器抗风能力下降；③这种真空管集热器由于拉大了真空管之间的管间距，使得相同宽度的集热器，放置的真空管数量显著减小。

10.3.6.3　CPC 内聚光真空管集热器

图 10-3-16 是内聚光式真空集热管的断面结构示意图。这种真空管是把 CPC 反射器放置在了玻璃-金属封接真空管内。吸热管可以是热管蒸发段，也可以是与玻璃管同心的金属铜管。

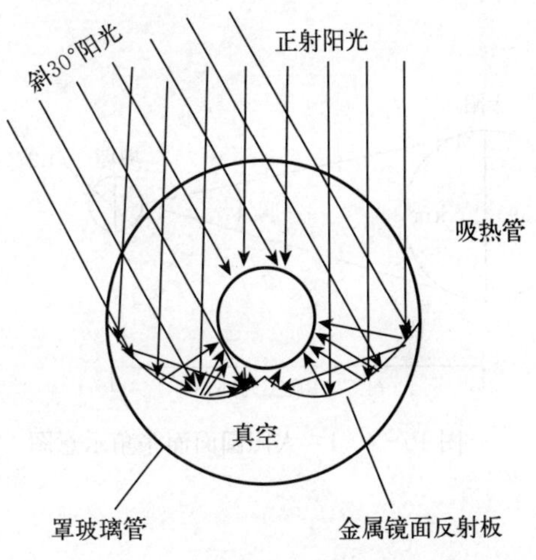

图 10-3-16　CPC 内聚光器真空管

这种带 CPC 聚光的真空管聚光比可以达到 3.5，工作温度可达 150 ℃，很适合用在中温集热器系统。

这种真空管的优点是：①CPC 聚光放置在真空管内，不存在放在环境空气中存在的被尘土遮盖影响反光问题，也不存在被风吹变形的问题；②不需要跟踪装置，省去了复杂的跟踪装置；③由多支带 CPC 内反光真空管，可以组成 CPC 内聚光真空管集热器，可以很方便运输、安装。

目前，国内内聚光真空管还处在开发完善阶段，尚没有商业化应用。

10.4　聚光集热器光学性能与瞬时效率

10.4.1　太阳光线分析

（1）太阳光线特点

太阳直径 1.39×10^6 km，太阳与地球之间的平均距离 1.5×10^8 km，太阳光线不是从一个点发出的，而是从太阳直径不同位置均向外发射的辐射光，因此相对于地球某一点接收的太阳光线之间，实际上有一个很小的夹角，这个夹角通常称为太阳圆面张角。图 10-4-1 是太阳圆面张角示意图。

（2）聚焦集热器太阳光线分析

对于聚焦集热器，由于太阳光线有 $32'$的夹角，因此，同一时刻反光镜同一点反光后的光线不是一条，而是一个范围内的若干条不同位置的光线，反光后太阳光范围大小和形状取决于几何形状。

图 10-4-2 是抛物面聚光集热器某一点反光面反射到接收器上的光线形状，也称为太阳像。当接收器为一平面时，聚光镜反射形成的太阳像尺寸 W'为：

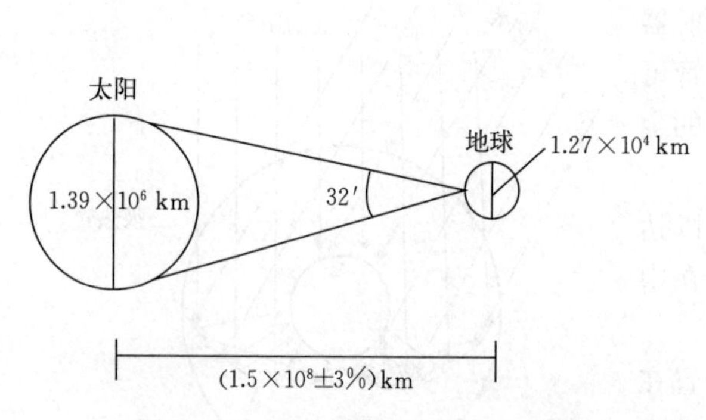

图 10-4-1　太阳圆面面张角示意图

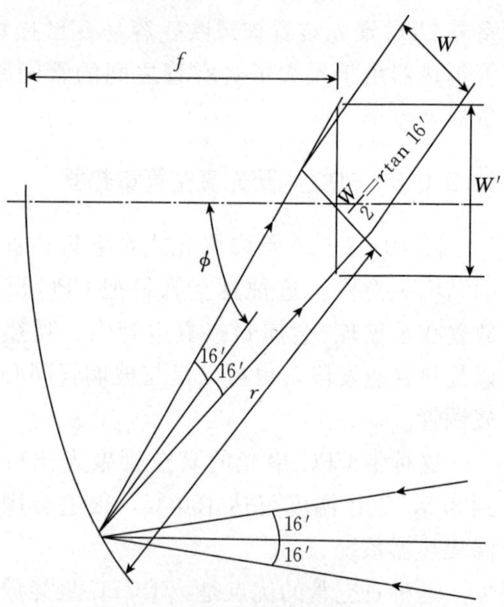

图 10-4-2　抛物面聚光集热器在平面接收器上形成的太阳像示意图

$$W'=\frac{2r\tan16'}{\cos\varphi} \qquad (10-4-1)$$

式中：r——镜面上反射点到焦点的距离，$r=\dfrac{2f}{1+\cos\varphi}$；

φ——反射光束中心线与光轴之间的夹角。

在镜面边缘，$\varphi=\varphi_{max}$，φ_{max}为聚光器的半张角，此时，$r=r_{max}$，因此有：

$$W'=\frac{4f\tan16'}{\cos\varphi\ (1+\cos\varphi)} \qquad (10-4-2)$$

由于 r 和 φ 都是变量，因此理想太阳像的大小将从 $r=f$ 时的 W 增大到 $r=r_{max}$ 时的 W'，这就是理想太阳像的扩大，其根本原因在于太阳光线不是平行光。

由于实际所看到的太阳圆面上的亮度是不均匀的，中心明亮边缘暗淡，因此，即使光学上非常精密的理想系统所形成的太阳像，通常轮廓也不是很清晰的。图 10-4-3 给出了假设太阳圆面亮度均匀时，在垂直于抛物面光轴的平面上的理论太阳像。

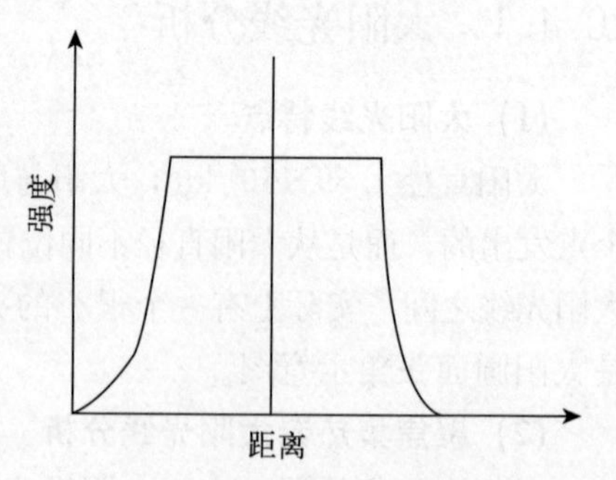

图 10-4-3　垂直于抛物面光轴的焦平面的理想太阳像截面图

10.4.2　聚光器聚光比

聚光器的聚光比主要有几何聚光比、能量聚光比、理论聚光比。

(1) 几何聚光比

图 10-4-4 是聚光集热器示意图，光源 A_s 将太阳光照射到聚光器采光口 A_a 上，聚光器又把太阳光聚焦到 A_r 上。几何聚光比 C 是指聚光器采光口面积 A_a 与接收器受光体面积 A_r 的比值。

$$C=\frac{A_a}{A_r} \tag{10-4-3}$$

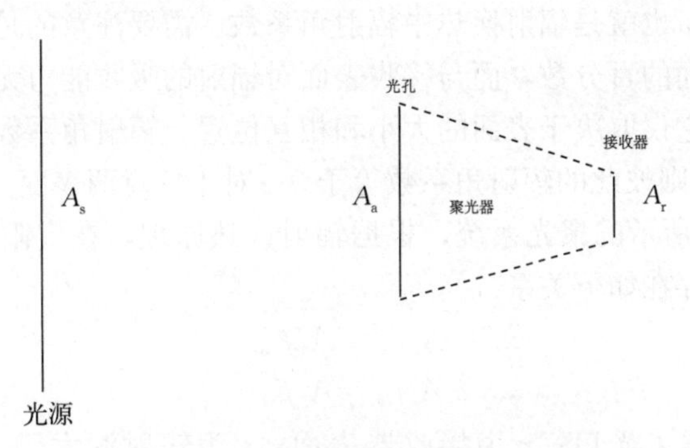

图 10-4-4　聚光集热器聚光示意图

对于聚光集热器，$C>1$。也即是说，接收器向环境的散热面积总是小于聚光器采光口的面积，这样有利于减小集热器的散热损失。

(2) 能量聚光比

能量聚光比 C_e 是指接收器表面上的平均辐照强度 $\bar{I_r}$ 与聚光器采光口辐照强度 I 的比值。

$$C_e=\frac{\bar{I}_r}{I} \tag{10-4-4}$$

由于存在太阳光线的聚光损失，因此对于所有的聚光集热器，都存在 $C>C_e$。只有在理想的光学系统中，二者才相等。聚光器聚光的能量损失，主要由以下原因导致。

① 镜面误差 Δ_1。镜面误差也就是镜面粗糙度。其含义是曲面名义尺寸某点的切线与该点实际切线之间的夹角。由于太阳光线存在 32′的角度差，因此，由镜面误差引起的反射误差角为二者之和或者之差，即：

$$\psi_1=32'\pm\Delta_1 \tag{10-4-5}$$

根据经验，普通热弯镜面 $\Delta_1=30'\sim60'$。

② 线形误差 Δ_2。线形误差是指名义尺寸与实际尺寸之间的误差。由线形误差引起的反射误差角为：

$$\psi_2=32'\pm\Delta_2 \tag{10-4-6}$$

根据以上分类，对于镜面任一点，由镜面误差和线形误差所产生的综合反射误差角 ψ，应为两者的代数和。即：

$$\psi=\psi_1+\psi_2=64'\pm\Delta_1\pm\Delta_2 \tag{10-4-7}$$

由式（10-4-7）可知，两种反射误差可能增益，也可能部分相互抵消。但只要综合反射误差角不为 0，投射到聚光器采光口上的太阳辐射就不能全部经反射镜反射到接收器上，从而降低接收器上的平均太阳辐照强度。

（3）理论聚光比

理论聚光比是指在理想状态（没有能量损失）下，太阳辐射聚光可能的聚光比。实际应用的聚焦比会受到热力学和光学上的限制，小于理论聚焦比。

下面是做各种假设，推导理论聚焦比的过程。

在由表面1和表面2组成的辐射换热系统中，用系数 f_{12} 表示表面1发出的辐射，落到表面2的百分比，同理用 f_{21} 表示表面2发出的辐射落到表面1的百分比。对于两黑体表面，实际上 f_{12} 和 f_{21} 也就是辐射换热中辐射角系数。需要注意的是，辐射角系数仅表示辐射能够到达另一表面的百分数，而与接收表面对辐射的吸收能力无关。因此辐射角系数纯粹是一个几何量，它仅取决于表面的大小和相互位置。辐射角系数具有如下性质：如两表面彼此“看不见”，则彼此的辐射角系数等于0；对于任意两表面，均有 $F_1 f_{12} = F_2 f_{21}$。

对于图10-4-4所示的聚光系统，根据辐射换热原理，在太阳与聚光器采光口、太阳与接收器表面之间存在如下关系：

$$A_s f_{sa} = A_a f_{as} \tag{10-4-8}$$

$$A_s f_{sr} = A_r f_{rs} \tag{10-4-9}$$

式中：a 为聚光器采光口；r 为接收器表面；s 为辐射源太阳，于是聚光比可以表示为：

$$C = \frac{A_a}{A_r} = \frac{\dfrac{A_s f_{sa}}{f_{as}}}{\dfrac{A_s f_{sr}}{f_{rs}}} = \frac{f_{sa} f_{rs}}{f_{as} f_{sr}} \tag{10-4-10}$$

对于理想的聚光集热器，进入聚光器采光口 A_a 的太阳辐射将全部到达接收器表面 A_r，即：$f_{sa} = f_{sr}$，由于 $f_{rs} \leqslant 1$，所以：

$$C \leqslant \frac{1}{f_{as}} \tag{10-4-11}$$

图10-4-5是太阳辐射聚光系统示意图。聚光器采光口距离太阳的距离为 R，由于大气层外太阳辐射的温度近6 000 K，假设该聚光系统处在无限真空状态，或者由绝对零度的黑体壁面构成的封闭空间。则系数 f_{as} 实际上就是两个黑体之间的辐射角系数 F_{as}。

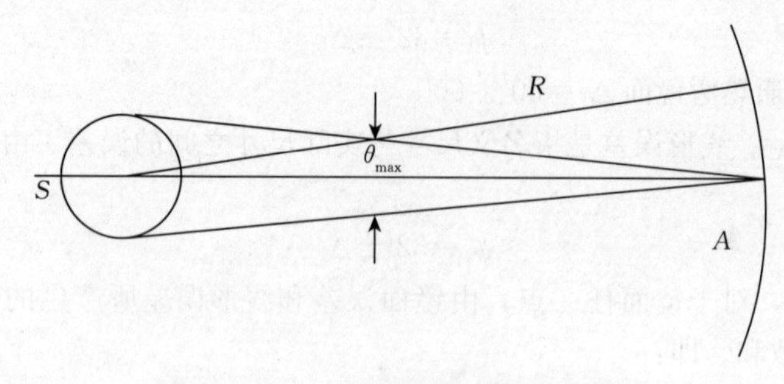

图10-4-5　太阳辐射聚光系统示意图

因此，由式（10-4-11）可得：

$$C \leqslant \frac{1}{F_{as}}$$

或者表示为：

$$C_{\max}=\frac{1}{F_{as}} \qquad (10-4-12)$$

式（10－4－12）表示理想聚光器的最大聚光比为辐射角系数的倒数。$C_{\max}$就是理论聚焦比。

图10－4－5中，$\theta_{\max}$称为采光半角，表示太阳辐射可被接收器接收到的角度范围的一半。$2\theta_{\max}$称为采光角，表示在此角度内，均匀投射到聚光器采光口上的太阳光全部都能到达接收器表面。

实际的$2\theta_{\max}$范围可由太阳圆面张角32′到180°（即可在整个半球面上采光的平板集热器）。在光学上，聚光集热器采光角的最小值取决于太阳圆面张角。

由式（10－4－8）还可得出：

$$F_{as}=F_{sa}\frac{A_s}{A_a} \qquad (10-4-13)$$

根据图10－4－5所示的几何关系，对于准确跟踪的线聚焦二维聚光集热器，有$F_{sa}=\frac{A_a}{2\pi R}$，因此可以求出：

$$C_{\max,2D}=\frac{1}{\sin\theta_{\max}}=1/\sin(16/60)=214.6 \qquad (10-4-14)$$

同理，对于准确跟踪的点聚焦三维集热器，太阳辐射分布在球面$4\pi R$的全部球面上，其中部分到达采光口A_a，即$F_{sa}=\frac{A_a}{4\pi R^2}$，因此可得：

$$C_{\max,3D}=\frac{1}{\sin\theta_{\max}}\approx 46\,000 \qquad (10-4-15)$$

实际聚光比由于受到跟踪误差、反射或折射表面不理想等因素的影响，远远达不到理想聚光比。

如果槽形抛物面聚光器按照南北向固定放置，倾斜于地面随太阳移动的平面垂直于采光口，则其采光角及聚光比与需要的采光时角大小有关。

若要求全天采光8 h，采光时角为120°，则最大聚光比为：

$$C_{\max,NS}=\frac{1}{\sin 60°}=1.15$$

如果槽形抛物面聚光器按照东西向固定放置，则其采光角由太阳的侧视高度角在夏至与冬至两至日之间的差值所限定。例如在北纬40°，当要求全天8 h采光时，冬至下午4时与夏至下午4时之间的太阳侧视高度角的差值为81.9°。为了在此时角范围内都采光，最大聚光比为：

$$C_{\max,EW}=\frac{1}{\sin\left(\frac{81.9°}{2}\right)}=1.53$$

上述计算可知：对于固定的槽形抛物面聚光集热器，沿东西向放置可得到较高的聚光比。实际上不同地理纬度，不同集热器倾角、不同采光时角，极限聚光比也有差别。

10.4.3 聚光集热器瞬时效率方程

根据能量守恒定律，在稳定状态下，聚光太阳能集热器在规定时间段内的有效能量收益等于同一时间段接收器得到的能量减去接收器对周围环境散失的能量。即：

$$Q_U=Q_A-Q_L \qquad (10-4-16)$$

式中：Q_U——单位时间内接收器工质吸收的有用能量；

Q_A——单位时间内接收器得到的太阳辐射能；

Q_L——单位时间内接收器向环境的散热损失。

（1）单位时间内聚光集热器采光口得到的太阳辐射能：

$$Q_a=A_a G_a \qquad (10-4-17)$$

式中：Q_a——聚光集热器采光口接收到的太阳辐射能，W；

A_a——聚光集热器采光口的面积，m^2；

G_a——聚光集热器采光口的太阳辐照度，W/m^2。

（2）单位时间内接收器向环境的散热损失 Q_L

$$Q_L=U_L A_r\ (t_r-t_a) \qquad (10-4-18)$$

式中：Q_L——单位时间接收器的散热损失，W/(m²·℃)；

U_L——聚光集热器接收器的总热损系数，W/(m²·℃)；

A_r——接收器受光体面积，m^2；

t_r——接收器温度，℃；

t_a——环境温度，℃。

（3）聚光集热器的瞬时效率方程

瞬时效率是指在稳态或准稳态条件下，聚光集热器在规定时间段内接收器工质得到的有效能量 Q_U 与聚光集热器采光口接收到的太阳辐射能的比值。根据上述定义，则有：

$$\eta=\frac{Q_U}{Q_a}=\frac{Q_A-Q_L}{G_aA_a}=\frac{Q_A}{G_aA_a}-\frac{Q_L}{G_aA_a}$$

$$=\eta_0-\frac{U_LA_r\ (t_r-t_a)}{G_aA_a}=\eta_0-\frac{1}{C}\frac{U_L\ (t_r-t_a)}{G_a} \qquad (10-4-19)$$

式中：$\eta_0=\dfrac{Q_A}{G_aA_a}$

η_0 表示聚光集热器的光学性能，它反映了聚焦集热器接收的太阳光在采光与接收过程中，由于聚光器的光学性能不可能达到理想化程度，接收器接收太阳光不可能达到理想化程度而引起的光学损失。

聚光集热器的光学损失要比平板集热器大，同时由于太阳散射光线不像直射光那样有固定的方向，因此必然有一部分散射光不能被聚光集热器收集到。假定散射光各方向同性，则透射到聚光集热器采光口上的散射光至少有 $1/C$ 可以到达接收器，因此聚光集热器只能利用直射光。只有聚光比很小的聚光集热器才能利用一部分散射光。在聚光集热器的能量平衡中，必须考虑光学损失及散射损失。

10.4.4 聚光集热器理论集热温度

假设环境温度为绝对零度，接收器接收的太阳辐射功率为：

$$Q_r=\rho\tau\alpha A_s F_{sa}\sigma T_s^4 \qquad (10-4-20)$$

式中：T_s——太阳表面的有效温度，K；

ρ——聚光器反射镜的太阳发射比；

τ——聚光器透镜或接收器透明盖层的太阳投射比；

α——接收器表面的太阳吸收比。

若选择 $\theta_{max}=16'$，则对于三维聚光集热器有：

$$Q_r=\rho\tau\alpha A_s\sin^2(16')\sigma T_s^4$$

忽略接收器通过传导和对流导致向环境的散热，则接收器的热损失为：

$$Q_L=\varepsilon_r A_r\sigma T_r^4 \tag{10-4-21}$$

式中：ε_r——接收器表面的发射率。

对于上限分析，可假定 $\rho\tau=1$，当 $Q_r=Q_L$ 时，可得集热温度的理论极限为：

$$T_r=\left(\frac{C}{C_{max}}\frac{\alpha}{\varepsilon_r}\right)^4 T_s \tag{10-4-22}$$

式中：$C/C_{max}\leqslant 1$，当 $T_r\rightarrow T_s$ 时，$\frac{\alpha}{\varepsilon_r}=1$，由此可得 $T_r\leqslant T_s$。

当 $\theta_{max}>16'$，且聚光集热器的有效能量为 Q_U 时，根据式（10-4-16）、式（10-4-18），可得到理论集热温度为：

$$T_r=\left[(1-\eta_c)\ \rho\tau\frac{C}{C_{max}}\frac{\alpha}{\varepsilon_r}\right]^{\frac{1}{4}} T_s \tag{10-4-23}$$

除了上述的光学损失外，实际的聚光集热器还以对流和传导方式对环境散热。因此实际集热器的温度要比理论值低得多。

表 10-4-1 列出了几种聚光集热器的一般性能。

表 10-4-1　几种聚光集热器的一般性能

集热器类型		聚光比大致范围	最高运行温度（℃）
二维集热器	复合抛物面聚光集热器（CPC）	3～10	100～150
	菲涅尔透镜聚光集热器	6～30	100～200
	菲涅尔反射镜聚光集热器	15～50	200～300
	条形面聚光集热器（FMSC）	20～50	250～300
	抛物柱面聚光集热器	20～80	250～400
三维集热器	球形面聚光集热器（SRTA）	50～150	300～500
	菲涅尔透镜聚光集热器	100～1 000	300～1 000
	旋转抛物面聚光集热器	500～3 000	500～2 000
	塔式聚光集热器	1 000～3 000	500～2 000

10.4.5　聚光集热器光学损失

聚光集热器上的太阳辐照，在聚焦过程中的损失包括：散射辐射损失、反射/透射（吸收）损失、聚焦损失三类。

（1）散射辐射损失

如果某种聚光集热器只能利用太阳直射光，散射光全部损失，则能量平衡中投射到聚光口的太阳辐射能应为直射辐射。但采光角较大的聚光集热器，仍可以收集相当一部分散射辐射。假定聚光器光口的散射辐射是各个方向同性的，则投射到聚光器采光口上的散射中，至少有 $1/C$ 可以到达接收器。

(2) 反射（投射、吸收）**损失**

光反射损失的大小常用镜反射比 ρ 来评定。镜反射比的定义是：投射到反射面上平行光符合反射角等于投射角的百分数。它是表面性质与表面光洁度的函数。

反射聚光有正面反射镜和背面反射镜。正面反射镜是在金属或非金属表面蒸镀一层具有高发射率的材料，或经金属抛光而成。这类反射镜的优点是消除了透射体的吸收损失，缺点是容易受到磨损或灰尘影响。背面镜必须通过二次透射，光学损失增加。聚光集热器多采用背面反射镜。

当接收器带有透明盖层时，透明盖层的影响用透射比 τ 来描述。接收器表面性能用吸收比 α 来表示。当使用空腔接收器时，α 接近于 1。τ 与 α 都与太阳辐射对于透明盖层与接收器表面的平均投射角有关。反射光束对于接收器的投射角取决于光束在镜面上反射点的位置和接收器形状。乘积（$\tau\alpha$）的数值是对通过透明盖层和镜面各点反射到接收器上的辐射作积分求得的平均值。

(3) 聚焦损失

反射镜面反射的太阳光，通常会有一部分不能投射到接收器，特别是当镜面与接收器配合不适当时，这种光反射损失的大小用采集因子 γ 表示。采集因子表示镜面反射的太阳光落到接收器上的百分数。

当聚光器的光学性能一定时，增大接收器尺寸，可以减小光学损失，但这样会引起热损失的增大；反之亦然。因此接收器的尺寸应以热损失和光学损失总和减少到最小为最佳。

影响采集因子大小的主要因素是聚光器的精密程度。对光学损失的影响，通常有以下几个因素。

① 聚光器反光面的光洁度不理想引起的焦散

投射到光洁度不理想的反射面上的平行光束镜反射后，反射光束将呈扩散状，扩散角增大，从而引起在聚焦焦点处太阳像尺寸的扩大，减小了镜反射比 ρ 而增加了散射。

② 聚光器反光面的线形误差产生的太阳像变形

聚光器反射表面的线形误差将会使太阳辐射产生散射，从而引起太阳像的扩大。线形误差的大小，取决于聚光器的制造精度、支撑结构的刚度以及影响聚光器形状的其他因素。

③ 接收器相对于反光面的定位误差引起的太阳像的放大与位移

接收器相对于反光面的定位误差会引起太阳像的放大与位移，从而使聚焦表面的能流密度降低；而且对于同一接收器，安装偏差越大，采集因子越小。

④ 聚光器的定向误差引起太阳像的放大与位移

跟踪机构跟踪不完善，将引起反光面接收太阳光辐射能量的减少，减少的程度可以用入射角的余弦 $\cos i$ 表示。

10.5　太阳能集热器支架与阵列

10.5.1　集热器支架

集热器支架的作用是安全可靠地支撑和固定太阳能集热器，使得集热器按照一定角度和朝向摆放。之前，固定式太阳能集热器支架主要有现场拼装标准化支架和现场制作支架两大类；近年来，对于地面大型太阳能集热系统，又出现了地面打桩支架。

拼装支架是将支架标准化设计后，并在生产车间制作完成，在工程现场拼装完成的支架，具有现场安装快捷等优点。拼装支架主要有热镀锌角钢拼装支架、带钢型材喷塑支架、铝合金型材拼装支架。图 10－5－1 是现场拼装标准化支架实物照片图。

图 10－5－1　标准化拼装化带钢型材镀锌喷塑支架

现场制作支架是指依靠角钢、槽钢、圆管、矩形管等金属型材，在现场直接切割焊接而成的支架。现场制作支架一般采用热镀锌角钢制作而成。图 10－5－2 是利用角钢现场制作的集热器支架，图 10－5－3 是利用槽钢和方管现场焊接制成的太阳能集热器支架。

图 10－5－2　镀锌角钢现场焊接支架

图 10－5－3　方钢焊接支架

图 10－5－4 是近几年出现的地面打桩用的集热器支架。打入土壤内的支架是“几”字形热镀锌型材，用打桩机打入土壤后，将集热器放在支架上面即可，简单、方便、快捷，很适合用在大面积地面安装的太阳能集热器阵列上。

10.5.2　集热器阵列

一个太阳能系统往往有多块数量的太阳能集热器，应根据太阳能集热场地形，对这些集热器进行合理的布局摆放，使其采光合理，管路走向方便，方便维护等。

图 10－5－5 是不同太阳能集热器阵列实景图。有关集热器阵列布局摆放的设计计算，将在本书第 13 章 13.5 节给予详细讲解。

图 10-5-4　热镀锌“几”字钢地面支架

(a) 随地面地形摆放的平板太阳能集热器阵列

(b) 坡面摆放的平板太阳能集热器阵列

(c) 楼顶摆放的真空管集热器阵列

(d) 槽式聚光太阳能集热器阵列

图 10-5-5　几种太阳能集热器阵列实景图

10.6　太阳能集热系统管路与配附件

本节只介绍太阳能集热系统管路的概况，有关太阳能集热系统管路设计见本书第 13 章 13.6 节。

10.6.1　管道与保温

液体太阳能集热系统管路多采用碳钢管或镀锌钢管，空气太阳能集热系统管路多采用金属风管。楼面太阳能集热系统管路采用架空敷设，地面太阳能集热系统管路采用埋地敷设。管道保温材料与本书第 6 章讲解相同。

图 10－6－1 是液体太阳能集热系统管道实景图，图 10－6－2 是空气太阳能集热系统管道实景图。

(a) 地面安装太阳能集热系统管道实景图

(b) 屋顶安装太阳能集热管道实景图

图 10－6－1　液体太阳能集热系统管道实景图

图 10－6－2　空气太阳能集热系统管道实景图

10.6.2　管路配附件

中小型太阳能集热系统的管路配件主要是起关断作用的常规阀门。对于大中型太阳能系统，一般设计成异程系统，因此各列或各排太阳能集热器存在流体阻力不平衡问题，需要在每排或每列管路上设置平衡调节阀，通过调节平衡调节阀，调整各排或各列太阳能集热器的阻力，使得各排或各列的流量达到平衡。

图 10－6－3 是各排太阳能集热器管路上安装的平衡调节阀。这种阀门的手柄上有精细的调整位置记录，可以记录手柄调整的圈数，并把每圈的位置细分成 100 个位置，因此可以很准确地调整和记录平衡阀调整到的精细位置，方便精准调节与记录；另外阀门手柄下方预留的 2 个接口，还可以方便检测平衡阀前后的进出压力和压差。

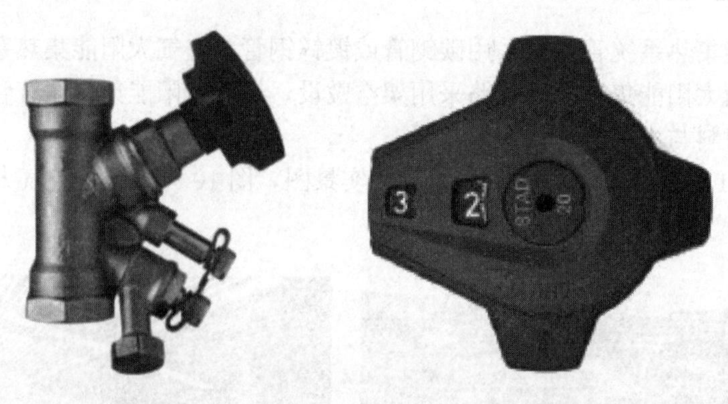

图 10－6－3　空气太阳能集热系统管道实景图

思考题

1. 国家标准对平板太阳能集热器的性能要求都有哪些？
2. 国家标准对真空管太阳能集热器的性能要求都有哪些？
3. 国家标准对太阳能空气集热器的性能要求都有哪些？
4. 聚光太阳能集热器都有哪些类别？各有什么特点？
5. 集热器支架都有哪些？各有哪些特点？
6. 常见的摆放太阳能集热器的位置都有哪些地方？

第 11 章　太阳能热蓄存装置

太阳能热蓄存装置的作用是把太阳能集热系统产生的当时不需要的热能，通过某种方式收集并贮存起来，等到需要的时候，再从热蓄存装置中提取出来，用于供热。

太阳能集热系统只能在有阳光的白天产生热能，而用热时间并非都在白天，因此需要通过热蓄存系统把太阳能产生的热能蓄存起来，以备晚上、阴雨天使用，也有将非供暖季节太阳能产生的热量蓄存到供暖季节使用。

11.1　热蓄存的种类

11.1.1　热蓄存的类别

热蓄存有很多种类别，可以按照如下分类方法，将热蓄存进行分类。

(1) 按照蓄热方式分类

按照蓄热方式可以分为：显热蓄存、潜热蓄存、化学反应热蓄存三种。

显热蓄热是通过提高蓄热介质的温度而将热能蓄存起来的蓄热方式。显热蓄热介质应具有蓄热能力大、材料容易获取、材料成本低等特点。蓄热介质主要有液体介质和固体介质。固体介质主要有土壤、岩石、耐高温砖等；液体蓄热材料最常见的是水。

潜热蓄存是利用介质相变时吸收或放出的能量，达到蓄热与放热的目的。不同材料具有不同的相变温度，因此可制成不同温度的相变蓄热材料。相变材料有无机材料和有机材料，无机相变材料有水合盐、熔盐等；有机相变材料有石蜡、酯酸类、多元醇类。

化学反应蓄存是通过化学可逆反应实现热能的蓄存与释放。化学反应蓄存方式，蓄能密度比显热蓄能和潜热蓄能高出 2～10 倍。

(2) 按照蓄热时间长短分类

按照蓄热时间长短，可以分为：短期蓄热、中期蓄热、长期蓄热。短期、中期、长期目前还没有统一的时间长度与界限，但概念是很清晰的。有资料把蓄存 16 h 以内的划分为短期，蓄存 3～7 d 的为中期，蓄存 1～3 个月的为长期。GB 50495—2019《太阳能供热采暖工程技术规范》把 15 d 以内的界定为短期蓄热，再长时间的蓄热归为季节蓄热。

(3) 按照蓄热温度高低分类

按照蓄热温度高低，可以分为：蓄冷、低温蓄热、中温蓄热、高温蓄热、极高温蓄热。

蓄冷是指蓄冷温度在 0 ℃以下，多用于制冷。如冰蓄冷等。

低温蓄热是指蓄热温度低于 100 ℃，多用于供暖、供热水、低温工农业用热（如干燥）等。在显热用热中，常用水、土壤、岩石作为蓄热介质；在潜热蓄热中，多用无机水合盐、石蜡等有机化合物作为潜热（相变）蓄热介质。

中温蓄热是指蓄热温度在 100～200 ℃之间。多用于吸附式制冷、蒸馏器、低温差发电等。常用沸点在 100～200 ℃之间的有机流体作为蓄热介质，也可以利用岩石蓄热。如用水蓄热，则需要把水置入 2～10 bar 的压力容器内，这样对容器的耐压要求很高，比开式水罐低温蓄热成本显著增加。

高温蓄热是指蓄热温度在 200～1 000 ℃之间。多用于聚焦太阳能、蒸汽锅炉、或采用高性能汽轮机的太阳能热发电系统。高温蓄热一般采用岩石或金属熔盐作为蓄热介质。

极高温蓄热是指蓄热温度大于 1 000 ℃。多用于大装机容量的太阳能热发电或高温太阳炉。由于温度过高，目前只能采用如氧化铝等金属氧化物制成的耐火砖或液态金属作为蓄热介质。

（4）按照蓄能密度大小分类

按照蓄能的能量密度大小，可以分为：低能量密度蓄热、高能量密度蓄热。

一般用显热蓄热方式的能量密度都比较低，如水蓄热、岩石蓄热、砖蓄热，成本较低但占用空间大。

高能量蓄热多采用潜热蓄热和可逆化学反应蓄热。

11.1.2 太阳能供暖常用的热蓄存技术

目前实际用的太阳能供暖系统多是低温供暖系统，太阳能供暖主要以低温蓄热为主。目前常用的太阳能供暖低温蓄热方式以水蓄热居多，有些项目采用土壤蓄热、卵石床蓄热、相变蓄热。未来如通过太阳能热电联产供暖，则蓄热方式是中温或高温蓄热。

近几年，我国已建成了上述几种类型的太阳能蓄热项目，积累了一定的实践经验。全国太阳能标准化委员会正在组织起草的《太阳能中低温蓄热装置》国家标准，2020 年 11 月底已通过标准送审稿评审，预计不久就将发布。该标准对不超过 150 ℃的太阳能中低温蓄热装置的一般要求和技术要求、性能试验方法、检验规则等进行了规范。

11.2 水蓄热装置

水蓄热装置是将水升温把热能储存起来的显热蓄存技术。主要有小型成品蓄热水箱、现场制作的中小型蓄热水箱、现场制作的大中型蓄热水罐、大容量坑式蓄热水池等。

11.2.1 小型成品蓄热水箱

小型成品蓄热水箱是在生产车间制作完成的标准化蓄热水箱，单个蓄热水箱的容积一般不超过 2 000 L，多以搪瓷、不锈钢、碳钢水箱为主。图 11－2－1 是小型成品蓄热水箱图片。

小型家用太阳能供暖系统蓄热水箱一般要肩负以下功能：①与太阳能集热系统连接，蓄存太阳能集热系统产生的热能；②与辅助热源设备连接，蓄存附属热源产生的热能；③与供暖系统连接，向供暖末端提供热能；④与洗浴系统连接，向洗浴末端提供热水或热能；⑤实现水箱内高低水温分层，最大限度提供较高温度的热水或热能；⑥减少水箱散热损失。

图 11-2-1　小型成品水箱实物图

直接系统水箱内不需要设置换热装置；对于间接系统，小型成品蓄热水箱内置的换热器多采用盘管换热、夹套式壁面换热。盘管换热器材料主要有不锈钢管、搪瓷钢盘管、铜盘管，夹套式壁面换热材料主要是不锈钢板和碳钢搪瓷板。因为水箱内的水与内置的换热器表面的换热多处于层流换热状态，水箱内的水与换热器表面的换热系数很小，因此，即使换热器材料本身的传热系数很大，换热器内介质与水箱内水的换热能力也有限，根据相关资料一般在 350～450 W/(m^2 · ℃)。因水箱内可放置盘管换热器的面积受限，因此水箱内置盘管换热器的换热能力有限。

小型成品蓄热水箱与太阳能集热器的连接、与供暖供回水的连接、与洗浴热水的连接有多种方式，图 11-2-2 是常见的连接方式。

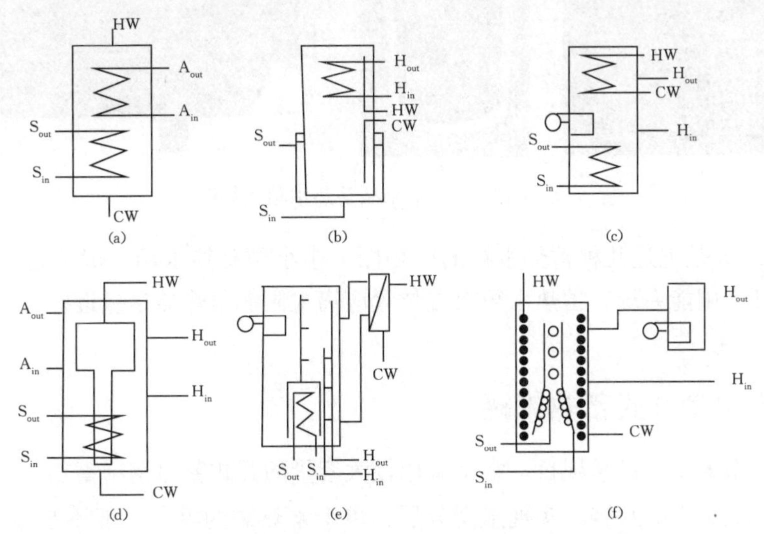

A_{in}、A_{out}. 辅助加热进出接口；S_{out}、S_{in}. 太阳能集热系统进出接口；

HW、CW. 洗浴冷热水进出接口；H_{out}、H_{in}. 供暖系统供回水接口

图 11-2-2　小型成品水箱各种进出口连接关系图

小型成品蓄热水箱有承压和开式两种类型。承压水箱多为搪瓷水箱，也有不锈钢焊接的承压水箱；开式水箱多为不锈钢材质的。因氯离子对不锈钢存在晶间腐蚀问题，因此水箱水质中氯离子含量高的，不宜选用SUS304不锈钢材质的水箱。

小型蓄热水箱的保温一般采用聚氨酯发泡、玻璃棉、橡塑保温等。室内用的蓄热水箱，保温厚度一般在50～100 mm。

对于小型分体太阳能供暖系统，与系统配套的小型蓄热水箱一般放置在简易的设备间内，只要设备间空间能放下即可。因此，这种蓄热装置适应范围宽泛。

11.2.2 中小型蓄热水箱

目前，国内中小型太阳能供暖系统的蓄热水箱，多采用开式不锈钢水箱，也有采用承压水箱蓄热的，也有采用相变蓄热的。

开式水箱蓄热多采用圆柱形不锈钢水箱和矩形不锈钢水箱。圆柱形不锈钢水箱是在生产车间制作完成后，运输到项目现场；矩形不锈钢水箱采用不锈钢模压板在项目现场制作。

承压水箱有卧式和立式两种，承压水箱一般都是在生产车间制作完成，经探伤检验和其他质量检验合格后，运输到项目现场。

中小型蓄热水箱的保温一般采用聚氨酯发泡、橡塑保温等，保温厚度满足设计要求。

凡在生产车间制作完成的蓄热水箱，受到运输高度与宽度的限制，单个蓄热水箱的容积一般都在20 m^3以内。

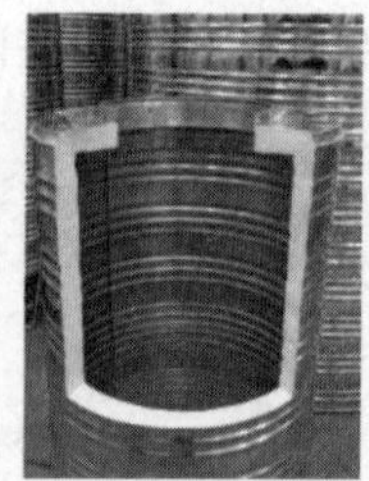

图11-2-3　中小型蓄热水箱实物图

图11-2-3是上述几种蓄热水箱的实物图。中小型蓄热水箱一般放置在设备间或室外，自然循环太阳能系统，蓄热水箱放置位置应离太阳能集热器尽量近些，且水箱要高于集热器。

11.2.3 大中型开式蓄热钢罐

对于大中型太阳能供暖项目，常常采用较大容量的开式蓄热钢罐蓄热。蓄热钢罐一般为立式罐，立式罐内的水容易实现温度分层，单个蓄热罐的容积一般不超过3万 m^3。蓄热钢罐配上较好的保温措施，可使得钢罐具有良好的蓄热和保温性能；钢罐内置的分水器，还使得钢罐具有良好的温度分层效果。

图11-2-4是采用立式蓄热钢罐的太阳能供暖工程。

图 11－2－4　太阳能供暖系统用的立式蓄热钢罐

大中型开式贮热罐都是现场制作，用钢板焊接而成。

蓄热钢罐一般采用立式圆柱形，圆柱形钢罐的高度与直径相等时，钢罐的容积与表面积之比最小，散热面积最小，但不利于钢罐内的水温分层。为了使得钢罐内的水上下分层良好，立式圆筒形钢罐的高径比（高度与直径之比）在不大于 4 的范围内越大，越有利于钢罐水温分层；但高径比越大，虽然占地面积小，但蓄热钢罐的稳定性、经济性变差。兼顾以上因素，一般蓄热钢罐的高径比宜小于 1.6。

蓄热钢罐罐壁板的厚度及材质采用定点法计算，并通过水平地震力及风荷载受力计算进行验算，罐顶宜采用自支撑拱顶，罐底板宜设置环形边缘板。对于大中型罐体，罐体材质多为低合金钢（Q345R 等），局部可采用碳素钢（Q235B 等）。罐下部的罐壁板一般采用低合金钢，上部罐壁板可采用碳素钢，罐底环形边缘板材质同底圈罐壁板为低合金钢，中幅板可采用碳素钢，罐顶板可采用碳素钢。罐体主体采用焊接连接，焊缝需经第三方检测等级不低于Ⅱ级，并做充水试验。

根据相关设计规范，罐壁高度应大于液位深度与抗震的晃液波高之和。对于蓄热罐体，罐壁高度还应考虑罐内水由低温变为高温所产生的膨胀量，即罐壁高度应大于液位深度、晃液波高及水的膨胀高度三者之和。

蓄热罐溢流口的高度应高于液位高度加水的膨胀高度，再加一定的富余量，且一般不小于液位高度的 3%。

为了使得罐内水实现温度分层，防止钢罐进出水对罐内的水造成扰动，钢罐进出口流速宜小于 0.04 m/s，大中型蓄热罐多设置圆盘布水器，也有采用多边形线性布水器，或者根据需求采用带布水帽及其他布水形式。图 11－2－5（a）是蓄热罐圆盘式布水器图。

罐内壁防腐推荐采用挪威 JOTUN 佐敦品牌 TANK GUARD storage 酚醛环氧储罐专用漆（同档次及以上），名义干膜厚度不小于 300 μm。罐外壁采用耐受温度高于 95 ℃的铁红防锈漆两道进行防腐处理，名义干膜厚度不小于 150 μm。

罐体可设置空气阻断装置，如氮封、水封等，保护罐顶高于水面部分不与空气接触，减少锈蚀。作为常压罐体，设计规范规定：设计负压不大于0.25 kPa，正压产生的举升力不超过罐顶板及其所有支撑附件的总重量。蓄热罐内的水，受温度升降影响，导致水体积膨胀与收缩，还有空气阻断装置的作用，容易使罐内产生负压，所以罐顶部位一定要设置足量的安全阀、呼吸阀或其他应急安全装置，并定期对其进行检查。

蓄热罐体的外保温需根据储液温度选择相适应的材料，保温厚度根据计算或要求取值。保温可采用整体性保温材料，如现场喷涂聚氨酯泡沫塑料保温，也可采用块状保温材料，如玻璃棉板、泡沫玻璃保温板等。为了减少蓄热罐的散热损失，太阳能供暖蓄热罐的保温厚度一般在200～300 mm。采用多层块状保温时，各层要错缝围护，尽力减少漏风热损。

罐体筒身保温的外保护层多采用瓦楞彩钢板，罐顶保温保护层多采用镀锌彩钢板，外护彩钢板固定宜设置冷桥组件装置，并设置抗风固定设施。蓄热罐保温的外护层要做好防雨处理，罐身外护层搭接处，要上层在外，下层在内；罐顶保温的防护层要用可靠的办法与措施，解决好防风防雨等问题。图11-2-5（b）是蓄热钢罐保温外护实物图。

(a)蓄热钢罐内部布水器

(b)蓄热钢罐保温外护

图11-2-5　立式蓄热钢罐内部布水器与保温外护

与蓄热罐相连的立管管路要做好立管内介质温度升高或降低带来的管道膨胀或收缩的保护问题。

由于钢罐容水量大，钢罐第一次注水时，应缓慢上水，观察钢罐有无不正常的沉降，确保钢罐承重安全的情况下，慢慢逐步注水，直到注满。

大中型蓄热钢罐一般放置在室外，如图11-2-5（b）一样；也有在建造房屋时，把太阳能供暖系统的蓄热钢罐设计在建筑内，成为建筑不可分割的一部分。

图11-2-6是德国Wagner公司办公楼与太阳能供暖一体化系统。该供暖项目在建筑设计时，就把太阳能供暖系统与办公建筑本身巧妙地做了一体化设计。蓄热钢罐放置在

办公楼楼梯处，楼梯绕蓄热钢罐上下，钢罐上部伸出建筑屋顶；太阳能集热器放置在办公楼顶坡屋面，与屋顶坡屋面一体化。

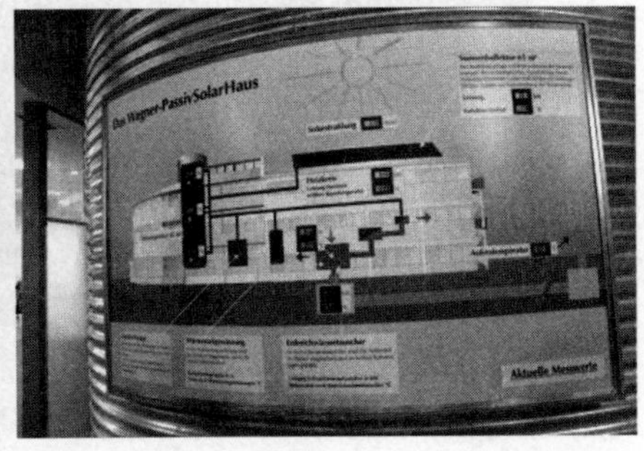

图 11-2-6　德国 Wagner 公司办公楼太阳能供暖系统

大中型蓄热钢罐承重设计与施工非常关键，且受到放置位置土壤土质以及土壤承受力的影响，但经过技术处理，基本上绝大多数地方都可放置，因此钢罐选址和放置几乎不受土壤地质条件限制。

11.2.4　蓄热水池

图 11-2-7 是丹麦相关专家在国内公开举办的技术交流会上介绍的蓄热水池结构与建造过程图片。根据交流会上介绍的资料，它是在地面往下挖一个上大下小的倒金字塔方坑，安装上分层布水器及与布水器连接的进出管路后，在坑的底部和四周铺上不透水的耐高温塑料膜，并将膜焊接成一体，注满水后，再在水面上覆盖上一层焊接好的耐高温塑料膜，膜上面覆盖上保温层，保温层上面再覆盖一层防水抗老化膜，建成后利用储存在水池内的水进行蓄热。

这种水池采用耐高温的塑料膜热合焊接而成，通过加热，理论上可以把水池水温加热到低于当地沸点 5～10 ℃。通过与循环管路连通的布水器，可以把水池很好地实现温度分层；加热水池时，热水通过上部布水器进入水池，水池下部低温水从下部布水器流出，从而将高温水储存在水池上部，中温水在水池下部；供暖时，高温水从水池上部的补水器流出，温水从水池中部流出，供暖低温回水进入水池下部。

这种水池单个水池容量可以做到 50 万 m^3 甚至更大，目前实际使用的单个水池容量一般在 3 万～50 万 m^3，因此蓄热量大，很适合作为大中型太阳能供暖系统的蓄热装置。

蓄热水池用料除水池内布水器和水池内与布水器连接的循环管道需采用不锈钢材料外，水池其余材料主要是耐高温塑料膜和保温材料，因此单位水容积造价低于钢罐，且随着单个水池容量的增大，单位容积的造价逐步下降。当水池容积达到 10 万 m^3 时，造价可控制在 350 元/m^3 甚至更低，造价不到钢罐的 30%。

从单个容量看，单个钢罐最大容积一般不超过 3 万 m^3，单个蓄热水池容积在 3 万 m^3 以上，因此从容积上比较，二者正好可以互补。

从对地质要求看，蓄热水池要求水池底部以下 10 m 以内不能有流动的地下水，以防止热量散失，因此地下水位高的地方，不太适合建造这种类型的蓄热水池。但蓄热钢罐不受地下水位高低的限制，处理好钢罐承重基础即可。

挖坑　　布水器安装与铺防水膜

水池注水　　水池上部覆盖防水膜

水池上部铺设保温层　　保温层上部覆盖防雨防晒膜

图 11-2-7　蓄热水池结构与建造过程图片

2018 年日出东方阿康公司已在西藏山南浪卡子县城太阳能集中供暖项目上采用了这种水池蓄热技术，从 2018 年底建成运行至今近 3 个供暖季的运行效果看，蓄热与供暖效果良好。目前河北也正在建造这种类型的蓄热水池，用于太阳能跨季节蓄热。

11.3　土壤蓄热

太阳能供暖系统匹配的土壤蓄热，一般是在非供暖季节，将太阳能集热系统产生的热能蓄存在土壤内；在供暖季节，再从土壤内提取出来，用于供暖。

图 11-3-1 是加拿大 Drake Landing Solar Community 太阳能跨季节土壤蓄热供暖项目，根据该项目网上公开报道的资料以及北京市建筑节能协会太阳能专委会 2017 年组织

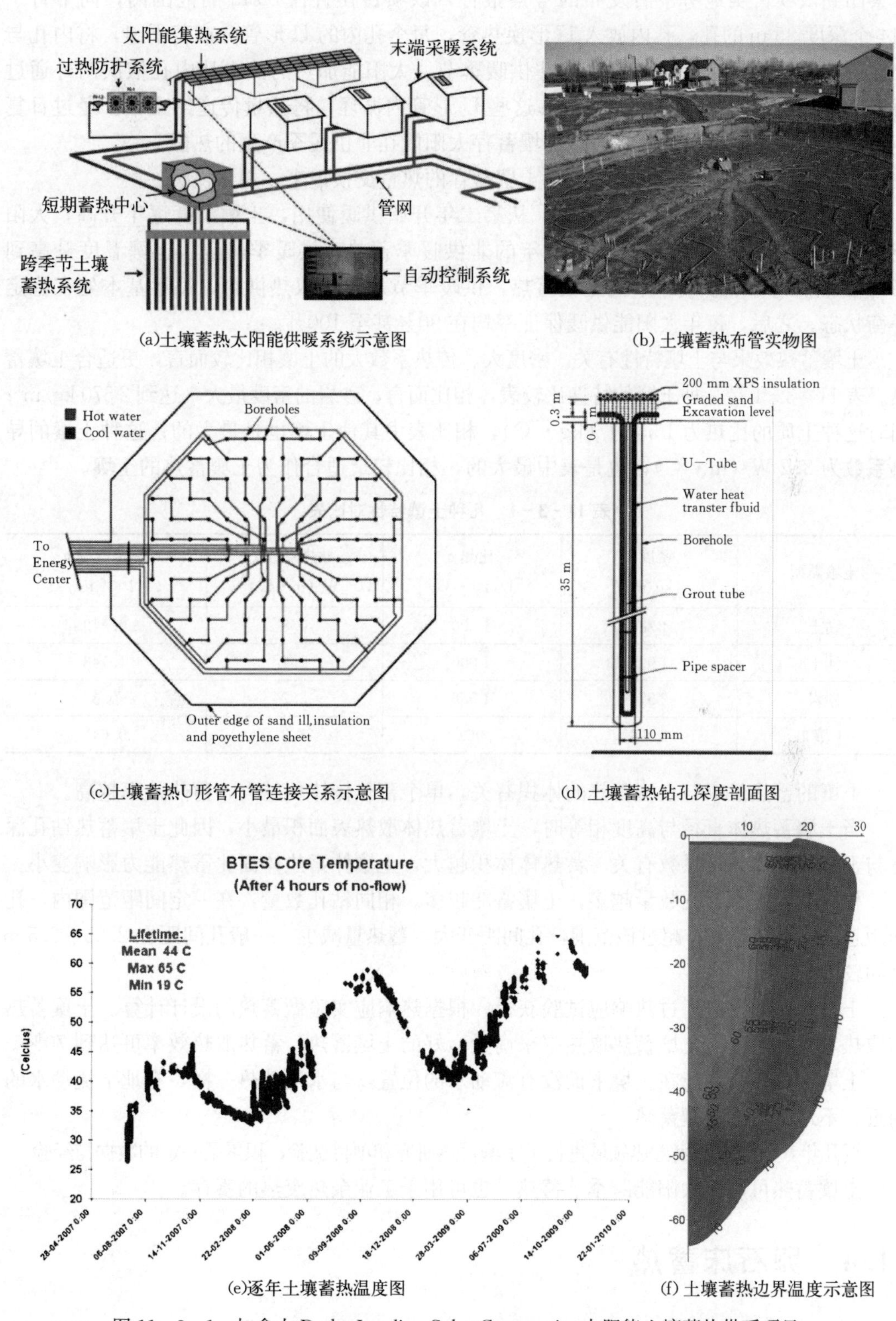

图 11-3-1　加拿大 Drake Landing Solar Community 太阳能土壤蓄热供暖项目

考察团到该项目实地考察后发布的考察报告，该项目在直径 35 m 的范围内，向下打了 144 个深度 35 m 的孔，孔内放入 U 形换热管，每个孔内的 U 形管分成若干组，将内孔与外孔内的 U 形换热管串联起来。在非供暖季节，太阳能加热的热水从内孔依次向外通过每组孔内的 U 形换热管，热水通过在这些 U 形管内循环，将热量传递给土壤。经过日复一日的加热，逐渐土壤升温，通过土壤蓄存太阳能在非供暖季产生的热能。

在供暖季节，通过反向循环，将土壤蓄存的热量交换出来，用于供暖。

本项目自 2006 年建成开始蓄热，从第二年开始供暖使用，土壤温度逐年升高，太阳能供暖保证率逐年提高。经过 4～5 年的非供暖季蓄热，供暖季供暖。土壤温度升高到 65 ℃。然后每年非供暖季节向土壤蓄热，供暖季节从土壤取热供热，每年基本处在稳定平衡状态。之后，每年太阳能供暖保证率均在 90%甚至 100%。

土壤蓄热效果与土壤特性有关。密度大、传热系数大的土壤相比较而言，更适合土壤蓄热。表 11-3-1 是几种土壤的特性比较表，相比而言，砂岩的密度最大，达到 2 570 kg/m^3；同时这种土质的比热为 1 556 J/(kg·℃)，相比表中其他土壤也是最大的；这种土壤的导热系数为 3.2 W/(m·℃)，也是表中最大的，相比较最适合作为土壤蓄热的土壤。

表 11-3-1　几种土壤特性对比表

土壤类型	密度 ρ (kg/m^3)	比热 c [J/(kg·℃)]	导热系数 λ [W/(m·℃)]	热扩散率 α ($\times10^{-6}$ m^2/s)
黏土	1 285	1 200	0.8	0.519
沙土	1 925	1 000	2.2	1.143
砂岩	2 570	1 556	3.2	0.8
土壤 1	2 094	962	1.3	0.645

土壤的蓄热效率与土壤蓄热的体积有关，单个蓄热体体积越大，蓄热效率越高。

当土壤蓄热体直径与高度相等时，土壤蓄热体散热表面积最小，因此土壤蓄热钻孔深度与土壤蓄热体体型系数有关。蓄热体体积越大，土壤体蓄热体面比蓄热能力影响变小。

相同钻孔间距，孔数量越多，土壤蓄能越多。相同钻孔数量，在一定间距范围内，孔间距越大，蓄热越好；超过该范围，孔间距变大，蓄热量减少。一般孔间距在 2.25～2.5 m 之间较理想。

土壤蓄热效果应通过热响应试验获得，根据热响应实验做蓄热的设计计算。土壤蓄热与取热效果，可通过土壤蓄热取热率来衡量。好的土壤蓄热，蓄热取热效率可达到 70%。

土壤蓄热体必须建在土壤下面没有流动水的位置，与水池蓄热一样，有地下流动水的附近，不适合建造土壤蓄热。

近几年，我国在土壤蓄热领域进行了土壤蓄热研究和项目试验，积累了一定的数据与经验。

土壤蓄热可用于太阳能跨季节蓄热，也可用于工业余热废热的蓄存。

11.4　卵石床蓄热

卵石床蓄热是对松散堆积的岩石或卵石加热，利用岩石或卵石的热容量进行蓄热。这种蓄热方式不需要专门的金属容器，取材容易，成本低廉。

卵石床蓄热的载热介质一般为空气，在蓄热器的入口和出口，都设置有空气流动分配叶片，使得空气能够在界面上均匀流动。介质空气在蓄热床内部循环，加热蓄热床上的卵石或岩石，或者从蓄热体提取热能。为了尽量减少不需热或者不取热时蓄热体的自然对流热损，在蓄热时，热空气通常从卵石床的上部进入，从下部出去；放热时正好相反，较冷的空气从下面进入，从上面出去。

设计良好的卵石蓄热床，介质空气与固体之间的换热系数高，并且空气通过卵石床时引起的压降低；当没有介质空气流动时，卵石床的热导率低。

卵石越小，卵石床与介质空气的换热面积就越大。因此选择小的卵石将有利于传热速率的提高；卵石小，还能使得卵石床有较好的温度分层，从而在取热过程中得到较多的热能。但卵石越小，介质空气通过卵石床时的压降就越大，送风消耗的电功率和用电量就大。

一般情况下，卵石床内所用卵石大多是直径为 20～50 mm 的河卵石，且大小基本均匀，其空隙率（卵石空隙的容积与容器容积的比率）以 30%上下为宜。典型的卵石床内的传热表面约 80～200 m^3，介质空气流动的通道长度（基本上是卵石床的高度）约为 1.5 m。

卵石床的体积传热系数计算公式为：

$$h_v=650\left(\frac{G}{D}\right)^{0.7} \tag{11-4-1}$$

式中：h_v——容积换热系数，W/(m^3·℃)；

G——空气的表面质量流速，kg/(s·m^2)；

D——卵石的等效球直径，m。

等效球直径，按照下面经验公式计算：

$$D=\left(\frac{6}{\pi}\times\frac{\text{颗粒净直径}}{\text{颗粒数}}\right)^{1/3} \tag{11-4-2}$$

由于空气的体积比热容很小，仅为 1.25 kJ/(m^3·℃)，不到水的比热容的万分之三。太阳能集热采用卵石床蓄热时，按照下列规定进行：

（1）卵石床蓄热器内的卵石数量，按照每平方米集热器面积配 250 kg；卵石直径小于 100 mm 时，卵石堆深度不宜小于 2 m；卵石直径大于 100 mm 时，卵石堆深度不宜小于 3 m。卵石上下风口的面积应大于卵石箱截面积的 8%，介质空气通过上下风口流经乱石堆的阻力应小于 37 Pa。

（2）放入卵石箱内的卵石应大小均匀，并清洗干净，直径应在 50～100 mm；不应使用容易破碎的卵石，也不能使用可与水和二氧化碳起化学反应的卵石。卵石堆可水平或垂直铺放在箱内，宜优先选用垂直卵石堆；地下狭长，高度受限的地方，可选用水平卵石堆。

11.5　相变蓄热

相变材料（Phase Change Materials）简称 PCMs。根据相变形式，主要有固-固相变材料、固-液相变材料。根据相变温度范围，主要有高温相变材料（120～180 ℃）和低温相变材料（0～120 ℃）。目前使用最多的相变材料有无机盐类（水合盐）和石蜡等有机材料。

11.5.1 对相变材料的特性要求

理想的相变材料，应具有以下特点：

(1) 具有合适的熔点温度，例如作为建筑供蓄热系统的相变材料，其熔点温度最好为20～35 ℃，而蓄冷系统的相变材料的熔点为5～15 ℃。

(2) 具有较大的溶解潜热，可使用较少的相变材料，满足更大的蓄热量。

(3) 密度大，相变材料存储一定热能时，所需要的相变材料体积小，便于放置。

(4) 在固态和液态中部，具有较大比热容，既可以利用其潜热蓄热，还可以利用其显热。

(5) 具有高的热导率，这样便于热能储存和提取。

(6) 无偏析，不分层，热稳定性好

(7) 热膨胀性小，融化时体积变化小。

(8) 凝固时，无过冷现象；熔化时，无过饱和现象。

(9) 没有腐蚀或腐蚀性低。

(10) 价格低，容易生产。

实际应用中，很难找到上述条件都满足的相变材料，实际应用中主要考虑的是相变温度合适，相变潜热高，价格合适等。

11.5.2 无机相变材料

无机相变材料储热密度大，成本低，对容器腐蚀性小，制作简单，目前固-液相变蓄热材料是主流，广泛应用于各种工业或公共设施中，用于回收废热和储存太阳能。无机相变材料主要有水合盐、熔盐、其他无机相变材料。

(1) 水合盐

无机水合盐的分子通式为 $AB \cdot nH_2O$，AB 表示一种无机盐，n 是结晶水分子数。水合盐吸收热量后，在一定温度下熔化为水及盐，热能被存储。化学反应是可逆的，储存的热能放出后，又还原成水合盐，其化学反应式为：

$$AB \cdot mH_2O \xleftrightarrow{\text{加热 } T \geqslant T_m \text{ 时，反应向右进行；反之向左}} AB + mH_2O - Q \qquad (11-5-1)$$

这类材料容易出现“过冷”和相分离现象。为此，需要加入防止相分离剂，常选用增稠剂、晶体结构改变剂等。常用无机水合盐相变材料见表 11-5-1。

表 11-5-1 常用无机水合盐相变材料

相变材料	熔点（℃）	溶解热（kJ/kg）	防过冷剂	防相分离剂
硫酸钠（$Na_2SO_4 \cdot 10H_2O$）	32.4	250.8	硼砂	高吸水树脂 十二烷基苯磺酸钠

（续）

相变材料	熔点（℃）	溶解热（kJ/kg）	防过冷剂	防相分离剂
醋酸钠 ($CH_3COONa \cdot 3H_2O$)	58.2	250.8	$Zn(OA_c)_2$、$Pb(OA_c)_2$ $Na_2P_2O_7 \cdot 10H_2O$、$LiTiF_6$	明胶、树胶 阴离子表面活性剂
氯化钙($CaCl_2 \cdot 6H_2O$)	29	180	BaS，$CaHPO_4 \cdot 12H_2O$ $CaSO_4$，$Ca(OH)_2$	二氧化硅，膨润土，聚乙烯醇
磷酸氢二钠 ($Na_2HPO_4 \cdot 12H_2O$)	35	205	$CaCO_3$，$CaSO_4$ 硼砂、石墨	聚丙烯酰胺

(2) 熔盐

碳酸盐、硝酸盐、氯化物、氟化物等无机盐的熔点高，可以做高温相变材料。在使用时需要克服熔盐热导率低和腐蚀问题。

表 11-5-2 是几种熔盐材料的物理特性。

表 11-5-2　几种熔盐相变材料的物理特性

材料名称	熔点（℃）	溶解热（kJ/kg）
Na_2CO_3	854	359.48
Na_2SO_4	993	146.30
NaCl	801	405.46
$CaCl_2$	782	254.98
NaF	993	773.30
LiF	848	1 045
$LiNO_3$	252	526.68
Li_2CO_3	726	604.01
$CaCl_2$（52%）+NaCl（48%）	510	313.50
NaCl（8.4%）+$NaNO_3$（86.3%）+Na_2SO_4（5.3%）	286.5	176.81
$NaNO_3$（27%）+Na（OH）（73%）	240	243.28

碳酸盐的价格不高，溶解热大，腐蚀性小，密度大。按照不同比例可以得到不同熔点的共晶混合物。但碳酸盐的熔点较高，黏度大。

硝酸盐的熔点在 300 ℃左右，价格低，腐蚀性小，在 500 ℃下不会分解，但溶解热小，热导率只有 0.81 W/(m・℃)，容易产生局部过热。

氯化钠的熔点 801 ℃，固态密度 1 900 kg/m^3，液态密度 1 550 kg/m^3，熔解热 405 kJ/kg，蓄热能力大，但腐蚀性强。氯化钙的熔点 782 ℃，液态密度 2 000 kg/m^3，熔解热 254.98 kJ/kg，也具有极强的腐蚀性。

氟化锂具有最高的熔解热（1 050 kJ/kg），是最贵的物质。实验表明：$NaNO_3$・Na（OH）

在 400 ℃以下具有很好的热稳定性，而 NaCl・$NaNO_3$・Na_2SO_4 在 450 ℃以下都显示出良好的热稳定向，将上述两种材料分别放在中碳钢的管状容器内，在 50～350 ℃内做加热-冷却试验表明，其熔点与相变潜热几乎未发生明显变化。

(3) 其他无机相变材料

除了含水盐相变材料外，水、金属和其他一些物质也可以作为相变材料。表 11-5-3 是其他相变材料。

表 11-5-3　其他相变材料的热力数据

名称	熔点（℃）	密度（kg/m^3）		比热容（kJ/kg・℃）		溶解热（kJ/kg）	热导率 W/(m・K)
		固态	液态	固态	液态		
H_2O	0	917	1 000	2.1	4.2	335	2.2
NaOH	318	2 130	1 780	2.01	2.09	160	0.92
LiOH	471	1 425	1 385	3.3	3.9	1 080	1.3
Al	660	2 560	2 370	0.92	—	400	200
$Na_2B_4O_7$	740	2 300	2 630	1.75	1.77	530	—

水容易取得，成本低，性能稳定。氢氧化锂的比热容大，熔解热高，稳定性好，在高温下蒸汽压力很低，价格便宜，是很好的蓄热材料。氢氧化钠的熔点适合许多工艺过程，但其价格昂贵。金属铝熔解热高，导热性好，蒸汽压力低，也是很好的蓄热材料。

11.5.3　有机相变材料

有机相变材料有饱和碳氢化合物（石蜡）、酯酸类、多元醇等。

石蜡主要是由直链烷烃混合而成，分子通式 C_nH_{2n+2}，其性质非常接近饱和碳氢化合物。在常温下，n 小于 5 的石蜡族为气体，n 在 5～15 之间的为液体，n 大于 15 的为固体蜡。石蜡族的相变温度和熔解热会随着其碳链的增长而增大。石蜡族有一系列相变温度的储能材料，使用时可根据需要温度选择。石蜡族材料物理与化学性能长期稳定，能反复溶解和结晶而不发生过冷或晶液分离现象。石蜡作为提炼石油的副产品，来源丰富，价格便宜，无毒且无腐蚀性。石蜡的主要缺点是热导率很低，传热慢，往往需要配置大型的换热器。另外石蜡溶解时体积可增大 11%～15%，需要对储热系统进行特殊设计，增大了系统成本。

酯酸类分子通式为 $C_nH_{2n+2}O_2$，性能与石蜡类似。

多元醇类相变材料主要有季戊四醇（PE）、2，2-二经甲基-丙醇（PG）、新戊二醇（NPG）等。这些多元醇的固-液相变温度都高于固-固相变温度，因此在发生相变后，仍可以有较大的温度上升幅度而不致发生固-液相变，在储热时体积变化小，对容器封装要求不高。多元醇的相变温度较高，为了得到较宽的相变稳定范围，可将多元醇的两种或三种按不同比例混合，调节相变温度。

石蜡类和酯酸类材料的性能见表 11-5-4。

表 11-5-4　有机相变材料性能参数

类别	名称	分子式	熔点（℃）	熔解热（kJ/kg）	密度（kg/m^3）	热导率［W/(m·℃)］	比热容［kJ/(kg·℃)］
石蜡类	十四烷	$C_{14}H_{30}$	5.5	225.72	固态 825（4℃） 液态 771（10℃）	0.149	2.069
	十六烷	$C_{16}H_{34}$	16.7	236.88	固态 835（15℃） 液态 776（16.8℃）	0.150	2.111
	十八烷	$C_{18}H_{38}$	28.0	242.44	固态 814（127℃） 液态 774（32℃）	0.150	2.153
	二十烷	$C_{20}H_{42}$	36.7	246.62	固态 856（35℃） 液态 774（37℃）	0.150	2.207
酯酸类	癸酸	$C_{10}H_{20}O_2$	36	152	固态 1 004 液态 878	0.149 （40℃）	—
	月桂酸	$C_{12}H_{24}O_2$	43	177	固态 881 液态 901	0.148 （20℃）	1.6
	十四烷酸	$C_{14}H_{28}O_2$	53.7	187	固态 1 007 液态 862	—	1.6
	十五烷酸	$C_{15}H_{30}O_2$	52.5	178	固态 990 液态 861	—	—
	正十六烷酸	$C_{16}H_{32}O_2$	62.3	186	固态 989 液态 850	0.165	—
	十八烷酸	$C_{18}H_{36}O_2$	70.7	203	固态 965 液态 848	0.172	—

多元醇类相变材料的性能见表 11-5-5。

表 11-5-5　多元醇类相变材料性能

名称	分子中羟基数	相变温度（℃）	相变焓（kJ/kg）	熔点（℃）
PE	4	188	323	260
PG	3	81	193	198
NPG	2	43	131	126

多元醇二元体系相变材料的性能见表 11-5-6。

表 11-5-6　多元醇二元体系的相变温度与相变焓

名称	PE%	相变温度（℃）	相变焓（kJ/mol）
PE-TMP	50	188	125.4
PE-NPG	25/50	119/169	5.56/10.17
PE-PG	50/72	123/149	22.3/28.8

11.5.4 提高相变材料传热效率的措施

采用相变材料储能，由于在固态时没有对流，热导率一般又很低，而体积又是在变化的，所以无论是给相变材料加热蓄热，还是从相变材料取热都不像显热储存时那么容易。一般要采取如下措施，提高传热效率。

（1）使得传热流体与相变材料直接接触换热：当传热流体与相变材料不相容时，可以采用使传热流体与相变材料直接接触的方法，提高传热效率。

（2）把相变材料封装后放入传热流体，当相变材料与传热流体不能直接接触时，可采用此方法，把封装有相变材料的小球放置到贮热容器中。

（3）相变材料填充在换热管的管壳内，换热管为翅片管或光管。

思考题

1. 热蓄存都有哪些类别？不同类别热蓄存的含义是什么？
2. 用于太阳能供暖的水蓄热装置都有哪些？各有什么特点？
3. 影响土壤蓄热效果的因素都有哪些？这些因素如何影响土壤蓄热效果？
4. 卵石床蓄热有哪些特点和注意事项？
5. 无机相变材料都有哪些？各有什么特点？

第12章　太阳能供暖机房设备

太阳能供暖系统规模有大有小，系统形式也各不相同，系统组成有很大差别，因此太阳能供暖的机房设备也差别很大。

小型太阳能供暖系统，系统设备相对简单，一般蓄热装置、辅助加热器、循环泵、供水、供电等设备都在机房内。

大中型太阳能供暖系统，系统配置相对完备，蓄热装置容积较大，一般单独放置，多采用间接加热，机房内太阳能集热与热蓄存之间的设备主要有换热装置、补液装置、安全防护装置等；蓄热与供热管网之间的设备主要有换热装置、辅助热源装置、系统补液装置等；机房设备还有软化水装置、除氧除气装置、系统自动控制与计量装置、供配电与备用供电装置等。

12.1　太阳能集热与热蓄存系统之间的机房设备

太阳能集热与热蓄存系统的设备主要有太阳能集热装置、热蓄存装置、集热与热蓄存之间循环加热与换热装置、循环介质补充装置、各种防护装置。

对于中小型太阳能供暖系统，集热与蓄热循环用的机房设备，最简单的只有循环泵和补水装置。蓄热水箱放置在房顶的，循环泵一般随蓄热水箱也放置在房顶，安装时对循环泵做防雨和防冻措施处理；蓄热水箱放置在室内的，循环泵一般随蓄热水箱也放置在室内水箱旁。

对于大中型太阳能供暖系统，集热与蓄热循环用的机房设备配置比较齐全，包括太阳能换热装置、循环介质补充装置、安全防护装置等。

这里主要讲解集热与热蓄存之间的循环与换热装置、循环介质补充装置、闭式太阳能循环回路稳压装置、安全防护装置、过滤除污装置等。

12.1.1　循环与换热设备

太阳能集热与蓄热系统之间的循环换热设备主要有冷热两侧的循环泵、阀门、换热器、运行压力、温度检测仪表等，换热器多采用板式换热器，换热温差一般设计在5℃以内。中小型太阳能供暖系统是把上述设备在机房内通过管道连接起来，大中型循环换热设备常常将这些泵阀和换热器设计成换热机组，便于安装和标准化。

图12-1-1是机房现场安装的太阳能换热器系统和成套换热机组系统对照图。

换热机组主要由换热器，太阳能侧循环泵、阀、仪器仪表及其这些设备的连接管路等，热蓄存侧循环泵、阀、仪表及其这些设备的连接管路等组成，另外还有太阳能侧和热蓄存侧的进、出温度表，进、出压力表等，为了保护泵、阀，有时候也在换热机组两侧各

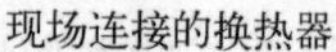

现场连接的换热器

车间制作完成的标准化的换热机组

图 12-1-1　现场连接的换热器与车间制作的标准化换热机组实物图

加装过滤阀。需要热计量的，对于直接系统，可把热计量表放在太阳侧或蓄热侧；对于间接系统，一般太阳能侧循环系统采用防冻液循环，通常把热量表放在热蓄存侧。对于闭式太阳能系统，为了保护换热机组，常常在换热机组太阳能侧从该太阳能集热器阵列出来的高温管道上加装自动控制关闭阀，一旦发生高温过热，自动切断，避免高温介质进入泵、换热器等，导致这些设备高温受损。

12.1.2　循环介质补充装置

对于全玻璃真空管集热系统，常常直接采用自来水作为循环介质。对于间接加热太阳能供暖系统，多采用乙二醇或丙二醇防冻液作为循环换热介质。小型间接系统，一般系统只留有注液口，系统需要注液时，接上注液泵给系统注液；对于大中型间接系统，系统多备有防冻液注液装置，防冻液注液装置一般由储液罐和注液装置组成（图 12-1-2）。

储液罐采用开式碳钢罐或不锈钢箱，碳钢罐坚固耐用，但需做好内外防锈处理；不锈钢箱采用矩形或圆柱形水箱，耐腐蚀，但应选用结构坚固可靠的水箱，因为储液罐往往还兼做太阳能系统过热时防冻液泄压喷发时的储液装置。

图 12-1-2　防冻液储液罐实物图

注液装置一般采用增压泵，泵入口加装过滤装置，出口加单向阀；为方便回收防冻液，还应加手动旁通管和阀门，需要放出系统防冻液时，打开旁通阀们即可。由于系统注液的频率不高，因此注液增压泵可采用单台，也可采用一备一用。图 12－1－3 是某防冻液注液装置实物图。

图 12－1－3　防冻液注液装置实物图

12.1.3　闭式循环回路稳压装置

对于闭式回路，由于循环介质温度变化会带来循环介质体积的膨胀或收缩，因此应在闭式系统加装膨胀罐。

以水做介质的闭式系统，既可通过配置膨胀罐解决膨胀问题，也可只在系统上安装泄压阀，通过泄压来解决膨胀问题；当体积收缩压力下降时，通过自动补水稳定系统压力。

以防冻液做介质的闭式系统，一般通过增设膨胀罐解决膨胀问题。对于太阳能加热系统，为防止高温防冻液损坏膨胀罐内的气囊，可在膨胀罐前增设一个缓冲罐，缓冲罐内充满防冻液，当系统受热或过热膨胀时，高温防冻液进入缓冲罐，缓冲罐内的低温防冻液进入膨胀罐。

图 12－1－4 是闭式太阳能加热系统配置的膨胀罐实物图。

图 12－1－4　闭式太阳能加热系统配置的膨胀罐实物图

12.1.4 安全防护装置

安全防护装置包括超压防护装置、过热防护装置等。

超压防护往往可通过安全阀解决。由于太阳能系统循环容量大，因此应选用开口通道大的安全阀。

太阳能过热防护的措施有：增设冷却器对系统降温，泄除循环介质、遮盖集热器采光面等。

图 12-1-5 是太阳能集热系统循环介质降温用的空气冷却器实物图。

图 12-1-5 太阳能集热系统循环介质降温用的空气冷却器实物图

泄除循环介质装置是在如突然停电等原因，导致闭式太阳能系统在光照下发生过热时，系统将自动关闭机房换热机组上集热器出口管道上的关断阀，当系统压力达到安全阀设动压力时，安全阀自动打开泄压，将高温防冻液及其泄除时变成蒸汽的防冻液泄除到储液罐内，此时应封闭现场，严禁人员走近，避免烫伤。泄压系统还应设置手动泄压装置，通过手动泄除系统压力。

图 12-1-6 某大型太阳能供暖系统，因为晴天正午时突然停电，导致太阳能集热系统过热超压，系统安全阀打开，将过热循环介质泄入到补液罐时的实景照片。

图 12-1-6 停电导致太阳能集热系统循环介质过热泄压实景图

系统应配置备用发电机，一旦停电，自动启动柴油发电机，及时供电，避免太阳能集热系统过热。

12.1.5　过滤除污装置

泵、电磁阀等电动阀门入口前的管道上一般应加装 Y 形过滤器，过滤器的过滤网的目数应选择合适，将管路内有可能堵塞泵、电磁阀的杂质过滤掉。

12.2　热蓄存与供暖管网之间的机房设备

热蓄存与供热管网之间的设备主要有热蓄存装置、辅助加热装置、热蓄存与供热管网之间循环加热与换热装置、循环介质补充装置、各种防护装置。

对于中小型太阳能供暖系统，蓄热与供暖循环用的机房设备，最简单的只有循环泵，循环泵一般放置在蓄热装置旁边。

对于大中型太阳能供暖系统，蓄热与供暖管网之间的机房设备配置比较齐全，包括辅助热源装置、循环与换热装置、循环介质补充装置、安全防护装置等。

这里主要讲解辅助热源装置、循环与换热装置、蓄热罐出水管排气装置、循环介质补充装置、各种防护装置等。

12.2.1　蓄热与供热管网用循环与换热装置

对于中小型太阳能供暖系统，一般蓄热水箱（罐）内的水直接循环到供暖末端供暖，省掉换热环节，降低太阳能产生有用热的温度，提高集热器效率。

对于大中型太阳能供暖系统，考虑到末端漏水带来蓄热装置失水问题，一般在蓄热装置与供热末端之间设置换热装置，确保蓄热装置不因供暖末端漏水而失水。中小型供暖系统，可只在机房设置一套换热装置，大中型供暖系统需要设多个换热站的，可将各个分区换热站设置在各自供暖末端附近。

换热装置一般采用板式换热器，换热温差控制在 5 ℃以内。

12.2.2　辅助加热装置

从理论上讲，任何一种需要时可以可靠提供热能的辅助加热装置都可以作为太阳能供暖的辅助热源。从清洁能源供暖角度考虑，目前太阳能供暖的辅助热源类别主要有电（含热泵）、燃气、生物质、洁净煤等。

有关清洁能源供暖技术在本书第 1 章 1.5 节已专门介绍，辅助热源设备在与本书配套的《太阳能光热利用技术（初、中、高级）》一书第 16 章已经讲述清楚，这里不再多述。这里补充讲述下太阳能与辅助热源供暖的匹配方式问题。

太阳能与辅助热源配合的一种方法是把辅助热源放置在供暖主管路或者供暖末端设备上，这样当太阳能产生和蓄存的热能不够时，再开启辅助热源供暖。这种方式的优点是：可以优先和充分利用太阳能产生的热量供暖，辅助热源只提供不足部分的热源。这种方法的缺点时，当供暖负荷较大时，需要配置很大功率的辅助热源，辅助热源设备投资较大；

且当系统太阳能供暖保证率较高时，辅助热源设备的利用率较低。

太阳能与辅助热源配合的另一种方法是太阳能集热系统和辅助热源系统都对蓄热装置加热，这样当蓄热装置的热能较少时，可以提前启动辅助热源加热，先把辅助热源提供的热能蓄存在蓄热装置内备用。这种方式的优点是：可以提前加热，把热量储存在蓄热装置内，从而减小辅助热源设备的功率，降低辅助热源设备的投资。

12.2.3 螺旋排气除污装置

对于配置开式蓄热罐（池）的大中型太阳能供暖系统，热水出水管路上一般设置螺旋排气除污器。该设备由自动排气阀及空气分离器组成，其核心部分是位于空气分离器中的螺旋管，螺旋管是由不锈钢丝或铜丝焊接制成的立体网结构，这样的结构能够使大气泡被打散，小气泡聚集起来，同时流体在分离器上部产生一个相对静止区域，即使微小的气泡也有足够时间从流体中分离，分离出来的气体汇集到上部气室内，通过自动排气阀排放；同时由于螺旋管的特殊结构，它能使所有的大小颗粒有时间沉降至设备的底部，汇集到沉渣室，只需定期排污即可，颗粒杂质从系统中分离出去时螺旋管产生的压损极小。螺旋杂质分离器不需要安装旁通阀便可以正常有效的使用（图 12-2-1）。

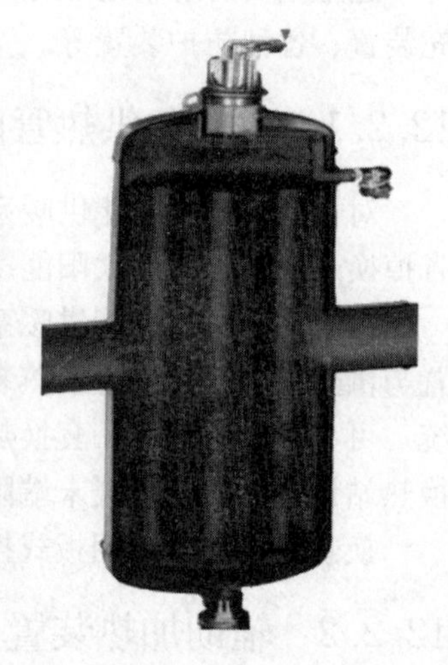

图 12-2-1　螺旋排气除污器实物与原理图

12.2.4 介质（水）补充装置

热蓄存与供热管网的介质主要是水，一些小型太阳能供暖系统，为保证供暖管网与末端可靠防冻，也有采用防冻液作为循环介质的。

对于大中型太阳能供暖系统，水蓄热装置多为开式钢罐或水池，一般都配置有专门的补水泵或者阀门，通过专用补水泵（阀）将处理过的水补充给蓄热装置。

12.2.5 安全防护装置

供热管网的回水管路与循环泵进口之间要设置过滤器，过滤供暖回水带过来的杂质，保护水泵。过滤器可以是 Y 形过滤器，也可选用其他过滤装置。

对于开式供暖系统，可通过开式膨胀水箱稳压。对于闭式供暖系统，可通过设置膨胀罐稳压，也可以通过泄压阀稳压，这方面的知识参见本书第 5 章 5.4 节。

12.3　水处理装置与水质要求

机房水处理装置包括水软化装置、水酸碱度调节装置、水除氧装置、水除污装置等。水软化装置、水除氧装置、水除污装置的知识参见本书第 5 章 5.6 节。

机房应为各种排水设备设置机房地面排水通道、集水坑和坑内污水泵自动抽水装置等。

根据 GB/T 1576—2018《工业锅炉水质标准》，热水锅炉和补给水的水质应符合表 12-3-1 的要求。对于常压热水锅炉，可采用单纯锅内加药，部分软化或天然碱度法等水处理，但应保证受热面平均结垢速率不大于 0.5 mm/a。

表 12-3-1　热水锅炉水质

<table>
<tr><td colspan="2" rowspan="3">水样</td><td colspan="2">额定功率（MW）</td></tr>
<tr><td>≤4.2</td><td>不限</td></tr>
<tr><td>锅内水处理</td><td>锅外水处理</td></tr>
<tr><td rowspan="5">补给水</td><td>硬度（mmol/L）</td><td>6*</td><td>0.6</td></tr>
<tr><td>浊度（FTU）</td><td>20</td><td>5.0</td></tr>
<tr><td>pH（25 ℃）</td><td colspan="2">7.0～11</td></tr>
<tr><td>铁（mg/L）</td><td colspan="2">0.3</td></tr>
<tr><td>溶解氧（mg/L）</td><td colspan="2">0.10</td></tr>
<tr><td rowspan="6">锅水</td><td>磷酸根（mg/L）</td><td>10～50</td><td>5～50</td></tr>
<tr><td>pH（25 ℃）</td><td colspan="2">9.0～12</td></tr>
<tr><td>铁（mg/L）</td><td colspan="2">0.50</td></tr>
<tr><td>油（mg/L）</td><td colspan="2">2.0</td></tr>
<tr><td>酚酞碱度</td><td colspan="2">≥2.0</td></tr>
<tr><td>溶解氧（mg/L）</td><td colspan="2">0.50</td></tr>
</table>

* 使用与结垢物质作用后不生成固体不溶物的阻垢剂，补给水硬度可放宽至 8.0 mmol/L

根据 GB/T 29044—2012《采暖空调系统水质》，对于散热器集中供暖系统的水质要求见表 12-3-2，对于风机盘管集中供暖系统的水质要求见表 12-3-3。上述集中供暖系统均应设置相应的水质控制装置。

表 12-3-2　采用散热器的集中供暖系统水质要求

检测项	单位	补充水	循环水	
pH（25 ℃）		7.0～12.0	钢制散热器	9.5～12.0
		8.0～10.0	铜质散热器	8.0～10.0
		6.5～8.5	铝制散热器	6.5～8.5
浊度	NTU	≤3	≤10	
电导率（25 ℃）	μS/cm	≤600	≤800	
Cl^-	mg/L	≤250	钢制散热器	≤250
		≤80（≤40*）	AISI 304 不锈钢散热器	≤80（≤40*）
		≤250	AISI 316 不锈钢散热器	≤250
		≤100	铜制散热器	≤100
		≤30	铝制散热器	≤30
总铁	mg/L	≤0.3	≤1.0	
总铜	mg/L	—	≤0.1	
钙硬度（以 $CaCO_3$ 计）	mg/L	≤80	≤80	
溶解氧	mg/L	—	≤0.1（钢制散热器）	
有机磷（以 P 计）	mg/L	—	≤0.5	

* 当水温大于 80 ℃时，AISI 304 不锈钢材质散热器系统的循环水及补充水的氯离子浓度不宜大于 40 mg/L

表 12-3-3　采用风机盘管集中供暖系统水质要求

检测项	单位	补充水	循环水
pH（25 ℃）		7.5～9.5	7.5～10
浊度	NTU	≤5	≤10
电导率（25 ℃）	μS/cm	≤600	≤2 000
Cl^-	mg/L	≤250	≤250
总铁	mg/L	≤0.3	≤1.0
钙硬度（以 $CaCO_3$ 计）	mg/L	≤300	≤300
总碱度（以 $CaCO_3$ 计）	mg/L	≤200	≤500
溶解氧	mg/L	—	≤0.1
有机磷（以 P 计）	mg/L	—	≤0.5

12.4 自动控制与热计量装置

中小型太阳能供暖系统的控制相对简单，主要根据太阳能集热器阵列的进出温度，定温或温差循环控制太阳能循环水泵的起停，根据房间温度或蓄热水箱温度，控制供暖循环泵的启停，并配套防冻、过热等安全防护控制。一般多采用单片机或 PLC 编程的控制器，并配置远程监控。

对于设置热计量装置的大中型太阳能供暖系统，热量表一般放置在水循环的管路上。对于间接太阳能循环系统，可将热量表设置在太阳能与蓄热装置换热器的二次侧，计量太阳能接系统的得热量。机房供热管网的总出口也应设置热量表，计量供暖耗热量。

检测仪表请参阅《太阳能热利用技术（初、中、高级）》第 18 章，这里不再多述，有关自动控制与计量的内容在本书第 13 章 13.16 节给予详细讲解。

12.5　供配电装置

供配电装置包括市电供电装置、备用发电装置、控制装置的应急电源装置、应急照明装置等。

对于中小型太阳能供暖系统，系统用电负荷有限，多从低压配电处接 380 V/220 V 电即可，一般也不配置备用发电机。控制系统、照明系统也不配置应急供电。

对于大中型太阳能供暖系统，一般应单独设置市电专供，配置备用柴油发电机，控制系统、照明系统配置应急供电。

12.5.1　专用市电供电系统

我国发电厂发电机组发电输出的额定电压为 3.15～20 kV，经发电厂中的升压变电所升压至 35～500 kV，再由高压输电线传送到受电区域变电所，降压至 6～10 kV，经高压配电线送到用户配电变电所后，降压至 380 V 低压，供用电设备使用。图 12-5-1 是电力输配电系统示意图。

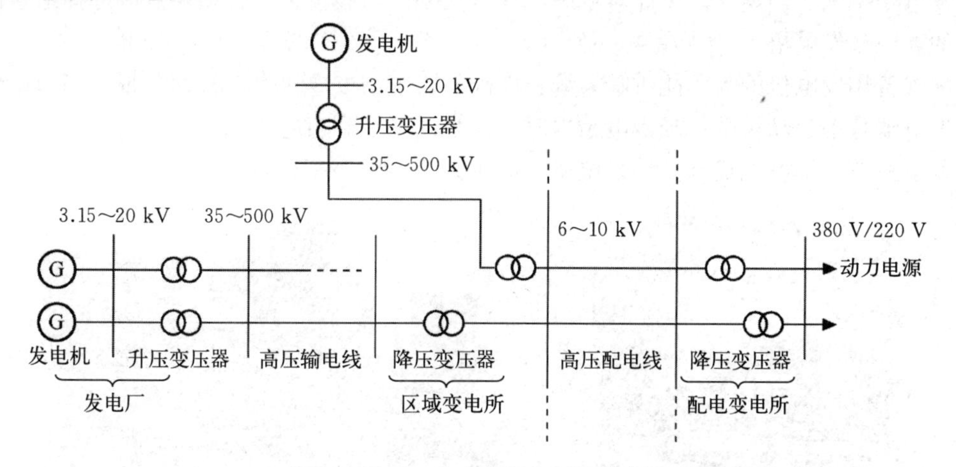

图 12-5-1　电力输配电系统示意图

大中型太阳能供暖系统的用电负荷较大，一般需要在太阳能机房附近设置专门的用电变压器，从配电变电所架杆将 6 kV 或 10 kV 的高压电接至太阳能供暖专用变压器。太阳能供暖系统配电变压器，其一次线圈额定电压即为高压配电网电压，即 6 kV 或 10 kV。

二次线圈额定电压因其供电线路距离较短，则变压器二次侧线圈的额定电压只需高于线路额定电压（380/220 V）5%，仅考虑补偿变压器内部电压降，一般选400/230 V，而用电设备受电端电压为380/220 V。采用较大功率电锅炉作为辅助热源的，一般单独设置电锅炉专用变压器；或者不用变压器，直接采用6 kV或10 kV高压电极锅炉。

电力变压器有油浸式和干式两种类型，目前大容量变压器广泛采用干式变压器。变压器可以安装在电杆上、室外、室内等位置，安装在室外时，应做好安全防护；在室内安装时，应考虑变压器的布置，高低压进出线位置以及操作机构的安全等问题。

在交流供电系统中应装设功率因数补偿装置，功率因数应补偿到0.9以上。对容量较大的自备发电机电源也应补偿到0.8以上。目前可采用低压成组补偿方式，在低压配电柜中专门设置配套的功率因数补偿柜，补偿柜内设有自动投切控制器，它能根据功率因数的变化，以10～120 s的间隔时间自动完成投入或切除电容器，使功率因数保证处于设定范围内。

低压配电柜、控制柜知识请参阅与本书配套的《太阳能光热技术（初、中、高级）》第18章，这里不再讲解。

12.5.2 备用发电机供电系统

对于大中型太阳能供暖系统，停电带来的循环泵停止，会导致太阳能集热系统过热、供暖管网系统结冰等严重问题，因此应设置双路供电或在机房配备发电机。

发电机的功率应按照满足太阳能集热系统循环泵和供暖系统循环泵正常运行所需要的用电负荷选配，一般按照需要电功率的1.3倍选择发电机额定功率。发电机应能快速启动并供电，这样若市电突然停电，发电机能够在很短时间内启动起来，避免在晴天白天市电突然停电可能导致的太阳能集热系统过热问题。

高原地区气压低、缺氧，内地使用的发电机，在高原地区启动困难甚至不能启动，启动后发电功率低于额定值。因此对于高原地区太阳能供暖项目，特别注意应选择适合高原气候的高原型发电机。

配置备用发电机的太阳能供暖系统，应配备市电与发电机自动投切装置。当市电停电时，发电器自动启动供电；当市电来电时，又自动回切到市电供电。

发电机有汽油发电机和柴油发电机（图12-5-2）。汽油发电机主要用于用电负荷在

汽油发电机

柴油发电机

图12-5-2　发电机实物图

10 kW 及以下的用电场所，柴油发电机主要用于用电负荷较大的用电场所。发电机的储油设施应符合相关规范要求，发电机房应设置自动通风装置，发电机房还应配套供暖设施，使得发电机房间的温度保持在 5 ℃以上。

12.5.3　光伏发电供电系统

对于太阳能供暖系统，还可以通过配置太阳能光伏发电系统来解决太阳能集热系统的用电问题，既能解决市电不稳定可能导致的太阳能集热系统过热问题，还可以节省太阳能系统运行的用电量，降低用电费用。

太阳能集热系统的用电与光伏发电是正相关关系，太阳能光照越好，太阳能集热系统循环的用电量也越大，光伏发电系统的发电量也越多。光伏发电系统可与市电实现用电侧并网，使得太阳能供暖项目优先利用光伏发电，光伏发电不足时再由市电补充。

太阳能供暖系统配置的光伏发电，应配置蓄电装置，蓄电装置应保证市电停电时，蓄电装置应能保证太阳能集热与蓄热系统运行至少 1 h 需要的电功率和电量。

系统若配置光伏发电、市电、备用发电机，则应处理好三者之间的供电切换关系，设计时还应处理好光伏发电、备用发电机发电与市电电网的关系，对于仅仅是用户侧并网的，则应设置孤岛保护装置和防逆流装置，确保市电电网安全。

12.5.4　自控系统 UPS 不间断电源

太阳能供暖的自控系统必须不间断工作和数据保存，需要配置 UPS 不间断电源供电。图 12-5-3 是 UPS 不间断电源实物图。

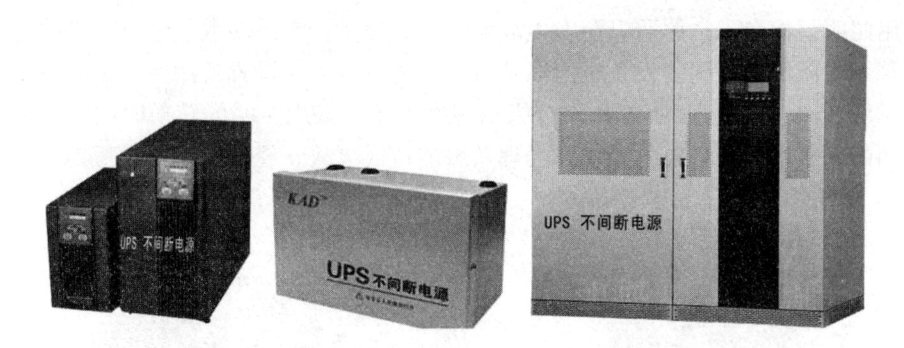

图 12-5-3　UPS 不间断电源实物图

UPS 不间断电源（Uninterruptible Power System）由交流变直流整流器和充电器、蓄电池、直流变交流逆变器等组成。在市电正常时，UPS 电源相当于交流市电稳压器，同时市电对蓄电池进行充电，此时也相当于充电器；在市电突然掉电的情况下，UPS 自动切换到蓄电池供电，使控制器维持正常工作。

UPS 电源对控制器供电时，其额定输出功率应控制在各设备额定功率总和的 1.5 倍；对其他用电设备供电时，为最大计算负荷的 1.3 倍。用电负荷的最大冲击电流（如电动机启动时的电流为冲击电流），不应大于 UPS 额定电流的 150%。

12.5.5 备用照明

（1）监控室应急电源

应急电源 EPS（Emergency Power Supply）是以解决应急照明、事故照明、消防设施等一级负荷供电设备为主要目标，提供一种符合消防规范的具有独立回路的应急供电系统。该系统能够在应急状态下提供紧急供电，用来解决照明用电或只有一路市电缺少第二路电源，或代替发电机组构成第二电源，或作为需要第三电源的场合使用。

大中型太阳能供暖系统应在监控室设置 EPS 应急电源，当停电或消防需要时，自动启动应急照明供电，确保监控室照明需要。

图 12－5－4 是集中 EPS 电源实物图。选择 EPS 应急照明电源容量的方法如下：

当负载为电子镇流器日光灯时，EPS 容量＝灯功率总和×1.1 倍；当负载为电感镇流器日光灯时，EPS 容量＝灯功率总和×1.5 倍；当负载为金属卤化物灯或金属钠灯时，EPS 容量＝灯功率总和×1.6 倍。

图 12－5－4 EPS 电源实物图

（2）设备机房与走道的备用照明

备用照明是指在正常照明电源发生故障时，为确保正常活动继续进行而设的应急照明部分。在太阳能供暖系统的设备机房以及机房走道等位置应设置备用照明灯和指示牌。

图 12－5－5 是应急照明等和安全指示牌实物图。备用照明的转换时间不应大于 5 s，转换时间的确定主要从必要的操作、处理及可能造成事故、经济损失方面考虑。

图 12－5－5 应急照明灯和安全指示牌实物图

（3）持续时间

通常规定疏散照明持续工作时间不宜小于 30 min，根据不同要求可分为 30、60、90、120、180 min 等 6 个档次，备用照明和安全照明的持续工作时间应视使用场所的具体要求而定。对于接自电网或发电机组的应急照明系统，其持续工作时间是容易满足要求的；对于蓄电池供电的应急照明系统，其工作时间受到容量大小的限制，对于要求持续工作时间较长的场所不宜单独使用蓄电池组，应考虑与发电机组配合使用，在这种情况下，由蓄电池组供电，仅作为应急照明的过渡，因此，其持续工作时间可适当减少。在选择应急照明电源时，持续工作时间应根据具体情况确定。

思考题

1. 大中型太阳能供暖系统，太阳能集热与蓄热之间的机房设备都有哪些？各有什么要求？

2. 大中型太阳能供暖系统，蓄热与供暖管网之间的机房设备都有哪些？各有什么要求？

3. 对常压锅炉的水质要求都有哪些？

4. 对散热器集中供暖系统的水质要求都有哪些？

5. 对风机盘管集中供暖系统的水质要求都有哪些？

6. 太阳能供暖系统备用发电机有什么作用？选择备用发电机有哪些注意事项？

7. 太阳能供暖系统哪些地方需要配置 UPS 和 EPS 电源？

第 13 章　主动式太阳能供暖系统设计

13.1　供暖热负荷确定

确定太阳能供暖系统的热负荷与耗热量是太阳能供暖系统设计计算的前提。

当需要供暖的建筑有设计图纸时，可以从设计图纸中找到该建筑的供暖设计热负荷，没有供暖设计热负荷的，根据图纸按照第 2 章讲述的热负荷计算方法，计算供暖建筑的供暖热负荷。当需要供暖的建筑没有设计图纸时，应实地测绘供暖建筑，绘制供暖建筑围护结构图纸，根据本书第 2 章讲述的热负荷计算方法，计算供暖建筑的供暖热负荷。

当采用集中供暖时，应统计汇总每栋供暖建筑的供暖热负荷，根据设计规范，集中供暖设计热负荷，应考虑供热管网的散热损失，散热损失一般按照各个供暖建筑供暖热负荷汇总值的 5%设计计算。

当太阳能供暖系统既供暖又供热水时，还应计算供暖期间太阳能系统承担的供热水负荷。

13.2　太阳能供暖方案选择

本书第 10 章对各种主动式太阳能供暖系统的特点和选型方法给予了详细讲解，可根据第 10 章讲解的各种太阳能供暖方案进行比较选择以及重新组合，最终确定选用何种太阳能供暖方案，并根据选定的太阳能供暖类型，选择合适的供暖设计供、回温度。

对于原来已经有供暖末端，需要改造成太阳能供暖的，若原来的供暖末端必须保留与使用，则选择太阳能供暖方案时，要考虑选择的太阳能供暖系统的供回水温度是否与原来的供暖末端相适应。

13.3　太阳能集热系统得热量计算

太阳能集热系统得热量的计算，是太阳能集热系统设计计算的关键。集热系统得热量的计算，应以选用的太阳能集热器的效率方程为依据，结合系统设计工况，并依据项目所在地的气象参数进行计算。

13.3.1　太阳能集热器效率方程

太阳能集热器的瞬时效率方程是反映集热器热性能的关键技术参数，有关集热器的效率方程，在与本书配套的《太阳能热利用技术（初中高级）》第 12 章 12.2.5 已给予了详细讲解，这里不再重复。

太阳能集热器的效率方程是由国家主管部门认定的太阳能产品质检中心，按照国家或行业相关标准检测计算得出，可从各个厂家委托第三方有资质的质检中心出具的太阳能集热器的检测报告中获得。

目前，太阳能供暖工程实际应用的集热器以平板或真空集热器居多，质检中心出具的这些集热器效率方程主要有以下几种方式。

(1) 基于集热器进口温度的一次方程或二次方程

$$\eta=F_R\ (\tau\cdot\alpha)_e-F_RU_L\frac{t_i-t_a}{G}=\eta_0-UT_i^* \tag{13-3-1}$$

$$\eta=\eta_0-a_1T_i^*-a_2G\ (T_i^*)^2 \tag{13-3-2}$$

$$T_i^*=(t_i-t_a)/G,\ \eta_0=F_R\ (\tau\cdot\alpha)_e$$

上式中：F_R——集热器的热转移因子，无量纲；

τ——集热器透光盖板的太阳透光率；

α——集热器吸热板的太阳吸收率；

$(\tau\cdot\alpha)_e$——集热器的有效投射吸收积；

t_i——集热器进口温度，℃；

t_a——环境温度，℃；

η——集热器效率，基于采光面积 η_a；基于总面积 η_G，无量纲；

G——集热器采光面的总太阳辐照度，W/m^2；

U_L——集热器吸热体温度为进出平均温度时的总热损系数，$W/(m^2\cdot℃)$；

U——基于集热器进口温度的总热损系数，$W/(m^2\cdot℃)$。

图 13-3-1 是某厂家的平板集热器，在国家太阳能质检中心检测后，由质检中心出具的检测报告中关于集热器瞬时效率方程的截图。该检测报告关于效率曲线是按照基于集热器采光面积和进口温度的一次方程。

检测报告也会同时出具基于集热器总面积的效率方程。图 13-3-2 就是上述厂家同一块平板集热器基于总面积的效率方程。

对于同一集热器，由于采光面积和总面积不一样，因此得出的效率方程的截距和斜率是不同的，但实际上只是表达方式不同。无论采用哪个方程做计算，其结果都是一样的。

该集热器瞬时效率曲线方程为：$\eta_a=0.777-5.258T_i^*$
式中：$T_i^*=(t_i-t_a)/G$；
t_i：工质进口温度，℃；
t_a：环境温度，℃；
G：集热器采光面上总日射辐照度，W/m^2。

图 13-3-1　基于采光面积和进口温度的某平板集热器效率方程

该集热器瞬时效率曲线方程为：$\eta_G=0.718-4.864T_i$
式中：$T_i^*=(t_i-t_a)/G$；
t_i：工质进口温度，℃；
t_a：环境温度，℃；
G：集热器采光面上总日射辐照度，W/m^2。

图 13-3-2　基于总面积和进口温度的某平板集热器效率方程

图 13-3-3 是该平板集热器的结构与尺寸描述，可以看出，该集热器是常规的 1 m×2 m

的标准平板集热器，单层盖板，总面积 2 m²，采光面积 1.85 m²。

检 验 报 告

报告编号：	2017TJ072			共8页 第8页
样品编号：	2017TJ067			
样 品 描 述				
集热器：				
盖板材料：	玻璃			
盖板层数：	1 层			
盖板厚度：	– mm			
采光面尺寸：	1950×950 mm	采光面积：	1.85	m^2
总面积尺寸：	2000×1000 mm	总面积：	2.00	m^2
传热工质：	水			
基材：	–			
涂层材料：	–			

图 13-3-3 检测报告中关于平板集热器的产品结构与尺寸描述

假定某一太阳能热水项目，按照总面积的效率方程计算，满足产热量需要 200 m² 总面积的平板集热器，由于每块总面积 2 m²，也就是需要 100 块集热器；按照采光面积计算，需要 170 m²，每块 1.85 m²，实际上还是 200 块。

需要注意的是：当比选不同厂家的产品性能时，应按照基于同样面积的效率方程来做比较。要么都是基于总面积，要么都是基于采光面积。

目前国家标准对平板集热器的热性能要求如下：基于采光面积的瞬时效率截距应不低于 0.72；基于采光面积的总热损系数应不大于 6.0 W/(m²·K)。有鉴于此，建议按照基于采光面积的效率方程比较不同厂家平板集热器的热性能。

图 13-3-4（a）是检测报告关于上面那块平板集热器的热性能评价。可以看出，本项性能符合国家标准 GB/T 6424—2007《平板太阳能集热器技术条件》的质量要求。目前国内常规平板集热器的热性能大致都在这个水平上。

图 13-3-4（b）是检测报告关于另外一个平板集热器的热性能评价。可以看出：本项性能符合国家标准 GB/T 6424—2007《平板太阳能集热器技术条件》的质量要求，但与第一块相比，效率截距 0.76 比第一块的 0.78 略低；但总热损只有 4.8 W/(m²·K)，低于第一块的 5.3 W/(m²·K)，因此第二块集热器的热性能总体上略好于第一块集热器。

（2）基于集热器进出口平均温度的一次方程或二次方程

$$\eta=F'\ (\tau\cdot\alpha)_e-F'U_L\frac{t_m-t_a}{G}=\eta_0-UT_m^* \qquad (13-3-3)$$

$$\eta=\eta_0-a_1T_m^*-a_2G\ (T_m^*)^2 \qquad (13-3-4)$$

上式中：$T_m^*=(t_m-t_a)/G$，$t_m=\frac{t_e+t_i}{2}$，$\eta_0=F'\ (\tau\cdot\alpha)_e$

t_e——集热器出口温度，℃；

F'——集热器的效率因子；

其他符号含义同本节前面公式。

热性能	a) 平板型太阳能集热器的瞬时效率截距 $\eta_{0,a}$ 应不低于 0.72； 平板型太阳能集热器的总热损系数 U 应不大于 6.0W/(m² · K)。 b) 应作出 $(t_c - t_a)$ 随时间的变化曲线，并给出平板型太阳能集热器的时间常数 τ_c。 c) 应给出平板型太阳能集热器的入射角修正系数 K_θ 随入射角 θ 的变化曲线和 $\theta=50°$ 时的 K_θ。	$\eta_{0,a}=0.78$ $U=5.3$ W/(m² · K) 瞬时效率曲线已给出 $\tau_c=360\pm5$s 已作出 (t_c-t_a) 随时间变化的曲线 $\theta=50°$ 时 $K_\theta=0.89$ 已给出入射角修正系数随入射角 θ 的变化曲线	合格

(a)

热性能	a) 平板型太阳能集热器的瞬时效率截距 $\eta_{0,a}$ 应不低于 0.72； 平板型太阳能集热器的总热损系数 U 应不大于 6.0W/(m² · K)。 b) 应作出 $(t_e - t_a)$ 随时间的变化曲线，并给出平板型太阳能集热器的时间常数 τ_c。 c) 应给出平板型太阳能集热器的入射角修正系数 K_θ 随入射角 θ 的变化曲线和 $\theta=50°$ 时的 K_θ。	$\eta_{0,a}=0.76$ $U=4.8$ W/(m² · K) 瞬时效率曲线已给出 $\tau_c=300\pm5$s 已作出 (t_e-t_a) 随时间变化的曲线 $\theta=50°$ 时 $K_\theta=0.91$ 已给出入射角修正系数随入射角 θ 的变化曲线	合格

(b)

图 13-3-4　不同平板集热器热性能比较

图 13-3-5 是国家太阳能质检中心出具的另一厂家的平板集热器检测报告中关于热性能部分的截图，该检测报告关于效率曲线就是按照基于集热器采光面积和进出口平均温度的二次方程。一般欧洲检测机构出具的检测报告，平板集热器的效率方程多是基于进出口平均温度的二次方程。

该集热器瞬时效率曲线方程为：$\eta_a=0.836-3.288T_m^*-0.002\,G\,(T_m^*)^2$

式中：$T_m^*=(t_m-t_a)/G$；

t_m：工质进出口平均温度,℃；

t_a：环境温度,℃；

G：集热器采光面上总日射辐照度，W/m²。

图 13-3-5　平板集热器基于采光面积和进出口平均温度的效率方程

(3) 基于进口温度和进出口平均温度的集热器效率方程的转换

如果传热工质流量是已知的，假定传热工质通过集热器的温升是线性的，则可通过下面的公式实现集热器效率方程的转换。

$$F_R\,(\tau\alpha)_e=F'\,(\tau\alpha)_e\left(\frac{\zeta}{\zeta+\frac{F'U_L}{2}}\right)\qquad(13-3-5)$$

$$F_R U_L = F'U_L \left(\frac{\zeta}{\zeta + \frac{F'U_L}{2}} \right) \tag{13-3-6}$$

$$\zeta = \frac{\dot{m} c_f}{A} \tag{13-3-7}$$

上式中：$\dot{m}$——工质的质量流量，kg/s；

c_f——工质的比热容，J/(kg·℃)；

A——集热器的面积（总面积或采光面积等），m^2；

其他符号含义同本节前面公式。

当已知集热器基于进、出口温度平均温度的效率方程时，可按照式（13-3-5）和式（13-3-6）计算出集热器基于进口温度的效率方程。很显然由于：

$$\left(\frac{\zeta}{\zeta + \frac{F'U_L}{2}} \right) < 1$$

因此有：$F_R(\tau\alpha)_e < F'(\tau\alpha)_e$，$F_R U_L < F'U_L$。

当已知集热器基于进口温度的效率方程时，通过式（13-3-6）可知：

$$F'U_L = F_R U_L \left(\frac{\zeta}{\zeta - \frac{F_R U_L}{2}} \right) \tag{13-3-8}$$

通过式（13-3-5），可知：

$$F'(\tau\alpha)_e = F_R(\tau\alpha)_e \left(\frac{\zeta + \frac{F'U_L}{2}}{\zeta} \right) = F_R(\tau\alpha)_e \left(1 + \frac{1}{\zeta} \cdot \frac{F'U_L}{2} \right) \tag{13-3-9}$$

【例题】请将图13-3-1中平板集热器基于采光面积和进口温度的效率方程$\eta_a = 0.777 - 5.258 T_i^*$转换成基于进出口平均温度的效率方程。已知工质基于集热器采光面积的流量为$\dot{m} = 0.04$ kg/s，集热器采光面积$A = 1.85$ m^2，$c_f = 4\,182$ J/(kg·℃)。

【解题】

（1）首先根据式（13-3-7）计算出ζ值

$$\zeta = \frac{\dot{m} c_f}{A} = \frac{0.04 \times 4\,182}{1.85} = 90.42$$

（2）根据式（13-3-8）计算$F'U_L$

$$F'U_L = F_R U_L \left(\frac{\zeta}{\zeta - \frac{F_R U_L}{2}} \right) = 5.258 \left(\frac{90.42}{90.42 - \frac{5.258}{2}} \right) = 5.415$$

（3）根据式（13-3-9）计算$F'(\tau\alpha)_e$

$$F'(\tau\alpha)_e = F_R(\tau\alpha)_e \left(1 + \frac{1}{\zeta} \cdot \frac{F'U_L}{2} \right) = 0.777 \times \left(1 + \frac{5.415}{90.42 \times 2} \right) = 0.781$$

根据上述计算结果，该集热器基于进出口平均温度的效率方程为：

$$\eta_a = 0.777 - 5.258 T_i^* = 0.781 - 5.415 T_m^*$$

从计算结果可以看出：集热器基于进口温度的效率方程与基于进出口温度的效率的斜率相差在3%左右，截距数值相差在1%左右。

13.3.2　关于集热器效率方程中的入射角修正系数

入射角是指太阳光线与集热器采光面法线方向的夹角。当集热器采光的入射角大于某一数值时，集热器采光板的太阳光透过率就会明显下降，从而引起集热器集热效率的下降，这就需要对集热器效率方程中的 η_0 的数值进行修正，为此引入了入射角修正系数。

入射角修正系数 K_θ 是指光线入射角为 θ 时，集热器的光线透过率与吸收率的乘积和光线入射角为 0°时（法向方向）光线透过率与吸收率的乘积之比值。即：

$$K_\theta = \frac{(\tau \cdot \alpha)_{e\theta}}{(\tau \cdot \alpha)_{en}} \tag{13-3-10}$$

如果在集热器效率方程中采用入射角修正系数 K_θ，有效透射吸收积（$\tau \cdot \alpha$）$_e$ 就可以被法向入射时的透射吸收积（$\tau \cdot \alpha$）$_{en}$所取代。

$$\eta = F_R \cdot K_\theta \cdot (\tau \cdot \alpha)_{en} - F_R \cdot U_L \frac{t_i - t_a}{G} \tag{13-3-11}$$

入射角修正系数 K_θ 的测试方法为：使集热器工质的进口温度与环境温度之差小于 1 ℃。改变入射角 θ，分别为 0°、30°、45°、60°，并使集热器的方位保持在测量该入射角的±2.5°范围内。测出集热器的瞬时效率，由于（$t_i - t_a$）≈0，因此就有：

$$K_\theta = \frac{\eta_\theta}{\eta_n} \tag{13-3-12}$$

式中：η_θ——入射角为 θ 时的瞬时效率；

η_n——入射角为 0°（法向入射角）时的瞬时效率。

由于直射光入射角和散射光入射角对集热器效率的影响不同，当分各个不同时间段计算集热器得热量时，可将集热器接收的直射辐射和散射辐射分开计算，散射辐射入射角修正系数是固定值，直射辐射入射角修正系数变化较大，因此必须分时间段计算。

当考虑入射角修正系数影响时，按照集热器进出口平均温度计算时，可按如下公式计算：

$$\dot{Q} = A[\bar{\eta}_{0b} K_\theta G_b + \bar{\eta}_{0d} G_d - U(t_m - t_a)] \tag{13-3-13}$$

式中：$\dot{Q}$——从集热器获得的有用功率，W；

$\bar{\eta}_{0b}$、$\bar{\eta}_{0d}$——分别为直射和散射的 $F'(\tau\alpha)_e$ 值；

A——集热器面积（总面积/采光面积），m^2；

其他符号同以上公式。

对于平板集热器，直射入射角修正系数 $K_{\theta b}$ 与入射角的关系如下：

$$K_{\theta b} = 1 - b_0\left(\frac{1}{\cos\theta} - 1\right) \tag{13-3-14}$$

或

$$K_{\theta b} = 1 - \tan^P\left(\frac{\theta}{2}\right) \tag{13-3-15}$$

上式中：b_0、p——拟合方程系数，对于某一集热器是固定数值；

其他符号同本节公式。

根据集热器检测报告中给出的某一入射角时的入射角修正系数，即可求出该集热器的 b_0 或 p 的数值。

【例题】已知某平板集热器在 50°入射角下的入射角修正系数为 0.91，试作出该集热器入射角修正系数与入射角的函数关系方程。

【解】（1）利用公式（13-3-14）求函数关系方程

已知 $\theta=50°$时，$K_\theta=0.91$，套入公式（13-3-14）可求出：

$$b_0=\frac{1-K_\theta}{\frac{1}{\cos\theta}-1}=\frac{1-0.91}{\frac{1}{\cos 50}-1}=0.161\,95$$

将 b_0 代入公式（13-3-15），可得该集热器入射角修正系数方程如下：

$$K_\theta=1-b_0\left(\frac{1}{\cos\theta}-1\right)=1-0.161\,95\left(\frac{1}{\cos\theta}-1\right)$$

（2）利用公式（13-3-15）求函数关系方程

已知 $\theta=50°$时，$K_\theta=0.91$，代入公式（13-3-15），有：

$$0.91=1-\tan^P\left(\frac{50}{2}\right)、\tan^P（25）=0.09、p=3.156$$

将 p 值代入公式（13-3-15），可得该集热器入射角修正系数方程如下：

$$K_\theta=1-\tan^P\left(\frac{\theta}{2}\right)=1-\tan^{3.156}\left(\frac{\theta}{2}\right)$$

根据 GB/T 6424—2007《平板型太阳能集热器》和 GB/T 17581—2007《真空管型太阳能集热器》，要求在集热器热性能检测报告中给出集热器入射角修正系数 K_θ 随入射角 θ 的变化曲线和 $\theta=50°$时的 K_θ 数值。从图 13-3-4 可以看出，两个平板集热器 $\theta=50°$时的 K_θ 数值分别为 0.89 和 0.91。图 13-3-6 是图 13-3-4（b）中平板集热器检测报告中的入射角修正系数数值和曲线。

检验项目：	入射角修正系数			
入射角θ	0°	30°	45°	60°
修正系数K_θ	1	0.99	0.95	0.84

入射角修正系数曲线

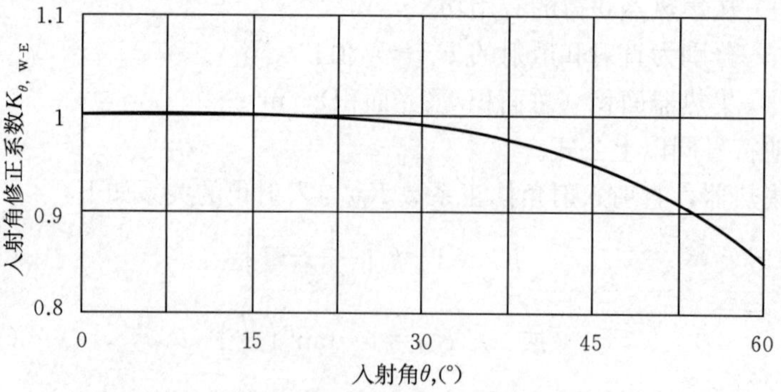

入射角为50°时的入射角修正系数K_{50}=0.91

图 13-3-6　平板集热器热性能检测报告中入射角修正系数

常见的平板集热器，当入射角在 30°以内时，入射角修正系数等于或接近于 1；当入射角超过 50°后，入射角修正系数显著下降。

真空管集热器的入射角修正系数与平板集热器显著不同。图 13-3-7 是某真空管集热器检测报告有关入射角修正系数部分的报告。可以看出：当真空管东西向放置时，真空管集热器入射角修正系数与平板集热器大致相同。当真空管南北向放置时，入射角在 20°以内时，入射角修正系数等于或接近于 1；当入射角在 20～55°之间时，入射角修正系数大于 1，其中入射角在 45°时，入射角修正系数达到最大 1.12；当入射角大于 55°时，入射角修正系数小于 1，随着入射角继续增加，入射角修正系数急剧减小。

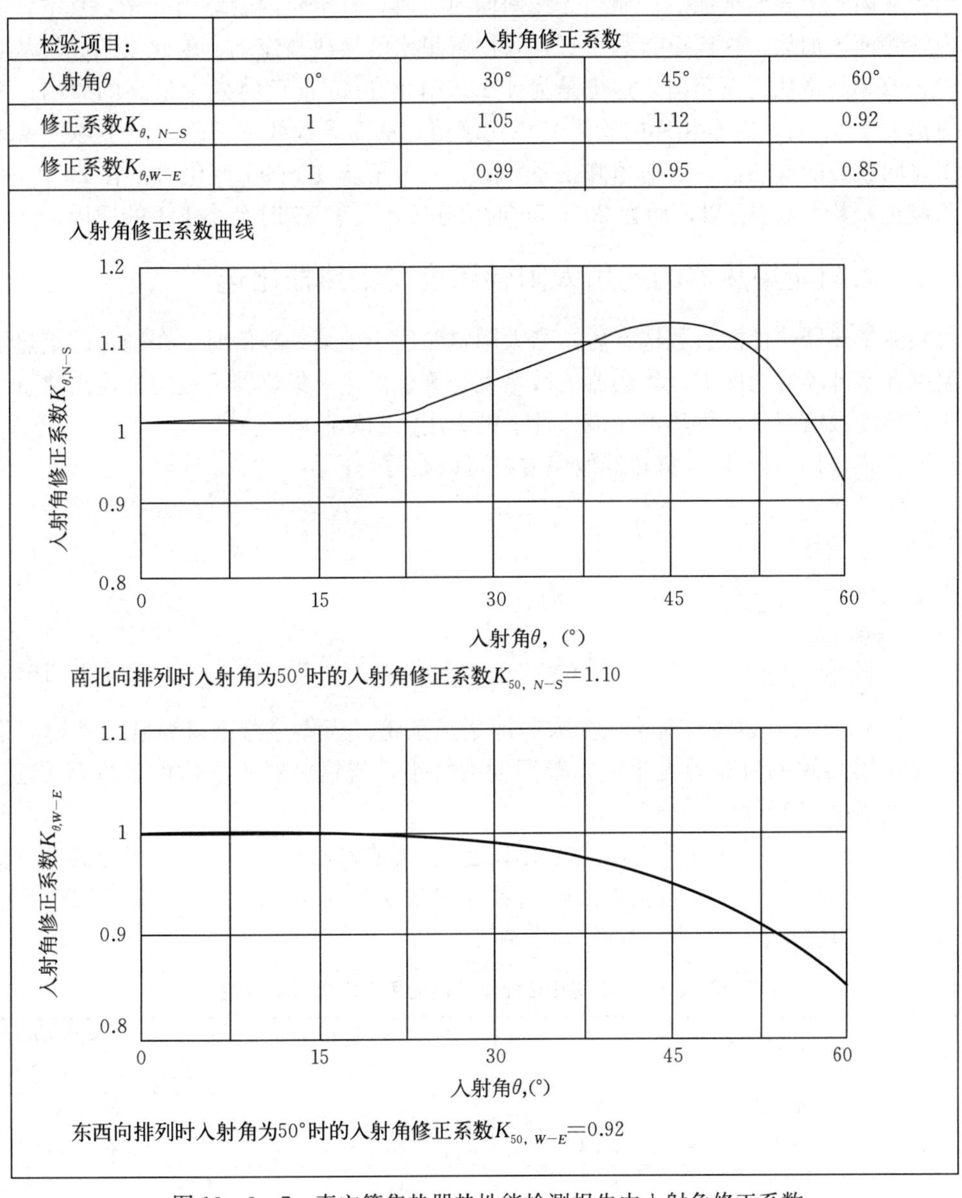

检验项目：	入射角修正系数			
入射角θ	0°	30°	45°	60°
修正系数$K_{\theta,\ N-S}$	1	1.05	1.12	0.92
修正系数$K_{\theta,W-E}$	1	0.99	0.95	0.85

图 13-3-7　真空管集热器热性能检测报告中入射角修正系数

平板集热器入射角修正系数随光照入射角增大而减小，是因为对于平板集热器，当光线垂直射于采光面时，折射最少，光线透过量最大，因此这时候热效率最高；当入射角增大到一定程度时，透过玻璃的光线折射增加，透过采光玻璃照射到吸热板上的采光量减少，因此随着入射角增大，入射角修正系数逐渐减小。

对于真空管集热器，当真空管东西向放置时，结果与平板相似。对于真空管南北向放置的集热器，由于真空管内管（吸热管）轴线是南北向，在不被遮挡的条件下，光线从东到西各个方向照射，吸热体采光面有效面积都一样，因此可以实现太阳光线日跟踪。当光线从集热器采光面法线方向射入时，真空管内管（吸热管）上表面接收太阳光，真空管内管内的水从内管上表面被加热；而当光线斜向射入时，真空管内管侧面受光，真空管内的水从内管侧面被加热，这样更有利于真空管内管里水的换热与流动，因此太阳光线从侧面照射时，效率高于从正面照射，这也是为什么入射角在45°前后时效率最高的原因；当光线入射角大于55°时，左右相邻的管采光相互遮挡，从而导致效率下降。以上原因就是真空管南北向放置的集热器，入射角修正系数随着入射角从0°到90°变化时，在20°以内时，入射角修正系数大致等于1，而在20°～55°时大于1，大于55°时又小于1的原因。

13.3.3　太阳能集热器的无用太阳辐照度与集热器比选

太阳能集热器热性能参数选定后，当太阳辐照度小于某一数值时，在确定的集热器进出口温度和室外环境温度下，集热器的散热大于等于得热，集热器不能向外输出热量，这一太阳辐照度数值就是该集热器在该条件下的无用太阳辐照度。

根据公式（13-3-1），集热器效率方程可以改写为：

$$\eta=\eta_0-UT_i^*=\eta_0-U\frac{t_i-t_a}{G}$$

当 $\eta=0$ 时，有：$\eta_0=U\frac{t_i-t_a}{G}$，此时：

$$G=\frac{U}{\eta_0}(t_i-t_a) \tag{13-3-16}$$

式（13-3-16）表明：对于一个太阳能集热系统，当集热器进口温度与环境温度确定后，集热器热效率为0的无用太阳辐照度的大小，与集热器的总热损系数 U 成正比，而与效率截距 η_0 成反比。

表13-3-1列出了几种不同性能的太阳能集热器在环境温度−5℃，集热器进口温度45℃条件下的热效率为0时的无用太阳辐照度和在800 W/m² 太阳辐照度下的热效率数值。从表中可以看出：

表13-3-1　不同热性能集热器无用太阳辐照度数值

各种性能太阳能集热器		效率方程	集热器进口温度（℃）	环境温度（℃）	无用太阳辐照度（W/m²）	辐照800 W/m² 热效率
平板型	国标合格线平板集热器	$\eta_a=0.72-6.0T_i^*$	45	−5	≤417	34.5%
	国内常规平板集热器	$\eta_a=0.77-5.2T_i^*$	45	−5	≤338	44.5%
	供暖建议平板集热器	$\eta_a=0.80-4.0T_i^*$	45	−5	≤250	55.0%
	高性能平板集热器	$\eta_a=0.83-3.5T_i^*$	45	−5	≤211	61.1%
真空管型	国标合格线真空管集热器	$\eta_a=0.62-3.0T_i^*$	45	−5	≤282	43.2%
	供暖建议线真空管集热器	$\eta_a=0.70-2.5T_i^*$	45	−5	≤179	54.3%

（1）刚达到国标热性能合格线的平板集热器，在环境温度－5 ℃，设计进口温度 45 ℃的无用太阳辐照度达到了 417 W/m^2，在 800 W/m^2 太阳辐照度下的热效率只有 34.5%。在内地冬天，每天不小于 800 W/m^2 太阳辐照度的时长不长，因此这种集热器不适合用于太阳能供暖。

（2）国内常规的标准尺寸平板集热器（1 000×2 000×80），在环境温度－5 ℃，设计进口温度 45 ℃的无用太阳辐照度达到了 338 W/m^2，在 800 W/m^2 太阳辐照度下的热效率 44.5%。因此这种集热器用于太阳能供暖效果也不理想。

（3）对于太阳能供暖用的平板集热器，本书建议其效率方程中的截距应不低于 0.80，总热损系数不高于 4.0 W/(m^2·℃)。根据此参数计算出的在环境温度－5 ℃，设计进口温度 45 ℃的无用太阳辐照度 250 W/m^2，在 800 W/m^2 太阳辐照度下的热效率 55.0%。可以用于太阳能供暖。目前国内一些厂家可以生产出达到这种热性能的平板集热器。

（4）目前国内领先的平板集热器的热性能，其效率方程中的截距达到 0.83，总热损系数不高于 3.5 W/(m^2·℃)。根据此参数计算出的在环境温度－5 ℃，设计进口温度 45 ℃的无用太阳辐照度 211 W/m^2，在 800 W/m^2 太阳辐照度下的热效率 61.1%。用于太阳能供暖可获得良好的集热效果。该集热器已在西藏几个县城和学校的太阳能集中供暖项目应用，供暖效果良好。

（5）刚达到国标热性能合格线的真空管集热器，在环境温度－5 ℃，设计进口温度 45 ℃的无用太阳辐照度达到了 282 W/m^2，在 800 W/m^2 太阳辐照度下的热效率只有 43.2%。因此这种集热器不适合用于太阳能供暖。

（6）对于太阳能供暖用的真空管集热器，本书建议其效率方程中的截距应不低于 0.70，总热损系数不高于 2.5 W/(m^2·℃)。根据此参数计算出的在环境温度－5 ℃，设计进口温度 45 ℃的无用太阳辐照度 179 W/m^2，在 800 W/m^2 太阳辐照度下的热效率 54.3%。可以用于太阳能供暖。目前国内有不少厂家可以生产出达到这种性能的真空管集热器。

不同性能的太阳能集热器，由于效率方程截距和总热损系数不同，导致无用太阳辐照度差别很大，这样在相同太阳辐照量下，各种集热器有用的太阳辐照量是不同的。无用太阳辐照度越小，相同太阳辐照量下有用太阳辐照量多。

表 13-3-2 列举了北京、石家庄、拉萨三个地方，在集热器倾角 45 ℃时，元月全晴日不同太阳辐照度下的太阳辐照量。

表 13-3-2　不同地方元月晴天不同辐照度全天太阳辐照量

类别		全天总辐照量（KJ/m^2）	≤400 W/m^2 辐照度辐照量（KJ/m^2）	≤250 W/m^2 辐照度辐照量（KJ/m^2）	≤200 W/m^2 辐照度辐照量（KJ/m^2）
北京	总辐照量	21.54	1.89	0.69	0.42
	占比	100%	8.8%	3.2%	1.9%
石家庄	总辐照量	22.85	1.76	0.63	0.40
	占比	100%	7.7%	2.7%	1.7%
拉萨	总辐照量	31.52	1.51	0.56	0.34
	占比	100%	4.8%	1.8%	1.1%

注：①集热器倾角均按照 45°计算；②均选择元月晴天数值；③气象数据来自 Meteonorm 软件。

从表 13-3-2 可知：表中三个地方在供暖季最冷的元月，即使在晴天条件下，不大于 400 W/m^2 辐照度的太阳辐照量占 4.8%～8.8%；不大于 250 W/m^2 辐照度的太阳辐照量占 1.8%～3.2%；而不大于 200 W/m^2 辐照度的太阳辐照量仅占到 1.1%～1.9%。以上数据是在晴天条件下的数据，实际上在不太晴的天气下，低辐照度下的太阳辐照量占当天总辐照量的比例会更高。另外，越是太阳能资源差的地方，低辐照度的太阳辐照量占比越大。

由上面分析可以得出初步结论：选择不同热性能的太阳能集热器用于太阳能供暖系统，不仅仅是热效率差别很大，用在同一个地方，仅每天有用的太阳辐照量差别就在 3.5%～7%。

由以上分析可知：采用本书建议用于供暖热性能的太阳能集热器，比国家标准合格线的集热器，对于平板集热器，前者每天的得热量是后者的 1.5 倍以上；对于真空管集热器，前者是后者的 1.3 倍以上。因此对于太阳能供暖，应选择热性能高的太阳能集热器。

13.3.4 集热器得热量计算方法

集热器得热量可依据集热器效率方程进行计算，从上面的效率方程可知，只要知道了项目所在地的环境温度、集热器采光面的太阳辐射数据、集热器进出口温度等，就可以根据效率方程计算出集热器的平均热效率，平均热效率与当地太阳辐照量的乘积，就是集热器能够从太阳辐射得到的热量。集热器得热量计算有以下计算方法：按年平均简易计算方法、月平均计算方法、动态模拟计算方法等。

(1) 年平均简易计算方法

年平均计算方法是以年平均环境温度、年平均日太阳辐照量、光照时间内年平均太阳辐照度为基础数据计算出的集热器全年得热量。这种计算方法的优点是简便、快捷，基础数据很容易从相关资料上获取；缺点是精确度低，只能计算出大致结果，无法区分无用太阳辐照，计算用到的环境温度也是一个大概值，与系统运行实际数值不相吻合。

对于太阳能热水系统，GB 50364—2018《民用建筑太阳能热水系统应用技术规范》规定：太阳能面积的确定应按照年平均集热效率计算，计算集热器的年平均效率时，太阳辐照量按照集热器采光面上的年平均日太阳辐照量取值；太阳辐照度按照全年有光照时间内的平均辐照度计算；环境温度按照年平均环境温度取值，集热器进口温度按照 $t_i=\frac{1}{3}t_0+\frac{2}{3}t_{end}$（$t_0$ 为集热器进口温度，t_{end} 为集热器出口温度）取值。

对于太阳能供暖系统，GB 50495—2019《太阳能供热采暖工程技术规范》规定：太阳能面积的确定宜通过动态模拟计算确定，采用简化计算方法时，对于短期蓄热系统，太阳辐照量要求按照集热器采光面上的 12 月的平均日太阳辐照量取值，太阳辐照度按照 12 月有光照时间内的平均辐照度计算，环境温度按照 12 月的室外平均环境温度取值；对于季节蓄热系统，太阳辐照量按照集热器采光面上的年平均日太阳辐照量取值，太阳辐照度按照全年有光照时间内的平均辐照度计算，环境温度按照年平均环境温度取值。对于集热器进口或出口温度，无论何种系统，均按照集热器进口或出口的设计温度取值计算。

年平均太阳辐照度的计算方法为：

$$G=H_y/(3.6S_Y) \tag{13-3-17}$$

式中：G——年平均太阳辐照度，W/m^2；

S_Y——当地年平均日照小时数，h；

H_y——当地年平均日太阳辐照量，$[kJ/(m^2 \cdot d)]$。

(2) 月平均计算方法

月平均计算方法是以逐月平均环境温度、逐月平均日太阳辐照量、逐月光照时间内月平均太阳辐照度为基础数据计算出的集热器各月的得热量。这种计算方法的基础数据相对容易从相关资料上获取，但同样存在计算精确度不如逐时计算准确。月平均计算方法也无法区分无用太阳辐照，计算用到的环境温度也是一个大概值，与系统运行数值也不相吻合。

月平均太阳辐照度的计算方法为：

$$G=H_m/(3.6S_m) \tag{13-3-18}$$

式中：G——计算月当地月平均太阳辐照度，W/m^2；

S_m——计算月当地月平均日照小时数，h；

H_m——计算月当地月平均日太阳辐照量，$[kJ/(m^2 \cdot d)]$。

集热器采光斜面上的太阳辐照量可以通过相关资料或软件获得。若通过查资料只能获取当地水平面上全年各月的月太阳辐照量，可按照直射与散射分开的方法，分别计算集热器采光斜面上的直射辐射量和散射辐射量以及地面反射量，然后再将各项辐照量相加，即可得到斜面上的太阳辐照量。与本书配套的《太阳能光热利用技术（初、中、高级）》一书的第 1 章里，已对此计算方法做了详细介绍，这里不再重复。

(3) 动态模拟计算方法

动态模拟计算方法是以设定的时间间隔为一个计算单位，以设定计算单位内的平均环境温度、平均太阳辐照量、平均太阳辐照度为基础数据计算出集热器的得热量数值，然后将各个时间间隔的得热量相加而成。这种计算方法的时间间隔可以小到几分钟，同时可以把不同时间段，不同状态下的管路热损考虑在内，以全部太阳能集热系统在设定时间间隔的计算单位内的运行状态进行模拟，更接近系统运行实际。

逐时计算方法就是动态模拟计算方法的一种。逐时计算方法是以每个小时的平均环境温度、小时平均太阳辐照量、小时平均太阳辐照度为基础数据计算出集热器的得热量数值，然后将各个小时的得热量相加而成。这种计算方法的优点是：计算结果是根据每个小时的太阳辐照量、太阳辐照度、环境温度计算出来的，原始数据与实际贴近，这种计算方法可以把每天无用的太阳辐照量刨除掉，因此计算结果更加准确，完全可以满足实际工程设计计算需要。专业的设计院所、专业的太阳能公司，常常采用此类计算方法。经常需要此类计算的单位，把需要的计算方法在 Excel 软件上事先编好计算程序，需要时将气象数据复制到 Excel 表，即可很快获得计算结果，在调整优化设计时，能随时计算出调整后的计算结果，方便实用。

动态模拟计算需要选定某个适合的计算软件，由计算软件完成模拟计算。有关这方面的计算软件，将在本章后面第 13.3.6 节专门介绍。

13.3.5　计算用气象数据的获取途径

13.3.5.1　集热器得热量计算常用的气象数据内容

集热器得热量以及供暖设计计算用到的数据主要有：逐月环境温度、逐月太阳辐照量及年总太阳辐射量（最好能分出直射与散射量）、逐月光照时间、环境温度低于 5 ℃的时间区间以及期间的平均温度、最低环境温度、扣除 5 d 日平均最低温度后的最低日平均气温、全年各种环境温度的持续时间长度（天数或小时数）、当地冻土层深度、主要风向风力等。

13.3.5.2 气象数据的获取途径

上述资料的获取主要有以下途径：从当地气象部门获取、从相关公开资料查取、从相关软件上查取。

从当地气象部门获取的资料是最真实的数据，也最切合当地实际。但有时候当地气象部门的数据可能不全，那只能有多少先用多少，缺的数据另行补充。

从相关资料上查取，可通过《建筑节能用气象标准》等标准、规范、设计手册、大学和研究单位编制的设计文件等技术资料查取，但要注意数据来源。有些资料是从我国的气象台站获取的数据，因此数据可靠性高。一般情况下，资料提供的气象数据只到市地一级，县及县以下的气象数据较少，可以就近的市地选取。比如：北京延庆县就不能套用北京市区的气象数据，气象条件差别较大；西藏日喀则仲巴县海拔 4 700 m，就不能套用日喀则市区海拔 3 900 m 的气象数据，两地差别更大。

一些国内外的设计计算软件也可以提供所需的数据，一般国内软件的气象数据更符合中国实际，国外气象软件用得较多的是 NASA 或 Meteonorm。

13.3.5.3 NASA 与 Meteonorm 气象数据库的特点

NASA 是美国航空航天局提供的气象数据库，数据库中各地的太阳辐照数据是通过卫星等手段获得的大气层顶的数据，这一步的数据准确度很高；然后再通过各地的云层分布图、臭氧层分布图、悬浮颗粒物分布等数据，通过复杂的建模和运算得到的地表的太阳辐射数据。这一步的准确度就会受到诸多因素的制约。卫星传感器对于雪山、云层、大型水面、山区等区域准确度较低，不能分辨云层的覆盖与地面雪覆盖的区别；在靠海、山区、大型水体区域，传感器的准确度误差较大；云层对辐射的影响很难估算；气溶胶（悬浮颗粒物）对辐射的影响很难计算。对于我国西北开阔、干旱地区，云量、雪量、水体均较少，并且空气质量相对较好，因此地面辐射测量的实际数据与 NASA 数据库数据相差不大。但对我国中东部地区，云量大、某些区域受水体影响，受降雪和高山的影响，因此地面数据与 NASA 数据库数据差别较大。

Meteonorm 软件是商业收费软件，其数据来源于全球能量平衡档案馆（Global Energy Balance Archive）、世界气象组织（WMO/OMM）和瑞士气象局等权威机构，包含有全球 7 750 个气象站的辐照数据，我国 98 个气象站的大部分数据均被该软件数据库收录。该软件还通过插值等方法提供无气象辐射观测资料的任意地点的计算数据。Meteonorm6.1 对应的辐照数据时间段为 1981—2000 年；Meteonorm7.1 对应的辐照数据时间段为 1991—2010 年。在我国 Meteonorm7.1 的数据普遍比 Meteonorm6.1 要小，这在大城市更为明显，可能是由于雾霾增加所致。

NASA 数据库提供的各地太阳辐照数据大部分比 Meteonorm 数据高，最高超过 10%。建议采用 Meteonorm7.1 数据或更新版本的数据。

13.3.5.4　Meteonorm 气象计算软件与数据库使用介绍

该软件的运行基本上可以分为以下两个工作步骤。

第一步，搜索设定特定位置周围的气象站，并将其每月长期的平均值插值到指定位置，并通过卫星图像的数据完善该地区气象站少存在的数据不足问题。

在第二步中，软件根据随机插值的月度数据运行，以生成大多数小时数据（每个参数 8 760 值）的典型平均数据年，有些计算甚至需要每分钟时间间隔的数据。

为了获得数据结果，用户须连续执行图 13－3－8 所示的五个步骤：

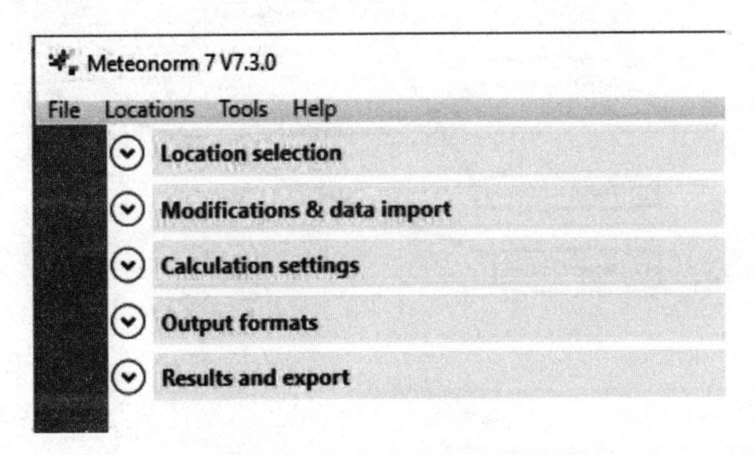

图 13－3－8　数据获取步骤选择

（1）位置选择：选择要获取数据区域的地理位置；

（2）修改和数据导入：修改特定位置的参数设置；

（3）计算设置：调整数据设置；

（4）输出格式：设置输出格式；

（5）得出结果并导出：计算并存储结果。

在没有可用测量值的站点位置，在任意定向的表面上生成逐时辐射数据时，需要结合模型特定的计算顺序，见表 13－3－3。

表 13－3－3　Meteonorm 计算模型顺序

计算步骤	描　　述
月平均值模型的插值 G_h、T_a	基于考虑海拔、地形、区域等气象数据的水平辐射和温度相关插值
计算得出逐时数据 G_h、T_a	随机生成时间相关的全球水平辐射和温度数据，这些数据具有准自然分布规律，且月平均值等于十年数据平均值
确定太阳辐射 $G_h \rightarrow D_h$，B_n	将球面总辐射分解为散射和直射分量
得到带天际线效应的倾斜表面上的太阳辐射逐时数值 G_k	考虑到天际线效应，对任意方向表面半球辐射的计算

下面以利用该软件获取北京环境温度及北京正南向45°倾斜面上的逐时太阳辐射量为例，来说明该软件的使用方法。

(1) 位置选择

从应用程序窗口右侧的“可用位置”选项卡的“位置”列表中选择Beijing。可以通过在列表上方的搜索栏进行搜索，通过单击站点名称右侧的加号或双击站点条目，将位置添加到窗口左侧的所选位置列表中，见图13-3-9。

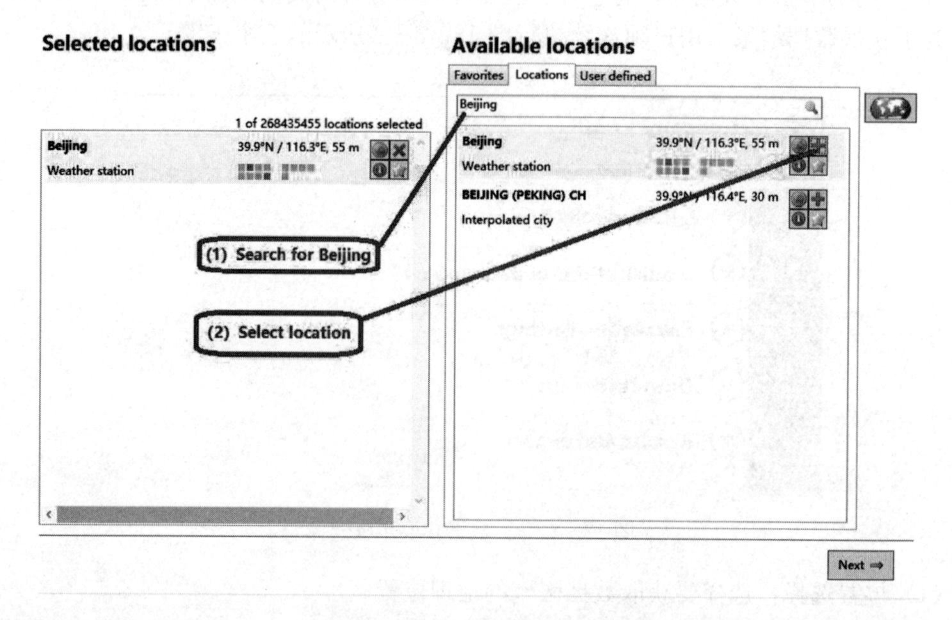

图13-3-9　地理位置选择

选择最适合您需求的地理位置非常重要。基于位置的选择，软件会将气象站点和数据库紧密耦合，因此数据的计算基础可能会有所不同。

基本上有七种不同的站点类型用于定义的位置，包括：内插城市、气象站、没有进行全部辐射测量的气象站（这意味着要对它们进行全局辐射插值）、设计参考年（DRY）、用户定义的站点、具有导入的每月值的网站和具有导入的逐时值的网站。

Meteonorm 7中的固定数据库包含大约6 200个城市，8 325个气象站和1 200 DRY（设计参考年）站点。对于气象站，存储月平均值。如果需要小时值，则会相应地生成这些值。

对于城市，将插入月平均值（长期平均值），然后生成小时值。对于其他站点，同样会插值每月值，并生成每小时值。如果选择DRY站点，则将自动读取存储的小时数据并将其用于计算中。

如果项目在气象站附近，则可以直接使用该气象站。项目位置与最近的气象站之间的距离不应超过20 km，并且海拔高度相差不应超过100 m。

如果项目距离下一个城市或气象站较远，建议用户自行定义一个站点（从Available Locations-Tab User defined-button Add new…），以便可以利用附近气象站的数据插值。

选择完成后，点击图 13-3-9 中右下角的“Next（下一步）”按钮，移至下一页。

(2) 倾角和朝向输入

在新出现的页面上，在倾斜角度中输入 45°，并将方位角保持在 0°（正南），见图 13-3-10。

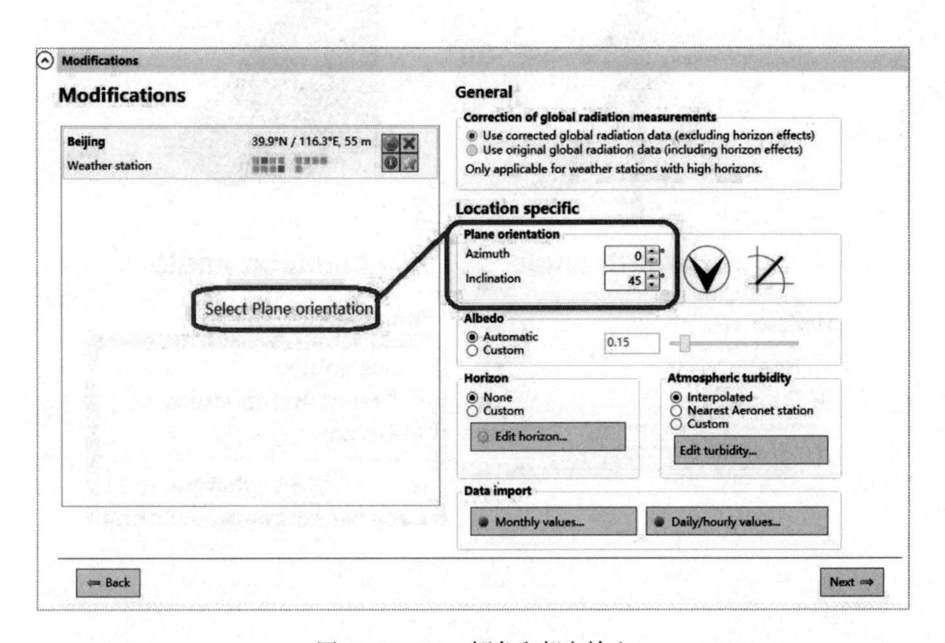

图 13-3-10　倾角和朝向输入

设定倾斜面位置：平面方向在这里可以设置太阳能集热板的方向和倾斜度，以计算斜面上的辐射分量。

方位角是指倾斜面垂直于地面的水平投影和正南之间的角度。方位角定义如下：0°=南/90°=西/90°=东/180°=北。

倾斜角是指倾斜面和水平面之间的角度，范围从 0°到 90°（0°=水平，90°=垂直）。

反射率：反射率可以设置为用户定义的值（自定义）。反射率是地面反射的短波辐射的一部分。它通常在 0.1 到 0.8 之间（草的平均值为 0.15 到 0.2）。

如果反照率不是由用户设置的（自动选择），则使用与温度相关的模型进行计算。该模型考虑了积雪覆盖率，这将导致反射率值在冬季（如果有雪）和夏季之间变化。

大气浊度：大气浊度是指太阳辐射到达地面部分受大气浊度的影响。Meteonorm 采用 Linke 浑浊度因子的概念。Meteonorm 中的浊度信息是基于卫星实验 MISR 和 MODIS 的卫星数据和航空网的地面站测量数据的混合。

可以选择使用 Meteonorm 中的插值卫星数据（默认值）、最近的 Aeronet 站（地面数据）或者使用用户修改的值，见图 13-3-11。

选择完成后，点击右下角的“Next”移至下一页。

(3) 温度和辐照数据时间区间选择

在新出现的页面上，选择环境温度和太阳辐照的时间区间，见图 13-3-12。

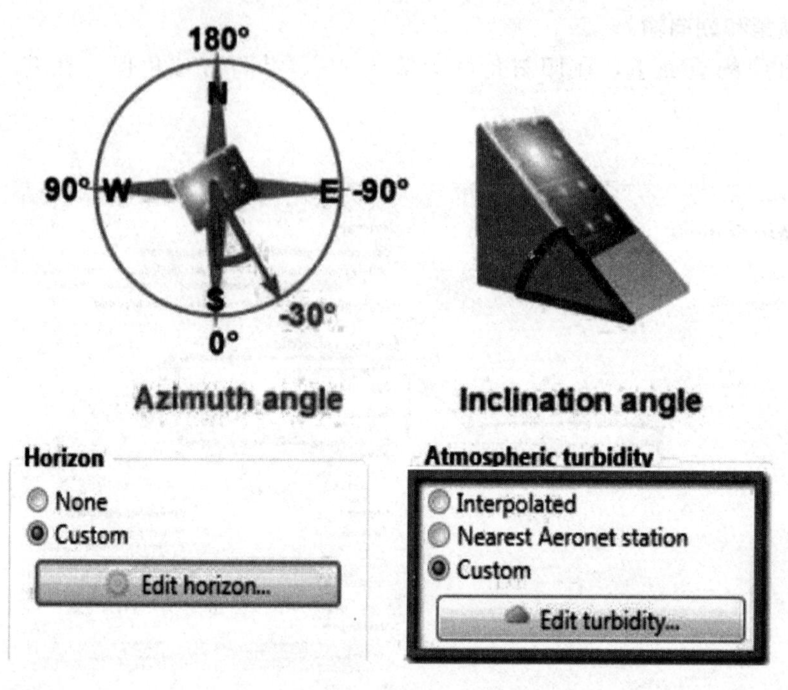

图 13－3－11　选择示意图

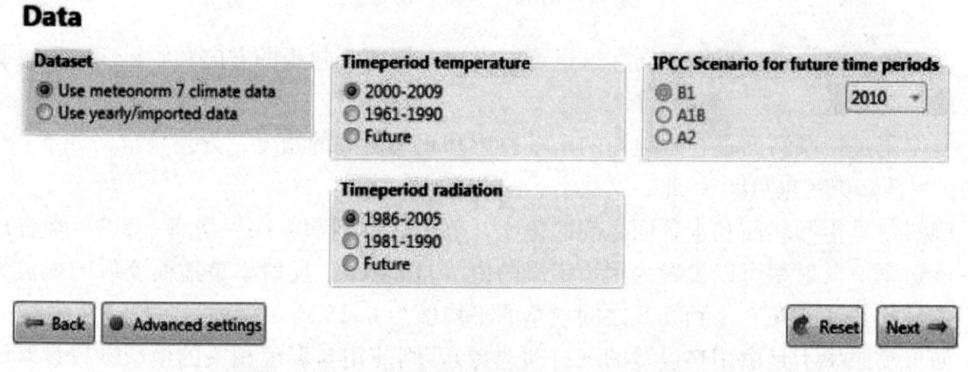

图 13－3－12　温度和辐照数据时间区间输入

对于温度/辐射时间，一方面可以为辐射参数选择时间段，另一方面可以为温度和所有其他参数选择时间段。两组都有两个气候时间段，以及气候变化场景的未来时间段：

（1）温度（以及辐射以外的所有其他参数）：1961—1990 年和 2000—2009 年；

（2）辐射：1981—1990 年/1991—2010 年，1996—2015 年；

（3）未来：通过选择未来模式，将激活 IPCC 未来时段的现场情景。

2000—2009 年的温度时期和 1991—2010 年的辐射时期描绘了最常用的时期。在某些站点，周期可能与这些标准周期不同。通过在“位置”部分中打开气象站的信息窗口，可以看到可用的数据以及从哪个时期开始。选择完成后，点击右下角的“Next”移至下一页。

(4) 输出格式选择

在新出现的页面上，选择数据输出格式，见图 13-3-13。选择 Standard（标准）输出格式。Meteonorm 的标准输出文件内容包含：全球辐射、散射辐射、倾斜面辐射、倾斜面散射辐射、法向直接辐射和环境温度等。

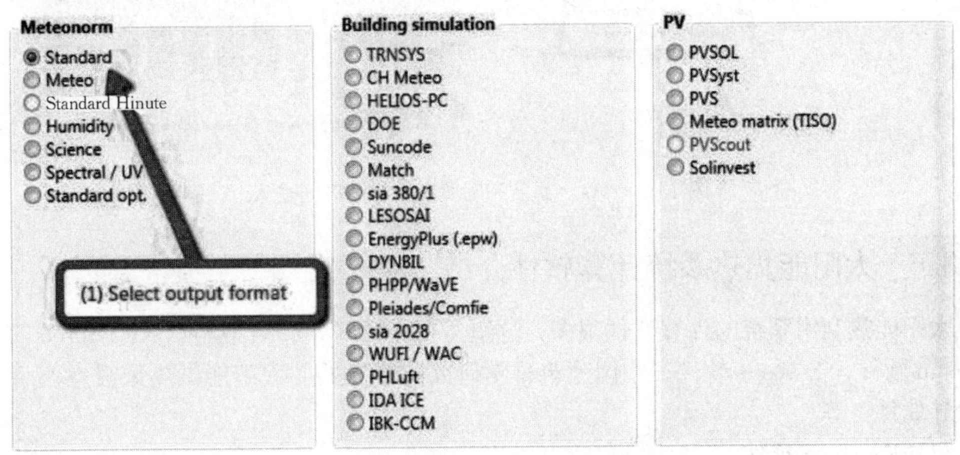

图 13-3-13　温度和辐照数据时间区间输入

“格式”窗口定义了将要存储到文件中的最终数据以及输出数据格式。提供 38 种预定义的数据格式。除了由 Meteonorm 定义的某些数据格式或诸如典型气象年（TMY）之类的通用数据格式外，还有许多数据格式指定用于与特定软件包进行数据交换，以进行建筑模拟或太阳能应用。

将鼠标移到数据格式上将激活一个工具提示，显示了以该格式存储的参数。工具提示首先显示数据存储的时间步长（[h]：每小时，[min]：每分钟，[mon]：每月），然后是参数缩写的列表。

用户定义的数据格式：用户可自行定义数据格式，选择参数、单位和定界符。用户定义的格式将被存储以供以后使用。

选择完成后，等待数据输出。

(5) 数据输出

软件数据输出大约需要 2～10 s。第一步为每月平均值，然后计算每小时的水平辐射值和环境温度，最后计算出斜面上的辐射值。

通过按点击保存磁盘按钮，可以将数据存储为 PDF 文档存储值。在打开的对话框中，选择数据的时间格式为月是逐月值，天是逐日值或小时是逐时值，见图 13-3-14。

在输出窗口的右侧，显示了计算结果的图形，显示了辐射、温度、降水量和日照持续时间的月度值，以及每日总辐射量和温度的曲线。

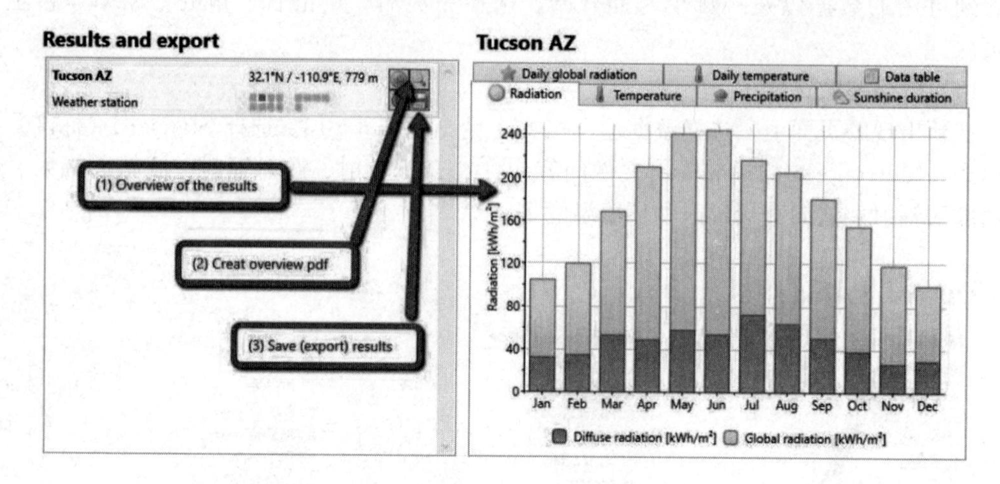

图 13-3-14　温度和辐照数据时间区间输入

13.3.6　太阳能集热系统计算软件介绍

太阳能热利用系统的计算软件很多，这里主要介绍 F-chart 软件、RETScreen 软件、Polysun 软件、Transys 软件、中国建筑科学研究院开发的“太阳能供热采暖空调系统优化设计软件”等。

（1）F-chart 软件

该软件是以月平均气象参数为计算依据，评估太阳能热水系统太阳能保证率的经验公式。公式月保证率的定义为：

$$f=Q_{sav,Y}/L \quad (13-3-19)$$

式中：f——太阳能月保证率，%；

$Q_{sav,Y}$——太阳能系统提供的月有效热量的累计值，J；

L——太阳能月热水负荷累计值，J。

该软件在对强制循环太阳能热水系统进行大量模拟计算的基础上，整理出以月平均气象参数来确定系统性能的经验公式，用以下两个无量纲参数计算太阳能月保证率。

$$f=1.029Y-0.065X-0.245Y^2+0.0018X^2+0.0215Y^3 \quad (13-3-20)$$

$$X=\frac{A_cF'_RU_L\ (11.6+1.18T_W+3.86T_m-2.32T_a)}{L}X_c \quad (13-3-21)$$

$$Y=\frac{A_cF'_R\overline{(\tau\alpha)}\ H_TN}{L} \quad (13-3-22)$$

式中：A_c——太阳能集热器采光面积，m^2；

F'_R——集热器效率因子，无量纲，对直接系统 $F'_R=F_R$，对间接系统，需修正；

U_L——集热器总热损系数，W/(m^2·℃)；

T_a——月平均环境温度，℃；

T_m——月平均补给冷水温度，℃；

T_w——月平均供水设计温度，℃；

L——太阳能热水负荷累计值，MJ；

$\overline{\tau\alpha}$——集热器透过率与吸收率乘积的月平均数值，无量纲；

HT——集热器采光面月平均日总辐射量，MJ/(m² · d)；

N——计算月份的天数，d；

X_c——水箱容积与设定工况偏差修正系数。

$$X_c = \left(\frac{V}{75A_c}\right)^{-0.25} \tag{13-3-23}$$

式中：V——水箱容积，L。

根据公式（13-3-20）可以计算出太阳能保证率，如果 f 为负值，则取保证率为 0；如果大于 1，则取 100%，并由此绘制出 F-chart 图。

（2）RETScreen 软件

该软件是加拿大自然资源部下属的 CANMET 能源中心向全球免费提供的可再生能源项目分析软件，用于评估各种能效、可再生能源技术（光伏系统、太阳能热水、空气加热、热泵系统）的节能量、节能效益、寿命周期成本、减排量和财务风险。软件包括产品、成本和气候数据库，并有一个详细的在线用户手册。该软件在 www.retscreen.net/centre.php 注册后，可免费下载。

该软件包括如下模块：项目初始化模块、能源计算模块、成本分析模块、经济效益分析模块、环境效益分析模块、其他功能等。该软件气象数据来自 NASA。

（3）Polysun 软件

该软件是瑞士太阳能检测中心（SPF）开发的太阳能热利用动态模拟软件，可模拟评价太阳能热水、太阳能供暖、泳池加热等系统。该软件由 Vela Solaris AG 公司负责产品推广和后续开发。该软件于 2008 年推出中文版。

在模拟计算中，由定位坐标和地平线共同确定太阳的位置，每 4 min 更新一次。太阳能系统运行考虑用户的用水习惯，水温和水量均可按照小时设定。

该软件除考虑太阳直射辐射影响外，还考虑了太阳散射、天空温度辐射、当地风速、空气湿度对太阳辐射的影响。建筑模拟考虑到建筑所有相关的参数，包括几何形状、方位、隔热、玻璃窗等因素。

软件数据来自 6 300 个不同位置的气象站，无数据新地区通过插值获得数据，软件还支持选择测量数据作为新地区的数据。

该软件可通过图表和报告形式对模拟结果给出简单的分析与评价，可以提供太阳能月保证率、节能量、投资回报等分析内容。

（4）Transys 软件

Transys 软件的全称为 Transient System Simulation Program，即瞬时系统模拟程序。Transys 软件最早是由美国威斯康星大学太阳能实验室开发的，后来在法国建筑技术与科学研究中心（CSTB）、德国太阳能技术研究中心（TRANSSOLAR）、美国热能研究中心（TESS）等单位的共同努力下逐步完善，并不断更新版本。

该系统最大的特色在于其模块化的分析方式。所谓模块分析，即认为所有热传输系统均由若干个细小的系统（即模块）组成，一个模块实现一种特定的功能，如热水器模块，单温度场分析模块、太阳辐射分析模块、输出模块等。因此，只要调用实现这些特定功能的模块，给定输入条件，这些模块程序就可以对某种特定热传输现象进行模拟，最后汇总就可对整个系统进行瞬时模拟分析。

Transys 软件由一系列的软件包组成，主要有：

Simulation Studio：调用模块，搭建模拟平台，用户可以修改或者添加模块；

TRNBuild：输入建筑模型；

TRNEdit 和 TRNExe：形成终端用户程序；

TRNOPT：进行最优化模拟计算。

同时 Transys 软件是模块化的动态仿真软件（各个模块可以在 Simulation Studio 中调用），所谓模块化，即认为所有系统均由若干个小的系统（即模块）组成，一个模块实现某一种特定的功能，因此，在对系统进行模拟分析时，只要调用实现这些特定功能的模块，给定输入条件，就可以对系统进行模拟分析。某些模块在对其他系统进行模拟分析时同样用到，此时，无须再单独编制程序来实现这些功能，只要调用这些模块，给予其特定的输入条件就可以了。Transys 软件中有 71 个标准模块，可被用户任意调用。

除标准模块外，美国的热能研究中心 TESS 还开发出专门针对暖通空调系统的 TESS Component Libraries V. 2，共有 86 个模块，可对多种系统的运行状况进行动态仿真，主要有：

建筑物全年的逐时能耗分析，优化空调系统方案，预测系统运行费用；

太阳能（太阳能光热和光伏系统）系统模拟计算；

地源热泵空调系统模拟计算；

地板辐射供暖、供冷系统模拟计算；

蓄冷、蓄热系统模拟计算；

冷热电联产系统模拟计算；

燃料电池系统模拟计算。

Transys 软件有如下优点：

① 模块的源代码开放，用户根据各自的需要修改或编写新的模块并添加到程序库中；

② 模块化开放式结构，用户可以根据需要任意建立连接，形成不同系统的计算程序；

③ 形成终端用户程序，为非 Transys 用户提供方便；

④ 输出结果可在线输出 100 多个系统变量，可形成 Excel 计算文件；

⑤ 可以与 EnergyPlus、MATLAB 等其他软件建立链接。

（5）太阳能供热采暖空调系统优化设计软件

该软件由中国建筑科学研究院开发，依据 GB 50495，采用国际成熟的计算方法，采用 VB 6.0 编写程序。操作简便，使用灵活。对于太阳能供热采暖空调系统设计的重要参数，都能进行手动输入与修改，能够通过程序计算，对结果进行分析，得到优化的设计方案。该软件能够对不用地区、不同建筑类型太阳能供热采暖系统进行负荷设计计算，完成太阳能集热器面积、蓄热水池容积、水箱、换热器、水泵等设备选型，还能进行管网水力计算，动态模拟太阳能集热蓄热水池最高温度，并能进行大中型太阳能热水、供暖、空调系统效益与节能量计算。软件的产品数据库能与国家质检中心的产品性能参数测试数据同步更新。

(6) 企业自编专用 Excel 计算

一些企业为了计算的方便，根据太阳能集热器效率方程，编制逐时计算太阳能集热系统得热量的 Excel 计算表，利用 NASA 或 Meteonorm 数据库，可以得到项目地全年 8 760 h 的逐时太阳辐照度和环境温度，并以此计算出太阳能集热系统的得热量，使用方便快捷。

13.3.7　太阳能集热系统得热量计算案例

【例题】山西大同某太阳能供暖项目，设计供暖期为每年 11 月 1 日至 3 月 31 日，集热器设计供回温度 60/40 ℃，在两种平板集热器之间做比选：1＃平板集热器效率方程为 $\eta_a=0.80-4.0T_m^*$；2＃平板集热器效率方程为 $\eta_a=0.77-5.2T_m^*$。请以 Meteonorm7.1 软件查得的太阳辐照与环境温度，比较集热器正南放置，在 30°/35°/40°/45°/50°摆放倾角下，在供暖期内太阳辐照总量，并以此确定集热器摆放倾角；按照月平均、逐时计算两种太阳能集热器得热量计算方法，在不考虑集热系统散热损失前提下，计算在确定的集热器倾角下，单位太阳能采光面积在设计供暖条件下的得热量，并对计算方法与计算结果做比较分析。

【解题】

(1) 不同倾角下太阳辐照量的比较与确定

从 Meteonorm7.1 查询大同的气象参数，可以发现大同为软件自带的气象参数点，基本信息如下：地址：DATONG，纬度［°］＝40.100，经度［°］＝113.330，海拔［m］＝106，采用的辐照典型年为 1991—2000 年，采用的温度典型年为 2000—2009 年。

设定的方位角为正南方向，查得不同倾角斜面上的太阳总辐照量见表 13-3-4。

表 13-3-4　大同正南不同倾角斜面上的太阳辐照量（kWh/m^2）

月份	0°	30°	35°	40°	45°	50°
1 月	66	111	117	121	125	128
2 月	88	128	132	135	137	139
3 月	125	154	156	156	156	155
4 月	157	173	172	170	167	163
5 月	181	178	174	169	163	157
6 月	181	172	167	161	155	148
7 月	171	164	160	155	149	143
8 月	154	159	157	154	150	146
9 月	131	149	150	149	147	145
10 月	103	135	138	140	141	141

（续）

月份	0°	30°	35°	40°	45°	50°
11 月	69	105	109	112	115	116
12 月	56	95	99	103	106	109
全年总辐照	1 480	1 724	1 729	1 725	1 712	1 688
供暖季辐照	404	593	613	627	639	647

将不同倾角下全年辐照总量和供暖期辐照总量制成柱状图见图 13-3-15。

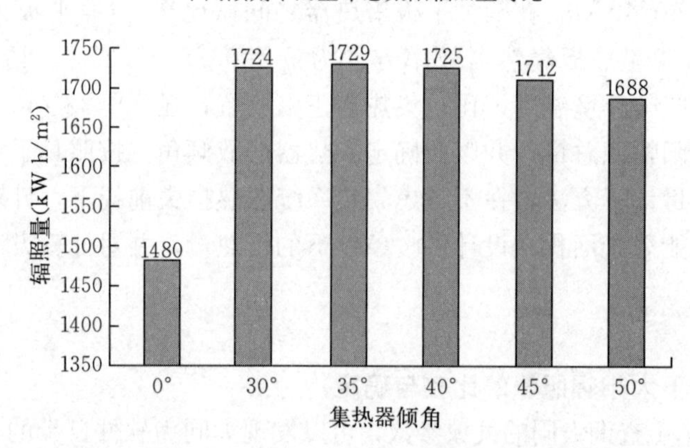

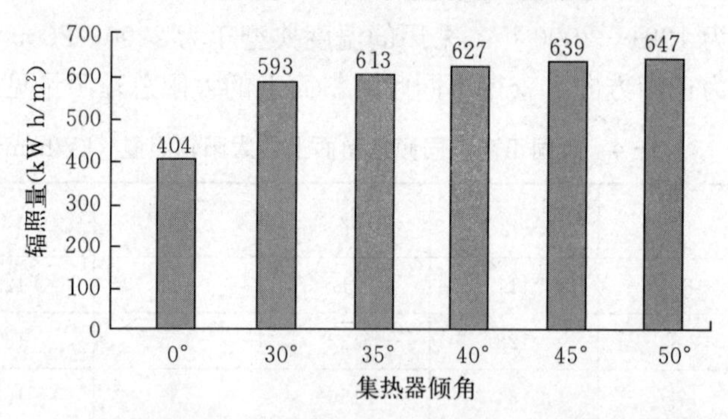

图 13-3-15　不同倾角下大同全年的总辐照和供暖季各月及总太阳辐照量

从图 13-3-15 可知：在倾角为 35°时，全年太阳辐照量最大；而供暖季的总太阳辐照量则随着集热器倾角的增加而逐渐增加。

本太阳能供暖系统是短期蓄热系统，主要考虑供暖季节能够获得较大的太阳辐照量。另外，集热器倾角的选择还应考虑抗风性能、集热场占地大小等因素，综合考虑，集热器倾角按照 45°设计。

（2）按照月平均法计算集热器逐月得热量

从 Meteonorm 查取大同全年各月在正南 45°倾角斜面的太阳辐照量和环境温度，从相关资料查取大同全年各月的日照时数，计算出各月的平均太阳辐照度，数据列于表 13－3－5。

表 13－3－5　大同正南 45°倾角斜面上全年各月太阳辐照量等数据

月份	月辐照总量（kWh/m²）	日照小时数（h）	月天数（d）	月均太阳辐照度（W/m²）	月均室外温度（℃）
11 月	115	193	30	595.85	−0.7
12 月	106	174.7	31	606.75	−8.2
1 月	125	191.5	31	652.74	−10.1
2 月	137	196.7	28	696.49	−4.8
3 月	156	231	31	675.32	2.2
采暖期汇总	639	986.9	151	645.43	−4.32

根据表 13－3－5 中的各月的月均太阳辐照度，题中给出的供暖进/出温度集热器设计供回温度 60/40 ℃，计算供暖期各月的两种集热器的平均热效率和得热量。

以 $\eta_a=0.80-4.0T_m^*$ 的平板为例，计算元月集热器的平均效率和得热量：

已知元月的平均太阳辐照度 $G=700.04\ \mathrm{W/m^2}$，集热器进口温度 $t_i=40$ ℃，出口温度 $t_e=60$ ℃，环境温度 $t_a=-11.3$ ℃，则：

$$t_m=\frac{t_e+t_i}{2}=\frac{60+40}{2}=50\ (℃)$$

$$T_m^*=\frac{t_m-t_a}{G}=\frac{50-(-11.3)}{700.04}=0.087\ 57$$

$$\eta_a=0.80-4.0T_m^*=0.80-4.0\times0.087\ 57=0.449\ 7$$

从表 13－3－5 可知，元月的太阳总辐照量为 134 kWh/m²，则元月太阳集热器的得热量为：

$$134\times0.449\ 7=60.26\ \mathrm{kWh/m^2}$$

根据上述计算方法，可计算出其他月份集热器的得热量。表 13－3－6 汇总了两种集热器的计算结果。

表 13－3－6　月平均法计算两种集热器采暖期各月的得热量汇总表

月份	月辐照总量（kWh/m²）	$\eta_a=0.80-4.0T_m^*$		$\eta_a=0.77-5.2T_m^*$	
		热效率	得热量（kWh/m²）	热效率	得热量（kWh/m²）
11 月	115	45.96%	52.86	32.75%	37.67
12 月	106	41.63%	44.13	27.12%	28.75
1 月	125	43.17%	53.96	29.12%	36.40
2 月	137	48.53%	66.48	36.09%	49.44
3 月	156	51.69%	80.63	40.19%	62.70
合计	639	46.20%	298.07	33.06%	214.96

（3）按照逐时计算方法计算供暖期各月集热器的得热量

① 某一小时集热器斜面有效太阳辐照度的计算。逐时计算需要计算每小时的太阳有

效辐照功率 G，Meteonorm 软件可提供逐时的总辐照、直射辐射和散射辐照数值。

考虑前后排集热器遮挡带来的影响，可以通过按照直射和散射分开计算的方法，按照以下公式逐时计算集热器斜面上的太阳总辐射。

$$G=G_b \cdot F_b \cdot K_\theta+G_d \cdot F_d \cdot K_{60} \quad (13-3-24)$$

式中：G——太阳能集热器得到的总辐射度，W/m^2；

G_b、G_d——分别为集热器采光面上的直射辐射量和散射辐射量，W/m^2；

F_b、F_d——分别为直射与散射辐射阴影遮挡影响因子，逐时计算，无量纲，前排集热器遮挡对散射辐射通常影响较小，可按 $F_d=1.00$ 计算；

K_θ——集热器采光面直射辐射修正系数，无量纲，需逐时计算；

K_{60}——集热器采光面散射辐射修正系数，无量纲，由于散射是在 0～90°方向上均有，故按照 60°计算。

直射辐射阴影遮挡 F_b 是因为集热器前后排放置时，前排集热器对后排集热器的遮挡造成的有效辐射减少，如图 13－3－16 所示。

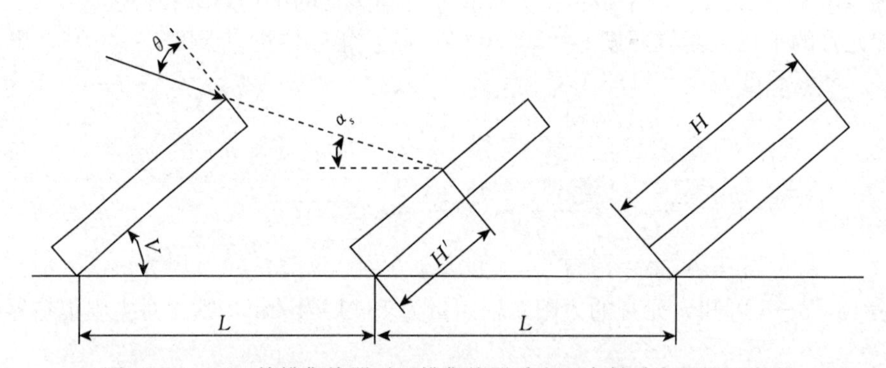

图 13－3－16　前排集热器对后排集热器采光面直射采光遮挡示意图

太阳直射辐射阴影遮挡影响因子为：

$$F_b=\frac{H'}{H} \quad (13-3-25)$$

多排集热器前后放置的值可通过下式计算：

$$F_b=\frac{n\cdot(n-1)\cdot\frac{L}{H}}{\frac{\sin V}{\tan\alpha_s}+\cos V+1} \quad (13-3-26)$$

式中：n——太阳能集热器排数；

V——集热器倾角；

α_s——计算时刻的太阳高度角。

式（13－3－26）计算时，会出现 F_b 大于>1.00 的情况，此时取 $F_b=1.00$。

② 入射角修正。对平板集热器，任意入射角度的入射角修正系数数值按照本章 13.3.2 节中公式（13－3－14）或公式（13－3－14）以及例题 13－3－10 的方法确定。

③ 逐时得热量计算。以上介绍的是某一小时集热器采光面上有效太阳辐照度的计算方法，计算出那一小时的太阳辐照度后，就可以根据那一小时的环境温度、集热器进出温

度等参数，计算出那一时刻集热器的热效率，热效率与那一小时太阳辐照量的乘积，就是那一小时的有效得热量。

可以采用上述方法，计算出全年 8 760 h 每个小时集热器的得热量。

为了快速计算，利用 Excel 或计算软件可以快速地计算出任一小时的集热器得热量，再将这些热量累加，即可得出每天、每月和每年集热器的得热量。

按照集热器前后排不遮光计算，集热器倾角为 40°，集热器 50°时入射角修正系数为 0.97，不考虑太阳能集热系统管道热损失，则计算结果见表 13-3-7。

表 13-3-7　不考虑前后排遮光时逐时计算两种集热器供暖期各月的得热量汇总表

月份	月辐照总量（kWh/m^2）	$\eta_a=0.80-4.0T_m^*$		$\eta_a=0.77-5.2T_m^*$	
		平均热效率	得热量（kWh/m^2）	平均热效率	得热量（kWh/m^2）
11 月	115	40.60%	46.69	31.03%	35.68
12 月	106	34.51%	36.58	24.15%	25.60
1 月	125	37.12%	46.40	27.56%	34.45
2 月	137	43.58%	59.70	34.31%	47.00
3 月	156	43.82%	68.35	34.95%	54.52
合计	639	39.92%	257.72	30.40%	197.24

注：本表月平均热效率是根据得热量/月辐照总量得出的。

取 $L/H=2$，按照集热器总排数为 48 排，集热器倾角为 40°，集热器 50°时入射角修正系数为 0.97，暂不考虑太阳能集热系统管道热损失，则计算结果见表 13-3-8。

表 13-3-8　考虑前后排遮光时逐时计算两种集热器供暖期各月的得热量汇总表

月份	月辐照总量（kWh/m^2）	$\eta_a=0.80-4.0T_m^*$		$\eta_a=0.77-5.2T_m^*$	
		平均热效率	得热量（kWh/m^2）	平均热效率	得热量（kWh/m^2）
11 月	115	35.94%	41.33	27.46%	31.58
12 月	106	26.00%	27.56	17.65%	18.71
1 月	125	28.53%	35.66	20.27%	25.34
2 月	137	38.37%	52.57	30.17%	41.33
3 月	156	40.99%	63.94	32.70%	51.01
合计	639	33.96%	221.06	25.65%	167.97

注：本表月平均热效率是根据得热量/月辐照总量得出的。

（4）不同计算方法与计算结果比较分析

本例题演示了集热器倾角的选择过程，并演示了按月平均和逐时计算方法计算集热器得热量的计算方法与过程。从本题介绍的计算方法和计算过程可知：

① 计算方法比较

ⓐ 月平均计算方法没有考虑每天每时环境温度变化、太阳辐照度变化、前后排阴影

遮挡、太阳光入射角变换对集热器热效率的影响，因此计算结果只是大概值，年平均计算更是大概计算，但计算相对简单，可以手工进行计算。

ⓑ 逐时计算方法考虑了每天每小时的环境温度变化、太阳辐照度变化、前后排阴影遮挡变化、太阳光入射角变化等对集热器热效率的影响，因此计算结果接近实际，但计算过程复杂，必须依靠计算软件进行计算。

② 不同方法计算结果比较

表 13-3-8 汇总了不同计算方法不同集热器供暖期得热量计算结果，从表中可以得出：

ⓐ 在同样不考虑遮挡的情况下，按照月平均和逐时法计算集热器供暖期得热量，第一种集热器，月平均计算方法比逐时法计算结果高 15.65%；第二种集热器高 8.98%。

ⓑ 逐时法计算考虑前后排集热器遮挡的情况下，按照月平均和逐时法计算集热器供暖期得热量，第一种集热器，月平均计算方法比逐时法计算高 34.84%；第二种集热器高 27.98%。

③ 不同集热器供暖期得热量比较

第一种推荐用于太阳能供暖的合格线的平板集热器，供暖期可得到 211.06 kWh/m² 的有效热量；第二种国内使用的平板集热器，供暖期可得到 167.97 kWh/m² 的有效热量。推荐用于太阳能供暖的合格线的平板集热器比常规平板集热器供暖期得热量高出 25.67%。

（5）不同计算方法比较结论

通过本例题的计算比较，对各种计算方法和计算过程有了深入的了解，同时也体会到不同计算方法存在很大的偏差。在做详细设计时，应采用逐时计算方法计算太阳能供暖系统集热器阵列的得热量。

表 13-3-9 不同计算方法计算供暖期得热量计算结果汇总表（kWh/m²）

月份	$\eta_a=0.80-4.0T_m^*$			$\eta_a=0.77-5.2T_m^*$		
	月平均	逐时计算（不考虑遮挡）	逐时计算（考虑遮挡）	月平均	逐时计算（不考虑遮挡）	逐时计算（考虑遮挡）
11月	52.86	46.69	41.33	37.67	35.68	31.58
12月	44.13	36.58	27.56	28.75	25.60	18.71
1月	53.96	46.40	35.66	36.40	34.45	25.34
2月	66.48	59.70	52.57	49.44	47.00	41.33
3月	80.63	68.35	63.94	62.70	54.52	51.01
合计	298.07	257.72	221.06	214.96	197.24	167.97

13.3.8 太阳能集热系统得热量损失分析

13.3.8.1 太阳能集热器得热量损失的类别

太阳能集热系统产生的热量在输送传递到蓄热水箱（罐、池）的过程中，存在热损失。对于太阳能供暖系统，这部分热损失包括白天太阳能集热与水箱（罐、池）循环换热过程中的热损失，也包括夜晚太阳能集热系统不循环期间，集热器和管路内传热介质的散热损失。

（1）白天循环期间的散热损失

白天太阳能集热与水箱（罐、池）循环换热过程中的热损失可通过理论计算出来。计算方法将在本章 13.4.2 节给予详细讲述。

当采用估算方法时，可按经验取值估算如下：短期蓄热系统，在 10%～20%之间取值；季节蓄热系统，在 10%～15%之间取值。

（2）夜晚不循环期间的散热损失

太阳能集热器从太阳辐射得到的热能一般通过太阳能集热系统与蓄热装置之间的换热循环，将热量传递给蓄热装置或者直接供暖。由于只在白天有太阳辐射，每天太阳落山后，当集热系统管路内的介质温度不高于蓄热装置或供暖需要的最低温度时，太阳能集热系统必须停止循环。

由于夜晚太阳能集热器和集热系统管路的散热，导致集热系统循环介质温度降低，每天白天必须先将集热系统循环介质温度加热到高于蓄热装置或供暖需要的最低温度时，集热系统才能向外输出热能。如此，就因每天夜晚与白天的交替带来了太阳能集热系统介质温度交替的降温-升温，并由此带来每天太阳能集热器产热的夜晚散热损失。

夜晚散热包括太阳能集热器内传热介质散热和集热系统管路内传热介质散热两部分。

13.3.8.2　太阳能集热器在每天夜晚-白天交替期间，集热器内传热介质消耗的热量

对于太阳能供暖系统，太阳能集热器单位采光面积的传热介质容量对集热器夜晚散热量影响巨大。下面以平板集热器和全玻璃真空管集热器为例，来说明上述问题。

对于平板集热器，单位采光面积流道的容量在 1.5 L/m^2 上下；对于目前最常用的 58×1 800 全玻璃真空管集热器，单位采光面积流道的容量在 30 L/m^2 上下。为了简化计算，这里统一以水作为传热介质。

对于平板集热器，在冬季供暖夜晚，集热器内温度最低可以降到比环境温度低 5 ℃左右，但由于容量小，在白天，可以自动利用早上的低太阳辐射，将平板集热器内温度升高到环境温度。这里以从零下－5 ℃升高到 50 ℃作为每天昼夜交替消耗的热量，则每天消耗的热量为：

$$1.5\ \mathrm{L/m^2} \times 1\ \mathrm{kg/L} \times 4.186\ \mathrm{kJ/(kg \cdot ℃)} \times [50-(-5)]\ ℃ = 345\ \mathrm{kJ/m^2}$$

对于全玻璃真空管集热器，在零下－5 ℃环境温度时，温度可以降低 20 ℃。第二天需要再升温到 50 ℃后，才能向外输出热量，则每天消耗的热量为：

$$30\ \mathrm{L/m^2} \times 1\ \mathrm{kg/L} \times 4.186\ \mathrm{kJ/(kg \cdot ℃)} \times 20\ ℃ = 2\ 511\ \mathrm{kJ/m^2}$$

假定冬天晴天时集热器采光面的太阳辐照量为 18 MJ/m^2，平板集热器热效率按照 40%计算，真空管集热器热效率按照 50%计算，则每天集热器产生的热量为：

对于平板集热器：18 MJ/m^2×40%＝7.2 MJ/m^2＝7 200 kJ/m^2

对于真空管集热器：18 MJ/m^2×50%＝9 MJ/m^2＝9 000 kJ/m^2

集热器内传热介质每天交替降温与升温消耗的热量占每天集热器产热量比例为：

对于平板集热器：345 kJ/m^2÷7 200 kJ/m^2×100%=4.79%

对于真空管集热器：2 511 kJ/m^2÷9 000 kJ/m^2×100%=27.90%

从上面的计算可知，昼夜交替导致集热器内传热介质每天降温-升温消耗的热量，平板集热器占比不到5%，全玻璃真空管集热器占比达到25%以上。

由此看见：单位集热器采光面积流道容量大小，对太阳能供暖系统有效得热量影响巨大。

13.3.8.3 在每天夜晚-白天交替期间，集热系统管道内传热介质消耗的热量

对于太阳能供暖系统，太阳能集热系统管路主要有架空、管沟、地埋三种布管方式，屋面太阳能集热系统，多采用架空方式布管；地面太阳能供暖系统，多采用地埋方式布管。

集热系统管道内的换热介质在夜晚-白天交替降温-升温期间耗热量的大小，取决于换热介质降温多少和容量大小。对于相同的管路系统，无论是真空管系统管路还是平板系统管路，管道内降温的耗热量大致相同。

现以某平板太阳能集中供暖项目——太阳能集热系统管路散热量来说明管道内传热介质消耗热量的情况。该平板太阳能集热系统充满后，共需要 80 m^3 防冻液介质，扣除集热器内的 33 m^3，管道内防冻液共有 47 m^3，管道内防冻液数量折合单位集热器采光面积为 2.1 L/m^2；根据冬季供暖期间的实际数据，每天昼夜 15 h 停止循环期间，管路内的温降为 5 ℃左右。为了简化计算，这里统一以水作为传热介质，散热量为：

$$2.1\ \text{L/m}^2 \times 1\ \text{kg/L} \times 4.186\ \text{kJ/(kg·℃)} \times 5\ ℃ = 44\ \text{kJ/m}^2$$

仍假定冬天晴天时集热器采光面的太阳辐照量为 18 MJ/m^2，平板集热器热效率按照40%计算，每天集热器产生的热量为 7 200 kJ/m^2，则管路换热介质散热量的占比为：

$$44\ \text{kJ/m}^2 \div 7\,200\ \text{kJ/m}^2 \times 100\% = 0.61\%$$

上述计算结果说明：在每天夜晚-白天交替期间，集热系统管道内传热介质消耗的热量占比很小，不到每天得热量的1%。根据已经运行的太阳能供暖项目的实际经验，夜晚在零下 20 ℃左右时，埋地管道内每晚上降温在 15 ℃左右，按此计算，太阳能集热系统管道内介质每晚散热量不到每天得热量的 2%。

考虑集热器内介质散热和埋地管道内介质的散热损失，平板集热系统夜晚的总散热损失大致在 3%～8%之间。由于全玻璃真空管集热器容水量太大，集热系统集热器与管路夜晚的散热损失在 28%以上。

13.3.8.4 减少太阳能集热系统夜晚散热的途径

从前面各节的分析可知，减少太阳能集热系统夜晚散热的途径主要有以下几点：

（1）在集热器热性能满足供暖要求的前提下，应优先选择单位容量小的集热器，如平板集热器、热管真空管集热器、U 形管真空管集热器等；

（2）优化集热器阵列的管路布置，减少管路长度；

（3）在满足循环要求的前提下，减小太阳能集热系统循环管路管径；

（4）加强对太阳能集热系统管道的保温，减少管道散热；

（5）埋地管路的热损失要小于架空管路和地沟管路，对于地面太阳能集热系统，宜尽量采用管路埋地敷设；屋面安装的太阳能供暖系统，架空管路应加强管路保温。

13.4　太阳能集热器数量确定方法

太阳能供暖系统中太阳能集热器数量的确定，主要受供暖耗热量、太阳能供暖保证率、当地太阳能辐照量等因素的影响；同时也受到摆放场地的大小、投入资金多少的限制。

当摆放场地足够，资金够用，可按照理论计算后的太阳能面积和集热器块数，再根据太阳能集热系统设计阵列，将集热器摆放成满排满列后的数量，就是项目最终的集热器数量和面积。

当摆放场地不够用时，可按照能够摆放下的数量确定集热器的数量，按确定的太阳能面积计算核定太阳能保证率和系统投资。

当投资受限制时，可按照投资数额确定太阳能系统的规模和数量。

太阳能热水系统中太阳能面积的确定也与上述方法大致相同。供暖系统与热水系统的区别主要在于：供暖系统计算是依据供暖需要的耗热量和太阳能供暖保证率；热水系统计算时依据加热热水需要的耗热量和太阳能供热水保证率。

13.4.1　太阳能热水系统集热器面积的计算方法

国标 GB 50364—2018《民用建筑太阳能热水系统应用技术标准》对太阳能集热器总面积确定的计算方法规定如下。

直接系统按照如下公式计算：

$$A_G=\frac{Q_W\rho C_W\ (t_{end}-t_0)\ f}{J_T\eta_{cd}\ (1-\eta_L)} \tag{13-4-1}$$

式中：A_G——集热器总面积；m^2；

Q_W——日均用热水量，L；

C_W——水的定压比热容，[kJ/(kg・℃)]；

ρ——水的密度，[kg/(kg・℃)]；

t_{end}——被加热热水的终止温度，℃；

t_0——被加热冷水的起始温度，℃，通常取当地年平均冷水温度；

J_T——集热器采光面上的年平均日太阳辐照量，kJ/m^2；

f——太阳能热水保证率；

η_{cd}——基于总面积的集热器年平均效率；

η_L——集热系统管网与水箱热损失率，经验值取 0.20～0.30。

间接系统按照如下公式计算：

$$A_{IN}=A_G\left(1+\frac{UA_G}{U_{hx}A_{hx}}\right) \tag{13-4-2}$$

式中：A_{IN}——间接系统集热器总面积；m^2；

U——基于集热器总面积的总热损系数，[W/(m²・℃)]；

U_{hx}——换热器换热系数，[W/(m²・℃)]；

A_{hx}——换热器换热面积；m^2；

A_G——直接系统集热器总面积；m^2。

13.4.2 太阳能供暖系统集热器面积的计算方法

国标 GB 50495—2019《太阳能供热采暖工程技术规范》对集热器总面积确定的计算方法规定如下：供热采暖太阳能集热器总面积宜通过动态模拟计算确定，采用简化计算方法时，计算方法规定如下。

(1) 对于短期蓄热直接系统

$$A_G=\frac{86\,400Q_jf}{J_T\eta_G\ (1-\eta_L)} \tag{13-4-3}$$

式中：A_G——集热器总面积；m²；

Q_j——太阳能集热系统设计负荷，W；

f——太阳能供暖保证率；

J_T——集热器采光面上的 12 月份平均日太阳辐照量，kJ/m²；

η_G——基于总面积的集热器平均热效率；

η_L——集热系统管网与水箱热损失率。

(2) 对于季节蓄热直接系统

$$A_G=\frac{86\,400Q_jD_sf}{J_a\eta_G\ (1-\eta_L)\ [D_s+(365-D_s)\ \eta_s]} \tag{13-4-4}$$

式中：D_s——当地供暖期天数，d；

J_a——集热器采光面年平均日太阳辐照量，kJ/m²；

η_G——基于总面积的集热器平均热效率；

η_s——季节蓄热系统效率，一般取 0.7～0.9；

其余符号同（13-4-3）。

对于集热系统管网与水箱热损失率 η_L，GB 50495—2019 给出的计算方法如下：

① 对于大概计算，可按经验取值估算：短期蓄热系统，在 10%～20%之间取值；季节蓄热系统，在 10%～15%之间取值。应注意：从本章第 13.3.8 节的分析可知，对全玻璃真空管供暖系统，该损失率数值没有考虑昼夜交替的热损失，建议应取 30%～35%较合适。

② 对于需要精确计算的，集热系统管路（不含集热器每天昼夜交替的耗热量）和蓄热装置部分热损失的计算方法如下：

$$\eta_L=(q_1A_1+q_2A_2)/(GA_G\eta_G) \tag{13-4-5}$$

式中：A_1——管路表面积，m²；

A_2——贮水箱表面积，m²；

q_1——管路单位表面积的热损失，W/m²；

q_2——贮水箱单位表面积的热损失，W/m²。

管路热损 q_1 的计算方法如下：

$$q_1=\frac{t-t_a}{\frac{D_0}{2\lambda}\ln\frac{D_0}{D_i}+\frac{1}{\alpha_0}} \tag{13-4-6}$$

式中：D_i——管路保温层内径，m；

D_0——管路保温层外径，m；

t_a——保温层周围环境温度,℃;

t——管道或设备温度,℃，通常取管道或设备内介质温度;

α_0——管道外壁放热系数，W/(m^2 · ℃);

λ——保温材料的导热系数，W/(m^2 · ℃)。

贮水箱热损失可按照下式计算:

$$q_2 = \frac{t - t_a}{\frac{\delta}{\lambda} + \frac{1}{\alpha_2}} \tag{13-4-7}$$

式中：α_2——水箱外表面放热系数，W/(m^2 · ℃);

其余符号含义同公式（13－4－6）。

(3) 对于间接系统

间接系统集热器面积方法与公式（13－4－2）相同，这里不再重复。

13.4.3　太阳能供暖系统集热器面积的工程算法

前面关于集热器面积的计算，主要是理论上的计算方法。在实际工程设计计算中，往往是先计算出集热器在设计进、出口温度和倾角条件下，当地单位集热器面积的得热量（总面积或采光面积等），然后再扣除太阳能集热系统的热损失（一般取 5%～15%），即可得出单位太阳能面积的有用得热量。对于热水系统，再根据产热水需要的热量和太阳能设计保证率，计算需要的集热器面积；对于供暖系统，根据单位集热器面积的有用得热量和供暖需要的耗热量（含供暖管网损失，该部分一般取 5%）和太阳能供暖设计保证率，就可以计算出需要的集热器面积。即：

$$A = \frac{Q_x \cdot f}{q_s\ (1 - \eta_L)} \tag{13-4-8}$$

式中：A——太阳能供暖系统需要的集热器面积（总面积、采光面积），m^2;

q_s——基于单位面积（总面积、采光面积）集热器的得热量，kWh/m^2;

Q_x——供暖需要的总耗热量，kWh;

其他符号含义同式（13－4－3）。

根据上述计算得到的集热器面积，确定需要的集热器摆放场地的大小和位置，或者根据已确定的集热器摆放位置能摆放的最大太阳能数量，计算出这些数量的集热器能够产生的有效热量，再与需要的热量对比，核算太阳能热水或供暖保证率。

无论何种计算方法，其实都是在计算太阳能系统的有效得热量，核算有效热量是否满足需要的热量。在计算时可以灵活运用，不必拘泥于死搬硬套上述计算公式。

另外要注意集热器采光面积、集热器总面积、集热场占地面积的区别。建议根据基于集热器采光面积的效率方程计算需要的集热器采光面积，根据需要的集热器采光面积计算需要的集热器数量，再根据集热器数量确定太阳能集热场占地面积。

在实际工作中，外界对于集热器采光面、集热器总面积、集热场占地面积没有清晰的概念，容易弄混。用户关心占地面积；建筑设计人员关心集热器总面积或者占地面积；太阳能系统设计人员，在计算集热器得热量时，习惯用集热器采光面积计算，这样容易比较出不同集热器性能与得热量的差别。

13.5 太阳能集热器布局摆放

集热器面积确定后，就需要确定集热器如何摆放。一个太阳能集热系统，往往有几块、几十块、几百块、几千块、上万块太阳能集热器组成，通过把这些数量的集热器排列组合连接成集热器阵列，来实现太阳能集热系统产热的需求。

13.5.1 集热系统阵列布局原则

太阳能集热系统的摆放场地确定以后，就应根据摆放现场的地形、长宽尺寸等对太阳能集热器阵列进行布局设计。太阳能集热器阵列的布局摆放，应从多方面综合考虑，使集热器阵列布局合理、美观协调等。

在不受其他条件限制的情况下，集热器阵列的摆放应尽量摆放在距机房较近的位置，以减少集热器与机房之间循环管路的数量与管路热损。

集热器阵列的布局形式，主要应根据现场地形等因素确定，并考虑以下因素。

（1）贮水箱/池位置

对于有贮水箱的太阳能供暖系统，在太阳能供暖系统布局时，首先需要考虑贮水箱的位置。因为贮水箱是太阳能供暖系统承重最重的设备，因此，贮水箱的放置位置应考虑该位置的承重能力能否满足贮水箱装满水后的承重需求。

（2）集热器摆放

应尽量使集热器集中摆放，这样便于布局，系统比较整洁、紧凑，管路距离比较短。

（3）系统各部分的距离

系统布局应尽量使集热器距机房的距离、机房距贮水箱的距离、机房距用热点的距离、冷水供水点距机房的距离相对较近，以减少管路过长造成的热损失，并减少安装用料，降低工程成本。

（4）协调性与方便性

系统整体应协调美观，施工方便、维护管理方便等。

13.5.2 集热器连接方式

集热器数量较少时，可以摆成一排；集热器数量较多时，可以摆成两排或多排，更大的系统，可以分几个区域，按照多个太阳能集热系统设计排布。因此，集热器的连接方式包括集热器与集热器之间的连接、排与排之间的连接、分区与分区之间的连接。

（1）单排内集热器与集热器之间的连接

图 13-5-1 是单排内集热器与集热器之间连接方式示意图。单排内集热器与集热器之间的连接方式主要有并联连接、串联连接、串并联连接三种方式。

图 13-5-1（a）是单排内集热器与集热器并联连接。一般国内标准出口平板集热器之间多采用此种连接方式。这种连接共用平板集热器的上下联集管。我国平板集热器一般为 1 000×2 000，集热器上下集管多为 Φ22 铜管，在管道流速不大于 1 m/s，平板集热器每小时流量在 36 L/m² 的条件下，每排平板集热器并联数目不宜超过 16 个。

图 13-5-1（b）所示是单排内集热器与集热器之间串联连接。一般竖置真空管集热

器之间多采用此种连接，平板集热器排管东西横置、集管上下竖置的，单排内集热器与集热器之间也是串联连接。

图 13－5－1（c）所示是串并联连接，南北每列的集热器之间属于串联连接，每列与每列之间属于并联连接。

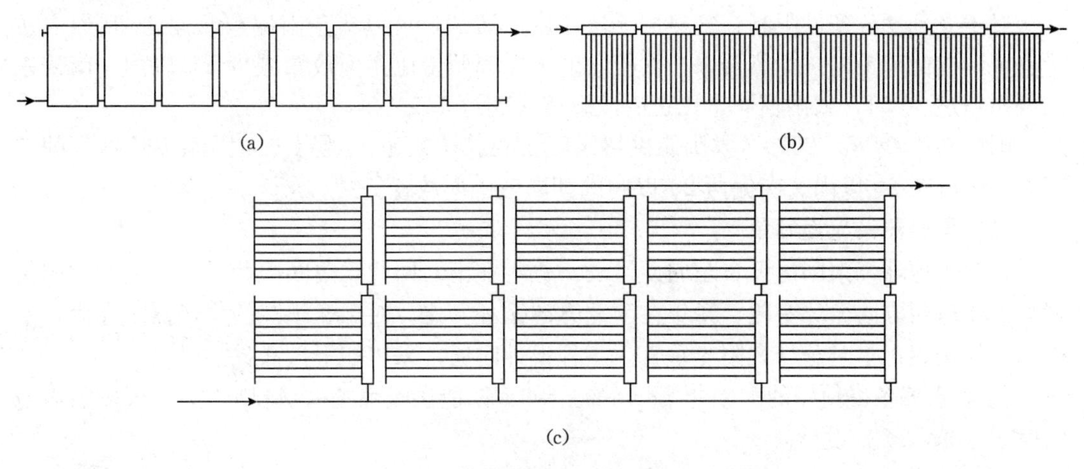

图 13－5－1　集热器与集热器之间连接示意图

（2）排与排之间的连接

对于多排集热器，排与排之间的连接方式见图 13－5－2。排与排之间的连接主要有并联、串联两种方式。

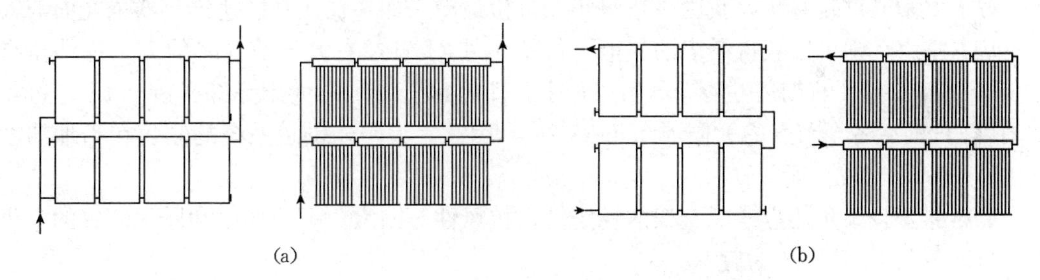

图 13－5－2　集热器阵列排与排之间连接示意图

图 13－5－2（a）所示的集热器阵列，集热器的排与排之间是并联连接。无论是平板集热器还是真空管集热器，一般情况下，集热器排与排之间的连接多采用此种连接方式。

图 13－5－2（b）所示的集热器阵列，集热器的排与排之间是串联连接。当单排集热器数量不多时，可采用两排或三排集热器串联连接方式。

（3）分区与分区之间的连接

每个分区内部按照上述排与排之间、单排集热器块与块之间的连接方式连接；对于分多个区域摆放的太阳能系统，每个区之间最好都设计成各自独立的太阳能集热分系统。

13.5.3　集热器朝向与摆放倾角

（1）集热器朝向

集热器采光面应面向太阳，以便接收太阳光。我国位于地球北半球，固定集热器采光面最好应面朝正南方向。

集热器采光面与太阳光线垂直，可使集热器获得最大的太阳辐照量。对于具有跟踪功能的太阳能集热器，可通过跟踪装置，使得集热器采光面与太阳光线垂直；对于没有跟踪的固定朝向的太阳能集热器，当地正午时分应使集热器采光面与太阳光垂直。

对于受到摆放条件限制，集热器无法正南放置的，可以在正南偏东或偏西 20°以内放置也可，在此范围内，集热器采光面接收的太阳辐照量比正南放置减少 5%以内；南偏东或偏西超过 30°时，太阳辐照量比正南放置减少超过 10%。

国标 GB 50495—2019《太阳能供热采暖工程技术规范》规定：太阳能集热器宜朝向正南、南偏东 20°以内、南偏西 20°以内的朝向范围内放置。

(2) 集热器采光面倾角

相对于地球，太阳每天自东向西运动，每年在南北回归线之间南北运动，因此太阳位置每天在东西方向循环变化、每年在南北方向循环变化。对于非跟踪的集热器采光面，不能每天都实现正午时分与太阳光垂直，工程设计时通常采用如下做法：

① 对于偏冬季使用的太阳能集热系统（如太阳能供暖系统），集热器倾角可按照当地纬度+(10°～20°）设计；

② 对于偏夏季使用的太阳能集热系统，集热器倾角可按照当地纬度−(10°～20°）设计；

③ 对于全年使用的太阳能集热系统，集热器倾角可按照当地纬度设计。

国标 GB 50495—2019《太阳能供热采暖工程技术规范》规定：太阳能集热器安装倾角宜为当地纬度+10°。

对于太阳能供暖系统，我国一般每年元月份最冷，如果在元月能使集热器采光面与太阳光基本垂直，则可以获得最多的热能。每年元月 21 日左右大寒节气时的太阳赤纬角在−20°，每年 2 月 4 日前后立春节气和 11 月 7 日前后立冬时的太阳赤纬角在−15°，每年 12 月 22 日前后冬至节气的太阳赤纬角 23°26′。因此，太阳能供暖系统的倾角在当地纬度+(15°～20°）比较合适。

集热器安装倾角还应考虑支架的稳定性、抗风性等因素。一般地面和屋顶放置的，集热器的倾角以不超过 50°为宜。

13.5.4 集热器前后排间距

对于有多排集热器的太阳能集热系统，由于前排集热器的阴影会影响到后排集热器采光，因此，前后排集热器之间应留有一定的距离，以避免前排集热器影响后排集热器的采光。

图 13-5-3 是正南放置的集热器的阴影示意图。*OA* 为前排集热器或支架的垂直高度，*OB* 为 *OA* 在水平面上的影长，当前后排集热器之间的最小距离不小于影长 *OB* 在水平面南北方向的投影 *OC* 时，后排集热器就不会存在遮光。

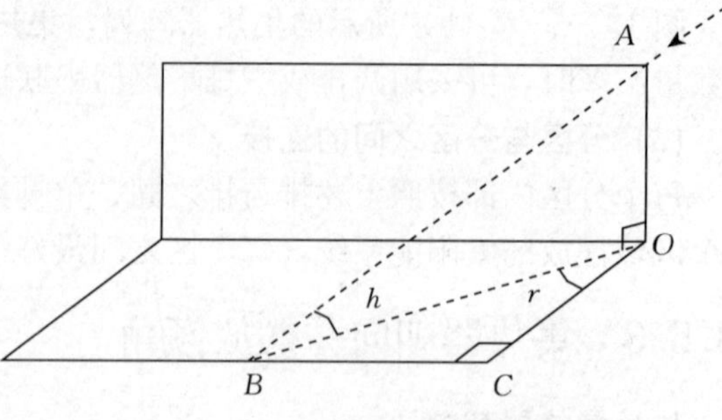

图 13-5-3　集热器阴影示意图

从图中可以看出：$\angle OBA$ 等于太阳高度角 h，$\angle BOC$ 等于太阳方位角 γ，因此有：

$$OB = OA \cdot \cot h$$

$$OC = OB \cdot \cos\gamma = OA\cot h \cdot \cos\gamma \tag{13-5-1}$$

由于太阳方位角 γ 与太阳高度角 h、当地纬度角 φ 以及太阳赤纬角 δ 有如下关系：

$$\cos\gamma = \frac{\sin h \sin\varphi - \sin\delta}{\cos h \cos\varphi}$$

因此有：$OC = OB \cdot \cos\gamma = OA \cdot \cot h \cdot \dfrac{\sin h \sin\varphi - \sin\delta}{\cos h \cos\varphi}$

$$= OA\left(\tan\varphi - \frac{\sin\delta}{\sin h \cos\varphi}\right) \tag{13-5-2}$$

在春分以后至秋分以前，$\delta > 0$，$\dfrac{\sin\delta}{\sin h \cos\varphi} > 0$，因此有：

$$OC = OA\left(\tan\varphi - \frac{\sin\delta}{\sin h \cos\varphi}\right) < OA \cdot \tan\varphi$$

由此可知，当春分以后至秋分以前使用时，前后排集热器之间的间距取 $OA \cdot \tan\varphi$，就不会发生光线遮挡。各地纬度角 φ 很容易查到，因此计算起来很方便。

当秋分以后至春分以前使用时，$\delta < 0$，$\dfrac{\sin\delta}{\sin h \cos\varphi} < 0$，因此有：

$$OC = OA\left(\tan\varphi - \frac{\sin\delta}{\sin h \cos\varphi}\right) > OA \cdot \tan\varphi$$

我国处在北半球，在冬至日太阳最偏南，太阳照射的阴影最长，只要冬至日不遮光，其他时间都不会遮光。

太阳能供暖工程设计计算，可以按照冬至日当地正午前后 4 h 或者 6 h 不遮光即可。由此可以计算出冬至日当地时间上午 10 点或 9 点时的太阳高度角，当地纬度 φ 已知，冬至日的赤纬角为 $-23.45°$，OA 已知，因此就可以计算出 OC 的长度。国标 GB 50495—2019《太阳能供热采暖工程技术规范》规定：放置在建筑外围护结构上的太阳能集热器，冬至日集热器采光面的日照时数不应小于 6 h。

在场地面积受限的情况下，可以考虑适当缩小排间距，但排间距要留够检修通道的距离，以利于运维方便。

表 13-5-1 列出了国内不同纬度冬至日集热器阴影 OC 的长度与集热器高度 H（OA）的关系，供实际计算时参考。从表中可以看出：不同地点，越靠北部，影长越长，集热器排间距越大；同一地点，保证正午前后不遮光的时间区间越长，集热器排间距越大。

表 13-5-1　不同纬度计算时刻的影长 OC 与 OA（H）的关系

	北纬 20°	北纬 25°	北纬 30°	北纬 35°	北纬 40°	北纬 45°	北纬 50°
当地正午影长	0.95H	1.13H	1.35H	1.63H	2.00H	2.53H	3.37H
正午前后各 2 h 时影长	1.30H	1.51H	1.78H	2.14H	2.65H	3.42H	4.75H
正午前后各 3 h 时影长	1.86H	2.16H	2.57H	3.14H	4.02H	5.55H	8.86H

13.6 太阳能集热系统管网设计

中小型太阳能供暖系统的管路多采用镀锌管铺设，管路布局选型与太阳能热水系统相同，但由于供暖管路的循环温度一般高于热水系统，因此管道保温应更好，在同样保温材料下，供暖系统的管道保温厚度应更厚，并注意解决好管道受热膨胀带来的伸缩问题。

大中型太阳能供暖系统太阳能集热系统的循环管路类似城镇供热管网的管道，但太阳能集热系统管道每天都存在白天升温，夜晚降温问题，而供暖管网的管道一般只在供暖季与非供暖季交替时才存在一次明显的升降温过程，在供暖期间，供暖管道的升降温幅度并不大，因此太阳能集热系统管道的选材和设计应更严格。

13.6.1 太阳能集热系统的管网布置原则

中小型太阳能集热系统的管网布置相对简单，对于大中型太阳能集热系统，不同位置的集热器阵列离机房的位置远近距离差别很大，因此从机房到太阳能集热器阵列各个进出口的管路比较复杂，路由布置设计非常重要。总体来说，从机房到太阳能集热器阵列进出口的管路路由设计，应遵守如下原则：

（1）管路路由应力求线路短直。

（2）集热器出口管路到机房之间的管路路由布置在离机房近的一侧，集热器进口管路到机房管路路由布置在离机房远的一侧，以减少高温管网的热损失。

（3）中小型太阳能集热系统管网可以按照同程设计布置，大中型太阳能集热系统的管网宜按照异程设计布置。

（4）当由多块区域的集热器阵列共用一条从机房到各个区域集热器阵列的主管路时，管路路由布置设计应特别注意各集热器阵列区域的水力平衡问题，选择容易实现各区域水力平衡的路由设计方案。

（5）管网路由布局设计应力求施工方便，工程量少。

（6）管网路由布局设计应考虑后期运维的方便问题，留出检修通道，留出与相邻设备、建筑物的安全距离。

13.6.2 太阳能集热系统的管道材质

小型太阳能供暖系统的管路多采用镀锌管或薄壁不锈钢管铺设，设计选型与太阳能热水系统相同；大中型太阳能供暖系统的集热场管道材质可参照 CJJ 34《城镇供热管网设计规范》进行设计选型，本标准规定：根据供热管网的设计工作温度与压力的不同，供热管网的管道材质可在 Q235AF、Q235A、Q235B、10＃、20＃、低合金高强度结构钢等之间做选择。

对于平板太阳能集热系统，集热系统的循环介质多为防冻液，对于大中型系统，考虑到太阳能集热系统管路每天白天受热膨胀、夜晚散热伸缩，管道伸缩频率高，因此管路材质一般选择 20＃钢。

常用供热管道的参数见表 13－6－1。

表 13－6－1　常用管道参数数值

公称直径 DN（mm）	外径 D_w（mm）	壁厚 s（mm）	内径 d（mm）	管内断面积 F（cm^2）	管壁断面积 f（cm^2）	管子截面惯性矩 J（cm^2）	管子断面抗弯矩 W（cm^2）	管子刚度（$E \cdot J$）$\times 10^7$（$N \cdot cm^2$）	
								200 ℃	350 ℃
25	32	2.5	27	5.73	2.32	2.54	1.58	4.763	4.305
32	38	2.5	33	8.55	2.79	4.41	2.32	8.269	7.475
40	45	2.5	40	12.57	3.30	7.55	3.36	14.156	12.797
50	57	3.5	50	19.63	5.88	21.11	7.40	39.581	35.781
65	73	3.5	66	34.2	7.64	46.3	12.4	86.813	78.479
80	89	3.5	82	52.81	9.41	86	19.3	161.25	145.71
100	108	4	100	78.54	13.1	177	32.8	331.88	300.02
125	133	4	125	122.7	16.2	337	50.8	631.88	571.22
150	159	4.5	150	176.7	21.9	652	82	1 222.5	1 105.14
200	219	4	211	349.5	27.0	1 559	142	2 923.13	2 642.51
		6	207	336.5	40.2	2 279	208	4 273.13	3 862.91
250	273	4	265	551	33.8	3 053	219	5 724.38	5 174.84
		7	259	526.9	58.4	5 177	379	9 706.88	8 775.02
300	325	4	317	788.8	40.3	5 428	334	10 177.5	9 200.46
		5	315	778.9	50.2	6 424	395	12 045	10 888.61
		8	309	749.9	79.7	10 010	616	18 768.75	16 966.95
350	377	4	369	1 069	46.9	8 138	432	15 258.75	13 793.91
		5	367	1 057	58.4	10 092	535	18 922.5	17 105.91
		9	359	1 012	104	17 620	935	33 037.5	29 865.90
400	426	4	418	1 372	53	11 785	553	22 096.88	19 975.58
		6	414	1 346	79	17 460	820	32 737.5	29 594.7
		9	408	1 307	118	25 600	1 204	48 000	43 392.0

国内常用钢材的许用应力见表 13－6－2，弹性模量见表 13－6－3。

表 13-6-2 常用国产钢材的许用应力

产品形式及标准号	牌号或级别	室温拉伸强度（MPa）		无缝钢管在下列温度（℃）下的许用应力（mPa）																		
		R_m^{20}	R_{eL}^{20} 或 $R_{p0.2}^{20}$	20	250	260	270	280	290	300	310	320	330	340	350	360	370	380	390	400	410	420
CB 5310—2008	07Cr19Ni10	515	205	137	90	89	88	87	86	85	84.4	83.8	83.2	82.6	82.0	81.4	80.8	80.4	79.8	79	78.6	78.0
	07Cr18Ni11Nb	520	205	137	105	104	103	102	101	100	99.3	98.6	98.0	97.3	96.6	96.1	95.6	95.0	94.5	94.0	93.7	93.4
GB 3087—2008	10	335	195	111	104	101	98	96	93	91	89	87	85	83	80	78	76	75	73	70	68	66
	20	410	225	137	125	123	120	118	115	113	111	109	106	102	100	97	95	92	89	87	83	78
GB/T 8163—2008	Q345	470	325	157	149	146	143	140	137	135	132	131	130	130	129	127	124	122				
	10	335	195	111	104	101	98	96	93	91	89	87	85	83	80	78	76	75	73	70	68	66
	20	410	225	137	125	123	120	118	115	113	111	109	106	102	100	97	95	92	89	87	83	78
GB/T 14976—2012	06Cr19Ni10	520	205	137	90	89	88	87	86	85	84	83	83	82	82	81	80	80	79	79	78	78
	022Cr17-Ni12Mo2	520	205	137	93	92	90	89	88	87	86	85	85	84	84	83	83	82	82	82	81	81
焊接钢管																						
GB/T 3091—2008	Q235	370	225	123	113	111	108	105	103	101	97	93	90	88	85							
	Q345	470	325	157	149	146	143	140	137	135	132	131	130	130	129	127	124	122				

表 13-6-3　常用国产钢材的弹性模量数据

单位：GPa

钢号		10	20.20G	15-CrMoG	12Crl-MoVG	12Cr2-MoWVTiB	12Cr2MoG	15Nil-MnMoNbCu	Q235	Q345	06Cr19Ni10	022Cr17-Ni12Mo2
标准号		GB 3087—2008	GB 3087—2008 GB 5310—2008	GB 5310—2008	GB 5310—2008	GB 5310—2008	GB 5310—2008	GB 5310—2008	GB/T 3091—2008	GB/T 8163—2008	GB/T 14976—2002	GB/T 14976—2002
工作温度℃	20	198	198	206	208	213	218	211	206	206	195	195
	100	191	183	199	205	208	213	210（50℃）	200	200	191	191
	200	181	175	190	201	204	206	206（100℃）	192	189	184	184
	250	176	171	187	197	201		203（150℃）	188	185	181	181
	260	175	170	186	196	200		200（200℃）	187	184		
	280	173	168	183	194	199		196（250℃）	186	183		
	300	171	166	181	192	198	199	192	184	181	177	177
	320	168	165	179	190	196				179		
	340	166	163	177	188	194				177		
	350	164	162	176	187	192		188		176	173	173
	360	163	161	175	186	190				175		

13.6.3 太阳能集热管道管径与壁厚确定

对于中小型太阳能系统，系统管网的压力在 0.6 MPa 或者 1.0 MPa 以内，可按照本书第 4 章室内供暖管网设计计算方法计算选择管径与壁厚。

对于大中型城镇供热管网主管网的比摩阻一般按照 30～70 Pa/m 设计，分支管网按照流速不大于 3.5 m/s，比摩阻不大于 300 Pa/m 设计。太阳能集热系统管网相对于城镇供暖系统管网，距离要近，管网水力平衡相对容易调节，因此太阳能集热系统主管网可参照城镇供热管网分支管网的比摩阻设计选择管径。

由于设计选择的太阳能集热系统管网的比摩阻大，因此集热器和管网设备承受的工作压力就大。设计选择时，应保证管网与设备的最大压力在集热器及其他设备与管路的安全承压范围内，在此前提下，尽量选择较大的比摩阻，减小管径，减少散热损失，同时也降低太阳能集热系统管路的用料成本。

初步选定管道管径后，应进行水力平衡计算，并应调整管段管径，使得在设计工况下各并联环路之间（不包括共用段）的压力损失相对差额不大于 15%。当无法达到上述要求时，应在各环路上增设调节阀，通过调节阀调节，达到各环路循环阻力的平衡。

管道壁厚的计算与选择参照本书第 7 章 7.2.2 节。

13.6.4 管道热伸缩部件设计

管道的热位移是管道在运行过程中因膨胀而产生的热伸长。太阳能集热系统管网因存在昼夜交替间歇运行问题，因此太阳能集热系统管道每天昼夜都会膨胀一次与收缩一次。这与供热管网管道每年供暖期内仅存在一次或有限的几次膨胀和收缩是不同的。因此太阳能集热系统管路必须设计好管路热膨胀与收缩问题。

常规供热管网设计热膨胀收缩时，每个补偿器所补偿的位移量一般控制在 200 mm 以内。太阳能集热系统管路设计补偿时，宜把每个补偿器所补偿的位移量控制在 100 mm 以内，以延长管路使用寿命。

在设计太阳能集热系统管道时，应充分利用管道本身的自然弯曲，来补偿管道的热伸长。在无条件利用管道本身自然弯曲补偿管道的热伸长时，应采用合适的补偿器，以降低管道运行所产生的作用力，减少管道应力和作用于阀门及支架结构上的作用力，确保管道的稳定和安全运行。

管道自然补偿常采用的有 L 形和 Z 形两种形式。当转角不大于 150°时，管道臂长不宜超过 20～25 m。

管道布置有空间的，可优先使用方形补偿器。方形补偿器一般常用无缝钢管煨制，亦可用热压弯头拼制。它具有加工方便，轴向推力小，不需经常维修等优点，但它也有占地面积大，不易布置等缺点。它宜安装在两相邻固定支架的中心或接近中心的位置，它的两侧直管段适当位置应设导向支架以防止产生纵向弯曲，靠近弯管处则应设滑动支架。

安装方形补偿器时，应进行预拉伸，预拉伸值一般为 50%，如图 13-6-1 所示。

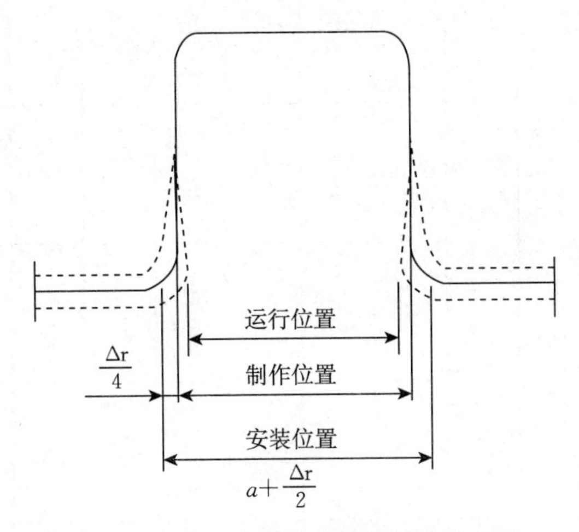

图 13-6-1　方形补偿器预拉伸示意图

表 13-6-4 是直线管段、L 形管段、Z 形管段热膨胀位移计算公式。

表 13-6-4　管路不同补偿器计算公式

序号	名称			符号	公式	符号说明
1	直管段			ΔL	$1.3a_tL\Delta t$	ΔL——管段的伸长量，mm； a_t——管材在设计温度 t 时的线膨胀系数，mm/(m·℃)； Δt——热媒温度与管道安装温度之差，℃； ΔL_1，ΔL_2——管段 L_1、L_2 的伸长量，mm； L_1，L_2——L 形管段 L_1 和 L_2 的臂长，m； Δh_1，Δh_2——管段 h 的两端热位移量，mm； L_1，L_2，h——Z 形管段各段长度，mm； Δh——管段 h 的伸长量，mm
2	弯管	L 形	L_1	ΔL_1	$1.3L_1a_t\Delta t$	
			L_2	ΔL_2	$1.3L_2a_t\Delta t$	
		Z 形	L_1	Δh_1	$\frac{1.3\Delta h}{L_1^3+L_2^3}L_1^3$	
			L_2	Δh_2	$\frac{1.3\Delta h}{L_1^3+L_2^3}L_2^3=\Delta h-\Delta h1$	
			h	Δh	$1.3ha_t\Delta t$	

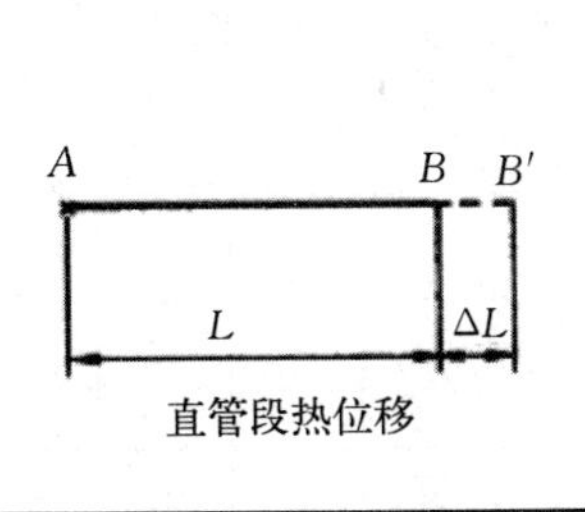

直管段热位移

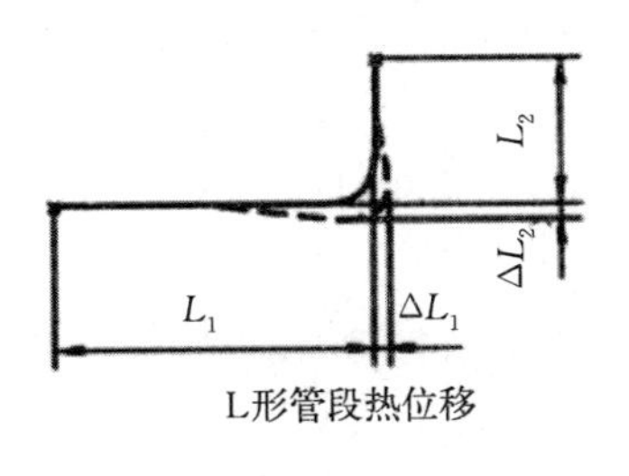

L形管段热位移

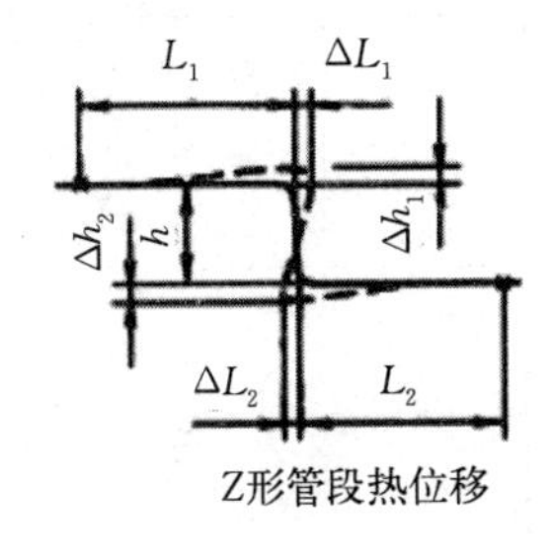

Z形管段热位移

表 13-6-5 是常用国产钢材的线性膨胀系数表。

表 13-6-6 是四种方形补偿器选型表。

表 13-6-5　常用国产钢材从 20 ℃向上的线性膨胀系数表（10^{-6}/℃）

钢号		10	20. 20G	15CrMoG	12Crl-MoVG	12Cr2-MoWVTiB	12Cr2MoG	15Nil-MnMoNbCu	Q235	Q345	06Cr19-Ni10	022Cr17-Ni12Mo2
标准号		GB 3087—2008	GB 3087—2008 GB 5310—2008	GB 5310—2008	GB 5310—2008	GB 5310—2008	GB 5310—2008	GB 5310—2008	GB/T 3091—2008	GB/T 8163—2008	GB/T 14976—2002	GB/T 14976—2002
工作温度℃	20	—	—	—	—	—	—	—	—	—	—	—
	50							11. 8			16. 54	16. 54
	100	11. 9	11. 16	11. 9	13. 6	11	12	12. 2	12. 2	8. 31	16. 84	16. 84
	150							12. 5			17. 06	17. 06
	200	12. 6	12. 12	12. 6	13. 7	11. 9	13	12. 9	13	10. 99	17. 25	17. 25
	250	12. 7	12. 45	12. 9	13. 85	12. 4		13. 2	13. 23	11. 6	17. 42	17. 42
	260	12. 72	12. 52	12. 96	13. 88	12. 5			13. 27	11. 78		
	280	12. 76	12. 65	13. 08	13. 94	12. 7			13. 36	12. 05		
	300	12. 8	12. 78	13. 2	14	12. 9	13	13. 4	13. 45	12. 31	17. 61	17. 61
	320	12. 84	12. 99	13. 3	14. 04	12. 96				12. 49		
	340	12. 88	13. 2	13. 4	14. 08	13. 02				12. 68		

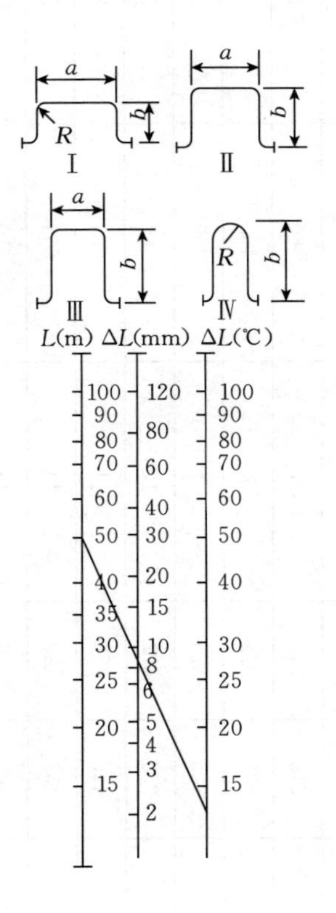

13-6-6　四种方形补偿器造型表

管径		DN25		DN32		DN40		DN50		DN65		DN80		DN100		DN125		DN150		DN200		DN250	
半径		R=134		R=169		R=192		R=240		R=304		R=356		R=432		R=532		R=636		R=876		R=1090	
ΔL	型号	a	b	a	b	a	b	a	b	a	b	a	b	a	b	a	b	a	b	a	b	a	b
25	Ⅰ	780	520	850	580	860	620	820	650	—	—	—	—	—	—	—	—	—	—	—	—	—	—
	Ⅱ	600	600	650	650	680	680	700	700	—	—	—	—	—	—	—	—	—	—	—	—	—	—
	Ⅲ	470	660	680	720	570	740	620	750	—	—	—	—	—	—	—	—	—	—	—	—	—	—
	Ⅳ	—	800	—	820	—	830	—	840	—	—	—	—	—	—	—	—	—	—	—	—	—	—
50	Ⅰ	1200	720	1300	800	1280	830	1280	880	1250	930	1290	1000	1400	1130	1550	1300	1550	1400	—	—	—	—
	Ⅱ	840	840	920	920	970	970	980	980	1000	1000	1050	1050	1200	1200	1300	1300	1400	1400	—	—	—	—
	Ⅲ	650	980	700	1000	720	1050	780	1080	860	1100	930	1150	1060	1250	1200	1300	1350	1400	—	—	—	—
	Ⅳ	—	1250	—	1250	—	1280	—	1300	—	1120	—	1200	—	1300	—	1300	—	1400	—	—	—	—
75	Ⅰ	1500	880	1600	950	1660	1020	1720	1100	1700	1150	1730	1220	1800	1350	2050	1550	2080	1680	2450	2100	2250	2200
	Ⅱ	1050	1050	1150	1150	1200	1200	1300	1300	1300	1300	1350	1350	1450	1450	1600	1600	1750	1750	2100	2100	2208	2200
	Ⅲ	750	1250	830	1320	890	1380	970	1450	1030	1450	1110	1500	1260	1650	1410	1750	1550	1800	1950	2100	2200	2200
	Ⅳ	—	1550	—	1650	—	1700	—	1750	—	1500	—	1600	—	1700	—	1800	—	1900	—	2100	—	2200
100	Ⅰ	1750	1000	1900	1100	1920	1150	2020	1250	2000	1300	2130	1420	2350	1600	2450	1750	2550	1950	2850	2300	3020	2600
	Ⅱ	1200	1200	1320	1320	1400	1400	1600	1600	1500	1500	1600	1600	1700	1700	1900	1900	2050	2050	2380	2380	2600	2600
	Ⅲ	860	1400	950	1550	1010	1630	1070	1654	1180	1700	1280	1850	1460	2050	1600	2100	1750	2200	2080	2400	2390	2600
	Ⅳ	—	—	—	1954	—	2000	—	2050	—	1850	—	1950	—	2100	—	2150	—	2300	—	2550	—	3900
150	Ⅰ	2150	1200	2320	1320	2420	1400	2520	1500	2600	1600	2790	1750	2950	1900	3250	2150	3550	2400	3750	2750	—	—
	Ⅱ	1500	1500	1640	1640	1730	1730	1800	1800	1850	1850	2000	2000	2150	2150	2450	2450	2600	2600	2950	2950	3100	3100
	Ⅲ	—	—	1150	1920	1210	2030	1290	2100	1460	2300	1580	2450	1760	2650	1950	2800	2080	2880	2480	3200	2840	3500
	Ⅳ	—	—	—	—	—	—	—	2650	—	2400	—	2550	—	2750	—	2850	—	3000	—	3250	—	3600
200	Ⅰ	—	—	2730	1530	2860	1620	3020	1750	3100	1850	3390	2050	3550	2200	3950	2500	4350	2800	4500	3150	—	—
	Ⅱ	—	—	1900	1900	2000	2000	2100	2100	2200	2200	2350	2350	2550	2550	2800	2800	3050	3050	3500	3500	3700	3700
	Ⅲ	—	—	—	—	1350	2300	1480	2400	1680	2750	1860	3000	2060	3250	2200	3300	2400	3500	2850	3900	3090	4000
	Ⅳ	—	—	—	—	—	—	—	—	—	2950	—	3100	—	3300	—	3450	—	3600	—	4000	—	4300
250	Ⅰ	—	—	—	—	—	—	—	—	3500	2050	3900	2300	4050	2450	4550	2800	4950	3100	5250	3500	—	—
	Ⅱ	—	—	—	—	—	—	—	—	2450	2450	2700	2700	2850	2850	3200	3200	3500	3500	4000	4000	4400	4400
	Ⅲ	—	—	—	—	—	—	—	—	1900	3150	2110	3500	2350	3800	2450	3900	2750	4200	3180	4600	3290	4400
	Ⅳ	—	—	—	—	—	—	—	—	—	3400	—	3600	—	3850	—	4050	—	4250	—	4700	—	4900

13.6.5 太阳能集热管道保温设计

GB 50264—2013《工业设备及管道绝热工程设计规范》规定了工业设备与管路允许的热损失，见表 13-6-7。

表 13-6-7 GB 50264—2003 规定的工业设备与管道允许的最大散热量

设备管道外表面稳定（℃）	绝热层外表面最大允许热损失量（W/m²）	
	常年运行	季节运行
50	52	104
100	84	147
150	104	183

太阳能集热系统从太阳辐射得到能量十分宝贵，建议按照表 13-6-7 中常年运行允许最大散热量数值的 50%以下设计。

直埋管道保温层厚度除满足工艺要求的保温效果外，还应保证外护管的使用温度条件，保温层厚度应根据管道埋深和土壤导热系数经计算确定。高密度聚乙烯外护管的使用温度不高于 50 ℃，玻璃钢外护层的使用温度不高于 65 ℃。

低温太阳能集热系统管道介质工作温度一般在 50～100 ℃之间，若采用预制直埋保温管，推荐直埋管的尺寸见表 13-6-8。

表 13-6-8 预制直埋保温管及保温厚度推荐表

公称直径（mm）	钢管外径（mm）		钢管壁厚（mm）	外护管外径（mm）	外护管壁厚（mm）
25	34	32	2.5	140	3
32	42	38	2.5	140	3
40	48	45	2.5	160	3
50	60	57	3.0	200	3.2
65	76	76	3.5	200	3.2
80	89	89	4	225	3.5
100	114	108	4	250	3.9
125	140	133	4	280	4.4
150	168	159	4.5	315	4.9
200	219	219	6	365	5.6
250	273	273	7	450	7
300	325	325	8	500	7.8
350	356	377	10	560	8.8
400	406	426	11	600	8.8
450	457	480	14	655	9.8
500	508	530	14	710	11.1

聚氨酯泡沫塑料预制保温管性能应符合 GB/T 29047—2012《高密度聚乙烯外护管硬质聚氨酯泡沫塑料预制直埋保温管及管件》的规定，见表 13-6-9。

表 13-6-9　直埋保温管性能指标要求

密度（kg/m³）	导热系数［W/(m·K)］	抗压强度（MPa）	保温管剪切强度（MPa）	耐热性（℃）	闭孔率（%）	吸水率（%）
≥60	≤0.033（50 ℃）	≥0.3	≥0.12（23 ℃）	120	≥88	≤10

直埋敷设管道保温外护管高密度聚氯乙烯主要性能应符合 GB/T 29047—2012《高密度聚乙烯外护管硬质聚氨酯泡沫塑料预制直埋保温管及管件》的规定，见表 13-6-10。

表 13-6-10　直埋保温管外护管高密度聚氯乙烯性能指标要求

密度（kg/m³）	拉伸强度（MPa）	纵向回缩率（%）	断裂伸长率（%）
≥940	≥19	≤3	≥350

13.6.6　太阳能集热管道配附件选择

太阳能集热管道配附件主要有：弯头、三通、阀门、排气阀等。对于中小型太阳能集热系统，选择常规的弯头三通即可；对于大中型太阳能集热系统，当采用钢管作为太阳能集热系统管道时，应满足以下要求。

(1) 弯头

宜采用压制、推制或热煨制作的光滑弯头或弯管，不得使用褶皱弯管。

(2) 三通

应选用热压三通。当在主管道上开孔并焊接出三通管时，应在开孔区周围加设传递主管轴向荷载的加固装置，加强该位置的强度，防止管道开孔区域变形。

(3) 阀门

应采用钢制阀门及焊接连接，并能承受管道的轴向荷载。

(4) 其他配件

集热场管路配附件还包括：管道放气装置、放水装置、变径管、管封头等。这些配附件，应满足太阳能集热系统管网工作压力、交变伸缩、耐温、强度、刚度等要求。

13.7　太阳能集热系统过热防护设计

太阳能供暖系统在实际运行中，可能会遇到突然停电、循环泵损坏、循环不畅、控制系统故障等突发情况或问题。上述情况如出现在白天晴天时间段，依靠泵循环的太阳能集热器阵列产生的热量将无法输送出去，并由此导致太阳能集热系统出现过热。因此动力循环的太阳能集热系统必须有过热防护措施。

13.7.1　闭式太阳能集热系统闷晒过热过程分析

太阳能集热器在空晒情况下，内部温度可以达到 150 ℃以上，目前高性能的平板集热器，空晒温度可以达到200 ℃以上，真空管集热器的空晒温度会更高。假定某一闭式太阳能集热系统在白天晴天情况下，太阳能循环泵突然停止运行，下面分析太阳能集热系统过热的过程。

（1）集热器内液体传热介质升温膨胀阶段

循环泵停止循环后，集热器产生的热量送不出去，因此集热器内液体传热介质的温度上升，介质体积膨胀，集热系统管路压力升高，集热系统配置的膨胀罐吸收因介质膨胀导致的介质体积增加部分。

（2）集热器内液体传热介质被推出集热器

随着集热器内传热介质温度继续升高，集热器内传热介质达到沸点开始汽化，集热器内的液体工质被压送到集热器管路，并进入膨胀罐内，集热系统管路的压力迅速升高。

（3）集热器内液体以蒸汽形式向管路介质传热

集热器内剩余的传热介质不断地变成蒸汽，并以蒸汽形式向管道内的液体介质输送热量，导致管道内介质温度升高甚至汽化。在不采取保护措施的情况下，管道内的液体介质进入集热器，进入集热器内的介质不断被加热变成蒸汽，如此循环，不断加热管道内的液体介质，当管道内介质达到沸点时，管道内的介质也不断汽化。管道内介质的汽化温度取决于管道压力，一般闭式系统的预充压力在1.5～3.5 bar，局部沸点在130～155 ℃。

（4）过饱和蒸汽将集热器排空

随着集热器内介质不断被加热，集热器内介质蒸汽过热，使得集热器内热量传输的有效性越来越低，导致介质蒸汽体积减小，管道内的饱和蒸汽或液体进入集热器，重复上述加热汽化过程。

（5）光照下降，集热器降温，蒸汽凝结成液体，系统恢复

当光照下降，集热器内温度下降到沸点以下时，传热介质逐步由蒸汽凝结成液体，系统逐步恢复。

13.7.2 集热系统过热危害与损失分析

上述集热器闷晒过热过程，将带来集热系统管路的高温和高压，并由此带来危害与损失主要如下：

（1）集热管路高温，可能导致集热管路系统上的泵、阀、密封件等损坏，甚至密封失效，导致蒸汽介质泄漏。

（2）集热系统管路急剧高温，造成管路急剧膨胀伸长，管道应力急剧增大，有可能导致管路损坏。

（3）集热管路介质膨胀，导致管路压力急剧上升，管路系统超压，可能导致管路以及系统上的泵、阀、密封件等损坏。

（4）集热系统管路泄漏，导致高温介质蒸汽泄漏喷出，有可能造成人员伤害等。

（5）传热介质汽化蒸发泄漏，造成传热介质损失。

（6）传热介质受高温影响，导致传热介质老化，甚至形成固体残留物。

（7）集热系统上的部件损坏损失。

（8）太阳能集热系统不能正常产热的损失等。

图 13-7-1 是某太阳能供暖项目由于突然停电，备用发电机不能及时启动供电，导致太阳能集热系统过热，个别立管上的调节阀门密封被高温损坏，导致介质蒸汽泄漏的图片。

图 13-7-1　太阳能集热系统过热导致密封件损坏高温介质泄漏实景照片

13.7.3　集热器与集热系统排空能力对过热的影响

集热器的排空能力对集热器闷晒过热量有直接的影响。排空能力好的集热器，当出现过热时，可以尽快排掉集热器内的传热介质，使得集热器因过热产生的介质蒸汽量显著减少，从而减轻过热危害和损失。

（1）排空性能好的集热器结构及对过热的影响

图 13-7-2 是排空性能好的集热器内部结构示意图。这种流道结构的集热器，在过热时，下部液体介质从集热器进口倒流到集热器进口管路内，上部液体介质被高温介质蒸汽压入集热器出口管路内。这样集热器内的液体介质数量就大大减少，介质过热产生的蒸汽量就会大大减少。

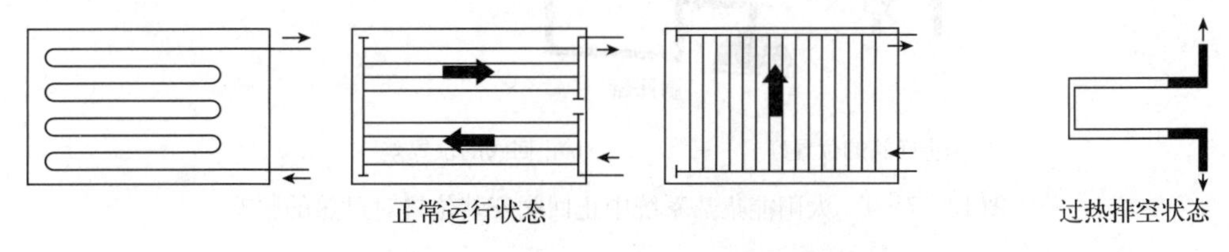

图 13-7-2　排空性能好的集热器结构

（2）不能排空的集热器结构及对过热的影响

图 13-7-3 是不能排空性能的集热器内部结构示意图。这种结构的集热器，由于集

热器进出口都在上部，在集热器过热时，集热器内液体介质不能从集热器进口倒流到集热器进口管路内，只有上部一部分液体介质被高温介质蒸汽压入集热器出口管路内。这样留在集热器内的液体介质就较多，介质过热产生的蒸汽量就会大大增加。

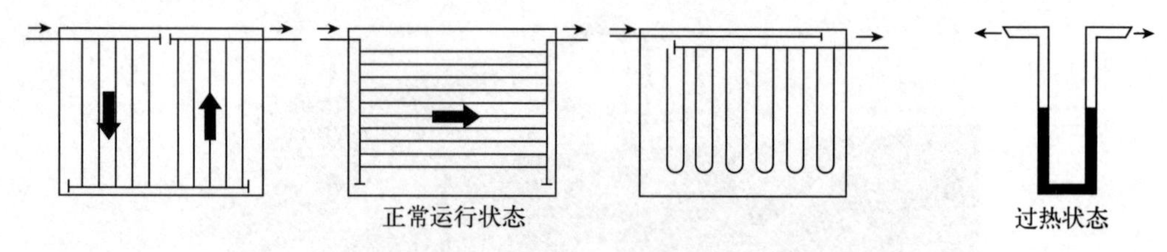

图 13－7－3　不能排空的集热器结构

（3）太阳能集热系统止回阀安装位置对集热系统过热的影响

图 13－7－4 是太阳能集热器系统中止回阀两种安装位置。

对于图 13－7－4（b）系统，止回阀安装在集热系统膨胀罐之后。当集热器过热状态时，液体介质只能从集热器出口管排出，液体介质产生的大量蒸汽可以穿越到管路很远的位置；同时集热器进口管路始终充满液体介质，一直到集热器进口。

对于图 13－7－4（a）系统，止回阀安装在集热系统膨胀罐之前。当集热器过热状态时，液体介质可以从集热器进口管和出口管同时排出，进入膨胀罐内，只有很少一部分液体介质滞留在集热器内，产生的蒸汽量大大减少。这种方式，蒸汽的体积和相应的能流也可以在进口管和出口管之间分配。

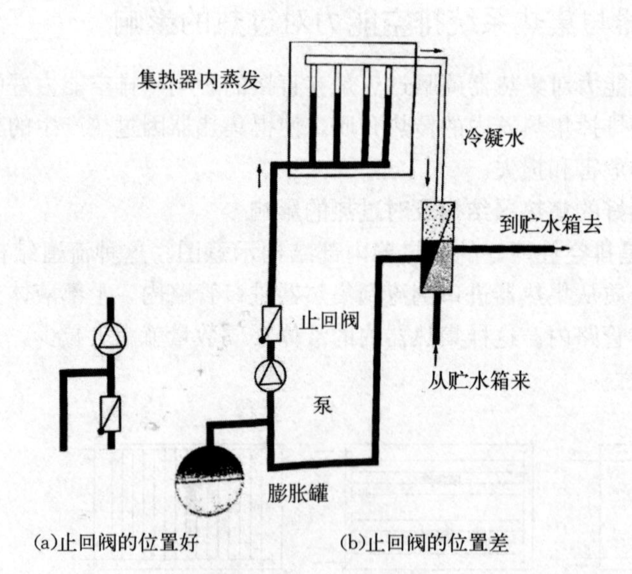

图 13－7－4　太阳能集热系统中止回阀安装位置对过热的影响

13.7.4　集热系统过热防护设计

在太阳能集热系统过热时，为了保证系统运行安全，必须增设集热系统过热保护措施。太阳能集热系统常用的过热保护措施如下：

（1）选择回流性能好的集热器。

（2）将太阳能集热系统设计成进出口均可回流的系统。

（3）膨胀罐膨胀容积预留大些。

（4）对于太阳能集热系统管路上各部件，包括集热器、管路、泵阀等，应选择耐温高和耐压能力强的部件。

（5）在太阳能集热系统增设散热降温设施，如风冷冷却器等，降低介质温度。

（6）在太阳能集热系统上设置高温高压保护措施。一旦停电，自动切断太阳能集热系统上的水泵、阀门、换热器等设备与高温管路的通道，确保这些部件的安全。

（7）在太阳能集热系统管路上设置泄压阀和高温介质收集装置，以泄除高温高压介质，并收集泄除的介质，减少介质损失。

（8）在膨胀罐前加装防高温缓冲罐，高温介质先进入缓冲罐，缓冲罐内的低温介质进入膨胀罐，防止高温介质进入膨胀罐后，膨胀气囊损坏。

太阳能集热系统规模不同，过热保护措施也不同。大型太阳能集热系统的管路长，介质容量大，很难通过增加膨胀罐膨胀量和集热器回流等措施解决过热问题，因此对于大中规模的太阳能集热系统，必须增设集热系统过热时，自动切断、自动泄压、高温介质收集、膨胀罐防高温缓冲等过热防护措施。

13.8　太阳能蓄热系统设计

GB 50495—2019《太阳能供热采暖工程技术标准》，对太阳能供暖系统中蓄热装置的设计规定如下：

13.8.1　蓄热系统设计一般规定

（1）蓄热系统设计应根据用户需求、投资、供热采暖负荷、太阳能集热系统的形式、性能、太阳能供暖保证率等进行技术经济分析后，选取并确定蓄热系统的规模。

（2）蓄热方式应根据蓄热形式、投资规模、当地水文、土壤条件、使用要求等进行经济、效益综合分析后确定。不同太阳能集热器类型适宜的蓄热形式见表 13-8-1。

表 13-8-1　蓄热方式选用表

系统形式	蓄热方式				
	贮热水箱	蓄热水池	土壤埋管	卵石堆	相变蓄热
液体工质集热器短期蓄热系统	√	√	—	—	√
液体工质集热器季节蓄热系统	√	√	√	—	—
空气集热器短期蓄热系统	√	—	—	√	√

（3）年供暖期长，供暖期间太阳辐照条件好的地区，宜采用短期蓄热方式。

（4）太阳能季节蓄热系统宜设置缓冲贮热水箱与季节蓄热装置联合工作。

（5）水蓄热装置使用的水质应符合设计要求。

13.8.2 短期蓄热系统设计规定

（1）短期蓄热系统的蓄热量应根据当地太阳能资源、气候、工程投资等因素确定，且应能储存1～7 d太阳能集热系统的得热量。

（2）蓄热容积应根据设计蓄热时间周期以及蓄热量等参数，通过模拟计算确定。液体工质对应的蓄热容积可根据系统配置的总太阳能采光面积，按照40～300 L/m^2 配置蓄热容积。

（3）蓄热装置的进出口接管位置应布置合理，实现不同温度供热或换热需求。进出口处流速宜小于0.04 m/s，宜采用水流分布器。

（4）水蓄热装置的结构、保温、防水、承重基础等设计，应符合相关设计规范。

（5）采用卵石堆蓄热时，卵石数量配置宜根据太阳能采光面积，按照250 kg/m^2 配置。卵石直径小于100 mm时，卵石堆深度不宜大于2 m；卵石直径大于100 mm时，卵石堆深度不宜小于3 m；卵石堆蓄热器上下风口的面积应大于卵石蓄热器截面积的8%，空气通过上下风口流经卵石堆的阻力应小于37 Pa。

（6）放入卵石堆内的卵石应干净、大小均匀、不宜破碎，不宜选用与水或二氧化碳反应的卵石，高度受限的地点可选用水平卵石堆。

（7）对于相变蓄热设计，空气集热器供暖系统可直接换热蓄热；液体工质集热器系统，应配置换热装置间接蓄热换热。相变温度应与系统工作温度相匹配。

13.8.3 季节蓄热系统设计规定

（1）季节蓄热系统蓄热体的容积宜通过模拟计算确定。简化计算时，不同规模季节蓄热系统单位集热器采光面积对应的蓄热容积应按照表13-8-2选取。

表13-8-2 季节蓄热容积与集热器采光面积配置表

系统规模	中型季节蓄热系统 （集热器面积<10 000 m^2）	大型季节蓄热系统 （集热器面积≥10 000 m^2）
水蓄热容积配比	1.5～2.5 m^3/m^2	3 m^3/m^2

（2）水蓄热装置的最高蓄热温度应比蓄热工质当地沸点温度低5 ℃。

（3）水蓄热装置应采取温度均匀分层的技术措施。

（4）地埋管土壤季节蓄热系统设计前，应对蓄热场区内岩土体地质条件进行勘察，并应进行岩土热响应试验。并根据太阳辐照量、供暖负荷、太阳能保证率等，进行模拟计算，确定埋管数量、尺寸、深度、总蓄热体积。土壤蓄热的顶部应设置保温层，保温层厚度应按照系统换热量和保温材料热性能等影响因素，通过计算确定。

（5）当与地埋管热泵系统配合使用时，土壤埋管季节蓄热系统应根据当地气候特点，采用相应的地埋管方式；夏季有空调需求的地区，应根据土壤温度场的平衡计算结果设置地面管。

13.9　太阳能集热-蓄热系统换热装置设计

对于间接加热系统，太阳能集热系统需要通过换热装置，间接加热蓄热装置，蓄存热能。太阳能集热-蓄热系统的换热装置包括换热器、两侧的循环泵、阀门、检测仪器仪表等。

13.9.1　换热器设计

13.9.1.1　太阳能集热-蓄热系统常用换热器类型

太阳能集热系统与蓄热系统之间的换热器，根据系统的不同，换热器类别或有所不同。常见的换热器主要有以下几种：

（1）蓄热水箱内自带的盘管换热器；

（2）蓄热水箱内自带的夹套换热器；

（3）外置板式换热器；

（4）外置壳管式换热器。

以上均为工质为液体的太阳能集热系统常用的换热器类型，对于空气集热器，需采用空气-液体换热器，实现空气集热器对液体蓄热介质的加热。

盘管换热器一般已随蓄热水箱在工厂做好，但由于盘管换热器换热能力小，因此只适合小型太阳能供暖系统选用。这种系统结构紧凑，并可省去蓄热侧的循环泵。

板式换热器，换热能力大，占地面积小，适合规模较大的太阳能供暖系统选用。对于太阳能供暖系统，最好选用高宽比大的瘦高型板式换热器。

板式换热器板片之间靠橡胶圈密封，耐温有限，对于聚光太阳能集热系统，当集热系统介质工作温度超过 120 ℃时，可选用壳管式换热器。

13.9.1.2　太阳能集热-蓄热换热装置设计要求

太阳能间接加热系统换热装置的设计要求如下：

（1）太阳能集热侧的设计计算负荷按照当地可能的最大太阳辐照度条件下，太阳能集热系统能够输出的最大热负荷计算；

（2）换热装置两侧的换热温差应尽可能减小，对于板式换热器，一般按照不大于 5 ℃温差值设计；

（3）换热装置应能承受两侧的最大工作压力和极端压力；

（4）换热装置应能承受两侧的最高工作温度和极端温度；

（5）一般宜按照一用一备的原则，配置 2 台换热器。

13.9.2 太阳能集热-蓄热换热器两侧循环泵设计选型

13.9.2.1 GB 50495—2019 对太阳能集热系统循环泵选型规定

太阳能集热器单位面积流量，应根据集热器产品技术参数进行计算，当无相关参数时，宜根据不同的系统按照表 13－9－1 取值。

表 13－9－1 太阳能集热器单位面积流量参考表

系统类型	集热器单位面积流量［$m^3/(m^2 \cdot h)$］
小型太阳能热水系统	0.035～0.072
大型集中太阳能供暖系统（集热器面积＞100 m^2）	0.021～0.060
小型直接式太阳能供暖系统	0.024～0.036
小型间接式太阳能供暖系统	0.009～0.012
太阳能空气集热器供暖系统	36

太阳能集热侧循环泵的额定流量应根据太阳能集热阵列在当地能够输出的最大热功率和设计进出温差确定。液体工质集热系统的设计流量应满足集热器出口的介质温度符合设计要求且不致汽化；太阳能空气集热器风机的设计流量应满足出口的介质温度负荷设计要求且不致造成过热安全隐患。

太阳能集热系统泵、风机等应按集热器流量和进出口压力降等参数，通过系统水力计算进行选型。

闭式太阳能集热系统选配的水泵，应计算集热系统耗电输热比，并在施工图设计说明中标注。

13.9.2.2 大中型供暖系统集热循环泵选型注意事项

大中型太阳能供暖系统，循环泵的选型注意事项如下：

（1）应根据项目地的太阳辐射情况、环境温度等参数，计算太阳能集热系统可能的最大输出功率；

（2）根据最大输出功率和集热器设计进出温差，确定太阳能集热系统的设计流量；

（3）根据设计流量，计算太阳能集热系统循环泵进出口的压力降；

（4）根据设计流量和压力降，并考虑 5%～10%的设计余量后，选择满足流量、扬程要求的水泵。

对于大中型太阳能供暖系统，太阳能集热系统的循环泵多配置两台泵，采用一用一备的运行方式。大中型太阳能供暖系统，集热-蓄热循环多采用变频控制，宜选择工作特性曲线为平坦型的泵，这样当泵的流量变化时，泵的扬程变化较小，系统水力稳定性好。

循环泵的承压和耐温能力应与太阳能集热系统管路的设计参数相适应。

循环泵的工作点应处于泵性能的高效区范围内。

除了集热系统循环泵的设计选型如上外，集热侧阀门、管路等选型设计可参照供热管网关于阀门、管路的设计方法设计。

13.9.2.3　太阳能集热-蓄热换热系统蓄热侧循环泵选型

太阳能供暖系统，蓄热介质选用水的较多。

当水蓄热系统为开式系统时，蓄热系统的温度在 100 ℃以内，因此蓄热侧循环泵的选择，只要满足蓄热侧循环的流量和泵进出口压力降，满足工作温度 100 ℃，工作压力满足设计要求即可。蓄热侧循环泵多采用一用一备的运行方式。大中型太阳能供暖系统，蓄热循环泵多采用变频控制，宜选择工作特性曲线为平坦型的泵，循环泵的工作点应处于泵性能的高效区范围内。

当水蓄热系统为闭式系统时，蓄热侧循环泵的工作温度、工作压力都与开式系统不同，循环泵应满足流量、扬程、耐温、耐压等设计要求。

除了蓄热系统循环泵的设计选型如上外，蓄热侧阀门、管路等选型设计可参照供热管网关于阀门、管路的设计方法设计。

13.9.3　太阳能集热-蓄热换热器两侧仪表选型

换热器两侧的仪表主要有：压力表、温度表、流量表（热量表）等。

压力表应选择工作压力在压力表量程范围不超过 2/3 的压力表。

温度表的量程范围包括正常非正常的温度范围内，且测量精度应符合设计要求。

流量表的量程范围应涵盖设计流量和各种工作流量范围，测量精度应符合设计要求。

图 13-9-1 是某太阳能集热系统机房管路上安装的压力表和压力传感器及温度表和温度传感器。

图 13-9-1　机房管道温度和压力检测仪表

13.9.4　太阳能集热-蓄热换热装置保温

太阳能集热换热装置保温主要包括以下设备和配件的保温：

（1）换热器保温，以减少换热器表面的散热损失；

（2）换热器两侧管路、阀门、配附件的保温。

对于需要经常拆开的部位，应采用拆开并容易恢复的保温方式。图 13-9-2 是机房换热器保温与可拆卸部位保温做法实景图。

图 13-9-2　机房换热器保温与可拆卸部位保温做法实景图

13.10　机房太阳能集热系统附配件设计

机房太阳能集热系统附配件主要有膨胀罐、补液装置、储液装置、冷却装置等。

13.10.1　膨胀罐设计选型

太阳能集热系统的膨胀罐可按照如下要求进行设计选择：

(1) 按照注液温度与集热系统可能的最高温度的差值，计算膨胀量。

(2) 为防止集热系统过热时，过热介质进入膨胀罐，应在膨胀罐前设置缓冲罐。管道介质先进入缓冲罐，缓冲罐内介质再进入膨胀罐。

(3) 单个膨胀罐的直径和高度，应根据空间长宽高情况进行选择。

(4) 对于中小型系统，应按照满足介质全部膨胀量选择膨胀罐的数量。

(5) 当空间受限，不能摆放足够的膨胀罐数量；或者对于大型系统，膨胀体积过大时，可增设压力控制装置。当集热系统管路由于受热膨胀，压力达到设定数值时，电磁阀自动打开泄除部分液体；当压力降低到设定数值后，电磁阀自动关闭。同时增设自动补液装置，当集热系统管路压力低于设定数值时，自动向管路补液；当压力达到某一设定压力时，补液泵停止。

(6) 膨胀罐的计算方法参见本书第 5 章 5.4.2 节。

13.10.2　补液系统设计

太阳能集热系统补液装置可按照如下要求进行设计：

(1) 小型太阳能供暖系统可只留补液口，当需要补液时，接上移动便携式补液装置进行补液；大中型太阳能供暖系统，应设专门的补液系统。

（2）补液系统由补液罐和补液泵组成。

（3）补液泵的扬程应不小于太阳能集热系统补液点在正常工作状态下的压力加 30～50 Pa 的富余量。补液泵的流量应根据太阳能集热系统的正常补给量和事故补给量确定，并能保证在 6～10 h 能够将空的太阳能集热系统注满。

（4）补液泵出口后应设置止回阀，并在补液泵的进出口两侧设置旁通管和旁通阀门。

（5）补液罐的材质应选用与介质不相容，且对介质稳定性不影响的材质。补液罐可采用矩形模压板不锈钢水箱现场焊接，也可采用卧式钢罐在制造车间制作完成后，运到项目现场。补液罐的容积可按照太阳能集热系统一次回路的总容积的 70%～100%进行设计。

（6）补液罐可作为太阳能系统过热时太阳能集热系统超压介质释放后介质的收集容器。由于太阳能集热系统过热时，释放出来的是蒸汽介质，因此补液罐耐温能力应高于介质泄除时的温度。太阳能集热系统过热时，喷泄到补液罐内的蒸汽有一定的冲击性，因此补液罐的强度应能耐受蒸汽介质的冲击。

（7）当以补液罐作为太阳能集热系统过热时介质的收集容器时，补液罐溢流管的总截面积应不小于泄压管截面积的 3 倍。

13.10.3　冷却装置设计

太阳能集热系统冷却装置可按照如下要求进行设计：

（1）对于太阳能供暖系统，凡太阳能集热系统在正常循环的产热运行期间（不含突然停电等非正常情况），会发生集热系统过热问题的，应增设冷却装置。

（2）冷却装置可采用风冷冷却，利用环境空气换热，降低太阳能集热系统的介质温度；也可以采取其他冷却方式。

（3）冷却器的冷却能力应达到设计要求。

13.11　辅助热源系统设计

辅助热源系统设计包括辅助热源功率、类别、方式等，辅助热源系统可按照如下要求进行设计：

（1）太阳能供暖系统中辅助热源的种类选择，应根据当地能源特点和经济发展水平进行比选。

（2）辅助热源应选择在供暖期间具有稳定供热能力的能源类别或设备。

（3）辅助热源的功率应根据太阳能保证率大小来选择。在太阳能产热最不利的条件下，辅助热源与太阳能联合供热，应能满足供暖需要的热负荷。当太阳能供暖保证率较低时，辅助热源按照 100%满足供暖需要的负荷选择；当太阳能供暖保证率较高时，可适当降低辅助热源的功率。

（4）当辅助热源单独供暖，所选择的辅助热源功率不能 100%满足供暖需要时，对于有蓄热装置的系统，可将辅助热源加热系统设计成能够提前加热的方式，提前将辅助热源产生的热能储存在蓄热装置内，待需要时再从蓄热装置中提取出来，在短暂的高峰用热时间段，可以太阳能＋蓄热装置＋辅助热源三者联合同时供热，或者蓄热装置＋辅助热源二者联合同时供热的方式，度过短暂的用热高峰。

（5）当采用锅炉作为辅助热源设备时，辅助热源系统应按照 GB 50041《锅炉房设计规范》的规定进行设计。

13.12 机房供热站设计

太阳能供暖系统的机房供热站设计与常规锅炉房供热有相同的地方，也有不同之处。相同的地方可参照常规锅炉房供热站的设计方式设计，这里不再多述；与常规锅炉房供热站不同地方的设计主要如下：

（1）当采用太阳能＋辅助热源联合供暖时，应优先利用太阳能产生的热源供暖，辅助热源仅提供太阳能供热不足的部分。

（2）当太阳能供暖保证率较高，太阳能在白天产生的热能直接供暖后热能有剩余时，应将白天太阳能供暖剩余的热能储存在蓄热装置内，用于夜晚供暖。

（3）应有控制供暖回水温度的措施，防止因供暖回水温度过高，导致太阳能集热器进口温度偏高，从而带来太阳能集热系统热效率下降甚至系统过热问题。

（4）供热站板式换热器的换热温差应控制在不超过 5 ℃。

（5）供热站换热器的换热能力按照能满足供暖需要的热负荷设计。

（6）参照本章第 13.9.4 节，做好供暖换热器的保温设计。

13.13 机房配套设备设计

中小型太阳能供暖系统机房配置相对简单，对于大中型太阳能供暖系统，机房还需要配置水处理设备、补水装置、供配电与备用发电机等。

13.13.1 水处理设备

水处理设备在本书第 5 章第 5.6.3 节已给予详细讲述，水处理设备的选型应注意以下问题：

（1）应根据原水水质、蓄热装置用水、辅助热源设备用水、供暖管网用水等系统用水的水质要求，确定水处理的方式。

（2）由于系统第一次注水时需要的水量较大，以后正常运行时只需要补充消耗或泄漏的水量，因此第一次投运可临时借用移动式水处理设备进行水处理，机房选配水处理设备的产水能力按照仅满足系统运行期间正常的补水量和事故补水量设计选型。

（3）水处理设备应配置酸碱度调节装置，确保处理后水的酸碱度满足设计对用水水质的要求。

（4）应配置贮水箱，存储处理后的水。贮水箱的容量应根据系统紧急用水量、水处理设备产水能力、补水泵的补水能力等综合考虑确定。

13.13.2　补水装置

供暖管网的补水定压装置在本书第 5 章第 5.4.3 节已给予详细讲述，补给水泵的选型应注意以下问题：

（1）太阳能供暖系统补水装置可根据蓄热装置、太阳能集热系统贮液罐、辅助热源装置、供热管网系统等不同补水需求，分别设置。

（2）补给水泵的流量应按照用水系统正常补给水量和事故补给水量确定，宜为正常补给水量的 4～5 倍。

（3）供暖管网的补水，行标 CJJ34—2010《城镇供热管网设计规范》规定：闭式热力网补水装置的流量，不应小于供热系统循环流量的 2%；事故补水量不应小于供暖系统循环流量的 4%。

（4）辅助热源设备补水，GB 50041—2008《锅炉房设计规范》规定：锅炉房内的小时泄漏量宜为循环水量的 1%。

（5）蓄热装置漏水的可能性较小，补水泵流量可按照机房所配置的水处理设备的产水能力确定。

（6）补给水泵的扬程，不应低于补水点压力加 30～50 Pa 的富余量。

（7）经常需要补水的，补给水泵不宜少于 2 台，其中 1 台备用。

13.13.3　供配电与备用发电机

太阳能供暖系统供配电和备用发电机的设计选择，应注意以下问题：

（1）市电用电负荷确定

市电供电负荷应按满足太阳能供暖系统所有设备的用电需求设计用电负荷，但不是按照所有设备的用电负荷相加，而是要满足正常的用电负荷需求加上富余量。

太阳能供暖系统规律的用电负荷包括：a）蓄热与供暖换热装置两侧的循环泵需要全天 24 h 用电；b）自控系统需要全天 24 h 用电；c）太阳能集热与蓄热换热装置两侧的循环泵只在白天时才用电；d）照明用电、办公用电、生活用电等。

不规律的用电负荷包括：a）太阳能集热系统冷却器只在偶尔需要冷却时才用电；b）水处理设备只在进行水处理时才用电；c）所有补液泵只在补液时才用电；d）辅助热源只在启用时才用电。

市电用电设计负荷应按照比较规律的同一时间同时用电的总负荷加上一定富余量来确定设计用电负荷。

（2）备用发电机设计

对于市电供电正常的太阳能供暖项目，备用柴油发电机只起到在突然停电情况下的应急供电。发单机功率的选择可按照能够保证太阳能集热系统与供暖系统运行的用电即可，不必过多考虑不确定的偶尔用电负荷。

备用发电机选用柴油发电机的较多，柴油发电机设计应注意以下问题：

（1）油箱不应超过 1 m^3，室内油箱应采用闭式油箱，油箱上应装设直通室外的通气管，通气管上应设置阻火器和防雨设置，油箱上不应采用玻璃管式油位计。

（2）油箱的布置高度应保证油泵有足够的灌注压头。

（3）油箱应单独设置储油间。储油间属于丙类生产厂房，建筑的耐火等级应不低于二级。

（4）发电机房应设计通风换气装置，不包括燃油发电燃烧需要的空气量，发电机房的换气量应按照 3 次/h 设计。

（5）太阳能供暖系统的发电机房，应配置供暖设置，供暖温度宜设计在 5～12 ℃之间。

13.14 机房管道及其防腐保温

13.14.1 机房管道布置

机房管道应根据太阳能供暖系统的工艺布置进行设计，并应符合以下要求：

（1）便于安装、操作和检修。

（2）管道宜沿墙和柱敷设。

（3）管道敷设在通道上方时，管道（包括保温层或支架）最低点与通道地面的净高不应小于 2 m。

（4）管道不应妨碍门、窗的启闭和影响采光。

（5）应满足装设仪表的要求。

（6）管道布置宜短捷、整齐。

13.14.2 机房管道与设备防腐

介质温度低于 120 ℃时，机房设备和管道的表面应涂刷防锈漆。

介质温度高于 120 ℃时，设备和管道的表面宜刷高温防锈漆。给水箱、中间水箱、除盐水箱等设备的内壁应刷防腐涂料，涂料性质应满足贮存介质品质的要求。

室外布置的热力设备和架空敷设的热力管道，采用玻璃布或不耐腐蚀的材料做保护层时，其表面应刷油漆或防腐涂料；采用薄铝板或镀锌薄钢板做保护层时，其表面可不刷油漆或防腐涂料。

埋地设备和管道的表面应做防腐处理，防腐层材料和防腐层层数应根据设备和管道的防腐要求及土壤的腐蚀性确定。对不便检修的设备和管道，应增设阴极保护措施。

13.14.3 机房管道与设备保温

GB 50041—2008《锅炉房设计规范》规定，下列情况的热力设备、热力管道、阀门及附件均应保温：a）外表面温度高于 50 ℃时；b）外表面温度不高于 50 ℃，但需要回收热能时。

太阳能接收系统的热量来之不易，因此应加强保温。太阳能供暖系统的管路、阀门、换热器等均需要进行保温设计。

保温材料宜采用成型制品，保温材料的允许使用温度应高于正常运行时设备和管道介质的最高温度。宜选用导热系数低、吸湿性小、密度低、强度高、耐用、经济、便于施工和维护的保温材料。

保温层外的保护层应具有阻燃性，室外保温的外护保护层应具有防水、防晒、防锈性能。

采用复合保温时，应选用耐高温且导热系数低的材料做内保温层，其外表温度应低于外层保温材料允许最高温度的 0.9 倍。

采用软质或半硬质保温材料时，应按照施工压缩后的密度选取导热系数，保温层的厚度应为施工压缩后的厚度。

阀门及附件和其他需要经常维修的设备和管道，宜采用便于拆装的成型保温结构。

立式管道（包括与水平夹角大于 45°的管道）和设备高度超过 3 m 时，应按照管径大小和保温层重量，设置保温材料支撑圈或其他支撑设施。

13.15　供暖管网与建筑内供暖设计

太阳能供暖系统的供热管网参照本书第 6 章进行设计。根据经验，对于太阳能集中供暖系统，供暖供回水温差以不超过 25 ℃为宜。

建筑内供暖参照本书第 4 章进行设计。室内供暖宜尽量采用低温供暖，散热设备选择低温散热性能好的散热方式和设备。

13.16　自动控制系统设计与热计量

13.16.1　太阳能供暖系统常见控制与热计量方法

太阳能供暖系统的自动控制应满足系统设计的运行理念与运行思路，并根据系统运行思路编制运行控制逻辑关系。

太阳能集热系统循环泵运行常见的控制方式有：温差控制、辐照度控制、定温控制、定时控制、上述方式的组合控制等。

对于太阳能集热及其换热循环泵的自动控制，中小型系统一般采用温差控制或定温控制的方式；大中型系统宜采用变频控制方式，变频频率根据定温＋辐照强度或温差＋辐照强度自动调整。

对于供暖系统循环泵，可采用质调节、量调节、质调节＋量调节、间歇调节等运行方式。本书第 8 章第 8.2 节对此已做详细讲解。按照确定的调节策略，设计该部分控制即可。

对于太阳能供暖系统其他自动控制部件的运行控制，应按照确定的控制策略，设计该部分的自动控制。

大中型太阳能供暖系统一般设置热计量装置，热量表一般放置在水循环的管路上。对于间接太阳能循环系统，可将热量表设置在太阳能与蓄热装置换热器的二次侧。机房供热管网的总出口也应设置热量表，计量供暖耗热量。

13.16.2 太阳能供暖系统需要自控的设备

配置完备的太阳能供暖系统，需要自动控制的设备如下：

（1）太阳能集热系统与蓄热装置换热一次侧与二次侧循环泵的自动启停与变频调速。

（2）太阳能集热系统高温过热时，风冷冷却系统循环泵和冷却风扇的自动启停。

（3）太阳能集热系统高温保护切断阀的自动启闭。

（4）太阳能集热系统超压泄压阀的自动启闭。

（5）太阳能集热系统补液泵的自动启停。

（6）蓄热装置缺水补水装置的自动启停。

（7）蓄热与供暖换热装置一次侧与二次侧循环泵的自动启停与变频调速。

（8）供暖混水泵的自动启停。

（9）供暖管网缺水补水装置的自动启停。

（10）机房水处理装置的自动启停。

13.16.3 自动控制需要检测的参数

配置完备的太阳能供暖系统，设备自控需要检测的参数如下：

（1）太阳能集热系统需要检测的参数

太阳能集热器阵列的进、出口温度，集热器阵列的太阳辐照度与辐照量，集热场的环境温度，太阳能集热器循环回路的流量，太阳能集热系统与蓄热装置换热一次侧的进出温度、进出压力，太阳能循环防冻液罐的液位等。

（2）蓄热系统需要检测的参数

蓄热装置不同液位的温度、液位高度，蓄热装置补水量，太阳能集热系统与蓄热装置换热二次侧的进出温度、进出压力、循环流量、循环换热得到的热量等。

（3）蓄热系统向供热管网供热系统需要检测的参数

蓄热与供暖换热装置一次侧与二次侧的进出温度、进出压力，二次侧的循环流量、循环换热得到的热量，供暖混水泵混水后的供暖管网的供、回温度等。

（4）供暖管网与采暖末端需要检测的参数

供暖管网补水量，供暖管网各个管井的供、回温度，流量和热量，供暖管网入楼的进、出温度与压力，有代表性供暖房间的室内温度等。

思考题

1. 太阳能集中供暖的设计负荷应如何确定？
2. 集热器效率方程都有哪些表达方式？
3. 无用太阳辐照度计算方法是什么？
4. 集热器年平均效率和月平均效率如何计算？
5. 如何计算太阳能供暖系统集热器在供暖期间的产热量？
6. 太阳能供暖系统集热器单位采光面积容量对有效产热量有何影响？

7. 太阳能供暖系统集热器数量如何确定?
8. 如何确定集热器摆放倾角与方位?
9. 如何确定集热器的排间距?
10. 太阳能供暖的集热系统管路设计与常规供暖管网有什么不同?
11. 哪些措施可以减少太阳能集热系统的无效散热与耗热?
12. 液体集热器与空气集热器各自适合什么类型的蓄热方式?
13. 闭式太阳能集热系统白天晴天停电后，其过热过程是什么?
14. 闭式太阳能集热系统防过热措施有哪些?
15. 水蓄热装置的进出口设计应注意哪些事项? 对进出口流速有什么要求?
16. 水蓄热的最高温度有何规定?
17. 地埋管土壤蓄热设计有哪些规定?
18. 闭式太阳能集热系统膨胀罐设计有什么注意事项?
19. 太阳能供暖系统的机房设备管道防腐有什么要求?
20. 太阳能供暖系统的机房设备管道保温有什么要求?
21. 太阳能供暖系统运行需要检测哪些参数?

第14章　系统安装、调试与工程验收

太阳能供暖系统的安装、调试与工程验收包括：太阳能集热系统安装、蓄热系统安装、机房设备安装、供热管网安装、供暖末端安装、系统调试、工程验收等。

常规太阳能集热系统、储水箱、机房设备、管道及泵阀、保温的安装在与本书配套的《太阳能光热利用技术（初、中、高级）》一书第21章已经给予讲述，这里主要讲述该书没有涉及的安装知识。

14.1　太阳能集热系统安装

14.1.1　太阳能集热器及其阵列安装

常规太阳能集热系统安装包括：集热器支架安装、集热器安装、集热器阵列连接、集热器阵列到机房管路泵阀的敷设与保温等。上述安装与太阳能热水系统安装方法相同，这里不再多述。

大尺寸平板集热器近几年在我国得到了一定的推广应用，国内已有几家企业生产该类产品，并在多个太阳能供暖项目上应用。由于该种平板集热器单块尺寸大、重量重，安装方法与常规集热器不同。

(1) 大尺寸集热器支架安装

大尺寸平板集热器支架有混凝土基础支架、角钢型或钢焊接支架、打桩支架。

图14-1-1　混凝土基础大尺寸平板集热器安装

图14-1-1是混凝土基础大尺寸平板集热器安装图。这种安装方式适合在土质松软、容易塌陷的集热场场地上安装。

图14-1-2是钢结构支架大尺寸平板集热器安装图。这种安装方式适合在屋面、硬化地面上安装。

图 14-1-2　角钢支架大尺寸平板集热器安装

图 14-1-3 是打桩支架大尺寸平板集热器安装图。这种安装方式适合在常规地面上安装，安装快捷方便。

图 14-1-3　地面打桩支架大尺寸平板集热器安装

图 14-1-4　预制混凝土条块大尺寸平板集热器安装

图 14-1-4 是预制混凝土条块大尺寸平板集热器安装图。这种安装方式，混凝土条块事先在车间预制好后运到现场。将预制混凝土条块放置在设计好的位置后，将大尺寸平板集热器吊装放置在条形混凝土基础上，将集热器支撑架与条形基础固定好即可。这种安装方式，适合在常规地面上安装，安装快捷方便，但成本高于地面打桩方式，且条形混凝土基础放置位置的夯实平整也需要耗费不少工作量。

14.1.2　太阳能集热系统管路安装

常规太阳能集热系统管路安装铺设与太阳能热水系统安装方法相同。这里不再多述。对于大中型太阳能集热系统，集热系统管路铺设与常规的太阳能热水系统截然不同，而与集中供热管网的安装很相似，应按照本章 14.4 节讲述的供热管网安装的要求进行安装。

图 14－1－5 是大型太阳能供暖系统集热场管路安装图。

图 14－1－5　大型太阳能供暖系统集热场管路安装图

在实际运行时，太阳能集热场管路每天存在热伸缩问题，且温度变化范围较大，因此管道焊接应严格执行氩弧焊打底＋电焊焊接工艺，特别注意热伸缩部位的防护措施，在接头检漏后，做好护口保温和外护，防止外护渗漏。

大中型太阳能供暖集热系统安装，还有许多与太阳能热水系统不一样的地方，在安装时，应严格按照设计图纸的要求，制定安全可靠的施工工艺，在保证安全施工的前提下，提高施工效率，做好集热系统安装。

14.2　太阳能蓄热装置施工

太阳能供暖系统的蓄热装置主要有：水箱蓄热、钢罐蓄热、水池蓄热、土壤蓄热、相变蓄热等。各种蓄热装置的施工各有其特点，需要专业的施工队伍完成。

常规贮水箱的施工，与太阳能热水系统安装方法相同，不再多述。这里主要介绍蓄热钢罐、蓄水池、土壤埋管蓄热的施工。

14.2.1　蓄热钢罐施工

钢罐蓄热是各种规模的太阳能供暖系统常用的蓄热方式。钢罐蓄热施工包括钢管基础施工和罐体施工，罐体施工又包括罐体、布水器、防腐、保温、外护等施工。

钢罐装满水后自重很大，因此钢罐承重基础的施工，直接影响罐体放置后的承重安全。承重基础一般采用钢筋混凝土浇筑，图 14－2－1 是蓄热钢罐施工图。

图 14－2－1　蓄热钢罐承重基础施工

罐体施工应严格遵守施工工艺，钢板材质应符合设计要求，钢板焊接应符合工艺要求，焊接质量检验，尤其是 T 形焊口部位的焊接质量，应进行焊接质量检查，确保钢罐不漏水（图 14－2－2）。

图 14－2－2　蓄热钢罐罐体与布水器施工

钢罐内部的防腐用漆应严把质量关，防腐漆的品种、质量要符合设计要求。钢罐喷涂防锈漆前，要做好钢板除锈，确保油漆与罐体结合紧密，不脱落。

太阳能蓄热钢罐的保温厚度一般在 200～300 mm，当采用玻璃棉保温时，一般采取

80～100 mm 厚的保温板，围护 2～3 层，各层保温板应错缝放置，以减少缝隙对流散热损失。

外护板应上层压下层，确保雨水不进入保温层内。

罐顶保温后，应特别注意做好防雨、防风处理。

钢罐垂直管道存在热胀冷缩问题，管道施工时，应按照设计要求做好伸缩保护措施（图 14-2-3）。

图 14-2-3　蓄热钢罐保温与外护施工

14.2.2　蓄热水池施工

图 14-2-4 是蓄热水池的施工过程图片。施工过程包括：水池开挖-压实-布水器安装-池内壁缓冲垫层敷设压实-覆土工膜-土工膜焊接与检漏-注水-顶部盖膜-顶部保温-上层防雨膜及附件施工等。

图 14-2-4　蓄热水池施工

水池开挖应严格按照设计图纸施工，确保尺寸正确。

水池四周压实应确保压实度达到设计要求。

布水器基础施工应确保基础牢固，管道接口位置预留正确。

水池内壁缓冲垫层敷设压实应严格把关缓冲垫层材料的颗粒度，不能有尖硬的颗粒混入，敷设缓冲垫层后应确保垫层厚度并压实。

土工膜的厚度和耐温应符合设计要求，土工膜接缝焊接后，应进行检漏，确保焊接质量。

注入水池的水质应符合设计要求。

覆盖在水面上部的土工膜四周应与池体压实。

水池上部的保温应错缝铺设。

保温层上部的防护层应不漏水，压实牢靠，抗风。

14.2.3　土壤埋管蓄热施工

图 14-2-5 是土壤埋管蓄热施工过程图。施工过程包括：土壤钻孔-孔内下 U 形换热管-分支各孔 U 形管连接-主管连接-顶部覆盖保温层等。

土壤钻孔位置和钻孔深度应符合设计要求。

孔内 U 形管下管后，孔内灌浆填料应确保填充充实，U 形管与孔内土壤接触紧密，传热良好。

连接管应焊接牢靠，不渗漏；严禁管内有杂物进入。

土壤蓄热上部的保温应保温良好。

图 14-2-5　土壤埋管蓄热施工

14.3　机房内安装

中小型太阳能供暖系统的机房设备相对简单，大中型太阳能供暖系统的机房设备配置比较齐全，其中太阳能集热与蓄热之间的机房设备包括：太阳能集热与蓄热的换热装置、补液装置、系统膨胀与稳压保护装置、过热安全防护装置；蓄热与供暖之间的机房设备包括：供暖换热装置、补水装置、系统膨胀与稳压保护装置；另外机房一般还配置有辅助加热装置、水处理装置、供配电装置、给排水装置、照明装置等，还有系统自动控制与监控装置。

CJJ 28《城镇供热管网工程施工及验收规范》、GB 50242《建筑给水排水及采暖工程施工质量验收规范》对上述安装进行了规范，下面按照安装的先后顺序与类别分别讲述。

14.3.1　机房内设备安装

图 14-3-1 是太阳能供暖项目机房内设备安装的实物照片。

太阳能供暖项目的机房设备繁多，安装内容包括设备基础、设备支架、换热设备、各种水罐、水处理设备、辅助热源设备、备用发电设备等。下面根据类别和顺序分别介绍如下。

图 14-3-1　太阳能供暖项目机房设备安装实物图

(1) 设备基础

机房内设备的混凝土基础位置、几何尺寸应符合设计要求。设备尺寸与位置的偏差应符合表 14-3-1 的要求。

表 14-3-1　设备基础尺寸和位置的允许偏差及检验方法

项目		允许偏差（mm）	检验方法
坐标位置（纵、横轴线）		0～20	钢尺检验
不同平面的标高		－20～0	水准仪、拉线、钢尺检查
平面外形尺寸		±20	钢尺检验
凸台上平面外形尺寸		－20～0	钢尺检验
凹台尺寸		0～20	钢尺检查
水平度	每米	0～5	水平仪（水平尺）和且形塞尺
	全长	0～10	水平仪（水平尺）和且形塞尺
垂直度	每米	0～5	经纬仪或吊线和钢尺检查
	全长	0～10	经纬仪或吊线和钢尺检查
预留地脚螺栓	顶部标高	0～20	水准仪、拉线、钢尺检查
	中心距	±2	钢尺检查
预留地脚螺栓孔	中心线位置	0～10	钢尺检查
	深度	0～20	钢尺检查
	垂直度	0～10	吊线、钢尺检查

(2) 设备固定螺栓

地脚螺栓埋设应符合如下要求：

① 地脚螺栓底部锚固环钩的外缘与预留孔壁和孔底的距离不得小于 15 mm。

② 地脚螺栓上的油污和氧化皮等应清理干净，螺纹部分应涂抹油脂。

③ 螺母与垫圈、垫圈与设备底座间的接触均应紧密。

④ 拧紧螺母后，螺栓外露长度应为2～5倍螺距。

⑤ 灌注地螺栓使用的细石混凝土强度等级应比基础混凝土的强度高一等级，灌浆处应清理干净并捣固密实。

⑥ 灌筑的混凝土应达到设计强度的75%以上后，方可拧紧地脚螺栓。

⑦ 设备底座套入地脚螺栓应有调整余量，不得有卡涩现象。

安装锚固螺栓应符合下列规定：

① 胀锚螺栓的中心线应按照设计图纸放线。胀锚螺栓的中心至基础或构件边缘的距离不得小于7倍胀锚螺栓的直径；胀锚螺栓底端至基础地面的距离不得小于3倍胀锚螺栓的直径，且不得小于30 mm；相邻两根胀锚螺栓的中心距不得小于10倍胀锚螺栓的直径。

② 装设胀锚螺栓的钻孔不得与基础或构件中的钢筋、预埋管和电缆等埋设物相碰，不得采用预留孔。

③ 应检查钻孔的直径和深度。

(3) 设备支架

设备支架安装应平直牢固，位置应正确。支架安装的允许偏差应符合表14-3-2的规定。

表14-3-2 设备支架安装允许偏差及检验方法

项目		允许偏差（mm）	检验方法
支架立柱	位置	0～5	钢尺检查
	垂直度	≤H/1 000	钢尺检查
支架横梁	上表面标高	±5	钢尺检查
	水平弯曲	≤L/1 000	钢尺检查

注：H为支架高度；L为横梁长度。

(4) 设备垫铁

设备采用减振垫铁调平应符合下列规定：

① 基础和地坪应符合设备技术要求。设备占地范围内基础的高差不得超过减振垫铁调整量的30%～50%，放置减振垫铁的部位应平整。

② 减振垫铁应采用无地脚螺栓或胀锚地脚螺栓固定。

③ 设备调平减振垫铁受力应均匀，调整范围内应留有余量，调平后应将螺母锁紧。

④ 当采用橡胶型减振垫铁时，设备调平后经过1～2周后应再进行一次调平。

⑤ 设备调平后，垫铁端面应露出设备底面边缘10～30 mm。

(5) 隔振系统

隔振系统的安装应符合以下规定：

① 隔振系统应水平安装，允许偏差应为0～3‰。

② 当隔振器底部安装两层以上条形隔振垫时，中间应用钢板隔开。

③ 设备安装在隔振系统上后，应逐个测量隔振器的压缩量。

(6) 换热设备

换热设备应有货物清单和技术文件，安装前应做如下检查：

① 规格、型号、设计压力、设计温度、换热面积、重量等参数。

② 产品标牌、产品合格证和说明书。

③ 换热设备不得有缺损件，表面应无损坏和锈蚀，不应有变形、机械损伤，紧固件不应松动。

换热设备安装应符合下列规定：

① 换热设备本体不得进行局部切、割、焊等操作。

② 安装前应对管道进行冲洗。

③ 换热设备安装的坡度、坡向应符合设计或产品说明书的规定，安装允许偏差及检验方法应符合表 14-3-3 的规定。

表 14-3-3　换热设备安装允许偏差与检验方法

项目	允许偏差（mm）	检验方法
标高	±10	拉线和钢尺测量
水平度（L 为设备长度）	≤5 L/1 000	经纬仪或吊线、水平仪（水平尺）、钢尺测量
垂直度（H 为设备高度）	≤5H/1 000	经纬仪或吊线、水平仪（水平尺）、钢尺测量
中心线位置	±20	拉线和钢尺测量

(7) 换热机组

除了按照换热设备安装前的检查外，还应检查换热机组的操作说明书、系统图、电气原理图、端子接线图、主要配件清单和合格证明等。

换热机组的安装应符合以下规定：

① 换热机组应进行接地保护。控制柜应配有保护接地排，机柜外壳及电缆槽、穿线钢管、设备基础槽钢、水管、设备支架及其外露金属导体等应接地。水表、橡胶软接头、金属管道的阀门等装置应加跨接线连成电气通路。

② 换热机组不应有变形或机械损伤，紧固件不应松动。

③ 应按产品说明书要求安装，安装允许偏差及检验方法应符合表 14-3-4 的规定。

表 14-3-4　换热机组安装允许偏差与检验方法

项目	允许偏差（mm）	检验方法
底座外形尺寸（L 为机组长度）	±5‰L	拉线和钢尺测量
设备定位中心距	±2‰L	拉线和钢尺测量
管道的水平度或垂直度	0～10	经纬仪或吊线、水平仪（水平尺）、钢尺测量

(8) 储液（水）箱

① 坡度、坡向应符合设计和产品说明书的要求。

② 储液（水）箱底面在安装前应检查防腐质量，对防腐缺陷进行处理。

③ 允许偏差和检验方法应符合表 14-3-4 的规定。

(9) 补液（水）定压设备

① 当采用定压罐或补液（水）泵变频定压时，应在完成冲洗、水压试验后进行设备调试，并应按设计要求设定定压值和定压范围。

② 当采用膨胀箱定压时，应将膨胀管和循环管引至回水总管上，水箱信号管应引至机房控制柜，水箱液位和补液（水）泵启停应连锁控制运行。

(10) 风冷却器

① 风冷却器的设备基础应符合表 14－3－1 的规定。

② 风冷却器安装时，空气进出的方向应符合设计要求。

(11) 水处理设备

① 水处理设备质量证明书、水处理设备图、设备安装使用说明书等资料应齐全。

② 水处理专用材料应符合设计要求，并应抽样检验。材料应分类存放，并应妥善保管。

③ 所有进出口管路应独立支撑，不得使用阀体做支撑。

④ 采用树脂水处理的，每个树脂罐应设单独的排污管。

⑤ 水处理系统的严密性试验合格后应进行试运行，并应进行水质化验，水质应符合设计要求。

(12) 分/集水器

① 分水器、集水器应安装在便于操作的位置。

② 分、集水器上同类型的温度表和压力表应一致。

14.3.2 辅助热源设备安装

(1) 锅炉本体安装的坐标、标高、中心线和垂直度的允许偏差应符合表 14－3－5 的要求。

表 14－3－5 锅炉安装允许偏差和检验方法

项目		允许偏差（mm）	检验方法
坐标		10	经纬仪、拉线和尺量
标高		±5	水准仪、拉线和尺量
中心线垂直度	卧式锅炉炉体全高	3	吊线和尺量
	立式锅炉炉体全高	4	吊线和尺量

(2) 非承压锅炉应严格按照设计或产品说明书的要求安装，锅筒顶部必须敞口或装设大气连通管，连通管上不得安装阀门。

(3) 以天然气为燃料的锅炉，天然气释放管或大气排放管不得直接通向大气，应通向贮存或处理装置。

(4) 两台或两台以上燃油锅炉共用一个烟囱时，每一台锅炉的烟道上均应配备风阀或挡板装置，并应具有操作调节和闭锁功能。

(5) 锅炉的锅筒和水冷壁的下集箱及后棚管的后集箱的最低处排污阀及排污管道不得采用螺纹连接。

14.3.3　机房泵、阀、管路安装

(1) 泵

泵安装应符合以下规定：

① 安装前应做检查：泵基础的尺寸、位置、标高应符合设计要求和表 14-3-1 的要求；泵应完好，转动正常，无阻滞、卡涩和异常声响现象。

② 应在泵进出口法兰面或其他水平面上进行找平，纵向安装水平允许偏差为 0～0.1‰，横向安装水平偏差为 0～0.2‰。

③ 当泵主、从动轴用联轴器连接时，两轴的同轴度、两半联轴节端面的间隙应符合设备技术文件的规定。主、从动轴找正及连接后应进行盘车检查。

④ 当同型号的泵并列安装时，泵轴线标高的允许偏差为±5 mm。

⑤ 喷射泵安装的水平度和垂直度应符合设计和设备技术文件要求。当泵前、泵后直管段长度设计无要求时，泵前直管段长度不得小于公称管径的 5 倍，泵后直管段不得小于公称管径的 10 倍。

(2) 软接头与法兰安装

软接头与法兰的安装应符合以下规定：

① 当安装金属或橡胶软件头时，不得扭曲、压缩、拉伸，螺栓应由内向外安装。

② 法兰凹槽应与软连接卡槽锁紧，不得将法兰凹槽扣在软连接的卡槽边上，不得损坏软连接。

③ 法兰内外径尺寸应与软接头法兰一致。

(3) 阀门

阀门安装前应进行严密性试验，试验完成后应做文字记录，记录试验介质、试验压力、密封时间等，并保存记录资料。

阀门安装应符合以下规定：

① 阀门吊装应平稳，不得用阀门手轮作为吊装的承重点，不得损坏阀门，已安装就位的阀门应防止重物撞击。

② 安装前应清理阀口的封闭物及其他杂物。

③ 阀门的开关手轮应安装在便于操作的位置。

④ 对于有方向性的阀门，应按照标注的水流方向进行安装，不得反向安装。

⑤ 当闸阀、截止阀水平安装时，阀杆应处于上半周范围内。

⑥ 当焊接安装时，焊机地线应搭在同侧焊口的钢管上，不得搭在阀体上。

⑦ 阀门焊接完成，降至环境温度后方可操作阀门。

⑧ 焊接蝶阀的安装，阀板的轴应安装在水平方向上，轴与水平面的最大夹角不应大于 60°，不得垂直安装。焊接前应关闭阀板，并应采取保护措施。

⑨ 当焊接球阀水平安装时，应将阀门完全开启；当安装在垂直管道时，在焊接阀体下方焊缝时，应将阀门关闭，焊接过程中应对阀体进行降温。

⑩ 调节与控制阀门应按照设计要求安装，并应安装在便于观察、操作、调试的位置。

⑪ 阀门安装完毕后，应正常开启 2～3 次。

⑫ 阀门不得作为管道末端的堵板使用，应在阀门后加堵板，热水管道应在阀门和堵板之间充满水。

⑬ 电动调节阀的安装应符合以下规定：

a）电动调节阀安装前应将管道内的污物和焊渣清除干净；

b）当电动调节阀安装在露天或高温场合时，应采取防水或降温措施；

c）当电动调节阀安装在有震源的地方时，应采取防震措施；

d）电动调节阀应按照标注的介质流向安装；

e）电动调节阀宜水平或垂直安装，当倾斜安装时，应对阀体采取支承措施；

f）电动调节阀安装完毕后，应对阀门进行清洗。

⑭ 安全阀的安装应符合以下规定：

a）安全阀在安装前，应送有资质的单位按设计要求进行调校；

b）安全阀应垂直安装，并应在两个方向检查其垂直度，发现倾斜应予以校正；

c）安全阀的开启压力和回座压力应符合设计规定数值，安全阀最终调校后，在工作压力下不得泄露；

d）安全阀调校合格后，应对安全阀调整试验进行记录备案。

⑮ 放气阀的安装应符合以下规定：

a）放气阀应安装在管道或设备介质通道的最高点或局部高点；

b）当放气阀的放气点高于地面 2 m 时，放气阀门应设在距地面 1.5 m 处，且便于安全操作的位置；

c）当管道或设备上的放气阀操作不变时，应设置操作平台；

d）排气管道应进行固定。

(4) 除污器

除污器的安装应符合以下规定：

① 除污器应安装在便于检修的位置。

② 除污器应按介质流动方向安装。

③ 除污器的除污口应朝向便于检修的方向和位置。

(5) 法兰

法兰应符合 GB/T 9124《钢制管法兰技术条件》的要求，安装前应对法兰密封面及密封垫片进行外观检查。

法兰安装应符合以下规定：

① 两个法兰连接端面应保持平行，偏差不应大于法兰外径的 1.5%，且不得大于 2 mm。不得采用加偏垫、多层垫或采用强力拧紧法兰一侧螺栓的方法，消除法兰接口端面的偏差。

② 法兰与法兰、法兰与管道应保持同轴，螺栓孔中心偏差不得大于孔径的 5%，垂直偏差应为 0～2 mm。

③ 软垫片的周边应整齐，垫片尺寸应与法兰密封面相符，其允许偏差应符合 GB

50235《工业金属管道工程施工规范》的要求。

④ 垫片应采用高压垫片，其材质和涂料应符合设计要求。垫片尺寸应与法兰密封面相同，当垫片需要拼接时，应采用斜口拼接或迷宫形式的对接，不得采用直缝对接。

⑤ 不得采用先加垫片并拧紧法兰螺栓，再焊接法兰焊口的方法进行法兰安装。

⑥ 法兰内侧应进行封底焊。

⑦ 法兰螺栓应涂二硫化钼油脂或石墨机油等防锈油脂进行保护。

⑧ 法兰连接应使用统一规格的螺栓，安装方向应一致。紧固螺栓应对称、均匀地进行，松紧应适度。紧固后丝扣外露长度应为 2～3 倍螺距，当需用垫圈调整时，每个螺栓应只能使用一个垫圈。

⑨ 法兰距支架或墙面的净距不应小于 200 mm。

(6) 管路

管路焊接应按照本章 14.4.5 节讲述的焊接要求进行焊接，并应注意以下问题：

① 管道安装过程中，当临时中断安装时，应对管口进行封闭。

② 管道穿越基础、墙壁、楼板，应配合土建预埋套管或预留孔洞，并应符合以下规定：

a）管道环形焊缝不应置于套管或孔洞内；

b）管道穿墙时，套管两侧应伸出墙面 20～25 mm；管道穿越楼板时，套管应高出楼板面 50 mm；

c）预埋套管中心偏差应在 0～10 mm，预留孔洞中心的偏差应在 0～25 mm；

d）当设计无要求时，套管的直径应比保温管道外径大 50 mm；

e）位于套管内的管道保温层外壳应做保护层。

③ 当设计对机房内管道水平安装的支架、吊架间距无要求时，其间距不得大于表 14-3-6 的规定。

表 14-3-6　机房内管道支架、吊架间距

管径（mm）	25	32	40	50	65	80	100	125	150	200	250	300	350	400	450	500
间距（m）	2.0	2.5	3.0	3.0	4.0	4.0	4.5	5.0	6.0	7.0	8.0	8.5	9.0	9.5	10.0	12.0

④ 在水平管道上安装法兰连接的阀门，当管道公称直径大于等于 125 mm 时，两侧应分别设支架或吊架；当管道公称直径小于 125 mm 时，一侧应设支架或吊架。

⑤ 在垂直管道上安装阀门应符合设计要求，当设计无要求时，阀门上部的管道应设吊架或托架。

⑥ 管道支架、吊架的安装应符合以下规定：

a）安装位置准确，埋设应平整牢固；

b）固定支架卡板与管道接触应紧密，固定应牢固；

c）滑动支架的滑动面应灵活，滑板与滑槽两侧间应留有 3～5 mm 的空隙，偏移量应符合设计要求；

d）无热位移管道的支架、吊杆应垂直安装。有热位移管道的吊架、吊杆应向热膨胀的反方向偏移。

⑦ 当管道与设备连接时，设备不应承受附加外力，不得使异物进入设备内。

⑧ 管道与泵或阀门连接后，不应再对该管道进行焊接或气割。

⑨ 当管道并排安装时，应相互平行，在同一平面上的允许偏差为±3 mm。

⑩ 施工完成后，应对机房内的管道与管道附件按设计要求设置标识。

14.3.4 监测仪表安装

(1) 水位计

水位计的安装应符合以下规定：

① 水位计应有指示最高、最低水位的明显标志。玻璃管水位计的最低水位可见边缘应比最低安全水位低 25 mm，最高可见边缘应比最高安全水位高 25 mm。

② 玻璃管水位计应设置保护装置。

③ 放水管应引至安全处。

(2) 压力表

压力表的安装应符合以下规定：

① 压力表应安装在便于观察的位置，不得受高温、振动的影响。

② 压力表宜安装缓冲管，缓冲管的内径不应小于 10 mm。

③ 压力表与缓冲管之间应安装阀门，当蒸汽管道安装压力表时，不得使用旋塞阀。

④ 当设计对压力表的量程无要求时，压力表量程应为工作压力的 1.5～2 倍。

(3) 温度计

温度计的安装应符合以下规定：

① 温度计应安装在便于观察的位置，不得影响设备和阀门的安装、检修和运行操作。

② 温度计不得安装在引出的管段上。

③ 温度计不宜安装在介质流动死角处，也不宜安装在振动较大的位置。

④ 温度计安装位置不应影响设备和阀门的安装、检修、运行操作。

(4) 温度传感器

温度传感器测温元件的安装应符合以下规定：

① 温度传感器测温元件应按设计要求的位置安装。

② 当与管道垂直安装时，取源部件轴线应与工艺管道轴线垂直相交。

③ 在管道的拐弯处安装时，宜逆介质流向，取源部件轴线应与管道轴线相重合。

④ 当与管道倾斜安装时，宜逆介质流向，取源部件轴线应与管道轴线相交。

(5) 压力传感器

压力传感器测压元件的安装应符合以下规定：

① 当测压元件与测温元件在同一管段上时，测压元件应安装在测温元件的上游侧。

② 按照厂家规定的安装要求安装。

(6) 流量与热计量装置

流量与热计量装置的安装应符合以下规定：

① 流量与热计量装置应在管道安装完成、且清洗完成后进行安装。

② 热计量设备在现场搬运和安装过程中，不得提拽，不得挤压表头和传感器线，不得靠近高温热源。

③ 热计量装置应按照产品说明书和设计要求进行安装，热计量设备标注的水流方向应与管道内热媒的流动方向一致。

④ 现场安装的环境温度、湿度不应大于热计量设备的极限工作条件。

⑤ 热计量设备显示屏及附件的安装位置应便于观察、操作与维修。

⑥ 数据传输线安装应符合热计量设备的安装要求，并注意：

a）测量温度的两只铂电阻特性应一致，且应配对使用，并应按照标识分别安装在相对应的供、回水管道上；

b）两只铂电阻的导线应按产品技术要求，使用同一厂家的配套产品；

c）应与管道轴向相交，插入深度不得小于管径的1/3。

⑦ 温度传感器的安装方式与位置应符合产品使用说明书的要求，并宜采用测温球阀或套管等安装方式。

14.3.5　电气与自控系统安装

GB 50303《建筑电气工程施工质量验收规范》对建筑内电气与自控系统安装做了明确规定，现分类介绍如下。

(1) 成套配电柜、控制柜（台、箱）和配电箱（盘）安装

① 柜、台、箱的金属框架及基础型钢应与保护导体可靠连接；对于装有电器的可开启门，门和金属框架的接地端子间应选用截面积不小于 4 mm^2 的黄绿色绝缘铜芯软导线连接，并应有标识。

② 柜、台、箱等配电装置应有可靠的防雷击保护；装置内保护接地导体（PE）排应有裸露的连接外部保护接地导体的端子，并应可靠接地。

③ 手车、抽屉式成套配电柜推拉应灵活，无卡阻碰撞现象。动触头与静触头的中心线应一致，且触头接触应紧密，投入时，接地触头应先于主触头接触；退出时，接地触头应后于主触头脱开。

④ 低压成套配电柜、箱及控制柜（台、箱）间线路的线间和线对地间绝缘电阻值，馈电线路不应小于 0.5 MΩ，二次回路不应小于 1 MΩ；二次回路的耐压试验电压应为 1 000 V，当回路绝缘电阻值大于 10 MΩ 时，应采用 2 500 V 兆欧表代替，试验持续时间 1 min，或符合产品技术文件要求。

⑤ 直流柜试验时，应将屏内电子器件从线路上退出，主回路线间和线对地间绝缘电阻值不应小于 0.5MΩ。

⑥ 照明配电箱（盘）安装应符合以下规定：a）箱（盘）内配线应整齐、无铰接现象；导线连接应紧密、不伤线芯、不断股；垫圈下螺丝两侧的导线面积应相同。同一电器器件端子上的导线连接不应多于 2 根，防松垫圈等零件应齐全。b）箱（盘）内开关动作应灵活可靠。c）箱（盘）内宜分别设置中性导体（PE）汇流排，汇流排上同一端子不应连接不同回路的 N 或 PE。

⑦ 基础型钢安装偏差应符合表 14－3－7 的要求。

表 14-3-7　基础型钢安装允许偏差

项目	允许偏差		检查按
	每米	全长	
不直度	1.0	5.0	水平仪或拉线尺量检查
水平度	1.0	5.0	
不平行度	—	5.0	

⑧ 柜、台、箱、盘的布置及安全距离应符合设计要求。

⑨ 柜、台、箱相互间或与基础型钢间应用镀锌螺栓连接，且防松零件应齐全；当设计有防火要求时，柜、台、箱的进出口应做防火封堵，并应封堵严密。

⑩ 室外安装的落地式配电（控制）柜、箱的基础应高于地坪，周围排水应通畅，其底座周围应采取封闭措施。

⑪ 柜、台、箱、盘应安装牢固，且不应设置在水管的正下方。柜、台、箱、盘安装垂直度允许偏差不应大于1.5‰，相互间接缝不应大于2 mm，成列盘面偏差不应大于5 mm。

⑫ 柜、台、箱、盘内检查试验应符合以下规定：a）控制开关及保护装置的规格、型号应符合设计要求。b）闭锁装置动作应准确、可靠。c）主开关的辅助开关切换动作应与主开关动作一致。d）柜、台、箱、盘上的标识器件应标明被控设备编号及名称或操作位置，接线端子应有编号，且清晰、工整、不宜脱色。e）回路中的电子元件不应参加工频耐压试验，50 V及以下回路可不做交流工频耐压试验。

⑬ 低压电器组合应符合以下规定：a）发热元件应安装在散热良好的位置。b）熔断器的熔体规格、断路器的整定值应符合设计要求。c）切换压板应接触良好，相邻压板间应有安全距离，切换时不应触及相邻的压板。d）信号回路的信号灯、按钮、光字牌、电铃、电笛、事故电钟等动作和信号显示应准确。e）金属外壳需做电击防护时，应与保护可靠连接。f）端子排应安装牢固，端子应有序号，强电、弱电端子应隔离。

⑭ 柜、台、箱、盘间配线应符合下列规定：a）二次回路接线应符合设计要求，除电子元件回路或类似回路外，回路的绝缘导线额定电压不应低于450/750 V；对于铜芯绝缘导线或电缆的导体截面积，电流回路不应小于2.5 mm^2，其他回路不应小于1.5 mm^2。b）二次回路连线应成束绑扎，不同电压等级、交流、直流线路及计算机控制线路应分别绑扎，且应有标识；固定后不应妨碍手车开关或抽出式部件的拉出和推入。c）线缆的弯曲半径不应小于线缆允许弯曲半径。d）导线连接不应损伤线芯。

⑮ 柜、台、箱、盘面板上的电器连接导线应符合下列规定：a）连接导线应采用多芯铜芯绝缘导线，敷设长度应留有适当裕量。b）线束宜有外套塑料管等加强绝缘保护层。c）与电器连接时，端部应绞紧，不松散、不断股，其端部可采用不开口的终端端子或搪锡。d）可转动部位的两端应采用卡子固定。

⑯ 照明配电箱（盘）安装应符合下列规定：a）箱体开孔应与导管管径适配，暗装配电箱箱盖应紧贴墙面，箱（盘）涂层应完整。b）箱（盘）内回路编号应齐全，标识应正确。c）箱（盘）应采用不燃材料制作。d）箱（盘）应安装牢固、位置正确、部件齐全，

安装高度应符合设计要求，垂直度允许偏差不应大于 1.5‰。

(2) 电动机、电加热器及电动执行机构检查接线

① 电动机、电加热器及电动执行机构的外露可导电部分必须与保护导体可靠连接。

② 低压电动机、电加热器及电动执行机构的绝缘电阻值不应小于 0.5 MΩ。

③ 电气设备安装应牢固，螺栓及防松零件齐全，不松动。防水防潮电气设备的接线盒盖等应做密封处理。

④ 电动机电源线与出线端子接触应良好、清洁，高压电动机电源线紧固时，不应损伤电动机引出线套管。

⑤ 在设备接线盒内裸露的不同相间和相对地间电气间隙应符合产品技术文件要求，或采取绝缘保护措施。

(3) 柴油发电机组安装

① 对于发电机组至配电柜馈电线路的相间、相对地间的绝缘电阻值，低压馈电线路不应小于 0.5 MΩ/kV，高压馈电线路不应小于 1 MΩ/kV。

② 柴油发电机馈电线路连接后，两端的相序应与原供电系统的相序一致。

③ 当柴油发电机并列运行时，应保证其电压、频率和相位一致。

④ 发电机的中性点接地连接方式及接地电阻值应符合设计要求，接地螺栓防松零件齐全，且有标识。

⑤ 发电机本体和机械部分的外露可导电部分应分别与保护导体可靠连接，并应有标识。

⑥ 燃油系统的设备及管道的防静电接地应符合设计要求。

⑦ 发电机组随机的配电柜、控制柜接地应正确，紧固件紧固状态良好，无遗漏脱落。开关、保护装置的型号、规格正确，验证出厂试验的锁定标记应无位移，有位移的应重新试验标定。

⑧ 受电测配电柜的开关设备、自动或手动切换装置和保护装置等的试验应合格，并应按设计的自备电源使用分配预案进行负荷试验，机组应连续运行无故障。

(4) 母线槽安装

① 母线槽的金属外壳等外露可导电部分应与保护导体可靠连接，并应符合系列规定：a）每段母线槽的金属外壳间应连接可靠，且母线槽全长与保护导体可靠连接不应少于 2 处。b）分支母线槽的金属外壳末端应与保护导体可靠连接。c）连接导体的材质、截面积应符合设计要求。

② 当母线与母线、母线与电器或设备接线端子采用螺栓搭接连接时，应符合以下规定：a）母线的各类搭接连接的钻孔直径和搭接长度应符合规范要求；当一个连接处需要多个螺栓连接时，每个螺栓的拧紧力矩值应一致。b）母线接触面应保持清洁，宜涂抗氧化剂，螺栓孔周边应无毛刺。c）连接螺栓两侧应有平垫圈，相邻垫圈间应有大于 3 mm 的间隙，螺母侧应装有弹簧垫圈或锁紧螺母。d）螺栓受力应均匀，不应使电器或设备的接线端子受额外应力。

③ 母线槽安装应符合下列规定：a）母线槽不宜安装在水管正下方。b）母线应与外壳同心，允许偏差应为±5 mm。c）当母线槽段与段连接时，两相邻段母线及外壳宜对

准，相序应正确，连接后不应使母线及外壳受额外应力。d）母线槽连接用部件的防护等级应与母线槽本体的防护等级一致。

④ 母线槽通电运行前，应进行检验或试验，低压母线绝缘电阻不应小于 0.5 MΩ；检查分接单元插入时，接地触头应先于相线触头接触，且触头连接紧密，退出时，接地触头应后于相线触头脱开。

⑤ 母线槽支架安装应符合以下规定：a）除设计要求外，承力建筑钢结构构件上不得熔焊连接母线槽支架，且不得热加工开孔。b）与预埋铁件采用焊接固定时，焊缝应饱满；采用膨胀螺栓固定时，选用的螺栓应适配，连接应牢固。c）支架应安装牢固、无明显扭曲，采用金属吊架固定时，应有防晃支架，配电母线槽的圆钢吊架直径不得小于 8 mm；照明母线槽的圆钢吊架直径不得小于 6 mm。d）金属支架应进行防腐，位于室外潮湿场所的，应按照设计要求处理。

⑥ 对于母线与母线、母线与电器或设备接线端子搭接，搭接面的处理应符合以下规定：a）铜与铜：当处于室外、高温且潮湿的室内时，搭接面应搪锡或镀银；干燥的室内，可不搪锡、不镀银。b）铝与铝：可直接搭接。c）钢与钢：搭接面应搪锡或镀锌。d）铜与铝：在干燥的室内，铜导体搭接面应搪锡；在潮湿场所，铜导体搭接面应搪锡或镀银，且应采用铜铝过渡连接。e）钢与铜或铝：钢搭接面应镀锌或搪锡。

⑦ 当母线采用螺栓搭接时，连接处距绝缘子的支持夹板边缘不应小于 50 mm。

⑧ 当设计无要求时，母线的相序排列及涂色应符合下列规定：a）对于上、下布置的交流母线，由上至下或由下至上排列应分别为 L_1、L_2、L_3；直流母线应正极在上、负极在下。b）对于水平布置的交流母线，由柜后向柜前或由柜前向柜后排列分别为 L_1、L_2、L_3；直流母线应正极在后，负极在前。c）对于面对引下线的交流母线，由左至右排列应分别为 L_1、L_2、L_3；直流母线应正极在左，负极在右。d）对于母线的涂色，交流母线 L_1、L_2、L_3 应分别为黄色、绿色和红色，中性导体应为淡蓝色；直流母线应正极为赭色，负极为蓝色；保护接地导体 PE 应为黄-绿双色组合色，保护中性导体（PEN）应为全长黄-绿双色、终端用淡蓝色或全长淡蓝色、终端用黄-绿双色；在连接处或支持件边缘两侧 10 mm 以内不应涂色。

⑨ 母线槽安装应符合以下规定：a）水平或垂直的母线槽固定点应每段设置一个、且每层不得少于一个支架，其间距应符合产品技术文件的要求，距拐弯 0.4～0.6 m 处应设置支架，固定点位置不应设置在母线槽的连接处或分接单元处。b）母线槽段与段的连接口不应设置在穿越楼板或墙体处，垂直穿越楼板处应设置与建（构）筑物固定的专用部件支座，其孔洞四周应设置高度为 50 mm 及以上的防水台，并应采取防火封堵措施。c）母线槽跨越建筑物变形缝处时，应设置补偿装置；母线槽直线敷设长度超过 80 m，每 50～60 m 宜设置伸缩节。d）母线槽直线段安装应平直，水平度与垂直度偏差不宜大于 1.5‰，全长最大偏差不宜大于 20 mm；照明用母线槽水平偏差全长不应大于 5 mm，垂直偏差不应大于 10 mm。e）外壳与底座间、外壳各连接部位及母线的连接螺栓应按照产品技术文件要求选择正确，连接紧固。f）母线槽上无插接部件的接插口及母线端部应采用专用的封板封堵完好。

(5) 梯架、推盘和槽盒安装

① 金属梯架、托盘和槽盒本体之间的连接应牢固可靠，与保护导体的连接应符合下列规定：a）梯架、托盘和槽盒全长不大于 30 m 时，不应少于 2 处与保护导体可靠连接；全长大于 30 m 时，每隔 20～30 m，应增加一个连接点，起始端和终点端均应可靠接地。b）非镀锌梯架、托架和槽盒本体之间连接板的两端应跨接保护联结导体，保护联结导体的截面积应符合设计要求。c）镀锌梯架、托盘和槽盒本体之间不跨接保护联结导体时，连接板每端不应少于 2 个有防松螺帽或防松垫圈的连接固定螺栓。

② 电缆梯架、托盘和槽盒转弯、分支处宜采用专用连接配件，其弯曲半径不应小于梯架、托盘和槽盒内电缆最小允许弯曲半径。电缆最小弯曲半径应符合表 14-3-8 的规定。

表 14-3-8　电缆最小允许弯曲半径

电缆形式		电缆外径	多芯电缆	单芯电缆
塑料绝缘电缆	无铠装	D	15D	20D
	有铠装		12D	15D
橡皮绝缘电缆			10D	
控制电缆	非铠装型、屏蔽型软电缆		6D	
	铠装型、铜屏蔽型		12D	
	其他		10D	

③ 当直线段钢制或塑料梯架、托盘和槽盒长度超过 30 m，铝合金或玻璃钢制梯架、托盘和槽盒长度超过 15 m 时，应设置伸缩节；当梯架、托盘和槽盒跨越建筑物变形缝处时，应设置补偿装置。

④ 梯架、托盘和槽盒与支架间及与连接板的固定螺栓应紧固无遗漏，螺母应位于梯架、托盘和槽盒外侧；当铝合金梯架、托盘和槽盒与钢支架固定时，应有相互间绝缘的防电化腐蚀措施。

⑤ 当设计无要求时，梯架、托盘、槽盒及支架安装应符合以下规定：a）电缆梯架、托盘、槽盒宜敷设在易燃易爆气体管道和热力管道的下方，与各类管道的最小净距应符合相关规定。b）配线槽盒与水管同侧上下敷设时，宜安装在水管的上方；与热水管、蒸汽管平行上下敷设时，应敷设在热水管、蒸汽管的下方，当有困难时，可敷设在热水管、蒸汽管的上方；相互间的最小间距应符合相关规定。c）敷设在电气竖井内穿楼板处和穿越不同防火区的梯架、托盘和槽盒，应有防火隔堵措施。d）敷设在电气竖井内的电缆梯架或托盘，其固定支架不应安装在固定电缆的横担上，且每隔 3～5 层应设置承重支架。e）对于敷设在室外的梯架、托盘和槽盒，当进入室内或配电箱（柜）时应有防雨水措施，槽盒底部应有泄水孔。f）承力建筑钢结构构件上不得熔焊支架，且不得热加工开孔。g）水平安装的支架间距离宜为 1.5～3.0 m，垂直安装的支架间距不应大于 2 m。h）采用金属吊架固定时，圆钢直径不得小于 8 mm，并应有防晃支架。在分支处或端部 0.3～0.5 m 处应有固定支架。

⑥ 金属支架应进行防腐；位于室外及潮湿场所的，应按设计要求做处理。

(6) 导管敷设

① 金属导管应与保护导体可靠连接，并符合以下规定：a）镀锌钢导管、可弯曲金属导管和金属柔性导管不得熔焊连接。b）当非镀锌钢导管采用螺纹连接时，连接处的两端应熔焊焊接保护联结导体。c）镀锌钢导管、可弯曲金属导管和金属柔性导管连接处的两端宜采用专用接地卡固定保护联结导体。d）机械连接的金属导管、管与管、管与盒（箱）体的连接配件应选用配套部件。e）金属导管与金属梯架、托盘连接时，镀锌材质的连接端宜用专用接地卡固定保护联结导体，非镀锌材质的连接处应熔焊焊接保护联结导体。f）以专用接地卡固定的保护联结导体应为铜芯软导线，截面积不应小于 4 mm^2；以熔焊焊接的保护联结导体宜为圆钢，直径不应小于 6 mm，其搭接长度应为圆钢直径的 6 倍。

② 钢导管不得采用对口熔焊连接；镀锌钢导管或壁厚小于或等于 2 mm 的钢导管，不得采用套管熔焊连接。

③ 当塑料导管在砌体上剔槽埋设时，应采用强度等级不小于 M10 的水泥砂浆抹面保护，保护层厚度不应小于 15 mm。

④ 当导管穿越密闭或防护密闭隔墙时，应设置预埋套管，预埋套管的制作和安装应符合设计要求，套管两端伸出墙面的长度宜为 30～50 mm。当导管穿越密闭穿墙套管的两侧应设置过线盒，并应做好封堵。

⑤ 导管的弯曲半径应符合以下规定：a）明配导管的弯曲半径不宜小于管外径的 6 倍，当两个接线盒之间只有一个弯曲时，其弯曲半径不宜小于管外径的 4 倍。b）埋设于混凝土内的导管的弯曲半径不宜小于管外径的 6 倍，当直埋于地下时，其弯曲半径不宜小于管外径的 10 倍。c）电缆导管的弯曲半径不应小于电缆最小弯曲半径。

⑥ 导管支架安装应符合以下规定：a）除设计要求外，承力建筑钢结构构件上不得熔焊导管支架，且不得热加工开孔。b）当导管采用金属吊架固定时，圆钢直径不得小于 8 mm，并应设置防晃支架，在距离盒（箱）、分支处或端部 0.3～0.5 m 处应设置固定支架。

⑦ 除设计要求外，对于暗配的导管，导管表面埋设深度与建筑物、构筑物表面的距离不应小于 15 mm。

⑧ 进入配电（控制）柜、台、箱内的导管管口，当箱底无封板时，管口应高出柜、台、盘的基础面 50～80 mm。

⑨ 室外导管敷设应符合以下规定：a）对于埋地敷设的钢导管，埋设深度应符合设计要求，钢导管的壁厚应大于 2 mm。b）导管的管口不应敞口垂直向上，导管管口应在盒、箱内或导管端部设置防水弯。c）由箱式变电所或落地式配电箱引向建筑物的导管，建筑物一侧的导管管口应设在建筑物内。d）导管的管口在穿入绝缘导线、电缆后应做密封处理。

⑩ 明配的电气导管应符合以下规定：a）导管应排列整齐、固定点间距均匀、安装牢固。b）在距终端、弯头中点或柜、台、箱、盘等边缘 150～500 mm 范围内，应设有固定管卡。中间直线段固定管卡间的最大距离应符合表 14－3－9 的规定。c）明配管采用的接

线或过渡盒（箱）应选用明装盒（箱）。

表 14-3-9　管卡的最大距离

敷设方式	导管种类	导管直径（mm）			
		15～20	25～32	40～50	65 以上
		管卡间最大间距			
支架或沿墙明敷	壁厚＞2 mm 刚性钢导管	1.5	2.0	2.5	3.5
	壁厚≤2 mm 刚性钢导管	1.0	1.5	2.0	—
	刚性塑料导管	1.0	1.5	2.0	2.0

⑪ 塑料导管敷设应符合以下规定：a）管口应平整光滑，管与管、管与盒（箱）等器件采用插入法连接时，连接处结合面应涂专用胶合剂，接口牢固密封。b）直埋于地下或楼板内的刚性塑料导管，在穿越地面或楼板易受机械损伤的一段，应采取保护措施。c）沿建筑物、构筑物表面和在支架上敷设的刚性塑料导管，应按照设计要求装设温度补偿装置。

⑫ 可弯曲金属导管及柔性导管敷设应符合以下规定：a）刚性导管经柔性导管与电气设备、器具连接时，柔性导管的长度在动力工程中不宜大于 0.8 m，在照明工程中不宜大于 1.2 m。b）可弯曲金属导管或柔性导管与刚性导管或电气设备、器具间的连接应采用专用接头；防液型可弯曲金属导管或柔性导管的连接处应密封良好，防液覆盖层应完整无损。c）当可弯曲金属导管有可能受重物压力或明显机械撞击时，应采取保护措施。d）明配的金属、非金属柔性导管固定点间距应均匀，不应大于 1 m，管卡与设备、器具、弯头中点、管端等边缘的距离应小于 0.3 m。e）可弯曲金属导管和金属柔性导管不应做保护导体的接续导体。

⑬ 导管敷设应符合以下规定：a）导管穿越外墙时应设置防水套管，且应做好防水处理。b）钢导管或刚性塑料导管跨越建筑物变形缝处，应设置补偿装置。c）除埋设于混凝土内的钢导管内壁应防腐处理，外壁可不防腐处理，其余场所敷设的钢导管内、外壁均应做防腐处理。d）导管与热水管、蒸汽管平行敷设时，宜敷设在热水管、蒸汽管的下面，当有困难时，可敷设在其上面，相互间的最小距离宜符合相关要求。

（7）电缆敷设

① 金属电缆支架必须与保护导体可靠接地。

② 电缆敷设不得存在绞拧、铠装压扁、护层断裂和表面严重划伤的缺陷。

③ 当电缆敷设存在可能受到机械外力损伤、振动、浸水及腐蚀性或污染物质等损害时，应采取保护措施。

④ 除设计要求外，并联使用的电力电缆的型号、规格、长度应相同。

⑤ 交流单芯电缆或分相后的每相电缆不得单根独穿于钢导管内，固定用的夹具和支架不应形成闭合磁路。

⑥ 当电缆穿过零序电流互感器时，电缆金属护层和接地线应对地绝缘。对穿过零序电流互感器后制作的电缆头，其电缆接地线应回穿互感器后接地；对尚未穿过零序电流互感器的电缆接地线，应在零序电流互感器前直接接地。

⑦ 电缆的敷设和排列布置应符合设计要求，矿物绝缘电缆敷设在温度变化大的场所、振动场所或穿越建筑物变形缝时，应采取“S”或“Ω”弯。

⑧ 电缆支架的安装应符合以下规定：a）除设计要求外，承力建筑钢结构件上不得熔焊支架，且不得热加工开孔。b）当设计无要求时，电缆支架层间最小间距不应小于表14－3－10的规定，层间净距不应小于2倍电缆外径加10 mm，35 kV电缆不应小于2倍电缆外径加50 mm。

表14－3－10　电缆支架层间最小距离

<table>
<tr><th colspan="2">电缆种类</th><th>支架上敷设（mm）</th><th>梯架、托盘内敷设（mm）</th></tr>
<tr><td colspan="2">控制电缆明敷</td><td>120</td><td>200</td></tr>
<tr><td rowspan="4">电力电缆明敷</td><td>10 kV及以下电力电缆（除6～10 kV交联聚乙烯绝缘电力电缆）</td><td>150</td><td>250</td></tr>
<tr><td>除6～10 kV交联聚乙烯绝缘电力电缆</td><td>200</td><td>300</td></tr>
<tr><td>35 kV单芯电力电缆</td><td>250</td><td>300</td></tr>
<tr><td>35 kV三芯电力电缆</td><td>300</td><td>350</td></tr>
<tr><td colspan="2">电缆敷设在槽盒内</td><td colspan="2">H＋100</td></tr>
</table>

⑨ 最上层电缆支架距构筑物顶板或梁底的最小净距离应满足电缆引接至上方配电柜、台、箱、盘时电缆弯曲半径的要求，且不宜小于表14－3－10所列数值再加80～150 mm；距其他设备的最小净距不应小于300 mm，当无法满足要求时，应设置防护板。

⑩ 当设计无要求时，最下层电缆支架距沟底、地面的最小距离不应小于表14－3－11的规定。

表14－3－11　最下层电缆支架距沟底、地面的最小净距

<table>
<tr><th colspan="2">电缆敷设场所及其特征</th><th>垂直净距（mm）</th></tr>
<tr><td colspan="2">电缆沟</td><td>50</td></tr>
<tr><td colspan="2">隧道</td><td>100</td></tr>
<tr><td rowspan="2">电缆夹层</td><td>非通道处</td><td>200</td></tr>
<tr><td>至少在一侧不小于800 mm宽通道处</td><td>1 400</td></tr>
<tr><td colspan="2">公共廊道中电缆支架无围栏防护</td><td>1 500</td></tr>
<tr><td colspan="2">室内机房或活动区间</td><td>2 000</td></tr>
<tr><td rowspan="2">室外</td><td>无车辆通过</td><td>2 500</td></tr>
<tr><td>有车辆通过</td><td>4 500</td></tr>
<tr><td colspan="2">屋面</td><td>200</td></tr>
</table>

⑪ 当支架与预埋件焊接固定时，焊缝应饱满；当采用膨胀螺栓固定时，螺栓应适配，连接紧固，放松零件齐全，支架安装应牢固、无明显扭曲。

⑫ 金属支架应进行防腐，位于室外及潮湿场所的，应按照设计要求做处理。

⑬ 电缆敷设应符合以下规定：a）电缆的敷设排列应顺直、整齐，并宜少交叉。

b）电缆转弯处的最小弯曲半径应符合表 14－3－8 的规定。c）在电缆沟或电气竖井内垂直敷设或大于 45°倾斜敷设的电缆，应在每个支架上固定。d）在梯架、托盘或槽盒内大于 45°倾斜敷设的电缆，应每隔 2 m 固定；水平敷设的电缆，首尾两端、转弯两侧及每隔 5～10 m 处应设固定点。e）当设计无要求时，电缆支持点间间距不宜过大于表 14－3－12 的规定。f）无挤塑外护层电缆金属护套与金属支（吊）架直接接触的部位，应采取防电化腐蚀的措施。g）电缆出入电缆沟、电气竖井、建筑物、配电（控制）柜、台、箱处，以及管子管口处等部位，应采取防火或密封措施。h）电缆出入电缆梯架、托盘、槽盒及配电（控制）柜、台、箱、盘处，应做固定。i）当电缆通过墙、楼板或室外敷设穿导管保护时，导管的内径不应小于电缆外径的 1.5 倍。

表 14－3－12　电缆支持点最大间距

电缆种类		电缆外径（d）	敷设方式	
			水平（mm）	垂直（mm）
电力电缆	全塑型	—	400	1 000
	除全塑型外的中低压电缆		800	1 500
	35 kV 高压电缆		1 500	2 000
	铝合金带联锁铠装的铝合金电缆		1 800	1 800
控制电缆			800	1 000
矿物绝缘电缆		d<9	600	800
		9⩽d<15	900	1 200
		15⩽d<20	1 500	2 000
		d⩾20	2 000	2 500

⑭ 直埋电缆的上、下应有细沙或软土，回填土应无石块、砖头等尖锐硬物。

⑮ 电缆的首端、末端和分支处应设标志牌，直埋电缆应设标志桩。

⑯ 同一交流回路的绝缘导线不应敷设于不同的金属槽盒内或穿于不同金属导管内。

⑰ 除设计要求外，不同回路、不同电压等级和交流与直流线路的绝缘导线不应穿于同一导管内。

⑱ 绝缘导线的接头应设置在专用接线盒（箱）或器具内，不得设置在导管和槽盒内，盒（箱）的设置位置应便于检修。

⑲ 除塑料护套线外，绝缘导线应采取导管或槽盒保护，不可外露明敷。

⑳ 绝缘导线穿管前，应清除管内杂物和积水，绝缘导线穿入导管的管口在穿线前，应装设护线口。

㉑ 与槽盒连接的接线盒（箱）应选用明装盒（箱）；配线工程完成后，盒（箱）盖板应齐全、完好。

㉒ 当采用多相供电时，同一建（构）筑物的绝缘导线绝缘层颜色应一致。

㉓ 槽盒内敷线应符合以下规定：a）同一槽盒内不宜同时敷设绝缘导线和电缆。b）同一路径无防干扰要求的线路，可敷设于同一槽盒内；槽盒内绝缘导线总截面积（包括外护套）不应超过槽盒内截面积的 50%。c）当控制和信号等非电力线路敷设于同一槽

盒内时，绝缘导线的总截面积不应超过槽盒内截面积的50%。d）分支接头处绝缘导线的总截面面积（包括外护层）不应大于该点盒（箱）内截面积的75%。e）绝缘导线在槽盒内应留有一定余量，并应按回路分段绑扎，绑扎点间距不应大于 1.5 m；当垂直或大于45°倾斜敷设时，应将绝缘导线分段固定在槽盒内的专用部件上。每段至少应有一个固定点；当直线段长度大于 3.2 m 时，其固定点间距不应大于 1.6 m；槽盒内导线排列应整齐、有序。f）敷线完成后，槽盒盖板应复位，盖板应齐全、平整、牢固。

(8) 塑料护套线直敷布线

① 塑料护套线严禁直接敷设在建筑物顶棚内、墙体内、抹灰层内、保温层内或装饰面内。

② 塑料护套线与保护导体或不发热管道等紧贴和交叉处及穿梁、墙、楼板处等容易受机械损伤的部位，应采取保护措施。

③ 塑料护套线在室内沿建筑物表面水平敷设高度距地面不应小于 2.5 m，垂直敷设时，距地面高度 1.8 m 以下部分应采取保护措施。

④ 当塑料护套线侧弯或平弯时，其弯曲处护套线和导线绝缘层均应完整无损伤，侧弯和平弯弯曲半径应分别不小于护套线宽度和厚度的 3 倍。

⑤ 塑料护套线进入盒（箱）或与设备、器具连接，其护套层应进入盒（箱）或设备、器具内，护套层与盒（箱）入口处应密封。

⑥ 塑料护套线的固定应符合以下规定：a）固定应顺直、不松弛、不扭绞。b）护套线应采用线卡固定，固定点间距应均匀、不松动，固定点间距宜为 150～200 mm。c）在终端、转弯和进入盒（箱）、设备或器具等处，均应装设线卡固定，线卡距终端、转弯中点、盒（箱）、设备或器具边缘的距离宜为 50～100 mm。d）塑料护套线的接头应设在明装盒（箱）内，多尘场所应采用 IP5X 等级的密封式盒（箱），潮湿场所应采用 IP5X 等级的密闭式盒（箱），盒（箱）的配件应齐全，固定应可靠。

⑦ 多根塑料护套线平行敷设的间距应一致，分支和弯头处应整齐、弯头应一致。

14.4 供热管网安装

中小型太阳能供暖系统的供暖管路相对简单，大中型太阳能集中供暖系统的供热管网与城镇集中供热管网大致相同，安装内容主要包括：施工准备、工程测量、土建施工、管道施工、换热站施工、防腐保温、压力试验、清洗、试运行等。

行业标准 CJJ 28—2014《城镇供热管网工程施工及验收规范》对上述施工进行了详细规范，现根据该规范并结合实际施工经验，按类别讲述如下。

14.4.1 施工准备

供热管网施工的范围从太阳能集中供暖机房的供热首站出来到每一栋供暖建筑的入口，管路路由经过道路、街道、建筑小区等，管线往往需要跨路、跨河、跨沟、穿墙、穿越其他管道等多种施工，开挖管沟过程中还会挖到事先不知道的地下物，开挖过程中下雨还会导致管沟进水等问题，施工过程还要面临尽可能不影响车辆与行人通行、保证车辆与行人安全等，因此供热管网施工情况复杂，做好施工准备是保证供热管网施工顺利开展的前提。施工准备应做好以下几点：

(1) 技术准备

① 工程开工前，首先要熟悉设计图纸的要求，有不清楚的问题，及时与设计单位沟通。

② 进行实地踏勘，弄清楚施工路由与位置，了解工程用地、现场地形、道路交通、临近的地上与地下建筑与构筑物、地下各种管线等情况。

③ 根据掌握的情况，编制施工方案与安全防护措施。

④ 对施工人员进行培训与交底。

(2) 物资准备

① 编制材料、设备需求计划。

② 确保物资按计划到场。

③ 确保材料质量，设备完好。

(3) 安全措施

① 编制安全技术措施和应急预案，并经有关部门审批通过后方可实施。

② 根据作业对象及其特点和环境状况，设置安全防护设施。安全防护设施应可靠、完整，警示标志应醒目。

③ 夜间施工必须设置照明、警示灯和具有反光功能的警示标志。

④ 施工现场宜采取封闭施工，围挡高度不得低于 1.8 m，围栏高度不得低于 1.2 m。

⑤ 高空作业应有可靠的防护设置，作业人员应佩戴安全带（绳）。

⑥ 施工中设置的临时攀登设施应符合以下规定：a）直梯高度不宜大于 5 m，直梯踏步高度宜为 300 mm，梯子净宽不宜小于 400 mm。当直梯高度大于 2 m 时应加设护笼；当直梯高度大于 5 m 时，应加设休息平台，休息平台面积不宜小于 1.5 m^2；b）斜梯的垂直高度不宜大于 5 m，宽度不宜小于 700 mm，坡度不宜大于 60°。踏步高度不宜大于 250 mm，宽度不宜小于 250 mm。梯道临边一侧应设护栏，护栏高度为 1.2 m，立柱水平距离不宜大于 2 m，横杆间距应为 500～600 mm，并应设置护网；c）梯子上端及梯角应安置牢固，梯子上端应设置高度为 1.0～1.2 m 的扶手。

⑦ 开挖土方前，应根据需要设置临时道路和便桥，沟槽周围和临时便桥应设置护栏。在重要道路口应分别设置车行便桥和人行便桥，在沟槽两端和交通道口应设置明显的安全标志。土方开挖前应设置供施工人员上下沟槽的安全梯。

14.4.2　工程测量

(1) 定线测量

① 管线定线测量应符合以下给定：a）测量应按照主线、支线的次序进行；b）管线的起点、终点、各转角点及其他特征点应在地面上定位；c）地上建筑、检查室、支架、补偿器、阀门等的定位可在管线定位后实施。

② 管线定位应按设计给定的坐标数据测定，并应经复核无误后，再测定管线点位。

③ 直线段上中线桩位的间距不宜大于 50 m。

④ 管线中线定位宜采用GPS接收设备、全站仪、电磁波测距仪、钢尺等器具进行测量。当采用钢尺在坡地上测量时，应进行倾斜修正。量距的相对误差不应大于1/1 000。

⑤ 管线定线完成后，应对点位进行顺序编号，起点、终点和中间各转角点的中线桩应进行加固或埋设标石，并应绘点标记。

⑥ 管线转角点应在附近永久性建（构）筑物上标记点位，控制点坐标应做记录。当附近没有永久性工程时，应埋设标石。当采用图解法确定管线转角点点位时，应绘制图解关系图。

⑦ 管线中心定位完成后，应对施工范围的地上障碍物进行核查。对施工图中标出的地下障碍物的位置，应在地面上做标识。

（2）水准测量

① 水准观测前，应对水准仪和水准尺进行标定，标定的项目、方法和要求应符合GB/T 12898《国家三、四等水准测量规范》的相关规定。在作业过程中，应定期对水准仪视准轴和水准管轴之间夹角的误差进行校检。

② 当水准测量跨越河流、深沟，且视距大于200 m时，应采用跨河水准测量方法。

③ 在管线起点、终点、固定支架及地下穿越部位的附近应设置临时水准点。临时水准点设置应明显、稳固，间距不宜大于300 m。

④ 固定支架之间的管道支架、管道等高程，可采用固定支架高程进行控制。直埋管道的高程可采用边坡点、转折点的高程进行控制。

⑤ 在竖井处应进行高程联系测量。

（3）竣工测量

① 供热管线工程应全部进行平面位置和高程测量，竣工测量宜选用施工测量控制网。

② 竣工测量的允许误差应符合以下规定：a）测点相对于邻近控制点的平面位置测量的允许误差应控制在±50 mm的范围内；b）测点相对于邻近控制点的高程测量的允许误差应控制在±50 mm的范围内；c）竣工图上管线与邻近的地上建筑物，相邻的其他管线、规划道路或现状道路中心线间距的允许误差，应控制在±0.5 mm的范围内。

③ 土建过程竣工测量应对起终点、边坡点、转折点、交叉点、结构材料分界点、埋深、轮廓特征点等进行实测。

④ 供热管线竣工应测量记录下列数据：a）管道材质和管径；b）管线起点、终点、平面转角点、变坡点、分支点的中心坐标和高程；c）管线高程的垂直变动点中心坐标和垂直变动点上下两个部位的钢管上表面高程；d）管沟敷设的管线固定支架处、平面转角处、横断面变化点的中心坐标和管沟内底、管沟盖板上表面中心的高程；e）检查室、人孔中心坐标，检查室内底、顶板上表面中心的高程，管道中心和检查室人孔中心的距离；f）管路附件及各类设备的平面位置，异径管处两个不同直径钢管上表面高程；g）管沟穿越道路火地下构筑物两侧的管沟中心坐标和管沟内底、管沟盖板的上表面中心的高程；h）地上敷设管线的支架中心坐标和支撑上表面高程；i）直埋管线的管路附件、设备、管线交叉处的中心坐标或与永久性建筑物的相对位置；j）直埋管线的边坡点、变径点、转角点、分支点、高程垂直变化点、交叉点和直线管段每隔50 m处外护管上表面高程；k）直埋管线穿越道路处的道路两侧管道中心坐标和保温外护上表面高程。

⑤ 对管网施工中已露出的其他与热力管线相关的地下管线和构筑物，应测量其中心坐标、上表面高程、与供热管线的交叉角。

⑥ 竣工图的绘制应符合以下要求：a）竣工测量选用的测量标志应标注在管网总平面图上；b）各测点的坐标数据已分别标注在平面和纵断面图上；c）与热力管线相关的其他地下管线和构筑物的名称、直径或外轮廓尺寸、高程等相关数据应进行标注。

⑦ 竣工测量应编写说明，并应包括以下内容：a）管线种类、起止地点、实测长度等工程概况；b）平面坐标和高程的起算数据、施工改线、拆除或连接等实测情况，其他需要说明的事项。

（4）测量允许误差

直接丈量测距的允许误差应符合表 14－4－1 的规定。

表 14－4－1　直接丈量测距的允许误差

固定测量桩距离 L（m）	作业尺数	丈量总次数	同尺各次或同段各尺的较差（mm）	允许误差（mm）
$L<200$	2	4	⩽2	$\pm L/5\,000$
$200\leqslant L\leqslant 500$	1～2	2	⩽2	$\pm L/10\,000$
$L>500$	1～2	2	⩽3	$\pm L/20\,000$

14.4.3　土建工程

（1）明挖

① 土方开挖前，应根据施工现场条件、结构埋深、土质和有无地下水等因素，选用不同的开槽断面，并应确定各施工段的槽底宽度、边坡、留台位置、上口宽度及堆土和外运土量。

② 当施工中采用边坡支护时，应符合行业标准 JGJ 120《建筑基坑支护技术规程》的相关规定。

③ 当土方开挖中发现事先未探明的地下障碍物时，应与产权或主管单位协商，采取措施后，再进行施工。

④ 开挖过程中，应对开槽断面的中线、横断面、高程进行校核。当采用机械开挖时，应预留不少于 150 mm 厚的原状土，人工清底至设计标高，不得超挖。

⑤ 土方开挖应保证施工范围内的排水畅通，并应采取防止地面水、雨水流入沟槽的措施。

⑥ 土方开挖完成后，应对槽底高程、坡度、平面拐点、坡度折点等进行测量检查，并应合格。

⑦ 土方开挖至槽底后，应对地基进行验收。

⑧ 当槽底土质不符合设计要求时，应制定处理方案。在地基处理完成后，应对地基处理进行记录并存档。

⑨ 当槽底局部土质不合格时，应采取以下方法进行处理：a）当土质处理厚度小于或等于 150 mm 时，宜采用原土回填夯实，其压实度不应小于 95%；当土质处理厚度大于

150 mm时，宜采用砂砾、石灰土等压实，压实度不应小于95%。b）当槽底有地下水或含水量较大时，应采用级配砂石或砂回填至设计标高。

⑩ 直埋保温管接头处应设置工作坑，工作坑的尺寸应满足接口安装操作的要求。

⑪ 沟槽开挖与地基处理后的质量应符合以下规定：a）沟槽开挖不应扰动原状地基；b）沟槽不得受水浸泡或受冻；c）地基处理应符合设计要求；d）槽壁应平整，边坡坡度应符合GB 50202《建筑地基基础工程施工质量验收规范》的相关规定；e）沟槽中心线每侧的最小净宽不应小于管道沟槽设计底部开挖宽度的1/2；f）槽底高程的允许偏差：开挖土方应为±20 mm；开挖石方应为−200～20 mm。

⑫ 沟槽验收合格后，应对隐蔽工程检查进行记录，并可做记录。

（2）暗挖

① 暗挖工程施工应按照行业标准CJJ 200《城市供热管网暗挖工程技术规程》进行施工。隧道开挖面应在无水条件下施工，开挖过程中应对地面、建（构）筑物和支护结构进行动态检测。

② 竖井施工提升运输设备不得超载，运输速度符合设备技术要求；竖井上应设联络信号；龙门架和竖井提升设备前应编制专项方案；竖井应设防雨棚，井口应设防汛墙和栏杆；竖井施工中，竖向应遵循分步开挖的原则，每榀应采用对角开挖；施工过程中应及时安装竖井支撑；竖井与隧道连接处应采取加固措施。

③ 隧道施工开挖前，应备好抢险物资，并应在现场堆码整齐，进入隧道前应先对隧道洞口进行地层超前支护及加固；隧道开挖应控制循环进尺、留设核心土。核心土面积不得小于断面的1/2，核心土应设（1∶0.3)～(1∶0.5）的安全边坡；隧道台阶法施工应在拱部初期支护机构基本稳定，且在喷射混凝土达到设计强度70%以上时，方可进行下部台阶开挖。

④ 隧道相对开挖中，当两个工作面相距15～20 m时，应一端停挖，另一端继续开挖。

（3）顶管

① 顶管机型应根据工程地质、水文情况、施工条件、施工安全、经济性等因素选用。

② 顶管施工的管材不得作为供热管道的工作管。

③ 钢制顶管应采用对口双面焊接。

④ 顶管工作坑施工应符合以下要求：a）顶管工作坑应设置在便于排水、出土和运输，且易于对地上与地下建（构）筑物采取保护和安全生产措施的位置；b）工作坑的支撑应形成封闭式框架，矩形工作坑的四角应加斜支撑；c）装配式后背墙可由方木、型钢或钢板等组装。

⑤ 顶管顶进应符合下列规定：a）在饱和含水层等复杂地层或邻近水体施工前，应调查水文地质资料，并应对开挖面涌水或塌方采取防范和应急措施；b）当采用人工顶管时，应将地下水位降至管底0.5 m以下，并应采取防止其他水源进入顶管管道的措施。

⑥ 当钢管顶进过程中产生偏差时，应进行纠偏。纠偏应在顶进过程中采用小角度逐渐纠偏。

⑦ 钢管在顶进前应进行外防腐，顶管完成后应对管材进行内防腐及牺牲阳极防腐保护。

(4) 定向钻

① 定向钻施工不宜用于直接拉进直埋管的施工。

② 定向钻顶管施工应根据土质情况、地下水位、顶进长度和管道直径等因素，在保证工程质量和施工安全的前提下，选用设备机型。

③ 施工前应采用地质勘探钻取样或局部开挖的方法，取得定向钻施工路由位置的地下土层分布、地下水位、土壤和水分的酸碱度等资料。

(5) 土建结构

① 土建工序的安排和衔接应符合工程构造原理、施工缝设置应符合供热管网工程施工的需要。

② 深度不同的相邻工程，应按先深后浅的顺序进行施工。

③ 砌体不得有通缝，砌体室壁砂浆应饱满，灰缝应平整，抹面应压光，不得有空鼓、裂缝等现象；清水墙面应保持清洁，勾缝应密实，深浅应一致，横竖缝交接处应平整。

④ 钢筋绑扎成型应采用钢丝扎紧，不得有松动、折断、移位等现象；绑扎或焊接成型的网片或骨架应稳定牢靠，在安装及浇筑混凝土时不得松动或变形。

⑤ 模板安装应牢固，模内尺寸应准确，模内木屑等杂物应清理干净；模板拼缝应严密，在浇筑混凝土时不得漏浆。

⑥ 混凝土浇筑应在排水良好的情况下进行施工，混凝土配比应符合设计要求，混凝土垫层、基础表面应平整，不得有石子外露。构筑物不得有蜂窝、露筋等现象。

⑦ 预制构件的外形尺寸和混凝土强度等级应符合设计要求，构件应有安装方向的标识。预制构件运输、安装时的强度不应小于设计强度的 75%。

⑧ 梁、板、支架等构件安装后，应平稳，支点处应严密、稳固；盖板支承面处的坐浆应密实，两侧端头抹灰应严实、整洁；相邻板之间的缝隙应用水泥砂浆填实。

⑨ 检查室室内底应平顺、并应坡向集水坑；爬梯位置应符合设计要求，安装应牢固；井圈、井盖型号应符合设计要求，安装应平稳。

⑩ 采用水泥砂浆五层做法的防水抹面，水泥、防水剂的质量和砂浆配比应符合设计要求，五层水泥砂浆应整段整片分层操作抹成；防水层的接茬、内角、外角、伸缩缝、预埋件、管道穿过处等应符合设计要求；防水层与基层应结合紧密，面层应压实抹光，接缝应严密，不得有空鼓、裂缝、脱层和滑坠等现象。

⑪ 柔型防水卷材质量、品种规格应有出厂合格证明和复检证明；卷材及其胶粘剂应具有良好的耐水性、耐久性、耐刺穿性、耐腐蚀性和耐菌性；卷材防水层应在基层验收合格后铺贴，铺贴卷材应贴紧、压实，不得有空鼓、翘边、撕裂、褶皱等现象；变形缝应使用经检测合格的橡胶止水带，不得使用再生橡胶止水带；卷材铺贴搭接宽度，长边不得小于 100 mm，短边不得小于 150 mm，检验应按照 20 m 检验 1 点；变形缝防水缝应符合设计规定，检验应按变形缝防水缝检验 1 点。

⑫ 固定支架与土建结构应结合牢固。固定支架的混凝土强度没有达到设计要求时，不得与管道固定，并应防止其他外力破坏。

⑬ 管道滑动支架应按照设计间距安装，导向翼板与支架的间距应符合设计要求。

⑭ 弹簧支架安装前，其底面基层混凝土强度应已达到设计要求。

⑮ 管沟、检查室封顶前，应将里面的渣土、杂物清扫干净。预制盖板安装过程中找平层应饱满，安装后盖板接缝及盖板与墙体结合缝隙应先勾严底缝，再将外层压实抹平。

⑯ 穿墙套管安装应符合设计要求。

（5）回填

① 沟槽、检查室的主体结构经隐蔽工程验收合格及测量后，应及时进行回填，在固定支架、导向支架承受管道作用力之前，应回填到设计高度。

② 回填前应先将槽底杂物、积水清除干净。

③ 回填过程中不得影响构筑物的安全，并应检查墙体结构强度、外墙防水抹面层硬结程度、盖板或其他构件安装强度，当能承受施工操作动荷载时，方可进行回填。

④ 回填土中不得含有碎砖、石块、大于 100 mm 的冻土块及其他杂物。

⑤ 直埋保温管道沟槽回填还应符合以下规定：a）回填前，直埋管外护层及接头应验收合格，不得有破损；b）管道接头工作坑回填可采用水撼砂的方法分层撼实；c）管顶应铺设警示带，警示带距离管顶不得小于 300 mm，且不得敷设在基础道路中；d）弯头、三通等管路附件处的回填应按照设计要求进行；e）设计要求预热伸长的直埋管道，回填方法和时间应按照设计要求进行。

⑥ 回填土厚度应根据夯实或压实机具的性能及压实度确定，并应分层夯实，虚铺厚度可按照表 14-4-2 的规定执行。

表 14-4-2　回填土虚铺厚度

夯实或压实机具	虚铺厚度（mm）
振动压路机	≤400
压路机	≤300
动力夯实机	≤250
木夯	≤200

⑦ 回填压实不得影响管道或结构的安全。管顶或结构顶以上 500 mm 范围内应采用人工夯实，不得采用动力夯实机或压路机压实。

⑧ 沟槽回填土种类、密实度应符合以下规定：a）回填土种类、密实度应符合设计要求；b）回填土的密实度应逐层进行测定。当设计对回填土的密实度无规定时，应按照图 14-4-1 所示部位，并遵守以下规定：胸腔部位：Ⅰ区不应小于 95%；结构顶上 500 mm 范围内：Ⅱ区不应小于 87%；Ⅲ区不应小于 87%，或符合道路、绿地等对回填土的要求。

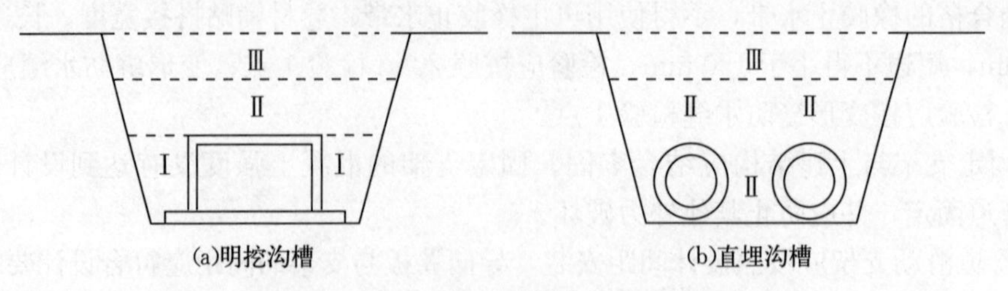

图 14-4-1　回填土部位划分示意图

⑨ 检查室部位的回填应符合以下规定：a）主要道路范围内的井室周围应采用石灰土、砂、砂砾等材料回填；b）检查室中周围的回填应与管道沟槽的回填同时进行，当不能同时进行时，应留出回填台阶；c）检查室周围回填压实应沿检查室中心对称进行，且不得漏夯；d）密实度应按明挖沟槽回填要求执行。

⑩ 暗挖竖井的回填应根据现场情况选择回填材料，并应符合设计要求。

14.4.4 管道安装

(1) 一般规定

① 三通、弯头、变径管等管路配件应采用机制管件，当需要现场制作时，应符合 GB/T 12459《钢制对焊无缝管件》的规定。

② 运输、安装施工过程中，不得损坏管道及管路附件。

③ 可预组装的管路附件宜在管道安装前完成，并应检验合格。

④ 雨期施工应采取防止浮管或泥浆进入管道及管道附件措施。

⑤ 管道安装前，应将内部清理干净，安装完成应及时封闭管口。

⑥ 当施工中断时，管口应用堵板临时封闭。

⑦ 检查室和热力站内的管道及附件的安装位置应留有检修空间。

⑧ 在有限空间内作业应制定作业方案，作业前必须进行气体检测，合格后方可进行现场作业。作业时，人数不得少于 2 人。

⑨ 管道阀门的安装与本章 14.3.3 讲解的安装方法相同，这里不再多述。

(2) 管道支架、吊架

① 管道支架、吊架的安装应在管道安装、检验前完成。支架、吊架的位置应正确、平整、牢固，标高和坡度应满足设计要求，安装完成后应对安装调整进行记录。

② 管道支架支承面的标高可采用加设金属垫板的方式进行调整，垫板不得大于 2 层，垫板应与预埋铁件或钢结构进行焊接。

③ 管道支架、吊架制作应符合以下规定：a）支架和吊架的形式、材质、外形尺寸、制作精度及焊接质量应符合设计要求；b）滑动支架、导向支架的工作面应平整、光滑，不得有毛刺及焊渣等异物；c）组合式弹簧支架安装前应进行检查，弹簧不得有裂纹、褶皱、分层、锈蚀等缺陷；弹簧两端支撑面应与弹簧轴线垂直，其允许偏差不得大于自由高度的 2%；d）已预制完成并经检查合格的管道支架等应按设计要求进行防腐处理，并应妥善保管；e）焊制在钢管外表面的弧形板应采用模具压制成型，当采用同径钢管切割制作时，应采用模具进行整形，不得有焊缝。

④ 管道支架、吊架的安装应符合以下规定：a）支架、吊架安装位置应正确，标高和坡度应符合设计要求，安装应平整、埋设应牢固；b）支架结构接触面应洁净、平整；c）固定支架卡板和支架结构接触面应贴实；d）活动支架的偏移方向、偏移量及导向功能应符合设计要求；e）弹簧支架、吊架安装高度应按照设计要求进行调整。弹簧的临时固定件应在管道安装、试验、保温完毕后拆除；f）管道支架、吊架处不应有管道焊缝，导向支架、滑动支架和吊架不得有歪斜和卡涩现象；g）支架、吊架应按设计要求焊接，焊缝不得有漏焊、缺焊、咬边或裂纹等缺陷。当管道与固定支架卡板等焊接时，不得损伤管

道母材；h）当管道支架采用螺栓紧固在型钢的斜面上时，应配置与翼板斜度相同的钢制斜垫片，找平并焊接牢固；i）当使用临时性的支架、吊架时，应避开正式支架、吊架的位置，且不得影响正式支架、吊架的安装。临时性的支架、吊架应做出明显标识，并应在管道安装完毕后拆除；j）有轴向补偿器的管段，补偿器安装前，管道和固定支架之间不得进行固定。

(3) 管沟与地上管道

① 安装前应对钢管及管件进行除污，对有防腐要求的，宜在安装前进行防腐处理；安装前应对中心线和支架高程进行复核。

② 管道安装应符合下列规定：a）管道安装坡向、坡度应符合设计要求；b）安装前应清除封闭物及其他杂物；c）管道应使用专用吊具进行吊装，运输吊装应平稳，不得损坏管道、管件；d）管道在安装过程中不得碰撞沟壁、沟底、支架等；e）地上敷设的管道应采取固定措施，管组长度应按空中就位和焊接的需要确定，宜大于或等于 2 倍支架间距；f）管件上不得安装、焊接任何附件。

③ 管口对接应符合下列要求：a）当每个管组或每根钢管安装时，应按照管道的中心线和管道坡度对接管口；b）对接管口应在距管口两侧各 200 mm 处检查管道平直度，允许偏差为 0～1 mm，在所对接管道的全长范围内，允许偏差为 0～10 mm；c）管道对口处应垫置牢固，在焊接过程中不得产生错位和变形；d）管道焊口距支架的距离应满足焊接操作的需要；e）焊口及保温接口不得置于建（构）筑物等的墙壁中，且距墙壁的距离应满足施工的需要。

④ 管道穿越建（构）筑物的墙板处，应安装套管，当穿墙时，套管高出楼板面的距离应大于 20 mm；当穿楼板时，套管高出楼板面的距离应大于 50 mm；套管中心的允许偏差为 0～10 mm；套管与管道之间的空隙应用柔性材料填充；防水套管应按设计要求制作，并应在建（构）筑物砌筑或浇灌混凝土之前安装就位。套管缝隙应按照设计要求进行填充。

⑤ 当管道开孔焊接分支管道时，管内不得有残留物，且分支管伸进主管内壁长度不得大于 2 mm。

⑥ 管沟及地上敷设的管道应做标识，并应符合以下规定：a）管道和设备应标明名称、规格型号，并应标明介质、流向等信息；b）管沟应在检查室内标明下一个出口的方向、距离；c）检查室应在井盖下方的人孔壁上安装安全标识。

(4) 预制直埋管道

① 预制直埋管道和管件在运输、现场存放及施工过程中的安全防护规定如下：a）不得直接拖拽，不得损坏外护层、端口和端口的封闭端帽；b）保温层不得进水，进水后的直埋管和管件应在修复后方可使用；c）堆放不得大于 3 层，且高度不得大于 2 m。

② 预制直埋管道及管件外护管的划痕深度应符合以下规定：a）高密度聚乙烯外护管划痕深度不应大于外护管壁厚的 10%，且不应大于 1 mm；b）钢制外护管防腐层的划痕深度不应大于防腐层厚度的 20%。

③ 预制直埋管道在施工过程中应采取防火措施。

④ 预制直埋管道安装坡度应与设计一致。当管道安装过程中出现折角或管道折角大

于设计值时，应与设计单位确认后，再行安装。

⑤ 当管道中需要加装圆筒形收缩端帽或穿墙套袖时，应在管道焊接前，将收缩端帽或穿墙套袖套装在管道上。

⑥ 预制直埋管道现场切割后的焊接预留段长度，应与原成品管道一致，且应清除使得表面无污物。

⑦ 接头保温施工应符合下列规定：a）现场保温接头使用的原材料在存放过程中，应根据材料特性采取保护措施；b）接头保温的结构、保温材料的材质及厚度应与直埋管相同；c）接头保温施工应在工作管强度试验合格、且在沟内无积水、非雨天的条件下进行，当雨、雪天施工时，应采取防护措施；d）接头的保温层应与相接的直埋管保温层衔接紧密，不得有缝隙。

⑧ 当管段被水浸泡时，应清除被浸湿的保温材料后，方可进行接头保温。

⑨ 预制直埋管道现场安装完成后，必须对保温材料裸露处进行密封处理。

⑩ 预制直埋管道在固定墩结构承载力未达到设计要求前，不得进行预热伸长或试运行。

⑪ 预制直埋热水管的安装应符合以下规定：a）当采用预应力安装时，应以一个预热段作为一个施工分段；b）管道在穿套管前应完成接头保温施工，在穿越套管时，不得损坏直埋热水管道的保温层和外护管；c）现场切割配管的长度不宜小于 2 m，切割时应采取防止外护管开裂的措施；d）在现场进行保温修补前，应对与其相连管道的管端泡沫进行密封隔离处理；e）接头保温的工艺应有合格的检验报告，接头处的钢管表面应干净、干燥，应采用发泡机发泡，发泡后及时密封发泡孔；f）接头外观不应出现过烧、鼓包、翘边、褶皱或层间脱离等缺陷。

⑫ 接头外护层安装完成后，必须全面进行气密性检验并应合格。

⑬ 气密性检验应在接头外护管冷却到 40 ℃以下进行。气密性检验的压力应为 0.02 MPa，保压时间不应小于 2 min，压力稳定后应采用涂上肥皂水的方法检查，无气泡为合格。

（5）补偿器

① 补偿器应与管道保持同轴。安装操作时不得损伤补偿器，不得采用使补偿器变形的方法来调整管道的安装偏差。

② 补偿器应按照设计要求进行预变位，预变位完成后应对预变位量进行记录。

③ 补偿器安装完毕后，应拆除固定装置，并应调整限位装置。

④ 补偿器应进行防腐和保温，采用的防腐和保温材料不得腐蚀补偿器。

⑤ 波纹管补偿器的安装应符合以下规定：a）轴向波纹管补偿器的流向标记应与管道介质流向一致；b）角向型波纹管补偿器的销轴轴线应垂直于管道安装后形成的平面。

⑥ 套筒补偿器安装应符合以下规定：a）采用成型填料圈密封的套筒补偿器，填料应符合产品要求；b）采用非成型填料的补偿器，填注密封填料应按产品要求依次均匀注压。

⑦ 球形补偿器的安装应符合设计要求，外伸部分应与管道坡度保持一致。

⑧ 方形补偿器当水平安装时，垂直臂应水平放置，平行臂应与管道坡度相同；预变

形应在补偿器两端均匀、对称地进行。

⑨ 直埋补偿器安装过程中，补偿器固定端应锚固，活动端应能自由活动。

⑩ 对于一次性补偿器的安装，一次性补偿器与管道连接前，应按预热位移量确定限位板位置并进行固定；预热前，应将预热段内所有一次性补偿器上的固定装置拆除；管道预热温度和变形量达到设计要求后，方可进行一次性补偿器的焊接。

⑪ 自然补偿管段的预变位应符合以下规定：a）预变位焊口位置应留在利于操作的地方，预变位长度应符合设计规定；b）预变位应完成：预变位段两端的固定支架已安装完毕，并应达到设计强度；管段上的支架、吊架已安装完毕，管道与固定支架已固定连接；预变位焊口附近吊架的吊杆应预留足够位移余量；管段上其他焊口已全部焊完并经检验合格；管段倾斜方向及坡度符合设计规定；法兰、仪表、阀门等的螺栓均已拧紧；c）预变位焊口焊接完毕并经检验合格后，方可解除预变位卡具；d）管道预变位施工应进行记录存档备查。

14.4.5 焊接与检验

(1) 焊接

① 焊接材料应按照设计规定选用，当设计无规定时，应选用焊缝金属性能、化学成分与母材相应且工艺性能良好的焊接材料。

② 焊工属于特有工种，焊工应持有效合格证，并应在合格证准予的范围内焊接。

③ 当首次使用钢材品种、焊接材料、焊接方法和焊接工艺时，在实施焊接前，应进行焊接工艺评定。

④ 实施焊接前，应编写焊接工艺方案，并应包含以下内容：

a）管材、板材性能和焊接材料；

b）焊接方式；

c）坡口形式与制作方法；

d）焊接结构形式及外形尺寸；

e）焊接接头的组对要求及允许公差；

f）焊接电流选择；

g）焊接质量保证措施；

h）检验方法与合格标准。

⑤ 钢管和现场制作的管件，焊缝根部应进行封底焊接。封底焊接应采用气体保护焊。

⑥ 焊缝位置应符合下列规定：

a）钢管、容器上焊缝的位置应合理选择，焊缝应处于便于焊接、检验、维修的位置，并应避开应力集中的区域；

b）管道任何位置不得有十字焊缝；

c）管道在支架处不得有环形焊缝；

d）当有缝管道对口及容器、钢板卷管相邻筒节组对时，纵向焊缝之间相互错开的距离不应小于 100 mm；

e）容器、钢板卷管同一筒节上两相邻纵缝之间的距离不应小于 300 mm；

f）管道两相邻环形焊缝中心之间的距离应大于钢管直径，且不得小于 150 mm；

g）在有缝钢管上焊接分支管时，分支管外壁与其他焊缝中心的距离应大于分支管外径，且不得小于 70 mm。

⑦ 管口质量检验应符合以下规定：

a）钢管切口端面应平整，不得有裂缝、重皮等缺陷，并应将毛刺、熔渣清理干净；

b）管口加工的允许偏差应符合表 14－4－3 的规定。

表 14－4－3　管口加工的允许偏差

项目			允许偏差（mm）
弯头	周长	DN≤1 000	±4
		DN>1 000	±6
	切口端面倾斜偏差		≤外径的 1%，且≤3
异径管	椭圆度		≤外径的 1%，且≤5
三通	支管垂直度		≤高度的 1%，且≤3
钢管	切口端面垂直度		≤外径的 1%，且≤3

⑧ 当外径和壁厚相同的钢管或管件对口时，对口错边量允许偏差应符合表 14－4－4 的规定。

表 14－4－4　钢管对口错边量允许偏差

管道壁厚（mm）	2.5～5	6～10	12～14	≥15
错边允许偏差（mm）	0.5	1.0	1.5	2.0

⑨ 焊接坡口应按设计规定进行加工。当设计没有规定时，坡口形式和尺寸应符合 GB 50236《现场设备、工业管道焊接工程施工规范》和表 14－4－5 的规定。

表 14－4－5　坡口形式与尺寸

序号	1	2	3
厚度 T（mm）	≤14	≤14	≤14
坡口名称	平焊法兰与管子接头	承插焊法兰与管子接头	承插焊管件与管子接头
坡口形式	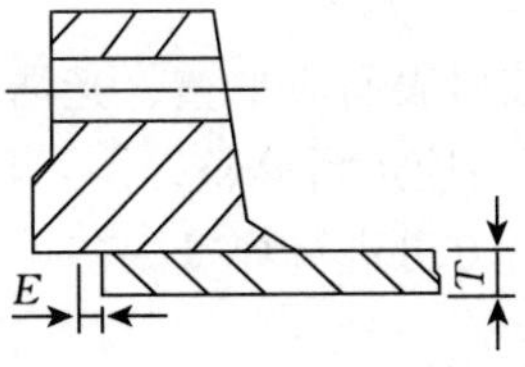 E　T	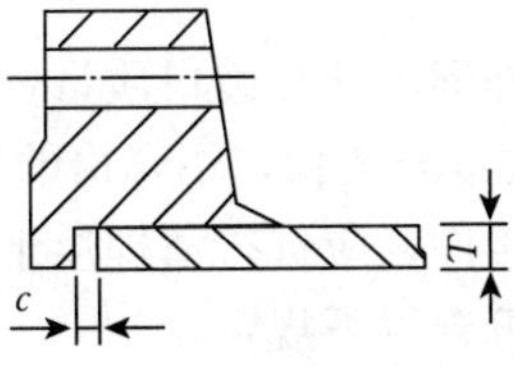 c　T	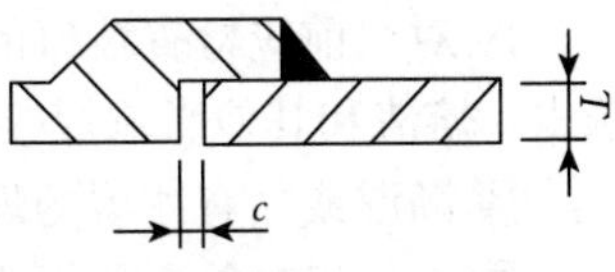 T　c
间隙 c	—	1.5	1.5
备注	$E=T$（E 表示焊口宽度）	—	—

⑩ 壁厚不等的管口对接，当薄件厚度小于或等于 4 mm、且厚度差大于 3 mm；薄

件厚度大于 4 mm，且厚度差大于薄件厚度的 30％或大于 5 mm 时，应将厚件削薄。见图 14－4－2。

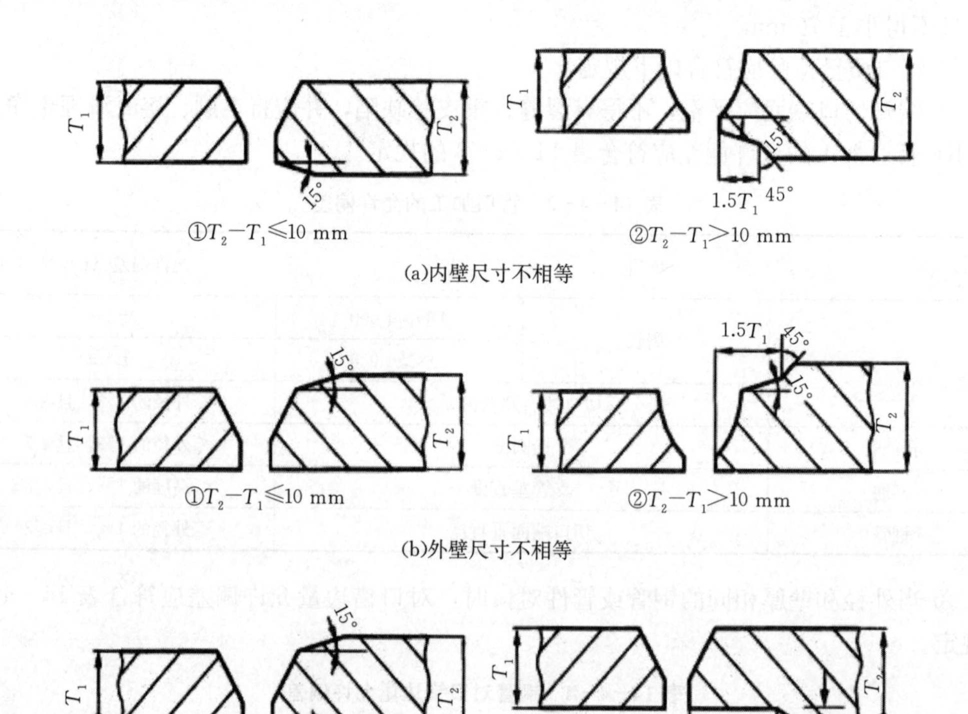

图 14－4－2　不等壁厚对接焊件坡口加工示意图

⑪ 当使用钢板制造可双面焊接的容器时，对口错边量应符合下列规定：

a）纵向焊缝的错边量不得大于壁厚的 10％，且不得大于 3 mm；

b）环焊缝应符合以下规定：当壁厚小于等于 6 mm 时，错边量不得大于壁厚的 25％；当壁厚大于 6 mm 且小于或等于 10 mm 时，错边量不得大于壁厚的 20％；当壁厚大于 10 mm 时，错边量不得大于壁厚的 10％加 1 mm，且不得大于 4 mm。

⑫ 不得采用在焊缝两侧加热延伸管道长度、螺栓强力拉紧、夹焊金属填充物和使补偿器变形等方法强行对口焊接。

⑬ 对口前应检查坡口的外形尺寸和破口质量。坡口表面应平整、光洁，不得有裂纹、锈皮、熔渣和其他影响焊接质量的杂物，不合格的管口应进行修整。

⑭ 潮湿或黏有冰雪的焊接件，应进行清理烘干后方可进行焊接。

⑮ 焊件组对的定位焊应符合以下规定：

a）在焊接前应对定位焊缝进行检查，当发现缺陷时应在处理后再焊接；

b）应采用与根部焊道相同的焊接材料和焊接工艺；

c）在螺旋管、直缝管焊接的纵向焊缝处不得进行点焊；

d）定位焊应均匀分布，点焊长度和点焊数应符合表 14－4－6 的规定。

表 14－4－6　点焊长度与点数

公称直径（mm）	点焊长度（mm）	点焊数
50～150	5～10	2～3
200～300	10～20	4
350～500	15～30	5
600～700	40～60	6
800～1 000	50～70	7
＞1 000	80～100	点间距宜为 300 mm

⑯ 气焊应先按焊件周长等距离适当点焊，点焊部位应焊透，厚度不应大于壁厚的 2/3，每道焊缝应一次焊完。

⑰ 当采用电焊焊接有坡口的管道及管路附件时，焊接层数不得少于 2 层。管道接口的焊接顺序和方法，不应产生附加应力。

⑱ 多层焊接应符合以下规定：

a）第一层焊缝根部应均匀焊透，且不得烧穿。各层焊缝的接头应错开，每层焊缝的厚度应为焊条的 0.8～1.2 倍。不得在焊件的非焊接表面引弧；

b）每层焊接完成后，应清除焊渣、飞溅物等杂物，并应进行外观检查。发现缺陷时，应铲除重新焊接。

⑲ 在焊缝未冷却至环境温度前，不得在焊缝部位进行敲打。

⑳ 在 0 ℃以下环境中焊接，应符合以下规定：

a）现场应有防风、防雪措施；

b）焊接前应清理管道上的冰、霜、雪；

c）预热温度应根据焊接工艺确定，预热范围应在焊口两侧 50 mm；

d）焊接应使焊缝自由伸缩，不得使焊口加速冷却。

㉑ 在焊缝附近明显处应有焊工代号标识。

（2）焊接检验

① 焊接质量检验，应按照下列次序进行：

a）对口质量检验；

b）外观质量检验；

c）无损探伤检验；

d）强度和严密性试验。

② 焊缝应进行 100%外观质量检验，并应符合以下规定：

a）焊缝表面应清理干净，焊缝应完整并圆滑过渡，不得有裂纹、气孔、夹渣及熔合性飞溅物等缺陷；

b）焊缝高度不应小于母材表面，并应与母材圆滑过渡；

c）加强高度不得大于被焊件壁厚的 30%，且应小于或等于 5 mm。焊缝宽度应焊出坡口边缘 1.5～2.0 mm；

d）咬边深度应小于 0.5 mm，且每道焊缝的咬边长度不得大于该焊缝总长的 10%；

e）焊缝表面检查完毕后，应填写检验报告，并存档备案。

③ 焊缝应进行无损检测，并应符合以下规定：

a）应由有资质的单位进行检测。

b）宜采用射线探伤。当采用超声波探伤时，应采用射线探伤复检，复检数量应为超声波探伤数量的 20%。角焊缝处的无损检测可采用磁粉或渗透探伤。

c）无损探伤数量应符合设计要求。当设计未规定时，应符合以下规定：a）干线管道与设备、管件连接处和折点处的焊缝应进行 100%无损伤检测；b）穿越铁路、高速公路的管道，在铁路路基两侧各 10 m 范围内，穿越城市主要道路的不通行管沟在道路两侧各 5 m 范围内，穿越江、河、湖等的管道在岸边各 10 m 范围内的焊缝，应进行 100%无损探伤；c）不具备强度试验条件的管道焊缝，应进行 100%无损探伤；d）现场制作的各种承压设备和管件，应进行 100%无损探伤检测；e）其他无损探伤检测数量应按照表 14－11 的规定执行，且每个焊工不应少于一个焊缝。

④ 无损探伤合格标准应符合设计要求。当设计未规定时，应符合下列规定：

a）要求进行 100%无损探伤的焊缝，射线探伤不得小于 GB/T 12605《无损探伤　金属管道熔化焊环向对接接头射线照相检测方法》的Ⅱ级质量要求，超声波探伤不得小于 GB/T 11345《焊缝无损检测超声波技术、检测等级和评定》的Ⅰ级质量要求。

b）要求进行无损检测抽检的焊缝，射线探伤不得小于 GB/T 12605 的Ⅲ级质量要求，超声波探伤不得小于 GB/T 11345 的Ⅱ级质量要求。

⑤ 当无损探伤抽样检出不合格焊缝时，对不合格焊缝返修后，并应按以下规定扩大检验：

a）每出现一道不合格焊缝，应再抽检两道该焊工所焊的同一批焊缝，按原探伤方法进行检验；

b）第二次抽检出现不合格焊缝，应对该焊工所焊全部同批焊缝按原探伤方法进行检验；

c）同一焊缝的返修次数不应大于 2 次。

⑥ 对焊缝无损探伤记录应进行整理，并纳入竣工资料中。

14.4.6　防腐与保温

（1）防腐

① 防腐材料与涂料的品种、规格、性能应符合设计要求。

② 涂料涂刷时的环境温度和相对湿度应符合涂料产品说明书的要求。当产品说明书无要求时，环境温度宜为 5～40 ℃，相对湿度不应大于 75%。

③ 涂刷时金属表面应干燥，不得有结露。在雨雪和大风天气中进行涂刷时，应进行遮挡。涂料未干燥前应免受雨淋。在环境温度 5 ℃以下施工时，应有防冻措施；在相对湿度大于 75%时，应采取防结露措施。

④ 涂刷防腐涂料过程中，应防止漆膜被污染和受损坏。当多层涂刷时，第一遍漆膜未干前，不得涂刷第二遍漆。全部涂层完成后，漆膜未干燥固化前，不得进行下道工序

施工。

⑤ 对已完成防腐的管道、管道附件、设备和支架等，在漆膜干燥过程中，应防止冻结、撞击、振动、湿度剧烈变化，且不得进行施焊、气割等作业。

⑥ 对已完成防腐的成品应作保护，不得踩踏或当作支架使用。

⑦ 对管道、管路附件、设备和支架安装后无法涂刷或不宜涂刷的部位，安装前应预先涂刷。

⑧ 涂层上的缺陷、不合格处以及损坏的部位，应及时修补，并经验收合格。

⑨ 当采用涂料和玻璃纤维做加强防腐层时，应符合以下规定：a）底漆应涂刷均匀完整，不得有空白、凝块和留痕；b）玻璃纤维的厚度、密度、层数应符合设计要求，缠绕重叠部分宽度应大于布宽的 1/2，压边量应为 10～15 mm。当采用机械缠绕时，缠布机应稳定匀速，并应与钢管旋转转速相配合。

⑩ 玻璃纤维两面沾油应均匀，经刮板或挤压滚轮后，布面应无空白，且不得淌油和滴油。

⑪ 防腐层的厚度不得小于设计厚度。玻璃纤维与管壁黏结牢固无空隙，缠绕应紧密且无褶皱。防腐层表面应光滑，不得有气孔、针孔、裂纹。钢管两端应留 200～250 mm 空白段。

⑫ 涂料的涂刷应符合以下规定：a）涂层应与基面黏接牢固、均匀，厚度应符合产品说明书的要求，面层颜色应一致；b）漆膜应光滑平整，不得有褶皱、起泡、针孔、流挂等现象，并应均匀完整，不得漏涂、损坏；c）色环宽度应一致，间距均匀，且应与管道轴线垂直；d）当设计有要求时，应进行涂层附着力测试。

⑬ 埋地钢管牺牲阳极防腐应符合下列规定：a）安装的牺牲阳极规格、数量及埋设深度应符合设计要求；b）牺牲阳极填包料应注水浸润；c）牺牲阳极电缆焊接应牢固，焊点应进行防腐处理；d）对钢管的保护电位值应进行检查，且不应小于$-0.85\ V_{cse}$。

⑭ 当保温外保护层采用金属板时，表面应清理干净，缝隙应填实，打磨光滑，并应按设计要求进行防腐。

⑮ 钢外护直埋管道的接头防腐，应在气密性试验合格后进行，防腐层应采用电火花检漏仪检测。

（2）保温

① 保温材料的品种、规格、性能等应符合设计要求和环保要求。

② 施工现场应对保温管和保温材料进行妥善保管，不得雨淋、受潮。受潮的材料经过干燥处理后应进行检测，不合格时不得使用。

③ 管道、管路附件、设备的保温应在压力试验、防腐验收合格后进行。当钢管需预先做保温时，应将环形焊缝等需要检查处留出，待各项检验合格后，方可对留出部位进行防腐、保温。

④ 在雨、雪天进行室外保温施工时，应采取防水措施。

⑤ 当采用湿法保温时，施工环境温度不得低于 5 ℃，否则应采取防冻措施。

⑥ 保温层施作应符合以下规定：a）当保温层厚度大于 100 mm 时，应分为两层或多层逐层施工；b）保温棉毡、垫的密实度应均匀，外形应规整，保温厚度和容重应符合设

计要求；c）瓦块式保温制品的拼缝宽度不得大于5 mm。当保温层为聚氨酯瓦块时，应用同类材料将缝隙填满。其他类硬质保温瓦内应抹3～5 mm厚的石棉灰胶泥层，并应砌严密。保温层应错缝铺设，缝隙处应采用石棉灰胶泥填实。当使用两层以上的保温制品时，同层应错缝，里外层应压缝，其搭接长度不应小于50 mm。每块瓦应使用两道镀锌钢丝或箍带扎紧，不得采用螺旋形捆扎方法，镀锌钢丝的直径不得小于设计要求；d）支架及管道设备等部位的保温，应预留出一定间隙，保温结构不得妨碍支架的滑动和设备的正常运行；e）管道端部或有盲板的部位应做保温。

⑦ 立式设备和垂直管道应设置保温固定件或支撑件，每隔3～5 m应设保温层承重环或抱箍，承重环或抱箍的宽度应为保温层厚度的2/3，并应对承重环或抱箍进行防腐。

⑧ 硬质保温施工应按照设计要求预留伸缩缝，当设计无要求时，应符合以下规定：a）两固定支架间的水平管道至少应预留1道伸缩缝；b）立式设备及垂直管道，应在支撑环下面预留伸缩缝；c）弯头两端的直管段，宜各留1道伸缩缝；d）当两弯头之间的距离小于1 m时，可仅预留1道伸缩缝；e）管径大于DN300、介质温度大于120 ℃的管道应在弯头中部预留1道伸缩缝；f）伸缩缝的宽度：管道宜为20 mm，设备宜为25 mm；g）伸缩缝材料应采用导热系数与保温材料相接近的软质保温材料，并应充填严实，捆扎牢固。

⑨ 设备进行保温，当保温层遮盖设备铭牌时，应将铭牌复制到保温层外。

⑩ 保温层端部应做封端处理。设备人孔、手孔等需要拆装的部位，保温层应做成45°坡面。

⑪ 保温结构不应影响阀门、法兰的更换与维修。靠近法兰处，应在法兰的一侧留出路螺栓长度加25 mm的空隙。有冷紧或热紧要求的法兰，应在完成冷紧或热紧后再进行保温。

⑫ 纤维制品保温层应与被保温表面贴实，纵向接缝应位于下方45°位置，接头处不得有间隙。双层保温结构的层间应盖缝，表面应平整，厚度应均匀，捆扎间距不应大于200 mm，并应适当紧固。

⑬ 软质复合硅酸盐保温材料应按设计要求施工，当设计无要求时，每层可抹10 mm并应压实，待第一层有一定强度后，再抹第二层并应压光。

（3）保护层

① 保护层施工前，保温层应已干燥并经检验合格。

② 复合材料保护层施工应符合以下规定：a）玻璃纤维布应以螺纹状紧缠在保温层外，前后均搭接不应小于50 mm。布带两端及每隔300 mm应采用镀锌钢丝或钢带捆扎，镀锌钢丝直径不得小于设计要求，搭接处应进行防水处理；b）复合铝箔接缝处应采用压敏胶带粘贴，铆钉固定；c）玻璃钢保护壳连接处应采用铆钉固定，沿轴向搭接宽度应为50～60 mm，环向搭接宽度应为40～50 mm。d）用于软质保温材料保护层的铝箔复合板正面应朝外，不得损伤其表面。轴向接缝应用保温钉固定，且间距应为60～80 mm。环向搭接宽度应为30～40 mm，纵向搭接宽度不得小于10 mm；e）当垂直管道及设备的保护层采用复合铝箔、玻璃钢保护壳和铝塑复合板等时，应由下向上，成顺水接缝。

③ 石棉水泥保护层施工应符合以下规定：a）石棉水泥不得采用闪石棉等国家禁止使

用的石棉制品；b）涂抹石棉水泥保护层应检查钢丝网有无松动，并应对有缺陷的部位进行修整，保温层空隙应采用胶泥填充。保护层应分 2 层，首层应找平，第 2 层应在首层稍干后加灰泥压实、压光。保护层厚度不应小于 15 mm；c）抹面保护层的灰浆干燥后不得产生裂纹、脱壳等现象，金属网不得外露；d）抹面保护层未硬化前，应防雨雪。当环境温度小于 5 ℃时，应采取防冻措施。

④ 金属保护层施工应符合下列规定：a）当设计无要求时，宜采用镀锌薄钢板或铝合金板；b）安装前，金属板两边应先压出两道半圆凸缘。设备的保温，可在每张金属板对角线上压两条叉筋线；c）水平管道的施工，可直接将金属板卷合在保温层外，并应按管道坡向自下而上顺序安装。两板环向半圆凸缘应重叠，金属板接口应在管道下方；d）搭接处应采用铆钉固定，其间距不应大于 200 mm；e）金属保护层应留出设备及管道运行受热膨胀量；f）当在结露或潮湿环境安装时，金属保护层应嵌填密封剂或在接缝处包缠密封带；g）金属保护层上不得踩踏或堆放物品。

⑤ 保护层的质量检验应符合以下规定：a）缠绕式保护层应裹紧，搭接部分应为 100～150 mm，不得有脱松、翻边、褶皱和鼓包等缺陷，缠绕的起点和终点应采用镀锌钢丝或箍带捆扎结实，接缝处应进行防水处理；b）保护层表面应平整光滑，轮廓整齐，镀锌钢丝头不得外露，抹面层不得有酥松和裂缝；c）金属保护层不得有脱松、翻边、豁口、翘缝和明显的凹坑。保护层的环向接缝应与管道轴线保持垂直。纵向接缝应与管道轴线保持平行。保护层的接缝方向应与设备、管道的坡度方向一致。保护层的不圆度不得大于 10 mm；d）保护层表面不平度允许偏差为：涂抹或缠绕式保护层 0～10 mm；金属或复合保护层 0～5 mm。

14.5　供暖末端安装

本书所指的供暖末端，是指建筑内的供暖系统，包括建筑内供暖系统的管路、阀门、散热器等。中小型太阳能供暖系统的供暖末端相对简单，大中型太阳能集中供暖系统的供暖末端相对复杂。国家标准 GB 50242《建筑给水排水及采暖工程施工质量验收规范》对上述施工进行了详细规范，现根据该规范并结合实际施工经验，按类别讲述如下。

14.5.1　管路安装

（1）焊接钢管的连接，管径小于等于 32 mm，应采用螺纹连接；管径大于 32 mm，采用焊接。当采用镀锌管道时，套丝扣时破坏的镀锌层表面及外露螺纹部分应做防腐处理。

（2）管道安装坡度，当设计未注明时，应符合以下规定：a）气、水同向流动的热水采暖管道和汽、水同向流动的蒸汽管道及凝结水管道，坡度应为 3‰，不得小于 2‰；b）气、水逆向流动的热水采暖管道和汽、水逆向流动的蒸汽管道，坡度不应小于 5‰；c）散热器支管的坡度应为 1%，坡向利于排气和泄水。

（3）平衡阀和调节阀型号、规格、公称压力及安装位置应符合设计要求，安装完后应根据系统平衡要求进行调试并作出标志。

（4）方形补偿器，应用整根无缝钢管煨制，如需要接口，其接口应设在垂直臂的中间位置，且接口必须焊接。

（5）方形补偿器应水平安装，并应与管道的坡度一致；如其臂长方向垂直安装，必须设排气及泄水装置。

（6）供暖系统入口装置及分户热计量装置，应符合设计要求，安装位置应便于检修、维护和观察。

（7）上供下回式系统的热水干管变径应顶平偏心连接，蒸汽干管变径应底平偏心连接。

（8）在管道干管上焊接垂直或水平分支管道时，干管开孔所产生的钢渣及管壁等废弃物不得残留管内，且分支管道在焊接时，不得插入干管内。

（9）膨胀水箱的膨胀罐及循环管上不得安装阀门。

（10）当供暖热媒为110～130 ℃的高温水时，管道可拆卸件应使用法兰，不得使用长丝和活接头。法兰垫料应使用耐热橡胶板。

（11）焊接钢管管径大于32 mm的管道转弯，在作为自然补偿时应使用煨弯。塑料管及复合管除了必须使用直角弯头的场合外，应使用管道直接弯曲转弯。

14.5.2 散热设备安装

（1）散热器

① 散热器安装之前应做水压试验，如设计无要求，试验压力应为工作压力的1.5倍，但不得小于0.6 MPa。

② 组对散热器的垫片应符合以下要求：a）组对散热器的垫片应使用成品，组对后垫片外露不应大于1 mm。b）散热器垫片材质当设计无要求时，应使用耐热橡胶。

③ 散热器支架、托架安装，位置应准确，埋设牢固，支、托架数量应满足设计或产品说明书要求。

④ 散热器背面与装饰面的墙内表面安装距离，应符合设计或产品说明书要求，如设计未注明，应为30 mm。

⑤ 铸铁或钢制散热器表面的防腐及面漆，应附着良好，色泽均匀，无脱落、气泡、流淌和漏涂缺陷。

⑥ 散热器暗装时，应留有足够的空气流通通道，并方便检修，安装温控阀时，应安装在能正确反映房间温度的位置。

⑦ 柱型散热器每组散热器片数不宜过多，铸铁柱型散热器每组片数不宜超过25片，组装长度不宜超过1 500 mm。当散热器片数过多，分组串接时，供、回管支管宜异侧连接。

（2）金属辐射板

① 辐射板在安装之前应做水压试验，如设计无要求，试验压力应为工作压力的1.5倍，但不得小于0.6 MPa。

② 水平安装的辐射板应有不小于5‰的坡度，坡向回水管。

③ 辐射板管道及带状辐射板之间的连接，应使用法兰连接。

(3) 低温热水地板辐射供暖系统

① 地面下敷设的盘管埋地部分不应有接头。

② 盘管隐蔽前，必须进行水压试验，试验压力为工作压力的 1.5 倍，但不小于 0.6 MPa。

③ 加热盘管弯曲部分不得出现硬折弯现象，曲率半径应符合下列要求：a）塑料管不应小于管道外径的 8 倍；b）复合管不应小于管道外径的 5 倍。

(4) 毛细管辐射供暖系统

① 毛细管网栅安装基面应平整、干燥、无杂物、无积灰；铺设毛细管网栅的基面平整度不应大于±3 mm。毛细管网栅施工时不得与其他工种交叉施工作业，所有安装基面预留洞应在毛细管网栅施工前完成。

② 混凝土顶棚基面安装毛细管网栅按以下顺序实施：基层清理→预留膨胀管→满批界面剂→连接固定毛细管网栅联集干管→毛细管网栅及连管水压试验（一次水压试验）→毛细管网栅安装及卡盘固定→灯位等预留孔洞节点处理→毛细管网栅外观检验及水压试验（二次水压试验）→弹测顶棚抹灰基线及标筋→毛细管网栅顶棚抹灰隐蔽→装修面层处理。

③ 轻钢龙骨纸面石膏板顶棚基面安装毛细管网栅按以下顺序实施：装修吊顶测量放线→装修吊顶吊件制安→装修吊顶主龙骨安装→连接固定毛细管网栅联集干管→毛细管网栅及连管水压试验（一次水压试验）→装修吊顶次龙骨安装→顶棚内各专业隐检→装修吊顶封纸面石膏板→纸面石膏板板缝及钉眼处理及孔洞预留→满批界面剂→毛细管网栅安装及卡盘固定→灯位等预留孔洞节点处理→毛细管网栅外观检验及水压试验（二次水压试验）→弹测顶棚抹灰基线及标筋→毛细管网栅顶棚抹灰隐蔽→装修面层处理。

④ 墙面水泥砂浆找平层基面安装毛细管网栅按以下顺序实施：基层清理→预留膨胀管→满批界面剂→连接固定毛细管网栅联集干管→毛细管网栅及连管水压试验（一次水压试验）→毛细管网栅安装及卡盘固定→开关插座电箱等预留孔洞节点处理→毛细管网栅外观检验及水压试验（二次水压试验）→墙面冲筋→毛细管网栅墙面抹灰隐蔽→装修面层处理。

⑤ 地面水泥砂浆找平层基面安装毛细管网栅按以下顺序实施：基层清理→预留膨胀管→满铺钢丝网并固定→连接固定毛细管网栅联集干管→毛细管网栅及连管水压试验（一次水压试验）→毛细管网栅安装及尼龙扎带固定→毛细管网栅外观检验及水压试验（二次水压试验）→毛细管网栅地面抹灰隐蔽→装修面层处理。

⑥ 毛细管网栅联集干管按设计要求布置定位，采用热熔连接，逐点检查热熔焊接质量，不得有明显缩口、虚焊现象；管道固定、连接及绝热应满足现行国家标准的相关规定要求。

⑦ 毛细管网栅毛细支管不得有拉伤、划伤、折痕、断裂；整理毛细管网栅支管定位管卡条，调整管卡条间距沿网栅支管方向每 300～500 mm 一道，检查每根支管在管卡中均匀入位。

⑧ 对于顶面预留的直径不大于 150 mm 孔洞，应调整毛细支管间距避让，避让部位应增加管卡条保证定位准确和支管走向平顺。

14.6　压力试验与清洗

太阳能集热场、蓄热装置、机房、供热管网、供暖末端在安装完毕后，都应分别进行压力试验和清洗，现根据类别分别讲述。

14.6.1　供热管网及机房设备的压力试验与清洗

(1) 压力试验

① 供热管网的压力试验应符合以下规定：a）强度试验应为1.5倍的设计压力，且不得小于0.6 MPa；严密性试验应为1.25倍的设计压力，且不得小于0.6 MPa；b）当设备有特殊要求时，试验压力应按照产品说明书或根据设备性质确定；c）开式设备应进行满水试验，以无渗漏为合格。

② 压力试验应按强度试验、严密性试验的顺序进行，试验介质宜采用清洁水。

③ 压力试验前，焊接质量外观和无损检验应合格。

④ 安全阀的爆破片与仪表组件等应拆除或已加盲板隔离。加盲板处应有明显的标记，并应做记录。安全阀处于全开，填料应密封。

⑤ 压力试验前应划定试验区、设置安全标志。在整个试验过程应有专人值守，无关人员不得进入试验区。

⑥ 机房内、检查室内、沟槽中应有可靠的排水系统。试验现场应进行清理，具备检查的条件。

⑦ 强度试验前应完成下列工作：a）强度试验应在试验段内的管道接口防腐、保温及设备安装前进行；b）管道安装使用的材料、设备资料因齐全；c）管道自由端的临时加固装置应安装完成，并应经设计核算与检查确认安全可靠。试验管道与其他管线应用盲板或采取其他措施隔开，不得影响其他系统安全；d）试验用的压力表应经校验，其精度不得小于1.0级，量程应为试验压力的1.5～2倍，数量不得少于2块，并应分别安装在试验泵出口和试验系统的末端。

⑧ 严密性试验前应完成以下工作：a）严密性试验应在试验范围内的管道工程全部安装完成后进行。压力试验长度宜为一个完成的设计施工段；b）试验用的压力表应经校验，其精度不得小于1.5级，量程应为试验压力的1.5～2倍，数量不得少于2块，并应分别安装在试验泵出口和试验系统的末端；c）横向型、铰接型补偿器在严密性试验前不宜进行预变位；d）管道各种支架已安装调试完毕，固定支架的混凝土已达到设计强度，回填土及填充物已满足设计要求；e）管道自由端的临时加固装置已安装完成，并经设计核算与检验确认安全可靠。试验管道与无关系统应采用盲板或采取其他措施隔开，不得影响其他系统安全。

⑨ 压力试验应符合以下规定：a）当管道充水时，应将管道及设备中的空气排尽；b）试验时环境温度不宜低于5 ℃，当环境温度低于5 ℃时，应有防冻措施；c）当运行管道与压力试验管道之间的温度差大于100 ℃时，应根据传热量对压力试验的影响采取运行管道和试验管道安全的措施；d）地面高差太大的管道，试验介质的静压应计入试验压力

中。热水管道的试验压力应以最高点的压力为准，最低点的压力不得大于管道和设备能承受的额定压力；e）压力试验方法和合格判定应符合表 14－6－1 的规定。

表 14－6－1　压力试验方法和合格判定

<table>
<tr><th>项目</th><th colspan="2">试验方法和合格判定</th><th>检验范围</th></tr>
<tr><td>强度试验</td><td colspan="2">升压到试验压力，稳压 10 min 无渗漏，无压降后降至设计压力，稳压 30 min无渗漏、无压降为合格</td><td>每个试验段</td></tr>
<tr><td rowspan="3">严密性试验</td><td colspan="2">升压到试验压力，当压力趋于稳定后，检查管道、焊缝、管路附件及设备等，无渗漏、固定支架无明显的变形等</td><td rowspan="3">全段</td></tr>
<tr><td>一级管网及站内</td><td>稳压在 1 h，前后压降不大于 0.05 MPa 为合格</td></tr>
<tr><td>二级管网</td><td>稳压在 30 min，前后压降不大于 0.05 MPa 为合格</td></tr>
</table>

注：强度试验为主控项目，其余为一般项目。

⑩ 试验过程中发现渗漏时，不得带压处理。消除问题后，应重新进行试验。

⑪ 试验结束后，应及时排尽管内积水，拆除试验用临时加固装置。排水时，不得形成负压，试验用水应排到指定地点，不得随意排放，不得污染环境。

⑫ 压力试验合格后，应填写供热管道水压试验记录、设备强度试验和严密性试验记录。

（2）清洗

① 供热管网的清洗应在试运行前进行。

② 清洗方法应根据设计及供热管网的运行要求、介质类别确定。可采用人工清洗、水力冲洗和气体吹洗。当采用人工清洗时，管道的公称直径应大于或等于 DN800；蒸汽管道应采用蒸汽吹洗。

③ 清洗前应完成以下工作：a）减压阀、疏水器、流量计和流量孔板（或喷嘴）、滤网、调节阀芯、止回阀芯、温度计的插入管等应已拆下并妥善存放，待清洗结束后方可复装；b）不与管道同时清洗的设备、容器及仪表等应隔开或拆除；c）支架的承载力应能承受清洗时的冲击力，必要时应经设计核算；d）水力冲洗进水管的截面积不得小于被冲洗管截面积的 50%，排水管截面积不得小于进水管的截面积；e）蒸汽吹洗排气管的管径应按设计计算确定，吹洗口及冲洗水箱应已按设计要求加固；f）设备和容器应有单独的排水口。

④ 人工清洗应符合下列规定：a）钢管安装前应进行人工清洗，管内不得有浮锈等杂物；b）钢管安装完成后、设备安装前，应进行人工清洗，管内不得有焊渣等杂物，并应验收合格；c）人工清洗过程应有保证安全的措施。

⑤ 水力冲洗应符合以下规定：a）冲洗应按主干线、支干线、支线分别进行。二级管网应单独进行冲洗。冲洗前先应充满水并浸泡管道。冲洗水流方向应与设计的介质流向一致；b）清洗过程中，管道中的脏物不得进入设备，已冲洗合格的管道不得被污染。c）冲洗应连续进行，冲洗时的管内平均流速不应低于 1 m/s；排水时，管内不得形成负压。d）冲洗水量不能满足要求时，宜采用密闭循环的水力冲洗方式。循环水冲洗时，管道内流速应达到或接近管道正常运行时的流速。在循环冲洗后的水质不合格时，应更换循环水

继续进行冲洗。并达到合格。e）水力冲洗应以排水水样中固形物的含量接近或等于冲洗用水中固形物的含量为合格。f）水力冲洗结束后，应打开排水阀门排污，合格后应对排污管、除污器等装置进行人工清洗。

⑥ 空气吹洗适用于管径小于 DN300 的热水管道。

14.6.2 建筑内供暖系统的压力试验与清洗

(1) 压力试验

① 建筑内供暖系统安装完毕、管道保温之前，应进行水压试验。试验压力应符合设计要求。当设计未注明时，应符合下列规定：a）蒸汽、热水供暖系统，应以系统顶点工作压力加 0.1MPa 作水压试验，同时在系统顶点的试验压力不小于 0.3 MPa。b）高温热水供暖系统，试验压力应为系统顶点工作压力加 0.4 MPa。c）使用塑料管及复合管的热水供暖系统，应以系统顶点工作压力加 0.2 MPa 作水压试验，同时在系统顶点的试验压力不小于 0.4 MPa。

② 检验方法为：a）使用钢管及复合管的供暖系统，在试验压力下 10 min 内压力降不大于 0.02 MPa，降至工作压力后检查，不渗、不漏。b）使用塑料管的供暖系统，在试验压力下 1 h 内压力降不大于 0.05 MPa，然后降压至工作压力的 1.15 倍，稳压 2 h，压力降不大于 0.03 MPa，同时各连接处不渗、不漏。

(2) 清洗

① 室内系统试压合格后，应对系统进行冲洗，并清扫过滤器及除污器。

② 清洗方法：用水冲洗，直到排出的水不含泥沙、铁屑等杂质，且水色不浑浊为合格。

14.6.3 蓄热装置的压力试验与清洗

(1) 压力试验

① 敞口水箱或水罐满水静置 24 h，观察不渗不漏为合格。

② 承压水箱按照工作压力的 1.5 倍进行压力试验，在试验压力下 10 min 不渗不漏为合格。

(2) 清洗

① 室内系统试压合格后，应对系统进行冲洗，并清扫过滤器及除污器。

② 清洗方法：用水冲洗，直到排出的水不含泥沙、铁屑等杂质，且水色不浑浊为合格。

14.6.4 太阳能集热系统

(1) 压力试验

① 凡系统设计对压力试验有规定的，按照设计规定的方法进行水压试验。

② 凡设计没有规定的，承压系统按照工作压力的 1.5 倍进行压力试验，在试验压力下 10 min 不渗不漏为合格；开式系统在设计工况下运行，不渗不漏为合格。

(2) 清洗

① 太阳能集热系统试压合格后，应将系统冲洗干净。

② 若用水冲洗，应直到排出的水不含泥沙、铁屑等杂质，且水色不浑浊为合格。

③ 若用其他方式冲洗，应遵照设计要求进行。

14.7　系统调试与试运行

系统调试分为设备单机调试与联动调试等。单机调试是指对系统中需要调试的单机或部件进行检查、调试、调整；联动调试是指对系统进行联合运行试验与运行，按照设计工况进行运行，检查系统运行是否达到或符合设计要求。系统调试应先进行单机调试，单机调试完成后，再进行联动调试和试运行。

太阳能供暖系统试联动调试宜按照各部分系统运行的不同特点分类别进行，建议按照太阳能集热与蓄热系统联动调试、太阳能蓄热与供暖系统联动调试、太阳能集热-蓄热-供暖全系统试运行分别进行。

中小型太阳能供暖系统的调试相对简单，大中型太阳能供暖系统的调试相对复杂。这里以大中型太阳能供暖系统的调试和试运行进行讲述。

14.7.1　单机调试

设备单机、部件调试的目的是检查各个调试部件的安装、接线和状态是否正常。单机调试主要有以下内容：

(1) 检查水泵安装方向是否正确。

(2) 检查电磁阀安装方向是否正确。

(3) 检查温度、压力、水位、流量、热量、辐照等仪表显示和检测是否正常。

(4) 检查电气控制系统的接线是否正确，控制功能是否达到设计的功能，动作是否准确。

(5) 检查剩余电流保护（漏电保护）装置动作是否准确可靠。

(6) 检查自控与监控系统是否正常。

(7) 检查防冻、防过热保护装置工作是否正常。

(8) 检查辅助加热设备工作是否正常，加热能力是否达到设计要求。

(9) 检查换热器工作是否正常。

(10) 检查太阳能补液系统是否正常。

(11) 检查太阳能集热系统介质受热膨胀是否正常。

(12) 检查蓄热装置是否正常。

(13) 检查水处理设备和补水系统是否正常。

(14) 检查原水供水、水处理系统、系统补水是否正常。

(15) 检查各种阀门开启是否灵活，密封是否严密。

(16) 检查市电供电系统是否正常。

(17) 检查备用发电机启动停止及供电是否正常，与市电供电启停联动是否正常。

（18）其他需要检测的设备和部件是否正常。

14.7.2 联动调试

（1）联动调试通用要求

在完成系统单机调试后，应进行系统的联动调试，使系统按照设计时的参数运转。系统联动调试主要包括下列内容：

① 调整水泵控制阀门，使水泵在设计的工作点工作。

② 温度、温差、压力、水位、流量、时间、辐照等控制点应符合设计要求。

③ 调试辅助热源加热设备，达到设计要求。

④ 调整电磁（动）阀初始参数，使其动作符合设计要求。

⑤ 按照设计要求，设定好系统运行的各种安全防护参数。

⑥ 联动调试期间出现不影响整体调试安全的问题，可待调试结束后处理；当出现需要立即解决问题的，应先停止联动调试，然后进行处理。问题处理完后，重新进行联动调试。

（2）太阳能集热与蓄热系统联动调试

① 太阳能集热与蓄热系统联动调试应先进行冷态联动调试，后进行热态联动调试。

② 冷态联动调试是在太阳能集热器不接受太阳辐照状态下的联动调试。可通过遮盖集热器采光面进行，也可在晚上进行。冷态调试主要检查系统各部件在联动运行状态下是否正常。

③ 热态联动调试是在正常太阳辐照状态下的联动调试，热态联动调试主要检查系统在正常工作状态下集热系统与蓄热系统的运行与显示是否正常。热态联动调试应注意以下问题：

a）热态联动调试应在冷态联动调试合格后进行。

b）调整太阳能集热系统各排（列）分支回路上的调节阀门，使得每排（列）集热器介质的出口温度一致。

c）对于闭式太阳能集热系统，应检查膨胀罐及压力安全保护系统是否正常，过热冷却降温装置的工作是否正常。

（3）蓄热与供暖系统联动调试

① 蓄热与供暖系统的联动调试应先进行冷态联动调试后进行热态联动调试。

② 冷态联动调试是在供水温度常温下的联动调试。冷态调试主要检查管道、设备、支架等系统各部件在联动运行状态下是否正常。

③ 热态联动调试是在正常供暖供水温度下的联动调试，热态联动调试主要检查系统在正常工作状态下蓄热系统与供暖系统的运行是否正常。热态联动调试应注意以下问题：

a）热态联动调试应在冷态联动调试合格后进行。

b）热态联动调试，供暖水温应缓慢升温，升温速度不得大于 10 ℃/h。

c）热态联动调试期间，管道法兰、阀门、补偿器及仪表等处的螺栓应进行热拧紧，热拧紧时的运行压力应降低至 0.3 MPa 以下。

14.7.3　系统试运行

在联动调试完成后，应进行太阳能集热-蓄热-供暖全系统试运行。全系统试运行应按照实际需要的供暖工况进行运行，并在试运行期间完成如下工作：

（1）检查各系统在全系统实际运行工况下是否协调、稳定，调整各分系统，使得全系统达到协调匹配状态。

（2）检查太阳能集热系统产生的热量在白天供暖期间的自动分配是否符合设计要求。一般来说，白天太阳能集热系统产生的热能应优先直接用于供暖，供暖用不完的部分再通过蓄热装置蓄存起来，供夜晚供暖和阴雨天供暖使用。

（3）按照本书第 8 章 8.1 节讲解的热水集中供暖系统初调节的方法进行供暖初系统，直达达到各分支管网、各供暖建筑、各供暖用户的热力平衡，房间温度达到设计要求。

14.7.4　工程验收

根据 GB 50495—2019《太阳能供热采暖工程技术标准》，太阳能供热采暖系统的工程验收应按照以下规定执行：

（1）太阳能供热采暖工程的分部、分项工程划分可按照表 14－7－1 执行。

表 14－7－1　太阳能供热采暖工程的分部、分项工程划分

序号	分部工程	分项工程
1	太阳能集热系统	预埋件及后置锚栓安装和封堵、基座、支架安装，太阳能集热器安装，其他能源辅助加热或换热设备安装，水泵等设备及部件安装，管道及配件安装，系统水压试验及调试、防腐、绝热
2	蓄热系统	贮热水箱及配件安装，蓄热水池施工，地埋管系统施工，相变蓄热材料蓄热系统施工，管道及配件安装，辅助设备安装，防腐、绝热
3	室外供热管网	水泵、风机等设备与部件安装，管道及配件安装，辅助设备安装，系统水压试验及调试，防腐、绝热
4	室内供暖系统	管道及配件安装，低温热水地板辐射供暖系统安装，水-空气处理设备安装，辅助设备及散热器安装，系统水压试验及调试，防腐、绝热
5	室内热水供应系统	管道及配件安装，辅助设备安装，防腐、绝热
6	控制系统	传感器及安全附件安装，计量仪表安装，电缆线路施工安装，接地装置安装

（2）太阳能供热采暖系统的隐蔽工程应在隐蔽前经监理人员验收、认可签证。

（3）太阳能供热采暖系统应在土建工程验收前，完成下列隐蔽项目的现场验收：

① 基础螺栓和预埋件的安装。

② 基座、支架、集热器四周与主体结构之间的连接节点。

③ 基座、支架、集热器四周与主体结构之间的封堵及防水。

④ 太阳能供热采暖系统与建筑物避雷系统的防雷连接节点或系统自身的接地装置

安装。

（4）太阳能集热器的安装方位角和倾角应满足设计要求，安装误差不应超过±3°。

（5）太阳能供热采暖系统的热工性能检验应符合下列规定：

① 检测项目应包括太阳能集热系统的热量，太阳能集热系统效率、太阳能供热采暖系统的总能耗、太阳能供热采暖系统的太阳能保证率。

② 测试、评价和分级应符合 GB/T 50801《可再生能源建筑应用工程评价标准》的有关规定。

思考题

1. 机房设备基础安装允许偏差是如何规定的？用什么方法检测？
2. 机房设备支架安装允许偏差是如何规定的？用什么方法检测？
3. 机房换热设备安装有什么要求？
4. 辅助热源设备安装有什么要求？
5. 泵安装有什么要求？
6. 阀门安装有什么要求？
7. 机房管路安装有什么要求？
8. 机房各种仪表安装有什么要求？
9. 机房电气安装有什么要求？
10. 辅助热源设备安装有什么要求？
11. 供热管网安装前都应做哪些准备？
12. 辅助热源设备安装有什么要求？
13. 建筑电气线路安装都有哪些规定？
14. 供热管网施工测量都有什么？
15. 供热管网土建施工都有哪些？各有什么要求？
16. 供热管网管道施工都有哪些？各有什么要求？
17. 管网焊接都有哪些内容？各有什么要求？
18. 焊接质量如何检测？
19. 管路防腐与保温都有哪些要求？
20. 建筑内供暖末端安装都有哪些要求？
21. 系统各部分的压力试验都有哪些规定？
22. 系统单机调试都有哪些内容？
23. 系统联动调试都有哪些内容？
24. 系统试运行都有哪些内容？
25. 太阳能供暖工程验收的分部工程都有哪些类别？

第15章　太阳能供暖系统运行维护

15.1　太阳能供暖系统运行要点

15.1.1　太阳能供暖系统与常规能源供暖系统的不同点

太阳能供暖系统与常规供暖系统的不同点主要如下：

（1）太阳能是低密度能源，获得供暖需要的能量需要很大的太阳能采光面积；常规能源供暖能量密度大，相对于太阳能供暖，常规能源供暖系统一般只需要很小的能源燃烧或加热设备（锅炉）即可。

（2）除了自动聚光的太阳能采光设备可以通过改变聚光调节太阳能产热量外，对于非聚光太阳能供暖系统，产热量只能随着太阳辐照量的变化而变化，在短时间内一般不通过遮盖等措施调节太阳能产热量；而常规能源供暖系统一般都可以通过调节常规能源燃烧量（发热量）调节产热量。

（3）太阳能供暖系统只能在晴天有太阳光时产生热量，因此太阳能产热是间歇性的，需要通过蓄热装置和辅助热源装置实现供暖的连续与稳定性；而常规能源供暖系统产热一般是连续不间断的。

（4）非聚光太阳能供暖系统产热效率与集热器进出温度直接相关，进出温度低，热效率高；进出温度高，热效率低。而常规能源供暖系统产热进出温度对热效率影响不大。

（5）太阳能集热系统设备投资远高于常规能源燃烧（发热）设备，因此珍惜和不浪费太阳能集热系统得到的热量十分必要。

15.1.2　太阳能供暖系统运行要点

认识到太阳能供暖系统与常规供暖系统的不同点，才能在太阳能供暖系统运行操作中，不浪费太阳能集热系统得到的热量，确保太阳能供暖系统安全运行。太阳能供暖系统应掌握以下运行要点：

（1）多产热

在保证供暖下效果的前提下，使得太阳能集热系统处于较高的产热效率。在保证供暖需要的供水温度前提下，降低太阳能集热系统的进出温度，可以提高太阳能的集热效率。因此在太阳能供暖系统运行时，在不影响供暖供水温度的前提下，调低太阳能集热系统的进出口温度，可以提高太阳能集热系统的集热效率。

太阳能集热系统可全年产热，而每年供暖只在全年的一个时间区间，因此可以在供暖期开始前，提前让太阳能集热系统产热，将太阳能集热系统产生的热量储存在蓄热装置内，供供暖期间使用，也是多产热的措施之一。

(2) 节约用热

为了实现太阳能供暖能量的不浪费，应因地制宜地制定供暖运行策略。由于每天 24 h 的环境温度不同，因此供暖需要的供热量也不同，对于太阳能供暖系统，可通过调整每天不同时间段的供水温度，达到节约能源的目的。例如：可以在白天气温高时，调低供暖的供水温度，在夜晚气温低时，调高供暖的供水温度，甚至可以在气温高的白天正午时间段，暂停供暖，采用间歇供暖的策略，实现节能。

供暖运行策略在本书第 8 章已做详细讲述，这里不再多述。

(3) 安全运行

太阳能供暖系统的安全运行有其独有的特点，运行人员应掌握太阳能供暖系统安全运行的规律。太阳能供暖系统安全运行与常规供暖系统不同点如下：

① 太阳能供暖系统应控制供暖回水温度不高于设计温度。当供暖回水温度高于设计温度时，不仅导致太阳能集热系统热效率降低，还由于太阳能集热系统产热量随太阳辐照量的升高而升高，在太阳辐照强度高的时间段，太阳能集热系统进口温度高，会带来太阳能集热系统过热，导致太阳能集热系统汽化。这一点运行人员应特别注意。

② 备用供电设备必须随时处于完好状态。在晴天白天，当市电突然停电时，备用发电设备应能及时启动并供电，确保太阳能集热系统正常循环。因为晴天白天一旦停电，强制循环太阳能集热系统将处于闷晒无循环状态，在太阳光照射下，太阳能集热器内的温度很快会升温到临界温度，由于不能循环无法将热量带走，因此闭式太阳能集热系统将会膨胀升压并可能带来汽化和系统安全阀泄压，从而造成太阳能集热系统过热和循环介质泄漏问题。

③ 由于存在太阳能集热器向天空辐射的缘故，在晴朗的夜晚，平板集热器内部板芯的温度会低于环境温度 5 ℃左右，高海拔地区会更低，因此，不能以环境温度作为判定太阳能集热器是否会结冰依据。这一点，已经发生过不少平板集热器冻坏的教训。

太阳能供暖系统供暖部分与常规能源供暖系统大致相同，请参阅本书第 8 章，这里不再多述。

15.2 太阳能供暖系统运行日常巡查

中小型太阳能供暖系统的运行维护相对简单，一般不需要专门的运行人员，只需定期检查或者有问题时，联系专业人员处理即可；大中型太阳能供暖系统运行维护需要配备专门的运维人员进行运维。这里以大中型太阳能供暖系统运行为例，来讲解系统运行日常巡查的内容。

15.2.1 太阳能集热-蓄热系统日常巡查

太阳能集热-蓄热系统日常巡查的内容主要如下：

(1) 太阳能集热器巡查。非聚光太阳能集热器主要检查：透光玻璃有无破碎、吸热涂层有无脱落、集热器是否渗漏、集热器采光面被灰尘等遮盖影响采光的程度等。聚光太阳能集热器主要检查：采光聚光面是否正常、跟踪装置是否正常、槽式集热管是否正常、塔式和蝶式接收器是否正常等。

（2）太阳能集热器阵列巡查。主要检查：集热器阵列支架是否正常无变形、集热器与集热器之间的介质通道连接管是否正常等。

（3）太阳能集热场循环管路巡查。主要检查：太阳能集热场循环管路有无渗漏、管路保温与保温外护层是否完好等。

（4）蓄热装置巡查。主要检查：蓄热装置是否正常、是否有漏液问题、水蓄热装置的水位是否正常。

（5）蓄热循环管路巡查。主要检查：蓄热循环管路有无渗漏、管路保温与保温外护层是否完好等。

（6）集热-蓄热循环加热装置巡查。主要检查：集热-蓄热加热装置是否正常，包括：循环泵是否正常、变频装置是否正常、各种阀门是否正常、间接加热系统的换热器是否正常等。

（7）集热-蓄热系统控制巡查。主要检查：集热-蓄热系统各种温度、水位、压力、太阳辐照等检测元器件和仪表是否正常、弱电线路是否正常、强电线路是否正常等。

（8）集热-蓄热系统附属配附件巡查。主要检查：间接系统的储液罐是否渗漏、储液量是否符合要求、补液泵是否正常、闭式系统的膨胀罐是否正常、过热冷却装置是否正常等。

（9）集热-蓄热系统运行情况巡查。主要检查：系统运行参数是否正常、太阳能产热量是否正常等。

（10）其他需要巡查的内容。

15.2.2　供暖系统日常巡查

供暖系统日常巡查的内容主要如下：

（1）供热首站巡查。主要检查：循环泵是否正常、变频装置是否正常、各种仪表与阀门是否正常、间接加热系统的换热器是否正常等。

（2）供热系统控制巡查。主要检查：供热系统各种温度、水位、压力等检测元器件和仪表是否正常、弱电线路是否正常、强电线路是否正常等。

（3）供热管网巡查。主要检查：供热管井内的阀门、仪表是否正常、供回温度记录、供回压力记录、流量或热量记录、供热管线巡检记录等。

（4）建筑内公共供热管道与设备巡查。主要检查：建筑内供热管路是否正常、管路保温与保温外护是否正常、入楼调节阀门仪表是否正常、排气装置是否正常等。

（5）建筑内分户供暖设备与设备巡查。主要检查：室内散热装置是否正常、室内供暖管路与各种阀门是否正常、供暖室内温度记录、用户意见记录等。

15.2.3　机房配套设备日常巡查

机房配套设备日常巡查的内容主要如下：

（1）附属热源设备与系统巡查。主要检查：辅助热源设备是否正常、辅助加热系统工作是否正常等。

（2）水处理设备巡查。主要检查：原水供回水情况、水处理设备工作情况、处理后的净水的储存情况等。

（3）系统补水巡查。主要检查：系统补水设备工作是否正常等。

（4）自控与监控系统巡查。主要检查：自动控制系统工作是否正常、监控系统工作是否正常等。

（5）供电设备与线路巡查。主要检查：强电供电线路是否正常、高低压供电设备是否正常等。

（6）备用发电设备与线路巡查。主要检查：备用发电机是否正常，检查备用供电线路是否正常等。

（7）机房排水设备巡查。主要检查：机房排水通道是否正常、检查机房排水泵阀是否正常等。

（8）机房照明巡查。主要检查：机房照明设施是否正常、应急照明是否正常等。

（9）消防巡查。主要检查：机房消防设备是否正常等。

（10）安全隐患巡查。主要检查：是否存在各种安全隐患等。

15.2.4 运维管理制度与制度执行情况检查

（1）运维管理制度

太阳能供暖系统运行维护应该建立一套适合的管理制度，并遵照制度执行。对于在实行中发现不完善或不合理的制度，应及时予以修改、补充和完善，使得管理制度切合实际，真正起到规范管理的作用，切忌制定的制度不切实际，不能落地；或者过于简单，缺乏可操作性。

技术和安全方面的运维管理制度至少应包括以下内容：

① 常规故障报备与故障处理制度。

② 太阳能集热系统过热处理办法。

③ 供暖系统大量漏水紧急处理办法。

④ 特殊工种（电工、焊工等）作业规定。

⑤ 太阳能供暖系统运行规程。

⑥ 运维员工技能与知识培训制度。

⑦ 其他需要制定的技术与安全规定。

（2）管理制度执行情况检查

太阳能供暖系统运维是一个专业性很强的工作，不合理不科学的处置，不仅会影响系统运行和供暖效果，还有可能带来安全隐患。因此应定期和不定期检查运维情况和制度执行情况。包括：

① 运维管理制度是否科学、合理、规范。

② 运维管理制度执行效果。

③ 运维人员对影响系统和人身安全突发情况的应对知识。

④ 运维人员对管理制度的评价等。

15.3　常见故障与故障处理

15.3.1　供暖系统常见故障

(1) 散热器漏水

① 主要症状：a）散热器丝扣处漏水。b）散热器非丝扣处漏水。

② 故障处理：a）凡散热器丝扣连接漏水的，可通过紧固丝扣的方式解决漏水问题。b）凡不是丝扣处漏水的，可更换新的散热器。

(2) 建筑内供暖管道或阀门接口处漏水

① 主要症状：a）管道或阀门丝扣处漏水。b）管道或阀门法兰处漏水。

② 漏水原因分析。供暖管道在冷态检漏时不漏水，但在初次供暖一段时间，会陆续出现丝接或法兰处漏水现象。一般是由于供暖管道通热水供暖后，管道出现热胀冷缩问题，从而导致管道或阀门丝接处或法兰连接处漏水。

③ 故障处理：a）凡管道或阀门丝扣连接漏水的，可通过紧固丝扣，或者拆卸后在管道丝扣处缠麻丝、生料带、铅油等，重新连接拧紧。b）凡法兰处漏水的，可通过紧固法兰紧固螺栓解决漏水问题；当法兰垫有问题时，应拆开法兰，更换法兰垫，重新拧紧紧固螺丝。

(3) 系统堵塞

① 主要症状：a）故障端的上游端压力增大，下游端压力下降。b）循环泵扬程增大。c）若故障发生在热用户处，常常会由于系统循环流量过小，导致室温不热。d）堵塞端下游由于循环流量过小，水温明显偏低。

② 故障发生部位判定：a）除污器未及时除污；阀门掉芯；管道内存留杂物，导致杂物在三通、弯头处堵塞。b）测试可能堵塞部件前后的压差值，若压差远大于正常范围，即可判定为堵塞处。c）关闭邻近系统，若待查系统供热效果仍未有明显改善，则可判定该系统堵塞。

③ 故障处理：a）首先从系统的全局到局部，根据供热效果、压差大小、水温高低，判定堵塞部位，逐步渐进确定堵塞端，切勿盲目乱下决断。b）堵塞端确定后，将其与系统分离，尽快实施相应处理措施，消除堵塞故障。

(4) 系统泄漏

① 主要症状：a）循环泵扬程减小，流量加大，电机电流和功率增加，甚至超载。b）供暖系统压力参数普遍下降，泄漏部位的上游端管网压降增加，其下游端管网压力降减小。c）系统补水量显著增加。d）系统泄漏严重，补水量小于泄漏量，系统可能发生倒空、汽化等。

② 故障发生部位判定：a）可将供暖系统根据管井分布分为若干区域，分别关闭不同的管井，检查补水情况或系统压力变化情况。当关闭泄漏的区域后，补水量显著下降，系统运行逐步恢复正常，即可判定被关闭的分支发生了泄漏。b）安排运维人员巡检，发现管网漏水的部位即是泄漏部位。

③ 故障处理：a）首先将漏点部位从系统分离。b）根据泄漏发生原因，制定维修办

法。c）根据制定的维修办法，实施抢修。

（5）系统存气或串气

① 主要症状：a）局部成片的用户不热。b）系统或散热器上的部分放气阀打开后，放不出水，而是向系统内吸入空气。

② 故障发生部位判定：a）局部不热时，可打开系统排气阀排气，如有大量气体排出，即可判定系统存气。b）大面积成片不热时，应检查系统恒压点设置是否过低，或者定压方式是否不合理。

③ 故障处理：a）系统局部存气，可通过打开排气阀排出局部空气。b）因恒压点设置过低，或者定压方式不合理时，应有针对性地制定修复方案进行解决。

（6）供热管网结冰

① 主要症状：a）因各种原因导致局部供热管网结冰。b）因各种原因导致供暖系统长时间停止循环，导致相当范围的供热管网结冰。

② 故障处理：a）局部供热管网结冰，可采用灌热水、烘烤等办法解决。b）相当范围的供热管网结冰，化冰是件比较麻烦的事。可利用供暖钢管电阻小，导电性好的特性，利用电焊机自带的变压器调压，采用安全电压大电流的方法，在结冰管道两端通电，使得金属管道发热，可快速化冻。一般DN50以下的管道，在100 m长的管道两端通电，1～2 h即可化冻。此方法应注意供电功率与电焊机功率的匹配性，并由懂电的专业人员操作，确保安全。

15.3.2 太阳能集热-蓄热系统常见故障

（1）太阳能集热器漏水

① 主要症状：a）太阳能集热器与集热器或管道连接处漏水。b）太阳能集热器内部非连接处漏水。

② 故障处理：a）凡太阳能集热器与集热器或管道连接处漏水的，可通过紧固连接丝扣或者紧固密封扎箍的方式解决漏水问题。b）凡太阳能集热器内部非连接处漏水的，应更换新的太阳能集热器。

（2）太阳能集热器采光面破损

① 主要症状：a）平板集热器采光玻璃破裂。b）真空集热管破损或吸热涂层脱落。

② 故障处理：a）凡平板集热器采光玻璃破裂的，应更换采光玻璃。b）凡真空集热管破损或吸热涂层脱落的，应更换新的真空管。

（3）太阳能集热-蓄热系统管道或阀门接口处漏水

① 主要症状：a）管道或阀门丝扣处漏水。b）管道或阀门法兰处漏水。

② 漏水原因分析：与供暖管道漏水的原因大致相同。

③ 故障处理：a）凡管道或阀门丝扣连接漏水的，可通过紧固丝扣，或者拆卸后在管道丝扣处缠麻丝、生料带、铅油等，重新连接拧紧的方式解决漏水问题。b）凡法兰处漏水的，可通过紧固法兰紧固螺栓解决漏水问题；当法兰垫有问题时，应拆开法兰，更换法兰垫，重新拧紧紧固螺丝。

(4) 系统管道焊缝处漏液

① 主要症状：a）太阳能集热系统管道焊缝处漏液。b）系统热水管道焊缝处漏水。

② 故障处理：凡管道焊缝处漏液或漏水的，应在不影响系统循环的时间，隔离管道，放空管道内的水或液体，重新焊接渗漏的焊缝。

(5) 蓄热钢罐（水箱）漏水

① 主要症状：蓄热钢罐（水箱）漏水。

② 故障处理：凡蓄热钢罐（水箱）漏水的，应分析漏水原因，制定修复方案，实施修复。

15.3.3 机房设备常见故障

(1) 板换堵塞

① 主要症状：板换阻力显著增大。

② 故障处理：初次供暖运行的系统，常常会出现板换堵塞的情况。对于配备有一备一用或一备多用的，可切换到另一台板换工作，尽快组织拆卸，清洗堵塞的板换；对于只有一台换热器的，太阳能集热-蓄热系统板换，应在夜晚拆卸清洗，并确保在第二天太阳出来前能正常使用；供暖系统板换，应选择温度较高的白天拆卸清洗，并确保在 4 h 之内清洗完毕投入使用，防止供暖管道结冰；在气温较低时拆卸清洗供暖换热器，应采取防止供暖管网结冰的措施。

(2) 泵堵塞

① 主要症状：泵运行时声音异常，泵扬程显著减小。

② 故障处理：对于配备有一备一用或一备多用的，可切换到另一台泵工作，尽快组织拆卸，清除堵塞。

15.3.4 自控系统常见故障

(1) 检测温度不准

① 主要症状：检测显示温度明显与实际温度不符。

② 原因分析：a）温度探头或温度表损坏。b）温度探头线断开或短路。c）其他原因。

③ 故障处理：a）温度探头或温度表损坏的，应更换温度探头或温度表。b）温度探头线断开或短路的，应对症修复探头线故障。c）其他原因导致温度检测不准的，应查明原因，对症修复。

(2) 检测水位不准

① 主要症状：检测显示水位或压力明显与实际水位不符。

② 原因分析：a）水位探头或压力表损坏。b）水位探头线断开或短路。c）水位探头堵塞。d）其他原因。

③ 故障处理：a）水位探头或压力表损坏的，应更换水位探头或压力表。b）水位探头线断开或短路的，应对症修复探头线故障。c）水位探头堵塞的，应清除堵塞。d）其他原因的，应查明原因，对症修复。

(3) 控制器死机

① 主要症状：控制器突然死机。

② 原因分析：a）温度过高导致死机。b）其他原因。

③ 故障处理：a）温度过高导致死机的，应增设散热装置，确保控制器温度在允许范围内。b）其他原因的，应查明原因，对症修复。

系统故障还有很多，限于篇幅，不再多述，读者可在工作实践中不断总结。

思考题

1. 太阳能供暖系统与常规能源供暖系统有哪些不同点？
2. 太阳能供暖系统应注意哪些运行要点？
3. 太阳能供暖系统日常运行应检查哪些内容？
4. 列举几个供暖管网与末端的故障，并说明解决办法。
5. 列举几个太阳能集热-蓄热系统的故障，并说明解决办法。
6. 列举几个供暖机房设备的故障，并说明解决办法。
7. 列举几个太阳能供暖控制系统的故障，并说明解决办法。

第三篇　被动式太阳能建筑技术

第16章　被动式太阳能建筑结构与原理

被动式太阳能建筑是指不用机械动力，仅通过建筑结构上的合理布局，有目的地对房屋采取一定措施，达到冬季充分利用太阳辐射能进行供暖，夏季通过遮阳散热或利用热压效应进行房间排热的建筑。

被动式太阳能建筑与同类非节能建筑相比，可节能60%以上，既节约能源，又改善了居住条件，在我国东北、西北、青藏高原等地得到了广泛应用。

16.1　被动式太阳能建筑的类别

被动式太阳能建筑多种多样，分类方法也不同。常见的分类方法如下。

(1) 按照传热过程分类

按照传热过程的不同，可将被动式太阳能建筑分为：直接受益式、间接受益式、隔断式供暖三种。

直接受益式是指太阳光透过玻璃，直接进入供暖房间，被室内地板、墙壁、家具等吸收后，光能转变成热能，给房间供暖。

间接受益式是指太阳光不直接进入供暖房间，而是通过墙体热传导和热空气循环，将热能传递到需要供暖的房间。

隔断式是指太阳光把传热介质（空气或水）加热，被加热的传热介质将热能输送到供暖房间。

(2) 按照集热-蓄热方式分类

按照集热-蓄热方式的不同，可将被动式太阳能建筑分为：集热墙式、集热蓄热墙式（特朗勃墙）、附加阳光间式、屋顶浅池式、自然循环式五种。

集热墙式是指在太阳光可以照射到的墙面上加设透光玻璃，玻璃后面墙用混凝土、水墙、或相变材料等蓄热性能好的材料蓄存太阳光转变的热能，用于加热墙内的房间。

集热蓄热墙式是在太阳光可以照射到的除了窗户以外的墙面上加装透光玻璃，墙表面涂太阳能吸收涂层，在墙的上下口留通风口，使得室内空气可以通过通风口实现循环，并加热供暖房间。这种结构最早是由法国奥德罗（Odello）太阳能研究所特朗勃博士（Felix Trombe）创始，由建筑师M. Michel设计的一种被动式太阳能建筑，因此也称为特朗勃墙（Trombe Wall）。这种结构也有在墙与透光玻璃之间增设带太阳光吸收涂层的金属吸热板，由金属板吸热代替墙体吸热，使得金属吸热板快速升温，快速将加热夹层内空气加热，使得房间快速升温。这种结构也称作对流环路式太阳房。

附加阳光间式是将集热蓄热墙式墙与玻璃之间的夹层放宽，形成一个可以使用的空间。

屋顶浅池式是在屋顶修建浅水池，利用水池集热蓄热，而后通过屋顶板向室内传热。

自然循环式是将太阳能集热器放在房屋采光墙面低处，利用自然循环实现对房间加热。

(3) 按照被动式太阳能建筑的功能分类

按照被动式太阳能建筑可实现供暖、制冷的目的，可分为：太阳暖房、太阳冷房、太阳能空调房。

太阳暖房是指利用太阳光仅能实现供暖的建筑。

太阳冷房是指利用太阳光仅能实现制冷的建筑。

太阳能空调房是指利用太阳光既能实现供暖又能实现制冷的建筑。

(4) 按照太阳能建筑是否需要机械动力分类

按照太阳能建筑是否需要外加动力，分为：主动式、被动式。

主动式太阳能建筑（active）是通过安装泵、风机等需要外来电源供电驱动的设备，实现太阳能供暖的房间。这种方式人可以根据需要调节房间温度，这对人来说有主动权，因此称为主动式太阳房。本书第 9～15 章讲解的全部是主动式太阳能供暖的内容。

被动式太阳能建筑（passive）是根据当地气象条件、生活习惯，在基本不添加附加设备的条件下，通过合理设计，使房间利用太阳能能够达到更好供暖效果的建筑。大多情况下，被动式太阳能部件与建筑融为一体，使得房屋构件一物多用。

被动式太阳能建筑具有构造简单，造价便宜，管理方便等优点，本书第 16～18 章主要讲解被动式太阳能建筑技术。

16.2 被动式太阳能建筑结构与工作原理

本节主要介绍常见且有代表性的几种被动式太阳能建筑的结构与工作原理，包括：直接受益式、集热蓄热墙式、对流环路式、附加阳光间式、屋顶集热蓄热式、组合式被动式太阳能建筑等。为了叙述的方便，下面以我国所处的北半球为例来讲述。

16.2.1 直接受益式

直接受益式是利用建筑南向透光窗进行直接供暖，这是太阳房中最简单高效的被动式太阳能建筑。图 16-2-1 是直接受益式被动式太阳能建筑实景图。

图 16-2-1 直接受益窗式太阳房实景图

（1）结构组成

加大南向能够透光的门窗面积，采用蓄热性能好的砖、混凝土墙作为围护结构，甚至在围护结构内添加相变蓄热材料等，在地面铺设能够蓄热的地板砖，增设门窗保温装置等。

（2）工作原理

图 16－2－2 是直接受益式太阳房工作原理示意图。其工作原理是：白天太阳光通过南向窗直接照射到室内墙壁、地板、家具上，这些部件吸收太阳光后转变为热能，使这些部件的温度升高并储存热量；夜晚关闭门窗保温装置，当室外和房间温度都下降时，室内墙壁、地板、家具通过辐射、对流、传导释放热量，使房间维持一定的温度。

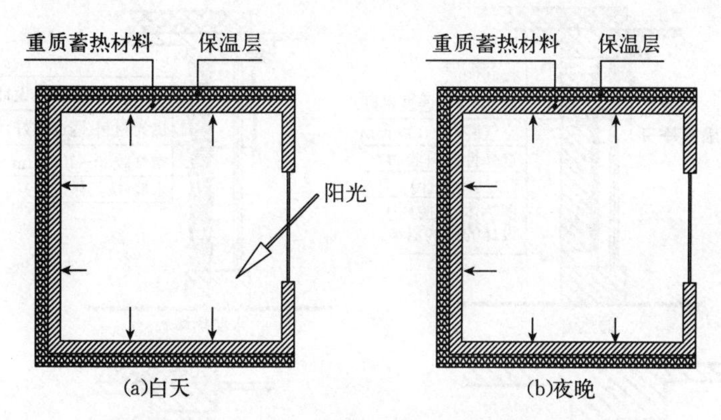

图 16－2－2　直接受益式太阳房工作原理示意图

（3）特点

优点：结构简单，采光好，能够充分利用太阳光供暖。

缺点：应处理好热平衡问题，如果处理不好，会导致晴天时，白天房间温度过高，夜晚房间降温大，室内温度波动大，给人不舒服感。

16.2.2　集热蓄热墙式

图 16－2－3 是集热蓄热墙式太阳能建筑实景图。

图 16－2－3　集热蓄热墙式太阳能建筑实景图

（1）结构组成

集热蓄热墙式是在建筑南墙除了窗户以外的墙体上增加覆盖玻璃或其他透光材料，并把覆盖透光材料的墙体涂成黑色或太阳吸收率高的其他颜色，透光面与墙体之间留有空气间层，间层宽度一般在 60～100 mm；墙体采用具有一定蓄热能力的混凝土或砖墙，可在墙体上开通与室内相通的上下风洞，夹层上部开通往室外的孔洞。国外也有将盛水的容器放置在墙内，盛水的器物表面喷涂太阳能吸收涂层，利用水进行蓄热。图 16-2-4 是集热蓄热墙式结构示意图。

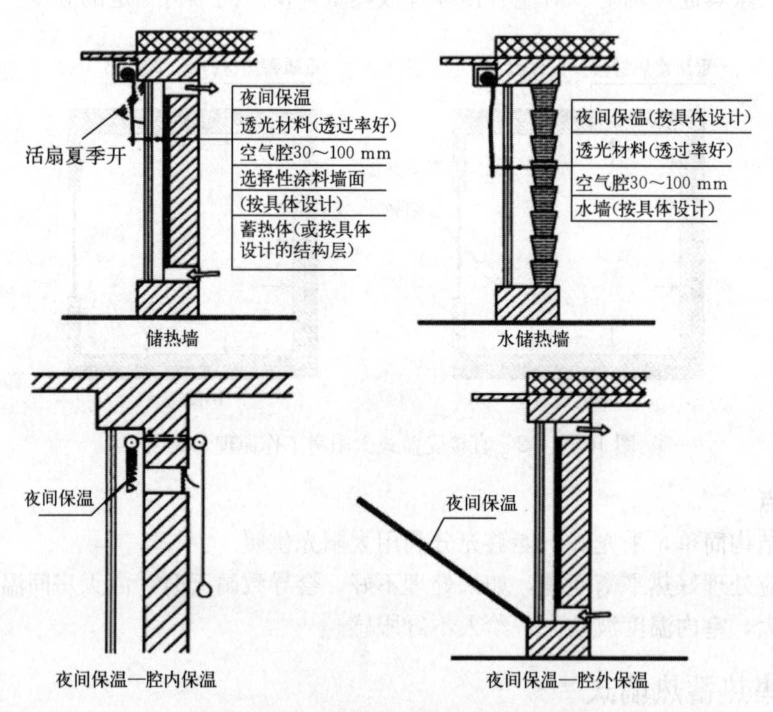

图 16-2-4　集热蓄热墙式结构示意图

（2）工作原理

图 16-2-5 是带进出风洞的集热蓄热墙式被动式太阳能建筑工作原理示意图。其工作原理如下：

冬季加热房间：冬季时，打开空气夹层与房间相通的进出孔，关闭夹层上部与室外相通的孔。白天太阳光透过玻璃照射到南墙吸热涂层上，吸热涂层将太阳光能转变成热能，并使得墙体温度升高；升温后的墙体加热玻璃与墙体之间的空气，空气升温后上升到上风口，通过上风口进入室内，室内冷空气通过下风口进入玻璃与墙体之间的夹层，如此形成夹层空气与室内的空气循环，从而把房间加热；在夜晚关闭上下风口，防止逆向循环，同时被加热的墙体通过房间的内墙面向房间散热，加热房间。

夏季冷却房间：夏季时，打开夹层上部与室外相通的孔，打开空气夹层与房间相通的下部的孔，关闭夹层上部与室内相通的孔，打开房间北面的窗户。白天太阳光透过玻璃照射到南墙吸热涂层上，吸热涂层将太阳光能转变成热能，并使得墙体温度升高；夹层内空

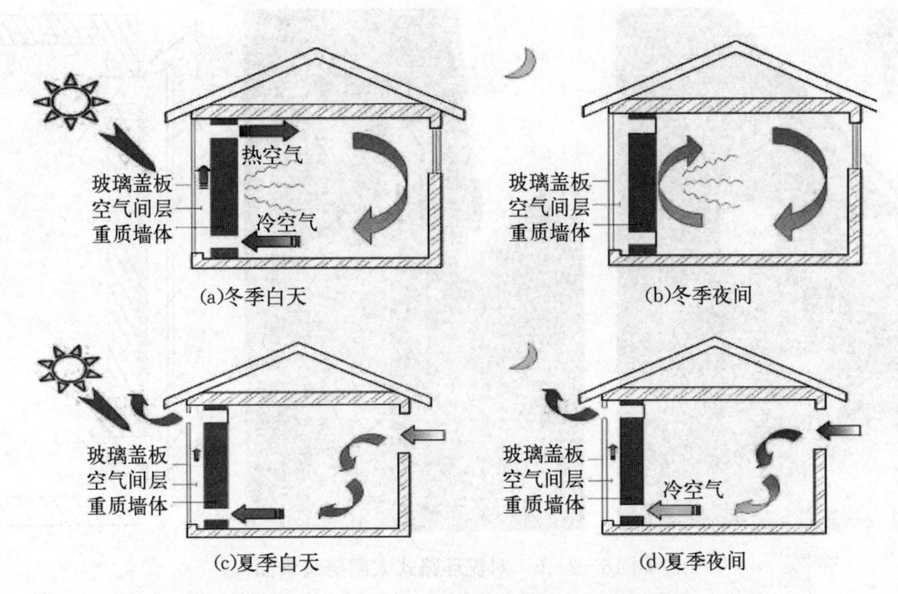

图 16－2－5　集热蓄热墙式工作原理示意图

气被加热升温后，从夹层上部与室外相通的孔排向室外，同时室内北面较冷的空气进入室内，室内空气从空气夹层下部的孔洞进入空气夹层，这样就形成了房间北面的冷空气进入室内-室内空气进入空气夹层-空气夹层内空气被加热上升，从夹层上部排向室外的空气循环，通过此种空气循环，实现房间降温和舒适。

(3) 特点

优点：室内温度波动小，舒适性好。

缺点：空气夹层容易进灰，不容易清理；外立面处理不好，视觉美观性差；夜间向外散热量大，净热效率在 20%～25%之间。

16.2.3　对流环路式

图 16－2－6 是在南墙上外装空气集热器的对流环路式被动式太阳能建筑实景图。

(1) 结构组成

对流环路式结构见图 16－2－7。其结构特点是在南面的墙体上增加保温层（也可不增加保温层），并增加一层金属板（一般用铁板或铝板），金属板可以是平板，为了增加采光面积也可以折成波浪形状，在金属板采光的一面涂上太阳能吸收涂层；在金属板外面加装单层或多层透光面（一般为玻璃罩盖），在金属板与透光面之间或者墙体与金属板之间留有空腔通道；空腔上下开与房间相通的孔洞，孔洞内可以放置小风扇，也可不设风扇。空腔有两种形式，一种是金属板紧贴墙体保温，空腔在透光板和金属板之间，称为吸热板前风道式；另一种是空腔在金属与保温材料之间，同时金属板与透光板之间留一定间隙，称为吸热板后风道式。对流环路式也可以将上述结构制成成品空气集热器，在成品空气集热器的上下开风口，将南墙对应空气集热器风口处开通与房间相通的孔洞，将成品空气集热器固定在南墙上，空气集热器与南墙接触的四周密封即可。

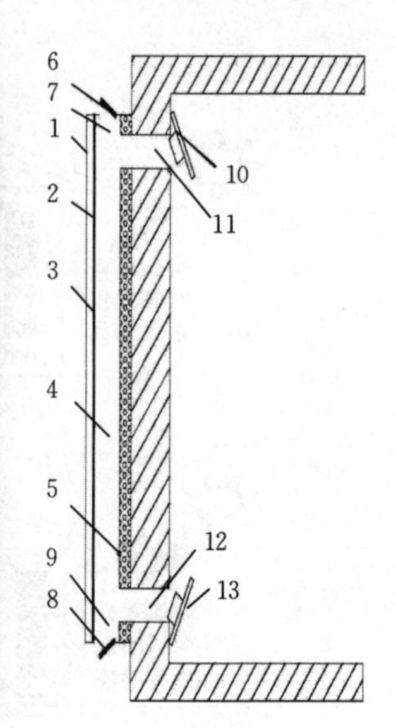

图 16-2-6　对流环路式太阳房实景图

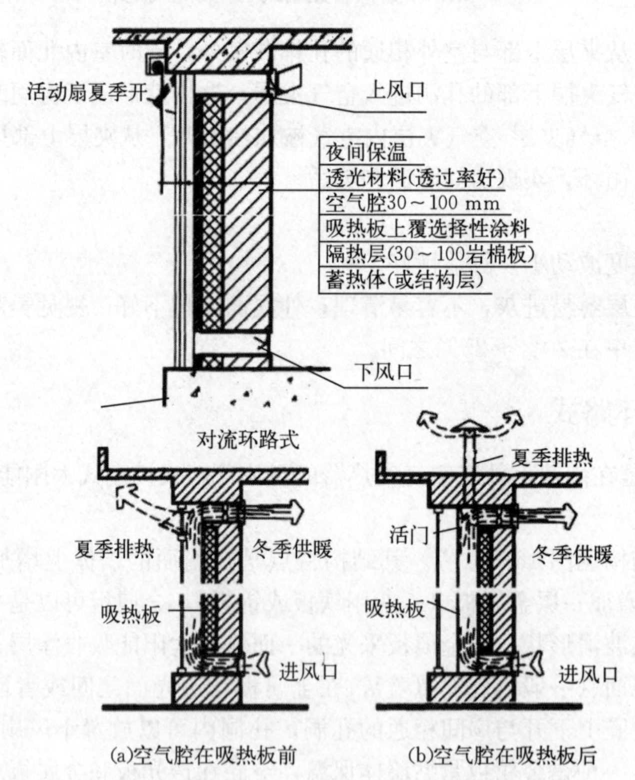

图 16-2-7　对流环路式结构与工作原理示意图

（2）工作原理

这种结构的工作原理与图 16-2-7 所示的集热蓄热墙式太阳房工作原理大致相同，所不同的是采用了金属吸热板、吸热块，空腔空气升温快，温度高。另外在墙体上增设了保温层，保温层减少了吸热板后墙体的吸热和墙体向外的散热。

（3）特点

优点：比集热蓄热墙式升温快，温度高；有墙体保温的，冬季夜晚可降低墙体向外散热，夏季可降低墙体温度，减少墙体夏季对室内散热。

缺点：空腔层容易进灰，不容易清理；外立面处理不好，视觉美观性差；墙体带保温层的，墙体温度低，冬季夜晚墙体向室内散热少。

16.2.4　附加阳光间式

附加阳光间式太阳能建筑实物图见图 16-2-8（a）。

（1）结构组成

其结构特点是在南面墙体南侧附加建设一个阳光间（或称日光温室），建筑南墙作为间墙把室内空间与阳光间分割开。阳光间围护结构全部或部分采用透光材料，阳光间的透光面加设保温装置；阳光间与房间之间的公共隔墙上开有门、窗或通风孔洞。

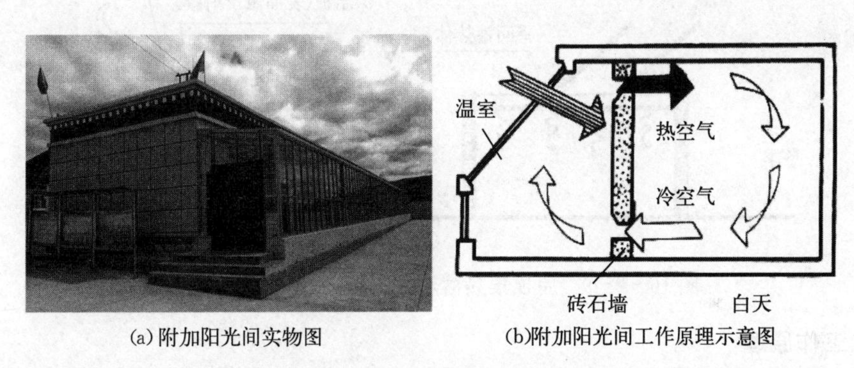

(a) 附加阳光间实物图　　(b)附加阳光间工作原理示意图

图 16-2-8　集热蓄热墙式太阳房工作原理示意图

（2）工作原理

这种结构的工作原理见图 16-2-8（b）。白天阳光间的空气被加热，热空气经由专门的孔洞或门窗进入房间内，向房间供暖；夜晚阳光间成为室内外的缓冲区，阳光间温度高于外部环境温度，从而减少房间对外的散热。加有保温装置的阳光间，夜晚可将保温装置打开，减少阳光间向外散热。

（3）特点

优点：阳光间采光面积大，得热量大，冬季房间供暖效果好。

缺点：房间通风处理不好，存在闷气问题；阳光间与室内匹配不好或措施不到位，可能存在房间过热问题。

16.2.5　屋顶集热蓄热式

（1）结构组成

屋顶集热蓄热式太阳能建筑是在屋顶直接设置蓄热物质或设置太阳能集热蓄热装置，形式多种多样，图 16-2-9 是屋顶集热蓄热式太阳房结构与工作原理示意图。水是良好的蓄热材料，可在屋顶修建水屋面，如在屋顶建造浅水池、利用黑色塑料袋装水，放置在房顶等方式，起到冬季供暖，夏季降温的效果。也可在屋顶设置卵石床或者相变蓄热材料，达到类似水屋面集热-蓄热-房间供暖的效果。

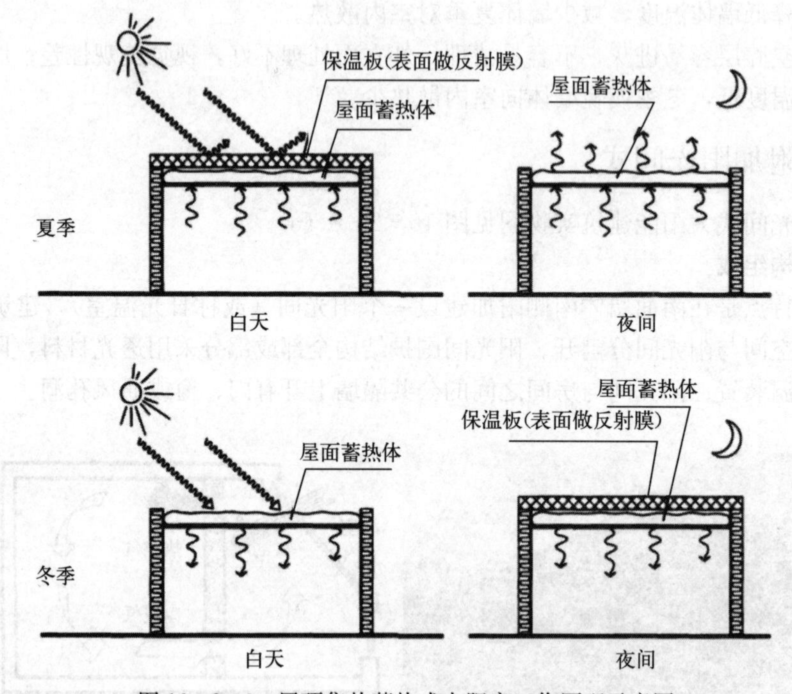

图 16-2-9　屋顶集热蓄热式太阳房工作原理示意图

(2) 工作原理

冬季白天屋顶集热蓄热，夜晚被加热的房顶通过热辐射向室内供暖，也可通过增加风扇，将房间上部热空气强制送到房间下部，增加房间的对流换热。

夏季室内热量向上传递给水池或其他吸热物质，从而使得室内降温；夜晚，水池的热量通过辐射、对流和蒸发，将热量释放到室外环境中。

可在屋顶设置保温板，冬季白天打开，夜晚关闭，提高向室内的供热效果；夏季白天关闭，夜晚打开，提高其吸热降温效果。

(3) 特点

优点：房间不存在闷气问题、采光面不存在影响美观问题；集热蓄热面积大。

缺点：增加了屋顶承重负担；水蓄热需解决好渗漏问题；向房间对流换热需增加风扇。

16.2.6　组合式

应用上述两种或两种以上基本形式的太阳房称为组合式太阳房。组合式太阳房可以发挥各自形式的优点，因此实际建成的太阳房多为组合式。

图 16-2-10（a）是采用直接受益式＋集热蓄热墙式组合太阳房，图 16-2-10（b）是采用直接受益式＋集热蓄热墙式组合太阳房＋屋顶主动式太阳能供暖。

(a) 直接受益窗+集热蓄热墙组合太阳房

(b) 直接受益窗+集热蓄热墙+屋顶主动式太阳能供暖

图 16-2-10　组合式太阳房实物图

16.3　被动式太阳能建筑设计选型

在选择确定被动式太阳能建筑类型时，既要考虑当地的气候条件，太阳能资源情况，又要考虑太阳房本身的建筑功能要求，并兼顾太阳房建造地点的地形地貌，综合各项情况优化选型。

南窗对被动式太阳能建筑具有双重功能。一是作为建筑采光构件，二是作为直接受益式太阳房的太阳能集热部件，因此直接受益式太阳房是任何一栋被动式太阳能建筑必须采用的型式。这种型式的太阳能供暖最直接、最简单、效率也最高；但是建筑保温和蓄热性能较差时，室温降温快，温度波幅大。这种太阳能建筑对仅需要在白天使用的办公建筑、学校教室、商铺等比较适用。

对流环路式太阳能建筑早晨升温快，并且在一整天都保持较高的供热量。这种被动式太阳能建筑也适合仅白天需要供暖的建筑。

集热蓄热墙式和附加阳光间式太阳能建筑，对住宅类和设有病房的乡镇卫生院等比较适合。蓄热墙在夜间可以通过墙体缓缓释放热量，减小室温波动；阳光间可以给住户和住院病人提供一个温暖的活动空间。

同一建筑不同功能的房间，应根据其特点选择不同的被动式太阳能建筑形式。仅白天有人活动的房间，如客厅等，主要考虑白天的供热效果，可采用直接受益式和对流环路式，首先应考虑白天的舒适度问题；对于夜间需要供暖的房间，主要考虑夜间的蓄热供热效果，可采用集热蓄热墙式被动太阳房。

被动式太阳能建筑一般不能 100%解决供暖问题，对于对全天供暖要求高的建筑，可采用被动式+主动式太阳能供暖相结合的方式，并以被动技术优先，主动技术优化为设计选择原则。

16.4　被动式太阳能建筑实际案例

(1) 直接受益被动式太阳能建筑案例

图 16-4-1 是位于西藏拉萨曲水县才纳乡四季吉祥村的 300 多户直接受益式太阳能

藏民住宅。该住宅主要用于高海拔地区藏民异地搬迁居住。该住宅采用围护结构保温、单框双玻断桥铝窗户等建筑节能措施，并加大了南墙窗户。由于西藏地处高原，冬季时间长且太阳辐照强，夏季时间短且环境温度不高，全年昼夜温差大，年温差小，因此这种结构的住宅很好地解决了冬季房间白天的供暖问题。

图 16-4-1　西藏藏民异地搬迁房直接受益窗被动式太阳能住宅实景图

图 16-4-2 是甘肃能源研究所培训基地的被动式太阳能办公大楼实景图。该办公大楼二楼和三楼采用直接受益式太阳能供暖技术，采用双层玻璃塑钢窗，楼梯和走道留在北面，办公房间均在南侧。这种被动式太阳能建筑很好地解决了白天的供暖问题，这种形式的办公建筑在西北、西藏等地应用非常普遍。

（2）直接受益窗＋对流环路被动式太阳能建筑案例

图 16-4-3 是西藏阿里札达县发改委办公大楼，该办公大楼办公室采用的直接受益式＋对流环路式被动太阳能供暖技术，可以较好地解决办公室白天的供暖问题。这种组合的被动式太阳能建筑，在西藏各级政府办公大楼中应用很普遍。

（3）附加阳光间被动式太阳能建筑案例

图 16-4-4 是甘肃能源研究所培训基地的被动式太阳能供暖公寓，建筑面积 1 028 m^2，有标准客房 18 间，小型会议室 1 间，配套卡拉 OK 厅、舞厅等设施。采用大

型附加阳光间式被动式太阳能供暖设置，太阳能供暖节能率可达到 70%。

图 16-4-2　直接受益窗被动式太阳能办公大楼实景图

图 16-4-3　直接受益式+对流环路被动式太阳能办公大楼实景图

图 16-4-4　被动式太阳能供暖公寓实景图

图 16-4-5 是甘肃能源研究所培训基地的被动式太阳能窑洞，建筑面积 54 m^2，是别具一格的黄土窑洞太阳房。采用附加阳光间式被动式太阳能供暖方式，太阳能供暖节能率可达 75%。冬暖夏凉，又节约土地，节约能源，施工简单，造价低廉。

图 16-4-5 被动式太阳能窑洞实景图

图 16-4-6 是西藏那曲市班戈县发改委办公大楼，位于海拔 4 700 m 的高海拔地区，

图 16-4-6 西藏办公楼增设附加阳光间供暖后实景图

冬季长达 8 个月，气温低，寒冷，且没有供暖设置，办公条件艰苦。为解决该办公楼的供暖问题，在该办公楼的南墙整面墙增设了附加阳光间被动式太阳能供暖，在白天取得了较好的供暖效果。在西藏类似这样的办公楼、学校教室供暖，很多都是通过增加附加阳光间的措施，在白天取得了较好的供暖效果。

图 16－4－7 是天普新能源公司在北京生产基地设计建造的太阳能别墅，集成了被动式太阳房和主动式太阳能供暖技术，可以 100%满足别墅供暖。其中被动式太阳能供暖部分采用了直接受益窗＋附加阳光间供暖技术。该别墅设计将客厅、卧室等主要房间放在南边，而将厕所、厨房、设备间等次要房间设计在中间和北部，设计的太阳能热压通风井提高了热压效应，在夏季可以快速将热风通过热压井抽走，达到很好的通风降温效果；在冬季关闭热压井上的阀板，仅依靠建筑本身的被动式供暖，西侧一楼和二楼的房间供暖温度就可达到 14 ℃以上。

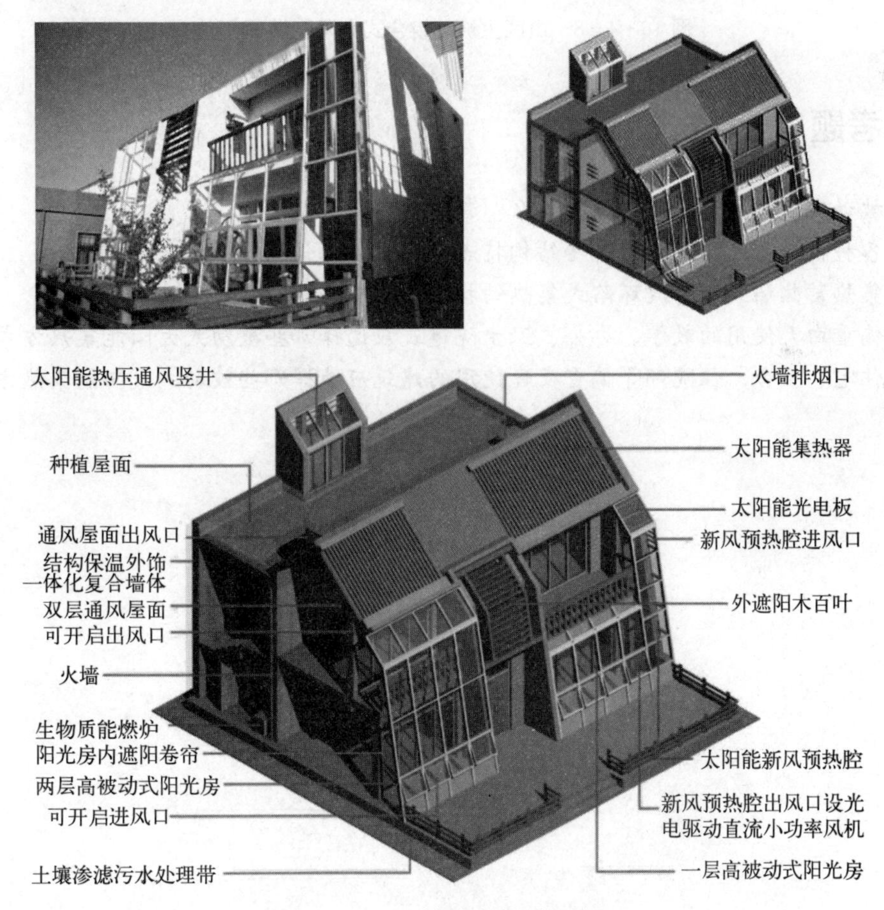

图 16－4－7　被动式太阳能别墅

图 16－4－8 是北京北方赛尔太阳能工程技术公司为北京门头沟山区某农户单层住宅设计安装的太阳能供暖系统，采用了被动＋主动的太阳能供暖技术，其中被动技术采用了直接受益窗＋集热蓄热墙技术，采用单框双玻塑钢窗户作为直接受益窗，窗下空间设计成

了集热蓄热墙；主动技术采用了自然循环全玻璃真空管太阳能系统，室内主动供暖末端采用地板辐射供暖，自然循环水箱内设置有换热盘管，通过换热盘管向农户供洗浴热水。系统自2010年建成投入使用以来，节能60%以上，使用6年后回访，用户非常满意。

图16-4-8　山区主被动组合式太阳能供暖农宅

思考题

1. 被动式太阳能建筑的定义是什么？都有哪些种类？
2. 各种被动式太阳房都有哪些结构特点？各自的工作原理是什么？
3. 集热蓄热墙式与对流环路式集热结构的区别有哪些？
4. 偏重白天使用的教学、办公、卫生院建筑应选择哪些被动式太阳能集热方式？
5. 住宅、宿舍、住院部等偏重夜晚使用的建筑应选择哪些被动式太阳能集热方式？

第 17 章　被动式太阳能建筑设计

17.1　被动式太阳能建筑常用术语

根据 GB/T 15405—2006《被动式太阳房热工技术条件和测试方法》，列出以下太阳房常用术语的定义。

(1) 黑球温度（black-bulb temperature）

被动式太阳房室内环境与人体进行辐射对流热交换的当量温度。

用黑球温度计可测试房间的黑球温度。黑球温度计采用 0.5 mm 厚铜皮制成直径为 150 mm 的空心铜球，球面涂以烟炱胶水混合物，使得球面获得尽可能大的黑度。铜球上部有孔，并将温度计插入到球心。由于铜球的导热系数大，内壁薄，所以铜球表面温度和球中心点的空气温度几乎相等。

黑球温度计与四周围护结构进行的是辐射换热，与周围空气进行的是对流换热，这两部分热量达到平衡时，温度计测出的温度就是黑球温度。

当黑球温度计达到热平衡时，黑球温度数值应在周围空气温度和四周围护结构温度之间，不可能比二者都大或都小。

黑球温度表示气温、辐射和气流速度综合作用的结果。根据兰州交通大学环境与市政工程学院张兴隆等 2007 年 10 月在《建筑热能通风空调》上发表的《黑球温度对房间热舒适性的影响》论文的结论：黑球温度可以评价房间的热舒适性，但不能单纯用黑球温度的绝对值来反映房间围护结构辐射热的大小，而应该用黑球温度与各围护结构内表面的温度差来评价房间的热舒适性。房间黑球温度与围护结构内表面温度的日平均温差小于 4 ℃，或者黑球温度与室内空气温度的温差小于 5 ℃时，房间的热舒适性是满意的。

(2) 基础温度（basic temperature）

根据被动式太阳房供暖水平而设定的主要房间内的最低温度。我国现行被动式太阳房国家标准 GB/T 15405—2006《被动式太阳房热工技术条件和测试方法》将此数值定为黑球温度 14 ℃。行业标准 JGJ 267—2012《被动式太阳能建筑技术规范》将基础温度定为 13 ℃。

(3) 采暖度日数（degree-day during heating period）

供暖期内各天基础温度与室外日平均温度之间的正温差（不计负温差）的总和。

(4) 综合气象因素（synthetic weather factor）

供暖期内被动式太阳房南向垂直面单位平方米接收的太阳辐射总量与对应期间采暖度日数的比值。

(5) 直接蓄热体（direct gain and storage element）

直接接收太阳光照射的蓄热物质。

(6) 间接蓄热体（indirect gain and storage element）

不直接接收太阳光照射的蓄热物质。

(7) 集热（蓄热）墙日平均热效率［daily efficiency of heat collection（and storage）wall］

通过集热（蓄热）墙进入被动式太阳房的有效热量与同期垂直照射到该集热墙上太阳辐照量的比值。

(8) 净负荷（net heating load）

除太阳能集热部件外，在不计入太阳作用的某个计算期间，为维持被动式太阳房室温等于基础温度的计算热耗。

(9) 太阳能供暖保证率 *SHF*（solar heating fraction）

太阳能供暖保证率 *SHF* 是指被动式太阳房为维持基础温度所需净负荷中太阳能所占的百分比。与行业标准 JGJ 267—2012《被动式太阳能建筑技术规范》所提的太阳能贡献率是一个含义。

$$SHF=\frac{Q_{S\cdot d}+Q_{S\cdot W}+Q_{S\cdot g}}{Q_b+Q_L} \quad (17-1-1)$$

(10) 被动式太阳房节能率 *SSF*（solar storage fraction）

太阳房节能率 *SSF* 是指：

$$SSF=\frac{Q_{d\cdot m}-Q_{t\cdot m}}{Q_{d\cdot m}} \quad (17-1-2)$$

式中：$Q_{d\cdot m}$——对比阶段对比房的小时平均净耗热量；

$Q_{t\cdot m}$——对比阶段太阳房的小时平均净耗热量。

(11) 辅助热量（auxiliary heat）

被动式太阳房室温低于基础温度期间，由辅助能源系统向房间提供的热量。与行业标准 JGJ 267—2012《被动式太阳能建筑技术规范》所提的辅助热量（低于设计温度期间，由辅助热源提供的热量）是一个含义。

(12) 南向辐射温差比（south radiation temperature difference ration）

行业标准 JGJ 267—2012《被动式太阳能建筑技术规范》提出了南向辐射温差比的概念，其定义是：南向垂直面的平均辐照度与室内外温差的比值。

17.2 被动式太阳能建筑分区

17.2.1 国标 GB/T 15405—2006 的分区与对围护结构热工要求

按照影响太阳房技术条件综合气象因素的大小，GB/T 15405—2006《被动式太阳房热工技术条件和测试方法》将我国可利用太阳能供暖的地区划分为四个区域，各区代表城市及对太阳房围护结构的热工指标要求见表 17-2-1。

从表 17-2-1 的分区可以看出：综合气象因素与立面太阳辐照量和当地环境温度直接相关，太阳辐照资源好且气温不低的地方，综合气象因素数值就大；太阳辐照资源差且气温低的地方，综合气象因素数值就小；太阳辐照资源好但气温低的地方，综合气象因素数值也不大；太阳辐照资源一般但气温不低的地方，综合气象因素数值也不小。

表 17-2-1　被动式太阳房气象区划及代表城市和维护结构的热工指标

气象区划	综合气象因素 kJ/(m²·℃·d)	代表城市	围护结构热工指标	
			南窗夜间保温帘（板）最小热阻（m²·℃)/W	外围护结构最大传热系数 W/(m²·℃)
1	＞30	拉萨	双层：0.172 单层：0.43 单层：0.86	0.25～0.3 0.35～0.45 0.45～0.5
	25～30	新乡、鹤壁、开封、济南、北京、郑州、石家庄、洛阳、保定、汉口、天津、潍坊、安阳		
2	20～25	大连、西宁、银川、青岛、太原、和田、哈密、且末、延安、兰州、榆林、秦皇岛、阳泉、包头、西安	双层：0.43 双层：0.86 双层：0.86	0.25～0.35 0.45～0.55 0.3
3	15～20	玉门、酒泉、宝鸡、咸阳、张家口、呼和浩特、喀什、伊宁	双层：0.43 双层：0.86	0.25 0.4
4	13～15	抚顺、乌鲁木齐、通化、锡林浩特、沈阳、长春、鸡西	双层：0.86	0.28

注：南向玻璃透光面夜间保温热阻最小值与外围护结构最大传热系数的选择为对应关系

17.2.2　行标 JGJ/T 267—2012 的分区

行业标准 JGJ 267—2012《被动式太阳能建筑技术规范》根据南向辐射温差比和南向垂直面太阳辐照度，将全国各地划分为四个气候区，见表 17-2-2，根据当地 7 月份平均气温和相对湿度，将全国各地是否适合被动式降温划分为四个气候区，见表 17-2-3。

表 17-2-2　被动式太阳能采暖气候分区

气候分区		南向辐射温差比 *ITR* [W/(m²·℃)]	南向垂直面太阳辐照度 *I*（W/m²）	典型城市
最佳气候区	A 区（SHⅠa）	*ITR*≥8	*I*≥160	拉萨、日喀则、稻城、小金、理塘、德荣、巴塘
	B 区（SHⅠb）	*ITR*≥8	160＞*I*≥60	昆明、大理、西昌、会理、木里、林芝、马尔康、九龙、道孚、德格
适宜气候区	A 区（SHⅡa）	6≤*ITR*＜8	*I*≥120	西宁、银川、格尔木、哈密、民勤、敦煌、甘孜、松潘、阿坝、若尔盖
	B 区（SHⅡb）	6≤*ITR*＜8	120＞*I*≥60	康定、阳泉、昭觉、昭通
	C 区（SHⅡc）	4≤*ITR*＜6	*I*≥60	北京、天津、石家庄、太原、呼和浩特、长春、上海、济南、西安、兰州、青岛、郑州、张家口、吐鲁番、安康、伊宁、民和、大同、锦州、保定、承德、唐山、大连、洛阳、日照、徐州、宝鸡、开封、玉树、齐齐哈尔

（续）

气候分区	南向辐射温差比 ITR［W/(m^2·℃)］	南向垂直面太阳辐照度 I（W/m^2）	典型城市
一般气候区（SHⅢ）	$3 \leqslant ITR < 4$	$I \geqslant 60$	乌鲁木齐、沈阳、吉林、武汉、长沙、南京、杭州、合肥、南昌、延安、商丘、邢台、淄博、泰安、海拉尔、克拉玛依、鹤岗、天水、安阳、通化
不宜气候区（SHⅢ）	$ITR \leqslant 3$	—	成都、重庆、贵阳、绵阳、遂宁、南充、达县、泸州、南阳、遵义、岳阳、信阳、吉首、常德
	—	$I < 60$	

表 17-2-3　被动式降温气候分区

气候分区		7月份平均气温 T（℃）	7月份相对湿度 φ（%）	典型城市
最佳气候区	A区（CHⅠa）	$T \geqslant 26$	$\varphi < 50$	吐鲁番、若羌、克拉玛依、哈密、库尔勒
	B区（CHⅠb）	$T \geqslant 26$	$\varphi \geqslant 50$	天津、石家庄、上海、南京、合肥、南昌、济南、郑州、武汉、长沙、广州、南宁、海口、重庆、西安、福州、杭州、桂林、香港、台北、澳门、珠海、常德、景德镇、宜昌、蚌埠、达县、信阳、驻马店、安康、南阳、济南、郑州、商丘、徐州、宜宾
适宜气候区	A区（CHⅡa）	$22 < T < 26$	$\varphi < 50$	乌鲁木齐、敦煌、民勤、库车、喀什、和田、莎车、安西、民丰、阿尔泰
	B区（CHⅡb）	$22 < T < 26$	$\varphi \geqslant 50$	北京、太原、沈阳、长春、吉林、哈尔滨、成都、贵阳、兰州、银川、齐齐哈尔、汉中、宝鸡、酉阳、雅安、承德、绥德、通辽、黔西、安达、延安、伊宁、西昌、天水
可利用气候区（CHⅢ）		$18 < T \leqslant 22$	—	昆明、呼和浩特、大同、盘州、毕节、张掖、会理、玉溪、小金、民和、敦化、昭通、巴塘、腾冲、昭觉
不需降温气候区（CHⅣ）		$ITR \leqslant 3$	—	拉萨、西宁、丽江、康定、林芝、日喀则、格尔木、马尔康、昌都、道孚、九龙、松潘、德格、甘孜、玉树、阿坝、稻城、红原、若尔盖、理塘、色达、石渠

17.3　被动式太阳能建筑设计技术要求

被动式太阳能供暖和降温设施，应结合建筑形式，综合考虑冬季供暖和夏季降温的技术措施，减少设施在冬季的热量损失和冷风渗透，减少夏季向室内的传热。

17.3.1　建筑集热形式选择

被动式太阳能建筑的太阳能集热形式应根据供暖气候分区，太阳能利用效率和房间热环境设计指标，按照行标 JGJ/T 267—2012《被动式太阳能建筑技术规范》推荐的被动式太阳能建筑集热形式进行选择，见表 17-3-1。

表 17-3-1　被动式太阳能建筑集热形式选择表

被动式太阳能建筑气候分区		推荐选用的单项或组合供暖方式
最佳气候区	最佳气候 A 区	集热蓄热墙式、附加阳光间式、直接受益式、对流环路式、蓄热屋顶式
	最佳气候 B 区	集热蓄热墙式、附加阳光间式、对流环路式、蓄热屋顶式
适宜气候区	适宜气候 A 区	集热蓄热墙式、附加阳光间式、对流环路式、蓄热屋顶式
	适宜气候 B 区	集热蓄热墙式、附加阳光间式、对流环路式、蓄热屋顶式
	适宜气候 C 区	集热蓄热墙式、附加阳光间式、蓄热屋顶式
可利用气候区		集热蓄热墙式、附加阳光间式、蓄热屋顶式
一般气候区		直接受益式、附加阳光间式

建筑供暖形式应根据建筑结构、房间性质、造价、选择适宜的单项或组合供暖形式。以白天使用为主的房间，宜选用直接受益窗式、附加阳光间式、对流环路式；以夜间使用为主的房间，宜选择具有较大蓄热能力的集热蓄热墙式和蓄热屋顶式。

17.3.2　对被动式太阳能建筑各种集热形式的设计要求

行标 JGJ/T 267—2012《被动式太阳能建筑技术规范》对被动式太阳能建筑各种集热部件设计的技术要求如下。

(1) 直接受益窗设计

应对建筑的得热与失热进行热工计算，合理确定窗洞口面积，南向集热窗的窗墙面积宜为 50%。窗户的热工性能应优于国家现行有关建筑节能设计标准的规定。

(2) 集热蓄热墙设计

集热蓄热墙的组成材料应有较大的热容量和导热系数，并应确定其合理厚度。

集热蓄热墙向阳面外侧应安装玻璃或其他透明材料，并应与集热热墙向阳面保持 100 mm 以上的距离。

集热蓄热墙向阳面应涂覆太阳辐射吸收系数大、耐久性强的表面涂层。

透光和保温装置的外露边框构造应坚固耐用、密封性好。

应根据建筑热工计算或南墙条件确定集热蓄热墙的形式和面积。

集热蓄热墙应设置对流风口、对流风口上用设置可自动或者便于关闭的保温风门，并宜设置风门逆止阀。

宜利用建筑结构构件作为集热蓄热体。

应设置防止夏季室内过热的排气口。

(3) 附加阳光间设计

附加阳光间应设置在南向或南偏东至南偏西夹角不大于 30°范围内的墙外侧。

附加阳光间与供暖房间之间公共墙上的开孔位置应有利于空气热循环，并应方便开启和严密关闭，开孔率宜大于15%。

采光窗宜设置活动遮阳设置。

附件阳光间内地面和墙面宜采用深色表面。

应合理确定透光盖板的层数，并应设置夜间保温措施。

附件阳光间应设置夏季降温用排风口。

(4) 蓄热屋顶设计

蓄热屋顶保温盖板应采用轻质、防水、耐候性强的保温构件。

蓄热屋顶盖板应根据房间温度、蓄热介质（水等）温度和室外太阳辐照度进行灵活调节和启闭。

保温板下方放置蓄热体的空间净高宜为200～300 mm。

蓄热屋顶应有良好的保温性能，并应符合国家现行有关建筑节能设计标准的规定。

(5) 对流环路设计

集热器安装位置应低于蓄热体，集热器背面应设置保温材料。

蓄热材料应选用重质材料，蓄热体接受集热器空气流的表面面积宜为集热器面积的50%～70%。

集热器应设置防止空气反向流动的逆止风门。

17.3.3 对被动式太阳能建筑蓄热体的设计要求

行标JGJ/T 267—2012对被动式太阳能建筑蓄热体设计的技术要求如下：

应采用能抑制室温波动、成本低、比热容大、性能稳定、无毒、无害、吸热放热能力强的材料作为建筑蓄热体。

蓄热体应布置在能直接接收阳光照射的位置，蓄热地面、墙面内表面不宜铺设地毯、挂毯等隔热材料。

蓄热体的厚度和质量应根据建筑整体的热平衡计算确定；蓄热体的面积宜为集热面积的3～5倍。

17.3.4 对被动式太阳能建筑通风的设计要求

行标JGJ/T 267—2012对被动式太阳能建筑通风设计的技术要求如下：

应组织好建筑的自然通风。宜采用可开启的外窗作为自然通风的进风口和排风口，或专设自然通风的进风口和排风口。

自然通风口应设置可开启、关闭的装置。应按空调和供暖季节卫生通风的要求，设置卫生通风口或进行机械通风。卫生通风口应有防雨、噪声、防水、防虫等功能，其净面积应满足式（17-3-1）的要求。

$$S_f \geqslant 0.0016S \quad (17-3-1)$$

式中：S_f——卫生通风口净面积，m^2；

S——该房间的地板净面积，m^2。

17.3.5　对被动式降温房的设计要求

行标 JGJ/T 267—2012 对被动式太阳能建筑降温设计的技术要求如下：

应控制室内热源散热。室内热源散热量大的房间应设置隔热性能良好的门窗，房间内产生的废热应能直接排放到室外。

建筑外窗不宜采用两层通窗和天窗。

夏热冬冷、夏热冬暖、温和地区的建筑外墙外饰面层宜采用浅色面层，采用植被屋面或蒸发冷却屋面时，应设置被动蒸发冷却屋面的液态物质补给装置和清洁装置。

夏热冬冷、夏热冬暖、温和地区的建筑外墙外饰面层宜采用浅色材料，并辅助外遮阳及绿化等隔热措施，外饰面材料太阳能吸收率宜小于 0.4。

建筑遮阳应综合考虑地区气候特征、经济技术条件、房间使用功能等因素，在满足建筑夏季遮阳、冬季阳光入射、自然通风、采光、视野等要求的情况下，确定遮阳形式和措施。

夏季室外计算湿球温度温度较低、日间温差较大的干热地区，应采用被动蒸发冷却降温方式。

应优先采用能产生穿堂风、烟囱效应和风塔效应的建筑形式，合理组织被动式通风降温。

采用植被屋面或蒸发冷却屋面时，应设置被动蒸发冷却屋面的液态物质补给装置和清洁装置。

17.4　被动式太阳能建筑规划设计

17.4.1　被动式太阳能建筑选址

被动式太阳能建筑在规划选址时，不应将地址选在凹地，因为冬季的冷气流在凹地会形成对建筑的“霜洞效应”，增加建筑物的耗能。被动式太阳房应尽量选择在朝阳和避风的位置。

被动式太阳能建筑南立面需要接受阳光照射，对建设场地的要求比较苛刻。为保证房间内有满足标准要求的日照量和日照时间，被动式太阳能建筑应避开供暖期内场地上的各种阴影，被动式太阳能建筑和其前方建筑或其他障碍物之间要留有充足的日照间距，以保证冬季阳光不被遮挡。

17.4.2　被动式太阳能建筑总平面规划

太阳房的总平面布置要综合考虑多种因素，节约用地是重点之一，单纯为了建筑朝向而浪费土地资源是不可取的。为保证太阳能供暖效果，总平面图的布置原则是：冬至日晴天太阳房集热面接收阳光照射的时间不应小于 5～6 h，正南朝向时，当地太阳时 9：00～15：00 时间段应不遮光。

建在农村的被动式太阳能建筑，用地指标相对宽松，日照时间指标可适当延长。在可能的条件下，房间日照时间应取冬至日正午前后各 4 h，最低应达到正午前后各 3 h。为了节约用地，可取大寒日正午前后达到各 4 h 日照。

间距的计算方法与本书第 13 章第 13.5.4 节讲述的集热器前后排间距的计算方法相同，这里不再多述。

规划布局还应注意南向前方高大围墙和高大树木可能造成的采光遮挡，在山区，还要注意远方的山峦造成的遮挡。必要时应绘制南向遮挡图，与太阳运行轨迹做比较，以确定并量化被遮挡减少的太阳辐照量。

我国冬季寒流的主要风向是西北风，因此应尽可能利用地形、地貌封闭或半封闭建筑物的西北向，以避开冷气流的影响。可设置防风墙、板和防风林带等挡风设置。

以实体围墙挡风时，为防止在背风面形成涡流，可在墙体上做引导气流穿过的百叶式孔洞，使得小部分风从孔洞流过，大部分气流从墙顶上的空间流过。用常绿植物做挡风障也是一种避风的好措施。此外还应注意使道路走向平行于当地主导风向，以有利于避免积雪。

17.5 被动式太阳能建筑设计

17.5.1 建筑设计原则

被动式太阳房建筑设计的原则如下：

（1）冬季要尽可能吸收多的太阳热能进入室内。

（2）建筑向外的散热要尽可能少。

（3）兼顾投资的经济性。

17.5.2 建筑朝向

在可能的条件下，我国的被动式太阳能建筑房应“坐北朝南”，因在南偏东或南偏西15°范围内，所损失的太阳辐照量有限，因此也可以正南偏东或正南偏西 15°以内。GB/T 15405—2006《被动式太阳房热工技术条件和测试方法》规定，太阳房平面布置为正南向，因周围地形限制和使用习惯，允许偏离正南向±15°以内，校舍、办公用房一般只允许偏东 15°以内。JGJ/T 267—2012《被动式太阳能建筑技术规范》规定的朝向为：太阳房的朝向可以在南向或南偏东至南偏西不大于 30°范围内。

实际上建筑朝向的选择，主要根据偏离正南向时，太阳辐照量损失占比来评估决定。假设正南朝向的太阳辐照量为 100%，其他朝向太阳辐照量占正南朝向的比例见图 17 - 5 - 1。从图中可以看出：当集热面的朝向超过正南偏东或偏西超过 30°时，采光面接收到的太阳辐照量就会急剧下降。为了尽可能多地接收太阳辐射，朝向应在正南偏东和偏西不大于30°范围内，最佳朝向是在正南偏东和偏西不大于 15°范围内。

设计时建筑朝向还应与供暖要求相结合，合理调整。例如正南向集热器采光面正午时间，太阳光辐照强度高；清晨和傍晚时，太阳光辐照强度低。在太阳辐照资源极丰富的地方，建筑热惰性差和以直接受益式供暖方式为主的被动式太阳房，会出现中午室温过高，早晚室温过低，让人不舒服，此时，可通过适当调整朝向解决此问题。

例如无床卫生院、学校、办公楼，一般晚上无人居住，早晨一上班希望室温不要过

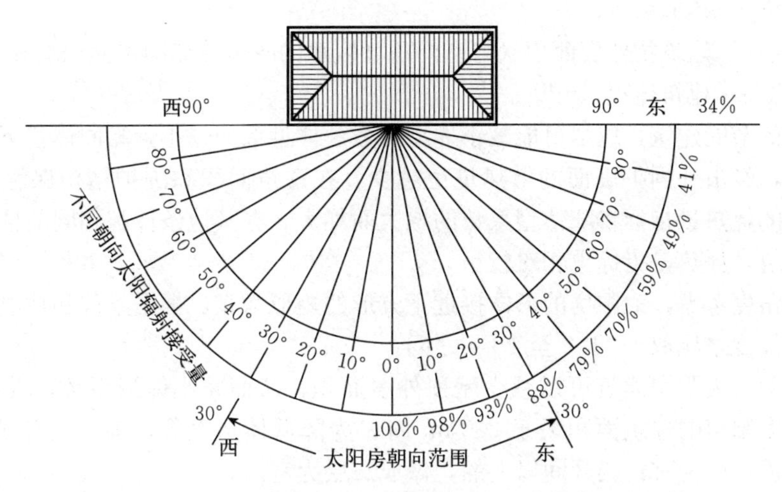

图 17-5-1　不同朝向的太阳辐照量与正南朝向的而比较

低，这种情况可选择东南朝向，一般可选择南偏东 15°朝向。民用住宅晚上家人聚集，需要房间温度合适，因此可选择西南朝向，延长下午太阳能光照时间，可选择南偏西 15°朝向。

当地正南朝向可通过“杆影法”找到。做法为：在晴天时直立一杆，最短影子即是当地正南正北方向。当采用指南针测定方向时，指南针指示的正南方向，实际上是当地磁南方向，需要根据当地磁南角做修正。各地的磁南角不一样，有些地方磁南角大于 10°，应特别注意。

17.5.3　建筑形状与体形设计

建筑形状和形体对建筑能耗影响较大。图 17-5-2 是被动式太阳房，由于形状不当，自身遮挡，而不利于太阳能集热器采光。

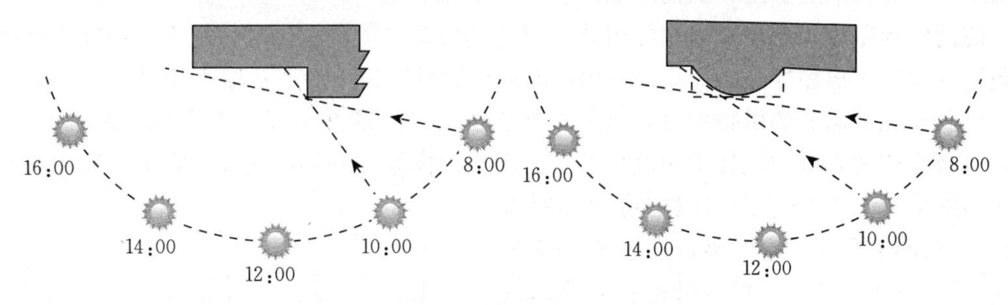

图 17-5-2　不当形状产生的采光遮挡

体形控制是建筑减少热损失的重要措施。同一体积的建筑，在建筑高度一样，建筑面积一样的条件下，当平面形状不同时，其外围护墙面的面积也不同。体形系数的限制是用于控制外围护墙面的面积，显然外围护墙面越大，散热越多。

体形系数的表达式为：

$$S=F_0/V_0 \qquad (17-5-1)$$

式中：S——体形系数；

F_0——建筑物外表面积（与室外环境接触的各个传热围护面积总和），m^3；

V_0——建筑体积，m^3。

一个好的节能建筑，应尽可能减小体型系数。体型系数越小，相同体积下的建筑外围护面积越小，经由外围护表面的散热量也越少。在建筑面积和围护结构保温相同的情况下，建筑物的耗热量指标将随体型系数的增大而加大。在其他条件都相同的情况下，体型系数小的建筑，耗热量指标也相对较小。

从节能角度考虑，太阳房的形体接近正方形的矩形为宜，根据条件和功能要求，平面短边与长边长度之比取 1∶1.5 至 1∶4 之间。

多层被动式太阳房建筑可以减少屋顶外表面积，从而减小体形系数，并降低耗热指标。因此当太阳房的建筑面积大于 200 m^2 时，为降低体形系数，就不宜建成单层平房。三开间的做成一层为宜；四开间以上的，做成二层为宜。

应设计成有利于避风的建筑形态，风在条形建筑背面边缘会形成涡流，将建筑物的外墙转角由垂直 90°直角，改为圆角，有利于消除涡流。凹形建筑形成半封闭的院落空间时，其开口不应朝向冬季主流风向。

17.5.4 建筑平面设计

住宅的主要居室和公共建筑的主要用房应尽量布置在南向，辅助用房、厨房、卫生间等尽量布置在北边。这样可以在不增加造价，不降低建设标准下，为太阳能供暖提供最佳条件。如在设计中，增加壁橱和储藏间，既可以充实使用功能，又能使太阳房的进深加大，有利于减少散热损失。

被动式太阳房的主要入口应设置防风门斗，以避免人从室外进入室内，导致冷风直接进入室内。

建筑平面形式应平整、简洁，过多的凸凹，一方面造成南墙自身的相互遮挡，同时也增加了围护结构周边长度，从而增加维护外表面积。

此前曾经单纯追求增加太阳能得热，以达到较高的太阳能供暖保证率，为此需要控制建筑进深尺寸，房屋净高不低于 2.8 m，进深在满足使用条件下，取不超过层高的 2.5 倍时，可获得比较满意的供暖效果，以上主要是从减小供暖热负荷角度考虑。JGJ/T 267—2012《被动式太阳能建筑技术规范》规定：建筑南向采光房间的进深不宜大于窗上口至地面距离的 2 倍，双侧采光房间的进深不宜大于窗上口至地面距离的 4 倍，这主要是根据 GB/T 50033《建筑采光设计标准》的要求规定的，图 17-5-3 是该标准规定的房间进深与采光关系示意图，这主要是为满足房间采光的要求。实际中在设计房间进深时，应综合权衡比较上述两个方面，再作出设计决定。

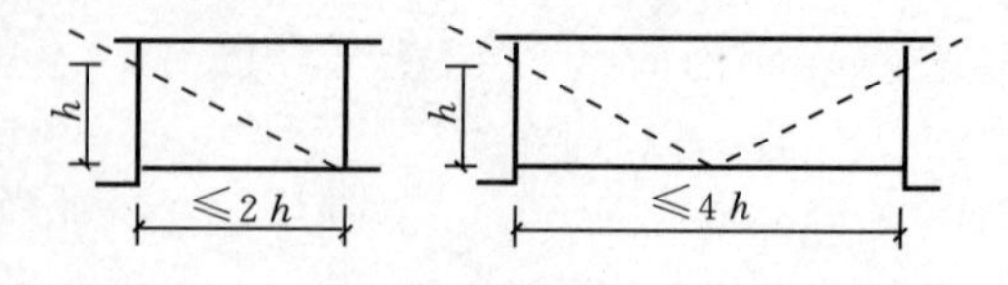

图 17-5-3 房间进深与采光关系示意图

为适当加大太阳能集热面，并兼有自然采光功能，在屋顶上加天窗或开高侧窗，是改善北侧房间和中间走廊采光集热的一种选择。图 17-5-4 是两种在屋顶增设采光窗，改善房屋北侧采光的做法示意图。

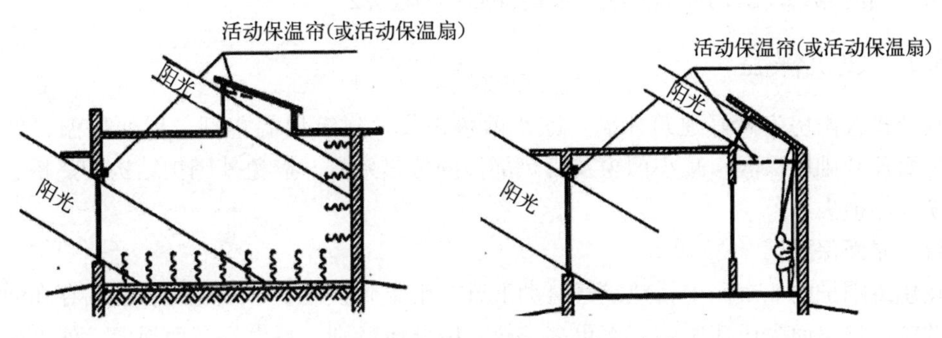

图 17－5－4　在屋顶增设采光窗示意图

17.5.5　建筑立面设计

降低建筑层高，有利于减少太阳房的热损失。太阳房应尽可能采用设计标准对层高约束的下限。

当采用坡屋顶时，应尽可能采用保温吊顶将坡顶空间与使用空间分隔开，以减少坡顶空间的热损失。

辅助用房的采光可以最小化，被动式太阳房的东西立面和北立面开窗面积较小。

南墙是被动式太阳房设计的重点，包括窗户、集热墙、阳台、阳光间、遮阳板等。对于砖混结构，设直接受益窗时，由于承重和抗震的要求，南墙不可能全部开窗，而要扩大集热面积，只能从加大窗高来解决。在设计时，可降低窗台高度，或设计成落地窗；也可以设低窗台，窗户下部采用固定窗扇，并设置防护栏，考虑到安全防护，窗台距地坪应保持一定高度，以 600 mm 或 450 mm 为宜；开启窗扇距地面 900～1 100 mm。也可在落地窗外侧加 450～600 mm 外伸挑板，形成浅阳台，既不遮光，又增添了建筑美观。

为了扩大集热面积，被动式太阳房还可把南向窗之间的墙做成集热墙。集热墙设计应考虑以下问题：①集热墙应与建筑内外相协调；②集热墙应方便操作，维护检修便利；③集热墙与直接受益窗相结合，外悬挑阳台宜分层错落布置，避免遮光集热面。

南墙面应设遮阳板，遮阳板的作用是：在冬季冬至日正午时太阳光能通过窗户全部进入室内；在夏季夏至日午时太阳光被遮阳板遮挡，不能通过窗户进入室内。图 17－5－5 是被动式太阳房遮阳板示意图。

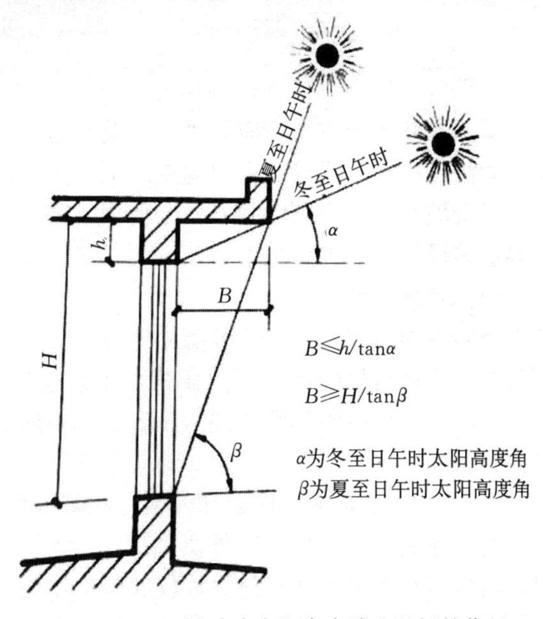

图 17－5－5　被动式太阳房南墙遮阳板的作用

17.6 被动式太阳能建筑保温与蓄热

17.6.1 建筑保温

被动式太阳房应做好建筑保温，减小散热损失。建筑保温包括：屋面保温、外墙保温、地面及基础墙保温、减小门窗及集热部件的传热系数、避免外围护结构的热桥、控制通风换气热损失等。

（1）屋面保温

在建筑围护的6个面中，热空气自动上升，汇集到顶棚下，夜晚屋顶表面存在向天空辐射散热，且屋面受风速影响，有更多失热，因此应特别注意做好屋面保温，使得屋面热阻为墙面热阻的1.3～1.6倍。

屋面保温层可设置在屋面结构层之下、之上、上下均设置。常用的屋面保温材料有加气混凝土、炉渣、水泥珍珠岩、水泥蛭石、聚氨酯、挤塑板、聚苯板、岩棉、矿棉、玻璃棉等，目前用挤塑板做屋面保温的较普遍。图17-6-1是挤塑板屋面保温做法。

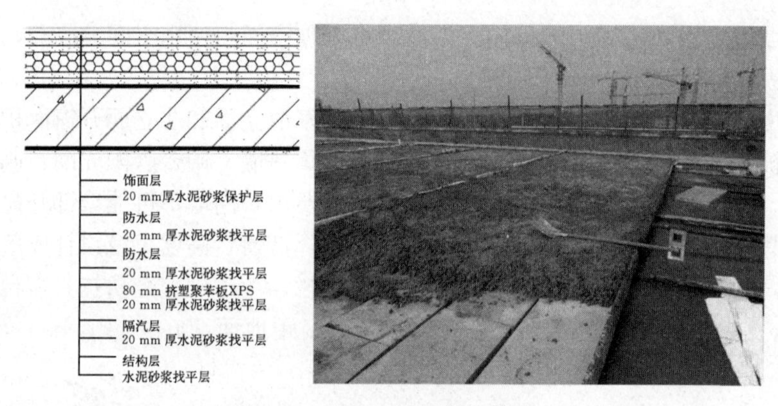

图17-6-1　屋面保温做法

屋面是防水的重点，应处理好保温与防水的关系。屋面防水有正置和倒置两种做法。正置做法是把防水层设置在保温层之上；倒置做法是把防水层设置在保温层之下。

对于坡屋面，室内空间不作为使用空间时，保温层可设置在吊顶棚内。对于平屋面，保温层多设置在结构层之上。

（2）外墙保温

外墙保温有四种类型：外墙外保温、外墙内保温、夹心保温墙、单一保温材料外墙。利用建筑主体蓄热的被动式太阳房，不宜选用单一保温材料外墙，也不宜选用外墙内保温，前者保温材料蓄热性能差，后者墙体蓄热受到内保温影响，应选用夹心保温墙和外墙外保温。

图17-6-2是夹心保温和外墙外保温示意图。

夹心保温墙由内页墙、外页墙以及两页墙之间的保温材料构成。当外墙为非承重墙时，内页墙是承重墙体，外页墙仅起围护作用。内页墙与外页墙之间要做可靠拉结，拉结方式有刚性拉结和柔性拉结。无论何种拉结方式，外页墙在竖向都需要刚性支撑点，一般

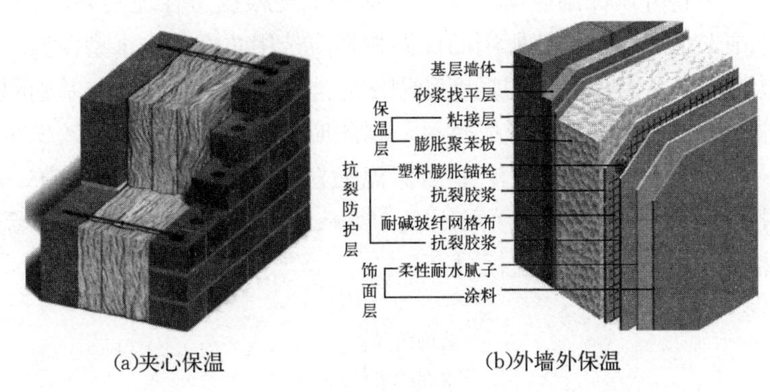

(a)夹心保温　(b)外墙外保温

图 17－6－2　夹心保温和外墙外保温示意图

用加宽的楼层圈梁作为支撑，但支撑圈将成为热桥，为了缩小热桥面积，可以适当减小外页墙圈梁的截面高度尺寸。从对夹心墙结构稳定性角度考虑，内外页墙空腔厚度不宜大于 120 mm。夹心墙内的保温材料可以是板材、毡材、散装保温材料均可。散装保温材料最好先装入塑料袋，在填入夹心墙内，避免保温材料吸湿后出现塌陷等。

外墙外保温是在墙体外表面粘贴或敷设保温材料，也可使用保温浆料，用抹灰的方式涂抹在外墙上，还有使用一体板形式的。外墙外保温在我国应用很普遍，但保温材料质量差别很大，应选择质量合格的保温材料，并应严格按照规定的工艺施工，才能保证质量和效果。

图 17－6－3 是一体板外墙保温材料与工艺图，一体保温板在生产车间制作完成，质量容易保证，现场施工工艺相对简单。不容易出现保温板脱落等问题，但造价高于 EPS 或 XPS 保温板外墙粘贴方式。

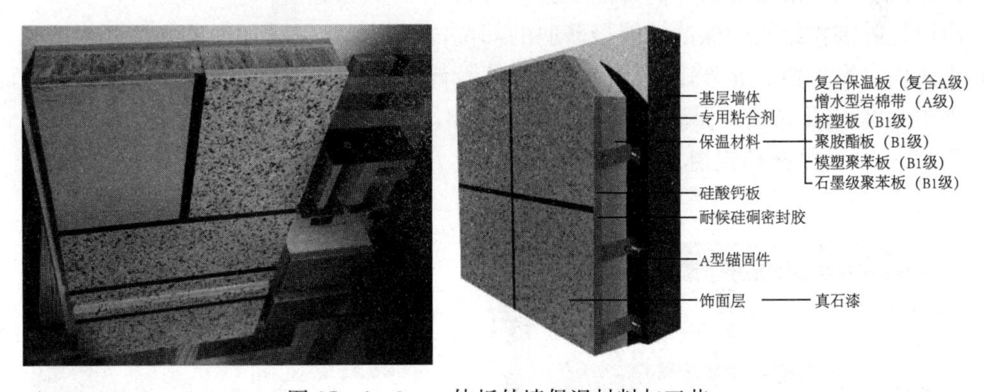

图 17－6－3　一体板外墙保温材料与工艺

(3) 地面与基础墙保温

地面保温有设在地面面层构造下部、外墙保温下伸到地坪以下、以上两种方式结合应用三种做法。

地面保温宜选用具有一定抗压强度的憎水保温材料，如挤塑板、聚氨酯板等。若使用非憎水保温材料，则需要在保温层上下表面均做防潮处理，且下表面防潮层应与周边墙体防潮层闭合。

基础墙的保温可将外墙保温层向下延伸，延伸深度根据所在地的寒冷程度不同而不同。由于基础埋在土中，地坪以下外墙所用的保温材料应选用防潮、防水型保温材料。敷设在地面以下的保温构造，应注意保温层的强度和刚度应能承受地面荷载。与基础圈梁相连接的混凝土地面是热损失通道，在外墙上形成热桥，因此应做构造处理，尽量较少热损失。

图 17－6－4 某寒地美丽乡村住宅地面保温做法结构图，该做法室内一层地面采用了 60 mm 高强度挤塑板保温，室外地面采用了 350 mm 后炉渣保温。立面外墙采用外墙外保温，外墙外面粘贴了 60 mm 厚保温板材。

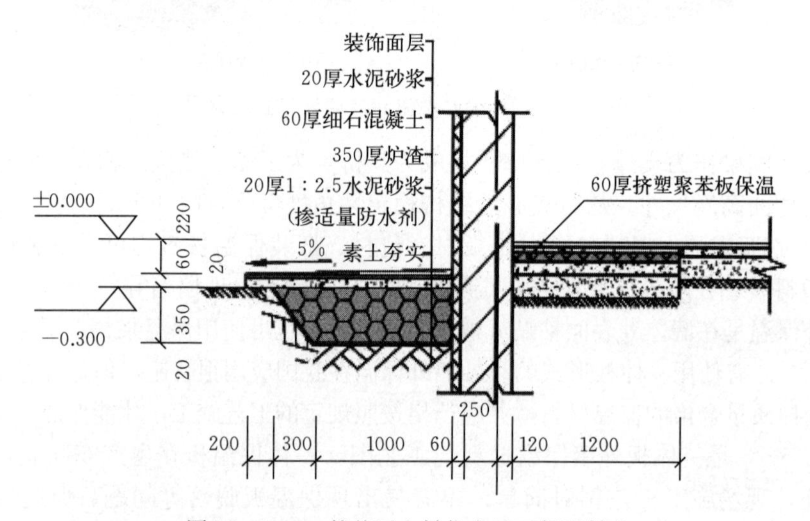

图 17－6－4　某美丽乡村住宅地面保温做法

（4）减小门窗及集热部件的传热系数

门窗是外围护结构中保温性能最薄弱的部位，但其承担采光与通风的功能不可少，因此非集热面（东、西、北外墙）的门窗要合理设计配置，尽可能采用最小面积，窗墙面积比应小于 0.25，并应选用保温性能好的窗户，如：断桥窗、中空玻璃窗等。

图 17－6－5 是断桥铝窗户实物和结构图。

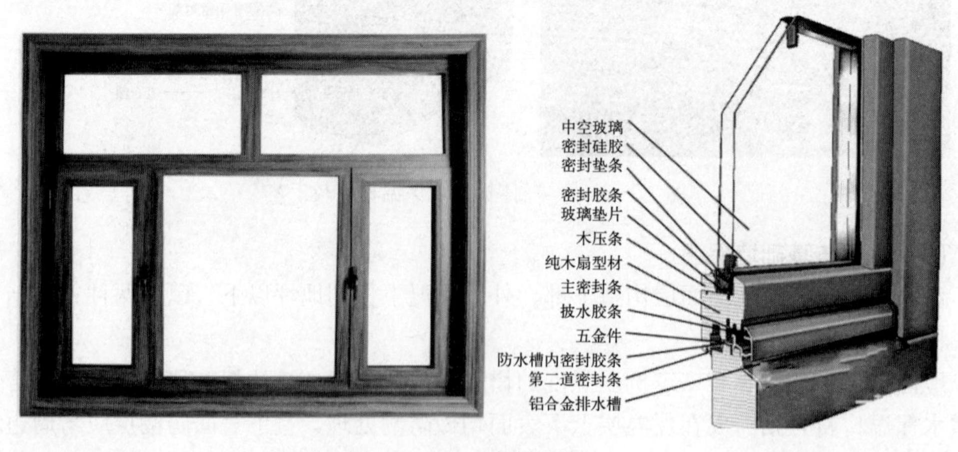

图 17－6－5　断桥铝窗户

为了减少窗户部位的夜间散热，往往要增设窗户保温措施。加强窗户保温可选用活动保温扇、保温帘、保温板等。图 17－6－6 是窗户保温帘和保温板示意图。

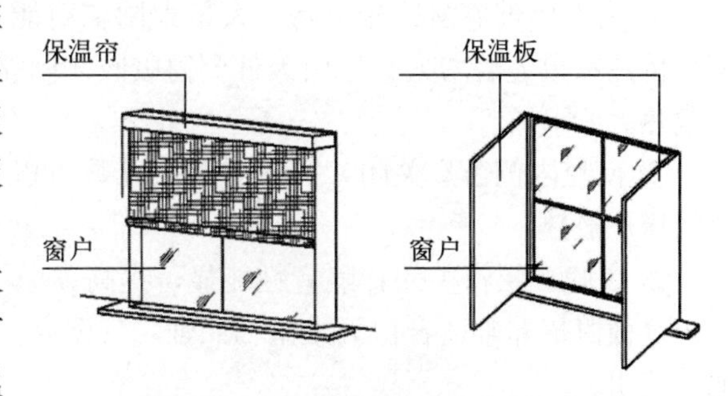

图 17－6－6　窗户保温帘与保温板

在外窗内侧加设保温板是被动式太阳房之前常用的做法，但需要白天打开，晚上关闭。一旦关上窗户的保温板，则光线无法通过窗户进入室内。近年来，市场上开发出了既能解决保温问题，又可采光的保温窗帘。图 17－6－7 是在外窗室内增设拉链式保温窗帘做法的图片，这种保温窗帘在拉上后，还能有一定的采光功能。

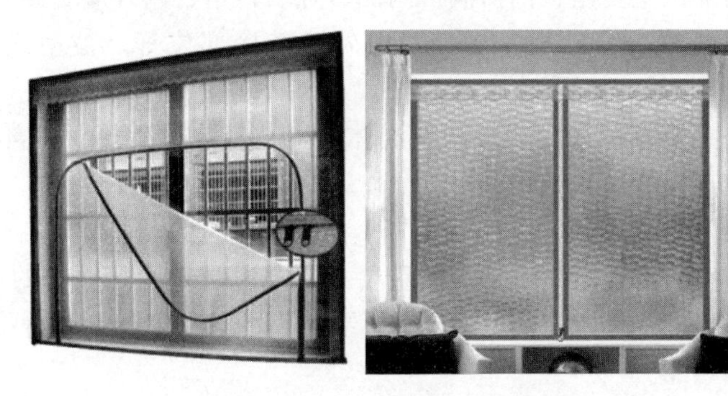

图 17－6－7　拉链式透明保温窗帘

图 17－6－8 是中建西南院等发明的一种高透光保温隔音节能窗。这种窗户由一层单玻璃窗扇和一层中空双玻璃窗扇组成。在冬季，白天打开中空双玻璃窗扇，关上单玻璃窗扇，这样太阳光透过单玻璃窗扇直接进入室内，透光量大，房间的热量多；晚上关上中空双玻璃窗扇，窗户的散热量显著降低。在夏季一直打开双玻璃窗扇，打开单玻璃窗扇上的活动窗扇，实现室内通风。

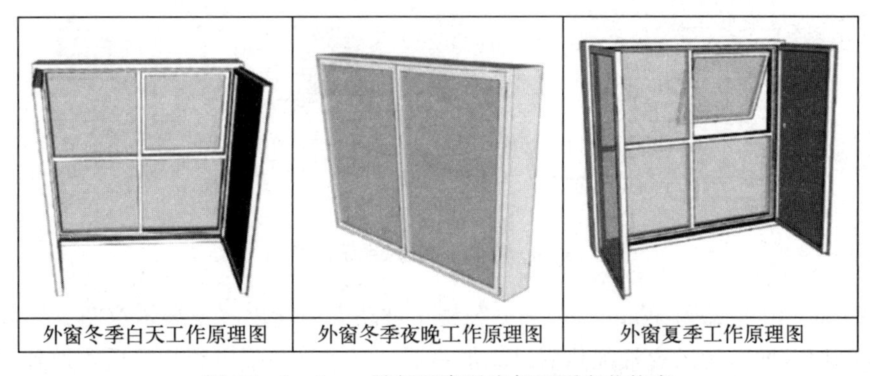

图 17－6－8　一种新型高透光保温隔音节能窗

这种窗户具有阶跃传热特性，其工作过程如下：

① 白天单玻璃窗透光率高，大量太阳辐射能直接进入室内。虽然内侧窗打开会造成窗户传热系数显著增大，但白天外侧窗吸收太阳能使得室内温度增高，从而减少了向室外的散热。

② 夜晚内侧窗户关闭，窗户的传热系数可以下降到 1.4～1.6 W/(m^2·K)，可显著降低窗户散热。

③ 夜晚三层窗关闭，隔音性能显著提高。

这种窗户非常适合白天太阳辐照强，气温高，晚上气温低，昼夜温差大的西藏等高原地区使用。

附加阳光间的透光面积大，夜间一般不使用，因此大多数情况附加阳光间不设置保温，因此把附加阳光间的热量传递到室内是关键。

（5）避免外围护结构热桥

容易产生热桥的部位主要是：门窗洞口两侧、外墙转角、内外墙交接处、地面、路面圈梁、屋面檐口、女儿墙、窗台板、复合墙内外墙搭接部位等。被动式太阳房应避免热桥。

避免热桥的办法主要有：采用合理的保温体系，在容易产生热桥的部位增加保温措施，采用不容易产生热桥的建筑结构。

（6）控制通风换气热损失

通风换气是提供室内舒适度不可缺少的重要条件，也是房间热损失的主要路径之一。在冬季，由于室外气温低，进入室内的冷空气需要较多的热量加热，同时排到室外的室内空气又带走了较多的热能。

目前控制通风换气热损失的措施主要有：①利用地下集中进气管道对冷空气进行加热；②采用换热方式实现新风与集中排到室外污浊空气的换热。

图 17-6-9 是目前常用的室内新风系统示意图。

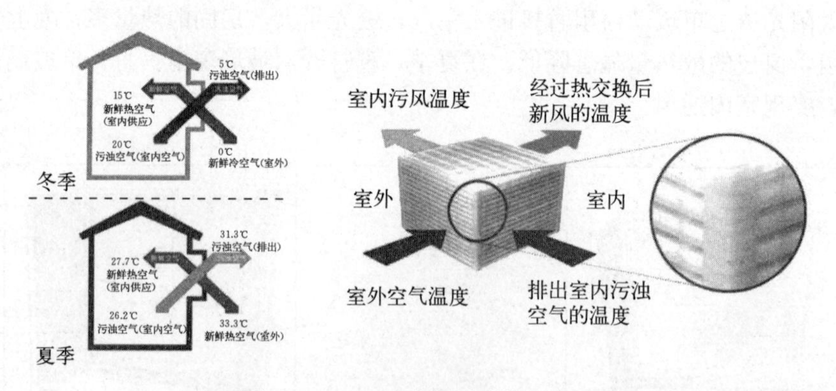

图 17-6-9　室内新风系统示意图

图 17-6-10 是德国 Wagner 公司办公楼主被动太阳能供暖系统示意图。办公楼的新风从室外经埋在地下的风道被加热后进入加热器，又被加热器继续加热后，送到室内。从图中可以看出：室外新空气是零下−2.1 ℃，进入地下风道被土壤加热到了 4.8 ℃。新空气被土壤加热，空气温度升高了 6.9 ℃。

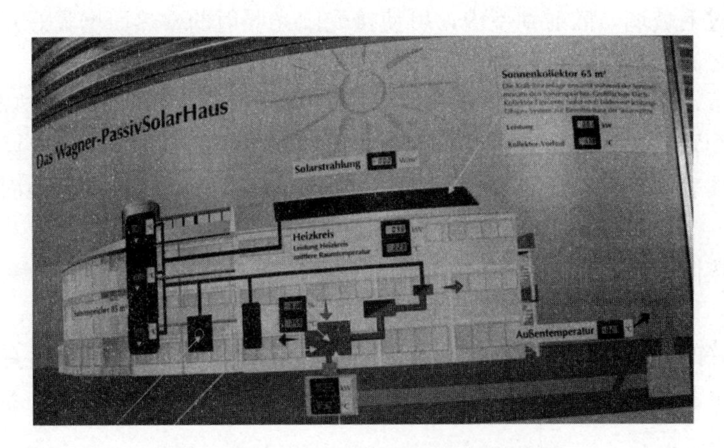

图 17-6-10　地下土壤预热新风系统

地下管道进风，在夏季还可以降低进入房间的空气温度，起到给空气降温的目的。

17.6.2　建筑蓄热

被动式太阳房应采用蓄热性能好的建筑材料，使得房间通过蓄热材料，实现房间温度稳定和波幅小。当室温日波幅大于 10 ℃时，就不适合人居住；围护结构内表面温度低于室温带来的冷辐射，也使人感觉不舒适。

被动式太阳房的墙体仍普遍采用砖、石、混凝土、土墙等蓄热性能良好的建筑材料，屋顶也多采用混凝土结构，地板直接坐落在地面之上，建筑内部有充足的蓄热物质。通常所用的厚度为：墙体和屋面≥240 mm，地面≥50 mm。由于冬季太阳光直射到室内地面的时间最长，地面所起的蓄热作用较大，所以适当增加地面厚度至 100 mm 对蓄热更有利。

表 17-6-1 是几种材料的蓄热性能。

表 17-6-1　几种材料的蓄热性能

项目	水	混凝土	砖	加气混凝土	玻璃	钢材	松木	泡沫塑料材料
容重（kg/m³）	1 000	2 400	1 800	700	2 500	7 850	500	30
导热系数［W/(m·℃)］		1.55	0.81	0.22	0.76	58.2	0.14	0.042
比热［kJ/(kg·℃)］	4.19	0.92	1.05	1.05	0.84	0.48	2.51	1.38
蓄热容量［MJ/(m³·℃)］	4.19	2.21	1.89	0.74	2.10	3.77	1.26	0.04

利用建筑部位做蓄热体时，蓄热体的有效蓄热深度与材料的导热系数和导温系数有关。体量很大或者很厚的蓄热体只用于表面接收热量时，蓄热体深处很难蓄热。根据经验，混凝土 150～200 mm，砖 100～150 mm，土坯 100～120 mm 为太阳光辐照的有效蓄热厚度。无直接光照部位，有效蓄热厚度应减少 25%。由于能量密度的差别，同一蓄热体表面，阳光照射比无阳光照射的蓄热量大 2～4 倍，因此应将蓄热体尽量布置在室内太阳光能够照射到的部位，并且不应在蓄热体表面覆盖任何影响其蓄热的物品。

直射光穿过毛玻璃，散射到室内，可使接受阳光照射的蓄热面增大好几倍，有利于蓄热，又能避免炫光。

一般情况下，利用建筑围护结构部位蓄热，可满足2～3个连阴天供热需要。

蓄热体的配置可按照单位采光面积太阳能集热器按照2.5～3 m^2阳光直接照射蓄热表面配置。蓄热体表面还应设计成有利于吸收太阳光的吸收面。比如深色地面、反光性差的地面等。

当建筑的热惰性不足时，需要在外增加蓄热材料。如卵石、混凝土块、相变蓄热材料等。

土壤是良好的蓄热材料，覆土技术可以充分利用土层的热惰性，又具有保温功能。我国西北地区的窑洞，冬暖夏凉，就是利用土壤热惰性技术的很好案例。

17.7 被动式太阳能建筑夏季遮阳与围护结构隔热

太阳辐射是造成夏季房屋过热的主要原因。夏季太阳辐射造成房屋过热的途径如下：

（1）太阳光通过窗户进入房间，使得房间温度升高；

（2）太阳辐射被屋面、墙面吸收，房屋围护结构温度升高，导致室温升高。

设置遮阳和隔热措施的目的是切断以上两个途径导致的升温。遮蔽阳光进入房间的措施主要有以下三种：

（1）提高玻璃的遮光、隔热性能，采用吸热和热反射玻璃，可遮蔽40%～80%的太阳辐射，其最大特点是在隔热的同时，不影响采光，但投资较高。

（2）在窗户外侧设置遮阳设施，如外遮阳卷帘、遮阳篷等。

（3）在窗的内侧设置内遮阳设施。如内遮阳帘、板、布帘等。虽然投资小，但遮阳效果不如前面两种方式。

图17-7-1是房间外遮阳产品实物图。

图17-7-1　房间外遮阳产品

采用蓄水屋顶，有土或无土植被屋顶，墙面的垂直绿化等，是有效阻断围护结构吸收太阳辐射热，降低房屋温度的有效措施。

设置天井、中庭等垂直公用空间，利用公共空间通风降温。当这种方式降温效果不能满足要求时，宜采用通风道等其他措施。

将围护结构外表面做成浅色饰面，设置通风间层等，也是有效的隔热措施。

在建筑南侧场地种植枝少叶茂的落叶乔木，可起到夏季遮阳、冬季不遮光的作用。

17.8　被动式太阳能建筑热工设计计算

17.8.1　被动式太阳能建筑与常规供暖设计的区别

被动式太阳能建筑热工设计的目的与常规供暖热工的目的是一样的，都是为了满足供暖需求，但采用的技术措施却有所不同。

常规供暖是通过热源-热网-热用户系统实现供暖的，常规供暖设计必须依据强制性国家标准 GB 50736《民用建筑供暖通风与空气调节设计规范》，由暖通设计师独立完成设计，系统设计从技术上基本上不需要与投资方进行太多讨论。

被动式太阳房的设计需要根据当地气象条件、太阳能辐照资源、业主投资多少等条件，选择适宜的被动太阳能集热措施，计算太阳能集热部件的面积和围护结构的保温厚度，确定合理的设计方案，以保证达到预期的供暖和节能效果；还需要按照已确定的设计方案，预测太阳房可以达到的热舒适水平和节能效益等。被动式太阳房由建筑师负责设计，被动式太阳房设计，目前尚没有强制性的国家标准，在设计过程中，需要与投资方进行反复讨论和充分协商，由于被动式太阳房投资比常规建筑高，因此设计师与投资方的沟通不仅包括技术，还包括投资多少等。

一个合理的被动式太阳房设计并不一定是获得最大太阳能供暖保证率或者节能率的方案，而是适宜投资方经济承受能力的优化方案。

在确定被动式太阳房热工设计方案时，必须以太阳房的投资额度为前提，寻找与预期投资额度相匹配的最佳设计方案。

向投资方充分解释和说明不同方案的优缺点，说明设计推荐的最佳方案的理由，说服投资者进行投资额度调整，最终确定各方都接受的设计方案等。

17.8.2　被动式太阳房热工设计计算

被动式太阳房设计计算可以选择按照动态或稳态传热理论进行计算。动态传热理论可以逐时计算，是一种精确算法，需要借助计算机完成；稳态传热计算相对简单，可用手工计算，这种计算，能够计算出长期平均室内温度，因此称为概算法。对于工程设计，最好将两种算法相结合，既能满足准确性要求，又能使用时更为方便简单。

17.8.2.1　精确计算法

精确计算方法是基于被动式太阳房房间热平衡建立动态数学模型，逐时模拟太阳房的热工性能，分析影响太阳房热工性能的因素，预测长期节能效果，对太阳房的部件和整体进行优化设计。

热平衡数学模型包括房间热平衡方程组和集热墙流体对流传热方程组。

(1) 房间热平衡方程组

室内空气热平衡方程为：

$$V \cdot \gamma \cdot C_P\left(\frac{\mathrm{d}T_R}{\mathrm{d}\tau}\right)=\sum Q_{C\cdot I}+Q_L+Q_S+\sum Q_{a\cdot K} \tag{17-8-1}$$

式中： V——房间体积，m^3；

γ——房间空气容重，kg/m^3；

C_P——房间空气比热，kJ/(kg·℃)；

T_R——房间空气温度，℃；

$\sum Q_{C\cdot I}$、$\sum Q_{a\cdot K}$——分别为内表面和辅助热源向室内对流传热量；

Q_L——冷风渗透耗热量；

Q_S——集热墙热气流带入室内的热量。

围护结构内表面的热平衡方程为：

$$Q_{k\cdot i}=Q_{C\cdot i}+\sum Q_{r\cdot ji} \tag{17-8-2}$$

式中：$Q_{k\cdot i}$——i 表面向外导热量；

$Q_{C\cdot i}$——室内空气向 i 表面的对流传热；

$\sum Q_{r\cdot ji}$——各热物体向 i 表面的辐射热量。

假设辅助热源对围护结构内表面的辐射强度是均匀的，太阳房所有围护结构内表面的热平衡方程同室内空气热平衡方程联立，构成房间的热平衡方程组。

由于方程组本身的非线性，所以需要用迭代法求解。

(2) 集热墙流体对流传热计算

流体对流传热计算是被动式太阳房有别于其他传统建筑的模拟部分。对集热蓄热墙式被动式太阳房通风口空气流速的模拟计算，Balcamb 曾推荐如下公式：

$$v=\frac{C\left[gH\left(\frac{T_m-T_R}{T_m}\right)\right]}{2} \tag{17-8-3}$$

式中：v——通风口空气流速；

C——孔口流量系数；

H——集热蓄热墙上下风口之间的高度差；

T_m——夹层空气平均温度；

T_R——室内空气温度；

g——重力加速度。

孔口流量系数计算公式为：

$$C=(2/\zeta)/2 \tag{17-8-4}$$

式中：ζ——空气对流循环流动的阻力系数，等于空气流过集热蓄热墙进出风口和空气夹层等各阻力系数总和。

根据空气流过两块不对称等温平行板的一维对流传热，可以导出循环空气在夹层的平均温度 T_m 的计算公式，以及循环空气代入空气的热量。

从上面介绍可知：精确计算方法能够真实反映太阳房的实际传热过程，但计算过程复杂，必须借助计算机软件进行计算。目前常用的计算软件有：Energy Plus，Trnsys 计算软件等。本书第 13 章第 13.3.4 节和第 2 章第 2.12 节已对一些计算软件做过介绍，这里不再多述。

17.8.2.2　概算法

该算法是按照稳定传热理论进行计算的方法，也是建立房间的热平衡方程，求得各项设计参数。

(1) 房间热平衡方程

在无辅助热源条件下，忽略灯光、炊事等不确定热源传到室内的热量，并将围护结构中的集热窗、集热墙看作得热部件，则房间的热平衡方程为：

$$Q_b + Q_L = Q_{s\cdot d} + Q_{s\cdot w} + Q_{s\cdot g} + Q_m \tag{17-8-5}$$

式中：Q_b——基本耗热量，指围护结构不包括集热窗和集热墙的传热损失；

Q_L——附加耗热量，指冷风渗透热损失；

$Q_{s\cdot d}$——直接受益窗、门从太阳获得的净得热量；

$Q_{s\cdot w}$——集热蓄热墙从太阳获得的净得热量；

$Q_{s\cdot g}$——阳光间从太阳获得的净得热量；

Q_m——居住者向房间的散热量。

上述公式中各部分热量的计算方法如下：

① 基本耗热量 Q_b（kJ/d）。

$$Q_b = \sum K_j F_j \times 24 \times 3.6(T_{I\cdot m} - T_{O\cdot m}) \tag{17-8-6}$$

式中：K_j——某一面围护结构传热系数，W/(m² · ℃)；

F_j——某一面围护结构的面积，m²；

$T_{I\cdot m}$——供暖季室内平均温度，℃；

$T_{O\cdot m}$——供暖季室外平均温度，℃。

② 附加耗热量 Q_L（kJ/d）。

$$Q_L = C_P \cdot \gamma \cdot V \cdot n \cdot 24\ (T_{I\cdot m} - T_{O\cdot m}) \tag{17-8-7}$$

式中：C_P——空气比热，kJ/(kg · ℃)；

γ——空气容重，kg/m³；

V——房间容积，m³；

n——换气次数，根据门窗密封性好坏，可分别取 0.5 次/h 和 1 次/h。

③ 直接受益窗、门从太阳获得的净得热量 $Q_{s\cdot d}$（kJ/d）。

$$Q_{s\cdot d} = Q_u - Q_R \tag{17-8-8}$$

式中：Q_u——从南窗获得的太阳辐射热量，kJ/d；

Q_R——通过南窗向外散失的热量，kJ/d。

Q_u 的计算公式如下：

$$Q_u = \tau \cdot C \cdot F_d \cdot Q_T \tag{17-8-9}$$

式中：τ——窗户透光率，普通单层玻璃的透光率可取 0.75，双层取 0.56；

C——窗的净透光有效面积系数，单层木窗 0.7，双层木窗 0.6；单层塑钢窗 0.85，双层木窗 0.75；

F_d——窗的面积，m^2；

Q_T——照射到南立面上的月平均日太阳辐射总量，$kJ/(m^2 \cdot d)$。

Q_R 的计算公式如下：

$$Q_R = [K_1 F_d (T_{I\cdot m} - T_{O\cdot m}) h_1 + K_2 F_d (T_{I\cdot m} - T_{O\cdot m}) h_2] \times 3.6 \tag{17-8-10}$$

式中：K_1、h_1——未加保温帘（板）的窗的传热系数与小时数；

K_2、h_2——加保温帘（板）的窗的传热系数与小时数；

其他符号含义同上。

④ 集热蓄热墙从太阳获得的净得热量 $Q_{s\cdot w}$（kJ/d）。

$$Q_{S\cdot W} = \eta_w \cdot F_w \cdot Q_T \tag{17-8-11}$$

式中：η_w——集热墙效率，计算方法见本章第 17.8.3 节

F_w——集热墙面积，m^2；

其他符号含义同上。

⑤ 阳光间从太阳获得的净得热量 $Q_{s\cdot g}$（kJ/d）。

$$Q_{s\cdot g} = \eta_g \cdot F_g \cdot Q_T \tag{17-8-12}$$

式中：η_g——阳光间效率，计算方法见本章第 17.8.3 节；

F_g——阳光间面积，m^2；

其他符号含义同上。

⑥ 居住者向房间的散热量 Q_m（kJ/d）。

$$Q_m = m \cdot g_m \cdot 3.6 \cdot 24 \tag{17-8-13}$$

式中：m——房间每小时居住人数，(人/h)，取实际居住人数的 1/2；

g_m——居住者单位时间散热量，一般取 116.3 W/人。

(2) 围护结构热阻确定

在达到设计室温的条件下，房间保持热平衡，则围护结构的热阻可以从下式计算：

$$\sum (F_j / R_j) = \frac{Q_{S\cdot d} + Q_{S\cdot W} + Q_{s\cdot g} + Q_m - Q_L}{3.6 \times 24 (T_{I\cdot m} - T_{O\cdot m})} \tag{17-8-14}$$

式中：R_j——某一面围护结构的热阻，$(m^2 \cdot ℃)/W$；

其他符号含义同上。

(3) 热性能预测方法

① 室内各月平均温度 $T_{I\cdot m}$。

$$T_{I\cdot m} = T_{O\cdot m} + \frac{Q_{S\cdot d} + Q_{S\cdot W} + Q_{S\cdot g} + Q_m}{24 \times (3.6 \times \sum K_j F_j + C_P \cdot \gamma \cdot V \cdot n)} \tag{17-8-15}$$

式中符号含义同上。

② 全供暖季平均温度 T_I。

$$T_I = \sum \frac{T_{I\cdot m}}{D_m} \tag{17-8-16}$$

式中：D_m——年采暖月数；

式中其他符号含义同上。

17.8.3　被动式太阳房集热性能与室温预测计算

17.8.3.1　被动式太阳房集热部件效率方程

被动式太阳房集热部件的热效率与集热部件本身的构造及其得热、失热等条件有关。经数学模拟计算得出的日集热效率可整理成如下函数关系：

$$\eta=a-b\left(\frac{\overline{T}_r-\overline{T}_a}{G}\right) \tag{17-8-17}$$

式中：η——被动式太阳房的日集热效率；

$\overline{T}_r$——被动式太阳房室内空气在计算月的日平均温度，℃；

$\overline{T}_a$——室外空气在计算月的日平均温度，℃；

G——月平均单位小时太阳辐照量，kJ/(m² · h)；

a、b 数值见表 17－8－1 和表 17－8－2。

月平均单位小时太阳辐照量 G 的计算公式如下：

$$G=\frac{\overline{H}_{t\theta}}{24} \tag{17-8-18}$$

式中：$\overline{H}_{t\theta}$——太阳房集热部件采光面总辐照月平均日太阳辐照量，kJ/(m² · d)。

在月平均日辐照量$\overline{H}_{t\theta}$＝12 600 kJ/(m² · d) 的±50％及日平均室外温度$\overline{T}_a$＝0±10 ℃范围内，式（17－8－17）和有关参数的误差在 5％之内。

对于被动式太阳房的实体集热蓄热墙，其效率方程（17－8－17）中的 a、b 数值见表 17－8－1。

表 17－8－1　实体集热蓄热墙效率方程中的 a、b 数值

结构形式（无夜间保温装置）	a	b
普通 3 mm 双玻 24 砖墙无通风孔	0.247	5.017
普通 3 mm 双玻 37 砖墙无通风孔	0.199	3.839
普通 3 mm 双玻 24 砖墙有通风孔	0.515	13.068
普通 3 mm 双玻 37 砖墙有通风孔	0.478	11.83

对于被动式太阳房的附加阳光间，其正南向为单玻或双玻垂直集热面，其东西端及屋面均为不透光轻质外围结构，传热系数为 1 W/(m² · ℃)，地面为重质外围护结构，传热系数为 0.52 W/(m² · ℃)，附件阳光间与房间之间的公共墙为 24 墙，上设单玻璃窗（占公共墙总面积的 40％）和门（占公共墙总面积的 18％），公共墙表面和地面的太阳光吸收系数为 0.9，其他表面为 0.7。当附加阳光间内的平均气温大于室内空气温度时开门，其余时间关闭。附加阳光间效率方程（17－8－17）中的 a、b 数值见表 17－8－2。

表 17-8-2　附加阳光间效率方程中的 a、b 数值

附加阳关间特征	阳光间进深 0.6 m		阳光间进深 1.2 m	
	a	b	a	b
单玻，无夜间保温帘	0.283 5	8.104 9	0.290 9	8.594 8
双玻，无夜间保温帘	0.297 0	7.021 6	0.303 8	8.137 6
单玻，夜间保温帘热阻 0.3（m²·℃）/W	0.313 8	6.821 3	0.319 8	7.881 1
双玻，夜间保温帘热阻 0.3（m²·℃）/W	0.318 0	6.337 6	0.314 6	7.287 4
单玻，夜间保温帘热阻 1.0（m²·℃）/W	0.338 6	6.175 5	0.341 1	7.398 8
双玻，夜间保温帘热阻 1.0（m²·℃）/W	0.330 5	5.384 9	0.333 9	7.005 9

当附加阳光间保温帘（板）热阻值 R 不等于表 17-8-2 数值时，可按下式用线性内插法加以近似修正。

$$a_x = a_0 + (a_b - a_0)\ R_x / R_b \tag{17-8-19}$$

$$b_x = b_0 + (b_b - b_0)\ R_x / R_b \tag{17-8-20}$$

上式中：a_x、b_x——为 $R=R_x$ 时待求的效率方程中的 a、b 数值；

a_0、b_0——为 $R=0$ 时效率方程中的 a、b 数值；

a_b、b_b——为 $R=R_b$ 时效率方程中的 a、b 数值。

$$\eta_x = \eta_0 + (\eta_b - \eta_0)\ \frac{R_x}{R_b} \tag{17-8-21}$$

17.8.3.2　被动式太阳房室温预测计算例题

【例题】某单层农村被动式太阳房，东西宽 15.9 m，南北进深 6.0 m，高 3 m，朝向正南。南墙上共设有 5 个直接受益窗，合计 23.04 m²，直接受益窗为双层塑钢窗，窗的传热系数为 3.2 W/(m²·℃)，窗上有夜间保温帘，保温帘热阻值 0.3（m²·℃)/W；有 5 面集热墙，合计 13.54 m²，集热墙为双玻，24 砖墙，有上、下风口，无夜间保温装置；东墙有一个双层实体木门，宽 1.0 m，高 2.1 米，外门传热系数为 2.33 W/(m²·℃)；各向墙均为保温墙，传热系数 0.36 W/(m²·℃)，屋面传热系数为 1.0 W/(m²·℃)，地面传热系数为 0.263 W/(m²·℃)。该太阳房在北京，试列出该房在无人居住和无辅助热源条件下，整栋房在冬季各月的室内温度计算过程。

【解题】本题按照本书第 17.8.2.2 节讲述的概算法进行计算。

(1) 求直接受益窗从太阳获得的净得热量 $Q_{s\cdot d}$

先计算透过直接受益窗获取的太阳辐照量 Q_u：

对于双层塑钢窗，取透光率 $\tau=0.56$；对于双层塑钢窗，取窗的净透光有效面积系数 $C=0.75$；北京南立面墙供暖期全年各月的月平均日太阳辐照量 Q_T 可从相关资料查得，列于计算表内；已知窗户总面积 $F_d=23.04$ m²，根据公式（17-8-9），$Q_u=\tau \cdot C \cdot F_d \cdot Q_T$，供暖期各月 Q_u 的计算结果见表 17-8-3。

表 17-8-3　供暖期各月直接受益窗的得热量

月份	11	12	1	2	3
当月天数（d）	30	31	31	28	31
当月室外平均温度（℃）	4.1	−2.7	−4.6	−2.2	4.5
月平均日太阳辐照量（kJ/(m²·d)）	13 839	13 749	14 807	14 996	13 700
直接受益窗获取的太阳辐照量（kJ）	133 917	133 046	143 284	145 113	132 572

再计算通过直接受益窗向外散失的热量 Q_R：

白天传热系数为 3.2 W/(m²·℃)，每天按照 10 h 计算；晚上每天按照 14 h 计算，晚上拉上保温帘后，窗户的热阻为窗户热阻和窗帘热阻之和，即：

$$\frac{1}{3.2}+0.3=0.6125\ (\mathrm{m^2\cdot ℃})/\mathrm{W}$$

传热系数为热阻的倒数，即：

$$\frac{1}{0.6125}=1.63\ \mathrm{W/(m^2\cdot ℃)}$$

因此 $K_1=3.0$，W/(m²·℃)，$h_1=10$ h；$K_2=1.58$ W/(m²·℃)，$h_2=14$ h；$F_d=23.04$ m²

根据式（17-8-10），

$$\begin{aligned}Q_R&=[K_1F_d\ (T_{I\cdot m}-T_{O\cdot m})\ h_1+K_2F_d\ (T_{I\cdot m}-T_{O\cdot m})\ h_2]\times 3.6\\&=[3.2\times 23.04\times 10+1.63\times 23.04\times 14]\times 3.6\ (T_{I\cdot m}-T_{O\cdot m})\\&=4547\ (T_{I\cdot m}-T_{O\cdot m})\end{aligned}$$

由于各月的室外温度不同，因此各月的计算结果不同。以 1 月份为例计算如下：

从表 17-8-3 可知：1 月份的室外平均温度为零下−4.6 ℃，则 1 月份直接受益窗向外散失的热量为：

$$Q_R=4547\ (T_{I\cdot m}-T_{O\cdot m})\ =4547\ (T_{I\cdot m}+4.6)\ =20916+4547\ \overline{T_r}$$

根据公式（17-8-8），直接受益窗 1 月份从太阳获得的净得热量为：

$$Q_{s\cdot d}=Q_u-Q_R=143284-20916-4547\ \overline{T_r}=122368-4547\ \overline{T_r}$$

按照上述方法可以计算出供暖期各月的 $Q_{s\cdot d}$。

（2）求集热墙从太阳获得的净得热量 $Q_{s\cdot d}$

已知集热蓄热墙的面积为 $F_w=13.54$ m²，月平均日太阳辐照量见表 17-8-3，集热蓄热墙的效率计算方法如下：

查表 17-8-1，可知普通 3 mm 双玻 24 砖墙有通风孔的集热墙，效率方程的系数为：$a=0.515$，$b=13.068$，则集热墙的效率方程为：

$$\eta=a-b\left(\frac{\overline{T_r}-\overline{T_a}}{G}\right)=0.515-13.068\left(\frac{\overline{T_r}-\overline{T_a}}{G}\right)$$

由于各月的太阳辐照量不同，平均环境温度不同，以 1 月份为例，计算如下：

从表 17-8-3 可知，1 月的月平均日太阳辐照量为 14 807 kJ/(m²·d)，根据公式

（17-8-18），可以计算出 11 月份的 G 值为：

$$G=\frac{\overline{H_{t\theta}}}{24}=\frac{14\ 807}{24}=616.958\ \text{kJ/(m}^2\cdot\text{h)}$$

1 月份的室外平均温度零下 -4.6 ℃，则元月集热墙的效率为：

$$\eta=0.515-13.068\left(\frac{\overline{T_r}-\overline{T_a}}{G}\right)=0.515-13.068\ \frac{\overline{T_r}+4.6}{616.958}$$

$$=0.417\ 6-0.021\ 2\ \overline{T_r}$$

按照公式（17-8-11），1 月份集热墙从太阳获得的净得热量为：

$$Q_{S\cdot W}=\eta_w\cdot F_w\cdot Q_T=13.54\times 14\ 807\times(0.417\ 6-0.021\ 2\ \overline{T_r})$$

$$=83\ 723.28-4\ 250.32\ \overline{T_r}$$

按照上述方法可以计算出供暖期其他各月的得热量。

(3) 其他的热量计算

根据题意，没有附加阳光间，因此附加阳光间的热量为 0。

根据题意，无人居住，因此居住者散热量为 0。

(4) 基本耗热量计算

本房间各散热面面积计算如下：

地面面积为：15.9 m×6 m=95.4 m²，地面传热系数 0.263 W/(m²·℃)；

屋面面积为：15.9 m×6 m=95.4 m²，地面传热系数 1.0 W/(m²·℃)；

四面墙扣除东门的面积、扣除窗的面积，扣除集热墙的面积 15.9 m×3 m×2+6 m×3 m×2-1 m×2.1 m-23.04-13.54=92.72 m²，外墙传热系数 0.36 W/(m²·℃)；

东边外门的面积为：1 m×2.1 m=2.1 m²，外门传热系数为 2.33 W/(m²·℃)。

已知 1 月室外平均温度零下 -4.6 ℃，则根据公式（17-8-6），基本耗热量为：

$$Q_b=\sum K_jF_j\times 24\times 3.6(T_{I\cdot m}-T_{O\cdot m})$$

$$=(95.4\times 0.263+95.4\times 1.0+92.72\times 0.36+2.1\times 2.33)\ \times 24\times 3.6(T_{I\cdot m}-T_{O\cdot m})$$

$$=13\ 717(\overline{T}_{I\cdot m}-T_{O\cdot m})\ =13\ 717(\overline{T}_r+4.6)\ =63\ 098+13\ 717\ \overline{T}_r$$

按照上述方法可以计算出供暖期其他各月基本耗热量。

(5) 冷风渗透耗热量计算

房间体积为：15.9 m×6 m×3 m=286.2 m³

空气密度 γ=1.2 kg/m³，空气定压比热 C_P=1.005 kJ/(kg·℃)，房间换气次数按照 0.5 次/h，1 月平均气温零下 -4.6 ℃，根据公式（17-8-7），冷风渗透耗热量为：

$$Q_L=C_P\cdot\gamma\cdot V\cdot n\cdot 24(T_{I\cdot m}-T_{O\cdot m})$$

$$=1.005\times 1.2\times 286.2\times 0.5\times(\overline{T}_r+4.2)$$

$$=724.83+172.58\ \overline{T_r}$$

按照上述方法可以计算出供暖期其他各月冷风渗透耗热量。

(6) 房间温度计算

根据公式（17-8-5），建立房间热平衡方程，即 $Q_b+Q_L=Q_{s\cdot d}+Q_{s\cdot w}+Q_{s\cdot g}+Q_m$，将上述 1 月计算结果代入本式，有：

$$63\,098+13\,717\,\overline{T}_r+724.83+172.58\,\overline{T}_r$$
$$=122\,368-4\,547\,\overline{T}_r+83\,723.28-4\,250.32\,\overline{T}_r+0+0$$

合并计算得出：$22\,686.9\,\overline{T}_r=142\,268.45$

$$\overline{T}_r=6.3\ ℃$$

根据上面计算方法，计算出其他月份的房间温度，并将计算结果列入表 17－8－4 中。

表 17－8－4　供暖期各月平均室内温度预测值

月份	11	12	1	2	3
当月天数（d）	30	31	31	28	31
当月室外平均温度（℃）	4.1	－2.7	－4.6	－2.2	4.5
月平均日太阳辐照量［kJ/(m²·d)］	13 839	13 749	14 807	14 996	13 700
预测室内平均温度（℃）			＋6.3		

17.9　对被动式太阳房的性能要求

17.9.1　GB/T 15405—2006 对被动式太阳房的热工性能要求

GB/T 15405—2006《被动式太阳房热工技术条件和测试方法》对被动式太阳房的热工性能进行了规范和要求，主要如下。

（1）冬季室温与太阳能供暖保证率

根据表 17－2－1 的气象分区，对太阳能供暖保证率要求如下：

第 1 区冬季供暖期间，太阳房的主要房间内保持基础温度 14 ℃时的太阳能供暖保证率应大于 55％。

第 2 区冬季供暖期间，太阳房的主要房间内保持基础温度 14 ℃时的太阳能供暖保证率应大于 50％。

第 3 区冬季供暖期间，太阳房的主要房间内保持基础温度 14 ℃时的太阳能供暖保证率应大于 45％。

第 4 区冬季供暖期间，太阳房的主要房间内保持基础温度 14 ℃时的太阳能供暖保证率应大于 40％。

（2）夏季室温要求

夏季室内温度不得高于当地普通房屋。

（3）围护结构要求

墙体与屋顶：太阳房墙体采用重质材料，如空心砖、石、混凝土、土坯等，并增设外保温层，其传热系数按照表 17－6－1 的数值，以与该地区接近的代表城市的次序选择。其中屋顶采用偏小值，外墙采用偏大值。保温层厚度应均匀，不得发霉、变质、受潮、释放污染物质。

地面与基础：太阳房地面的蓄热、保温、防潮层，按照 JGJ26《严寒和寒冷地区居住建筑节能设计标准》的规定进行设计。

南向透光面：太阳房的南向玻璃透光面上应设置夜间保温装置，不同地区的热阻值按照表 17-6-1 的次序选择。

门窗：太阳房门窗应敷设门窗缝密封条，窗户玻璃的层数，根据地区不同按照表 17-6-1 的要求选择。质量应符合 GB 50300《建筑工程施工质量验收统一标准》的规定。

（4）集热（蓄热）墙要求

太阳房集热墙的透光盖板边框与墙（吸热板）之间，应严密不透气，透光板与吸热板之间的间距为 60～80 mm。设通风孔的集热墙，其单排通风孔面积按集热墙空气流通截面积的 70%～100%设计，并应具有防止热空气倒循环设置，具有防止灰尘进入集热器的设置。

表 17-6-1 第 1～3 区采用双层透光材料无夜间保温的集热墙，无通风孔的日平均效率应大于 10%；有通风孔的日平均效率应大于 15%。

（5）蓄热体要求

蓄热体应尽量配置在阳光能够直接照射的区域，对于重型结构的房屋，墙体的厚度应不小于 240 mm，地面厚度不小于 50 mm，蓄热体表面积与透光材料面积之比应不小于 3。

（6）透光材料要求

透光材料应平整、厚度均匀，太阳透射比大于 0.76。

（7）吸热涂层要求

集热墙的吸热涂层应附着力强，无毒，无味，不反光，不起皮，不脱落，耐候性强。太阳吸收比大于 0.88，其颜色以黑、蓝、棕、墨绿为宜。

（8）其他技术要求

太阳房外门在冬季应设有保温帘或其他保温隔热措施。

为保证室内卫生条件，太阳房设计时应考虑房间的换气要求。

为防止夏季温度过高，太阳房应采取设挑檐、遮阳板、设置北墙窗户等措施。

（9）经济指标要求

太阳房设置增加的投资应控制在普通房屋投资的 25%以内。

17.9.2 行标 JGJ/T 267—2012 对被动式太阳能建筑的技术要求

（1）围护结构要求

以供暖为主的地区，被动式太阳能建筑的围护结构应符合以下要求：

① 外围护结构的保温性能不应低于所在地区的国家现行建筑节能设计标准的规定；

② 墙面、地面应选用蓄热材料；

③ 在满足天然采光与室内热环境要求的前提下，应加大南向开窗面积，减少北向开窗面积；

④ 建筑主要出入口应设置防风门斗。

以降温为主的地区，围护结构应符合以下要求：

① 宜具有良好的隔热性能；

② 建筑在主导风向迎风面上的开窗面积不宜小于在背风面上的开窗面积；

③ 在满足天然采光的前提下，受太阳直接辐射的建筑外窗宜设置外遮阳；

④ 屋面宜采用架空隔热、植被绿化、被动蒸发等降温措施；

⑤ 围护结构表面宜采用太阳吸收率小于 0.4 的饰面材料，外墙宜采用垂直绿化等隔热措施。

(2) 集热与蓄热要求

① 在以供暖为主的地区，建筑南向可根据需要，选择直接受益窗、集热蓄热墙、附加阳光间、对流环路等集热装置；

② 采取直接受益窗时，应根据其面积、空腔厚度、蓄热性能、进出风口大小等参数确定该房间的集热量，并应采取夏季通风降温措施；

③ 蓄热材料应根据需要，因地制宜地选用砖、石、混凝土等重质材料及水体、相变蓄热材料等；

④ 蓄热体的设置方式、位置、厚度和面积应根据建筑供暖或降温的要求确定；

⑤ 蓄热体宜与建筑构件相结合，并应布置在阳光直射且有利于蓄热换热的部位。

(3) 通风降温与遮阳要求

① 附加阳光间宜与走廊、阳台、露台、温室等功能空间结合实际，并应采取夏季通风降温措施；

② 建筑设计宜设置天井、中庭等垂直共用空间。当利用垂直共用空间的通风降温效果不能满足要求时，宜采用通风道等其他降温措施；

③ 直接受益窗、附加阳光间应设置夏季遮阳和避免炫光的装置；

④ 建筑遮阳应优先采用活动外遮阳；

⑤ 固定式水平遮阳的设置不应影响室内冬季日照的要求；

⑥ 建筑南墙面和山墙面宜采用植被遮阳；

⑦ 建筑南侧场地宜种植枝少叶茂的落叶乔木。

(4) 建筑构造要求

① 建筑外门窗的气密性等级应符合国家现行建筑节能设计标准的规定，以供暖为主的地区，窗户宜加装活动保温装置；

② 供暖为主地区的建筑，应减少建筑构配件、窗框、窗扇等设置对南向集热窗的遮挡；

③ 当采用辅助能源系统时，建筑设计应为设备的布置、安装和维护提供条件。多层、高层建筑应考虑集热装置、构件的更换和清洁。

(5) 节能效果要求

① 被动式太阳能建筑的节能效果：居住建筑应高于现行国家标准居住建筑节能设计标准的规定；公共建筑应高于现行国家标准 GB 50189《公共建筑节能设计标准》的规定。太阳能贡献率应符合表 17－9－1 的要求。

② 冬季被动式太阳能供暖的室内计算温度宜大于 13 ℃；夏季被动式降温的室内计算温度宜为 29～31 ℃，高温高湿地区取值宜低于 29 ℃。

表 17-9-1　被动式太阳能建筑的太阳能贡献率

气候分区		典型城市	太阳能贡献率	
			室内设计温度 13 ℃	室内设计温度 16～18 ℃
最佳气候区	A 区（SHⅠa）	西藏的拉萨及山南地区	≥65%	45%～50%
	B 区（SHⅠb）	昆明	≥90%	60%～80%
适宜气候区	A 区（SHⅡa）	兰州、北京、呼和浩特、乌鲁木齐	≥35%	20%～30%
	B 区（SHⅡb）	石家庄、济南	≥40%	25%～35%
可利用气候区（SHⅢ）		长春、沈阳、哈尔滨	≥30%	20%～25%
一般气候区（SHⅣ）		西安、郑州、杭州、上海、南京、福州、武汉、合肥、南宁	≥25%	15%～20%
不利气候区（SHⅤ）		贵阳、重庆、成都、长沙	≥20%	10%～15%

注：当仅采用被动式太阳能建筑时，室内设计温度取 13 ℃；
　　当同时采用主被动式采暖措施时，室内设计温度取 16～18 ℃。

思考题

1. JGJ/T 267—2012 对被动式太阳能建筑不同的集热部件各有哪些要求？
2. JGJ/T 267—2012 对被动式太阳能建筑蓄热体各有哪些要求？
3. JGJ/T 267—2012 对被动式太阳能建筑通风有哪些要求？
4. JGJ/T 267—2012 对被动式太阳能建筑降温房有哪些要求？
5. 被动式太阳房选址有哪些注意事项？
6. 被动式太阳房总平面图规划有哪些注意事项？
7. 被动式太阳房建筑设计的原则是什么？
8. 被动式太阳房建筑朝向应朝哪个方向？
9. “立杆法”如何确定当地正南方向？指南针指向的南向与当地正南的关系是什么？
10. 被动式太阳房体型系数如何确定？
11. 被动式太阳房平面设计有哪些注意事项？
12. 被动式太阳房立面设计有哪些注意事项？
13. 被动式太阳房保温设计有哪些内容和注意事项？
14. 减小集热部件传热系数有哪些措施？
15. 被动式太阳房哪些部位容易产生热桥？解决热桥的措施有哪些？
16. 如何减少被动太阳房的通风换气热损失？
17. 被动式太阳房建筑蓄热应选用哪些材料？
18. 夏季遮阳有哪些措施？

19. 夏季围护结构隔热有哪些措施？
20. 被动式太阳房设计与常规供暖设计有哪些区别？
21. 被动式太阳房集热部件的热效率方程如何表达？
22. 被动式太阳房室内温度如何预测？
23. GB/T 15405—2006 对被动式太阳房热工性能有哪些要求？
24. GB/T 15405—2006 对被动式太阳房投资经济性有哪些要求？
25. JGJ/T 267—2012 对被动式太阳能建筑有哪些技术要求？

第 18 章　被动式太阳建筑建造与运行维护

被动式太阳能建筑本身是集热、蓄热、保温于一体的建筑，施工与维护首先必须遵守普通建筑有关施工规范与要求，另外被动式太阳能建筑本身也有其特殊性。本章主要讲解其对施工材料、施工、运维的特殊性要求。

18.1　被动式太阳能建筑建造材料的特殊要求

被动式太阳能建筑作为建筑，其常规的建筑材料与普通房屋的材料要求相同，这里主要讲解对一些特殊材料的要求。

被动式太阳能建筑有别于常规房屋的建筑材料主要有：透光材料、保温材料、蓄热材料等。

18.1.1　透光材料

被动式太阳能建筑所用的透光材料主要有两大类型：普通玻璃和有机高分子合成材料。

18.1.1.1　玻璃

玻璃是目前国内被动式太阳能建筑最常用的透光材料。玻璃具有刚度大，耐温高，透光率高，尺寸稳定，不受紫外光、潮湿、大气中化学物质侵蚀等优点，易于清洗，不易磨伤。但也存在容易破碎，不易加工成各种曲面形状、耐热冲击性差等缺点。普通玻璃含铁量高，三氧化二铁杂质含量在 0.1%～0.14%，因此普通玻璃的透光率较低，只有 70%～75%，其中可见光透过率大于 80%，而玻璃对紫外和红外光又有较大吸收，这对集热器温室效应不利。低铁玻璃透光率可达 90%，很适合作为透光材料，但造价较高。

玻璃属于无机高分子材料，由石英砂、纯碱、长石、石灰石等在 1 500～1 700 ℃高温下熔融后，经拉制或压制而成。玻璃的种类很多，按照化学成分分，有钠钙玻璃、钾玻璃、硼硅玻璃、铅玻璃、石英玻璃等。在玻璃种加入某些金属氧化物、化合物，或经过特殊工艺处理，可以制成各种特殊性能的特种玻璃。特种玻璃具有吸热、保温、防辐射、防爆等特殊用途。

被动式太阳能建筑中，玻璃是直接获取太阳辐射的重要透光材料，它的用途除了透光、透视、隔音、隔热外，还有建筑装饰作用。

(1) 普通玻璃

建筑常用的普通窗用玻璃的厚度为 2 mm、3 mm、5 mm、6 mm 四种，此外还有 8 mm、10 mm、12 mm 的玻璃可以直接订货。表 18-1-1 和表 18-1-2 是普通玻璃的性能参数表。

表 18-1-1　普通玻璃机械与光热性能表

项目	单位	数值
相对密度	kg/cm³	2.5
透光率	%	2 mm：82～85 3 mm：75～78 5.6 mm：70～72
比热容	kJ/(kg・K)	0.84～1.05
导热系数	W/(m・K)	0.232 6～0.823
线膨胀系数	1/℃	8×10^{-6}～10×10^{-6}
软化温度	℃	720～730
抗压强度	MPa	880～930
抗弯强度	MPa	400～600
弹性模量	MPa	5.25～155

表 18-1-2　普通玻璃耐风压性能表

玻璃厚度（mm）	风压（kPa）			
	安全率 3		安全率 5	
	980	1 960	980	1 960
	耐风压最大面积（mm²）			
2.00	67×67	48×48	52×52	37×37
3.09	81×81	57×57	62×62	43×43
5.06	123×123	87×87	95×95	68×68
5.92	143×143	101×101	111×111	78×78
6.81	160×160	113×113	124×124	88×88
7.90	182×182	128×128	141×141	100×100

（2）钢化玻璃

钢化玻璃是利用加热到一定温度后冷却以及化学方法进行特殊钢化处理的玻璃。钢化玻璃除具有透明玻璃同样的透明度外，还具有很高的温度急变抵抗力和耐冲击性，机械强度高。钢化玻璃破碎后，碎片小，无锐角，因此在使用过程中较其他玻璃安全。钢化玻璃主要用于建筑物的高层门窗、车间天窗、高温车间的防护玻璃等。

（3）压花玻璃

压花玻璃又称花玻璃或滚花玻璃，具有无色、有色、彩色多种类型，这种玻璃的表面（一面或两面）压有深浅不同的各种花纹图案。由于表面凸凹不平，当光线通过时就产生漫射，因此从玻璃的一面看另一面的物体时，物像就模糊不清，造成了这种玻璃透光不透视的特点。另外压花玻璃由于表面具有花纹图案，具有一定的建筑艺术效果。这种玻璃多用于办公室、会议室、浴室、卫生间、公共场所隔断等。

（4）吸热玻璃

吸热玻璃既能吸热又能透光，根据玻璃厚度的不同，可吸收20%～60%太阳辐射的能量。由于这种玻璃能吸收部分可见光，因此有一定的防炫作用。这种玻璃可用于既需要采光又需要隔热的太阳能建筑中，尤其是炎热地区的大型玻璃门窗。

吸热玻璃一般呈蓝色、灰色或古铜色。在生产普通玻璃时，在颜料中加入某些具有吸热性能的着色剂；也可在生产浮法普通玻璃时，当玻璃液流经锡槽之际，进行电解反应，使金属离子进入玻璃加工而成；同时还可在玻璃表面喷上吸热、着色金属或氧化物加工而成。

表18－1－3是这种玻璃的透光率和吸热性能参数。

表18－1－3　隔热玻璃的透光率和吸热性能参数

玻璃品种	厚度（mm）	透光率（%）	吸收太阳热能（%）	备注
蓝色吸热玻璃	3	72	31±0.5（浅蓝）	其他性能参数与普通玻璃相同
	6	65	51±0.5（中蓝）	
磨光蓝色吸热玻璃	3	70		
	5	63	51±0.5（中蓝）	
	8	60		

（5）中空玻璃

中空玻璃是由相同尺寸的两片或多片普通玻璃、压花玻璃、吸热玻璃、钢化玻璃等，与边框（玻璃条或橡胶条）焊接、胶接、或熔结以及密封而成，在玻璃与玻璃之间留有一定的间距（一般为6～12 mm），并充入干燥空气。中空玻璃有双层和多层之分，这种玻璃具有优良的保温、隔热、隔声性能，不产生凝结水，不结霜。如在玻璃夹层充入各种慢射光材料或电介质等，则可获得更好的声控、光控、隔热效果。

中空玻璃多用于各种建筑的保温、隔热、隔声门窗，也用于火车、汽车、轮船的门窗。在严寒地区使用更为合适。其性能见表18－1－4。

表18－1－4　中空玻璃的性能参数

材料类型	厚度（mm）	空气层厚度（mm）	导热系数 W/(m·K)	透光率（%）	隔声量（dB）
单层玻璃	3	—	4.73	78～80	23.9
单层玻璃	6	—	5.68	70～72	26.4
双层中空玻璃	3+3	3	4.09	75～78	25.3
	3+3	6	3.04～3.17	72～73	26.7
	6+6	6	3.01～3.06	68～70	28.2
	3+3	12	2.80～2.92	70～72	25.4
	6+6	12	2.79	60～62	29.0

注：中空层露点温度－25 ℃以下，使用温度－40～60 ℃。

(6) 特殊玻璃

除了上述玻璃外，还有夹丝玻璃、磨砂玻璃、特厚玻璃、防爆防弹玻璃等。

夹丝玻璃是以压延法生产的一种安全玻璃。当玻璃液通过压延辊之间成型时，将经预热处理的金属丝或网送入，使丝、网压于玻璃板中，即制成夹丝玻璃。夹丝玻璃具有均匀的内力和一定的抗冲击强度。当受外力引起破裂时，碎片粘在金属丝或网上，不易脱落，因此具有一定的安全作用。常用于建筑物需要采光又要求安全性较高的门窗玻璃，如厂房天窗、仓库门窗、地下采光窗、防火门等。

玻璃磨砂时采用普通平板玻璃，以硅砂、金刚砂、石榴石粉等为研磨材料，加水研磨而成，具有透光不透明的特点。由于光线通过磨砂玻璃后形成漫射，这种玻璃具有避免炫目的优点，主要用于建筑物的门、窗、隔断、浴室、玻璃黑板、灯具等处。

特厚玻璃俗名玻璃砖，具有无色、透明度高、内部质量好、加工精细等特点。一般厚度在 20 mm 以上。长宽尺寸可按照需要加工，适用于高级宾馆、体育馆、商店及各种建筑物的玻璃砖、门、窗之用。

防爆防弹玻璃是特种玻璃之一，具有较大的抗冲击强度，透明度好，耐温、耐寒，如遇爆炸或弹击时，轻者玻璃可以无损；重者即使玻璃破裂，子弹也不宜穿透，碎片也不致脱落伤人，可用于防爆容器、防爆实验室的观察窗，以及飞机、坦克、舰艇的观察窗和其他防爆和建筑物的防爆门窗等处。

18.1.1.2　高分子与复合透光材料

复合型透光材料具有透光率高，反射率低，质量轻，抗拉强度高，不易破碎，容易成形等优点。复合型透光材料克服了玻璃作为透光材料的一些缺点，复合型透光材料的缺点主要是抗紫外性能差，热膨胀性大，容易变形，耐温性差，耐老化性差等。

目前市场上使用的有机高分子以及增强型透光材料主要有：有机玻璃（聚甲基丙烯酸甲酯 PMMA)、聚苯乙烯（PS)、聚乙烯（PE）以及高分子复合增强材料（PVAS)。这些材料的性能见表 18-1-5。

表 18-1-5　高分子以及复合增强透光材料性能参数表

项目	单位	PMMA	PS	PE	PVAS
相对密度	g/cm^3	1.18～1.20	1.05～1.07	0.94～0.96	1.14
厚度	mm	1.5	1.0	0.9	1.0
透光率	%	85～90	83～85	85～88	80～85
吸水率	%	0.3～0.4	0.05～0.1	0.005～0.01	0.3～0.5
伸长率	%	2～10	48	60～150	70～130
抗拉强度	MPa	49～77	30	20	83～85
导热系数	W/(m·K)	0.14～0.16	0.17～0.20	0.22～0.23	0.14～0.15
热变性温度	℃	70～100	65～90	60～80	90～120
脆化温度（耐寒性）	℃	−40	−30	−70	−30

从上表可知，上述材料的透光率都在80%以上，PVAS虽然透光性、机械强度、耐热性、抗寒性、耐腐蚀性都很好，但比较脆，易溶于有机溶剂，容易擦毛，在建筑上一般只作为室内高级透明装饰材料，或作为特殊建筑的透明防护材料。PS与PE材料同样具有良好的透光性，化学稳定性、耐水性、耐寒性高，但机械强度较低，PS透光材料只用于装饰透明零件及各种灯罩和食品透明外壳，PE用于太阳能温室的薄膜及地膜材料。

有机高分子及增强透光材料的共同缺点是耐光耐老化性较差，若长期受太阳光照和室外气候侵蚀，性能下降很快。相比之下，不适宜用作太阳能建筑南墙集热器及窗口的透光材料。

18.1.2　保温材料

保温材料种类很多，有关保温材料知识在本书前面已经介绍。这里主要介绍被动式太阳能建筑选用保温材料注意事项。

在被动式太阳能建筑设计以及围护结构热工计算时，往往涉及保温材料的热性能。为了使计算准确可靠，就必须正确选择保温材料的热性能参数。保温材料的热性能往往受到许多因素的影响，除了保温材料本身的分子结构、化学成分、容量、孔隙率的影响外，还受到外界温度、湿度等影响。

导热系数是决定保温材料热性能优劣的主要性能指标。市场上保温材料的导热系数差异很大，在0.05～1.10 W/(m·K）范围内。保温材料导热系数的大小，取决于材料的化学成分、分子结构、容重，同时也与材料传热时的温度和含水量有关。当材料的化学成分、分子结构、容重、含水量等条件完全相同时，多孔及泡沫材料的导热系数随着本身单位体积中气孔数量的多少而不同，气孔数量多，导热系数小。松散状材料的导热系数随着单位体积中颗粒数量的增多而减小。纤维状材料的导热系数随着纤维截面的减小而减小。一般情况下，材料的容重越轻，导热系数越小，但对于纤维材料，当容重小于最佳容重时，导热系数随容重的减小反而增大。当材料的化学成分、容重、结构完全相同时，多孔及泡沫材料的导热系数随着温度的升高而增大，随着湿度的减小而减小。

目前市场上保温材料品种繁多，新型保温材料不断出现，但无论是新型保温材料，还是传统保温材料，它们的特性都各不相同，在被动式太阳能建筑设计选择时，应根据建筑的标准来确定保温材料的种类和特性。

18.1.3　蓄热材料

建筑材料的蓄热性能，取决于导热系数、比热容、容重、热流波动周期等。材料的容重越大，蓄热系数就越大，蓄存的热量就越多。

一般来说，材料的容重越大，蓄热系数越高，蓄热性能就越好；而材料的容重越小，蓄热系数越小，蓄热性能就越差。因此轻质材料的围护结构热稳定性就差，被动式太阳能建筑就不适宜采用轻质材料做隔断墙，以免造成被动式太阳能建筑室内昼夜温度波动过大。显然，对于被动式太阳能建筑的房间地板，宜尽量选用地板砖，混凝土地面避免选用木地板。

被动式太阳房常用的蓄热材料主要有：混凝土、砖石，也有采用相变蓄热材料作为蓄热材料的。

有关蓄热材料，本书第 11 章已做详细介绍，这里不再多述。

18.2　被动式太阳能建筑主要构造施工

18.2.1　复合保温墙

复合保温墙有两种构造，一种是内层黏土砖（一般是承重墙）＋保温材料＋外层黏土砖，另一种是 240 mm 厚黏土砖＋外挂保温板。

常用的保温材料有聚苯乙烯泡沫夹芯板、散岩棉及岩棉板、膨胀珍珠岩、干燥处理的秸秆或稻壳等。

复合保温墙的施工方法有以下两种：

（1）单面砌筑法

先砌筑内侧墙体，砌墙到一定高度（一般为 8～10 层砖）时，安放板状保温材料，再砌筑外侧墙体，并按规定布置拉结钢筋。当设计无要求时，按照拉结钢筋为直径 6 mm，纵横向间距为 500 mm 布置。

（2）双面砌筑法

同时砌筑内、外侧墙体，砌墙到一定高度（一般为 8～10 层砖）时，将保温材料和拉结钢筋依次放好。

复合保温墙的施工工艺如下：

（1）材料准备

黏土砖的品种、强度应符合设计要求。砌筑施工前一天必须浇水润湿，以水侵入砖内部 15 mm 为宜，含水率不大于 15%。常温条件下施工不得用干砖上墙。

砌筑砂浆配合比采用质量比，水泥一般宜采用 325＃普通硅酸盐水泥或矿渣硅酸盐水泥，砂子为中砂。配置 M5 以下砂浆时，砂子含泥量不超过 10%；配置 M5 以上砂浆时，砂子含泥量不超过 5%。白灰熟化时间不少于 5 d。水泥用量的计算精度要求在±2%，砂子、灰膏用量的计算精度为±5%。混合时应采用机械搅拌，搅拌时间不少于 1.5 min。

（2）排砖摞底

内承重墙第一层砖摞底时，两山墙排丁砖，前后纵墙排条砖，并根据已弹好门窗位置线复核窗间墙、垛的长度尺寸是否符合排砖的模数。如不符合模数，可将门窗口的位置适当移动。

（3）盘角

砌墙时应先盘角，每次盘角不宜超过五层砖。盘角时要仔细对照皮数杆的砖层和层高，控制好灰缝大小，使水平灰缝均匀一致。

（4）挂丝

砌筑复合保温墙必须双面挂线。如果长墙几个砌筑人员共用一根通线，中间应设几个支点，小线要拉近。每层砖都要穿线看平，使得水平线均匀一致。

（5）砌砖

砌砖要采用满铺、满面挤操作法。砌砖时一定要跟线，“上跟线，下跟棱，左右相邻要对平”。水平灰缝厚度和竖向灰缝宽度一般为 10 mm 左右，在 8～12 mm 之间为宜。砌筑砂浆应随时搅拌随时使用，水泥砂浆必须在 3 h 内用完，混合砂浆必须在 4 h 内用完，不得使用过夜砂浆。墙体砌筑时，严禁用水冲浆灌缝。

（6）留槎与预埋钢筋

外墙转角处应同时砌筑，内外墙交接处必须留斜槎，槎口必须平直、通顺。隔墙与墙或柱不同时砌筑时，可留阳槎加预埋拉结钢筋，即沿墙高度每 50 mm 预留 2 根直径 6 mm 钢筋，直入长度从墙的留槎处算起，每边均不小于 1 m，末端应弯 90°钩。

（7）安放保温材料与拉结钢筋

当保温材料为聚苯乙烯泡沫塑料等板状材料时，宜采用总厚度不变的分层（2～3 层）错缝安装的方法。

当保温材料为岩棉、膨胀珍珠岩时，需设隔潮层或做防潮处理。雨季施工时，应及时遮盖，以免保温材料因受潮而降低保温性能。

放置保温材料时，应采用有效措施，防止损坏保温材料，以搭设双排脚手架为宜。

拉结钢筋的规格、数量及其在墙体中的位置、间距均应符合设计要求，不得错用、错放、漏放，并应对拉结钢筋实行防腐处理。

18.2.2 门窗

单框双玻保温窗或单框单玻璃窗必须加橡胶密封条，密封条的质量应满足设计图纸中的质量要求，如硬度、弹性、抗老化等性能。

玻璃必须按照设计要求采购，要求透光性好。双玻璃必须擦拭干净才能安装。

门一般为保温门，应注意门内装填保温材料，要填充密实，有条件的，应加装密封胶条。

被动式太阳能建筑固定集热窗玻璃应与窗框预留 1.5 mm 温度伸缩空隙。

橡皮密封条如设计未注明要求时，应按照以下质量要求：黑色天然（或氯丁）橡胶制品，肖氏硬度 40±3，老化系数 70±2 ℃温度下经 12 h 不小于 0.85。

18.2.3 南墙面集热墙留洞

南墙面集热（蓄热）墙留洞的面积，若设计没有注明时，可取南墙集热面积的 3%～5%，或空气夹层横断面面积的 0.7～1 倍。图 18-2-1 是附加阳光间式太阳房预留孔洞实物图。

对有抗震设防的砖混结构，墙体留洞时应注意扣除孔洞的墙体截面积应满足抗震与抗压、抗剪、抗弯等受力要求。

南墙留洞的数量与位置应符合图纸要求，并在施工时逐个核对。

南墙洞的边框正侧面垂直度允许偏差≤1.5mm，框的对角线长度差≤1.0mm 为宜。

洞口及强洞内抹灰应平直光滑，并在洞内刷深色（无光）漆。

上下风口可选用塑料膜单向风门，塑料膜应选择薄而有弹性材料。用小角钢翻转百叶，反转片应翻转灵活，并做保温。木板风口应不变形，推拉方便。

图 18-2-1　附加阳光间式太阳房房间与阳光间隔墙上下孔洞实物图

18.2.4　地面

地面以下基础周围内表面应设有保温措施，保温深度至当地最大冻土深度以下 100mm，并设置防水、防潮、蓄热措施。

地面其他施工要求与普通房屋相同。

18.2.5　屋面

太阳房的屋面施工应按照普通房屋屋面施工的技术要求进行，需要特别注意的是：被动式太阳能建筑屋面施工应特别注意屋面保温的选材与施工。

屋面保温材料可选用 EPS、XPS、膨胀珍珠岩、岩棉等。屋面保温材料的容重或密度应符合设计要求，保温层的防雨防潮措施应到位，做好排气孔等各种出屋面设置的防雨，屋顶平面的排水坡度应符合设计要求，各种排水沟、槽、孔等排水应通畅。

18.2.6　热桥部位处理

被动式太阳能建筑施工还要特别注意容易产生热桥部位的施工，严格按照设计要求处理好这些部位的保温，或按照其他能够阻止热桥产生的措施进行施工，减少这些部位的散热。

18.3　被动式太阳能建筑运行维护与管理

被动式太阳能建筑与普通建筑既有相同之处，也有其特殊性。因此被动式太阳能建筑的日常运行，需要用户了解被动式太阳能建筑的运行原理和日常使用知识。

18.3.1　被动式太阳能建筑日常使用常识

单纯直接受益式被动太阳能建筑比较简单，在冬季，白天应拿掉或打开窗户保温板（帘），让太阳光照进室内；晚上应把保温板装上或关闭，减少窗户向室外散热。

对于设有进出口的集热（蓄热）墙式太阳房，在冬季，应关闭向室外的排气口，打开室内的上下口通风口，使得白天室内空气与加热蓄热墙内的热空气实现循环，加热室内；在夏季，应打开向室外的排气口，关闭室内的上通风口，打开北窗，让北边的冷空气进入室内，室内的空气通过集热蓄热墙空腔，再通过上部排气口排到室外，实现室内空气的流通。

对于附加阳光间式被动式太阳能建筑，在冬季，白天应打开室内与阳光间的门窗，使得阳光间内的高温空气与室内空气实现对流，加热房间；在夏季，应对阳光间进行遮阳，或者打开阳光间，使得阳光间内空气与室外通畅流通，避免阳光间高温。

18.3.2　被动式太阳能建筑日常使用中常见问题

根据实际使用被动式太阳能建筑的经验，日常使用中，被动式太阳能建筑常见的问题如下：

（1）外窗尤其是南向集热窗的密封条老化脱落，木窗变形，挠曲漏气，油灰脱落。

（2）太阳能集热构件损坏，如集热器内吸热板油漆脱落生锈，玻璃破损；普遍存在集热腔内集灰，一般从三年之后开始集灰，且清理困难，应从设计上解决此问题。

（3）夹心墙内保温材料塌陷下缩，形成空洞空带，使得保温墙保温性能下降。对于松散保温材料，这种问题出现的更普遍。

（4）对流环路集热墙内通风道堵塞，太阳照射后，热空气与室内循环不畅。集热墙上下风口的逆止帘损坏，季节启闭活门损坏。室内二次装修或家具摆放，堵住了进出风口等。

（5）阳光廊式太阳房，因阳光廊与室内之间冷热空气循环不流畅，导致有阳光时，阳光廊白天温度普遍过高，而室内温度较低。

（6）阳光暖廊在冬季不做保温，廊内温度波动很大。

（7）被动式太阳能建筑用户二次装修，装修墙面采用木墙裙，铺木地板，铺地毯，减少了原被动式太阳能建筑设计的蓄热面，导致采暖效果下降明显。

（8）冬季室内换气次数不够，感觉憋闷，开窗换气，热损失又很大。

（9）房屋南北向门前后无隔断，冬季室内穿堂风使得室内温度急剧下降。

（10）保温活动部件破损损坏，启闭困难，甚至脱落去掉，导致夜间保温差或无保温。

（11）房屋地基不均匀沉降，引起墙体开裂，影响了房屋的安全性和保温性。

（12）砖墙裂缝，使得围护结构冷风渗透量增大，保温性能下降。

（13）屋面渗水或漏水，屋面保温材料含水率增大，屋面保温性能下降。

18.3.3　被动式太阳能建筑日常运维管理

应对投入使用的被动式太阳能建筑进行定期的质量检查。检查的内容主要包括：

（1）房屋主体使用过程中出现的问题，包括：基础、墙体、屋面、梁板等构件的安全性。

（2）被动式太阳能建筑的热工性能，包括：集热系统各部件是否正常，出现了哪些故障等。

对太阳房的查勘顺序为：从外部到内部，从下层到上层，从承重结构到被动式太阳能建筑的集热部件，从表面到隐蔽，从局部到整体。

勘察方法为：直观检查法、简单工具法、仪器检查、计算与观测资料分析与现场观测相结合检查法等。以上检查方法可单独进行或交叉进行。表 18－3－1 是太阳房检查记录表。

表 18－3－1　太阳房检查观测记录表

序号	检查观测项目		检查观测结果记录
1	建筑总体	建筑结构形式	
		建筑使用功能	
		建筑朝向	
2	室内温度	供暖期各月平均温度（℃）	
		最高温度小时数（h）	
		最低温度小时数（h）	
3	室内温度	供暖期室外各月平均温度	
4	集热构件	集热形式	
		保温材料	
		透光材料	
		吸热涂层材料	
5	围护结构	墙内孔洞检查	
		保温材料检查（受潮，老化等）	
		墙面裂缝检查	
6	门窗	门窗损坏	
		门窗缝隙	
		保温帘扇启闭	
7	房屋主体	有无裂缝	
		裂缝部位与大小	
		有无渗水	
8	辅助热源		
9	其他		

思考题

1. 房屋透光材料都有哪些？各有什么特点？
2. 哪些透光材料适合太阳房选用？
3. 被动式太阳房对保温材料有哪些要求？
4. 被动式太阳房对蓄热材料有哪些要求？哪些材料适合作为蓄热材料？

5. 被动式太阳房哪些部位与普通房屋不同？施工时有哪些注意事项？
6. 被动式太阳房对保温材料有哪些要求？
7. 不同的被动式太阳房形式日常使用有哪些注意事项？
8. 日常使用的被动式太阳房，都会出现哪些问题？
9. 对使用中的被动式太阳房进行实地调查，调查方法有哪些？应调查哪些内容？

主要参考文献

邹平华．供热工程［M］. 北京：中国建筑工业出版社，2018.

贺平，孙刚，王飞，吴华新．供热工程［M］. 第 4 版．北京：中国建筑工业出版社，2009.

李德英．供热工程［M］. 第 2 版．北京：中国建筑工业出版社，2018.

石兆玉，杨同球．供热系统运行调节与控制［M］. 北京：中国建筑工业出版社，2018.

姚杨，姜益强，倪龙．暖通空调热泵技术［M］. 第 2 版．北京：中国建筑工业出版社，2019.

王伟，倪龙，马最良．空气源热泵技术与应用［M］. 北京：中国建筑工业出版社，2017.

赵岐华．通风与空气调节工程［M］. 第 2 版．武汉：武汉理工大学出版社，2015.

容秀惠，肖兰生，隋锋贞．实用供暖工程设计［M］. 北京：中国建筑工业出版社，1987.

牟灵泉．家用热水采暖装置［M］. 北京：中国建筑供工业出版社，1987.

赵文田．地面辐射供暖设计施工手册［M］. 北京：中国电力出版社，2014.

李永安，刘学来．毛细管空调系统理论及其应用［M］. 北京：化学工业出版社，2017.

宋波，柳松．供暖系统方式与热计量应用［M］. 北京：中国质检出版社，2012.

Michele Vio. 散热器采暖与地板采暖系统之比较［M］. 北京：中国建筑工业出版社，2010.

何梓年，朱敦智．太阳能供热采暖应用技术手册［M］. 北京：化学工业出版社，2009.

郑瑞澄，路宾，李忠．太阳能供热采暖工程应用技术手册［M］. 北京：中国建筑工业出版社，2012.

葛新石，等．太阳能工程——原理和应用［M］. 北京：学术期刊出版社，1988.

J. Richard Williams. 太阳能采暖和热水系统的设计与安装［M］. 赵玉文，等，译．北京：新时代出版社，1990.

卫江红，梁宏伟，赵岩，袁家普．太阳能采暖设计技术［M］. 北京：清华大学出版社，2014.

朱宁，李继民，王新红，武赏磊．太阳能供热采暖技术［M］. 北京：中国电力出版社，2017.

代彦军，葛天舒．太阳能热利用原理与技术［M］. 上海：上海交通大学出版社，2018.

杨金良，刘代丽，万小春．太阳能光热利用技术（初、中、高级）［M］. 北京：中国农业出版社，2017.

杨金良，刘代丽，万小春．太阳能光热利用技术（基础知识）［M］. 北京：中国农业出版社，2019.

贾英洲．太阳能供暖系统设计与安装［M］. 北京：人民邮电出版社，2011.

张蓓．新型太阳能采暖技术设计研究［M］. 北京：北京理工大学出版社，2017.

喜文华．被动式太阳房的设计与建造［M］. 北京：化学工业出版社，2007.

刘国发，赵丽娟，黄岳海．乡村太阳房［M］. 北京：中国农业出版社，2001.

张百良．农村能源工程学［M］. 北京：中国农业出版社，1999.

郭荼秀，魏新利．热能存储技术与应用［M］. 北京：化学工业出版社，2005.

陆耀庆．实用供热空调设计手册［M］. 第 2 版．北京：中国建筑工业出版社，2008.

国际铜业协会，同济大学机械与能源工程学院，国际金属太阳能产业联盟．中国太阳能区域供热可行性分析研究报告［R］. 2016.

北京建筑节能与环境工程协会太阳能建筑应用专委会．加拿大太阳能土壤季节蓄热供暖考察资料［R］. 2017.

图书在版编目（CIP）数据

太阳能供暖技术：技师、高级技师 / 杨金良，孙玉芳，万小春主编；农业农村部农业生态与资源保护总站组编．—北京：中国农业出版社，2020.12

（太阳能光热利用技术丛书）

ISBN 978-7-109-27570-6

Ⅰ．①太… Ⅱ．①杨… ②孙… ③万… ④农… Ⅲ．①太阳能-供暖 Ⅳ．①TK511

中国版本图书馆 CIP 数据核字（2020）第 222938 号

中国农业出版社出版

地址：北京市朝阳区麦子店街 18 号楼

邮编：100125

责任编辑：闫保荣

版式设计：杜　然　　责任校对：刘丽香

印刷：中农印务有限公司

版次：2020 年 12 月第 1 版

印次：2020 年 12 月北京第 1 次印刷

发行：新华书店北京发行所

开本：787mm×1092mm　1/16

印张：35.75

字数：864 千字

定价：98.00 元

版权所有・侵权必究

凡购买本社图书，如有印装质量问题，我社负责调换。

服务电话：010-59195115　010-59194918